植物碎石床人工湿地污水处理技术和我的工程案例

（第二版）

上 册

汪俊三　主编

中国环境出版集团·北京

图书在版编目（CIP）数据

植物碎石床人工湿地污水处理技术和我的工程案例．上册 / 汪俊三主编．—2 版．—北京：中国环境出版集团，2021.12
ISBN 978-7-5111-4946-6

Ⅰ.①植…　Ⅱ.①汪…　Ⅲ.①人工湿地系统—污水处理—案例　Ⅳ.①X703

中国版本图书馆 CIP 数据核字（2021）第 212446 号

出 版 人　武德凯
责任编辑　孙　莉
责任校对　任　丽
封面设计　彭　杉

出版发行　中国环境出版集团
（100062　北京市东城区广渠门内大街 16 号）
网　　址：http：//www.cesp.com.cn.
电子邮箱：bjgl@cesp.com.cn.
联系电话：010-67112765（编辑管理部）
010-67112736（第五分社）
发行热线：010-67125803，010-67113405（传真）
印　　刷　北京中科印刷有限公司
经　　销　各地新华书店
版　　次　2021 年 12 月第 2 版
印　　次　2021 年 12 月第 1 次印刷
开　　本　787 × 1092　1/16
印　　张　20.75
字　　数　418 千字
定　　价　202.00 元（上、下册）

《植物碎石床人工湿地污水处理技术和我的工程案例》

（第二版）

编委会

《植物碎石床人工湿地污水处理技术和我的工程案例》（第二版）

序一

《植物碎石床人工湿地污水处理技术和我的工程案例》一书由生态环境部华南环境科学研究所汪俊三研究员等编写，2009 年由中国环境科学出版社正式出版。该书作者从 20 世纪 80 年代开始承接多个国家级项目，研究成果曾获国家级和省级、部级科技进步奖，并在全国广泛推广应用，取得了良好的经济效益和生态效益。

我曾经主持过他们的示范研究课题和应用工程设计方案的专家评审会，参观过他们设计的工程，实践效果很好。

2009 年编写的《植物碎石床人工湿地污水处理技术和我的工程案例》一书既介绍了人工湿地污水治理技术原理，也提供了典型案例，内容翔实、丰富，理论性和实践性均较强，深受广大读者欢迎。在这次再版发行中，该书作者对植物碎石床人工湿地污水处理技术进一步完善和更新，同时增加了 2009 年以来他们的主要工程案例，进一步提高了本书的参考价值。

中国工程院院士

蔡道基

2021 年 8 月 1 日

《植物碎石床人工湿地污水处理技术和我的工程案例》（第二版）

序二

《植物碎石床人工湿地污水处理技术和我的工程案例》一书由以我研究所研究员汪俊三为首的科技人员编写，2009 年由中国环境科学出版社正式出版。该书总结了编者自 20 世纪 80 年代以来承担的多个国家级课题研究成果，包括“七五”国家科技攻关计划“华南地区氧化塘设计参数研究”、“八五”国家科技攻关计划“人工湿地植物碎石床污水处理系统研究”、农业部“八五”畜牧业重点科研资助项目“人工湿地在猪场污水净化中的应用”、国家环境保护局课题“华南地区高等水生维管束植物净化城镇污水研究”“光合细菌处理高浓度有机废水研究”和国家环境保护总局课题“高水力负荷人工湿地处理富营养化水示范研究”等。研究成果广泛应用于污水处理厂出水深度处理、水环境承载力提升、园林景观水质净化以及农村生活污水处理等领域，代表性工程包括全国率先采用升流式酸化厌氧塘前处理方式的广东省中山市温泉宾馆污水处理氧化塘、国内最早开展人工湿地技术工程化应用的深圳白坭坑人工湿地、当时国内水力负荷和日处理量最大的云南省九溪人工湿地、污水处理厂出水深度处理的山东省临清人工湿地水质净化工程、河南省许昌市宏源污水处理公司水环境承载力提升工程人工湿地、结合园林景观设计的河南省郑州市 CBD 中心湖人工湿地等。为进一步推广应用人工湿地污水处理研究成果和工程设计经验，编者于 2009 年编写了《植物碎石床人工湿地污水处理技术和我的工程案例》一书，将试验结果以及应用工程的初步设计等主要内容编入其中。

该书在大量科学试验研究和工程实践的基础上编写而成，既介绍技术原理，也提供典型案例，内容翔实而丰富，理论性和实践性均较强，不仅为水环境治理工程设计单位和专业人员提供参考，而且被认为是我国人工湿地污水处理领域的教科书，深受广大读者欢迎。本次再版时，对书中植物碎石床人工湿地污水处理技术部分内容进行了补充、完善和更新，增加了我研究所的人工湿地研究方面的部分科研成果和 2009 年以来的主要工程案例，进一步提高了本书的参考价值。

生态环境部华南环境科学研究所

（生态环境部生态环境应急研究所）

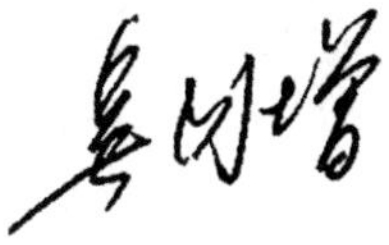

2021 年 8 月

目　录

上　册　植物碎石床人工湿地处理技术和试验研究

下 册 工程设计案例

上 册

植物碎石床人工湿地处理技术和试验研究

第 1 章　人工湿地的基本概念和发展概况

1.1　湿地和人工湿地的基本概念

1.1.1　湿地的概念

湿地是位于陆生生态系统和水生生态系统之间的过渡性地带，广泛分布于世界各地，拥有众多野生动植物资源，是重要的生态系统。由于湿地分布广泛，种类繁多，相互之间差异显著，因此给湿地下一个统一的定义是十分困难的。总体来看，湿地的定义大体上分为两类。目前一般采用《湿地公约》中对湿地（wetland）的定义，即湿地是指无论其为天然还是人工、长久或暂时的沼泽地、湿原、泥炭地或水域地带，带有或静止或流动、或为淡水、半咸水或咸水水体，包括低潮位时水深不超过 6 m 的水域。它具有如下三个基本特征：

（1）地表水多，有季节性或常年性积水、淡水、半咸水或咸水。水是导致湿地形成、发展、演替、消亡与再生的关键。水的来源（如降水、地下水、潮汐、河流、湖泊等）、水深、水流方式以及淹水的持续期和频率决定了湿地的多样性。

（2）底层土潜育化，有明显的潜育层，有的可以形成泥炭层，为湿土或水成土。

（3）至少周期性地以水生植物为植物优势种。受水的影响，湿地优势植物多为湿生植物、沼生植物或喜湿的盐生植物。

另一类是研究者的定义，研究者从不同的角度出发，根据研究的区域及对象不同，给出的定义也不尽相同，从学科角度可以把湿地概括为水文学、动力地貌学、生态学、泥炭地质学、景观学等。

从系统论观点来看，湿地是一个半开放的系统。一方面，它是一个较为独立的生态系统，有其自身的形成、发展和演替过程，如独特的土壤形成过程（潜育化或泥炭化）和植被演替过程；另一方面，它在许多地方又需要依赖与之相邻的地质地貌和生态系统，同它们进行物质和能量的交换，同时也影响相邻生态系统的活动。

经过反复分析，本书认为所持湿地的定义可以理解为“湿地是指地球表层上由水、土和挺水或湿生植物组成，可伴生其他生物相互作用，其内部过程长期为水控制的特殊的生态系统”。很显然，这一定义是不完全等同于规划设计中经常使用的水景的概念和手法的。湿地可以理解成水景的一种，但并非所有的水景都符合湿地的概念要求，这里以圆明园谐奇趣的水池为例进行讨论。历史上，谐奇趣是一个集喷泉、水池和西洋建筑于一体的水景园。圆明园被毁后，其水池中长出茂盛的芦苇和香蒲植物群落，同时也成为水鸟、蝴蝶和蜻蜓的家园，在整个生长季都生机盎然。这些生命自生自灭，周而复始，无须人们的维护。显然，前者只不过是一处水景，而后者则具有了湿地的特点和功能。

1.1.2 人工湿地的概念

人工湿地（Constructed Wetland，CW）是模拟自然湿地的人工生态系统，它是一种由人工建造和监督控制的类似沼泽的地面，利用生态系统中的物理、化学和生物的三重协同作用，通过过滤、吸附、沉淀、离子交换、植物吸收和微生物分解来实现对污水的高效净化。与自然湿地生态系统相比，人工湿地生态系统无论在地点的选择、负荷量的承载上，还是在可控性及对污水的处理能力上，都远远超过了自然湿地生态系统。

赵魁义从生态学角度提出人工湿地是在已消亡的湿地或异地恢复与重建的湿地基础上建立的生态系统。换言之，是受人类活动的影响，其原始生态系统的组成或结构已经发生了根本变化的新的湿地生态系统，如原始滩涂被围垦后，建立的鱼塘、水稻田等。

Julie Stauffer 和汪俊三从环境生态学角度提出：人工湿地 = 人造湿地 = 人工湿地污水处理系统。人工湿地是指一年中至少有部分时间为潮湿或水涝的地区，它具有水净化能力，但它通常是脆弱的生态系统，接触太多的污染物就会使它不堪重负，所以最好根据废水处理的目的来专门设计和建造湿地，这些系统被称为人造湿地或芦苇床。

1.2 人工湿地的发展概况

人工湿地是随着人们对湿地功能、价值认识的提高而逐步建立和发展起来的。历史上，由于人类的盲目开发，大片的湿地从地球上消失，人类也因此遭到了大自然的报复，这使得人们逐渐认识到湿地的重要性，不仅要保护湿地，而且要恢复和重建湿地。

人工湿地污水处理技术是 20 世纪 70 年代末发展起来的一种污水处理新技术。它具有处理效果好（其对 BOD_5 的去除率可达 85%～95%，COD 的去除率可达 80% 以上，处理后水中 BOD_5 小于 10 mg/L、SS 小于 20 mg/L）、氮磷去除能力强（对 TN 和 TP 的去除率分别可达 60% 和 90%）、运转维护管理方便、工程基建和运转费用低（其工程基建和运转费用仅为传统二级活性污泥法处理工艺的 1/10～1/2）以及对负荷变化适应能力强等主要特点，比较适用于技术管理水平较低、规模较小的城镇或乡村的污水处理。自 1974 年联邦德国首次建造人工湿地污水处理系统以来，这项技术在欧洲许多国家得到推广应用，并在美国和加拿大等国迅速发展。目前，欧洲已有数以百计的人工湿地系统在运行之中，其处理规模有大有小，规模最小的仅处理一家一户排放的废水（湿地面积约为 40 m^2）；规模大的占地达 5 000 m^2，用于处理人口在 1 000 人以上村镇排放的生活污水。自 1985 年以来，美国田纳西河流域管理局（TVA）在美国东部建造了一系列的人工湿地系统以处理该流域内的污水。

实际上，在很早以前，许多国家就已有将污水排入天然湿地进行处理的做法，但有意识地利用湿地系统进行污水处理，则始于 20 世纪 70 年代。人工湿地污水处理技术的发展经历了两个主要阶段：第一阶段是在 20 世纪 70 年代，大都利用原有的天然湿地，这样既保持了天然湿地的原有结构又可以泥沼的形式存在，那个时期通常将湿地系统与氧化塘处理结合起来，以提高氧化塘系统的处理效率。美国、澳大利亚、联邦德国、荷兰、丹麦、英国和日本等国都曾进行过这方面的尝试。第二阶段是在 20 世纪 80 年代，这一时期人工湿地发展为由人工建造，且以不同粒径的砾石和豆石为填料基质，并种植一定类型有效植物的处理系统，真正进入了规模性的应用阶段。此外，人工湿地系统由最初主要用于生活污水和酸性矿废水的处理，逐渐发展到应用于纺织工业和石油等工业废水的处理。国际上曾就人工湿地污水处理系统分别在美国的田纳西州（1988 年）和英国的剑桥（1990 年）召开过两次研讨会，总结了各国人工湿地污水处理的经验，并提出了一系列有关的机理、参考设计规范和数据，标志着人工湿地系统作为一种独具特色的新型污水处理技术，正式进入水污染控制领域。

1.2.1　国外发展概况

（1）欧洲

欧洲最早于 20 世纪 60 年代开始将人工湿地用于废水处理。1974 年，联邦德国开始世界上第一个人工湿地的试验，运行结果相当理想。

1990 年，欧共体水污染控制联合会（The European Community/European Water Pollution Control Association）出版了人工湿地的使用指南，当时包括奥地利、丹麦、联邦德国和瑞典在内的许多欧洲国家建立了 500 多个人工湿地。而早在 20 世纪 70 年代，美国洛杉矶的 Wolverton 和加利福尼亚的 Gersberg 也开始了对人工湿地的研究。TVA 于 1988 年出版了人工湿地设计手册，其中包括了新设计标准。随着美国国家科学基金会、美国航空航天局、美国国家环境保护局、美国陆军工程兵团、美国内政部和美国农业部等的成立，人工湿地的使用不断丰富。

英国伦敦湿地中心（London Wetland Centre）在 2000 年夏天正式向大众开放，紧邻繁忙的希思罗机场（London Heathrow Airport），距离伦敦市中心不到 6 km，被誉为“展示未来世纪里人类与自然如何和谐共处的一个理想模式”，它是由一系列大小不一的池塘和错落有致的植被组成的生态组群，这里在 1994 年还只是泰晤士河南岸 4 个废弃的混凝土水库，英国野生鸟类和湿地基金会（Wildfowl and Wetlands Trust，WWT）耗资 2 500 万美元，引水排淤，分隔水域，种植了 30 多万株水生植物和 3 万多棵树，将其改造成现今欧洲最大的城市人工湿地系统。该中心占地 43 hm^2，分割为 30 多片湿地，由世界湿地区、水生生物区以及一个现代化的游览中心组成，若干条步行小径贯穿全区。

（2）美国

美国国家科学院在 1995 年给出湿地的科学定义（NRC，1995），同时提出，到 2010 年美国应新建 4047 000 hm^2 人工湿地，其中 50% 在密西西比河流域，旨在抑制墨西哥海湾死亡水域带（水中缺氧，鱼群死亡）蔓延。美国联邦政府为此在佛罗里达州和路易斯安那州投入 2 000 亿美元进行生态恢复工程建设。美国国家科学院为了成功地完成人工湿地建设计划，要求政府在 3 个方面给予理论和技术保障：①人工湿地的功能与机理；②人工湿地与生态恢复的可能性；③最佳的建设技术。美国俄亥俄州立大学俄伦坦基河流湿地研究公园（Olentangy River Wetland Research Park）是为此而设计的一个长期的大规模的研究设施，为湿地生态功能形成、发展和演化提供长期观察的可能性和依据，这独一无二的人工湿地研究中心，在国际上享有殊誉。该湿地面积为 12 hm^2，是一个多种人工湿地类型的研究、试验、教学基地，位于美国中西部俄亥俄州哥伦布市的俄亥俄州立大学，由试验湿地、季节性湿地、河滩林湿地、暴雨汇集湿地、滩糟湿地、水中花园、生物库湿地和微型湿地组成。如今，俄伦坦基河流湿地研究公园 8 种不同类型的湿地合为一体，为生态系统的研究提供了多元化的基地，使湿地研究具有长期性、多样性和可靠性。肾状湿地已成为世界闻名的湿地研究标志。

美国人工湿地也被应用在地表水处理系统中。1995 年 Czartoski 提出用灌溉—排水—湿地综合管理系统（WRSIS）来减少农业面源污染。WRSIS 是将农场地下排水系统的水与地表坡地漫流导引到构建的人工湿地中处理，湿地出水后存于蓄水池中，用于地下灌溉农田。WRSIS 是一个封闭系统，因其零排放的特点，对改善区域地表水的水质有巨大影响。

2008 年 4 月 10 日，美国陆军工程兵团与美国国家环境保护局联合在美国《联邦公报》上发布了新的湿地补偿管理条例——《减少水资源损失的补偿规则》，该规则于 2008 年 6 月 9 日正式实施。为了进一步提高美国湿地补偿的质量和成功率，该规则对以往有关湿地补偿的管理条例和指南进行了修订和完善，其有别于以往管理条例的最大特点在于：一是引入了流域（Watershed）综合管理的理念，如增加了“用流域方法选择补偿湿地位点”和“溪流（Stream）补偿”的条款或内容；二是统一了各类补偿手段的实施标准和准则。

美国东部有 400 多个废水排放点通过人工湿地系统处理后再进入地下水河口、河流和湖泊。在密歇根州、威斯康星州、佛罗里达州、俄勒冈州、田纳西州等地通过湿地系统处理了大量的城市和工业废水、城市暴雨水、农业径流水酸性矿坑水、固体废物填埋场的渗滤液等。美国政府对人工湿地建设给予了充分的支持，21 世纪初期已经开始大力开发北美人工湿地数据库和地方数据库。此外，美国还出版发行了一些有关人工湿地建设的设计导则和指南，为人工湿地建设提供合理的技术方案。而在欧洲的一些国家，人工湿地已经进入普通百姓家庭，真正实现了湿地为人类服务。

哥伦比亚人工湿地面源污染处理系统：1996 年年底，哥伦比亚咖啡种植者联盟（FEDERACAFE）在海拔 1 250 m 处的 Fundacion Manuel Mejia 培训中心建成了种植园污水处理人工湿地示范工程，该处理工程由英国朴茨茅斯大学设计。山坡低洼处是暴雨期泄洪的通道。示范工程的初级处理设施为金属筐垂直滤池，建在山坡上部最陡峭处；二级处理采用 GBH 地下芦苇床，建立在山坡中部；工程尾端采用砾石滩将熟化塘与 GBH 地下芦苇床衔接。工程地形陡峭，没有电力供给。FEDERACAFE 的研究实验室在 1997 年 3—7 月进行初步监测分析，发现系统各个单元对可溶性 COD 和 BOD_5 均有较强的去除能力，对 SS 的去除率也可达 85%，对磷的总去除率为 74.1%，对氨氮去除能力较低。

（3）亚洲

亚洲典型的人工湿地是渡良濑人工湿地。渡良濑蓄水池位于日本栃木县，是一座人工挖掘的平原水库，总库容 2 640 万 m^3，水面面积 4.5 km^2，水深 6.5 m 左右。平时为茨城县等 6 县（市）64 万人口供水，日供水量 21.6 万 m^3。蓄水池周围是渡良濑川的滞洪区，汛期蓄水池能提供 1 000 万 m^3 的调洪库容。近年来，随着上游用水造成生活污水以及含氮、磷的水流入，渡良濑蓄水池出现霉臭等水质问题。为保护蓄水池的水质，1993 年在蓄水池一侧滞洪洼地上建人工湿地，这是一座设有人工设施的芦苇荡，将蓄水池的水引到芦苇荡，通过吸附、沉淀及吸收作用，去除水中的氮、磷及浮游植物，达到水体自然净化的目的。这种净化过程循环进行，确保蓄水池水质洁净，类似医学上的对病人血液进行体外透析处理。芦苇具有很好的净化功能，污染物与其茎部接触发生沉淀作用，芦苇的根部与茎部可吸收某些污染物。另外，附着在茎部上的微生物可对污染物产生吸附分解作用。

渡良濑人工湿地在蓄水池出水口建设了高 3.5 m、宽 40 m 的充气式橡胶坝，用于控制出水口。水流经引水渠到达设于地下的泵站，其之所以设于地下，是为满足景观的要求。泵站安装了单机流量为 1.25 m^3/s 的两台水泵，水体加压后流入箱形涵洞再流入芦苇荡。芦苇荡占地 20 hm^2，最大净化水体能力为 2.5 m^3/s。水流在芦苇荡中蜿蜒流动，以增加净化效果，后从出口汇入集水池，再回到蓄水池，完成一次净化循环。人工湿地内主要种植芦苇，高 2～3 m。此外，还种植同属稻科的荻，高为 1.0～2.5 m。人工湿地建成后，不仅水质得到了改善，动植物的生态系统也得以极大改善，生物多样性有所恢复。该人工湿地已经成为日本最大的芦苇荡，也成为对居民、儿童进行环保及爱水教育的场所。

为净化渡良濑蓄水池的水体，日本政府还在蓄水池中部建设了一批人工生态浮岛，种植芦苇等植物，其根系附着微生物，可提供充足氧气，并通过迁移、转化水中的氮、磷等物质，降解水中有机质。浮岛还设置了鱼类产卵用的产卵床，也为小鱼设有栖身地，水中的浮游植物成了鱼饵。人工生态浮岛保证了蓄水池水质的洁净。

1.2.2 国内发展概况

我国在“七五”期间开始人工湿地的研究工作。此外，已有不少单位对人工湿地处理系统的机理、设计及有关问题开展了初步的研究。

目前，我国绝大部分的城市污水处理厂均采用传统的二级活性污泥法处理工艺，这种工艺存在工程投资高、能耗高、运转管理要求高以及处理效果受进水水质和水量波动影响大的不足。目前我国的经济发展水平仍然偏低，存在能源短缺的问题，同时许多地方仍缺乏具有一定操作、管理和技术水平的专业系统管理人员，加之随着改革开放的不断深入，我国乡镇企业如雨后春笋般涌现，业已造成了较重的水环境污染，尤其是水体污染。因此，具有诸多优良特性的人工湿地污水处理新技术，对于我国广大乡村地区及城郊的污水处理来说，不失为一种适宜的处理技术。但推广到一定程度的时候，又发现人工湿地占地面积比较大，限制了人工湿地的推广应用。为了解决这个问题，原国家环保总局华南环境科学研究所汪俊三教授从2001年开始便进行高水力负荷（减少占地面积）碎石床人工湿地的试验研究，包括小试、中试示范工程和示范的应用工程，并取得了一定的成果。

1.2.2.1 华南地区

（1）华南环境科学研究所白坭坑人工湿地

1990年，由原国家环境保护局华南环境科学研究所构建的国内第一座人工湿地在广东省深圳市宝安县平湖镇白坭坑启动运行，整个人工湿地占地8 400 m^2，由四级处理池串联而成，每级处理池又由2～3个小池并联组成，原水经过两级碎石床湿地后，进入氧化塘，再流经碎石床潜流湿地后出水。此系统采用潜流式碎石床的设计，碎石粒径0.5～4 cm不等，系统自流式运行，没有任何电能的加入。该系统设计服务人口7000人，日处理污水最高负荷为3100 t，设计BOD_5进水最高质量浓度为100 mg/L；出水$BOD_5 \leqslant 30$ mg/L；设计SS进水最高质量浓度为150 mg/L；出水SS≤30 mg/L。

白坭坑人工湿地污水处理系统的建成及稳定运行引起了大家的关注，并将这种高效率（BOD_5、SS去除率达90%）、低投资（吨水投资在200元左右）、低运转费（吨水运转费在0.05元左右）、低维持技术（无需高级技术人员值班）、“一少”（吨水用地在3 m^2左右）、“一不”（基本不用耗电）的方法称为污水处理工艺的“白坭坑模式”，狭义上人们也将这种模式理解为采用人工湿地的工艺。

（2）广东省垂直流人工湿地

深圳市环境科学研究所于 1999 年年初设计和修建了垂直流人工湿地，并在广东省推广应用，如深圳“洪湖公园人工湿地系统水质净化工程”“甘坑人工湿地”“石岩河人工湿地”等。

（3）大亚湾核电厂植物碎石床人工湿地

生态环境部华南环境科学研究所设计的广东省大亚湾核电厂抽水蓄能水库，库区水环境保护采取植物碎石床人工湿地。

（4）三水市养猪场人工湿地系统工程

三水市大中型集约化养猪场污水排放量大，经过沉淀、酸化水解等一级处理后，出水 COD_{Cr}、SS 仍然较高，需进行二级处理后方可达到排放标准排入鱼塘。鉴于人工湿地作为二级处理在工业污水处理中已有一定效果，该工程采用推流潜流人工湿地工艺，并采用四级推流串联式，即人工湿地由四小块（级）面积大小相近的湿地串联而成，此方法首次应用于养猪场污水净化。工程设计较早，但考虑得较为全面，利用升流式酸化池进行前期处理，还设计了光合细菌对酸化池流出的废水进行处理，再进入植物碎石床。经过上述处理，出水没有臭味，水也变清澈了。后续还有一个用自然水塘改造的高等植物生物塘，所以该系统出水水质良好。

（5）广州市天河区创建龙洞生态村生活污水治理示范工程

广州市天河区龙洞村旧村住宅区内有 20 多个池塘，但是池塘水质已被严重污染，变成了污水塘。该示范工程将池塘周围的生活污水全部收集，经人工湿地系统处理，使污水得到净化，然后再排入池塘。人工湿地占地面积 900 m^2，污水日处理量为 800 m^3，系统采用沙石作为种植湿地植物的基质，污水在沙石内流动，表面无污水，也不会造成蚊蝇滋生。

该示范工程是一个环型的绿色带，环绕池塘，在湿地系统的外围种植绿化乔木观赏植物，使其形成一个整体的景观。工程自运行以来，出水水质良好。

（6）广东省梅州市蕉岭县人工湿地污水处理

2009 年，蕉岭县尚未建设城市污水处理设施，污水直接排入溪峰河和石窟河，不仅污染水质，危害人们身体健康，还对石窟河下游地区的用水安全构成直接的威胁。

蕉城污水处理厂工程建设总规模为 3.0 m^3/d，分三期实施：①近期（2005 年），1.0 万 m^3/d；②中期（2010 年），2.0 万 m^3/d；③远期（2015 年），3 万 m^3/d。但从蕉岭县 2005 年自来水用水情况及可能的污水收集率分析，要达到远期规模，在时间上还很难预测。因此，该工程以近中期规模为主，即总规模为 2.0 万 m^3/d，分两期建设。一期工程规模 1.0 万 m^3/d，二期工程规模 2.0 万 m^3/d。一期工程于 2008 年 6 月开始建设，目前已完成一期建设，该工程位于县城西南部、石窟河荣春电站蓄水坝下游，处理范围为蕉岭县中心城区（溪峰河北岸地区）的城镇污水，暂不包括溪峰河南岸地区，处理后尾水排至石窟河。该工程采用“一级强化＋推流潜流式人工湿地”工艺，人工湿地计划总占地面积为 1.74 万 m^2，使用该工艺具有投资少、运行费用低、管理简单易行等优势。目前运行情况良好。

（7）广东省梅州市大埔县人工湿地污水处理

广东省梅州市大埔县污水处理厂于 2008 年 6 月开始投入建设，采用“一级强化＋推流式人工湿地”工艺，处理规模为 1 万 t/d，运行情况良好。

（8）中山市民众镇浪网片区生活污水处理人工湿地

（9）深圳市中国资本市场学院人工湿地

（10）原国家环境保护局华南环境科学研究所设计的深圳市甘坑工业区氧化塘

（11）原国家环境保护局承担的“七五”国家攻关项目——华南地区氧化塘设计参数研究——中山温泉宾馆氧化塘

1.2.2.2 华北地区

（1）北京官厅水库永定河人工湿地。官厅水库建于河北怀来永定河，位于张家口市和北京市延庆县界内，是中华人民共和国成立后建设的第一座大型水库，1951 年 10 月动工，1954 年 5 月竣工。设计总库容 41.6 亿 m^3，控制流域面积 4.34 万 km^2，为防洪、灌溉、发电发挥了巨大的作用。官厅水库也是北京市主要供水水源地之一。自 20 世纪 70 年代以来，随着沿岸工业活动的增加，永定河流域自然生态遭到了严重的破坏，河水水质迅速恶化，官厅水库也受到了严重的污染。为了强化永定河水体的自净能力，恢复官厅水库的供水水源地作用，北京市政府决定出资在官厅水库建立一个类似于“白坭坑模式”的大型污水处理系统，也就是著名的官厅水库永定河末端治理人工湿地系统。永定河流经山西、内蒙古、河北等省（区）后流入北京市官厅水库，由于受沿途工农业、生活污水污染，永定河水为劣Ⅴ类水，必须进行生态净化处理后才能进入官厅水库。该人工湿地系统最大处理量为每天 35 万 m^3，一期工程已于 2004 年建成，每天处理量为 3 万 m^3，出水水质达到地表水Ⅲ类标准。

（2）1989—1990 年，天津环境保护科学研究所建立了 11 个试验单元研究芦苇湿地对城市污水的处理能力，并对水力负荷、有机负荷、停留时间及季节等与污水中主要污染物间的作用规律进行探索。

1.2.2.3 西南地区

（1）云南省九溪人工湿地

九溪人工湿地工程是星云湖、抚仙湖环境综合整治出流改道工程中的富营养化湖水净化工程。该工程通过挺水植物带及人工湿地工程，日处理星云湖出流水 20

万 m^3，使水质达到地表水Ⅲ类水要求，最终达到保护抚仙湖、稀释星云湖污染水质、逐步改善其水环境、合理配置和补充玉溪市红塔区水资源的目的。该工程主要包括挺水植物净化带和人工湿地建设。工程总体主要是水质处理设施的布置。挺水植物带要求净面积在 50 亩①左右，除藻池（应急池）面积约为 6 亩，星云湖出流水通过渠、管分别送入 38 个人工湿地子系统，出水收集后统一进入九溪河。整个出流改道人工湿地工程占地 523.89 亩，分为 4 个区：挺水植物带（区）、第一区（由应急池和一级生物塘组成）、第二区（由处理系统一至处理系统四组成）、第三区（由处理系统五至处理系统八组成）。一期工程于 2007 年 1 月试水运行，目前已开始正式运行，出水水质良好。该工程的实施，解决了两湖的部分污染问题以及玉溪市中、长期发展的水源问题。

（2）四川省成都市活水公园

四川省成都市活水公园是一个以水的复活为主题的生态环保公园。从府南河中抽取被污染的河水，经过公园的人工湿地系统进行自然生态净化处理，最后变为达标的活水。它的创意是由美国艺术家、水保护者贝特西·达蒙女士提出的，并组织了中、美、韩三国的水利、城建、环保、园林和艺术等相关专家共同设计建造。王庆安等对活水公园人工湿地塘床系统净化地表水的试验研究结果表明，活水公园人工湿地塘床系统出水水质达到了《地表水环境质量标准》（GB 3838—2002）Ⅲ类水域水质标准。

（3）成都市凤凰河二沟治污工程人工湿地

成都市凤凰河二沟治污工程人工湿地于 2007 年 4 月开始运转，人工湿地占地面积为 5.4 万 m^2，日处理污水量为 2.4 万 m^3，水力负荷为 0.44 t/（$m^2 \cdot d$）。该工程位于成都市域北三环以外区域，邻近天回镇。该工程任务是建造凤凰河二沟水环境综合治理工程人工湿地，对前处理（快速渗滤）出水（一级 A 类）进行人工湿地深度处理，使人工湿地出水达到地表水Ⅴ类水标准。该工程采用高水力负荷的推流潜流式人工湿地系统，从 2007 年 7 月下旬开始正常运转后，水质良好，达到出水标准。

① 1 亩≈666.67 m^2。

第 2 章　人工湿地的分类、组合与运行方式

2.1　人工湿地的分类

2.1.1　按水流分类

人工湿地可按污水在湿地床中流动的方式不同而分为两种类型：地表径流型人工湿地和潜流型人工湿地。潜流型人工湿地又包括水平潜流人工湿地、垂直潜流人工湿地和潮汐流人工湿地。

2.1.1.1　地表径流型人工湿地

地表径流型人工湿地系统也称表面流湿地系统（Water Surface Wetland），如图 2-1 所示。地表径流型人工湿地污水在湿地的表面流动，水位较浅，多在 0.1～0.6 m 处，它与自然湿地最为接近，污水中的绝大部分有机物的去除是由长在植物水下茎、杆上的生物膜来完成的，这种湿地不能充分利用填料及丰富的植物根系，处理效果较低，且易滋生蚊蝇。在冬季或北方地区则易产生表面结冰的现象或系统的处理效果受温差影响大的问题，因而在实际工程中应用较少。但这种湿地系统具有投资低的优点。

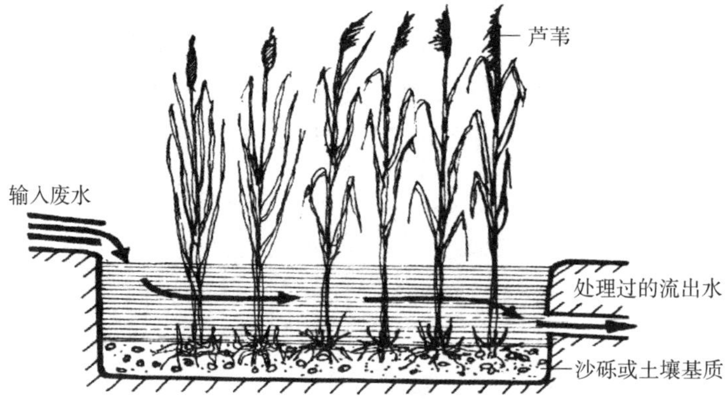

图 2-1　地表径流型人工湿地系统示意图

2.1.1.2　潜流型人工湿地

潜流型人工湿地系统也称渗滤湿地系统（Infiltration Wetland），如图 2-2 所示。

在潜流型人工湿地系统中，污水在湿地床的内部流动，因而一方面可以充分利用填料表面生长的生物膜、丰富的植物根系及表层土和填料截留等的作用提高污水处理效率和能力；另一方面则由于水流在地表以下流动，不容易产生臭味或滋生蚊蝇，并且可以处理较高负荷的废水。但是如果有机负荷太重，系统往往会堵塞，因此常常采用多个进口，尽可能均匀地分散悬浮固体，前期通常有一个沉淀过程，以除去悬浮固体，避免堵塞。但这种湿地系统的投资要比地表径流系统高，一般为地表径流湿地建造费用的 4 ～ 8 倍，其中主要是砂砾填充费用。它是目前研究和应用比较多的一种湿地处理系统。

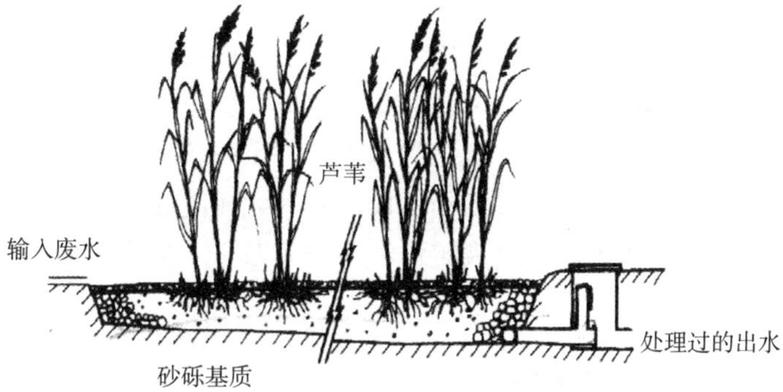

图 2-2　潜流型人工湿地系统示意图

在潜流型人工湿地系统的运行过程中，污水经配水系统（由卵石构成）从湿地的一端均匀地进入填料床植物的根区，水位保持在基质表面之下。垂直流根区填料由三层组成：表层土壤、中层砾石和下层小豆石。在表层土壤种植耐水性植物，如芦苇、茳芏（俗称淡水草席草）、蒲草和大米草等。这些植物有非常发达的根系，可以深入表土以下 0.6～0.7m 的砾石层中，并交织成网与砾石一起构成一个透水性良好的系绕。同时，这些植物根系具有较强的输氧能力，可以使根系周围的水环境保持较高浓度的溶解氧，供给生长在砾石等填料表面的好氧微生物的生长、繁殖及有机污染物的降解所需。潜流型人工湿地经过净化后的出水由湿地末端集水区中铺设的集水管收集后排出处理系统。由于这种工艺利用植物根系的输氧作用，也将其称为污水处理的根区方法（Root Zone Method，RZM），而这种人工构造的系统也被称为根区处理床。一般情况下，这种人工湿地的出水水质优于传统的二级生物处理。

潜流系统又可设计成为平流或垂直流。平流系统包括一个种有植物的黏土床或碎石矩形床，黏土床还常常添加钙和铝补充物来改善土壤结构，增加土壤沉淀磷酸盐的能力，废水在该系统中水平地流过植物的根围。该系统能有效降低生化耗氧量，减少悬浮固体，但由于黏土床相对缺氧，所以这类系统还需改进。

近年来，人们逐渐对垂直流床产生了浓厚的兴趣。在垂直流系统中，人们能够以间歇的剂量将废水施用于床表面，废水垂直渗过砂砾基质，达到较好的处理效果，而交替的潮湿期和干燥期则可以提高基质的固磷作用。

（1）水平潜流人工湿地

水平潜流人工湿地因污水一端水平流过填料床而得名。它由一个或几个填料床组成，床体填充基质。与自由表面流人工湿地相比，水平潜流人工湿地的水力负荷高，对BOD、COD、SS、重金属等污染物的去除效果好，且很少有恶臭和蚊蝇滋生现象，是目前国际上研究和应用较多的一种湿地处理系统。它的缺点是控制流程相对复杂，脱氮、除磷的效果不如垂直潜流人工湿地。

（2）垂直潜流人工湿地

垂直潜流人工湿地系统综合了地表径流型人工湿地系统和潜流型人工湿地系统的特性，见图2-3。在垂直潜流人工湿地中污水从湿地表面纵向流入填料床的底部，床体处于不饱和状态，氧气可通过大气扩散和植物传输进入人工湿地系统，该系统的硝化能力高于水平潜流湿地，可用于处理氨氮含量较高的污水。其缺点是对有机物的去除能力不如水平潜流人工湿地系统，落干、淹水时间较长，控制相对复杂。

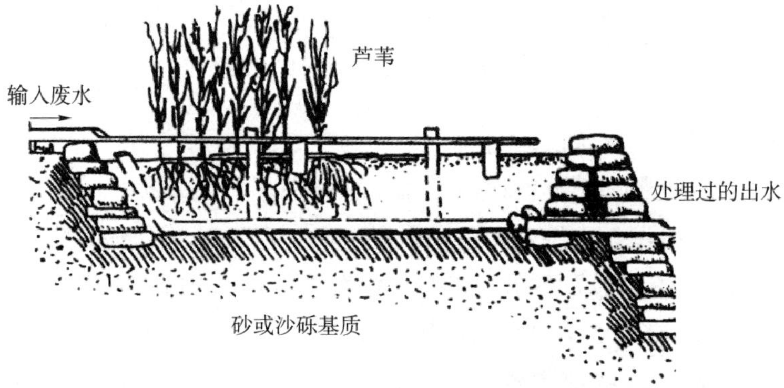

图2-3 垂直潜流人工湿地系统示意图

潜流型人工湿地主要由3部分组成：基质、植物和布水系统。目前人工湿地系统可用的基质主要有土壤、碎石、砾石、煤块、细沙、粗砂、煤渣、多孔介质、硅灰石和工业废弃物中的一种或几种组合的混合物。基质一方面为植物和微生物生长提供介质，另一方面通过沉积、过滤和吸附等作用直接去除污染物。潜流型人工湿地中使用的植物主要有香蒲、芦苇、灯心草等，这些植物可增加湿地基质的遇水性，还能与周围环境的原生动物、微生物等形成各种小环境，将氧气传输至根区，形成特殊的根际微生态环境、这一微生态环境具有很强的净化废水的能力。在美国，大约40%的潜流型湿地只种植香蒲这一种植物，欧洲国家则多数种植芦苇，也有一些系统种植了多种组合植物。布水系统主要是将进水按一定方式均匀地分布在处理系统中，并且保证不发生短流和堵塞，在潜流型人工湿地处理系统中多采用穿孔管布水系统。

（3）潮汐流人工湿地

潮汐流人工湿地系统是近年来由伯明翰大学的研究人员提出的，他们利用芦苇床进行了该试验。在这种湿地系统中，芦苇床交替地被充满水和排干。在向床内充水的过程中空气被挤出，床的基底材料逐渐被淹没。当芦苇床中的水饱和以后，空气就全部被排出，在排水过程中新鲜的空气则被带入床内。伯明翰大学的最新研究成果表明，当水被排出芦苇床，有机污染物留在基底内时，是氧消耗量最大的时刻。因此，在排水过程中进入的新鲜空气可以作为去除污染物的氧源。通过这种交替的进水和空气运动，氧的传递速率和消耗量大大提高，极大地提高了芦苇床的处理效率。但是，潮汐流人工湿地运行一段时间后，床体可能会被大量的生物堵塞，限制水和空气在床体内的流动，从而降低处理效果。因此，设计时考虑到用备用床交替运行，以便利用闲置期进行生物降解。

2.1.2　按植物分类

人工湿地根据湿地中的主要植物形式可分为三种类型：浮水植物系统、沉水植物系统和挺水植物系统。沉水植物系统还处于试验阶段，其主要应用领域为初级处理和二级处理后的精处理。浮水植物主要用于 N、P 去除和提高传统稳定塘的效率。目前人工湿地一般所指的是挺水植物系统。

2.1.2.1　浮水植物系统

在浮水植物系统中，水生植物漂浮于水面，根系呈淹没状态；部分植物根系少或无根系。氧化塘可以通过接种浮水植物达到处理污水的目的，常见的已被大规模应用的浮水植物有凤眼莲和浮萍。浮水植物系统的自净功能不同于兼氧塘，因为该系统光合作用放出的氧气都在水面上（不同于生长在水面下的浮游藻类），这有效地减少了空气中氧气的扩散，因而浮水植物系统是缺氧的，其有氧活动主要局限于根部。大多数的生长水域内，水生植物处于缺氧状态，耗氧程度取决于有机负荷率。

（1）浮水植物系统的自净途径

浮水植物系统的自净功能主要通过以下三种途径实现：

①通过寄居于黏附在水体中植物根系上、池底沙中的混合兼氧微生物的新陈代谢实现自净；

②对污水中固体和内部产生的大量生物的沉积截留实现自净；

③现存植物对营养的吸收及后期的收割。

（2）浮水植物系统的缺点

①浮水植物系统一般包括一种或少数几种植物，容易受到短期内部分或全部植

物死亡的灾害性事件的威胁。如凤眼莲因低温或大量虫害的袭击而死亡；浮萍在冬季也容易死亡。当浮水植物系统中的植物大量消失时，其自净功能将严重受损。

②浮水植物需要定期收割，但由于这类植物的含水率达到 95% 以上，收割后需要干化，干化后的植物需要处理。

浮水植物系统的深度不一，如凤眼莲的深度为 0.4～1.2 m，浮萍深度为 0.2～0.8 m。此系统进行二次处理时，BOD 负荷应小于 100 kg/（hm^2·d）。系统在用于污水深度处理和营养物去除时，有机负荷应保持在 35 kg/（hm^2·d）以下。一般水力负荷率在 2～15 cm/d［0.7～5 hm^2/（1 000 m^3/d）］的范围内。

2.1.2.2 沉水植物系统

在沉水植物系统中，植物完全淹没于水中。系统中水的浊度不能太高，否则会影响植物的光合作用。因此，该系统适用于处理二级出水。

2.1.2.3 挺水植物系统

根据水流状态，挺水植物系统可分为三类。

（1）自由水面系统（Free Water System，FWS）

污水从系统表面流过，氧气通过水面自由扩散补给。进水中所含的溶解性和颗粒型污染物与系统介质和植物根系接触。常用的植物包括香蒲、芦苇、慈姑、莎草等。

（2）潜流系统（Subsurface Flow，SSF）（又称潜流湿地）

①水平流潜流系统（Horizontal Subsurface Flow，HSF）

污水从进口处经由砂石等系统介质，以近水平方式在系统表面以下流向出口。在此过程中，污染物得到降解。介质通常选用水力传导性良好的材料，氧气主要通过植物根系释放。在欧洲，该系统主要应用芦苇，香蒲也是此类系统常用的湿地植物。

②垂直流潜流系统（Vertical Subsurface Flow，VSF）

该系统通常在整个表面设置配水系统，并周期性进水。系统下部排水，水流处于系统表面以下，目的是系统可以排空水，最大限度地进行氧气补给。

2.2 人工湿地的工艺组合

人工湿地的工艺组合有多种形式，其中常用的有推流式、回流式、阶梯进水式、综合式四种，如图 2-4 所示。

回流式人工湿地可稀释进水的有机物和悬浮物浓度，增加水中的溶解氧，并减少处理出水中可能出现的臭味问题。出水回流还可促进床内的硝化和反硝化脱氮作用，采用低扬程水泵，通过水力喷射或跌水等方式进行充氧。

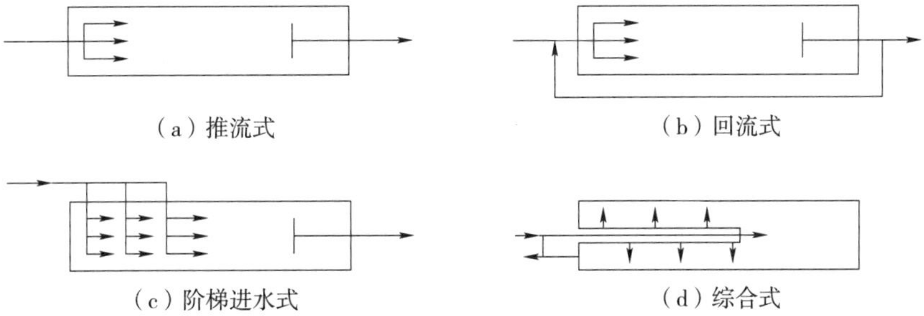

图 2-4　人工湿地的工艺组合

阶梯进水式人工湿地可避免处理床体前部堵塞，使植物长势均匀，有利于床体后部的硝化脱氮作用。

综合式人工湿地一方面设置了出水回流，另一方面将进水分布至填料床的中部，可以减轻填料床前端的负荷。

2.3　人工湿地的运行方式

人工湿地的运行可根据处理规模的大小进行多种方式的组合，一般有单一式、并联式、串联式和综合式等，如图 2-5 所示。在日常使用中，人工湿地还常与氧化塘等系统串联组合。

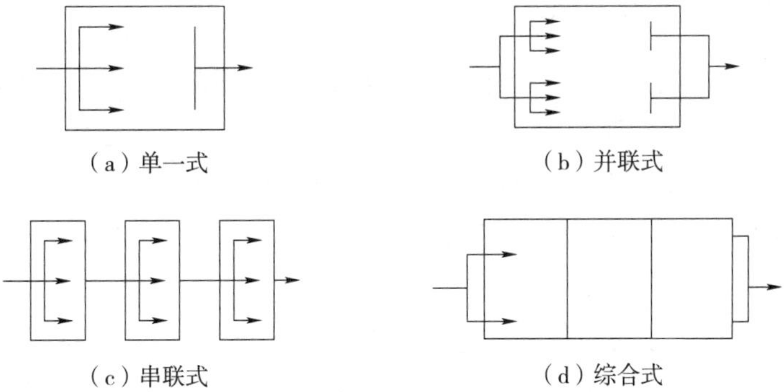

图 2-5　人工湿地的运行方式

第 3 章　人工湿地的结构与功能

人工湿地对废水的处理综合了物理、化学和生物三种作用。湿地系统成熟后，填料表面和植物根系会由于大量微生物的生长而形成生物膜，废水流经生物膜时，大量的 SS 被填料和植物根系阻挡截留，有机污染物则通过生物膜的吸收、同化及异化作用而被去除。湿地植物床系统中因植物根系对氧的传递释放，使其周围的环境依次呈现好氧、缺氧和厌氧状态，保证了废水中的氮、磷不仅能作为营养成分被植物和微生物直接吸收，还可以通过硝化、反硝化作用及微生物对磷的过量积累作用将其从废水中去除，最后因湿地床填料的定期更换或栽种植物的收割使污染物最终从系统中去除。

3.1　人工湿地生态系统组成与结构

生物与环境是相互联系、相互作用的。在一定的区域内，所有的生物群落同它们的理化环境相互影响、相互作用，使得能量的流动在其内部形成一定的营养结构、生物多样性和物质循环，这样的一个单元统称为“生态系统”。

3.1.1　湿地生态系统的概念

在生物科学的发展史上，人们很早就提出了生物与环境的统一性问题。但同生态系统相关的术语，直到 19 世纪后期才出现在欧美一些国家的生态学文献中。德国生态学家 Mobius 把一个牡蛎礁上的全部生物称为生物群落（Biocoenosis）；美国学者 Forbes 将一个湖泊称为“小宇宙”（Microcosm）；20 世纪前半叶，欧美的一些生态学家和地理学家在 19 世纪先驱者的思想启发下，根据各自领域的研究结果用不同的术语表达了生态系统的概念。英国植物生态学家 Tansley A G 最先提出了“生态系统”这一术语，强调了理化因子与有机体一样应作为生态系统的组成部分。后来，生态系统逐渐得到公认，并且不断得到补充和丰富。尤其是自 20 世纪 60 年代后期以来，由于人类的经济活动造成了严重的生态后果，生态学家普遍注重以生态系统为单元的生物与环境之间的关系的研究。生态系统已成为现代生态学的研究重心，这也是合理对待和解决当今世界所存在的环境、人口、资源等关系人类生存的一系列重大问题的需要。现代生态学不仅把人包括在“生物”之内，而且更强调人类活动所产生的影响；“环境”也不单指生物的栖息环境，而是更着重于人类的生活环境。地球上的生态系统，无论按基质、成因还是区域划分类型，湿地生态系统都是其中极其重要的组成部分。中国是亚洲湿地类型最齐全、数量最多、面积最大的国家。湿地生态系统就是生物群落及其多水环境相互作用的统一体，并且在系统内部因能量流动而形成一定的营养结构、生物多样性和物质循环（即喜湿生物与非生物之间的物质交换）。湿地不仅具有丰富的资源，还具有巨大的环境调节功能和环境效益。

3.1.2　湿地生态系统的基本特征

湿地生态系统是具有一定结构和功能的统一体。从结构上看，湿地生态系统包括六个部分：①参加物质循环的无机物（C、N、P、CO_2、H、O 等）；②联系生物和非生物的有机化合物（蛋白质、碳水化合物、脂质、腐殖质等）；③气候条件（温度、光照及其他物理因素）；④生产者（自养生物），主要是指绿色植物，它们能利用简单的无机物质制造食物；⑤大型消费者或吞食者（异养生物），主要是吃其他生物或颗粒有机物质的动物；⑥微型消费者、腐食者或分解者（异养生物），主要是细菌和真菌，它们能分解死亡的原生质中复杂的有机化合物，吸收某些分解产物和释放可被生产者利用的无机营养物，同时可以释放某些可供其他生物作为能源的有机物质，或者对其他生物的生长有抑制或促进作用的有机物质。这六个组成部分中，前三个是湿地生态系统的非生物成分，后三个是湿地生态系统的生物成分。

在复杂的生物界中，生物体的结构是具体的（可以通过解剖来了解其结构），生物体的界限也是明显的，但生态系统的界限并不十分明显，而湿地生态系统的界限更加复杂。湿地是水陆相互作用的过渡带，具体界限很难人为界定。因此，要研究湿地生态系统的结构，必须根据研究目的将其分成不同的尺度，弄清湿地生态系统的实质及其组成部分。

3.1.3　人工湿地的组成

人工湿地是一种由人工建造和监督控制的、与沼泽地类似的地面，它利用自然生态系统中的物理、化学和生物的三重协同作用来实现对污水的净化。湿地生态系统的结构包括非生物部分（生态因子）和生物部分。湿地生态因子决定了湿地生态系统的相应组成成分；而湿地植物、底栖动物、微生物是湿地生态系统中不可缺少的成员，它对湿地生态系统中物质循环、能量流动起着重要作用，制约着湿地类型的分异和演替。

人工湿地的结构与功能相适应，因此为了研究湿地生态系统的功能，必须先研究湿地生态系统的结构。

3.1.3.1　非生物组成

透水性的基质，如土壤、砂、砾石。

3.1.3.2 生物组成

（1）生产者

湿地生态系统的一个显著特征是湿地作为生物的栖息环境，由于水的理化特性，湿地环境在许多方面与一般陆地环境不同。自养型生物，包括所有进行光合作用的湿地植物，是湿地生态系统中最积极、最重要的因素，构成湿地生态系统中的自养组成部分——湿地植被和化能合成细菌。湿地植被是最重要的生产者，提供第一性生产量。化能合成细菌能把无机物合成为有机物。它不是利用太阳能作为能源，而是利用某些物质在化学变化过程中产生的能量作为能源。例如，硝化细菌可以把氨氧化为亚硝酸和硝酸，利用这一氧化过程中释放的能量把二氧化碳和水合成为有机物。组成湿地植被的绿色植物具有叶绿素，利用光能，吸收水、二氧化碳和无机盐类，通过光合作用制造初级产品——碳水化合物，碳水化合物可被进一步合成脂肪和蛋白质，用来建造植物体本身。这些有机物是湿地草食动物及其他一切异养生物的食物来源。

湿地区域的生产者主要有两大类：一类是有根的水生、沼生、湿生植物和浮游植物，即漂浮的绿色植物；另一类是个体很小的各种藻类（浮游植物），它们按照日光所能达到的深度分布于整个水域，其生产力远比陆地植物高，而生物量则显著地低于陆地植物。沼生植物、水生植物、湿生植物进行光合作用时，制造有机物的二氧化碳从空气中取得，而其他原料则从水表层下方得到，从水下淤泥缺氧沉积物中回收营养物质，因而为生态系统提供了一个有用的“营养泵”。例如，广布世界各地的芦苇属（*Phragmites*）、香蒲属（*Typha* L.）、藨草属（*Scirpus* L.）和灯心草属（*Juncus* L.）等多种沼生植物，都是主要的生产者。另有分布于温带的苔草属（*Carex* L.）、羊胡子草属（*Eriophorum*）、黑三棱属（*Sparganium* L.），分布于热带、亚热带的生稻属（*Oryza* L.）、红树属（*Rhizophora* L.）、秋茄树属（*Kandelia*）和桐花树属（*Aegiceras* Gaertn.），以及青藏高原特有种藏北嵩草（*Kobresia littledalei* C.B.Clarke）、西藏嵩草（*Kobresia tibetica* Maxim.）、木里苔草（*Carex muliensis*）等。沼生植物与湿生植物一起，成为水体与陆地环境之间的主要联系环节，它们为鱼类、两栖类、鸟类和哺乳动物提供食物和隐蔽场所。而且，对于部分时间于水流中度过、部分时间于陆地上度过的昆虫，为它们提供便利的进入水体和离开水体的途径。

（2）消费者

湿地生态系统的消费者，除草食性浮游动物之外，还包括其他食性的浮游动物、底栖动物、鸟类、鱼类等。这些湿地动物处于食物链（网）的不同环节，分布在水体的各个层次，其中不少种类是杂食性的，并且有很大的活动范围。生活在湿地中的各类动物以及某些腐生、寄生的菌类，依赖生产者生产的有机物来获得能量，以维持自身的生命活动。有直接吃沼泽植物的叶、根、果实和种子的动物，即食草动物（一级消费者），如轮虫类、扁虫类、潜水甲虫、蜗牛、蝌蚪和某些昆虫、鱼类等；有以食草动物为食的食肉动物（二级消费者），如青蛙、水蛇、狗鱼、某些鸟类和小型哺乳动物等；在食肉动物中，还有凶猛的大型动物（三级消费者），如虎、豹、狼、鹰等；有些动物，既吃植物，又吃食草动物，被称为杂食动物，如熊、鱼和某些水禽等。

（3）分解者（异养生物）

湿地生态系统分解者分布范围较广，但是通常在水底沉积物表面的数量最多，因为这里积累了大量的有机物质。一般来说，天然水域中只有少数细菌和真菌会危害活的生物体（属于致病菌），而绝大多数的种类都是在生物体死亡之后才开始侵袭的。在合适的水温条件下，水体中死亡生物的有机物质很快会被微型消费者所分解，释放出简单的无机营养物质。同陆地生态系统相比，水体中营养物质循环的速度快，但微型消费者在其营养物质再生中起作用的是细菌、真菌、霉菌、放线菌以及土壤原生动物和小型无脊椎动物，以分解有机物为生。微生物与小型无脊椎动物将动、植物的残落物和死亡有机体等所含的复杂有机物分解成简单的无机物，使其返回到环境中去，重新供绿色植物来制造新的有机物。

3.1.4　人工湿地的结构

绝大多数人工湿地由三部分组成：①具有各种透水性的基质，如土壤、砂、砾石；②适于在饱和水和厌氧基质中生长的植物，如芦苇；③微生物及微型生物。

人工湿地系统是在一定长宽比及底面坡度的洼地中，由土壤和按一定坡度充填一定级别的填料（如砾石等）的混合结构的填料床组成，废水可以在填料床床体的填料缝隙中流动，或在床体的表面流动，并在床体的表面种植具有处理性能好、成活率高、抗水性强、生长周期长、美观及具有经济价值的水生植物（如芦苇、茳芏等），形成一个独特的动植物生态环境，对废水进行处理。其中湿地植物具有三个间接的重要作用：①显著增加微生物的附着（植物的根、茎、叶）；②湿地中植物可将大气氧传输至根部，使根在厌氧环境中生长；③增加或稳定土壤的透水性。植物通气系统可向地下部分输氧，根和根状茎向基质中输氧，因此可为根际中好氧和兼氧微生物提供良好环境。植物的数量对导水性有很大影响，芦苇的根可松动土壤，死亡之后可留下相互连通的孔道和有机物。不管土壤最初的孔隙率如何，大型植物根际的导水性相当于粗砂的 2～5 倍。

3.2　人工湿地的功能

世界各地河流的污染主要是大量未被处理的污水排放所致。近年来，由于越来越多的国家对提高河流水质的呼声日益高涨，这种压力使得各种污水处理新技术的评估工作得以全面展开。其中，湿地被普遍认为是一种前景光明的新兴污水处理技术，由于其低开发、低运维、低能耗和高稳定性以及能提供良好的二次或三次处理等优点，目前已被许多国家的政府采纳和利用。

农耕区河流的营养输出问题早在20世纪50年代末期就已被科学家们发现，但当时人们普遍认为，与污染地区的污水排放相比，这种营养输出显得微不足道。但时至今日，随着化学肥料的广泛施用以及与此同时对污染地区污水排放的控制，农业已成为水生生态系统营养物质的主要来源。在许多国家，农业已成为河流最大的非点源污染者（Non-Point-Source Polluter），与工业废水和城镇生活污水有固定的起源地，可以通过就地建造污水处理厂统一控制不同，农耕区的非点源污染必须通过一系列不同的策略来加以控制，其中湿地便是科学家们所优先考虑及最感兴趣的污水处理途径之一。

在废水污染问题上，大多数西方工业化国家都经历了“忽视—受害—重视”的过程。历史教训证明，“先污染后治理”是一条痛苦的道路，中国应当尽量避免走这条老路。考虑到我国目前已有众多河流湖泊遭受不同程度的污染，有些甚至已经严重影响了当地居民的正常生活，所以采取必要措施控制废水污染已经刻不容缓。近些年来，世界各地纷纷掀起利用自然或人工湿地处理污水的热潮，多年的研究和实践证明，湿地对控制废水污染是行之有效且经济实用的。

人工湿地的功能有很多，它在提供水资源、调节气候、涵养水源、均化洪水、促淤造陆、降解污染物、保护生物多样性和为人类提供生产、生活资源等方面发挥了重要作用，人工湿地的功能主要有以下几方面。

3.2.1 污水处理及水质净化功能

人工湿地适用面广泛，不仅可以用于以脱氮除磷为主要目的的三级处理，还可以直接用于污水的二级处理；不仅可以处理以耗氧有机物和N、P等营养物为主的生活污水，而且可以处理以耗氧有机物、重金属和油类为主的工业废水；不仅可以应用于集中点源的治理，还被国内外许多研究人员或工程技术人员经过工艺改造后用于农业面源污染、城市或公路径流等非点源污染的治理。人工湿地污水处理主要通过以下几方面净化水质：

（1）除氮作用

除氮作用是通过细菌降解或沉淀污染物实现的。N是污水负载的主要营养成分之一。“第二次世界大战”以来，N作为环境公害的危害日益突出。日益严峻的海岸带富营养化的主要原因正是河流中氮素的增加（而原来氮素是该生境的主要营养限制因子）。因此，湿地的前景关键在于其去除污水中N的能力。

湿地通过三种机制除N：①生物同化；②还原成氨；③反硝化作用。三种机制中，起决定性作用的是反硝化作用，它所产生的氮气通过底泥的扩散或植物导气组织的运输最终散逸到大气中去。

潜流型人工湿地对氮的去除作用包括吸附、过滤、沉积、氨挥发、植物吸收、微生物硝化和反硝化作用；其中微生物的硝化和反硝化作用在 N 的去除过程中起着重要作用。在潜流型湿地系统中，O 的主要来源是植物根系，但这种能力是有限的，这就妨碍了任何流经该水域水流对氨的硝化作用：为提高潜流型湿地的供氧量，可以周期性地改变水深促使根系向纵深生长，增加暴露水面或地表漫流区以促进表面复氧作用，或采用间歇布水的方式，以及采用频繁注入和循环多个平行床系统使大气中的氧进入介质中的方法。Platzer 指出，潜流型湿地系统的高净化能力主要是依靠土壤有效的通气性，BOD、COD、氨氮的去除能力很高，但总氮的去除能力却有限。Green 研究了系统中氧的分布随时间和空间的变化，并通过给湿地系统增设输气管，利用慢灌快排使系统充分进气，以增加内部溶解氧的含量来提高系统的硝化反应能力，结果大大提高了氨氮的去除率。

（2）除磷作用

水体中总磷主要由有机磷和无机磷组成，其中各自又分为可溶性和不溶性两种形态。各种形态的磷在湿地中的循环和吸收过程受多种因素的影响，有的并未完全为人们所了解。人工湿地对磷的去除一直是湿地设计者所关心的问题，现有的湿地污水处理工程中，对磷的去除常常不能达到令人满意的效果。需要加大湿地面积，增加停留时间以提高去除率，而且冬季的去除效果也不能保证。

吴振斌等（2001）建立以亚热带湿生、水生植物为主的 12 套下行流—上行流人工湿地系统处理城镇生活污水。在磷的去除湿地系统中由于采用了下行流—上行流的水力管理方式，大大增加了湿地的作用面积，减少了污水在系统中的停留时间，平均停留时间仅有 18 h，与以往文献报道的湿地系统相比有极大的优势。整个运行过程中，水力负荷在该试验中不是决定湿地系统除磷效率的因子，尤其是种植植物的湿地，在水力负荷加倍时，去除率也未明显下降，仍然保持较高水平。试验时，人工湿地进水中的无机磷含量与总磷密切相关，说明进水中磷的成分比较稳定。但经过湿地处理后，无机磷与总磷含量之间不再存在线性关系，而且各系统出水中无机磷占总磷的比例都有了较大上升。各系统中还出现了磷释放现象，无机磷比总磷的释放现象更为严重。通过这些结果可以推断，人工湿地对磷的去除主要是通过对不溶性磷的吸附和沉积作用，植物、藻类等对无机可溶性磷酸盐的吸收作用并不明显。但通过小试系统中植物系统和无植物系统的比较，仍然可以看出植物的存在对人工湿地磷净化功能的实现有极大的作用。

（3）对重金属去除

许多金属元素是重要的微量营养元素，但是一些金属元素在污水中超过一定浓度时，对某些敏感微生物就具有毒害作用。一些金属元素的生化转化特性和化学特征可以生物富集，最终导致其沿着食物链在生物体内的浓度不断提高。生物富集对食物链中的最顶端生物，包括人类具有巨大的危害作用，但是大多数金属在生物组织和土壤中更易浓缩，生物富集作用也不经常出现。

为了防止对环境产生毒害作用，污水在排入自然水体之前必须去除金属元素。但是通过湿地实现这一目标时必须谨慎，地表水流经湿地通常是开放的环境，湿地系统和外部环境之间的生物群可以自由运动。生物体受到金属的危害后，其通过生物的运动使其他地区也受到污染，甚至可以进入人类的食物链。为了防止这一问题的出现，湿地系统的设计和运行人员应该通过预处理使进水在排入湿地系统之前，其金属浓度就减少到危险水平以下。第二种方法就是减少金属进入的机会。潜流湿地和表面流湿地中单一类型的大型植物可以部分实现这个功能。

湿地与微量金属通过多种方式相互作用，可以有效地去除金属，主要的作用机理是①与土壤、沉积物、颗粒和可溶性有机物的结合；②作为不可溶的盐类沉淀下来，主要是硫化物和氢氧化物；③被植物和微生物吸收。

重金属仅有很少一部分（除了汞和硒）以气体形式去除，微生物的调节作用是通过微生物生长产生的硫化物沉淀来实现的。藻类和植物的吸收可以促进生长。如果金属浓度较高，还可以起到保护作用。

湿地中金属离子可以通过阳离子的交换和螯合作用与固体结合。在沉积物和土壤的阳离子交换位上，二价和三价金属离子可以和 H^+ 进行交换，通常湿地的结合能力不太明确，也无法预测，因此在设计前应进行试验。在泥炭中镍的结合能力为 1 000～10 000 mg/kg，铜、镉和镍在泥炭中的结合能力基本相同。

硫化物沉淀主要取决于湿地土壤中 S^{2-} 的形成，这需要厌氧环境和较低的氧化还原电位，此外还需要足够的硫源以满足金属的需要。例如，10 mg 的镉沉淀需要 0.85 mg 的硫酸盐还原才能获得所需的硫化物。

金属通过细根部到达植物体中，大多数在根部被拦截，少量的到达茎和叶部。根部死亡后，一部分金属可能永久埋藏在地下。目前尚无数据表明根部降解过程中释放出的金属离子数量。

藻类可以通过不同方式与不同的金属相互作用，然而一些微量金属对很多有机体、藻类和无脊椎动物有毒害和抑制作用。

到目前为止，还没有形成不同功能生态系统的完整金属去除模型，其可靠性也必须通过微观过程的详尽研究，结合湿地处理系统去除微量金属的数据来验证。微观研究表明，金属浓度随着时间呈指数下降，如香蒲湿地中的铜和铬。

3.2.2 美学功能

湿地植物的美学功能是人工湿地的一种重要功能，但却常常被人们低估。人工湿地植物一般是常绿植物，终年郁郁葱葱，人工湿地中不但有观赏植物，花红柳绿，还有各种散发香味的花草，如野姜花、米兰，所以很多人工湿地兼有公共娱乐区、生态公园功能，吸引不少游客和附近居民，也是人们散步、慢跑、观鸟的好去处。

3.2.3　生态功能

人工湿地污水处理系统的实质就是生态学中的人工湿地系统。在这个系统中，生态系统能流、物流可以正常循环，生物多样性得到很好保护，人类的环境和动植物的生境得到充分保护。目前《湿地公约》有 116 个缔约国，这充分说明了湿地的重要性。

人工湿地一建立，除人工栽培的高等植物外，野生动植物，特别是野生动物会明显增多。首先是昆虫，其次是鸟和爬行动物，最后是哺乳动物，人们在欣赏多姿多彩的景观效果的同时，又能欣赏到更高层次的野生动物世界，其乐无穷。

3.2.4　环境教育场所，环境生态研究基地

人工湿地可作为附近中小学进行环境教育的场所，人工湿地优美的外观吸引了很多人，人们在大自然的陶醉下看到了污水的生态处理，认识到污水处理的重要性，看到了人工干预（生态建设）下，环境恢复的可能性和人为保护下自然界的自我平衡能力。

人工湿地处理污水是一种物理、化学、生物多学科互相渗透的高新环境工程，也是一个起步较晚、前途光明的新学科，有很多东西需要科技人员去探索。

第 4 章　人工湿地的处理原理及机制

生态过程对于长期维持生态系统以及物种演替是非常重要的，生态系统功能指标能表达生态过程的信息；而生态系统水平上的过程一般不作为胁迫指标，因为它们比结构指标反应慢但恢复快。例如，生态过程源于物种的相互作用，因此功能的衰减发生在组成物种被影响之后，并且在功能减弱前物种功能的冗余性（Redundancy）增加了时间长度，可能加快受扰功能的恢复，因为当一个物种被影响时，另一个物种可替代前物种发挥同样的功能。尽管生态过程的有用性受到怀疑，但它们可能是敏感的早期压力预警指标。Oneil R V 等曾研究发现，在营养物循环中可以监测到扰动，而种群结构参数却没有明显变化；Kelly J R 等的研究也得出，初级生产和分解是对有毒流入物最敏感的反映指标。一些生态过程指标也是容易被迅速测量的，如初级生产力、碎屑量、土壤溶解物的营养物含量等。

湿地生态系统生态过程主要是指以湿地生态系统物理过程、化学过程和生物过程为主线，探明其发生、发展的机制，以更好地认识湿地生态系统的功能。其主要研究生物过程（初级生产）、化学过程（生物地球化学及营养物质次生代谢）和物理过程（能量流动）三个主要过程。在所有调节生态系统活动和进化的功能中，矿物质循环极其重要。元素循环是一个在系统内将许多其他功能连接在一起的综合过程，事实上，有机物生产、物质循环和能量流动是三个不可分割的过程，生命系统的存在依赖于生态系统的能量流动和物质循环，两者都影响了有机体的丰富度、生命活动中的代谢和生态系统的复杂性。一些元素是能量流动和固定所必需的，而能量又是物质循环的驱动力，没有能量，物质循环就无法进行。有机物生产则是能量流动和物质循环的结果和体现。因此，能量流动与物质循环也是湿地生产力研究中不可或缺的一部分。

4.1　湿地生态系统物理过程概述

湿地生态系统的太阳辐射能不仅为生态系统的生存和繁衍提供动力并发挥多种效应，而且推动着环境系统各要素的变化和发展。湿地生态系统的物理过程是研究湿地生物与环境中物理生态因子之间相互作用的过程，主要是指水、温度、能量等生态因子在湿地生态系统中的运移、传播及归趋效应。

4.1.1　湿地水文过程对生态系统的影响

水是湿地生命的“血液”，水分条件的特殊性也是界定湿地的最显著和最重要的条件之一。湿地的水文效应对湿地生态系统的结构和功能的作用非常重要。湿地具有蓄水、调节气候和河川径流、控制洪水的功能；沼泽湿地土壤多为泥炭沼泽土和泥炭土，泥炭的孔隙度大，呈海绵状，具有很强的持水能力。草本湿地泥炭的持水量一般为 300%～600%，泥炭藓的持水量可达 2 000%。而湿地植物是湿地水文条件的重要指示植物，它是湿地最活跃的因素，具有一定的“生物工程师”功能，即能减小流速、稳定沉积物和为微生物、无脊椎动物、鸟类和鱼类提供栖息地。

因此，沉水植物的结构在湿地生态学中的重要性远高于植物本身物质的直接生产。流速测量表明，在形成草冠的区域内由于水草组织形成的茂密网络结构，水流的速度锐减。在大型水生植物区域内基质上的这种低能量环境的产生有利于细小的矿物质和有机质颗粒的保持。而形成对照的是，在斑块的周围区域，加速后的水流在粗糙的基质表面形成了水流的管道。因此大型水生植物嵌块体的发展可以增加水流的空间异质性和沉积物的类型，通过在基质和水草表面形成不同生境增加生物多样性。但对于那些生长在敞水区的流线形水生植物来说，生境的镶嵌现象不是十分显著，这就使得水流可以穿过植被，而且产生变化较小的流速和沉积物组分。Oglesby 和 Bilby 等分别报道了受到严重干扰后一些湿地植被的变化情况，但很少有报道提及干扰对湿地植被的盖度和种类丰富度的影响；有关洪水干扰的定时发生对湿地植被影响的报道更少。在两个植被周期的基础上，Barrat-SeSretain 和 Amoros 对法国的一条旧河道内不同嵌块体的水生植物受洪水干扰后的再恢复进行了研究。根据总植被盖度和种丰富度的数据，他们发现在所有干扰区域内的植被恢复都很快；随着春天的到来，受干扰样地和参照样地之间没有显著差别；干扰对植物的影响更是受植物生物气候学的影响；夏季的湿地植物群落要比冬季的湿地植物群落更易受洪水干扰。

4.1.2　湿地能量对生态系统的影响

湿地植物进行能量转化，所依赖的最初能量来源是太阳辐射能。湿地植物在能量代谢活动中，首先从所处的能量环境中吸收太阳辐射能，然后通过光合作用固定已经吸收了的太阳辐射能并将其转化为化学能。其中，一部分能量在其能量代谢活动中被损耗，余下的能量得以不断积累，用于合成各种含能物质。水和热控制着许多湿地过程，并且水、热作为湿地环境的两大要素，与其他要素（如地貌、地质、生物等）相互作用、相互影响，共同构筑湿地景观，支配着湿地生态过程。

能量是生态系统得以存在的基础，一切生命活动都离不开能量的流动和转化，没有能量的流动，就没有生命，也就没有生态系统。湿地植物通过光合作用固定太阳能，这是生态系统能量的主要来源，群落的光合作用速率取决于植被内部影响光合器官的自然条件。小气候的形成取决于叶冠层，它是植被与大气进行能量、物质和动量交换的结果。植被的局部环境在很大程度上是由分成显热和潜热两部分的太阳辐射能所确定的。湿地有大量可利用的水，有的来自地层，有的来自植物叶面，使多数有效能量以潜热方式散失，少数通过增加表面温度的方式显示出来。湿地群落的表面温度很可能要比干燥生境中群落表面温度低，这一特征很可能对气候炎热地区的湿地群落生长有利（如芦苇群落）；但对于气候寒冷地区的群落则不利。当然，对气候条件差异很大的植被进行对比，它们的特征值很可能受绝对净辐射量以及周围温湿度影响。

生态系统能量生态学是近几年才逐渐形成的一门独立学科，而生态系统各组分之间的能量关系却很早就有相应的研究工作，他们从植物生理学、物种进化、热力学以及辐射物理学等学科出发，进行研究和探索。18 世纪末，Lavoisier 等用热量计对动物及其所摄取的植物进行测定，证明了动物和植物组织都含有能量，人们认识到动物和植物之间存在某种能量关系。19 世纪中叶，人们对植物在光合作用中能够将太阳能转变为化学能并加以储存有了认识，而且证明植物的呼吸作用及蒸腾作用损耗能量，为生态系统能量流动提供了理论依据。

1935 年英国生态学家 Tansley 提出了“生态系统”的概念，并认为生态系统是相对稳定的自然系统的一种，是生命和非生命成分的统一体，又是生物群落与其周围环境之间能量转化、物质循环和动态平衡的功能系统。生态系统概念的提出为从系统水平上探讨能量生态学提供了理论基础。他的研究对生态系统能量生态学具有划时代的意义。1953 年门司正三等创立了层切法研究植物的生产结构，较好地描述了太阳辐射能在群落内的垂直分布状况。能量生态学的研究对象由水域生态系统向陆地生态系统扩展。Odum 兄弟进行了大量的溪流生态系统能量流动研究，发展了营养动态学说，并首次运用自己创造的能流符号语言及其相应的数学模型，对生态系统的能流过程进行了深刻而全面的分析。Pattern（1959）运用“负熵理论”、开放系统热力学、信息论及控制论等新兴理论于生态系统的能量流动中，成功地用热力学函数表示了能量转化效率及其生产力，同时提出了生态系统能量与信息量之间的定量表达式。20 世纪 80 年代初，Gates 从理论上再次较全面地阐述了群落与环境间的热量交换特征，其内容涉及辐射、对流、传导、土壤蒸发和群落蒸腾等能量交换过程，同时对生态系统中植物和动物的能量收支平衡进行了分析。他认为，能量不仅在物理环境中流动，也在生物环境中流动。Hoots-mans 等在实验室条件下测定了篦齿眼子菜（*Potamogeton pectinatus* L.）分别经过1个月、2 个月、3 个月生长后，在四种光照条件下的光合作用，认为其光合作用的可塑性是在不利光照条件下的存活策略。野外和室内的试验都证明了该种植物在光合作用方面有较强的可塑性，而不只是形态方面。在减少光照条件下产生的相对稳定的最大光合速率是保证植物体在低光强情况下仍然保持净生产力速率的原因。Flint 等研究了温度和日照长度对小节眼子菜（*Potamogeton nodosus Poir*）发芽的影响。试验温度为 5～30℃，并和短日照、长日照及持续的黑暗多种处理相结合。试验结果表明，发芽最适宜温度为 15～20℃，在此温度范围内，日长对发芽的影响不明显；超出这个范围，缺乏光照时会限制发芽。因此温度是限制其发芽的主要因素，而缺乏光照的种子在 10℃、20℃和 30℃时抑制了发芽。在池塘中的相关研究也有类似结果。

4.1.3　湿地植物对生态系统的影响

湿地植物是许多湿地自养生物群落的重要组成部分，对生物的物理结构和营养物的循环有着决定性的影响。湿地植物在保持沉积物的稳定性和为无脊椎动物、鱼类提供栖息地方面也发挥着巨大的作用。沉水植物在湖泊生态系统中的定量化作用和它们的面积分布紧密相关，面积分布受到湖泊形态和沉水植物最大定植深度的影响，Z_c 是水生植物的最大定植深度，在浅水湖泊中，Z_c 通常等于浅水湖泊的平均深度，Z_r 的变化会对沉水植物占据区域产生巨大的影响。Z_c 的这种调整不仅对湿地生态学很重要，而且对湖泊富营养化的研究也很重要。从 Z_c 推导出现场最小光需求，这为湿地植物生态学研究提供了十分重要的信息。Z_c 通常是光在水柱中的衰减以及生长的最小光需求所决定的，尽管其他参数，如表面光强、静水压力、水色、温度、牧食压力、基质类型和附生植物负荷同样影响着 Z_c。如果一个物种的 Z_c 仅受到光可获得性的影响，我们可以假定在同一纬度下湖泊 Z_c 处的光强与表面光强比率是一个常数，当用透明度板测定透明度时，可以得到一个 Z_c 处的常数，即

$$I_s=J_0e^{-kZ_s} \tag{4-1}$$

$$I_c=J_0e^{-kZ_c} \tag{4-2}$$

式中：I_s——Z_s 深度处的常数；

I_c——Z_c 深度处的常数；

k——垂直衰减系数；

J_0——在水表面下的光强。

根据 45 个丹麦的湖泊和 108 个非丹麦湖泊中得到的五组沉水植物的最大定植深度和光衰减数据，Middethoe A L 和 Markager S 研究了淡水植物的深度限制和最小光需求。对不同的水体透明度，获得的数据表明，五组沉水植物的最大定植深度 Z_c 存在系统的差异，沉水植物的最小光需求依赖于它们的单位光吸收表面积上的生物量。这表明沉水植物的光需求与植物吸收光的能力紧密相关，然后才是生长型。纬度增加 1°，植物的最大深度处光需求平均增加 0.04%，而 Z_c 平均递减 0.12 m。

4.1.4　我国湿地生态系统物理过程研究现状

我国能量生态学研究起步较晚，直至 20 世纪 80 年代才开始活跃起来。杨国亭

的中国东北地区池塘生态系统能量生态学研究、黄大明等对矮嵩草草甸能量流动的分室模型研究、郭继勋对羊草草原枯枝落叶的能量学研究、林鹏对红树林的研究、姜恕等对植物热值测定方法的探讨，丰富了能量生态学研究的内容。近年来对克隆植物的生殖器官与非生殖器官能量生态学的研究是国际上的一个热点，而湿地上的相关工作却很少见。由于湿地生态系统的复杂性及其独特性，对生态系统的各要素做全面分析以及对能流过程的消费者和分解者的量化，也是亟须解决的问题，特别是能量在生殖器官和非生殖器官中的分布格局，将有助于寻求湿地植物克隆繁殖的真正生理生态机制。

因此，分析湿地在自然条件下的太阳辐射量的变化过程，有助于认识湿地生态系统的结构和功能，更好地认知湿地的生态过程。湿地下垫面不均匀性形成的水热条件的差异，主要是由获得太阳辐射能量的不同而产生的，这方面的研究在国内外已有报道。在湿地生态学研究中，能量因子的研究一直是非常重要的部分。

4.2 人工湿地生态系统化学过程

化学过程是生物与环境中化学因子之间相互作用的过程，主要是指化学物质在生态系统中的运移、转化及归趋效应。其中，化学物质包括营养物质，污染物质以及在生物与环境之间、生物与生物之间起媒介作用的次生代谢物质。生物地球化学的主要兴趣在于研究微生物、植物和动物对地表元素的分布、迁移和富集等过程所起的作用，以及它们本身的成分、结构、形态和功能在不同生物地球化学过程中的变异等，但人与生物圈的相互作用及人类活动对自然生态系统的反馈效应的研究近年来尤其被重视。

4.2.1 湿地生态系统化学过程概述

4.2.1.1 生态系统化学过程的地位和作用

生物圈这一概念是奥地利地质学家休斯于 1875 年首次提出的。迄今为止，地球不同于太阳系中其他行星的一个重要特征就是存在生物。休斯在 100 多年前论述了地球中存在生命的部分呈圈状分布在地球表面，这一思想显然具有极其重要的学术意义；但休斯未能对生物圈进行更多的研究，其学术思想在当时也未能引起学术界的反响。直到 1926 年，维尔纳茨基做了两次题为“生物圈”的演讲后，这一新的学术概念才引起人们的广泛关注。在其后的一系列著作中，维尔纳茨基进一步提出了活质的概念，认为活质是化学元素的一种特殊存在形式，是有机体的重量、化学成分、能量和空间特性等表现出来的生物组合体。他还系统阐述了活质的化学成分、化学结构、活质能和质量守恒、活质的分布、循环及其地球化学意义。维尔纳茨基的上述工作奠定了生物地球化学学科的基础，生物地球化学作为一门新的分支学科发展了起来。1938 年，维诺格拉多夫首次提出了生物地球化学省学说。所谓生物地球化学省是指地球上在化学元素含量水平方面不同于邻近区域，并因此引起该地区生物群落出现不同生物反应的地区。这一概念的提出为现代应用生物地球化学研究开辟了道路，有关植物和动物的地方性生长不良或地方性疾病与其生长的地球化学环境之间关系的研究由此蓬勃发展起来。生物圈还不能作为人类生存环境的一个重要组成部分来进行研究，但是，生物地球化学的基本学术思想的确包含了学科进一步发展的基础，孕育了新的学科生长点的萌芽。显然，当越来越多地揭示生物与其生存的地球化学环境之间存在紧密的相互作用、相互影响的关系后，人与其生存环境之间关系的研究也就自然地成了学科研究的下一个目标，并随着国际社会经济的发展而逐步发展起来。环境地球化学就是在这样的学科背景下，经过三个发展阶段而逐步形成和发展起来的。当然，生物地球化学学科本身的研究内容和概念也在发展。20 世纪 80 年代以来，由于全球环境变化研究的开展，生物圈的研究得到了空前的重视。人们认识到，生物圈，地球上这一单薄的生命层，是由 C、O、N、P、S 等元素的全球生物地球化学循环来支撑和维持的，在地球上任何一个地方，上述化学元素的数量和比例，都可构成生态系统发展的限制因素。由于 C、O、N、P、S 等元素对生命是至关重要的元素，因此有关这几种元素的地球化学循环都属于环境地球化学的研究内容，通常又被称为生物地球化学循环。关键元素（C、N、S、P 等）在地球系统中的运动对维护生命至为关键，又被称为表生地球的生源要素。按照生物地球化学循环的概念，那些为生物所需的化学元素和无机化合物的运动，通常被称为营养物循环，包括 C、N、P 等元素的循环。营养物循环可以为植物和其他生产者提供必需的营养物质，通过关注营养物循环，有可能找到反映生态系统变化的监测点。营养物循环的许多方面均可以作为生态系统胁迫指标，如营养物的周转、水平传输、垂直循环及营养物的丧失等。

1993 年，美国国家科学研究委员会在对固体地球科学发展的一份评估报告中，首次明确提出了“全球地球化学和生物地球化学循环”这一新的说法。但引起这一提法出现的原因却可以追溯到 20 世纪 80 年代。人们越来越清楚地认识到，在许多方面，人类活动对地球环境的干扰已可以与自然过程相匹敌，人类面临着大气圈变化、生态环境退化、自然灾害对居住环境的严重威胁、土壤侵蚀、水源污染、能源和矿产资源的供给问题以及生物多样性的锐减等重大问题，这些变化的速度是如此之快，以至再也不能忽视了，因此人类社会必须作出重大决策，调整自身与地球环境的关系，以使地球作为一个适合人类居住的星球能够继续保持下去。为达到这一目的，必须对地球有更深入、全面的了解。换句话说，了解我们的地球现在已经成为人类生存的关键。

地球是一个相对封闭的化学系统。40 多亿年来，这个封闭系统发生了巨大的变化。最明显的变化是自从地球上出现生命以来，自然界中就一直进行着生物地球化学循环，这使地球成为一个有别于其他星球的、有机界与无机界之间对立统一的代谢系统。早在 19 世纪以前便出现了“物质在自然界循环”的思想，维尔纳茨基在他的《生物圈》（1926 年）、《生物地球化学概论》（1940 年）等论著中发展了这一思想。从此以后，关于自然界中生物地球化学循环的原理便逐渐渗透到地球科学、生命科学和环境科学等研究领域的许多学科中，成为指导这些学科研究的理论依据。所谓生物地球化学循环是指生命有机体及其产物与周围环境之间进行反复不断的物质和能量交换的过程。该过程包括几个方面：所有的生命有机体都能从其周围环境中吸收营养物质——生命必不可少的各种元素和无机化合物，同时又通过排泄作用或呼吸作用把废物排到体外环境中；当生命有机体死亡后，其残体通过微生物降解成为简单化合物返回到自然环境中。可见自然界中的生物地球化学循环实质上是有机界与无机界之间的物质交换和能量转换过程。值得注意的是，生物地球化学循环绝不是封闭的，而是螺旋式的循环。因为每次循环之后物质并没有恢复到原有状态，而是获得新的特性，其中一部分物质以难溶化合物形式存在于土壤中，某些物质离开了生物圈进入沉积层，形成沉积岩（以化石燃料形式保存在岩层中）。可见，生物地球化学循环是形成地壳的不可逆变化，是促使地球生物物质演化的重要因素。

4.2.1.2 营养物质循环的化学过程研究特点

营养物质循环，实际上是生物地球化学过程的简化，可以简单地描述为物质从土壤（或大气）到植物，到枯枝落叶，被分解后，再回到土壤（或大气）；而中间加入动物使得该过程变得更加复杂。生物地球化学循环可分为封闭循环和开放循环。封闭循环是指在生命体和其附着基质（如土壤）间的循环，发生于生态系统内部各组分间的植物营养元素的吸收、积累、分配及归还等过程，它以强度大和速度快为主要标志。Bormann F H 把生态系统视作一个黑箱，注意力集中在输入和输出上，很少涉及内部相互关系的数量化，称为地球化学循环。Duvigneaud P 等认为开放循环是指大气、生命体及其附着基质间的循环。

（1）生物地球化学循环的研究历程

自然界的生物地球化学循环与地球化学、生命科学和环境科学等领域的研究有着密切的联系，因为生命世界的存在主要依赖于生物地球化学循环，它直接影响着生命有机体及周围环境，甚至影响着整个生物圈、大气圈、水圈和岩石圈；生物地球化学循环是地球系统中一个极其重要的物质流动过程，也是地球科学研究的一个基本过程，有其固有的发生、发展及变化的规律；自然界中的生物地球化学循环与土壤、植物的发生、发展紧密联系在一起，并形成了空气—水—土壤—生命系统中物质和能量的复杂动力流动网络；在地球演化过程中，有机界的发展存在由简单到复杂、由异养到自养的阶段性变化，生物地球化学循环也存在这种发展趋向。大约 23 亿年以前地球尚是缺氧的还原环境，早期生命的发展受到抑制，以异养的细菌为主，生物地球化学循环的规模很小，属区域性循环，循环物质的贮存量也很小。经过 23 亿年，地球环境由还原环境发展到氧化环境，藻类大量繁殖，光合作用强烈，出现了全球性生物地球化学循环，循环物质贮存量也随着生物的发展而增大，表明自然界中的生物地球化学循环是伴随着有机界的发展而发展的。到了人类发展阶段，人类活动对生物地球化学循环产生了越来越大的影响。最明显的影响在于大气及水体的质和量的变化，这反过来也影响人类社会和经济发展。另外，生物地球化学循环与有机体的联系，表现在自然界生物地球化学循环过程中进入有机体中的元素被有机体以不同速度选择性地吸收利用，有机体的这种选择吸收（区分）能力，导致自然界中元素的迁移、分散和聚积，并改变水圈、土壤圈和岩石圈中个别部分的化学组成，为生物成矿、生物地球化学区的划分和生物地球化学地方病等的研究提供理论依据。因此生物地球化学循环研究，强调从土壤圈、水圈、生物圈相互作用的角度研究环境，具有重要意义。

（2）生物地球化学循环的基本类型

根据物质循环的性质，生物地球化学循环可分为两个基本类型，即气体循环型和沉积循环型。前者循环物质主要贮存在大气圈和水圈中，后者贮存在地壳（土壤、沉积物或沉积层）中，两者都包括生物和非生物因素，都靠能量流动，都以全球性的水循环作为循环物质的载体。气体循环型同大气和海洋紧密联系在一起，属全球性的生物地球化学循环，包括 O、C 和 N 等元素的循环。从全球意义上看，气体循环型被认为是比较“完全”的循环，通常这些全球性循环的气体元素把全球的生命有机体联系起来，形成生物圈的巨大生态系统。沉积循环型多属于区域性或局部性的循环，其影响范围基本上是地方性的，如作为生命主要养分的磷和生命必需的阳离子——K、Ca、Mg 等金属元素的局部沉积循环。所以沉积循环所含的元素更不完全。根据循环进行的范围，生物地球化学循环可分为小循环和大循环。在生物圈或在土壤和植物之间发生的循环称为生物地球化学小循环；在生物圈或在海洋和陆地之间的物质循环称为生物地球化学大循环。

（3）生物地球化学循环研究的发展

生物地球化学循环除自然元素，如 C、H（H_2O）、O、N、S 和 P 以及其他各种生命必需元素的循环之外，还包括人类活动产生的循环。随着工业的发展，工厂排出的有害物质给人类的生存环境带来严重的污染并危害人体健康。因而，目前人们的注意力越来越多地集中在铅、砷、汞、钙等金属元素和其他有害物质的循环监测控制和改善污染环境的研究上。必须指出的是，虽然自然界中生物地球化学循环通常是按地带性或区域性有规律地进行的，但循环速度并不均一，有时也会出现循环的“停滞”现象。当有机物在某一地区大量堆积时，则此堆积物中的某些元素很可能在一个相当长的时期内静止不动，或循环速度缓慢，甚至暂时停止。从整个循环过程来看，这是短暂的现象。在一定程度上，生物地球化学循环能通过生物对环境适应的反馈调节机制而趋于平衡。

4.2.2 湿地营养物质迁移转化的化学过程特点

4.2.2.1 湿地生物与环境间的化学交换

（1）湿地植物与水体营养物质的关系

学者们对植物不同组织营养成分的季节性变化研究，大多集中于叶子。Scott K 和 Alban D H 等研究发现，叶子中养分含量的变化最为敏感，但他们对其他部分的研究则较少。Chapin F S 研究发现，当芽发育到完全展叶，N、P 和 K 的含量将逐渐降低到一个恒定的值，而 Ca、Mg 和 Fe 的浓度将逐渐增加到一个稳定的值，这些变化主要是由于光合产物的积累和叶子发育过程中叶的加厚；当叶子完全展开后，营养物质含量在叶和茎之间的季节变化，代表了营养物质移动的实际格局，通常叶子在凋落前，叶子中 N、P 和 K 的浓度会有一定程度的降低，这意味着有一部分营养已经从叶中流失，可能是植物从叶中主动转移营养，以用于继续生长。另外，这可能是受降水的影响，降水往往在叶表引起营养元素淋滤。大部分凋落叶子中 N、P 和碳水化合物的含量比新鲜叶子低。这主要是因为植物叶子枯萎前营养转移，而同时 Ca、单宁以及组成叶子的结构材料，如纤维素和木质素含量则变得更高。

P 和 N 的输入变化对河流中沉水植物丰度和多样性的影响一直为该领域内的研究者所争论，特别是在降低营养物以减少湿地植物生产力的有效性方面。例如，Chambers 等报道加拿大的草原河流中的生根植物，在富含营养物的城市废水出口下游的生物量可以超过 1 000 g/m^2，而上游的生物量却很低。类似地，Wright 和 McDonnell 在宾夕法尼亚河的一个扩展模型基础上，预测在敞水区域的 P 浓度降低将使沉水植物生物量减少；Carr 和 Goulder 在实验室研究的基础上认为，从英国渔业养殖基地流出的无机磷会促进该地区河流中某些水生植物的生长；另外，在以色列的一些河流中，Litav 和 Agami 发现种类多样性的丧失与 P 和 N 的点源输入相关。然而在俄罗斯，一些河流中的植物种类要比其他种类对富含营养物的工业和城市废水更具耐受性。相反，另外一些研究者如 Westlake、Madsen 和 Adams 则认为湿地植物对外源营养物的输入不是那么敏感。例如，在 Crnojevica 河流域，位于一个渔产品加工厂下游的水生植物的生长与河水的 N、P 浓度间没有关系，尽管它们生长茂盛。Peltier 和 Welch 在田纳西州霍尔茨顿河、Canfield 和 Hoyer 在佛罗里达的溪流以及 Kem-Hansen 和 Dawson 在丹麦洼地河流的研究中都发现，在湿地植物生长区域和敞水区域的 N、P 浓度间没有必然关系，以前关于湿地植物生长受富营养的影响主要集中于敞水区域内 N、P 浓度的影响。然而，除非在极端的富营养条件下，一般河流和湖泊中的湿地植物从底质中吸收它们所需要的大部分的 P，从水中直接吸收的 P 所占比例很小；当敞水区域内的 N 浓度很低时，湿地植物吸收的 N 也主要来源于底质。Chambers 和 Barko 等研究发现，底质沉积物的化学性质部分地受到上层水的化学性质影响，沉积物中的 P 和 N 的浓度还受底质地质、沉积物的颗粒大小、溶解氧和有机碳浓度以及地表水输入的影响。因此，由于沉积物是湿地植物体内 N、P 的第一来源，而且由于 N、P 是受到人为营养输入和河流背景条件的直接影响，因此沉积物中的 N、P 浓度应该比敞水区域的 N、P 浓度对沉水植物的生长更具有预测价值。

（2）湿地水体和沉积物中营养物质对湿地植物的贡献率

湿地水体和沉积物中营养物质，尤其是 P 对湿地植物的影响有一定的代表性，是研究热点之一。

湿地植物可以通过枝条和叶表面对水中的 P 进行摄取，而对沉积物中 P 的吸收则依靠根。当摄取主要发生在水中时，植物可以减少流动水体中的 P 含量。当摄取主要发生在沉积物中时，根可以把 P 从底部运输到表面，但通过植物枝叶的渗漏以及其他动物的牧食或随着植物死亡后的分解，P 会被释放到水体中。Pelton 等在实验室里通过向河流微环境增加 PO_2–P，研究取自美国佛蒙特州 LaPlatte 河中的大型水生植物和附生植物对 P 的摄取过程，利用计算机程序来拟合放射性示踪元素数据曲线，并同时计算 P 在各个分室间传输的速率常数；结果表明，沉水植物和附生植物都可以去除水体中的 P，但附生植物摄取 P 要更快一些。高磷酸盐浓度会刺激沉水植物和附生植物对 P 的摄取，沉水植物也会从底质中摄取 P，沉水植物从水中摄取的 P 与从底质中摄取的 P 的比率随着上层水中溶解反应 P 浓度（SRP）变化而变化；在实验室研究中，上层水中的 SRP 浓度大于沉积物间隙水中的浓度，大量资料表明，在这种情况下，沉水植物的茎和叶要比根更容易摄取 P。为了更好地理解溪流中的 P 循环，最为有效的方法是将水体和沉积物中 P 对湿地植物生长的相对贡献定量化。从湖泊中摄取 P 的动力学得到了广泛研究，结论是湖泊的沉积物作为 P 的来源远比湖水重要。然而这两种来源的相对重要性随着它们的 SRP 的浓度变化而变化。此后，Carignan 提出了一个经验模型，通过沉积物间隙水和湖水中的 SRP 浓度的比率，来预测水生植物对水体和沉积物中 P 的利用。当比率为 3.3∶1 时，从两者中摄取的 P 大致相当；当比率更高一点时，沉积物成为湿地植物 P 的主要来源；比率较低时，湖水成为 P 的主要来源。因此，一般湿地植物将沉积物作为 P 的主要来源，这主要是湖水中的 SRP 浓度太低，而在厌氧区富含有机质沉积物中的 SRP 值较高的缘故。Gregg 和 Rose 认为在溪流环境下，河水中的 P 对水生植物的重要性要明显高于湖水。通常流水中的 P 浓度高于静水中的 P 浓度，溪流沉积物较湖泊沉积物更加好氧且受到良好冲刷；在植物枝条周围形成更薄的扩散边界层。

4.2.2.2 湿地生态系统的物质分解及其影响因素

分解对于湿地生态系统来讲是一个必要的过程。植物及其他生产者需要由分解者提供碎屑和矿质营养物，分解率决定了营养物供给生产者的速率，强烈地影响着初级生产力。李怀甫认为确定分解者种群结构，特别是关键分解者物种的表现，可能是评价生态系统过程重要性的有效方法。Jensen V 和 Morris L T 则认为分解过程并不是完全始于凋落物终于到达地面，而是在凋落前就受到渗滤、裂解和真菌的作用。无论是主动吸收还是淋滤，在决定年回归量时都是至关重要的。目前，可用的测定植物营养（尤其是氮）主动吸收的方法是同位素法。在大部分土壤营养物中，细菌和真菌生物量并不占很大一部分，但这些生物频繁地固定 N 和 P，使得这部分元素在分解后无法被吸收。一些研究还涉及碳的固定。Scott 在贫营养土壤植被的演替动态过程中，发现土壤中 N 的转移和分配与植被演替有关，具有泥炭沼泽特征的植物，必须忍耐寒冷、潮湿的环境条件，并适应根的介质中有效营养含量很低、通气不良以及较高的酸度。David J. Cooper 对泥炭沼泽地水和土壤的化学特征同植物群落演替的关系做了具体分析，而 Edmoords R L 和 An-derson J M 等认为，在大多数情况下，K、Ca、Mg、Mn 从枯落物中丢失较快，这些元素通常并不限制微生物的生长，因而释放并成为土壤溶液的溶解离子。大量 K 在经过微生物分解作用以前已经通过渗滤作用被移走，而 Ca 作为细胞壁的组成成分，当枯落物丢失时也同时消失。多数情况下，在同样的系统环境下富含营养的枯落物腐烂得更快，初始的碳氮比（C/N）经常是分解速率的一个很好的标志，通过对有机物质和营养物质浓度的认识可以预测枯落物的分解速率。枯落物的质量影响个体植物材料的消失速率，但生态系统的整个分解速率在很大程度上取决于温度和水分，且温度是第一位的，随着温度的增加，微生物活动呈指数增长。从全球水平看，地上植被的贮量按寒温带、温带、亚热带和热带的顺序递增；由于分解速率的原因，枯枝落叶层和土壤中有机物质的贮存按相反方向递增。

4.2.3 我国湿地生态系统营养物质循环研究现状

我国湿地生态系统养分循环研究起步较晚，但发展比较迅速。20 世纪 80 年代中期，我国学者开始关注湿地问题，并使“湿地”这一概念广为流传。目前，湿地的研究偏重于资源的开发与利用，而对湿地生态系统的生态过程的定位研究较少。田均良对西藏高原植物元素特征的研究，黄建辉关于溪流两边的湿地对其含 N 量贡献的深入研究，金泰龙对湿地植物的元素化学特征的研究，余国营等对滇池水中植物系统金属元素的分布特征开展了广泛的研究。这些工作丰富了中国湿地生态系统营养元素循环的研究，促进了人们对生态系统营养元素循环机制的理解。

4.2.4　湿地营养物质的化学过程研究发展方向

湿地营养物质的化学过程研究，在国内外学者们的努力下取得了一定的进展。但该领域存在的主要问题是湿地生物地球化学的学科体系还不甚完善，某些重要的概念，如生物循环中的存留、归还等的内涵与外延还不够明确、统一。在方法上，有以下几个方面问题：

①生态系统各组分营养元素的积累及分配受含量测定不稳定及净初级生产力，特别是湿地地下生物量测定技术不完善的影响较大。

②生态系统地下枯落物及根分泌、外渗、解吸等过程归还的营养元素的测定方法精度不高。

③湿地生态系统中植物营养元素的植被淋洗（淋溶）、归还的定量测定方法远未完善；即使在最佳条件下，短期降水观测也会有很大的随机变动，而在长期观测中，误差范围如何进一步缩小，降水测定的自动化记录的完善和远距离的传输装置等，也是监测降水循环时的重要问题。Goslee S C 等研究认为，降水中化学成分的精确测定对物质循环的研究是至关重要的，而离子物质是怎样进入雨水收集器的，还是一个谜。大气中的一些气体，包括自然和人工气体在大气水分中的溶解性是清楚的，但雨水中的非挥发性物质，如 Na、Mg、Ca 和 K 的溶解性都还不清楚。

④数学模型的模拟与预测能力还有待提高，特别是计算机的相关软件的开发。随着数学方法及电子计算机技术的应用，Nabholz 对因子分析技术用于矿质循环研究进行了有益的探索；Vlanowiea、May 以及 Nis-bet 等依据生态系统各组分间的营养关系，建立了现存量与若干水平营养链中物质流动的模型，并探讨了物质循环对生态系统稳定性的作用。实际上，研究工作发展不平衡，森林、草原生态系统营养元素循环的研究比较系统、深入，而湿地生态系统的相关研究则与之存在差距。另外，孤立的定位、定量研究较多，全球性的、覆盖各种类型生态系统的网络性研究则有待加强。

当前湿地生态系统化学过程研究着重于以下几点：

①对植物—土壤—水—大气之间生物地球化学循环模式的研究。提出主要的生物地球化学循环相互作用的模式；进行植物—土壤、植物—水、植物—大气交界面之间的重要生源要素和水分循环、物质交换机理、通量测定以及人类活动对这些基本过程及其变化的影响的研究。

②对某些化学物质，特别是对人类有害的物质在生物地球化学循环中行为的研究。通过有效的监测和模拟，找出这些有害元素的积累时间和场所，发出可能的预报。

③对重要生源要素和水的生物地球化学循环及其生态环境效应的研究；水分循环中某些主要特性的研究，如对流层和平流层的水分变换的动力和辐射反馈过程；

土壤、植物和大气之间的水分交换等。

4.2.5 湿地植物次生代谢物质的化学过程

植物间的生物化学相互作用现象早已为人们所关注。1937 年 Molisch 用 "Allelopathy" 来描述一切植物间（包括微生物）的生化相互关系；由于当时研究的重点为植物间的相互毒害，该词一般被理解为生化相克作用。Putnam A R 和 Tang C S 提出植物的化感作用（Allelopathy）是植物之间传递信息的一种方式。近来，由于植物间相互作用的大量发现，此概念被进一步深化。信息传递是生态系统的基本功能之一，生态系统的化学调控是指生物体产生的生物活性物质能在生物体之间传递信息并导致生物体的相互作用。

分子生态学是分子运动理论与生态学相互结合而形成的。分子运动理论从微观上试验性地研究分子间的相互关系，是属于物理学和化学范畴的理论科学；而生态学是研究生命有机体与自然生境间的关系，是属于宏观的、野外作业的应用科学。但在湿地中，包括能量和物质以及其他一切污染物在内的湿地环境，对于全部开放型生态系统都是以分子形式运动，并以分子形式作为生态因子参与湿地生态系统的循环。其中，某些物质被生物吸收以后，参与了生物的生理生化作用和生物物理作用；有的虽然能被生物吸收或吸附，但并不参与正常的生理活动而是聚集于生物体内或在新陈代谢中形成某些次生物质。湿地中各种生物（动物、植物和微生物）的个体、群体等都是以开放的形式存在于包括化学因子和物理因子在内的各种环境因素之中，生物不可避免地和环境因素发生相互作用，从而产生复杂关系。

4.3 人工湿地生态系统生物过程

4.3.1 湿地生态系统生物过程与水环境的关系

初级生产是植物与其环境之间本质联系的重要标志，是生态系统中作为初级生产者的植物群落的结构与功能的综合表现，是能流与物流的基础。生产力与呼吸的比（*P/R*）以及生产力与生物量的比（*P/B*）是生态系统状态的重要标志。生态系统受胁迫时，可能需要有机体花费更多的能量来保持和修复，促使 *P/R* 值小于 1 或大于 1，同时也增加 *P/B* 值。Caussade B 研究认为，在酸性和富营养化的湖泊中，特别是对于特定的一组生产者，*P/R* 值从基本值开始增加，而 *P/B* 值并不改变。Rapport nJ. 则认为，*P/B* 值作为胁迫指标，理论上是可行的，但还缺乏实际研究。

湿地的特点之一是在一年的大部分时间里，地下水位均高于或接近植物根系所在的基质。这个特点对分解过程，特别是对决定净初级生产的有机质分解速度阈值有着重要影响。大于这个阈值时，则有机质积累。William J Mitch 认为，分解和净生产之间的平衡决定了湿地生态系统中有机质是否积累以及积累的速度；同时也为区别有机质明显积累的沼泽湿地（高位沼泽湿地和中位草本沼泽湿地）和有机质很少积累的沼泽（河滩沼泽湿地和湖滨沼泽湿地）提供了依据。Wertz 等在温室试验条件下研究了 37 种沉积物对篦齿眼子菜（*Potamogeton pectinatus* L.）和穗花狐尾藻（*Myriophyllum spicatum* L.）生长的影响，沉积物取自一个多钙、浅水富营养湖泊。这两种植物对 37 种沉积物类型的反应比较相似，对于一种给定类型的沉积物，两种植物的最终生物量之间存在显著的相关。结果表明，在这些沉积物中的有机质和沉积物的密度不是预测植物生长的有效因素；两种植物的根、枝条比率（干重）和最终生物量呈负相关，在穗花狐尾藻枝条内的 P、N 含量与根、枝条比率呈负相关；在营养物缺乏的环境中生长的植物将更多的资源用于根的形成。组织分析表明，在一些沉积物中，穗花狐尾藻的生长受到 P 含量的限制，这可能是由于水中的 P 和 Ca 一起沉积的缘故。

土壤有机物质的积累反映了在初级生产和分解过程中水分和温度的作用。这种积累在高纬度和高海拔地区的湿地生态系统中最大，而在低海拔、热带地区最小。在盐湖，大型水生植物的盖度、种类和结构的多样性随着盐度的上升而减小。为了评价特定植物生长型缺失产生的影响，Wollheim 和 Lovvom 研究了怀俄明州高原盐湖不同生长型的大型水生植物对无脊椎群落的影响。他们还研究了不同生境（中盐湖和低盐湖）中两种水生植物上的附生和底栖无脊椎动物的生物量和种类组成。尽管在低盐湖泊的附生无脊椎动物总生物量存在变动，但在不同生长型植物上的生物量分布是相似的。例如，湖泊单位面积上无脊椎动物的生物量在挺水植物上最低，在其他两种生长型上相等；对于底栖无脊椎动物，在巨藻下的生物量明显小于其他两种生长型植物。种类组成在不同的生长型间有所不同，沉水植物上的附生腹足类（Gastropod）更加丰富一些。不同生境（中盐湖和低盐湖）下两种水生植物篦齿眼子菜和流苏菜科上的附生以及底栖无脊椎动物的总生物量没有什么变化，但种类组成有所不同。从低盐湖到中盐湖，盐度对一些主要种类的直接毒害作用很明显，如腹足类和异足类；而盐度所产生的间接影响，如大型水生植物盖度的减少和较高盐度下的高营养状态，对全湖的总无脊椎动物的影响更大。在湖泊、水库中，水草要与浮游植物争夺营养、阳光。但鲍建平和曹萃禾对太湖的研究揭示，水生植物多的湖区，浮游植物初级生产量反而增加，且其初级生产量随水草的增加而递增，呈显著的正相关；何志辉等在黄河流域湖泊也观察到相同结果。Reader R J 和 Gallagher J L 等对几种湿地禾草的生物量分析反映了它们之间的竞争关系；Goslee S C Pornon A 和 Tilman D 均认为湿地的水位、水质变化同植被演替的关系必须定量化。崔心红（1999）研究水深梯度对竹叶眼子菜生长和繁殖的影响，结果表明，水深决定了生长区域内竹叶眼子菜茎的长度，竹叶眼子菜茎叶比与水深有着显著相关性，而竹叶眼子菜地上与地下部分生物量分配与水深则没有相关性；沿着水深梯度，竹叶眼子菜的抽条数和花序数呈递减趋势。

4.3.2 人工湿地中的植物

4.3.2.1 湿地植物的分布

湿地植物区系的地理成分，是根据植物种属的现代地理分布而确定的。湿地植被分布广泛，见于各植被带，受各自然地带环境的影响，湿地植物区系比较复杂，联系广泛。1 642 种湿地植物分别属于泛热带分布、世界分布、中国特有、温带分布、北极高山分布，具体分布区见表 4-1。

表 4-1 湿地各类植物分布区

分布区类型	属	占总属数 /%
世界分布	泥炭藓、水藓、细湿藓、赤茎藓、金鱼藻、狸藻、眼子菜、睡莲、香蒲、泽泻、芦苇、苔草	38
温带分布	泥炭藓、赤茎藓、苔草、芦苇、木贼、驴蹄草、毛茛、嵩草、地榆、毒芹、柳兰、黑三棱、水芋、鸢尾、灯心草、菖蒲、杜香、越橘	50
泛热带分布	水车前、菰、茨藻、眼子菜、灯心草、稻、红树、海桑、猪笼草、水椰、桐花树	10
中国特有	水松、水杉、垂头菊	1
北极高山分布	冰岛蓼、杜香、越橘	1

从分类学和地理学角度，“属”是最能反映植物区系问题的。从表 4-1 中可以看出，我国湿地植物区系中温带成分比较丰富。温带成分是指分布于欧亚、北美温带地区的植物。本区温带成分的属数和种数及所占比例均属首位。表明湿地植物以温带成分为主。这些温带湿地植物既广泛地分布在我国东北、青藏高原等地区，亦出现在俄罗斯，北欧的芬兰、挪威、瑞典以及北美加拿大等地。但是北温带的灰脉苔草、修氏苔草和沼苔草未见于青藏高原，与青藏高原的特有植物西藏嵩草、藏北嵩草和木里苔草相对应，成为各自地方特有种和代表种。

湿地植物的地带性虽不像陆生植物那样明显，但也不能脱离大气候的影响，也是受环境制约但又相互依存的产物。泛热带成分指分布于热带、亚热带地区的植物。

4.3.2.2 湿地植物的生态

湿地植物包括沼生植物、湿生植物和水生植物。它们生长在地表常年浅层积水、季节性积水或土壤过湿的环境中。植物基部没于水中，茎、叶大部分挺于水面之上，暴露在空气中的为沼生植物；水生植物则植物体沉于水中、叶浮于水面或植株悬浮于水面，即沉水植物、浮叶植物和浮水植物。所以，沼生和湿生植物是水生植物和陆生植物之间的过渡类型，R. F. 道本迈尔把这类植物称为“两栖植物”。因而湿地植物具有适应这一特殊环境的生态类型。

（1）植物具有密丛型

密丛型是植物对过湿的土壤和乏氧环境的一种适应方式。这种植物的分蘖节位于地表，每年从分蘖节向上长出新的茎和叶，向下生长不定根，便于从地表获得氧气，随着泥炭的不断堆积，其分蘖节不断上移，使植株免遭泥炭埋没，年复一年地生长，形成了草丘。我国湿地中常见的密丛型植物有灰脉苔草、乌拉苔草、修氏苔草、绿穗苔草、藏西嵩草、藏北嵩草和塔头棉花莎草等。

（2）植物以不定根方式进行繁殖

植物不断在地下茎或地上茎上长出不定根进行繁殖，如睡菜、水木贼、芦苇等；有的植物（如圆叶茅膏菜和泥炭藓属植物），随着泥炭的积累，每年从近于地面的地下茎上生长出不定根进行繁殖，免于被泥炭埋没，通过每年的不定根间距可以计算出植物生长的速度。

（3）通气组织发达

许多湿地植物的根、根状茎都有气腔和通气组织，叶、茎和根部均有细胞间隙与气腔连通，便于气体交换和满足各部分通气的需要。例如，睡菜的地下根状茎十分发达，可长达数米，在其地上茎、地下茎及不定根内都有通气组织，细胞间隙大，可以储藏空气。气腔的总面积通常比细胞层的总面积大，气腔白天能聚积光合作用所产生的氧气供植物夜间呼吸；夜间呼吸产生的 CO_2，又排入气腔，气腔成为代谢过程中气体交换的储藏室。许多红树植物都有特殊的呼吸根，呈指状凸出地面，高可达 20 cm。呼吸根的外表有粗大的皮孔，便于通气，而海绵状通气组织可以储存空气，亦是红树植物常受潮水浸淹的一种适应性。

（4）适于水生的叶型

水中光线弱，氧气含量少。沉水植物形成了对这种特殊环境及流动水的适应性。例如线叶眼子菜，全株沉于水中，叶纤细，叶片宽 1.5 mm。另一种植物如菱有异形叶，根扎于湖底，一部分叶呈丝状分裂，沉于水中，随波飘动，称沉水叶；另一部分叶呈片状，浮于水面，气孔在叶的上表皮直接接触空气，称为浮水叶。还有的沉水植物花期时，花序伸出水面，受粉、受精后，缩回水中发育，如苦草。而浮萍的植物体漂浮于水面，根悬于水中，称为浮水植物。

（5）某些植物具有食虫的习性

在一些贫营养的沼泽中，常常能见到一些食虫植物。某些泥炭藓沼泽，主要靠大气降水补给，无机养分极其贫乏，有些生长在这种沼泽地上的植物不得不靠捕捉昆虫，通过消化动物蛋白质以补充 N、P、K 等元素，这些植物长有捕虫器，例如圆叶茅膏菜就是其中的一种，它的叶子莲座状着生，近地表，叶缘长出很多刚毛，而毛上水珠带黏性，实际是一种消化酶，能消化虫体并吸收为养料。

猪笼草是另一种“食虫”植物。它的叶子中脉伸出呈卷须状，顶部生一囊状物，形似奶瓶，瓶口能分泌蜜汁，引诱昆虫爬入，跌落瓶中后，被消化分解和吸收。

（6）某些植物具有保水功能

沼泽地中的泥炭藓具有很强的保水性能。它的叶具有特殊的形态和结构，有绿色细胞和许多中空的透明细胞，这些透明细胞具有水孔，水从水孔进入叶内，像海绵一样被吸收并储存于细胞中，故吸水量大，保水性能强，其持水量高达10～30倍。

（7）某些植物具有旱生结构

高寒地区的湿地，由于有永久冻土和季节冻土，土温过低，影响植物根对水分的吸收。加之泥炭沼泽中水质多呈酸性，特别是贫营养沼泽，pH较低，制约着水分的吸收。为了适应这种特殊的土壤含水环境，一些植物具有旱生的形态结构，叶片小，叶革质，角质层厚，气孔深陷，具有绒毛等。如毛果苔草、乌拉苔草叶片纤细、叶缘卷曲，且具光泽，以减少叶面蒸发。上述湿地植物的旱生形态是对低温的多水环境的一种适应方式。

（8）红树植物根的多样性

红树植物生长在海滨淤泥质土壤中，周期性受潮水冲击影响，使红树植物根具有特殊的生态特征。从主干生长许多横行支柱根、板状根，防止植物被冲倒；从土中向地面生长笋状呼吸根，便于从地面吸收氧气；树枝上生长气生根，便于呼吸。

（9）红树植物的特殊繁殖方式——胎生

红树的果实成熟后仍留在树上，其种子在果实内发芽，生长成绿色棒状的胎轴，长13～30 cm，下端粗、上端细，发育到一定程度时就脱离果实或与果实一起坠入淤泥中，数小时内就可以扎根生长成为新的植株。如幼苗下落正遇涨潮而被海流带走，由于幼苗包被里的间隙含有空气，可以漂浮在海流之上，当漂浮到海滩上时，便扎根生长。

4.3.2.3 广布植物繁多

广布种是指普遍分布于世界，或几乎遍布于世界的种。实际上并没有在全球从北极经过赤道到南极都出现的植物种，所谓广布种只是相对的意义，即普遍分布于世界各地适宜的环境中。

广布种主要属于淡水水生植物、盐生植物和伴人植物三类。前两大类都属于湿地植物。如挺水植物芦苇是分布最广的维管束植物，除了南美洲亚马孙地区，几乎全世界都有分布。宽叶香蒲和狭叶香蒲的分布也与芦苇相似，只是在个别地区（澳大利亚）缺乏。

许多淡水水生植物，特别是浮水植物和沉水植物都是广布种。如浮萍属的几个种，几乎遍布世界各处水域中。它们具有特别的生长型且适于在水中生存。篦齿眼子菜、菹草、金鱼藻、轮叶狐尾藻、大茨藻、角刺藻和轮叶黑藻等都是世界广布种。

4.3.2.4　人工湿地常用植物及其生物学特性

（以下图片来自百度网络）

（1）香蒲

【学名】*Typha orientalis Presl*

【科属】香蒲科香蒲属

【别名】水蜡烛、水烛等

【产地分布】香蒲在我国的分布比较广泛，全国各地均有野生分布。

我国人工湿地建设中，以长苞香蒲、达香蒲和宽叶香蒲的应用相对广泛，常用的品种有香蒲（*Typha orientalis* Presl.）、水烛（*Typha angustifolia* L.）、长苞香蒲（*Typha domingensis* Pers.）、宽叶香蒲（*Typha latifolia* L.）等。

香蒲耐低温能力较强，在我国北方，其地上部分枯萎，以宿根越冬。而在南方，香蒲以常绿或半常绿的地上部分植株越冬。香蒲每年的 3 月中下旬开始萌发，4—10 月为其旺盛生长期。人工湿地建设时，应选择适宜的季节予以栽植，一般在植株萌发后至 8 月下旬，以成苗移栽为宜，生长恢复迅速，成活率高。

香蒲生长对养分的需求量较高，适宜生长于肥沃疏松的环境中。因此，在进行人工湿地建设时，适宜将其栽植于富营养化程度较高的污水中。

（2）水葱

【学名】*Scirpus validus Vall.*

【科属】莎草科藨草属

【别名】管子草

【产地分布】我国东北、西南以及西北地区均有生长，朝鲜、日本、美洲、澳洲也有分布。

水葱在大多数地方均为乡土植物品种，适应能力强，是我国水域工程应用栽植的主要水生植物品种。

水葱喜疏松肥沃的土壤环境，其生长对养分的需求较高，故在沼泽区域常见。作为乡土植物品种，水葱在水域生态治理工程中的应用非常广泛，湿地生态修复工程中，其作为优势植物品种和先锋植物栽植，对区域内生态环境的恢复具有非常好的效果。人工湿地工程中，水葱的根系发达，对养分吸收量大，生物量高，被广泛使用。

另外，水葱还可作为浮床植物应用配置，于富营养化水体的治理工程中应用。

（3）菰

【学名】*Zizania latifodia*（*Griseb.*）*Stapf*

【科属】禾本科菰属

【别名】茭白、茭草、菰笋

【产地分布】广泛分布于我国的南北各省（区、市），现主要作为蔬菜植物栽植应用，俄罗斯、日本、南美洲也有野生分布。

菰为多年生宿根草本植物品种，植株较高大。

菰对环境的适应能力强，喜肥沃疏松、有机质含量高的土壤环境，其生长要求光照充足。我国各地均以蔬菜栽植，野生品种数量日渐减少。工程应用时，以蔬菜品种的菰应用为主。

菰工程应用一般在 3—6 月，其基部开始膨大后，生长减缓，植物萌发停止，工程应用停止。菰作为乡土植物品种，对环境的适应能力非常强，因此，许多湖滨水域均有野逸群落生长，可作为水域湖滨带生态恢复的先锋植物品种加以利用。

近年来，人工湿地工程建设中，菰以其耐污染能力强、对养分吸收量大、生物量大的特点而备受推崇，表现出了良好的耐污特性和治污能力。

菰为宿根植物品种，为提高其生长效果和处理能力，常在春季萌发时分株栽植，促进生长。

（4）芦苇

【学名】*Phragmites australis*（*cav-*）Trin. ex Steud

【科属】禾本科芦苇属

【产地分布】芦苇为世界广有品种，主要集中分布于沼泽、湖泊等环境，我国南北各地均有分布。

芦苇为多年生宿根草本植物品种，具有发达的地下根系，根状茎粗壮而长，萌发能力强。为多年生湿地植物品种，植株高大挺拔。芦苇喜肥沃、水分充足的环境，但也耐瘠薄。其生长对光照的要求比较严格，属强光性植物品种。

芦苇的根鞭发达，旺盛生长期为 3—7 月，工程应用期一般在其花序形成前结束。芦苇耐低温能力强，以地下根鞭为主越冬。

作为乡土植物品种，芦苇在水域生态工程中的应用一直备受瞩目。在湿地生态的恢复中，其常作为先锋植物和优势植物应用，而在人工湿地建设时，则作为湿地系统内的主要配置植物，均取得了非常好的效果。人工湿地中，芦苇常作为潜流湿地系统的植物配置应用，表现出了高耐污性和高治污能力的特点。

（5）菖蒲

【学名】*Acorus calamus* L.

【科属】天南星科菖蒲属

【产地分布】广泛分布于世界温带和亚热带，我国各地均有生长，主要生长于池塘、湖泊岸边浅水区、沼泽地中，为乡土植物品种。

菖蒲为多年生挺水植物，具有发达的根茎和根系，植株有香气。菖蒲常群生于池塘、湖泊岸边的浅水区域，在一些废弃的农田埂和沼泽也有大量的分布和生长。

菖蒲对环境的适应能力较强，喜土壤肥沃、水分充足的环境，与大多数的天南星科植物一样，适宜具有一定散射光的环境生长。菖蒲耐低温能力强，以宿根或冬芽越冬。工程上应用时，以 8 月前栽植为宜，植株老化后栽植，新梢萌发能力差，不利于安全越冬。

菖蒲对环境的适应能力强，在水域生态修复工程中，常作为先锋植物和优势植物品种栽植应用，但栽植时需成片大面积栽植，因其植株较小，易被其他优势植物（如芦苇、香蒲、菰等）竞争灭亡。人工湿地工程应用中，一般栽植于表流湿地和潜流湿地，具有较好的处理效果。

菖蒲在春季萌发期间易发生蚜虫，其防治可以用 45% 的乐果乳剂 500～800 倍液进行叶面喷杀。

（6）风车草

【学名】*Cyperus involucratus* Rottboll

【科属】莎草科莎草属

【别名】旱伞竹、水竹

【产地分布】原产于非洲马达加斯加，长江以南可露地越冬。

风车草为多年生湿生植物，植株丛生，叶状苞片显著，约 20 枚，近等长。叶状苞片呈螺旋状排列在茎秆的顶端，向四面辐射开展，扩散呈伞状。

风车草原产于热带，喜高温高湿的环境，尤喜高空气湿度。其生长喜肥沃的环境，水域或土壤中的养分含量低时，植株生长瘦弱、黄化。

风车草的耐污染能力强，在一般的生活污水中均能正常生长。风车草的根系非常发达，在静水环境下，其根系最长可以达到 1.2 m，而在动态的富营养化水体中，根系可长达 1.5 m。因此，风车草常用作潜流式人工湿地系统的主要配置植物。由于其对环境的适应能力强，在许多地方，已经成为当地的归化植物品种。水域的修复工程中，也常作为优势植物予以配置和应用。另外，风车草是典型的无土栽植植物类型，众多浮岛浮床试验和研究都将其作为试验植物；工程中也将其作为非常典型的浮岛材料予以应用，并取得了非常好的应用效果。

（7）藨草

【学名】*Scirpus triqueter* L.

【科属】莎草科藨草属

【产地分布】藨草为世界广布品种，日本、朝鲜等东亚国家和中亚、欧洲、美洲等地均有分布。我国除海南岛外，其他各省（区、市）均有生长。常生于水沟、池塘或沼泽中。

藨草为多年生挺水植物，具有发达的匍匐茎，常呈辐射状生长。其茎秆散生，粗壮，三棱形。藨草与水毛花最明显的区别是藨草的花序具有较长的花柄，而水毛花常直接着生于茎秆上。

藨草对环境的适应能力较强，喜欢光照充足、土壤疏松肥沃、具有一定水深的水域环境。藨草冬季耐低温能力较强，适宜的生长温度为 10～30℃。对养分的需求量较大，贫瘠的环境里，藨草表现为瘦弱和黄化，在富营养条件下，藨草生长更加旺盛。

藨草常用分株和播种的方式进行繁殖，4—9 月均可进行播种，以小苗或宿根越冬。藨草栽植后返青快，成活率高，许多水域工程均有应用。藨草生长竞争力较强，对养分的要求较高，工程应用时，适宜栽种于土层稀松肥厚的水域，尤适宜在沼泽区域栽种。

由于藨草对污水的适应能力较强，适宜高浓度高养分污水，因此常应用于人工湿地建设中。根据研究和报道，藨草对污水的净化能力极好，其根系在潜流式人工湿地系统中可深达 0.76 m，具有非常好的去氮效果。

藨草是典型的乡土植物种，在生态修复工程中，其常作为本地植物品种被优先考虑和应用。藨草具有一定的促淤固土作用，尤其适宜在沼泽环境中栽植和生长。

（8）芦竹

【学名】*Arundo donax* L.

【科属】禾本科芦竹属

【产地分布】原产于我国，南北地区均有分布。

【形态描述】多年生宿根草本植物，根部粗而多结，根茎基部经多年生长后成为块状的根蔸。秆高 1～3 m，茎基部粗壮近木质化。植株光滑直挺，具有节间，高而似竹。叶互生，宽 1～3.5 cm。圆锥花序长 10～40 cm，形似毛帚。

芦竹为多年生宿根植物品种，根系发达，植株丛生，对环境的适应性较强。喜光稍耐旱、耐阴，主要生长于土壤潮湿的环境。植株较高，叶面积较大，淤泥环境中生长不佳。芦竹生长对养分需求量较多，土壤板结、养分不足的条件下，植株生长瘦弱、黄化。芦竹常采用分株和扦插的方式进行繁殖。

芦竹的生长对环境的要求不严格，适宜生长的范围较为广泛，工程应用时，以选择疏松肥沃的土壤环境为宜。芦竹为湿生型的植物类型，因此，不适宜深水区域的生长和栽植，常作为湿地水域的固土护坡材料予以应用。

芦竹的根茎发达，具有良好的固土护坡作用，常作为水域堤岸保护的防护材料被广泛应用。芦竹耐污染能力较强，根系发达，湿地工程中，常将芦竹栽植应用于潜流湿地或垂直流湿地系统中，具有较好的处理效果。

（9）马蹄莲

【学名】*Zantedeschia aethiopica*（L.）Spreng.

【科属】天南星科马蹄莲属

【产地分布】原产于埃及、埃塞俄比亚等地，我国引入栽培。

马蹄莲为多年生球根植物，具有肥大的块茎。叶片基生箭形，全缘，叶面光滑油绿。花葶由叶鞘内抽出，佛焰包白色。

马蹄莲喜温暖湿润的环境，要求土壤的有机质含量高，水分充足，喜光照，稍耐阴，但荫蔽环境下叶片细长瘦弱。马蹄莲原产热带地区，冬季地上部分不耐低温，夏季高温超过35℃时地上部分生长缓慢，甚至停止生长。适宜的生长温度为15～25℃，冬季低于5℃时地上部分枯萎死亡。

马蹄莲一般采用分株的方法繁殖。马蹄莲生长对养分的需求量较大，喜光，施工栽植时宜选择土壤或水体养分含量高、光照充足的环境。马蹄莲耐污染能力较强，对养分吸收量较大，适宜应用于人工湿地的建设中。马蹄莲栽植初期，以清水养护，促进生长恢复。恢复生长后可进入人工湿地正常管理阶段。

（10）纸莎草

【学名】*Cyperus papyrus* L.

【科属】莎草科莎草属

【产地分布】原产于埃及尼罗河流域。

纸莎草为多年生大型水生植物，具粗壮的根状茎。高达 2～3 m，茎秆簇生，粗壮，直立，光滑，钝三棱形，叶退化呈鞘状，茎秆顶端着生总苞片 3～10 枚，呈伞状簇生，总苞片叶状，披针形，长 7.5～15 cm，宽 2 cm 左右，顶生花序伞梗极多，细长下垂。

纸莎草喜温暖湿润、光照充足的环境，不耐低温，适宜的生长温度为 15～30℃，温度低于 10℃时生长停止，耐旱能力弱。纸莎草常成片分布于热带河流、沼泽、湖泊和泥炭湿地中。

纸莎草常以分株和播种的形式进行繁殖，在热带、亚热带的生长适应能力较强。其地下根茎发达，生长管理粗放。纸莎草对污水的适应能力强，对养分的需求量较大，常作为温带、热带人工湿地的主要配置植物应用。在温暖和养分充足的水域中纸莎草生长迅速，因此，应注意进行分株移栽，防止因生长密集而造成株丛中心植株死亡。

（11）再力花

【学名】*Thalia dealbata* Fraser

【科属】竹芋科再力花属

【产地分布】原产于美洲南部，非洲亦有分布。

再力花为多年生宿根挺水植物，株高 2 m 左右。叶卵状披针形，浅灰蓝色，边缘紫色，长 50 cm，宽 25 cm。全株背负白色蜡粉。再力花根茎发达，叶鞘包被成假茎。花复总状花序，花小，紫堇色，花期一般为每年的 6—9 月。

再力花喜温暖湿润、光照充足的环境。在土壤养分充足、空气湿度大的环境下，生长尤其旺盛。再力花为宿根型植物，地上部分遇霜冻后枯死，以根茎越冬，次春 3 月后开始萌发。我国华南地区表现为常绿。以分株和播种的方式进行繁殖。

再力花对环境的适应能力较强，其生长对污水承受能力较强。再力花生物量大，能吸收大量的富营养化成分，因此，现在大多数的人工湿地系统中均有再力花的配置。

（12）花叶芦竹

【学名】*Arundo donax* var. *Versicolor* Stokes

【科属】禾本科芦竹属

【别名】花叶芦荻

【产地分布】原产于欧洲地中海流域，现各地均有分布。

花叶芦竹为芦竹的变种，具有叶色鲜艳、观赏效果好的特点，多为景观植物栽植。多年生宿根草本植物，茎秆高 1～3 m。具有一定的耐旱能力，地上部分木质化。植株光滑直挺，具有节间，高而似竹。叶互生，宽 1～3.5 cm。圆锥花序长 10～40 cm，形似毛帚。

花叶芦竹根系发达，植株丛生，对环境的适应性较强。喜光稍耐旱、耐阴，主要生长于土壤潮湿的环境。由于植株较高，叶面积较大，因此在淤泥环境中生长不佳。花叶芦竹生长对养分需求量较大，土壤板结、养分不足的条件下，植株生长瘦弱。常采用分株和扦插的方式进行繁殖。

花叶芦竹耐污染能力强，因此，人工湿地建设中广为应用。

（13）荻

【学名】*Triarrhena sacchariflora*

【科属】禾本科荻属

【产地分布】主要分布于我国长江中下游流域以南各省，各类湖泊滩涂均有分布。

荻为多年生高大宿根草本植物，具有发达的地下根茎和根鞭。茎秆直立，高 5.5～7.5 m，叶宽 1～2 cm，茎节较多，节间膨大，叶鞘光滑，中脉明显、白色。

荻生长喜养分充足的环境，稍耐阴、耐旱，耐寒能力较强。地下根茎发达，萌发能力强，冬季地上部分枯萎死亡。荻对环境的适应能力较强，因此，在一些区域常作为野生杂草予以清理。常采用分株和扦插的方式进行繁殖。

人工湿地建设时，常作为表面流湿地以及潜流式湿地的栽植植物予以配置。

（14）梭鱼草

【学名】*Pontederia cordata* L.

【科属】雨久花科梭鱼草属

【产地分布】原产于美洲热带及温带区域，我国作为景观植物引入栽种。

梭鱼草为多年生草本植物。植株高大挺拔，表面光滑，叶倒卵形、披针形或心形，叶柄粗长。具有粗壮的地下根茎，根系发达，具根毛。穗状花序，顶生，长5～20 cm，小花密集，常为200朵以上，蓝紫色带黄斑点，花期一般是每年的5—10月。

梭鱼草具有发达的根茎，喜温暖湿润、光照充足的环境，常应用于浅水池或塘边。梭鱼草根茎耐寒能力较强，冬季地上部分枯萎，以宿根越冬，春季以分株繁殖为主。

梭鱼草为近年来引入我国的著名水生花卉品种，株型优美，花期长，常作为园林水景的主景材料应用于各类水景园林中。

梭鱼草根系发达，对养分的需求量较大，在长江流域常表现为半常绿或常绿的特性，作为表流式人工湿地系统中的配置材料具有色效双收的特点，亦可配置于潜流式人工湿地系统中。

（15）慈姑

【学名】*Sagittaria trifolia* L.var. *Sinensis* (Sims.) Makino

【科属】泽泻科慈姑属

【别名】燕尾草、剪刀草

【产地分布】原产于我国长江流域以南，欧洲亦有分布。

慈姑高50～100 cm。根状茎横生，较粗壮，顶端膨大成球茎，长2～4 cm，直径约1 cm。基生叶簇生，叶形变化极大，多数为狭箭形，通常顶裂片短于侧裂片，顶裂片与侧裂片之间缢缩；叶柄粗壮，长 20～40 cm，基部扩大成鞘状，边缘膜质。6—9 月开花，花梗直立，高 20～70 cm，粗壮，总状花序或圆锥形花序；花白色。7—10 月结果，同时形成地下球茎。

慈姑性喜温暖湿润的环境，不耐干旱和霜冻。喜光照充足，荫蔽环境下难生长。对土壤养分要求较高，喜疏松肥沃、腐殖质含量高的环境。瘠薄环境下生长瘦弱，球茎细小。适宜浅水，生长期为每年的 4—10 月。冬季地上部分枯萎，以球茎越冬。

慈姑为良好的水景材料，具有较好的观赏效果。人工湿地建设时，由于慈姑生物量大，对养分的需求多，因此，常作为表流式人工湿地系统的配置植物予以应用。

（16）泽泻

【学名】*Alisma plantago-aquatica* L.

【科属】泽泻科泽泻属

【产地分布】原产于我国，南北各地均有分布或栽培。日本、朝鲜、印度、北美也有分布。

泽泻为多年生沼生或水生草本植物，株高 60～90 cm。茎秆直立，地下块茎球形，外皮褐色，密生多数须根。叶片光滑，基生，卵状椭圆形，全缘。花葶由叶丛中抽出，花小，白色，伞状排列。花果期为 5—10 月。

泽泻喜温暖湿润、土壤疏松肥沃的环境，耐低温，不耐荫蔽。常自然分布在池塘、稻田、水沟、河边浅水区。泽泻喜肥沃的环境，尤其是一年生泽泻，在浅水淤泥中生长旺盛，因此，在农田中常大量生长，成为杂草。

泽泻的适应能力较强，为乡土植物品种，对沼泽湿地具有良好的适应性，因此，可作为湿地水域生态修复的先锋植物品种。其生长对养分的需求量较大，可作为表流式人工湿地的配置植物予以应用。

（17）泽苔草

【学名】*Caldesia parnassifolia*（Bassiex Linn.）Parl.

【科属】泽泻科泽苔草属

【产地分布】分布于黑龙江、云南、湖南、广东等地的沼泽湿地中。

泽苔草为多年生沼生草本植物品种，叶基生，叶片肾形或心形，长 6～20 cm，宽 5～20 cm，顶钝圆，基部浅心形，有 3～7 条弧形脉，叶柄长 30～50 cm。花白色，花期为每年的 5—10 月。泽苔草具有发达的匍匐茎，其抽生的花葶遇水后常从茎节上萌发大量的不定芽，分株即可成为新株。

泽苔草以播种、分株和扦插的形式进行繁殖。

泽苔草株丛繁茂，叶形美观，园林水景中，常以水景点缀植物或群植植物应用。生长对养分的需求量较大，耐污染能力强，可作为表流式人工湿地系统的植物进行配置。

（18）千屈菜

【学名】*Lythrum salicaria* L.

【科属】千屈菜科千屈菜属

【别名】水枝柳

【产地分布】原产于欧洲和亚洲暖温带，中国、日本和朝鲜有野生品种分布。

千屈菜为多年生宿根草本植物，叶对生或轮生，披针形，全缘，叶无柄。全株光滑，株高 40～120 cm，茎秆直立，基部木质化，四棱。花期为每年的 6—10 月，穗状花序，花序着生于花莛顶部，花小而密，玫瑰红或蓝紫色。品种中有毛叶千屈菜，花穗大，全株被绒毛覆盖。

千屈菜常用播种和扦插的方式繁殖。千屈菜的根系发达，根系和新梢的萌发能力均强。千屈菜对环境的适应能力强，其生长对养分的需求量较大，因此，可栽植于表流式人工湿地系统中。但千屈菜栽植初期对污水的承受能力不强，宜清水管护至植株新梢萌发后再进行废水管护。

千屈菜花色艳丽，花期长、着花量大，为著名的园林水景花卉品种，常孤植、丛植或群植于湿地水景边缘。人工湿地应用时，以表流式人工湿地栽植为主，亦可用于制作人工浮岛，效果很好。

（19）薏苡

【学名】*Coix lacryma-jobi* L.

【科属】禾本科薏苡属

【别名】苡米

【产地分布】原产于我国南部。

一年或多年生宿根草本，株高 1～2 m。茎直立粗壮，节间中空，基部节上生根。叶互生，呈纵向排列；叶鞘光滑，叶片间具白薄膜状的叶舌，叶片长披针形，基部稍鞘状包茎，中脉明显。颖果成熟时，外面的总苞坚硬，呈椭圆形。种皮黄褐色或灰褐色，种仁卵形，背面为椭圆形，腹面中央有沟。花期为每年的 7—9 月，果期为 8—10 月。

薏苡喜光照充足的温湿环境，近水岸生长，忌高温闷热，不耐寒，忌干旱，尤以苗期、抽穗期和灌浆期需要土壤湿润。以分株和种子播种繁殖为主。

薏苡根系发达，茎节常有发达的气生根萌发。薏苡对环境的适应性较强，丛生。地上部分对低温的抵抗能力差，常冬季休眠。薏苡喜温和潮湿气候，气温

15℃时开始出苗，高于 25℃且相对湿度为 80%～90% 时，幼苗生长迅速。

薏苡适应性强，耐污染能力强。其生长对 N、P 的需求量大，可作为表流式人工湿地及潜流式人工湿地系统的配置材料进行应用。

（20）灯心草

【学名】*Juncus effusus* L.

【科属】灯心草科灯心草属

【产地分布】分布广泛，我国各地均有生长。

灯心草为多年生草本植物，根茎横走，密生须根。茎簇生，高 40～100 cm，直径 1.5～4 mm。叶片退化呈刺芒状。花序假侧生，聚伞状，多花，密集或疏散。花期为每年的 5—6 月，果期为 6—7 月，种子褐色。

喜光照充足的环境，稍耐贫瘠，常生长于近水边缘环境，荒芜农田中有大量野生分布。适应性较强，为区域性乡土植物品种。常采用分株和播种的方式进行繁殖。

人工湿地建设中，灯心草对基质的要求比较严格，适宜生长于较小颗粒填料中，因此，灯心草常作为垂直流湿地系统的植物配置应用。

（21）象草

【学名】*Pennisetum purpureum* Schum.

【科属】禾本科狼尾草属

【产地分布】原产于美国，为老象草（*Pennisetum purpureum* Schum.）与美洲狼尾草（*Pennisetum* sp.）杂交育成的杂交品种。我国做牧草引种栽培，现各地均有分布。

象草植株高大，直立丛生，根系发达，在温度适宜地区为多年生植物。株高可达 4～5 m，节间长 9～15 cm，每节着生 1 个腋芽，由叶鞘包裹，叶鞘着生密集的刚毛，叶片互生，长 60～130 cm，叶片宽 3～6cm。

象草喜土壤肥沃、湿润的环境，喜光，稍耐阴，常群生分布于湿地边缘。象草适应性较强，旱地或湿地均可生长，但不耐干旱。象草不定根萌发能力强，常以扦插的方式进行繁殖。

象草株型高大、苍翠、挺拔，叶型飘逸，具有非常好的观赏效果，适宜园林景观中栽植应用。象草根系发达，适应能力强，生物量大，因此，常作为潜流型人工湿地的主要应用材料进行配置。

（22）茳芏

【学名】*Cyperus malaccensis* Lam.

【科属】莎草科莎草属

【别名】咸水草、席草

【产地分布】原产于我国广东、福建等地，日本、东南亚等地也有分布。

茳芏为多年生草本植物，地下茎匍匐生长，木质化，秆高 80～100 cm，锐三棱形，平滑，基部有 1～2 片叶，叶片短或极短，宽 3～8 cm。苞片 3 枚，叶状，短于花序，长侧枝聚散花序复出或多次复出，穗状花序松散，具有 4～10 个小穗，花期一般为每年的 5—10 月。

茳芏喜温暖湿润、土壤肥沃的环境，对环境的适应能力强，不耐低温，冬季地上部分枯萎死亡，以宿根越冬。茳芏生长对养分的需求量较大，养分不足时，常表现出生长瘦弱、黄化的现象。其主要以分株的方式进行繁殖。

茳芏适宜生长于养分充足的环境，其耐污染能力较强，人工湿地系统中，常作为表流式人工湿地和潜流式人工湿地中的配置植物应用。

（23）野姜花

【学名】*Hedychium coronarium*

【科属】姜科姜花属

【产地分布】原生于我国南部、西南部，越南、印度、马来西亚和澳大利亚亦有分布。

野姜花为多年生草木植物，地下茎块状而具芳香，高 1～2.5 m。叶长椭圆状披针形，长 40～50 cm，宽 7～15 cm，上表面光滑，下表面具长毛。花序顶生，密穗状，有大型的苞片保护，花白色，具芳香，假雄蕊变成花瓣状，孕性雄蕊 1 枚，与花柱合生。果为 3 瓣裂的蒴果，种子红棕色，其上有红色假种皮。

野姜花喜温暖湿润、土壤疏松肥沃的环境。常生长于低海拔山地、平野的水岸边。稍耐荫蔽，耐低温，冬季地上部分枯萎，以根茎越冬。野姜花以分株的方式进行繁殖。

野姜花株型俊逸，植株翠绿，叶面有光泽，花香馥郁，具有较高的观赏价值，其花常作切花应用。野姜花根系耐污染能力强，根系发达，适宜生长于肥沃环境。

研究发现，野姜花在潜流式人工湿地中，生长旺盛，表现出了较好的水体净化能力，因此，可作为潜流式人工湿地系统中的应用植物进行配置。

（24）喜旱莲子草

【学名】*Alternanthera philoxeroides*（Mart.）Griseb.

【别名】空心莲子草、水花生、革命草

【科属】苋科莲子草属

【产地分布】原产于巴西，我国引种后逸为野生。

喜旱莲子草为多年生草本植物，茎管状，不明显四棱。叶片矩圆形、矩圆卵状倒卵形，全缘，两面无毛或上面有贴生毛，花密生，具总花梗的头状花序，单生于叶腋，球形，苞片白色。

其对环境的适应能力强，生长势旺盛，常成片分布于田间地头，为杂草中最强势者。

在湿地工程中，喜旱莲子草常作为浮水植物栽植和应用于生物塘工艺。在工程应用时应注意对其生长范围进行控制，防止野逸为害，并对其进行定期清理和打捞，防止二次污染。

（25）水莎草

【学名】*Juncellus serotinus* Rottb.

【科属】莎草科水莎草属

【产地分布】分布范围较广，我国各地均有分布。

水莎草为一年生或多年生宿根草本植物，茎秆散生或丛生，三棱形，包茎，株高 40～70 cm。

水莎草对环境的适应能力较强，在我国南方属半常绿半枯萎植物类型，有一定的抗寒能力，有些地方为杂草。

水莎草适宜的栽植季节为萌发初期，在湿地工程中，常作为表流湿地或垂直流湿地中的配置植物进行应用，其根系发达，分布面广，对污水净化和处理具有较好的效果。

（26）水毛花

【学名】*Scirpus triangulatus*

【科属】莎草科藨草属

【产地分布】我国各地均有分布，为乡土植物品种。常生长于沼泽或者水域驳岸边缘。

水毛花为多年生宿根草本植物，具短的根状茎。秆高 50～100 cm，梢粗，直立，丛生，直径 3～5 mm，锐三棱形，长

侧枝聚伞花序聚缩成头状，假侧生，呈星状放射，具 3～18 个小穗。与藨草不同之处在于，水毛花的小穗无柄。

其生长能力较强，常丛生分布于各类湿地、沼泽中，具有发达的根系。喜肥沃的土壤环境，不耐低温，冬季地上部分枯萎死亡，在长江中下游流域常作为园林景观植物应用。

在湿地工程中，常作为表流湿地及垂直流湿地系统中的配置植物栽植和应用。

（27）美人蕉

【学名】*Canna indica* L.

【别名】红艳蕉、兰蕉、昙华

【科属】美人蕉科美人蕉属

美人蕉为多年生宿根草本植物。株高可达 100～150 cm，根茎肥大；地上茎肉质，不分枝。茎叶具白粉，叶互生，宽大，长椭圆状披针形。总状花序自茎顶抽出，花径可达 20 cm，花瓣直伸，具四枚瓣化雄蕊。花色有乳白、鲜黄、橙黄、橘红、粉红、大红、紫红、复色斑点等 50 多个品种。

美人蕉原产于南美热带及亚热带，美人蕉对环境的适应能力较强，我国各地均有引种栽培。喜阳光充足和温暖的环境条件，不耐寒，在我国华南地方可四季开花，北方地区地上部枯死。对土壤要求不严，适宜于土层深厚、疏松、肥沃且排水良好的土壤。

美人蕉的根系具有一定的耐污能力，喜肥沃环境，因此，在人工湿地建设时，其常作为面流式人工湿地和潜流式人工湿地的主要植物进行配置和应用。美人蕉的根系发达，对养分的吸收量大，也是生物浮岛营建的良好材料，是目前应用最为广泛的湿地植物品种之一。

（28）铜钱草

【学名】*Hydrocotyle vulgaris*

【科属】伞形科南美天胡荽属

【别名】香菇草、南美天胡荽

【产地分布】原产于南美洲热带，现我国引种栽培。

铜钱草为多年生草本植物，地下茎发达，叶具长柄，柄长 5～12 cm，叶片圆伞形，叶片直径 1～3.5 cm，叶缘有钝圆锯齿，叶面油亮具有光泽。

铜钱草性喜温暖湿润、土壤疏松肥沃的环境，生长对光照的要求不严格，但荫蔽条件下易生长。适宜生长于水深 1～3 cm 或潮湿的土壤环境。

湿地工程中，可作为垂直流湿地及表流湿地的配置植物栽植和应用。

（29）花叶虉草

【学名】*Phalaris arundinacea*

【科属】禾本科虉草属

【产地分布】原产于欧洲、北美，我国现有引种栽培。

花叶蔺草为多年生挺水植物类型，植株高 50～100 cm，叶线形或批针形，植株丛生，茎秆细小，叶面具有淡黄色或黄色条纹。

花叶蔺草为多年生宿根草本植物，喜温暖湿润的环境，具有一定的耐旱和耐寒能力，适宜的生长温度为 20～30℃，冬季遇霜冻时地上部分枯萎，次春萌发。花叶蔺草常以分株的形式进行繁殖，常栽植于浅水水域，尤喜欢沼泽湿地环境的生长，具有一定的耐旱能力，因此，适宜生长于湿地边缘土壤湿润的环境，不适宜在深水水域生长。

湿地工程中，可作为垂直流湿地和潜流湿地中的配置植物栽植应用，也可作为浮岛植物应用。

（30）野芋

【学名】*Colocasia antiquorum* Schott.

【科属】天南星科芋属

【产地分布】原产于亚洲南部，我国南方各地均有分布

野芋为多年生湿生草本植物。具有粗大的球茎或发达的根茎，球茎常为卵形或长椭圆形，褐色，背负纤毛。叶基生，2～5 片成簇，叶片卵形，盾状着生。

野芋喜肥沃疏松、含水量充足的土壤环境，稍耐阴，喜高空气湿度。具有发达的球茎，冬季地上部分枯萎，以球茎越冬。常以分球的方式进行繁殖。

野芋适宜栽植于水分充足的环境，适宜水深为 30 cm 以下，水深过高，常造成植株不能正常生长和萌发。工程应用中，常作为表流式人工湿地的主体材料予以配置和应用。

（31）粉绿狐尾藻

【学名】*Myriophyllum aquaticum*（Vell.）verdc.

【科属】小二仙草科狐尾藻属

【别名】穗花狐尾藻

【产地分布】原产于欧洲地中海流域，现我国引种栽培。

粉绿狐尾藻是多年生挺水或沉水草本植物，常漂浮生长于湿地水域，茎秆细圆，中空，叶6片，细丝状羽叶全裂，轮生。

粉绿狐尾藻喜养分充足的环境，喜光照，冬季不耐低温，长江流域以南需温室越冬。不定根和不定芽的萌发能力强，常以扦插和分株的方式繁殖。

工程应用时，应选择光照充足、养分条件好的环境进行施工栽植。为防止新栽植株随风飘移，常对其生长范围进行固定，浮框或绳线固定均可。

粉绿狐尾藻对环境的适应能力强，对污水的适应能力强，常作为污染水域的先锋覆盖植物进行应用。人工湿地建设中，可作为生物塘的覆盖植物进行配置。其生长迅速，工程应用时，应控制其生长范围，防止野逸为害。

（32）凤眼蓝

【学名】*Eichhornia crassipes*（Mart.）solms

【科属】雨久花科凤眼蓝属

【别名】水葫芦、凤眼莲

【产地分布】原产于南美，现我国温带均有分布。

凤眼蓝为多年生水生植物。根系发达，茎秆短缩，叶丛生状，叶片颜色鲜绿，叶面光滑、全缘。叶柄由基部开始膨大呈囊状，为气室，海绵质。植株生长过于拥挤时，叶柄长而无气室。花序由叶柄中抽生，花色蓝紫色，花期为每年的5—10月。

凤眼蓝的适应性强，喜欢光照强烈、养分充足的静水环境。其生长对水分的需求量较大。适宜的生长温度为15～30℃，温度低于10℃时植株生长停滞。冬季水面部分枯萎死亡。凤眼蓝主要采用分株的方法繁殖。

凤眼蓝由于具有较强的耐污染能力、环境适应能力，对富营养水体具有较高的养分吸收能力，因而被作为人工湿地污水处理工程的主要植物予以配置和应用。人工湿地建设时，由于凤眼蓝生长迅速，覆盖密闭性好，对养分的吸收量大，因此常应用于水生物塘工艺中。

（33）大薸

【学名】*Pistia stratiotes* L.

【科属】天南星科大薸属

【别名】水芙蓉、水浮莲、水白菜

【产地分布】原产于南美洲，我国华南地区广有分布。

大薸株型莲座状，似白菜，因此又名水白菜。叶片背负茸毛，白绿色，叶片倒卵形。大薸新芽由叶基萌发，匍匐茎脆弱。

大薸性喜温暖湿润、光照充足的静水环境。水体养分充足时叶色浓绿，反之则黄绿色。适宜的生长温度为 15～30℃，温度低于 10℃时生长停滞，冬季遇霜冻则整株死亡，在冬季有霜冻的地方需保护越冬。繁殖生长迅速，主要采用分株的形式进行。

湿地工程中，大薸与凤眼蓝一样，常作为前端生物塘工艺的主要配置植物进行应用。工程应用过程中，为防止大薸生长旺盛而造成二次污染，应进行定期打捞。

（34）水芹菜

【学名】*Oenanthe javanica*（Blume）DC

【科属】伞形科水芹属

【产地分布】我国各地均有分布，东南亚各地有栽培。

水芹菜为多年生水生植物。茎秆直立有棱。叶片为羽状复叶，互生，叶缘具齿。复伞形花序，顶生。花白色，花期一般为每年的3—7月。

水芹菜性喜温凉，不耐高温和干旱。每年具有2个生长高峰，分别为12月—次春4月和9—11月，夏季遇高温休眠。

水芹菜生长对养分需求量较大，水体或土壤中养分含量不足时，植株黄化、老化。常以分株和扦插的形式进行繁殖。

水芹菜对污水的适应能力强，根系发达，对养分的吸收量较大，因此，在人工湿地的建设中，常用水芹菜来作生物塘的水面覆盖材料和表流式人工湿地的处理植物。

（35）李氏禾

【学名】*Leersia parviflora Leersia australis*

【科属】禾本科假稻属

【别名】假稻

【产地分布】原产于东南亚，我国各地均有分布，为野生杂草。

李氏禾为禾本科多年生宿根草本植物，叶片细碎，叶柄基部具有环状茸毛。花期为每年的5—9月，具有明显的颖壳。

李氏禾对环境的适应能力强，常漂浮生长于各类水面，也适宜在淤泥深厚的沼泽环境生长。冬季耐低温能力强，夏季生长旺盛。为野生杂草。分株方式繁殖，成活率高。

李氏禾为野生杂草，常作为人工湿地生物塘面的布置材料进行应用，具有耐污染能力强、生物量大的特点。生物塘面应用时，常以框架形式栽植应用，防止倒伏、散乱和野逸。

李氏禾为典型的乡土植物品种，作为浮岛的营建材料效果较好，生物量较大，广为应用。人工湿地建设中，李氏禾对污水的适应能力较强，作为生物塘前处理植物应用广泛，效果也比较明显。人工湿地中应注意及时予以打捞和收刈，防止造成二次污染。

（36）金鱼藻

【学名】*Ceratophyllum demersum* L.

【科属】金鱼藻科金鱼藻属

【产地分布】原产于东亚，分布广泛。

金鱼藻为多年生沉水植物，茎秆细长，分枝较多。叶轮生，1～2 回叉状分枝，裂片线形，使植株呈松针状。金鱼藻的适应性较强，喜肥沃透明度较高的水体环境，要求透明度在 50 cm 以上，喜光，喜静水环境。

工程应用时，应选择水质透明度高、水深 60 cm 左右的水域进行施工栽种。金鱼藻生长恢复速度较快，将种苗直接投放于无风浪的水域，金鱼藻即可下沉并萌发形成新的植株。人工湿地系统中，常应用于人工湿地末端强化塘中，以起到提高出水水质的作用。

（37）菹草

【学名】*Potamogeton crispus* L.

【科属】眼子菜科眼子菜属

【产地分布】世界分布性植物，我国南北各地均有分布。

菹草为多年生宿根沉水植物，植株光滑。叶片互生，叶缘有波浪皱褶，叶色铜绿。植株喜光照充足的环境，适应性较强，水体中常自然生长。菹草常在低于 1 m 水深的优质水域环境中大量生长。植株常散生漂浮于水面。

工程应用时，应选择透明度在 50 cm 以上的水域进行栽植。栽植时，将菹草种苗均匀散布于无风浪的水域，即可自行生长。1 个月左右，即可成苗扩散。水深超过 1.2 m 的水域不适宜栽种菹草。有风浪的水域，为防止菹草种苗的飘散而应采取无纺布袋栽的形式进行施工栽植。

菹草对水体具有较强的净化功能，因此，可利用其修复污染程度较低的自然水域。人工湿地建设时，常作为湿地末端强化塘的处理材料应用。工程应用时，应注意控制菹草的生长量，防止大量暴发而造成二次污染。

（38）光叶眼子菜

【学名】*Potamogeton lucens* Linn.

【科属】眼子菜科眼子菜属

【产地分布】分布广泛，我国东北、河北、江苏、台湾、云南及新疆等地均有分布。

光叶眼子菜为多年生沉水草本植物，根状茎绿白色。叶互生，叶片纸质透明，边缘具浅锯齿或全缘。花序在枝梢腋生，佛焰苞革质透明。花期为 6—11 月。

光叶眼子菜喜光照充足的环境，适应性较强，常成片分布于深水湖泊中，漂浮生长。

光叶眼子菜常应用栽植于深水水域，栽植方式同菹草等。常作为末端强化系统的配置植物进行栽植，工程应用时，应注意控制其生长量，防止造成二次污染。

（39）竹叶眼子菜

【学名】*Potamogeton wrightii* Morong.

【科属】眼子菜科眼子菜属

【别名】马来眼子菜

【产地分布】分布于各类深水、清洁的湖泊、河流及其他水域。

竹叶眼子菜为多年生沉水植物，地下茎发达。植株长可到 1.5 m 以上。叶线状、披针形或长椭圆形，8～12 cm 长，沉水叶先端急尖，叶缘波状，具有不规则的锯齿，叶柄长 2～5 cm。

喜光照，常发生于透明度在 1 m 以上的活动水域。自繁能力较强，自然水域，常种子繁殖。

工程应用时，选择光照充足、水体透

明度高、水体流动性较好的区域栽植。栽种投放时，以无纺布按 3～5 株 / 袋的规格进行包扎后，均匀地散布于水域中。对水体具有较好的净化作用，可作为人工湿地末端强化塘的配置植物应用。

（40）篦齿眼子菜

【学名】*Potamogeton pectinatus* L.

【科属】眼子菜科眼子菜属

【别名龙】须眼子菜、红线儿菹

【产地分布】分布广泛，我国各地水域均有生长分布。

篦齿眼子菜为多年生沉水草本植物。根茎发达，白色，具分枝，茎长 50～200 cm。叶线形，先端渐尖或急尖，基部与托叶贴生成鞘，绿色。穗状花序顶生，具花 4～7 轮，间断排列，花被片 4 片，圆形或宽卵形。果实倒卵形。花果期 5—10 月。

篦齿眼子菜自然分布范围较广，对水体的适应能力强，富营养化的V类水体中亦有分布，是水体自然恢复工程中重要的应用植物。其对水体具有较强的净化能力，应用于人工湿地末端强化塘中，可起到强化净化效果的作用。

（41）小眼子菜

【学名】*Potamogeton pusillus* L.L.

【科属】眼子菜科眼子菜属

【产地分布】分布广泛，我国各类水域湿地均有分布。

【形态描述】多年生沉水草本。根茎细长，白色。叶线形，先端钝，基部与托叶贴生成鞘，绿色，合生成套管状抱茎。穗状花序顶生，具花 2～4 轮，间断排列，花被片 4 片，近圆形。果实倒卵形。花果期为 7—10 月。

小眼子菜喜光照充足的环境，常发生于水深中等的水域。小眼子菜对环境的适应能力较强，常于肥沃底泥中大量生长，工程应用时，可作为轻污染水域治理的植物配置应用，亦可应用于人工湿地末端强化塘中，具有提高净化处理效果的作用。

（42）穿叶眼子菜

【学名】*Potamogeton perfoliatus* L.

【科属】眼子菜科眼子菜属

【产地分布】分布广泛，各地均有分布。

穿叶眼子菜为多年生沉水草本，根状茎白色于泥中横走。茎分枝，叶互生，花梗下的叶对生，宽卵形或卵状披针形，长 2～5 cm，宽 1～2.5 cm，叶基部心形抱

茎，边缘全缘而常有波皱。穗状花序顶生或腋生，花果期为6—8月。

穿叶眼子菜常群生分布于水深为70～100 cm的清洁水域，喜透明度高的环境。适宜流动性较小的环境生长。穿叶眼子菜的自繁能力强，以扦插和播种的方式繁殖。

工程应用时，选择透明度高的水域或流动性不大的水域进行施工栽植。栽植时，以无纺布袋包裹基部，均匀地散布于施工水域即可。穿叶眼子菜对水体具有一定的净化能力，人工湿地系统应用时，常自然发生于末端水质较好的工艺段中，可达到强化净化效果的作用。

（43）黑藻

【学名】*Hydrilla verticillata*（L. F.）Royle

【科属】水鳖科黑藻属

【产地分布】广布于池塘、湖泊和水沟中。我国南北各地均有分布。

黑藻为多年生沉水植物，茎秆直立细长，长50～80 cm，叶带状披针形，4～8片轮生，通常以4～6片为多，长1.5 cm左右，宽1.5～2 cm。叶缘具小锯齿，叶无柄。

喜光照充足、透明度高的浅水环境，冬季休眠。黑藻常发生大量的种子，可自繁。根茎的萌发能力较强，可对黑藻进行扦插繁殖。

工程栽植时，选择水深在40 cm左右的静水水域进行施工。将黑藻的种苗均匀地散布于水域，7～10天即可生长。

黑藻对水体的净化能力较强，人工湿地建设时，可作为末端强化塘的栽种植物进行配置。

（44）苦草

【学名】*Vallisneria natans*（Lour.）Hara

【科属】水鳖科苦草属

【产地分布】分布广泛，我国广布。中南半岛、日本、马来西亚和澳大利亚也有分布。

苦草为多年生沉水草本植物。具匍匐茎，径粗约 2 mm，白色，光滑或稍粗糙，先端芽浅黄色。叶基生，线形或带形，长 20～200 cm，宽 0.5～2 cm，绿色或略带紫红色，常具棕色条纹和斑点，先端圆钝，边缘全缘或具不明显的细锯齿，无叶柄。花单性，雌雄异株。

苦草对水质的适应性较强，喜弱碱性水质，适应水温在 24℃以下，不喜高温，耐寒，喜强光，生长对水质透明度要求较高。

选择光照充足的环境进行栽植，适宜栽植的水深范围为 20～70 cm。栽植时，以无纺布包裹苦草根部，均匀地投入施工区域。苦草对环境具有一定的适应能力，水域生态修复建设时，可作为先锋植物品种予以配置应用。

（45）狐尾藻

【学名】*Myriophyllum verticillatum* L.

【科属】小二仙草科狐尾藻属

【别名】穗状狐尾藻

【产地分布】生长于池塘、河流、湖泊等水域，我国南北各地均有分布。

狐尾藻为多年生沉水植物，茎叶两型，沉水或出水生长。根状茎生长于底泥中，茎细圆，长 1～1.5 m。叶 4 轮左右，细丝状羽叶全裂。穗状花序着生于枝条顶端，伸出水面，花期为 6—8 月。

狐尾藻常生长于水深超过 1.5 m，水体透明度在 1 m 以上的深水水域，喜光，喜静水环境。狐尾藻开花后能产生大量的种子，自繁能力较强。

工程栽植时，常将狐尾藻连根取出后，以无纺布袋包裹根部，投入于水域中。狐尾藻对水体具有较好的净化作用，可应用于自然水域的生态修复工程建设中。

4.3.2.5 植物在人工湿地中的作用

一般的水生植物都适合于湿地系统，最常见的有芦苇、香蒲、蔗草、苔草、甜茅等。芦苇和香蒲的空心茎能将空气输送到根部，使其根部微生物获得氧气。

（1）植物在污水控制方面有以下优势

①通过光合作用为净化作用提供能量来源；

②具有可观赏性，能改善景观生态环境；

③可以收割回收资源；

④可作为介质所受污染程度的指示物；

⑤能固定土壤中的水分，圈定污染区，防止污染源的进一步扩散；

⑥植物庞大的根系为细菌提供多样的生境，根区的细菌群落可降解许多种污染物；

⑦输送氧气至根区，有利于微生物的氧呼吸。

（2）人工湿地净化污水过程中植物的作用

①直接吸收利用污水中可利用态的营养物质，吸附、富集重金属和一些有毒有害物质；

②为根区好氧微生物输送氧气；

③增强和维持介质的水力传输。

（3）植物根系在人工湿地中的作用

①吸收利用、吸附和富集作用

植物根系能从污水中吸收营养物质加以利用、吸附和富集重金属及一些有毒有害物质，污水处理试验中发现，种植水烛和灯心草的人工湿地基质中氮、磷的含量分别比无植物的对照基质中的含量低 18%～28% 和 20%～31%，可见水烛和灯心草吸收利用了污水中部分的氮和磷物质。Ellis 等（1994）的研究结果表明，湿地中宽叶香蒲和黑三棱是摄取、同化、吸附、富集高速公路径流油类、有机物、铅和锌的较适宜植物种类。海涂上，芦苇床湿地系统则是削减进入海洋过量营养物质的强有力手段之一。池杉人工湿地对污水中总氮和氨氮的净化效果明显，对重金属亦具有良好的去除作用。吴振斌等报道，芦苇与水葱、茭白、菖蒲、薰草、苔草等植物组合的垂直流人工湿地系统除磷效率及稳定性均高于无植物的对照水域，去除率为 40%～60%，其中茭白与菖蒲组合的总磷平均去除率达 65%，且对藻毒素有一定的去除作用。芦苇与水葱、茭白与菖蒲的组合对藻毒素（质量浓度为 0.117 μg/L）的去除率分别为 68.5% 和 34.6%；在三种主要藻毒素 RR、YR、LR 中，对 YR 的去除效果最好，出水质量浓度在检测限以下（0.01 μg/L）。垂直流人工湿地处理低浓度重金属污水的试验表明，风车草能吸收富集水体中 30% 的铜和锰，对锌、镉、铅的富集也在 5%～15%。Gross 的研究报道了栽种有芋、美人蕉等植物的人工湿地对水体中外源生物活性物质、LAS 等具有很好的去除效果。另外一些研究也显示了植物的吸收和吸附作用，栽种植物的湿地对污水中的营养物质及重金属的去除能力高于无植物系统。

植物的吸收、吸附和富集作用与植株的生长状况和根系发达程度密切相关，因而不同植物构成的人工湿地净化污水效果存在差异。香蒲属植物我国常见的有近 10 种，有的种类能长至几米高，有的则高不足 30 cm。长苞香蒲和水烛等大型种类具有粗壮的根系和许多发达的不定根，是较佳的净水植物；而小型种类（如小香蒲）的根系发达程度无法与前者相比，净化污水的效果则差一些。Gerberg 等做了不同高度水生植物人工湿地净化城镇综合污水的研究，发现进水中氨氮的质量浓度为 24.7 mg/L 时，经过薰草、芦苇和宽叶香蒲三种单一植物的人工湿地处理后，出水氨氮质量浓度分别为 1.4 mg/L、5.3 mg/L 和 7.7 mg/L，薰草、芦苇对污水中氨氮的去除能力明显高于香蒲；从 3 块湿地对污水中 BOD_5 的去除效果来看，薰草（去除率为 96%）优于芦苇（去除率为 81%）和宽叶香蒲（去除率为 74%），它们的出水 BOD_5 平均质量浓度为 5.3～30.4 mg/L，优于或等效于常规二级水处理出水质量标准（30 mg/L）。Adcock 等研究了人工湿地和天然湿地中三种植物的地上、地下和总的生物量、生长状况和组织中营养成分的含量，结果表明，通过植物的吸收利用，水麦冬对氮、磷的去除效果是 *Baumeaarticulata* 和芦苇的 5 倍。

人工湿地植物的生长受介质、气候、温度等影响，其吸收营养盐的能力随生长与生理活动状态而变化，故污水净化效果也不一样。在深圳白坭坑水源保护的人工湿地中，灯心草因生长不好而遭淘汰，而在马鞍山，采用灯心草等处理金属矿酸性废水则效果良好；在武汉，人工湿地中的灯心草一直生长旺盛，对凯氏氮的去除率维持在 95% 以上。灯心草的净化效果表现出不同气候区域的差异，在长江中下游一带，灯心草成为一种适宜的人工湿地植物种类。介质的差异可能是造成灯心草吸收营养盐能力差异的另一个重要因素，白坭坑湿地介质为碎石，灯心草从介质中吸收营养盐能力下降，生长受阻，生物量下降，又反过来影响植物对营养盐的吸收，形成恶性循环；湿地介质为黏土与砂的混合物时，灯心草一直旺盛，吸收营养盐能力正常，净化效果较好。植物对营养盐的吸收能力高低，温度也是一个不容忽视的因素。在冬季，人工湿地中水烛地面部分枯黄，对污水中凯氏氮、氨氮等的去除能力明显低于夏季。人工湿地对磷的去除研究表明，冬季人工湿地出水中的无机磷浓度甚至高于进水；但在夏季，植物新陈代谢旺盛、生理活动加强，即使加大污染负荷，人工湿地仍表现出一定的无机磷去除能力。32℃条件下，池杉人工湿地对总氮、总磷的去除效果明显好于20℃时的去除效果。可见温度影响了植物的生长及生理活动，从而影响植物吸收营养盐的能力。

②输氧作用

湿地环境对于很多生物来说是一种严酷的逆境，最严酷的条件是湿地土壤缺氧。缺氧条件下，生物不能进行正常的有氧呼吸，还原态的某些元素和有机物的浓度甚至达到有毒的水平。人工湿地中植物能将光合作用产生的氧气通过气道输送至根区，在植物根区的还原态介质中形成氧化态的微环境，这种根区中有氧区域和缺氧区域的共同存在为根区的好氧、兼性和厌氧微生物提供了各自适宜的小生境，使不同的微生物各得其所，发挥相辅相成的作用。Dunbabin 等测试了小型湿地根区的氧浓度、pH 及氧化能力，发现三者在有植物系统中皆高于无植物系统，即使在人工湿地中补充碳源加大耗氧量、无植物系统中氧浓度大量下降的情况下，有植物系统根区仍能继续保持氧化状态。由于挺水植物的输氧作用形成了氧化态的根区，有植物湿地底质中氧化—还原电位明显地高于无植物区域底质，间隙水中的总铁、总锰含量下降。从香蒲人工湿地中微生物的空间分布状况来看，对照和香蒲湿地中5～10 cm 处与 20 cm 处的细菌、放线菌和真菌数量的比值分别为 11.1 和 2.0（平均值），可见香蒲的存在有利于微生物在人工湿地纵深的扩展。实践证明，水生植物植株和根系的输氧作用促进了深层基质中微生物的生长和繁殖。

③加强和维持水力传输的作用

由于植物根和根系对介质的穿透作用，在介质中形成了许多微小的气室或间隙，减小了介质的封闭性，增强了介质的疏松度，从而使介质的水力传输得到加强和维持。在人工湿地处理污水的试验中发现，经过 3～5 个月的污水处理后，不种植物的对照土壤介质板结，发生淤积；而种有水烛和灯心草的人工湿地渗虑性能好，污水能很快地渗入介质。据报道，即使相对易板结的土壤，在 2～5 年内，经过植物根系的穿透作用，其水力传输能力也可与沙砾、碎石相当。植物的生长能加快天然土壤的水力传输程度，且当植物成熟时，根区系统的水容量增大，即使植物的根和根系腐烂后，剩下的许多空隙和通道，也有利于土壤的水力传输。

4.4　人工湿地对主要污染物的去除原理

4.4.1　氮的去除

人工湿地污水中氮的去除主要包括植物吸收、氨的挥发、介质的吸附以及微生物的硝化和反硝化脱氮，它的去除效率和湿地系统的设计、植物种类、植物根部环境的化学性质、植物摄取量、可利用碳源、受 pH 影响的氮的挥发性以及基底材料类型都有关，同时依赖于污水在湿地中的停留时间。湿地中氮的循环主要是通过一系列复杂的生物化学作用发生的，包括直接转化成氮化物及和其他矿物质结合起来。

在防渗湿地系统中，忽略湿地和周围水体的氮交换量，湿地中的氮去除机理包括挥发、氨化、硝化与反硝化、植物摄取和基质吸附。许多研究表明，湿地中的主要去氮机理是微生物硝化与反硝化作用。在 Santee 的报道中，硝化、反硝化过程去氮量占氮去除总量的 60% ～86%。湿地中氮的形态转化情况见图 4-1。未防渗湿地需要考虑湿地系统和周围水体的交换量，即图 4-1 中的⑩。

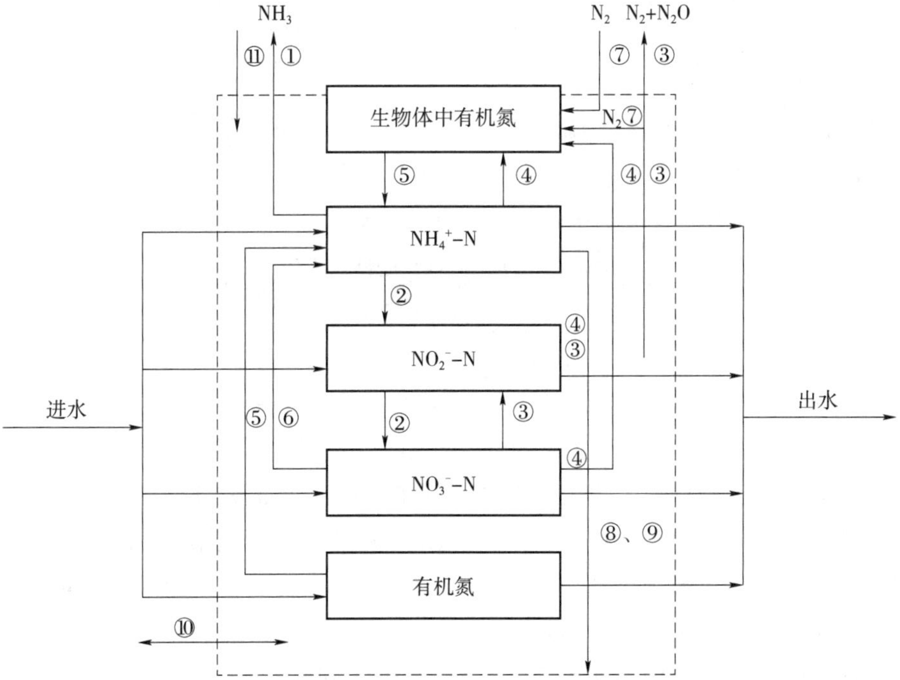

图 4-1　人工湿地污水处理系统中的氮形态转化图

注：① NH_3 挥发；② 硝化；③ 反硝化；④ 植物、动物和微生物吸收；⑤ 氮化；⑥ 硝酸盐氨化；⑦ 固氮；⑧ 离子交换；⑨ 吸附；⑩ 与周围水体交换；⑪ 降水带入的氮。

（1）氨挥发

氨挥发是物化过程，水中的氨氮离解平衡方程为

$$NH_3(aq)+H_2O \rightarrow NH_4^++OH^- \quad (4-3)$$

淹没土壤和沉积物中的 NH_3 挥发和 pH 密切相关：① pH=9.3，NH_3 和 NH_4^+ 的比例为 1∶1，氨挥发显著；② pH=7.5～8.0，氨挥发不显著；③ pH＜7.5，氨挥发可忽略。湿地中藻类、浮水植物和沉水植物的光合作用常导致 pH 升高。水平潜流湿地系统中可以忽略氨挥发，因为此系统中的 pH 一般不超过 8.0。

氨挥发由水中的 pH、NH_4^+ 浓度、温度、风速、太阳辐射、水生植物种类、状态和数量以及系统中的 pH 日变化等多种因素来综合决定。例如，在有自由漂浮大型植物的系统中，氨挥发是重要的氮去除途径。

（2）氨化

氨化（矿化）将有机氮转化为无机氮（尤其是 NH_3-N）。有氧时利于氨化，而厌氧时氨化速度降低。湿地中氨化速度与温度、pH、系统的供氧能力、C/N 比、系统中的营养物以及土壤的质地与结构有关。温度升高 10ºC，氨化速度提高 1 倍。氨化的最佳 pH 为 6.5～8.5，饱水土壤中由于缓冲作用其 pH 处于中性范围；排水良好时，由于矿化过程中硝酸盐的积累和 H^+ 的生成导致 pH 降低。由于氨化和硝化竞争氧气，因此系统的供氧能力对 NH_3-N 的去除效果影响较大。

（3）硝化 / 反硝化

硝化将铵离子生物氧化为硝酸根，是由两组自养型好氧微生物通过两个过程（方程 4-4）来完成的，亚硝酸根是此反应的中间体。硝化菌从铵或亚硝酸根的氧化过程获得能量，新细菌细胞合成以二氧化碳为碳源：

$$\begin{gathered} NH_4^++1.5O_2 \rightarrow NO_2^-+2H^++H_2O \\ NO_2^-+0.5O_2 \rightarrow NO_3^- \\ NH_4^++2O_2 \rightarrow NO_3^-+2H^+ +H_2O \end{gathered} \quad (4-4)$$

第一步，严格化能无机营养细菌（严格好氧）将 NH_4^+ 氧化为 NO_2^-，该过程产能，在生理浓度下，产能为 242.8～351.7 kJ/mol，亚硝化菌可利用 5%～14%。已鉴定的此类菌有淡水和土壤中的亚硝化单胞菌属（*N. europaea*）以及土壤中的亚硝化螺菌属（*N. briensis*）、*Nitrosovibrio* 属（*N. tenuis*）和亚硝化叶菌属（*N. multiformis*）。亚硝化菌将铵氧化为亚硝酸根的可能途径为：铵（NH_4^+）—羟胺（NH_2OH）—硝酰基（NOH）—硝基羟胺（$NO_2 \cdot NH_2OH$）—亚硝酸根（NO_2^-）。其中 NOH 和 $NO_2 \cdot NH_2OH$ 为假设的中间化合物，二者参与反应过程。

第二步，即由兼性化能无机营养细菌将 NO_2^- 氧化为 NO_3^-。该过程产能，在生理浓度下，产能为 64.5～87.5 kJ/mol，亚硝化菌可利用 5%～10%。除亚硝酸根外，这种细菌还能把有机物作为生长所需能源。在土壤和淡水中只发现一种亚硝酸氧化细菌，即硝化杆菌属，在海水中发现纤细硝化细菌。此外，亚硝酸根氧化细菌至少

有某些种能以亚硝酸根和碳源为食，甚至能在无氧环境下生长，这与铵氧化细菌不同。

可见硝化反应第一步的产能为第二步产能的数倍，欲获相同能量，所氧化的 NO_2^- 的量须为所氧化的 NH_4^+ 量的数倍，因此稳态条件下，人工湿地系统中不会积累 NO_2^-。

硝化反应受温度、pH、溶解氧浓度、水的碱度、无机碳源、微生物数量、游离氨浓度、亚硝氮浓度、重金属、有毒有机物和碳氮比等的影响。不同环境中的最佳硝化温度为 25～35℃（纯培养液）和 30～40℃（土壤）。亚硝化单胞菌属和硝化杆菌的最低生长温度分别为 5℃和 4℃。硝化菌的最佳 pH 为 7.0～8.6（经驯化后此 pH 范围可扩大）；每氧化 1 g 氨氮为硝酸根消耗 4.37 g 氧气和 7.14 g 碱度（以 $CaCO_3$ 计）。硝化反应中溶解氧浓度通常应高于 2 mg/L。

由于硝化反应第一步所产生的能量为第二步所产生的能量的 4～5 倍，要想获得相同的能量，所氧化的 NO_2^- 的量也必须相当于所氧化的 NH_4^+ 的 4～5 倍，因此在稳态条件下，人工湿地系统中不会产生亚硝酸盐的积累。但是由于温度低于 15℃时硝化反应的第一步会受到明显抑制，因此在低温条件（12～14℃）下会出现亚硝氮的积累。

反硝化是指氧气耗尽后最先发生的缺氧反应，即由异养微生物将硝酸根还原为分子氮。反硝化以氮氧化物（离子和气体形式）为最终电子受体。电子从电子供体（常为有机化合物）经过几个载体系统转移到氧化程度更高的 N。得到的自由能存于 ATP 中，供反硝化细菌的呼吸所用。反硝化可用以下反应说明：

$$6(CH_2O)+4NO_3^- \rightarrow 6CO_2+2N_2+6H_2O \tag{4-5}$$

此反应不可逆，只在有机物基质存在于厌氧或缺氧条件（E_h=-100～350 mV）下发生，氮代替氧成为电子受体。从纯培养研究得到证据表明，在有氧气时也可发生硝酸根还原。

反硝化过程中气态氮的产生可写成：

$$4(CH_2O)+4NO_3^- \rightarrow 4HCO_3^-+2N_2O+2H_2O \tag{4-6}$$

$$5(CH_2O)+4NO_3^- \rightarrow H_2CO_3+4HCO_3^-+2N_2+2H_2O \tag{4-7}$$

反硝化菌为兼性菌，多为化学异养型菌。它们只从化学反应获得能量，并以有机物为电子供体和细胞生长的碳源。土壤中最重要的反硝化菌有芽孢杆菌属（*Bacillus*）、微球菌属（*Micrococcus*）和假单胞菌属（*Pseudomonas*）；水中最重要的反硝化菌有假单胞菌属（*Pseudomonas*）、气单胞菌属（*Aeromonas*）和弧菌属（*Vibrio*）。其他反硝化菌有无色杆菌属（*Achromobacter*）、气杆菌属（*Aerobacter*）、产碱杆菌属（*Alcaligenes*）、短杆菌属（*Brevibacterium*）、黄杆菌属（*Flavobacterium*）、变形杆菌属（*Proteus*）和硫杆菌属（*Thiobacillus*）。当存在氧气时，这些微生物将碳水化合物氧化为 CO_2 和 H_2O。反硝化菌在好氧呼吸（电子受体为 O_2）和厌氧呼吸（电子受体为氮）时所用的电子转移系统相同，该系统在好氧和厌氧时均起作用，这非常重要，因为这使得缺氧条件（氧化还原电位约为 300 mV）出现后，硝化反应能进行得较快，而不引起微生物量的变化。

一般认为，硝酸根转化为气态氮的生物化学变化过程为

$$2NO_3^- \rightarrow 2NO_2^- \rightarrow 2NO \rightarrow N_2O \rightarrow N_2 \quad (4\text{-}8)$$

影响反硝化的环境因素包括氧浓度、氧化还原电位、土壤湿度、温度、pH、反硝化细菌、土壤类型、有机物质和有无存水等。反硝化中产生的 N_2O 量取决于反硝化氮的量以及产生的 N_2 和 N_2O 的比例。该比例受充氧、pH、温度和反硝化系统中硝酸根与氨氮的比例的影响。低 pH 时，反硝化的第二步受到抑制，pH＜4.0 时，气态氮以 N：O 为主；pH＞6.0 时，气态氮以 N_2 为主，大量排放温室气体 N_2O 会加剧全球变暖，因此用于污水处理的人工湿地的土壤的 pH 应不低于 6.0。

氧的存在会抑制反硝化酶，反硝化细菌为兼性细菌，既可以进行有氧呼吸，又可以进行无氧呼吸，但因为有氧呼吸产能多，因此优先进行有氧呼吸。反硝化的最佳 pH 为 7～8，反硝化产生碱度而导致 pH 升高。温度变化会对反硝化有强烈影响，在温度低于 5℃时反硝化速度很慢。在湿地中可能由于前端有机物的大量降解而后端的碳源不足，限制反硝化作用的进行，可考虑增加碳源来解决此问题。

因为在淹水土壤中好氧区和厌氧区同时存在，硝化和反硝化作用在淹水土壤中可同时出现，在这些区域发生的反应可合并为

$$\begin{gathered}24NH_4^+ + 48O_2 \rightarrow 24NO_3^- + 24H_2O + 48H^+ \\ 24NO_3^- + 5C_6H_{12}O_6 + 24H^+ \rightarrow 12N_2 + 30CO_2 + 42H_2O \\ 24NH_4^+ + 5C_6H_{12}O_6 + 48O_2 \rightarrow 12N_2 + 30CO_2 + 66H_2O + 24H^+\end{gathered} \quad (4\text{-}9)$$

如前文所述由于温度对氨化、硝化和反硝化的显著影响，因此在寒冷地区的冬季如何提高湿地的氮去除率，是研究者面临的难题。在夏季增加硝化速率和在冬季增加反硝化速率能够提高氮去除率，淹水深度的季节性控制是解决途径之一。冬季时在初始硝氮（NO—N）质量浓度为 2～14 mg/L 时，人工湿地中的反硝化速率为 200～5 000 mg N/（m^2·d），比天然湖泊、河口以及湿地沉积物中高 1～2 个数量级；旨在除氮的表面流湿地中，硝酸盐的反硝化明显遵从一级动力学；周期性干湿交替将大大促进湿地的硝化和反硝化。在碳源不足的系统中，利用系统自身的碳源（植物残体）可促进硝化、反硝化过程。

（4）植物摄取

植物吸收的氮元素主要是铵态氮和硝态氮，也包括一些小分子含氮有机物，如尿素和氨基酸等。芦苇和香蒲对 NO_3-N 的吸收速率分别约为 0.5 g/（m^2·a）和 3.3 g/（m^2·a）。

植物摄取氮的潜在速度受其净生长量和植物组织中氮浓度的限制。氮储存取决

于植物组织氮浓度和最终生物量积累潜力。因此在人工湿地的植物选择中宜选择生长快、组织氮含量高和单位面积产量高的植物作为氮同化和储存的植物。

人工湿地工程中，植物收割和植物自然凋落导致部分植物残体在湿地中滞留一段时间，若不收割，残体滞留量很大，残体会溶出释放部分碳、氮（以有机氮和氨氮的形式）和磷，恶化出水水质；不过，残体形成的覆盖层有利于系统的保温，残体中的碳可为反硝化提供碳源。因此适宜的收割频率、方式和时机是很重要的。

（5）介质吸附

还原态氨氮稳定而能被吸附到介质的活性部位。但介质活性部位对氨氮的离子交换不能作为氨氮去除的长期汇，通常认为氨氮吸附是快速可逆的。因为系统中的氨氮通过硝化作用而减少，系统会自动重新建立交换平衡，所以，在连续流系统中吸附的氨氮会与溶液中的氨氮保持平衡。间歇进水的系统会表现出由于吸附而去除大量的氨氮，因为吸附的氨氮在闲置阶段会损耗。

利用沸石吸附氨氮能力强的特点对暴雨径流、农田排灌水的人工湿地处理系统进行研究，结果表明沸石能快速吸附氮，而且条件适宜时可通过生物作用和自然充氧等作用促进沸石吸附能力的再生。

目前，用于除氮的人工湿地主要有水平潜流和垂直流两种类型，这两种湿地对氮的去除能力差异较大。水平潜流湿地的基质有很好的通气性，硝化作用易进行，很容易实现 NH_3-N 向 NO_3-N（或 NO_2-N）的转化，但是 NO_3-N 却很难进一步转化为 N_2 或 N_2O，因此这种类型的湿地对总氮的去除效果较差。垂直流人工湿地的通气性较差，硝化作用不如水平潜流人工湿地那样容易，但是采用间歇布水、干湿交替方式运行的垂直流人工湿地，能够实现厌氧和好氧微生物在基质中的交替分布，使硝化与反硝化都能够很好地进行，可以同时去除污水中的有机氮、NH_3-N 和 NO_3-N。

4.4.2　磷的去除

磷是植物生长必需的营养物质，排入水体中的微量的磷对水生生态系统的结构有着重要的作用。生态系统对营养元素的需求有一定比例，碳、氮和磷的物质的量比为 106∶16∶1，质量比为 41∶7∶1。但实际上，排入湿地的污水很少有这种比例。因此，污水排入水体后通常导致受纳生态系统营养比例失衡，污水中的磷通常是过剩的。

磷是影响水体中藻类和水生植物的最重要的营养元素，有资料报道说 0.01 mg/L 的无机磷在春季时就可以使藻类暴发。污水中磷的存在形式取决于污水中磷的类型，最常见的有磷酸盐（包括 PO_3^-、$H_2PO_4^-$、PO_4^{3-}）、聚磷酸盐和有机磷酸盐等。人工湿地对磷的去除主要是通过基质吸附、植物摄取和微生物同化 3 种途径来进行，其中基质吸附是最主要的一种途径，而磷最终从系统中去除依赖于湿地植物的收割和饱和基质的更换。

污水中的无机磷在植物的吸收和同化作用下被合成卵磷脂、核酸和ATP等，通过收割而从系统中去除。但不同的植物对磷的吸收能力也不同。House C H的试验数据表明，芦苇比香蒲具有更强的吸磷能力。微生物对磷的去除主要包括对磷的正常同化和过量积累，在传统的二级污水处理工艺中，微生物对磷的正常同化吸收一般只能去除进水中磷含量的45%～19%。由于人工湿地系统中植物光合作用光反应、暗反应的交替进行，根毛输氧的交替出现以及系统内部不同区域对氧消耗量的差异，导致了系统中厌氧、好氧环境的交替出现。在好氧区微生物的作用下将磷以磷酸盐的形成释放出来，通过水生植物吸收去除。此外，湿地床中填料对磷的吸收及填料与表层土壤（含钙量为2.5 kg/100 kg土壤的表土）中钙与磷的反应、含钙质填料与磷的反应及填料与PO_4^{3-}的离子交换反应也有利于对磷的去除。

基质不仅对磷具有吸附作用，而且含Ca和Fe的基质可通过Ca、Fe与PO_4^{3-}反应而沉淀，含大量钙的碱性湿地以及含高浓度铝和铁的酸性湿地对磷的吸附能力最强。例如在高pH下，钙与溶解性磷发生反应生成磷酸钙而从溶液中析出。土壤作为湿地介质可以去除98%的磷，但由于水力传导率低而易于堵塞。近年来，一些通透性好、比表面积大、具有吸附能力的多孔填料（如沸石、粉煤灰、陶粒等）也被填充和掺加到人工湿地系统中，大大提高了污染物，特别是氮、磷的去除效率。人工湿地多使用砾石或碎石当填料，这些填料中含有丰富的Ca^{2+}、Al^{3+}、Fe^{3+}等离子，它们易于与污水中的可溶性磷酸盐发生反应，通过沉淀作用将磷酸根去除，其主要化学反应表达如下：

$$\begin{gathered} 5Ca^{2+}+3PO_4^{3-}+OH^- \rightarrow Ca_5(PO_4)_3OH\downarrow \\ Al^{3+}+PO_4^{3-} \rightarrow AlPO_4\downarrow \\ Fe^{3+}+PO_4^{3-} \rightarrow FePO_4\downarrow \end{gathered} \tag{4-10}$$

基质的吸附、水生植物的吸收和微生物的作用是废水中除磷的3种途径，但三者对除磷的贡献各不相同。对垂直流人工湿地的研究表明，植物直接吸收的磷量最小；基质吸附对除磷起的作用最大，但基质单独的净化作用有一定限度。刘超翔等利用人工复合生态床处理生活污水时，运行初期，系统对总磷的吸附和去除效果非常明显，但随着时间的增长，吸附能力减弱。因此，只有把植物和基质结合为一个整体的湿地系统，才能对污水中的磷起最长久有效的净化作用。

对于除磷，湿地的启动时间可能比较长，一般在1～5年。启动阶段过后，才可以达到长期的稳定处理效果。一般湿地处理系统在启动阶段的吸收速率常数值明显高于启动阶段后稳定运行的长期平均值。启动阶段考虑的因素还应包括湿地植物在最初阶段生长速度较快，如果种植的植物比较稀疏，那么启动阶段应包括植物长满湿地的时间和落叶层形成的时间。

4.4.3　有机物的去除

在污水处理领域，表征有机物量的指标主要有 BOD_5、COD、TC、DC、TOC、VOC 等，前两个指标更常用。湿地中的不溶性的有机物主要是通过湿地的沉淀、过滤作用而被截留在湿地中；可溶性的有机物则通过植物根系生物膜的吸附、吸收及生物降解过程而被分解去除 / 生物降解过程主要是通过耗氧和厌氧代谢得到降解，从而降低污水的 BOD 和 COD。耗氧代谢作用过程可以简化描述为

$$\text{复杂有机物} + O_2 \rightarrow CO_2 + H_2O + \text{稳定产物} \tag{4-11}$$

其中稳定产物被微生物用于自身细胞合成。厌氧代谢过程较慢，只能用于去除少量的 BOD 和 COD。

$$\text{复杂有机物} \rightarrow CO_2 + CH_4 + \text{不稳定产物} \tag{4-12}$$

废水中大部分有机物的最终归宿是被异养微生物转化为微生物体本身以及 CO_2 和 H_2O，这些新生的有机物可以通过填料的定期更换最终从湿地系统中去除。

4.4.4　重金属的去除

许多金属元素是重要的微量营养元素，但是一些金属元素在污水中超过一定浓度，对某些敏感微生物就具有毒害作用。一些金属元素的生化转化特性和化学特征可以生物富集，一个现象就是沿着食物链，在生物体内浓度不断提高。生物富集对食物链中的最顶端生物，包括人类具有巨大的危害作用。但是大多数金属在生物组织和土壤中更易浓缩，生物富集作用也不是经常出现。

为了防止对环境产生毒害作用，污水在排入自然水体之前必须去除金属元素。人工湿地对重金属的去除主要集中在植物对重金属的去除作用上，主要包括植物稳定、生物富集和摄取吸收，还可通过植物挥发、甲基化等作用达到目的。植物稳定只是原位降低重金属的途径，不能永久去除；而在植物吸收基础上的植物挥发则具有更大潜力。目前对这方面研究最多的是类金属元素汞和非金属元素硒。许多植物可以吸收硒并将其转化成可挥发状态（二甲基硒和二甲基二硒），从而降低硒对土壤生态系统的毒性。对于某些金属化合物，一些植物通过特定的生理机制使其脱毒。重金属通过质体流途径或者扩散途径到达根表面，然后植物通过两种途径吸收重金属：一种是细胞壁等质外空间的吸收；另一种是通过细胞质膜进入细胞。细胞进一步通过螯合、区隔化、生物转化、细胞修复等机制来耐受并转运、富集环境中的重金属。螯合作用通过与植物中对重金属具有高亲和力的大分子结合形成螯合物，可使土壤中自由重金属离子的浓度降低，从而降低重金属毒性。许多重金属离子都可诱导植物络合素 PC（Phytochelatins）的合成，它是高等植物中分离最多的一种重金属结合肽，如 Cd^{2+}、Cu^{2+}、Ag^{+}、Hg^{2+}、pb^{2+} 和 Zn^{2+} 等，都能与 PC 形成复合物（Maitani，1996），研究表明 PC 与重金属解毒有关。王英彦等发现这种机制

存在于许多水生植物中，如重金属诱导就可使凤眼莲体内产生有重金属络合作用的金属硫肽。区室化是另一种重要途径，利用电子探针和X射线微分析法发现，天蓝遏蓝菜（*T. caerulescens*）叶片中Zn主要是以晶粒形态积累在表皮细胞和亚表皮细胞的液泡中，这是*T. caerulescens*超积累Zn的一个重要机制。另外，细胞修复也是植物耐受高浓度铜的机制。这些机制的存在使许多水生植物可以大量富集污水中的重金属。还有研究表明，某些植物的根表面能形成铁锰氧化物膜，可以吸收和富集重金属。具有不同厚度和处于不同老化程度的铁锰氧化物胶膜在一定条件下可以钝化污染物的活性，成为减少根系吸收污染物的屏障；当条件改变后，铁锰氧化物膜还可以活化养分及污染物，成为根际污染物的富集库或营养储存库，从而促进植物对物质的吸收和积累。

4.4.5 SS的去除

人工湿地填料表面吸附了许多微生物，形成大量的生物膜。植物根系广布于池中，当污水流经人工湿地时，污水中的悬浮物（包括不溶性有机物）被填充料及植物根系阻挡截留而沉淀在基质中去除。一般而言，填料的粒径越小对SS去除效果越好。但粒径太小的填料容易堵塞湿地床，实践中应综合考虑增强SS去除效果并解决堵塞问题，选用粒径合适的填料。

地下生物和植物性活动造成了空隙中固体物质的积累，这个积累主要发生在进水侧和湿地的上部，而且主要是有机物质积累，造成水力梯度增加，停留时间下降。积累的物质中主要是低密度的生物固体和细的矿物颗粒，堆积密度较小。有研究者测量了运行两年的砾石床湿地，在进水口有机物沉积量达到5 kg/m^3（不包括根系），堆积密度为0.2 g/cm^3。示踪剂停留时间是理论停留时间的50%，推测有50%的空隙被堵塞，有机沉积物占空隙的10%～18%。有人估算潜流湿地的寿命是100年。但到目前为止，由于人工湿地的应用历史较短，尚没有运行的人工湿地工程因堵塞而中止使用。但为保险起见，在污水进入湿地前一般需设预沉池，将快速沉淀物质截留在湿地外，以便清除和减小湿地堵塞。有研究表明，占地15%的预沉池可以去除86%的固体物质，可以大大缓解湿地的处理负荷。

4.4.6 其他物质

人工湿地对一些有机质、悬浮物、病原体和非金属元素也有一定的去除效果。例如，在人工湿地水体的厌氧区域，部分硫离子发生氧化还原反应后被还原成硫酸根离子，硫酸根离子随着水流的波动在水体表层经过曝气作用又被氧化成硫单质从系统中去除。某些湿地植物的根系还能分泌一些生物激素，有效地抑制大肠杆菌和其他病原体的存活和繁殖。

4.5　水力条件对植物碎石床处理效果的影响

植物碎石床是人工湿地污水处理系统的一种基本单元，投资省，运行费用低，且无须耗能，在国外已有 30 多年的研究与应用历史。1990 年，华南环境科学研究所在深圳建造了我国首例人工碎石床项目，这是目前世界上处理能力和水力负荷最大的人工湿地系统之一。人工湿地的去污机理和自然湿地（如沼泽等）是完全相同的，即污水从生长有植物的介质中流过，产生过滤、沉淀、吸收等物理作用及污染物与基质间多种形式的化学反应，同时，植物生长还有对污染物的吸收和同化作用，并且通过根、茎、叶向介质中供氧，又使介质中的多种微生物在厌氧、缺氧或好氧等复杂状态下消化降解污染物。人工碎石床是通过选择适当的植物与介质，采取一定的工程措施，将系统中的水流条件控制在最佳状态，从而高度强化和利用上述去污机制。但若水力条件设计与控制不当，则会给系统遗下难以补救的后患。例如对于渗流形式的碎石床，如果水面线在床层表面以下太深，就会造成部分床层无法被利用，从而导致局部植物干涸而死。又如若因进、出水处控制不当或其他原因造成系统中水流“短路”（包括形成表面流或水塘），则会缩短污水与介质的接触时间，导致去除率降低。因此，碎石床水力条件的设计与控制，根本目的就是要构建床层中良好的去污物理、生化条件。这关系到床层的有效利用和系统的去污效率，甚至关系到整个人工湿地工程的成败。下面循序简要讨论几个问题。

4.5.1　浸润线问题

4.5.1.1　线性渗流情形

碎石床渗流浸润线与床面坡度的匹配决定了床层的有效利用体积和水深的沿程变化，从而直接影响床层中的物化条件和去污效率，若碎石床满足线性渗流条件，由达西（Darcy）定律根据实际中参数的不同情况，可推算得到不同的浸润线形式，从而可建造与之相应的床层表面，以便形成良好的浸润条体。

$$Q=AK_s \cdot \mathrm{d}h/\mathrm{d}x \tag{4-13}$$

式中：Q——通过的流量；

A——过水面积；

K_s——渗透系数；

h——水头；

x——流程。

（1）设底层不透水，Q、K_s 沿程为常数，考虑底坡 J=0 而床宽为常数 W，则由式（4-13）有

$$Q=hwk_s \cdot dh \tag{4-14}$$

解得

$$h^2=(-2Q/wk_s)\cdot X+C \tag{4-15}$$

设进口水位为 h_i，出口水位为 h_0，则有

$$h^2=h_0^2+(2Q/wK_s)(L-k) \tag{4-16}$$

图 4-2 给出了假想不同的 h_0 对应的浸润线，显然 h_0 应满足以下限制条件：

$$h_0^2 \leqslant h_i^2-2Q/wK_s \tag{4-17}$$

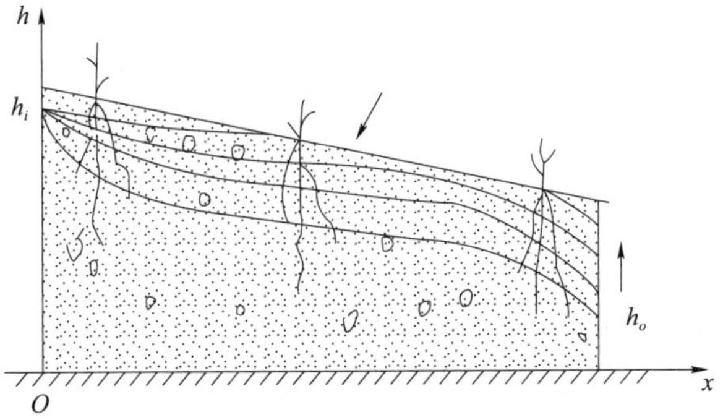

图 4-2 平坡条件下的水面线

取等号能使床面获得最大的利用：此时水面平均坡度为

$$S=[h_i-\sqrt{h_i-(2QL/wK_s)}]/L \tag{4-18}$$

如果根据水面坡度设计床面坡度，则在进口端床层厚度过大，植物根系难以达到，底层将处于厌氧状态，这种情况不利于污水处理，但具体还有待研究。由式（4-16）不难分析 K_s 的影响，K_s 越小，水面坡度越陡，如图 4-3 所示。较小的 K_s 对应着较小的介质颗粒粒径：粒径的大小与处理效果有一定关系。

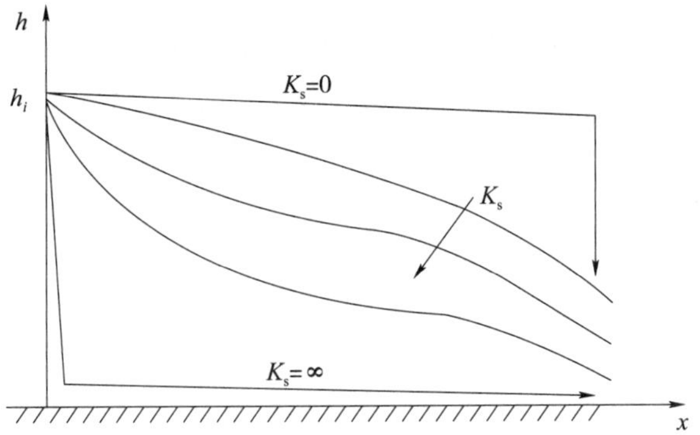

图 4-3 渗透系数对水面线的影响

（2）其他条件同（1），设底坡为 J，则由式（4-13）有

$$Q=-(h+Jx)WK_s\frac{\mathrm{d}h}{\mathrm{d}x} \tag{4-19}$$

由 $x=L$，$h=h_o$ 的条件解得

$$L=-\frac{h}{J}+\frac{Q}{JWK_s}+\left(L+\frac{h_0}{J}-\frac{Q}{JWK_s}\right)\exp\left(-\frac{JWK_s(h-h_0)}{Q}\right) \tag{4-20}$$

像明渠流一样，在负底坡和零底坡条件下只有降水曲线，如（1）分析的情形，在正底坡条件下，对于不同的 J 和 h_0，由式（4-20）可得到降水曲线，也可得到壅水曲线，如图 4-4 所示。最理想莫过于造成均匀渗流，使底坡、表面坡度和水面线均为相互干均的直线，从而最有效地利用床层体积和形成良好一致的植物根系浸润条件，此时式（4-19）表示为

$$Q=h_mWK_sJ \tag{4-21}$$

通常 Q 为给定，正常水深 h_m 可根据植物根系深度选定。

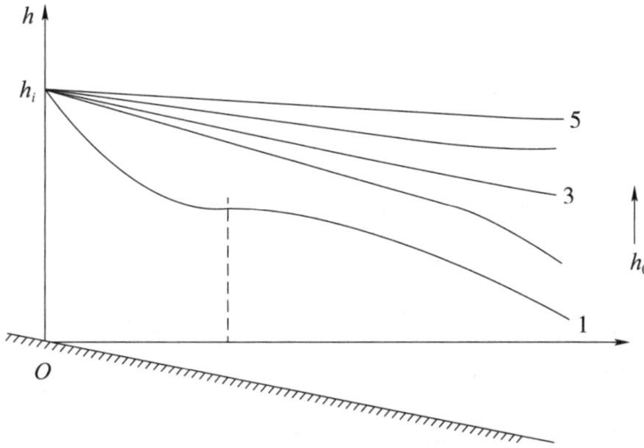

图 4-4 正坡条件下的水面线

（3）人工湿地大多是需要因地制宜地来设计建造的，设其他条件同（1），考虑床宽呈线性变化，即 $W=W_0+\beta_x$。由式（4-13）有

$$Q=-h(W_0+\beta_x)K_s(\mathrm{d}h/\mathrm{d}x) \tag{4-23}$$

由 $x=L$，$h=h_0$ 的边界条件解得

$$h^2=h_0^{\ 2}+Q/K_s\beta\ln[(\beta L+W_0)/(\beta x+W_0)] \tag{4-21}$$

其曲线如图 4-5 所示，可见当宽度逐渐增大时，水面线渐趋平缓，比较有利；而当宽度逐渐变小时，水面线越来越陡峻，比较不利。

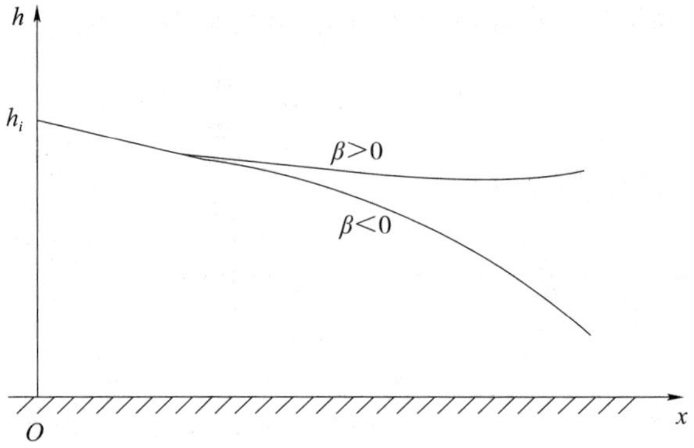

图 4-5 床宽对水面线的影响

（4）碎石床在投入运转初期，只要介质相同，渗透系数在空间上是均匀的，但随着系统运转并趋于成熟，生物膜和植物根系发育，进口附近沉积物逐渐积累与淤堵等情况，可能导致渗透系数在空间上不均匀。设其他条件同（1），而 $K_s=K_0 \cdot e^{ax}$，则由式（4-13）可得

$$Q = hWK_0 \cdot e^{ax}(dh / dx) \tag{4-24}$$

由 $x=L$，$h=h_0$ 的条件解得

$$h^2 = h_0^{\ 2} + (2Q / aWK_0)(e^{-ax} - e^{al}) \tag{4-25}$$

曲线如图 4-6 所示，可见，当 $a>0$ 时，面线在进口端下降得很厉害；当 $a<0$ 时，水面线则在出口端下降得厉害，这都是十分不利的。人工湿地自然发展一般是趋向于 $a>0$ 的情形，为了抵消这种作用，应该在靠近进口端采用较粗的颗粒作介质，使进口端初始渗透系数偏大。

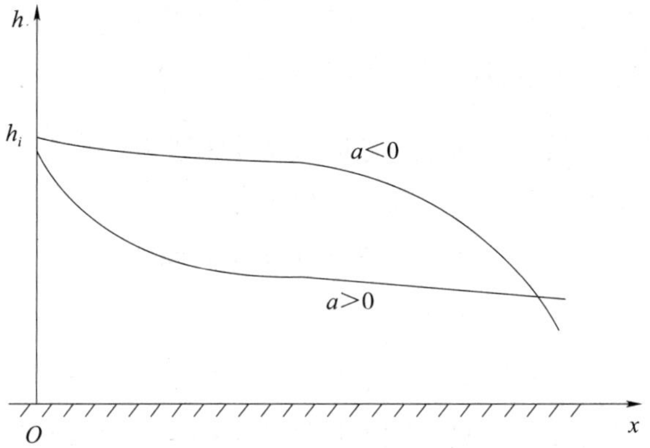

图 4-6 渗透系数不均匀对水面线的影响

（5）若碎石床的基础未经适当的防渗处理而仍有一定的渗透性，则进入系统的水量沿程会有一定变化，其他条件同（1），考虑 $Q=Q_0(1+\gamma x)$，则由式（4-13）可得

$$Q_0(1+\gamma x) = -hWK_s(dh / dx) \tag{4-26}$$

利用出口端边界条件可解得

$$h^2 = h_0^{\ 2} + 2Q_0[L - x + \gamma / 2(L^2 - x^2)] / WK_s \tag{4-27}$$

由图 4-7 可知，当 $\gamma<0$ 时，即流量沿程减小，水面线保持平缓，从而增加了污水与碎石床的接触时间，而当 $\gamma>0$ 时，则水面线比较陡峻，流速加大，污水与碎石床的接触时间缩短。

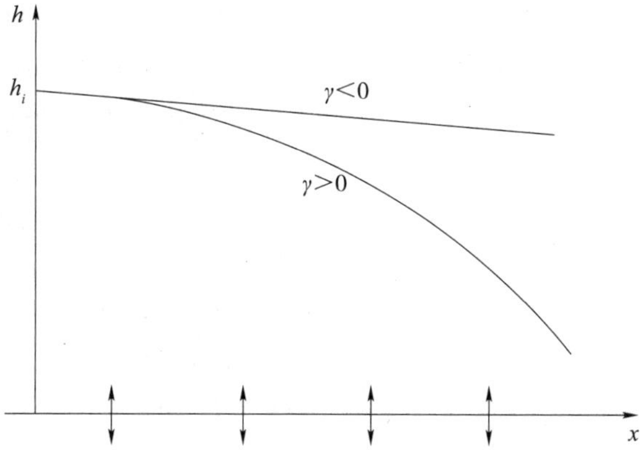

图 4-7　流量沿程变化对水面线的影响

流量沿程变化对处理去除率的影响随引起流量变化的原因不同而不同。如若是蒸发引起沿程损失，则出水的污染物含量就会受到浓缩。

归纳前面的讨论，最一般的情况如式（4-28）

$$Q(x) = -A(h,x)K_s(h,x)\mathrm{d}h / \mathrm{d}x \tag{4-28}$$

只要给出 A、K_s 和 Q 的表达式或离散数值系列，用比较简单的数值方法就能计算出 h（x）关系，有了 h（x）关系，即可参考上下游控制水位选择床层表面坡度，而由式（4-20）可知，床层底坡也是控制水面线的一个关键因素，因此坡度的设计包括了选择表面坡度和底坡两方面的内容，其目的就是使水面线与床层表面尽可能地增加接触，在床层中形成理想的物理与生化去污条件。

4.5.1.2　非线性渗流的情形

一般认为，当渗流雷诺数

$$Re = (1/n)\cdot(ud/\upsilon) \tag{4-29}$$

Re 超过 10 时，渗流已不是线性的了，n 为孔隙率。实际上，对于不少采用砾石为介质的碎石床，水流一般是非线性的。对于非线性渗流，有人建议用如下的公式来描述其流动规律：

$$U = K_s(-\mathrm{d}h / \mathrm{d}x)^{1/n} \tag{4-30}$$

当 n=1 时，即转化为线性渗流的情形；当 n=2 时，即是完全的非线性渗流；当

n=1～2 时，则处于线性与非线性的过渡状态。

对于底坡为 0，宽度为 W 的床层，由式（4-30）可得

$$h^m \mathrm{d}h = -(Q / K_s W)^m \mathrm{d}x \tag{4-31}$$

由出口边界条件解得

$$H^{m+1} = h_0^{m+1} = (m+1)(q / K_s W)^m (L - x) \tag{4-32}$$

将式（4-32）与式（4-16）对比可以发现，其他条件都相同时，非线性渗流的水面线比线性渗流的水面线要平缓，即渗流通过同样的距离，前者比后者能量损失小，这点似乎不太好理解，从而使人怀疑到式（4-30）的合理性。Ergun 建议用下式描述非线形渗流：

$$-\rho g(\mathrm{d}h / \mathrm{d}x) = 150\{[\mu(1-n)^2]D^2 n^3\}\mu + 1.75[\rho(1-n) / Dn^3]\mu^2 \tag{4-33}$$

令

$$K_s = \frac{1}{150}\rho g D^2 n^3 / \mu(1-n)^2 \tag{4-34}$$

$$K_t = \frac{1}{1.75} g D n^3 / (1-n) \tag{4-35}$$

则式（4-33）可写成

$$-\frac{\mathrm{d}h}{\mathrm{d}x} = \frac{Q}{K_s W h} + \frac{1}{K_t} Q^2 / W^2 h^2 \tag{4-36}$$

利用 X=L，h=h_0 的下端边界条件解得

$$\begin{aligned} &K_s W(h^2 - h_0^2) / 2Q - K_s^2 (h - h_0) / K_t + (K_s^3 Q / K_t^2 W) \\ &\ln[K_t Q W h + K_s Q^2 / (K_t Q W h_0 + K_s Q^2)] = L - x \end{aligned} \tag{4-37}$$

比较式（4-14）、式（4-36）不难知道，在所有其他条件相同的情况下，由式（4-37）决定的水面线比式（4-16）决定的水面曲线坡度要陡，亦即非线性渗流的出现将增加能量损失，但当条件不尽相同时，就不能做这种对比。渗流流态对污水处理效果否有影响也是一个值得探索的问题。

从式（4-14）和式（4-36）中还可以看出，当其他条件相同时，通过的流量越大，要求的球面坡度越陡；或者当通过的流量保持不变，W、h 值越大，水面坡度越平缓，或 K_s（包括 K_t）越大，水面坡度也越平缓，从而停留时间加长，处理效果会更好。

4.5.2 流量非恒定问题

4.5.1 节的讨论均是假定进入单元的流量是恒定的，若果真如此，则可在单元内设计均匀渗流，浸润线与床层表面平行而切合。但实际上污水量大多数情况下是非恒定的，这使得设计与浸润线相配合的床层表面几乎成为不可能，通常需要在运

行管理中通过调节上下端水位来缓和这一矛盾。

过去的碎石床多是通过调节下端水位来控制的，流量增加时就将下游水位调得低一些，否则就会溢出形成表面流；流量减少时，就把下游水位调得高一些，否则会有大量的上层床面处于干涸状态而被浪费。当单元长度、宽度、渗透系数、底坡等参数均已选定，维持上端水位不变，根据流量的变幅可确定下端水位需调节的范围，如图 4-8 中的 h_1～h_2，若将床面设计成 h_i 与 h_0（h_1 与 h_2 的中点）连成的直线，则在实际运行中既能避免溢出现象，也能较好地避免干涸现象。

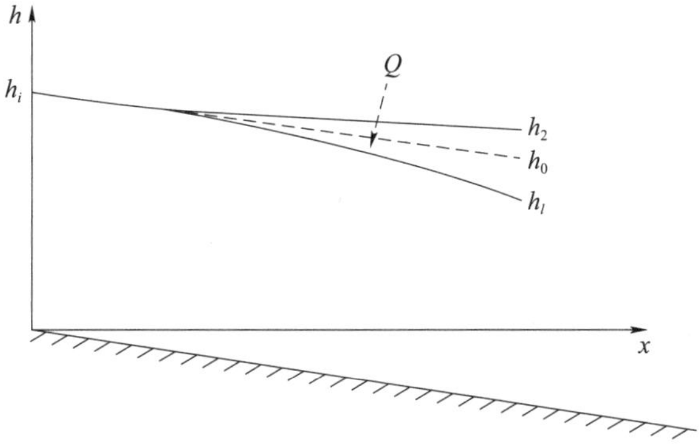

图 4-8　下端控制的床面设计

我们探索的一种新的设计是将下端水位固定而免去运行过程中的人工操作，流量的变化则通过上端水位的自动调节来适应。在其他各参数及下端水位给定的条件下，根据流量的变幅很容易确定上端水位的变幅，如图 4-9 中的 h_1～h_2。若将床面设计成 h_2 和 h_0 的连线，则既能有效地避免溢出形成表面流，又能较好地避免干涸浪费床层。有效地解决流量非恒定的影响，也是保证床层去污效率的重要途径之一。

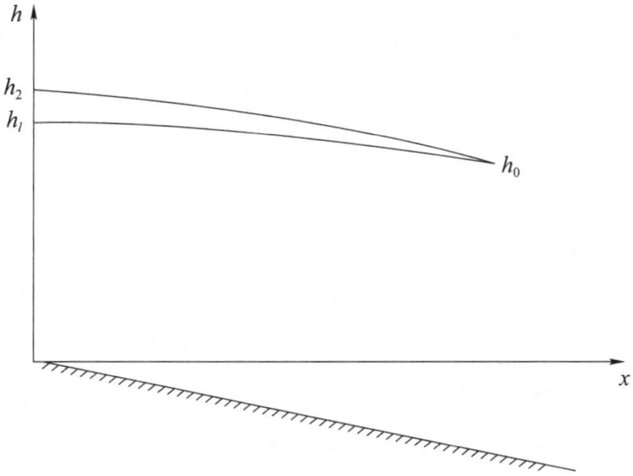

图 4-9　上端控制的床面设计

4.5.3　优化水力设计问题

植物碎石床作为一种污水处理系统，与别的处理系统一样，处理去除率要高，水力负荷大，占地面积小，通常都是人们追求的目标，通过优化的水力设计是追求这些目标的一个重要途径，根据一级反应动力学方程式：

$$\frac{C}{C_0}=\mathrm{e}^{-kt} \tag{4-38}$$

式中：C_0——进水浓度；

C——出水浓度；

k——反应速率常数。

对于碎石床，停留时间：

$$t=nLWD/Q \tag{4-39}$$

式中：L——床层长度；

D——床层深度；

其余符号同前，于是有

$$\beta=1-\frac{C}{C_0}=\exp\left(\frac{K_nLWD}{Q}\right) \tag{4-40}$$

β 为处理去除率，或

$$\ln\frac{1}{1-\beta}=K_nLWD/Q \tag{4-41}$$

对于矩形断面的床层，设长宽此 $L/W=a$，将达西定律 $Q=AK_sJ$ 代入式（4-41）得

$$\ln\frac{1}{1-\beta}=aK_nW/K_sJ \tag{4-42}$$

由于 K_s 随着 n 的增加而增加，J 随着 n 的增加而减少，故由式（4-42）可知 n 在一定范围内增加，或能提高处理去除率，或能减少单元占地面积，或能增加污水处理量。因此对应一组不同的其他条件就相应有一个最佳的值，亦即最佳介质粒径与级配。

植物碎石床水力条件的设计与控制是决定一个处理系统优劣成败的关键之一，由于它与系统的其他理化条件及植物与微生物作用机制联系在一起，使得这一问题比一般的水力学问题更加复杂。实用的人工湿地系统总是处于露天，且占地面积通常较大，太阳辐射蒸发、降雨、植物蒸腾、入渗，季节与气温变化、冰雪等水文气象因素都会直接或间接影响植物碎石床的水动力条件和生物化学过程。由于污水与湿地系统的接触时间相对于降雨和微生物动力过程是一个较长的时间尺度，而相对于植物的生长和季节的变化又是一个短暂的时间尺度，因此湿地系统的运转远不是一个稳态过程，这里面有许多水文和水力学因素对处理效果的影响问题需要研究。

第 5 章　人工湿地的设计、运行及处理成本

人工湿地污水处理技术还处于开发阶段，尤其在我国还没有比较成熟的设计参数，其工艺设计也还处于试验阶段。人工湿地系统的设计受很多因素的影响，主要有水力负荷、有机负荷、湿地床的构造形式、工艺流程及其布置方式、进水系统和出水系统的类型和湿地所种栽植物的种类等。由于不同国家和地区的气候条件、植被类型以及地理情况各有不同，大多根据各自的情况，经小试或中试取得有关数据后进行人工湿地的设计。在湿地处理系统设计中，应尽可能增加水流在其中流动的曲折性，以增加该系统的稳定性、对外界环境的抗性以及延长该湿地的使用寿命及处理能力。在实际设计过程中，常将湿地多级串联、并联运行，或附加一些必要的预处理、后处理设施而构成完整的污水处理系统，使单个人工湿地面积不太大，以减少死水区出现，提高处理效率。并联还能在某个人工湿地出现事故时，利于停水维护。并联人工湿地也可间歇运行，其优点和近年来伯明翰大学提出的潮汐流湿地系统相似：这种湿地系统中，植物碎石床交替被充满水和排干，在向床内充水的过程中空气被挤出，床的基底材料逐渐被淹没。当植物碎石床完全被水所饱满以后，水就全部被排出，在排水过程中新鲜空气被带入床内。当水被排出植物碎石床，有机污染物留在基底内时，是氧消耗量最大的时刻。因此，在排水过程中进入的新鲜空气可以看作去除污染物的氧源，通过这种交替的进水和空气运动，氧的传递率和消耗量大大提高，极大地提高植物碎石床的处理效率。日常使用中，人工湿地还常与氧化塘等进行串联组合。

一般而言，人工湿地设计过程中应充分考虑以下几个因素：污水量和污水水质、污水处理工艺、人工湿地的植物种类、人工湿地的工艺参数。

5.1　人工湿地场地的选择

人工湿地处理工艺所需的占地面积与传统的二级生物处理法相比要大些。有资料表明，处理单位体积的污水，人工湿地的用地面积为传统一级生物处理法的1～3 倍。因此，采用人工湿地工艺处理污水时，应因地制宜地确定场地，尽量选择有一定自然坡度的洼地或经济价值不高的荒地，一方面可减少土方工程量、利于排水、降低投资，另一方面可防止对周围环境造成影响。

5.2 人工湿地工艺流程的设计

人工湿地的工艺流程有多种形式，其中常用的有推流式、回流式、阶梯进水式和综合式四种，如图 5-1 所示。

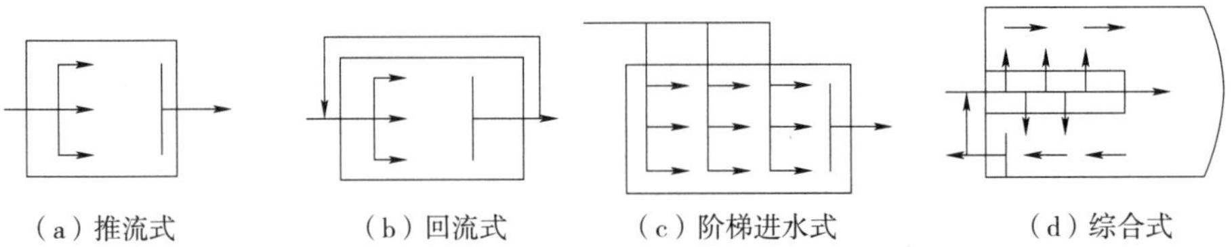

图 5-1 人工湿地中的基本工艺流程

阶梯进水式可以避免填料床前部的堵塞问题，使植物长势均匀，有利于床后部的硝化脱氮作用的发生；回流式可以稀释进水中的 BOD_5 和 SS、增加进水中的溶解氧浓度并减少处理出水中可能出现的臭味问题。出水回流同样还可以促进填料床中的硝化和反硝化脱氮作用，采用低扬程水泵，通过水力喷射或跌水等方式进行充氧。综合式则一方面设置了出水回流，另一方面将进水分布到填料床的中部，减轻了填料床前端的负荷。

人工湿地的运行方式可根据其处理规模的大小，进行多种方式的组合，一般有单一式、串联式、并联式和综合式等。图 5-2 为人工湿地工艺的不同组合方式。此外，在日常使用中，人工湿地还可与氧化塘系统串联组合。

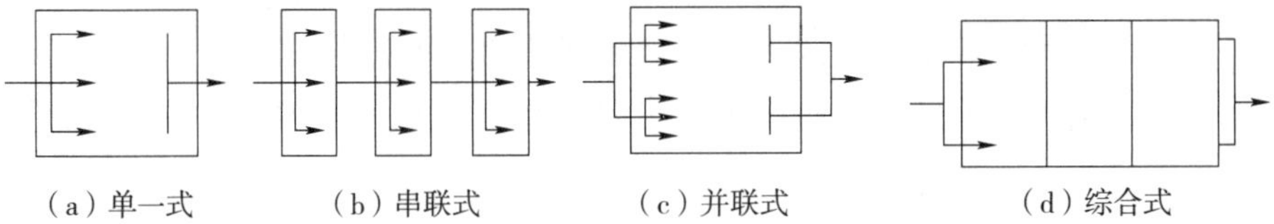

图 5-2 人工湿地工艺的不同组合方式

5.3 人工湿地面积的计算

在地表径流型人工湿地中，污水一般呈推流的方式流动，因而湿地的长宽比一般大于 3，而且其长度一般也大于 10 m。潜流人工湿地系统的长宽比一般小于 3。湿地床的深度则可根据具体的地形、污水水质及湿地所种植植物的类型及其根系的生长深度来确定，原则上应保证绝大部分污水在植物根系中流动。美国采用芦苇湿地系统处理城市污水时，湿地床的深度一般为 0.6～0.75 m，而德国则多为 0.6 m。湿地床的坡降及填料表面坡降与水力坡降和所用填料的级别有关，一般在

1%～8%。

5.3.1　地表流湿地系统的设计

在地表流人工湿地处理系统中，污水在填料床中的流动一般按推流方式考虑，因而在设计过程中，可将其看作一个推流式反应器。有机污染物在系统中的反应可按一级动力学方程来表达。在稳态条件下，污染物的去除可用式（5-1）表示。

$$S_e=S_0\exp(-Kt) \tag{5-1}$$

式中：S_e——出水 BOD_5，mg/L；

S_0——进水 BOD_5，mg/L；

K——反应动力学常数，d^{-1}；

t——水力停留时间（HRT），d。

由于影响人工湿地的因素较多，各国研究者根据各自的情况提出了不同的计算方法。其中 Reed 建议在地表径流湿地系统的设计中采用式（5-2）来计算。

$$S_e=S_0A'\exp[(-C'K_TA_v1.75LWdn)/Q] \tag{5-2}$$

式中：A'——以污泥形式沉淀在湿地床前部而未得到处理的 BOD_5（一般取 0.52 mg/L）；

C'——湿地床填料介质的特性系数（一般取 0.7 m）；

K_T——设计水温下的反应动力学常数（d^{-1}），可表示为 $K_T=K_{20}\times(1.05\sim1.1)^{(T-20)}$（其中 T 为设计水温，℃）；

A_v——微生物活动的比表面积（一般为 15.7 m^2/m^3）；

L——湿地床的长度，m；

W——湿地床的宽度，m，一般 $L/W\geqslant3$；

d——湿地床的设计水深，m，一般为 0.1～0.6 m；

n——湿地床的孔隙率（与所用的填料粒径大小有关）；

Q——湿地系统设计处理流量，m^3/d。

需要指出的是，这里的 K_{20} 是一个受多种因素影响的参数。其中主要有污染物的性质及浓度、水力负荷、填料介质的粒径和栽种植物的类型及生长情况等。目前尚不能将这些因素对 K_{20} 的影响做全面的分析，有关研究结果也只能作参考。以 BOD_5 为例，在不同进水浓度和水力负荷条件下的 K_{20} 值有较大的不同。有研究报道在 0.39～2.89 d^{-1}，有的报道则在 0.45 d^{-1} 左右。因此，K_{20} 是人工湿地系统设计中的一个重要参数，有待深入研究。

当湿地床的底坡或水力坡度等于或大于 1% 时，式（5-2）可调整为式（5-3）所示的形式，其中 S 为底坡或水力坡度。

$$S_e=0.52S_0\exp[(C'K_TA_v1.75LWdn)/(0.63S^{1/3}Q)] \tag{5-3}$$

人工湿地的有机负荷随污水的性质不同及具体工艺构造形式的不同而有很大的

差异，其变化范围为 0.001 8～0.11 $kgBOD_5/(m^2\cdot d)$。在人工湿地的设计过程中一般不将有机负荷作为设计依据，而常作为工艺设计的校核指标。Reed 指出，为确保处理系统处于好氧条件下运行（以避免因厌氧造成对环境卫生和植物生长的不良影响），地表径流湿地系统的最高有机负荷不宜超过 0.11 $kgBOD_5/(m^2\cdot d)$。此外，为避免因进水集中在湿地的前部而造成部分有机物的沉积，破坏前部的运行条件，可采用阶梯进水方式，让一部分污水从湿地床的 1/3 处进入系统。

5.3.2 潜流型湿地系统的设计

在潜流型湿地系统中，污水在由土壤、砾石和豆石等组成的填料床中的流动有两种方式，即层流和紊流。当湿地床中所用填料的粒径不大而且污水充满填料缝隙并处于饱和状态时，水流的流动为层流；当湿地床中所用填料的粒径较大时，则有可能因扰动作用而使水流的流动为紊流状态。潮汐流因缺少相应的研究数据，可参考潜流型湿地系统的设计。

当水流处于层流状态时，一般用 Darcy 定律来描述，即

$$Q=K_sA_cS \tag{5-4}$$

式中：K_s——潜流渗透系数，$m^3/(m^2\cdot d)$；

A_c——湿地床横截面积，m^2；

S——床层坡度值或水力坡度值。

目前还比较难以准确确定渗透系数没有的值。欧洲的有关研究指出，对于以砾石为填料的湿地床系统，K_s 为 10^{-3} $m^3/(m^2\cdot s)$，而美国的经验则认为凡值不宜大于 10^{-4} $m^3/(m^2\cdot s)$。

一般认为，当填料床中水流的渗流雷诺数 Re 大于时，水流变为紊流，就不宜用 Darcy 定律来描述。尤其是当采用的填料径较大时，则需要考虑水流的扰动作用。此时宜用厄刚（Ergan）公式来描述：

$$S=\alpha\omega+\beta\upsilon^2 \tag{5-5}$$

$$\alpha=150\,\mu\,[(1-\varepsilon)/D_p\varepsilon]\,2/\rho g \tag{5-6}$$

$$\beta=1.75\,(1-\varepsilon)/D_p\varepsilon g \tag{5-7}$$

式中：μ——动力黏滞系数；

ρ——水的密度；

g——重力加速度；

ε——填料介质的孔隙率；

D_p——填料的平均粒径；

υ——流速（$=Q/A\varepsilon$），一般在 20～280 m/d。

此外，英国目前常用 Kikuth 推荐的设计公式［式（5-8）］进行湿地系统的设计。

$$A_s=5.2Q\left[\ln\left(S_0-S_e\right)\right] \tag{5-8}$$

式中：A_s——湿地床表面积，m^2；

其余符号同前。

利用上述公式并根据所用填料的粒径可以计算确定湿地床的有关尺寸：

对于湿地床的设计深度（d），一般要根据所栽种的植物的种类及其根系的生长深度来确定，以保证湿地床中的必要的好氧条件。对于芦苇湿地系统，用于处理城市或生活污水，湿地床的深度一般在 0.6～0.7 m；而用于处理较高浓度有机工业废水的处理时，湿地床的深度一般在 0.2～0.4 m。为保证湿地床深度的有效使用，在运行初期应适当降低水位，以促进植物根系向填料床的深度方向生长。湿地床的底坡一般在 1% 或稍大些，最大可达 8%，具体应根据所采用的填料来确定。如对于以砾石为填料的湿地床，其底坡一般为 2%。一般认为，湿地床的横截面积与水力负荷有关，而与微生物对污染物的降解过程无关，湿地床的长度与水力停留时间及对污染物的处理程度有关。湿地床的长、宽可以根据具体计算及当地的具体情况来确定：对于地表流湿地系统而言，为保证水流在湿地床中呈推流的形式流动，其长宽比（L/W）应控制在 3∶1 以上，可高达 10∶1 以上；对于潜流湿地系统而言，其长宽比则应控制在 3∶1以下，大多在 1∶1。湿地床的长度一般在 20～50 m，长度过长则易造成湿地床中的死区，而且使水位的调节变得困难，不利于植物的栽培。表 5-1 列出了深圳白坭坑人工湿地系统中各单元的设计参数，供有关人员参考。

表 5-1　白坭坑人工湿地设计参数

组成			L/m	W/m	H/m	碎石粒径 /cm	碎石层厚 /cm	池底坡降 /%	水力负荷 /[m^3/(m^3·d)]
碎石床（芦苇）（米草）	第一级	1	42	11	0.4～0.8	3～5	40	1.0	2.05
		2	42	12.5	0.4～0.9			1.5	
		3	43	12.5	0.4～1.0			2.0	
碎石床（芦苇）（茳芏）	第二级	1	47	18.5	0.5～1.0	1～3	50	2.0	1.78
		2	42		0.5～1.2			3.0	
兼性塘	第三级	1	30	19	1.25	—	—	无坡降	1.81
		2	30						
		3	30						
碎石床（茳芏）	第四级	1	54	19	0.6～0.8	0.5～1	60	0.5	1.007
		2	54		0.6～0.9			1.0	
		3	54		0.6～1.0			1.5	

除上述几种设计方法外，还有一种根据植物的供氧能力（P_0）计算的设计方法。如前所述，可以通过对湿地床在处理污水之前湿地中氧的积累量来计算植物（如芦苇）的供氧能力。通常，人工湿地植物的输氧能力（T_0）在 5～

45 gO_2/（$m^2 \cdot d$），一般为 20 gO_2/（$m^2 \cdot d$）。处理过程中污水的需氧量（R_0）可用式（5-9）进行估算。植物的供氧能力可用式（5-10）来估算。根据式（5-10）可以确定湿地床的表面积 A，在实际设计中，一般对计算所得的 A 乘以一个安全系数（一般为 2）。

$$R_0=1.5Q\,(S_0-S_e) \tag{5-9}$$

$$P_0=A_sT_0/1\,000 \tag{5-10}$$

5.4 人工湿地的深度与底坡

床体深度是设计的关键参数之一，它取决于所利用的植物种类，通常为 60～150 cm。好氧降解的活性区在根系区。增加 BOD 和 NH_3 去除率的一种可能方法是在床体底部设置挡板，例如布设砂格。一般植物的根是圆锥形的，故水流经过床体底部时只通过较少的根系空间。在 80 cm 深的床体底部设置 30 cm 的挡板，这样可以为湿地植物提供 80 cm 的生长空间，但只允许水流经上部 50 cm 的浓密根系区。采取这种方法，计算将基于水流深度而非实际深度。基于植物选择和处理目标的变深度床体有待进一步研究。

坡度影响 HRT，进而影响污染物去除率。底坡的确定因素很多，涉及基质、渗透流速、工程量、运行管理等问题，并可随充填介质的水力传导率而变。底坡太大，渗透流速高，可能破坏基质结构，增加开挖、回填量、水位调节也不方便，太小又容易堵塞。根据华南环境科学研究所白坭坑湿地的试验，从运行情况来看，低坡太大对水位调节不利。据报道，4% 的坡度并不能引起水流过速，这一数值也是芦苇床的控制坡度；建议表面流采用 0.5% 或更小，对于潜流湿地不大于 1%；也有报道小于 100 英尺采用零坡度，靠水力坡度来计算 HRT。

当床体表面种植芦苇时，则常称其为芦苇湿地系统。在湿地系统的设计过程中，应尽可能增加水流在填料床中流动的曲折性以增加系统的处理稳定性和处理能力。在实际设计过程中，常将湿地多级串联、并联运行，或附加一些必要的预处理、后处理设施而构成完整的污水处理系统。在地表流人工湿地中，污水一般呈推流的方式流动，因而湿地的长宽比一般大于 3，而且其长度也一般大于 10 m。潜流人工湿地系统的长宽比一般小于 3。湿地床的深度则可根据具体的地形、污水水质及湿地所种植植物的类型及其根系的生长深度来确定，原则上应保证绝大部分污水在植物根系中流动。在美国，采用芦苇湿地系统处理城市污水时，湿地床的深度一般为 0.6～0.75 m，而德国则多为 0.6 m。湿地床的坡降及填料表面坡降与水力坡降和所用填料的级别有关，一般在 1%～8%。

5.5　停留时间的确定

停留时间是个综合参数，分理论停留时间和实际停留时间。理论停留时间可通过计算得到。由于湿地中或多或少存在死区，因而实际停留时间总是小于理论停留时间。实际停留时间与理论停留时间越接近，说明水流越接近推流情况，设计、运行情况越好。

为了获得实际停留时间，可以通过投放示踪剂测定。

为了达到一定的处理效果，必须有一定的水力停留时间，水力停留时间受湿地长度、宽度、植物、基底材料孔隙率、水深、床体坡度等因素的影响。一般水力停留时间 5～7 d 可以使 TKN＜10 mg/L，暴雨期间至少应有 30 min 的水力停留时间以保证处理效果，如果暴雨期间水力停留时间可达 10～15 h 就可以达到很好的处理效果。

5.6　布 / 集水系统的布置及水位控制

5.6.1　布水系统的设计

布水系统又可以分为湿地间配水系统和湿地床布水系统两部分。湿地间配水系统是指同级并联运行湿地之间的水量分配系统，同级并联运行湿地之间的水量分配是否均匀直接影响能否达到设计水量和处理效果，设计时应重视配水系统。湿地床布水系统是指单格湿地内部的水量分配，同样，布水的均匀性直接影响正常运行，在设计时应引起足够的重视。

（1）湿地间配水系统

对于占地面积较小的湿地，可直接采用管道配水，有压力管道其流速建议取 0.8～1.5 m/s，无压力管道其流速建议取 0.2～0.5 m/s，具体取值应根据水头损失、投资成本和运行成本确定。

对于占地面积较大的湿地来说，可采用堰或井的形式进行配水，各并联运行湿地之间设可切换的连通管渠，可灵活组织各组运行系列，同时，便于操作人员观察、调节和维护。配水可分为对称式配水、渠道式配水和配水井配水几种形式。

1）对称式配水

对称式配水（图 5-3）一般可用于渠道或管道，可根据实际情况采用明铺或暗铺两种形式，一般来说，渠道过长，则会由于科里奥利力等原因导致配水不均匀；另外，这种构筑物数也不宜过多，否则管线占地面积过大。最后，这种配水形式必须完成对称，对施工要求较高。

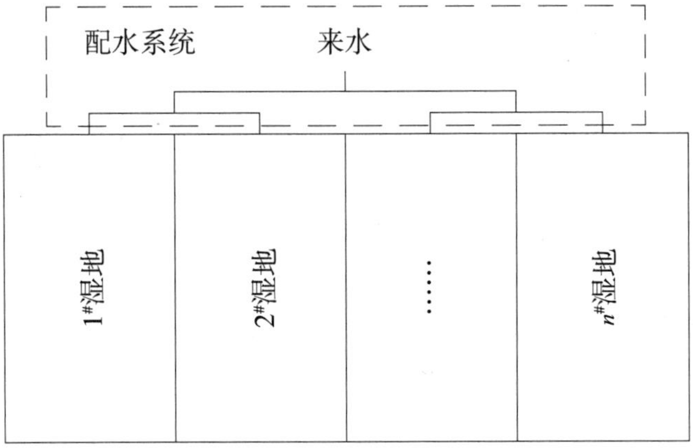

图 5-3 对称式配水

2）渠道式配水

当湿地处理规模较大，同级并联的构筑物数量较多时，可采用配水渠道向一侧进行配水的方式（图 5-4）。由于渠道的长度较长，水力坡降较大，而末端的水体流动性差，因此在水流速度较大的情况下，容易出现不均匀，但在水流速度较小时，例如流速为 0.15～0.3 m/s 时，总体的湿地配水效果较好。由于水流速度较慢，因此末端可能会出现沉淀，可在渠末端采取曝气或清捞；另外，为避免垃圾随水进入布水管，应在渠道前端设置格栅。

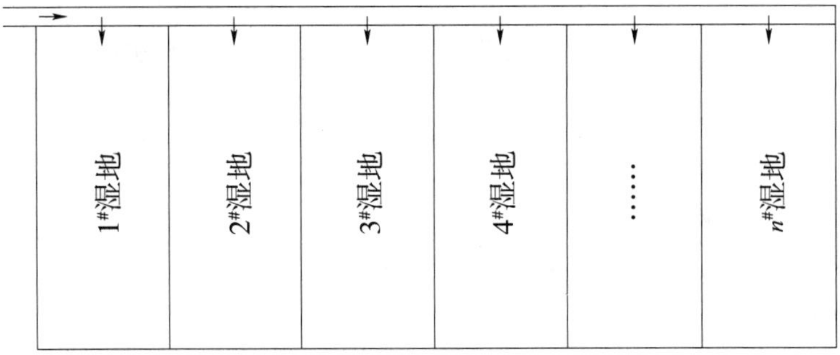

图 5-4 渠道式配水

3）配水井配水

对于占地面积较大，同级并联的构筑物数量较多，且分布较分散时，可采用配水井配水。配水井可采用方形或圆形，形式灵活，各出水可水量一致，也可根据需要做适当的调节，以达到水量合理分配的主要目的。可参考图 5-5 和图 5-6。此配水的特点是配水较均匀，但水头损失较大，具体的水头损失应通过计算确定。建议过管或过渠流速不大于 0.3 m/s。

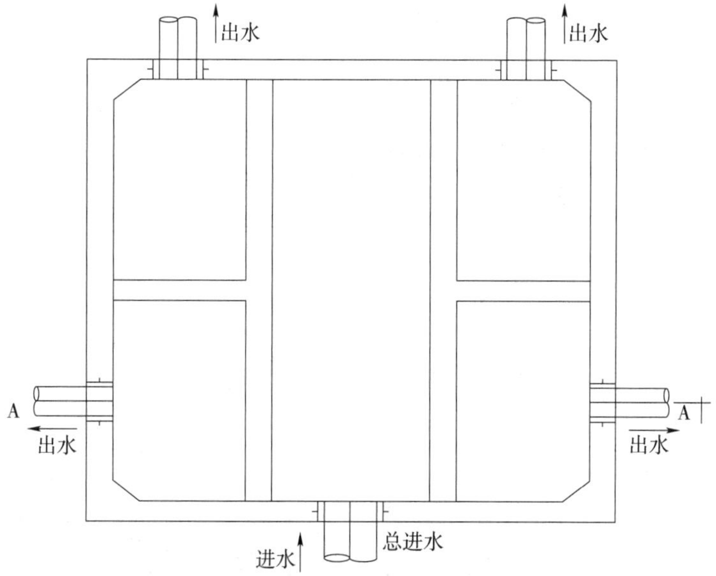

图 5-5　配水井平面布置

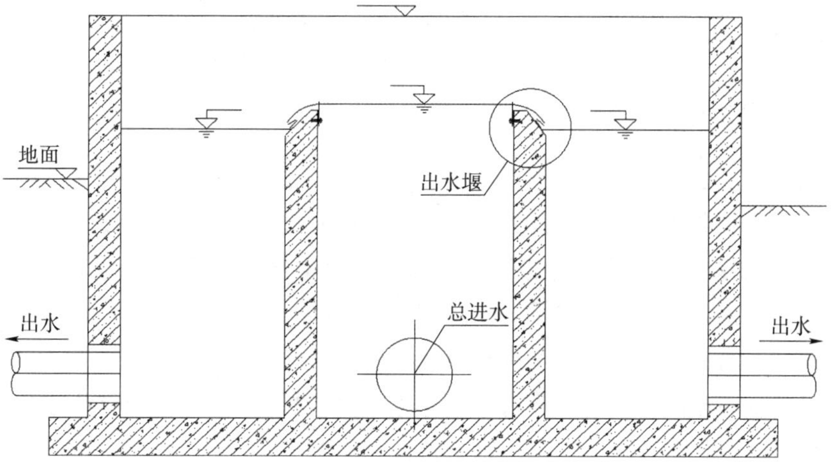

图 5-6　配水井剖面

各种配水系统各有优缺点，应根据水头损失、占地面积、投资成本、维护难度来确定具体的配水系统。对于占地面积较大的湿地，可采用以上配水系统的两种进行组合使用，具体应根据实际情况去判断。

（2）湿地床布水系统

湿地床的布水系统应保证配水的均匀性，一般采用多孔管和三角堰等配水装置。多孔管可设于床面上或埋于床面以下，埋于床面下的缺点是配水调节较为困难。多孔管设于床面上方时，应比湿地床面高出 0.5 m，以防因床表面淤泥和杂草的积累而影响配水。同时应定期清理沉淀物和杂草等，保持系统配水的均匀性。系统的进水流量可通过阀门或闸板调节，过多的流量或紧急变化时应有溢流、分流措施。

具体而言，地表径流湿地、水平潜流湿地、垂直潜流湿地和潮汐流湿地的布水之间是有一定的联系和区别，但总体来说，其目的均为布水均匀。

地表径流湿地一般是采用前端布水，由于常采用漫流形式运行，因此，其进水方式可以是点状布水，也可以是线状布水。

水平潜流湿地常采用推流式运行，类似于平流式沉淀池，因此，可在湿地床前端采用布水花墙、单排布水穿孔管或多排布水穿孔管进行布水，每排布水管的长度不宜超过 8 m，布水花墙或布水穿孔管周边宜采用粒径较大的碎石，其水头损失建议控制在 0.3 m 以内。

垂直潜流湿地常采用上进下出或下进上出的形式，水流通过的面积与湿地床的面积基本相当，因此，其进水一般采用“丰”字形或“川”字形穿孔管布水，对于面积较大的湿地，一般采用大阻力布水的形式，通过增加过孔流速以达到布水均匀，以保证整个湿地床各处的水量分配较平均，一般要求过孔处的水头损失占湿地床内总水头的 90% 以上。

潮汐流湿地可参考垂直潜流湿地。

5.6.2 集水系统的设计

湿地床的集水系统一般根据对床中水位调节的要求，出水区的末端的砾石填料层的底部设置穿孔集水管，并设置旋转弯头和控制阀门以调节床内的水位。对严寒地区，进、出水管的设置须考虑防冻措施，并在系统的必要部位设置控制阀和放空阀。

各类湿地的集水系统可参考其布水系统设计，但其水头损失应小于布水系统。

对于垂直潜流湿地，近年也有采用渠来收集，具有排水快、不易堵的优点，但其排水是否会引起出现局部短流，则有待进一步研究。

5.6.3 水位控制的设计

5.6.3.1 潜流湿地

在正常运行的潜流湿地中，水以推流的形式流动，水位是基本保持不变的。但是，由于渗透系数在运行初期不稳定，因而浸润线的正常水深也是变化的，渗透系数的变化趋势是刚开始运行时最大，运行初期减小，但随着植物的生长、成熟又会变大。因此，应以成熟、稳定情况为依据，其他情况可以通过对下游水位的水位来满足。

正常运行的人工湿地既要防止表面流的发生，控制浸润线不露出水面，同时又不能让浸润线上有太厚的基质，因为太厚的基质会给植物的种植带来困难，同时又不能参与污水的净化，增加工程的造价。

对于目前应用较多的潜流湿地系统，水位控制有如下几个基本要求：①当系统接纳最大设计流量时，其进水端不能出现壅水现象以防发生地表流；②当系统接纳最小设计流量时，出水端不能出现填料床面的淹没现象，以防出现地表流；③为有利于植物的生长，床中水面浸没植物根系的深度应尽可能地均匀；④湿地床的底坡不一定等于床体中的水面线坡度，但设计的过程中应考虑尽量使水面坡度与底坡基本一致；⑤湿地床的长度不宜过长，过长易增加植物浸没深度的不均匀性，同时也将增加出水端水位控制调节的难度。

5.6.3.2　潮汐流湿地

潮汐流湿地的运行模式是进水—净化—排水—休养—进水，不断循环，由于其特有的运行模式决定了潮汐流湿地床的水位是变化的，因此，只要保证其出水能顺利排放即可。由于潮汐流湿地存在一个休养期，在该期间湿地内几乎无水。若休养期较短时，可以不做任何操作；若休养期较长时，例如大于 1 d 时，应适当进少量水，以保持湿地床湿润，避免植物枯萎。

5.7　人工湿地中基质的选择

基质的选择，应因地制宜，一般选择表面粗糙的碎石，也可以选择渗透性好的砂土，但不宜选用表面光滑的碎石。碎石有较大的孔隙率，渗透率高，能够承受更大的有机负荷。反应基质有两个基本参数——孔隙率和渗透率。孔隙率对水在湿地中的停留时间起重要作用，而渗透系数直接影响渗漏流速。

采用粒径在 0.5～5 cm 的砾石（或花岗岩碎石）铺设，其铺设厚度一般为 0.4～1.5 m，有时也采用粒径为 5～10 mm（或 12～25 mm）的石灰石填料。由于表层土壤在浸水后会产生一定的沉降作用，因而设计时填料上层的高度宜高于设计值的 10%～15%。

填料本身对生物处理的影响不大，但对于含磷和重金属离子的废水而言，如能采用花岗岩作用床体填料，则有利于填料中 Ca、Fe 成分与磷的反应和离子交换作用。

5.8　对地下水污染的防控

为防止湿地系统因渗漏而造成对地下水的污染，一般要求在工程施工时尽量保持原土层，在原土层上采取防渗措施，如用土工膜和黏土组合、油毛毡密封铺垫或膨润防水毯等铺设防渗层等。国外则大多采用厚度为 0.9～1.0 mm 的高密度聚乙烯树脂薄膜塑料作为防渗材料。应确保原土无树根、瓦砾、石子、钢筋头、玻璃屑等尖角，为防止床体填料尖角对薄膜的损坏，施工时宜先在塑料薄膜上铺一层细砂保护层。图 5-7 和图 5-8 为人工湿地设计时的典型防渗层剖面大样图。

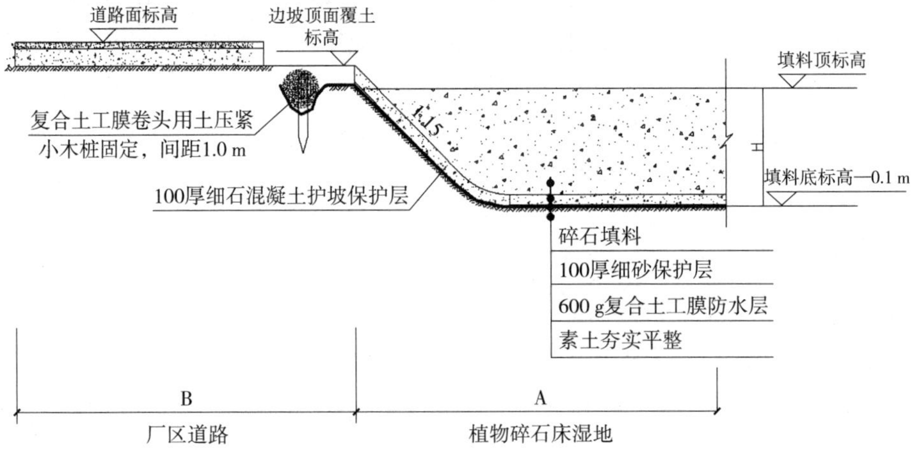

图 5-7 典型防渗层剖面大样图 1

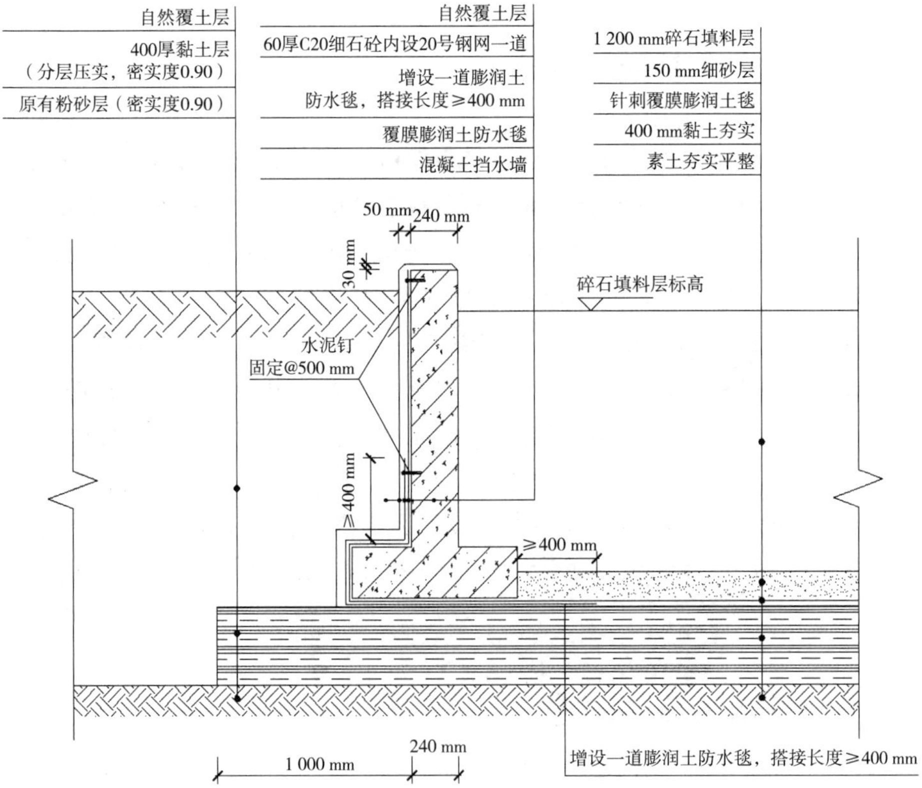

图 5-8 典型防渗层剖面大样图 2

5.9　人工湿地中高等维管束植物的选择与种植方法

5.9.1　栽种植物的类型

在人工湿地系统的设计过程中，应考虑尽可能地增加湿地系统的生物多样性。因为生态系统的物种越多，其结构组成越复杂，则其稳定性越高，因而对外界干扰的抵抗能力也就越强。这样可提高湿地系统的处理能力，延长湿地系统的使用寿命。

在湿地植物物种的选择上，可根据耐污性、生长能力、根系的发达程度以及经济价值和美观要求等因素来确定，同时也要考虑因地制宜。可用于人工湿地的植物有芦苇、茳芏、大米草、水花生、稗草等几种。但目前最常用的是芦苇。芦苇的根系较为发达，是具有巨大比表面积的活性物质，其生长可深入到地下 0.6～0.7 m，且具有良好的输氧能力。芦苇的栽种可采用播种的方法，也可采用移栽插种的方法。移栽插种法比较经济快捷。其具体方法是将有芽苞的芦苇根剪成长 100 cm 左右，将其埋入 30 cm 深的碎石床中并使其上端露出地面。插植的最佳期是秋季，但早春也可以。插植密度一般为 3～9 株 /m^2。

5.9.2　植物选择的原则

一般人工湿地处理系统植物的选择要遵循下列原则：

（1）有发达的根系

发达的根系有利于植物从污水中吸收更多的营养物质。

（2）有相当大的生物量

植物生物量越大，吸收污水中的营养物质越多。

（3）植物要有较强的运输氧的能力

空气中的氧气通过叶、茎输送到根部，使根部周围好气型微生物的活动加强，分解有机物的速度加快，促进有机污染物质的降解。

（4）多年生植物

多年生植物全年具有净化能力，而且减少多次种植费用。

（5）应以乡土植物为主

乡土植物最能适应当地的环境条件，同时，种苗的挖取、运输也方便。

（6）有一定的经济价值

如造纸原材料的芦苇，可制作席子、草帽、草袋的茳芏和席草。

5.9.3　种植方法

以潜流平流植物碎石床为例：

（1）选用大苗

在碎石床上栽苗生长条件较差，小苗难栽种，不易成活；同时人工湿地建成后，调试时间较短，而小苗生长期较长，影响调试和初期净化效果。

（2）种苗不能带土

种苗带土会造成碎石床正常运行，造成堵塞，缩短碎石床寿命。

（3）种植初期用水

栽种初期，碎石床适用清水，即一般江河水，等成活后，换成低浓度待处理污水，植株正常生长时，方可采用待处理的污水。

（4）植物碎石湿杂草清除

主要在碎石床运行初期，当湿地植物长大，並占据主要空间后，杂草较少，此时主要清理枯枝残叶。

（5）随着湿地植物生长，可利用调节湿地水位，让湿地植物往纵深处生长。

（6）及时补苗。

（7）防治病虫害。

5.10 人工湿地运行及处理成本

5.10.1 人工湿地的运行

人工湿地植物生长正常后，进行调试，达到设计要求后，正式运行。

人工湿地运行时，一定严控进水水量和水质，不能超标；严格按照设计要求进行管理、维护；按期收割和更新植物；及时清除人工湿地前半部（或生物塘）的污泥；按设计年限更新碎石床。

5.10.2 人工湿地的处理成本

工程造价和运行费用是人们在选择和设计污水处理工艺时必须考虑的问题，也是使用单位最为关心的问题。虽然目前国内有关人工湿地处理系统工程造价和运行费用的实际数据或报道较少，但由于人工湿地的土建施工比较简单而且基本不需耗能，因而其造价和运行费用无疑要比传统的二级生物处理工艺低。据一些资料均表明，人工湿地处理污水的运行成本非常低廉，一般为每吨污水 0.1～0.2 元，它是传统二级处理的 1/10～1/5。此外，基建投资也少得多，通常为每吨污水 150～800 元，是传统二级污水处理厂的 1/5～1/2。同时，湿地植物还可以作为工业原料和生活资源。以我国深圳白坭坑人工湿地系统为例，深圳白坭坑人工湿地系统的运行费用仅为传统二级活性污泥法的 10%。深圳白坭坑人工湿地系统与其它污水处理厂的经济比较见表 5-2。

表 5-2　深圳白坭坑人工湿地系统与有关污水处理厂的经济比较（1992 年）

工程名称	总投资 /（万元）	单位污水投资额 /（元 /m^3）	年运行费用 /（万元）	吨水处理成本 /（元 /m^3）	单位吨水占地量 /（m^2/m^3）
深圳某厂	3300	660	＞100	＞0.20	2.67
蛇口某厂	—	—	＞100	＞0.20	—
珠海某厂	1500	830	＞100	＞0.20	1.20
海南某厂	547	574	36.5	0.20	1.20
白坭坑工程	42.9	138	2.0	0.02	2.79

从表 5-2 可以看出，人工湿地的工程总投资，单位污水的处理费用均比其它传统方法低得多。有分析表明，如不考虑系统的征地费，人工湿地的投资与处理规模之间有近似线性的关系；但当考虑征地费时，则费用与处理规模间的关系将成凸函数的形式。因而，人工湿地污水处理技术比较适用于中小城镇、居民小区及城市分散型的污水处理，也就是说当将人工湿地系统应用于上述情况的污水处理时，具有比传统工艺优越得多的经济效益。

有些地方，采用“强化前处理＋人工湿地”工艺的污水处理厂，日处理 1 万 m^3 城镇生活污水，出水为一级 A，前处理采用一体化高效处理（包括沉淀和污泥收集处理系统），人工湿地采用生物塘＋植物碎石床工艺，水力负荷为 0.5～0.6 $m^3/(m^2 \cdot d)$ 其吨水基建投资为传统活性污泥法的 1/2～2/3，处理成本为传统二级活性污泥法的 1/3～1/2。

第 6 章　人工湿地的应用

6.1　人工湿地处理城镇污水的应用

6.1.1　目前我国城镇污水处理的主要工艺、回用方式及存在的问题

6.1.1.1　目前我国城镇污水处理的主要工艺及回用方式

近年来，各种水处理技术在实际应用中取得了不断的发展，常用的城市污水二级处理工艺有厌氧好氧活性污泥法（A/O 法、A^2/O 法）、间歇活性污泥法（SBR 法）、氧化沟法、AB 法等，这些处理工艺因相对成熟、运行稳定、处理效果好而成为城市污水处理的主流工艺。

目前的城市污水利用较多考虑的是城市污水处理厂二级处理后的出水，这种水的利用有两种形式，即直接回用和间接利用。直接回用多用于污水处理厂附近的农田灌溉及草场等用水，回用的途径及方式受地域限制还比较单一，调配运转不方便，而且这种水虽然经过了人工强化处理和消毒等措施，但由于未经过一定时间的自然净化，在使用和控制不当时会产生一定的问题。间接利用是从水域的整体考虑，从水体上游取水净化供城市使用，产生的污水经城市污水处理厂净化后排入水体的下游，回归于水体（此过程构成了水的社会循环），再经过一定河段的自然净化，可为下游城市或地区利用。经处理污水的间接利用是将自然界中水的社会循环与自然循环有机结合，在水体自净容量的限度内，对水体的利用基本不会造成损害，这种方式需要从宏观上进行管理，是水资源可持续利用的重要途径。

目前，我国城市污水深度处理或三级处理，已在应用的工艺有混凝、沉淀、过滤等常规工艺，微絮凝过滤法以及生物接触氧化后纤维球过滤、生物炭过滤等方法。国外深度处理方法很多，主要有混凝澄清过滤法、活性炭吸附过滤法、超滤膜法、半透膜法、微絮凝过滤法、接触氧化过滤法、生物快滤池法、流动床生物氧化硝化法、离子交换、反渗透、臭氧氧化、氯吹脱、折点加氯等工艺。

我国传统的污水回用方法有如下几种：

①经二级处理后，出水直接回用。

②污水经二级处理后，再经过滤供用水单位回用。

③污水经二级处理后，再经混凝、沉淀、过滤后回用。

④污水经二级处理后，经混合、沉淀、过滤、活性炭吸附后回用。

⑤污水经二级处理后，改造 A/O 法，经混凝、沉淀、过滤后回用。

6.1.1.2　传统污水处理工艺、传统污水处理回用方式存在的问题和不足

我国自 20 世纪 80 年代以来所研究和应用的污水二级处理工艺和回用工艺，在一定程度上缓解了局部地区严重缺水的问题，但也有一些不足。

（1）传统污水处理工艺的问题

传统污水处理活性污泥法处理城市污水虽然效果好，运行稳定，但这种工艺的基建投资大，运行费用高，且主要以去除碳源污染物为目的，对氮、磷等营养物质的去除率不高，经处理后的出水排入水体后仍易引起富营养化等环境问题。

（2）污水处理回用方式处理设施复杂，运行成本较高

我国传统的污水回用方式，除回用于水质要求不高的途径之外，基本上是借鉴了我国给水处理的工艺，也就是在“污水厂 + 传统的给水厂”模式。由此可以看出，要想达到污水深度处理，传统的处理设施是相当复杂的，势必要增加基建费用和处理成本。据资料报道，深圳滨河水质净化厂建成的污水回用示范工程，采用二级处理后，仅经过滤的工艺，其处理成本就达到 0.22 元 /m^3（不包括二级生化处理）。

（3）处理效果受限制

我国污水经过二级处理后，其水质与我国地面水源水质还有许多差别，对部分污染物质的去除效果较差。如二级出水进行传统混凝、沉淀处理后，可去除浊度为 73%～88%，SS 为 60%～70%，色度为 40%～50%，BOD_5 为 31%～77%，COD 为 25%～40%，总磷为 29%～90%。研究表明，混凝—过滤法去除可生物降解的有机物比不易生物降解的有机物更多，可使二级出水的浊度由 6～14 NTU 降至 0.12 NTU，总磷由 1.3～2.6 mg/L 降至小于 0.1 mg/L，BOD 由 7～13 mg/L 降至 1～2.5 mg/L，TOC 由 10～11 mg/L 降至 4.2～4.5 mg/L，但不能去除氨氮。

活性炭可有效地去除色度、臭味，能除去水中大多数的有机污染物和某些无机物，包括某些有毒的重金属，但活性炭对三卤甲烷（THMs）的去除能力较低，仅达到 23%～60%。

膜分离中的最新技术——纳米过滤可直接除去一切病毒、细菌和寄生虫，同时大幅减低溶解有机物，90%～95% 的 THMs、85%～95% 的硬度和大于 70% 的一价离子（在操作压力为 482～689 kPa 时），但对一价阳离子和分子量低于 150 的有机物的去除率较低，对二价和高价阳离子及分子量大于 200 的有机物质选择性吸收，且运行费用在 0.08～0.14 美元 /m^3。

（4）处理量受到限制

受传统污水回用工艺运行费用及技术经济限制，我国现有污水回用工程处理量均较小。例如高碑店污水处理厂二期污水处理量为 100 万 m^3/d，而中水回用系统处

理规模仅 1 万 m^3/d；天津纪庄子污水处理厂回用工程规模为 2 000 m^3/d；青岛市谌山污水处理厂深度处理后回用规模仅为 480 m^3/d。

我国城市污水排放量大，污水回用率低。因此寻找一种经济、高效、节能、环保、适用的污水回用工艺已经刻不容缓。

贵州省威宁县草海镇城镇污水探讨了采用二段厌氧—好氧地沟式土地处理系统及人工湿地相结合的土地处理技术处理该城镇污水的可行性及工程方案。

6.1.1.3 人工湿地处理城镇污水的经济适应性

目前国内外普遍采用二级生化处理工艺来集中处理量大面广的生活污水的污水处理厂往往需要配套庞大的充氧曝气、设施及大规模的收集管网、较高的运行费用和管理水平，同时去除氮、磷污染物能力较差，易造成受纳水体富营养化。应用人工湿地进行小型分散化的污水就地处理模式不需要大量的污水收集管网。而且其建造费用可由开发商、居民和政府共同承担，在某种意义上缓解了水污染日益增多与政府资金短缺之间的矛盾。传统集中式污水处理与生态分散式污水处理投资运营的分析比较如表 6-1 所示。

表 6-1 传统集中式污水处理与生态分散式污水处理投资运营分析比较

处理方式	污水收集管网 /（元 /m^3）	小区管网 /（元 /m^3）	污水处理厂 /（元 /m^3）	污水处理运营 /（元 /m^3）	水质达到回用 /（元 /m^3）	水回用管网 /（元 /m^3）	回用水处理成本 /（元 /m^3）
传统集中式	2 000～2 400	2 500	1 000～1 200	0.8～1.0	＜1 000	＜1 500	0～0.4
生态分散式	＜100	500	2 500～3 000	0.05	0	＜100	0

人工湿地系统能较充分地利用自然中的湿地植物以及基质的自然净化能力，并在污水净化工程中促进植物的生长，扩大绿化面积，并为野生动物提供栖息地，有利于生态环境的建设。特别是在当前国内的许多城市努力创建生态城市的情况下，选择生态化的污水处理技术用于城市生活污水的处理、饮用水水源的保护、绿地公共景观的建设便成了其中一项重要的指标。在利用人工湿地处理系统处理城市生活污水、公园、绿地景观水的同时也美化了环境，为市民、游人创造了良好的生态人居环境，取得了显著的社会效益、环境效益和经济效益。

人工湿地处理分散型生活污水的一个重要优势，便是其能将经过人工湿地系统处理净化的污水用作中水回用以解决目前普遍面临的水资源危机。在农村地区，可以利用净化后的污水来用于当地农灌、水产养殖或浇灌花木；在城镇小区，则可将生活污水集中人工湿地处理后直接用于小区的中水回用，同时兼具了绿化和美化小区环境的作用。此外，湿地的水生植物也能创造一定的经济效益，茳芏是编织草帽、手提包等手工艺品的理想材料，席草主要用于编织草席，芦苇则可用来造纸或编织人造纤维布。人工湿地技术的特点适合我国目前城镇污水回用管理水平不高的实际情况，它具有环境效益和社会效益，是一种有效的污水处理技术。由于投资小，可充分利用闲置的荒地、废地作为处理污水的湿地， 在城镇污水资源化中有着良好的应用前景。

6.2　人工湿地处理暴雨径流的应用

6.2.1　人工湿地处理暴雨径流的特点

大部分人工湿地被用来处理城市污水和工业废水，集中于有机物的去除，然而处理暴雨径流的系统的目标是处理氮、磷和重金属。

虽然许多基本理论是相同的，但是在几个重要的方面不同于处理城市污水，在设计时必须考虑。

（1）在处理暴雨径流和城市污水的湿地系统中，进水的化学特性和水文学特性是不同的。城市污水一般有稳定的流量和水质，可根据生物降解过程，确定并维持最佳处理效率。然而，暴雨径流是完全不同的，在降雨期间或降雨之后，会产生很大的流量，水质也会有很大的变化。同时，暴雨径流还可能携带大量对生物有害的物质，对处理系统造成冲击。因此，处理暴雨径流的湿地中的生物群应具有较强的对多变情况的适应能力。

（2）在处理城市污水的湿地系统中，污染物的降解速率等于输入速率。在处理暴雨径流的湿地系统中，污染物的输入是偶然发生的。水中夹带的污染物不可能完全被去除。污染物必须首先被捕集，大部分降解发生在后期流量少或没有时。因此，设计暴雨径流处理湿地比污水处理湿地更多地强调保留污染物再后续降解。

（3）暴雨湿地系统实质上是作为一个间歇反应器运行的。湿地的水位在降雨前后发生变化。水位的变化导致湿地水位周期性的下降，使积累的有机物自然氧化，还可使氧气向填料中扩散，加强湿地内的硝化作用。

（4）总氮、水溶态氮、总磷、水溶态磷的输入浓度随降雨径流过程减小。总氮、总磷与径流量对地表的侵蚀能力呈正相关，其输入浓度的递减规律多呈抛物线型，递减速度快。水溶态氮输入浓度基本上呈线性分布，与总氮、总磷比较其递减变化幅度小。氮、磷输入还与降水强度有关，强度大的降水侵蚀作用强烈，氮、磷随水土流失量大。

由上可知，暴雨径流与城市污水、工业废水相比，在水文特性、化学特性等方面有很大差别，并且人工湿地的运行方式也不同。因此，暴雨径流人工湿地的设计与其他人工湿地也有所不同。

6.2.2 人工湿地处理暴雨径流注意事项

（1）水文因素

为保证湿地的长期效果，在设计中应考虑水文因素和湿地生态特点之间的关系。水的来源、速度、体积以及洪水发生的频率都会影响湿地介质的物理、化学特性。反过来，介质会影响生物种类的多样性、初级生产能力、有机物的沉积和通量、营养物的循环。水文条件也会影响污染物的沉积、氧化、生物转化和土壤吸附过程。因此必须对一些关键因素进行评价，如水的流速、深度和水位的涨落、停留时间、循环和分配因素、季节和天气的影响、地面水的状况和土壤的透水性。湿地控制暴雨径流污染的设计关键是正确控制它们的水文体系。正确的水文体系需要考虑暴雨发生的频率和周期，从而确定湿地的储存容积和出水区的特点。湿地的最高水位和最低水位将决定湿地处理暴雨的体积容量、出水系统的结构和排水孔口的高度。水深和洪水周期能改变植物群落，它们将对湿地或污染物的去除效果造成有利或有害的影响。

（2）水力因素

为了达到一定的处理效果，必须有一定的水力停留时间。水力停留时间受湿地长度、宽度、植物、基底材料孔隙率、水深、床体坡度等因素的影响。一般水力停留时间最大不超过 24 h。暴雨期间至少应有 30 min 的水力停留时间以保证处理效果，如果水力停留时间达 10～15 h 就可以达到很好的处理效果。此外，水力负荷不应超过 1 $m^3/(m^2 \cdot d)$，进水区的流速为 0.3～0.5 m/s。当流速大于 0.7 m/s 时，水流会破坏植物的生长，导致处理效率降低。

（3）雨季超高深度

在降雨时，水位会超过旱季的水位。因此，湿地植物必须避免长时间被淹没。湿地植物被淹没的最大深度可用来确定湿地的表面积。实际上所有的湿地植物只要洪水时间不是太长都可以生存，一般很难确定超高容积应设计成多大。虽然通常被设计排水大致需 20 h，但这并不意味着收集容积区总是空的，因为一系列频繁的降雨，将使其长时期被雨水充满。雨季淹没的最大深度应保证大部分植物能够生存并发挥其功能。在一定程度上，超高深度取决于被种植的水生植物的种类，因为有一些植物长得很高。一般而言，如果栽种挺水植物，0.3～0.5 m 的超高是相对安全的。

实际上，暴雨径流湿地系统为水生植物提供了一个苛刻的生活环境。只有生命力强的植物才能生长茂盛。如香蒲、芦苇，在高于上述超高深度时亦可生长得很好。

（4）湿地容积

在美国、加拿大、欧洲，湿地体积大致等于来自不透水地面 13 mm 的径流量，能收集 80%～90% 的径流量。

一些权威建议，计算湿地表面积不需要考虑它的收集容积，而是用汇水面积的百分数来计算。通常是支流汇水面积的 1.5%～3.0%。使用固定的表面积可能不太合适，因为当暴雨径流量少于 25.4 mm 时，暴雨径流量和汇水区的不透水面积成比例。有较多的不透水面积的汇水流域比较少不透水面积的汇水流域会产生更多的径流量。例如，人口密度小的居住区有较少的不透水面积，而商业发达的地区则具有较大的不透水面积。在第一种情况下，几乎没有径流，而在第二种情况下，大部分降雨落在铺砌的路面，形成地表径流。

湿地的最佳储存容积应当是使汇水区达到 13 mm 水位的容积。有效去除的最小储存容积是使汇水区达到 6 mm 水位的容积。储存容积可用式（6-1）计算。

$$V=C\times y\times A_{ws} \tag{6-1}$$

式中：V——暴雨湿地的储存容积，m^3；

C——系数，取 10；

y——汇水区的设计水位，mm；

A_{ws}——汇水区的表面积，hm^2。

（5）水生植物

暴雨径流湿地系统要求水生植物对各种高浓度的污染物有一定的承受能力。暴雨径流可能改变植物群落。因为新的优势种可以更有效地利用多余的营养物，或更能忍受污染物，植物的改变对污染物的去除是有利的。

不同生长环境适宜的湿地植物是不同的。但所选择的湿地植物通常应具有下列特性：

①能忍受较大变化范围内的水位、含盐量、温度和 pH；

②在本地适应性好的植物，最好是本地的原有植物；

③被证实对污染物有较好的去除效果；

④有广泛用途或经济价值高。

人工湿地中使用最多的水生植物为香蒲、芦苇、灯心草、宽叶香蒲和篱草。所有这些植物都广泛存在并能忍受冰冻。植物根系的深度决定了湿地的深度。香蒲在水深 0.15 m 的环境中生存占优势；灯心草为 0.05～0.25 m；芦苇生长在岸边和 1.5 m 的水深中，在潜水中是弱竞争者。香蒲和灯心草的根系主要在 0.3 m 以内的区域，芦苇的根系达 0.6 m，宽叶香蒲则达到 0.76 m。芦苇、篱草和宽叶香蒲常被用在潜流型湿地中，它们较深的根系可扩大污水的处理空间。

暴雨径流湿地系统中，多选用芦苇、香蒲和篱草。篱属能忍受很高的氨浓度（160～170 mg/L）。芦苇和篱草抵抗病灾和昆虫的能力很强，香蒲则较差。

（6）填料

暴雨径流湿地系统多采用砾石作为填料，由于砾石缺乏营养，需在上面覆盖

15～20 cm 的有机土壤。根区填料表层土壤可就近采用当地表层土，宜用钙含量达 2～2.5 kg/100 kg 土壤为好，厚度为 150～250 mm。一般来说，填料本身成分对生物处理影响不大，但对含磷和重金属离子废水，含钙、铁、铝等成分的填料有利于离子交换。通过离子交换可将暴雨径流中的污染物截留再后续降解。黏土虽含很高的铝，但由于其 k_f 值很低，不宜单独采用，但也可和其他填料混合使用。

湿地中填料的选择对磷的去除有很大的影响，尤其是在运行初期。这主要是填料中的钙、镁和磷作用形成沉淀。但随着时间的推移，填料中的磷会达到饱和，湿地除磷能力便有明显下降。因为初期湿地中植物还没有形成较稳定的生物群，所以为了加强湿地初期的除磷能力，在湿地建造中可选择含钙、镁丰富的介质作为填料。

（7）维护管理

维护包括三个主要方面：重新种植、杂草的去除和沉积物的挖掘。当水生植物不适应生活环境时，需调整植物的种类，并重新种植。植物的调整需要变换水位。如果水位低于理想高度，可调整出水装置。杂草的过度生长带来了许多问题。春天，杂草比湿地植物生长得早，遮住了阳光，阻碍了植株幼苗的生长。杂草的去除将会增强湿地的净化功能和经济价值。实践证明，当植物经过三个生长季节，就可以与杂草竞争。然而，一开始就建立良好的植物覆盖，并进行杂草控制是最理想的。在春季或夏季，建立植物床的前 3 个月，用高于床表面 5 cm 的水深淹没可控制杂草的生长。由于暴雨径流含有大量的悬浮物，在湿地床的进水区易产生沉积物堆积。运行一段时间，需挖掘沉积物。

6.3 人工湿地治理湖泊面源污染

原国家环保总局华南环境科学研究所在云南省高原湖泊面源污染治理中做了大量工作，如渔村大河人工湿地（见下册第 3 章 3.1）、洱海农村农业废水治理人工湿地、系列农村农业污水治理人工湿地（见下册第 6 章）。

6.4 人工湿地在处理工业废水中的应用

虽然人们很早便开始利用人工湿地对城镇生活污水和二级污水处理厂出水进行处理，但利用人工湿地对工业废水进行处理的研究则起步较晚，兴起于最近 10 年。有学者认为，人工湿地独特而复杂的净化机理使其能够在含重金属工业废水和难降解有机废水的处理中发挥重要作用。但是迄今为止，应用人工湿地处理特殊工业废水的研究和实例并不多见，主要集中在应用人工湿地处理矿山酸性废水、油砂废水、油田采出水、造纸废水、食品加工和奶制品加工废水的开发和研究上。这些废水的特征污染物主要是重金属离子、BOD、COD 和油。

籍国东（2001）采用自由表面流芦苇湿地处理超稠油废水的出水水质稳定，耐冲击负荷强。当芦苇床的水力负荷为 3.33 cm/d 时，对于年平均进水 COD 为 459.16 mg/L，石油类为 27.65 mg/L、BOD_5 为 33.52 mg/L、TN 为 13.74 mg/L 的超稠油废水，该系统的出水指标为 COD 77.21 mg/L、石油类 1.42 mg/L、BOD_5 3.90 mg/L、TN 1.60 mg/L，去除率分别为 COD 83.18%、石油类 94 86%、BOD_5 88.37%、TN 88.36%，pH 由 7.87 降至 7.77。处理后的超稠油废水对土壤的污染并不明显，对芦苇的生长和材质指标几乎没有影响。

Wrebner 对德国南部的褐煤热解废水人工湿地处理系统进行深入研究后指出，虽然人工湿地对小分子有机物的去除能力十分有限，但对氨氮和大分子有机物的去除能力非常显著。Vrhovsek 的研究则表明，水平潜流人工湿地对以 BOD、COD 和植物油为特征污染物的高浓度食品工业废水（含有蛋白质、多肽、氨基酸、碳氢化合物、植物油、有机酸、乙醇、乙醛和酮）具有良好的净化效果，系统对 BOD 的平均去除效率为 89%，对 COD 的去除率高达 92%。

这些学者的工作肯定了人工湿地在处理高浓度工业废水时的高效性。

6.5　人工湿地在处理农业废水中的应用

三水市大中型集约化猪场污水排放量大，经沉淀、酸化水解等一级处理后，出水 CODCr、SS 仍然较高，尚需进行二级处理方可达到排放标准或排入鱼塘。鉴于人工湿地作为二级处理在工业污水处理中已有一定效果，本工程采用推流潜流人工湿地工艺，采用四级推流串联式，即人工湿地由四小块（级）面积大小相近的湿地串联组成，应用在猪场污水净化是首次。本工程设计较早，考虑全面，利用升流式酸化池进行前处理，还设计了光合细菌对经酸化池后的废水进行处理，后进入植物碎石床，经过上述处理，出水没有臭味，水也变清。最后进入用自然水塘改造的高等级植物生物塘。整个系统出水水质很好。

廖新弟（2002）分别以香根草和风车草为植被，按 1.0 m × 0.5 m × 0.8 m 建立人工湿地，通过四季测试研究其对猪场废水 N、P 的净化功能及其随季节、进水浓度及水力停留时间变化的规律。结果表明，两湿地对 NH_3-N 和 S-PO_4^{3-} 去除率受污水停留时间和污水浓度影响较大。香草或风车草人工湿地在春季对 NH_3-N 和 S-PO_4^{3-} 有明显的去除效果；在秋季，则对去除废水 TN 均有效果，在去除 TP 上，香根草湿地效果明显，风车草湿地效果差。春季和秋季人工湿地随水力停留时间（t）延长，TP 或 S-PO_4^{3-}（Y）的去除遵从指数方程 $Y_t=Y_0 \cdot e^{-kt}$ 规律，冬季和夏季，进水浓度对湿地去除 P 影响较大；在相同停留时间内，冬季和夏季人工湿地随进水浓度变化，进出水 S-PO_4^{3-} 遵从直线方程 $y=a+bx$ 规律。

第 7 章　人工湿地污水处理技术存在的问题

人工湿地污水处理目前存在的问题主要有以下几方面：

7.1　占地面积大

国外的人工湿地设计水力负荷一般为 0.07 $m^3/(m^2 \cdot d)$，即每天处理 1 立方米污水需要面积 14.3 m^2。我国人多地少，此类人工湿地根本无法应用。我国第一个植物碎石床人工湿地—白坭坑人工湿地水力负荷 0.37 $m^3/(m^2 \cdot d)$，即每天处理 1 立方米需要面积 2.7 m^2，减少了占地面积，可在城郊和乡镇土地较多的地方推广应用。2000 年以后，原国家环保总局华南环境科学研究所汪俊三教授专门对提高植物碎石床人工湿地的水力负荷进行系列的试验研究，包括小型试验、示范工程和应用工程，将植物碎石床人工湿地水力负荷提高到 0.5～1.0 $m^3/(m^2 \cdot d)$，即每天处理 1 立方米污水占地面积仅为 1～2 m^2，大幅度地减少占地面积，为植物碎石床人工湿地的推广应用奠定了基础。如广东省梅州市大埔县污水处理厂、广东省梅州市蕉岭县污水处理厂、四川省兴隆镇污水处理厂等。

7.2　植物碎石床容易堵塞

人工湿地的基质种类比较单一，只有土壤、砾石和沙等几种，难以处理特殊污染物的水体，而且基质中的某些化学组成还可能抑制水体中某些污染物的去除。从目前已有的工程实践来看，人工湿地的长期运行尚缺少安全保障，如果设计或管理不善，容易造成湿地的堵塞。堵塞的过程实质上就是有效孔隙率减少的过程，而过长时间的堵塞会导致厌氧环境的产生，从而加速了系统的堵塞。过度的堵塞会导致湿地水力传导系数降低，处理效果下降，运行寿命缩短以及其他一些问题。按照堵塞的原因，大体归结为以下三个方面：

（1）微生物堵塞因素分析

随着时间的推移，湿地中部分营养物质会逐渐积累，湿地中的微生物大量繁殖，再加上植物的腐败，若维护不当，极易产生淤积、阻塞现象。堵塞后影响湿地净化作用，一个很明显的特征就是氮的硝化作用将大大降低。造成湿地堵塞的生物机制有两个方面的原因：一是在营养物质含量丰富的湿地系统中，微生物大量繁殖所形成的颗粒状有机物是系统中有机物累积总量的一部分；二是植物地上部分衰落时的残留物、根系及根系分泌物都有助于系统中有机物累积量的增加。

微生物基质最表层生物膜的大量积累、细菌分泌的一些胞外多聚物（Extracellular Polymers，ECP）以及湿地中积累的腐殖质这三种物质很容易形成高含水量、低密度的胶状淤泥，这对人工湿地的堵塞起着不可忽视的作用。微生物所造成人工湿地的堵塞进程从某种程度上说是一个正反馈的过程，湿地的堵塞导致基质中氧气供应的下降，微生物的活性也随之下降，有机物降解速率变慢，这反过来又加剧了有机物的积累，加快了堵塞进程。

（2）水生植物堵塞因素分析

植物残体及其分泌物（exudates）是人工湿地有机质的重要来源之一，以湿地植物香蒲（*Typha orentalis*）为例，其木质素、纤维素和半纤维素的含量占植物体干重的 75%～83%。有报道称，人工湿地约 27% 的孔隙堵塞源于湿地植物的根与地下茎，73% 的孔隙堵塞是由于进水及植物地上部分残体所造成的有机物积累。研究表明，微生物造成的堵塞与湿地植物根系分布、植物分泌物的积累等因素有关。Tanner C C 等研究了有植被和无植被砾石床人工湿地处理经好氧塘、厌氧塘预处理的奶牛场废水的有机固体颗粒积累情况。无植被湿地的平均有机物累积量为 0.4～2.3 kg/m^2，有植被湿地平均累积量接近 4 kg/m^2，在进水区甚至达到 9.5 kg/m^2，相对于低负荷条件，高负荷时渗透速率显著减小，实际废水停留时间循小至理论值的 1/2 左右。有植被湿地明显保持了较高的沙砾渗透性，但同时也导致了更多的有机物累积，进而发生堵塞现象。

（3）其他原因导致的人工湿地生物堵塞

①分解的气体堵塞了渗透孔

湿地中硫还原细菌、产甲烷菌以及生物脱氮作用产生的气体所形成的包气带也可能是堵塞的原因之一。

②温度

人工湿地的净化作用主要是通过微生物的分解代谢和植物的吸收作用完成的，这些作用受温度影响很大。另外，温度会影响水中溶解氧含量，从而影响好氧生物降解过程。因而，温度对湿地的堵塞具有双重影响。一方面，较高的温度导致了高的生物活性和高的生长速率。但同时由于微生物的快速增长，填充了填料的孔隙，从而引发土壤堵塞；另一方面，较低温度抑制了生物活性，代谢速度慢，致使有机固体颗粒在填料中大量累积及土壤厌氧程度加剧，这样也易引发土壤堵塞。

7.3　处理效果问题

人工湿地类型单一，对含特殊污染物或污染负荷比较高的水体难以达到处理效果。

Winder 等于 1989 年对 140 多个用于处理煤矿酸性污水的人工湿地进行调查后发现，许多湿地处理此类污水的效率有时变化异常，甚至不可预测，与最初的设计标准和目标常常不一致。因此，怎样根据具体的矿业污水进行特定湿地的设计，也是湿地实际应用中面临的主要障碍之一。

7.4 生物和水力复杂性及对重要工艺动力学理解的缺乏

污水在人工湿地中运行情况相当复杂，给人们对其水力学特征的研究带来了很大困难。一些工艺参数只能依据实践经验，因而导致了系统水力学设计不合理，出水效果不理想。

关于人工湿地去除污染物机理的研究虽然取得了很大的进展，但总体来看还无法为其工艺设计提供有力的理论指导，有待进一步研究。特别是对水体中主要污染物（如 N、P 元素及重金属元素）的去除机理尚不十分清楚。

目前关于人工湿地污染物降解动力学的研究虽已取得一定进展，但采用的模型都是湿地床的静态宏观模型，没有考虑传质效率，即没有考虑污染物从液相迁移到生物膜过程中的阻力，难以反映人工湿地的真实情况。

7.5 植物的问题

（1）季节影响湿地植物的功能

植物在人工湿地污水净化过程中的作用与其生长状况密切相关。生长越旺盛、根系越发达的植株，其净化污水的能力、输氧和穿透的作用越大。但试验或应用的人工湿地中植物的生长也存在一系列问题，影响其净化作用的正常发挥。大多数湿地植物有一个春夏季萌芽、秋冬季枯死的生长周期。在人工湿地这个半自然或人工的生境条件下，植物生长亦存在这种现象，由此导致利用植物根区吸收去除污染物方法的污水处理系统冬季污水净化效果下降。香蒲人工湿地和芦苇床系统也因在冬季植株地面部分枯黄，对污水中氨氮的去除率明显低于其他季节。

（2）植物的衰退问题

衰退是湿地植物的又一问题。除直接损伤、擦伤外，水质和基质的不同组成、水位的高低及富营养状态都能引起水生植物的衰退。以碎石为基质的人工湿地生境不利于灯心草幼蘖的长出，重新分蘖的管状茎亦稀疏、弯曲死亡。Amstrong 等认为植物体腐烂、超负荷有机污染物冲击或富营养化等产生的植物毒素（如有机酸、硫化物等）在芦苇组织中的富集是引起芦苇衰退的主要原因之一。N、P 作为营养元素是水生植物生长发育、繁殖所必需的，但高浓度的 N、P 污水又会影响植物的正常生长。当污水中凯氏氮的浓度达到 54.5 mg/L（或氨氮 24.7 mg/L）时，人工湿地中的香蒲叶将枯黄或致死，且短期内难以恢复。这种 N、P 污水会对植物的生长产生影响，被认为是植物大量地吸收并积累了铵离子（NH_4^+）而引起的单盐毒害作用。高浓度的 N、P 污水也会影响水稻幼苗中的过氧化物酶（POD）和超氧化物歧化酶活性（SOD）。幼苗苗高及可溶性蛋白含量均与 N、P 浓度呈负相关关系；而小麦衰老过程中，其 SOD 活性下降，POD 活性升高，膜脂过氧化作用增强，叶片光合作用和根系功能急剧下降，植株整体快速衰亡。

（3）如何保持植物优势品种的问题

一般在人工湿地中选择一种或几种植物作为优势种栽种，有利于植物的快速生长。但在实际的应用过程中，当人工湿地略为干旱时，杂草便大量地入侵，并抑制栽种植物的生长，Cooper 等建议对湿地进行改造，防止杂草的入侵，或人工拔除杂草，提高大型植物的生长速度。不过，对于较大面积的日常运行的人工湿地来说，经常靠人工拔除杂草可能对人工湿地的管理在资金和人力上提出了难题。

（4）植物根系空间扩展问题

植物具有庞大根系是其被选为人工湿地净水植物的主要因素之一。但在试验和应用的人工湿地中，植物根系往往扩展不力，不能形成庞大的根系，无法抵达底部，人工湿地的体积得不到充分的利用。Edwards 的研究报道指出，经过两个生长季节之后，人工湿地藨草的根系主要集中在 0.12～0.15 m 的表层，只占据了 5% 左右的基质。在设计深度为 0.6 m 的人工湿地中，香蒲和灯心草的根系也主要分布在 0.25 m 以上的空间。

7.6　渗漏问题

人工湿地的渗漏是人工湿地建设成败最为关键的问题，近 30 多年来，大家都反复强调这个为问题，但一到工程设计和施工就被忽视，几乎造成大部分人工湿地都出现渗漏问题。

第 8 章　人工湿地污水处理技术的研究方向

尽管人工湿地成为一项前景光明的新兴污水处理技术，被越来越多的国家所重视和采纳，所处理的污水的种类也日益复杂化；科学家们在湿地处理污水的效率、机理以及湿地系统各组分的作用等方面取得了巨大成就。然而，目前世界各国所建造的人工湿地在工程设计、浸没面积、流速、输出水质、流量限制、植物群落、监测设备等方面仍存在较大差距，这说明人工湿地处理污水技术仍需发展和完善，以便为新湿地的规划和设计提供普遍的理论基础。

怎样提高湿地系统去除 NH_3 的能力，是当前湿地研究的热点，也是今后湿地设计时需要考虑的重要因素。

8.1　湿地退化机制、退化湿地恢复与重建和人工湿地构建研究

湿地退化机制、退化湿地恢复与重建和人工湿地构建研究是湿地研究的又一个热点。美国、加拿大、澳大利亚、德国、英国、瑞典均深入开展此类研究。最为成功的是美国和澳大利亚人工湿地构建和佛罗里达大沼泽地退化湿地恢复与重建的研究。目前人们特别注意湿地退化机制、退化湿地生态恢复与重建以及人工湿地构建理论研究，也加强了退化湿地生态恢复与重建方法、技术和方案的示范推广等方面的探讨。主要利用恢复生态学理论在考虑湿地生态系统特点和功能的基础上，按照恢复生态学理论和方法进行研究。侧重湿地生境恢复技术，提高湿地基底恢复、湿地水文状况恢复和湿地土壤恢复。还进行了湿地净化功能与环境容量的研究，湿地营养负荷、循环过程、转化规律、迁移途径以及水体富营养化的关系研究。研究退化湿地恢复与重建的生物学与生态学基础，湿地演替规律，不同干扰下湿地退化过程和机制，湿地退化的指示性标识，退化临界指标，退化景观诊断依据和评价指标体系。还侧重于湿地退化过程中，动态监测模拟与预报的研究。研究的重点与难点是退化湿地的生态恢复的关键技术。

8.2　“3S”技术在湿地中的应用研究

新技术、新手段与新方法的应用是湿地科学研究发展的动力源泉。“3S”（GIS、GPS、RS）技术越来越普遍地应用于湿地资源调查、湿地编目、湿地功能评价、湿

地监测和湿地保护研究，在湿地景观动态监测和退化湿地监测方面应用，取得了很多的研究成果。一大批新型高精度和高准确度的湿地自动监测仪器设备的研制和普及应用，实现了同步全天候地自动环境监测，推进了湿地生态过程的研究。如湿地多功能水质自动观测仪（YSI）、湿地水文实验室（Hydrolab）和湿地自动水样采样器等仪器设备已形成功能各异、用途多样的系列化产品，湿地自动气候观测站使湿地环境长期连续监测成为可能。AMS 碳同位素测年、^{210}Pb、^{137}Cs 和氧同位素技术的应用，构建了湿地发育与演化的牢靠的时间框架，提高了古环境重建的精度，捕捉到了突发事件的发生年代。同位素示踪技术在湿地生态过程的研究，揭示了长期不能获得的某些生态过程的机理。数学方法与计算机技术应用湿地过程研究，建立了很多有科学价值的数学模型，深化了机理研究。网络技术加快了信息交流，缩短了空间的距离，实现了不同区域同步对比。地理学、生态学、环境科学等学科的研究方法与技术不断地引入湿地学，使湿地学方法论不断完善，克服了湿地研究在深入、综合、定量和预测等方面的障碍。

8.3　湿地生态系统模型研究的问题与展望

现有的模型是在特定条件下来研究的，由于各地实际情况的复杂性和差异性，需根据实际和需要来丰富、完善和改进。

8.3.1　湿地生态系统模型研究面临的问题

8.3.1.1　湿地生态系统模型类型的复杂性

由于湿地类型复杂多样，周边环境影响大小不同，不同的时空尺度对应着不同的湿地状态，从同样的目的出发而在不同的时空尺度内采样、设计与建模会得到不同的模型表达，特别在各个参数的选择上差别很大。因此，要应用模型来描述湿地系统和系统的行为，就要对研究系统做某种简化，集中反映湿地系统最本质的特性，特别是在湿地的功能方面。

8.3.1.2　模型建立过程的长期性和艰巨性

在短期内，由于数据量的不足和采样、分析的瞬时性，导致了所建立的模型不能正确反映现实和运转的湿地系统，从而使得出的模型规律性差。因此，没有长期的定位监测，很难得出有效的模型。

8.3.1.3　湿地生态系统模型的实用性

目前实用性模型并不多，主要是因为许多模型出现了两个极端：一是模型过于复杂，在理论上是可行的，但很难操作；二是模型过于简单，很难反映湿地本身的运行规律。当然也有一些模型既适于研究对象，又具有一定的普遍性，很值得参照。

8.3.1.4 湿地模型的经济性

湿地生态系统模型的建立需要一定的成本和投入。目前，国外在湿地生态系统模型研究方面已有了相当大的投入，并成功地得出了许多有价值的湿地模型。在我国，由于资金投入不足，在这方面还需作出更大努力。

8.3.2 对湿地生态系统模型研究的展望

一方面，随着湿地研究的深入，数学模型在湿地研究中发挥的作用将越来越大。由于自然湿地的易变性和不确定性，其发展规律和环境影响又复杂多变，湿地模型的研究将首先集中在许多条件可控的人工湿地或半人工湿地的模拟与建模上，在此模拟与建模的基础上，改进和修正各种参数，然后将其推广到相似类型的自然湿地中进行验证，使其逐渐适用于自然湿地的动态过程。另一方面，功能模型的研究在湿地模型研究中将占主导地位。特别是湿地净化功能模型、湿地调蓄功能模型、湿地生产力模型等将是研究的主要热点。上面讨论的各种模型可以说都是这些模型的亚模型或更次一级模型。目前国外的许多研究，特别是在人工湿地方面的研究，主要集中在湿地净化功能和生产力模型的研究上，因为在这方面的研究最具有现实意义和经济价值。

第 9 章　人工湿地污水处理技术总结

9.1　人工湿地的概念

可从不同角度理解、界定人工湿地的概念和内涵。

9.1.1　环境生态学的概念

人工湿地 = 人造湿地 = 人工湿地污水处理系统

人工湿地是指一年中至少有部分时间为潮湿或水涝的地区，它具有水净化能力，但它通常是脆弱的生态系统，接触太多的污染物就会使它不堪重负，所以最好专门根据废水处理的目的来设计和建造湿地，这些系统称为人造湿地或芦苇床。

——［英］Julie Stauffer［中］汪俊三

9.1.2　生态学的概念

人工湿地是在已消亡的湿地或异地恢复与重建的湿地生态系统。换言之，就是受人类活动的影响，其原始生态系统的组成或结构发生根本变化的新的湿地生态系统，如原始滩涂被围垦后，建立的鱼塘、水稻田等。

——［中］赵魁义

9.2　人工湿地分类

人工湿地分表流湿地和潜流湿地，而潜流湿地又分为平流湿地和垂直流湿地。地表流湿地是废水在填料表面流动，它与自然湿地最为接近，这种湿地不能充分利用填料及丰富的植物根系，易滋生蚊蝇。垂直流湿地的水流状况则综合了地表流湿地和潜流湿地的特点，但其建造要求高。地表流和垂直流湿地系统应用得不是很多，目前采用较多的是潜流人工湿地。在潜流湿地系统中，污水在湿地床的内部流动，一方面可以充分利用填料表面生长的生物膜、丰富根系和填料截流等作用，以提高其处理效果和处理能力；另一方面，由于水流在地表以下流动，故具有保温性能好、处理效果受气候影响小、卫生条件较好的特点。这种工艺利用了植物根系的输氧作用，又称为污水处理的根区方法。表流湿地通常是指衬有不透水材料层的浅蓄水池，它们填充有土壤或沙砾基质，并种植了露出水面的植物。因它被设计成水淹型，所以水位在基质表面之上，其废水在基质上方流动，并通过稠密的植物。从这点来看，它们模拟了天然湿地的水流。

潜流湿地。潜流湿地与表流湿地相似，但它的设计是使废水流过基质，而不是在基质上方流动，所以水位保持在基质之下。

平流湿地。废水水平地流过长满高等植物根系的基质，见图 2-2。

垂直流湿地。废水垂直渗透过长满高等植物根系的基质，见图 2-3。

9.3 人工湿地的三个关键组分

人工湿地主要有以下三个关键组分：

①植物——高等维管束植物。

②微生物及微型生物——植物根系周围的区系微生物、基质表面生物膜及周边的微生物，包括细菌、原生动物、次生动物、浮游植物、浮游动物等。

③基质——沙砾、碎石或土壤，支撑高等植物，基质表面长满生物膜，基质间布满植物根系，是人工湿地净化污水的主要部件之一。

9.4 人工湿地基本结构和运行方式

人工湿地是人工建造和监督控制的、与沼泽地相似的地面，通过自然生态系统中的物理、化学和生物三者协调作用以达到对污水的净化，此种湿地系统在一定长宽比及底面坡度的池中，堆上填料（砾石、砂、土壤），废水可以在填料床的填料缝隙中流动，或在填料床的表面流动，并在填料床的表面种上高等植物，形成一个独特的动植物生态系统，对废水进行处理。

在实际设计过程中，常将湿地多级串联、并联运行，并附加一些必要的预处理、后处理设施而构成完整的污水处理系统，使单个人工湿地面积不太大，以减少死水区出现，提高处理效率。并联还能在某个人工湿地出现事故时，利于停水维护。并联人工湿地也可间歇运行，间歇运行的好处和近年来伯明翰大学提出的潮汐流湿地系统相似，在这种湿地系统中，植物碎石床交替被充满水和排干，在向床内充水的过程中空气被挤出，床的基底材料逐渐被淹没。当植物碎石床完全被水所饱满以后，水就全部被排出，在排水过程中新鲜空气被带入床内。当水被排出植物碎石床，有机污染物留在基底内时，是氧消耗量最大的时刻。因此，在排水过程中进入的新鲜空气可以看作去除污染物的氧源，通过这种交替的进水和空气运动，氧的传递率和消耗量大大提高，极大地提高了植物碎石床的处理效率。在日常使用中，人工湿地还常与氧化塘等进行串联组合。

人工湿地的水流流程，有推流式的、阶梯进水式的、回流式的和综合式的。阶梯进水式可避免处理床前部堵塞，使植物长势均匀，有利于后部的硝化脱氮作用；回流式可对进水进行一定的稀释，增加水中的溶解氧，并减少出水中可能出现的臭味。出水回流式还可促进填料床中的硝化和反硝化作用，采用低扬程水泵，通过水力喷射和跌水等方式进行充氧。综合式则一方面设置出水回流，另一方面还将进水分布至填料床中部，以降低填料床前端的负荷。

9.5　人工湿地的功能

人工湿地的功能主要有污水处理及水质净化、美学功能、生态功能、可作为环境教育场所，环境生态研究基地。

人工湿地对污水处理及水质净化的应用很广泛，主要应用在以下几个方面：

①水源保护地地面径流水净化；

②农业径流水净化；

③乡城镇农村生活污水处理；

④城镇废水三级处理；

⑤工业废水处理；

⑥入湖、入江、入海河道水末端处理；

⑦湖泊、池塘、公园和生活小区富营养化水体处理；

⑧住宅区中水再利用；

⑨城市暴雨径流水净化。

9.6　人工湿地应用情况简介

（1）开始阶段（1903 年），英国约克郡 Earby 人工湿地。

（2）人工湿地净化能力研究阶段（1950 年开始），应用研究在 1970 年开始。德国科学家凯瑟·塞德尔（Kathe Seidel，1978）和莱因霍尔竺·基库思（Reinhold Kickuth，1970）首先调查了用湿地去除污染水中养分和悬浮固体的可能性，宽叶香蒲根系分泌出天然抗生物质，大大降低了废水中的细菌浓度，可吸附重金属和降解碳氢化合物。

（3）扩展阶段（1978—1990 年），从德国扩展到欧洲、北美、澳大利亚和全世界（包括中国）。

（4）应用提高阶段（1990 年至今），北至加拿大的育空地区和西北地区，南到澳大利亚和新西兰，数以千计的天然湿地和人工湿地被用来处理废水和暴雨水。该系统的规模不等，从设计处理单门独户废水的小系统，到相当大的系统，例如墨西哥的一块人工湿地用来处理 10 多万人的废水。1994 年，原国家环保局华南环境科学研究所作为东道主承办了第四届国际人工湿地学术讨论会。

9.7 人工湿地设计（以植物碎石床为例）

人工湿地系统的设计涉及水力负荷、有机负荷、工艺流程及布置、湿地床形状、进出水系统、湿地植物筛选、栽培等诸多因素。由于不同国家及地区的气候条件各有差异，因而大多人工湿地系统根据现地条件，经小试和中试取得相关参数后进行设计，如玉溪市抚仙湖、星云湖出流改道工程 20 万 m^3/d 人工湿地提前 2～3 年，在现场进行了 24 m^3/d 小试，再进行 1 000 m^3/d 中试，将小试、中试取得的相关数据和工艺方法，作为 20 万 m^3/d 人工湿地的工艺方法和设计参数。

9.7.1 长度

一般为 20～50 m，过长易造成湿地床中的死水区，且使水位难以调节，不利于植物的栽培，同时也消耗落差。

9.7.2 宽度

一般为长度的 1/3 以上，常采用长：宽 =1：1。

9.7.3 床深

一般根据植物根系的生长深度来确定，以保证湿地床中必要的好氧条件，但为了提高人工湿地的水力负荷和除 N，也可适当提高床深。

处理径流水、富营养化水：床深 1.0～1.5 m；

处理生活污水：床深 0.6～1.0 m；

处理较高浓度有机工业废水：床深 0.3～0.5 m。

9.7.4 床底坡度

一般取 1%～8%，具体须根据填料性质及湿地尺寸加以确定，如以砾石为填料的湿地床，一般可取 2%。还要根据人工湿地的总坡度（落差）来确定。

9.7.5 碎石粒径

一般根据废水情况而定，如浓度较浓，碎石粒径大些；还可根据不同部位而定，如靠近进废水地方粒径大些，靠近处理完出水地方粒径小些；但在进水配水区和出水集水区的填料较大，一般采用 6～10 cm 的碎石。填料可选用钙含量较高的砾石，利于脱磷效果。填料层浸水后会下沉，因此建造时表层标高应高出设计值10%～20%。

较高浓度工农业废水：前部 5～10 m，后部 3～5 cm；

生活污水：前部 3～5 cm，后部 l～3 cm；

径流水及富营养化水：同生活污水，后加沙滤池，砂粒径 0.55～1 cm。

9.7.6 植物设计

植物筛选应考虑净化能力、抗逆性（病虫害、寒害等）、周年生长（常绿）、景观、资源化五方面因素。净化效果是首先考虑的因素，如芦苇等植物根系发达，是具有巨大表面积的活性物质，其生长可以深入地底下 0.6～0.7 m，且具有良好的输氧能力，能使根区形成很多好氧小区，是氮在微生物的作用下进行氨氮的消化过程。人工湿地污水处理系统是一个不间断的处理系统，所以植物床上的植物应该多年生、四季常绿，同时能安全过冬，没有冻害。由于人工湿地地上部分以植物为主，所以只要配置一些景观植物，便能显示出景观效果。对于资源化，一般采用不进入人们食物链的经济作物，如席单、茳芏等作物。

（1）生活污水型（中等浓度废水）

芦苇［*Phragmites australis*］

水葱［*Scripus validus* Vahl］

茳芏［*Cyperus malaccensis*］

灯心草［*Juncus effuses* L.］

风车草［*Cyperus involucratus* Rottboll］

蒲草［*Lepironia articulata*（Retz）Domin］

美人蕉［*Canna indica* L.］

纸莎［*Cyperus papyrus* L.］

（2）径流水（较低浓度污水）

类芦苇［*Neyraudia reynaudiana*（Kunth）Keng ex Hitchc.］

伞草［*Cyperus altern*］

花叶芦荻［*Arundo donar* L.］

野姜花［*Hedychnun coronarium*］

风车草［*Cyperus alternifolius* L.］

美人蕉［*Canna chinenesis* W.］

马蹄莲［*Zantedeschia aethiopica*］

再力花［*Thalia dealbata*］

菖蒲［*Acorus calamus*］

（3）高浓度工农业有机废水

芦苇［*Phragmites australis*］

鸭舌草［*Monochoria vaginalis*（Burm.f）C.Pres］

香蒲［*Typha orientalis*］

（4）含重金属废水

香蒲［*Typha orientalis*］

9.7.7 水力负荷

水力负荷关系到占地面积，是目前衡量人工湿地设计、管理水平的重要指标之一。

目前人工湿地水力负荷在0.2～0.4 $m^3/(m^2 \cdot d)$范围内，欧洲、北美及澳大利亚人少地多，其水力负荷大都低于0.1 $m^3/(m^2 \cdot d)$，我国人多地少，其水力负荷较高，一般高于0.2 $m^3/(m^2 \cdot d)$。

（1）美国某湿地（包括水面式人工湿地）0.05 $m^3/(m^2 \cdot d)$；

（2）德国某湿地0.07 $m^3/(m^2 \cdot d)$；

（3）四川省成都活水公园人工湿地0.186 $m^3/(m^2 \cdot d)$；

（4）广东省沙田人工湿地0.321 $m^3/(m^2 \cdot d)$；

（5）广东省白坭坑人工湿地0.397 $m^3/(m^2 \cdot d)$（正常运行10年左右）；

（6）广东省洪湖人工湿地（垂直流）0.494 $m^3/(m^2 \cdot d)$（一年后堵塞）；

（7）内蒙古赤峰人工湿地0.500 $m^3/(m^2 \cdot d)$；

（8）北京市永定河人工湿地0.823 $m^3/(m^2 \cdot d)$（不包括停留10天的前置库）；

（9）云南省江川人工湿地0.924 $m^3/(m^2 \cdot d)$；

（10）玉溪市九溪人工湿地0.962 $m^3/(m^2 \cdot d)$。

建议：我国北方人工湿地水力负荷一般选择0.2～0.5 $m^3/(m^2 \cdot d)$，南方人工湿地水力负荷一般选择0.4～0.8 $m^3/(m^2 \cdot d)$。

9.7.8 水力停留时间

为了达到一定的处理效果，必须有一定的水力停留时间，水力停留时间受湿地长度、宽度、基底材制孔隙率、水深、床体坡度等因素的影响。在国外，一般水力停留时间在5～15 d，我国土地资源宝贵，一般水力停留时间为1～3 d。

9.7.9 工艺流程

以植物碎石（砂）床为主的复合工艺：

一级水生物塘（兼、厌氧）→一级植物碎石床→二级水生物塘（兼性塘）→二级植物碎石床→植物沙滤池

9.7.10　湿地、塘和沙滤池面积比

植物碎石床：生物塘：植物砂滤池 =6.2：2.4：1.4

9.7.11　进出水系统设计

进出水系统的配置：湿地床进水系统的设计应尽量保证配水的均匀性，一般采用多孔管或三角堰等。多孔管可设于床面上或埋于床面以下，埋于床面下的缺点是配水调节较为困难。多孔管设于床面上方时，应比床面高出 0.5 m 左右，以防床面淤泥和杂草积累而影响配水。同时应定期清理沉淀物和杂草等，保证系统配水的均匀性。系统的进水流量可通过控制阀门和闸板调节，过多的流量或紧急变化时应有溢流、分流措施。

湿地出水系统的设计可采用沟排、管排、并排等方式，合理的设计应考虑受纳水体的特点、湿地系统的布置及场地的原有条件。为有效地控制湿地水位，一般在填料层底部设穿孔集水管，并设置旋转弯头和控制阀门。对严寒地区，进、出水管的设置须考虑防冻措施，并在系统的必要部门设置控制阀和放空阀。

9.7.12　湿地床的水位控制设计

通常，湿地进水的水位是不变的，为使污水在床体内以推流式流动，须对床层的水位加以控制。通常，SFS 系统对水位的控制有几点要求：①在系统接纳最大设计流量时，湿地进水端不出现壅水，以防止发生表面流；②在系统接纳最小设计流量时，出水端不出现填料床面被淹没，以防止出现表面流；③为了利于植物的生长，床中水面浸没植物根系的深度应尽量均匀，并尽量使水面坡度与底坡基本一致。

9.7.13　防止地下水污染

防止地下水污染：为防止湿地系统因渗漏而造成地下水污染，要求在工程修建时尽量保持原土层，并在原土层上设置防渗层。防渗层的设置方法有多种，如采用厚度 0.5～1.0 mm 的高密度聚乙烯树脂，或油毛毡密封铺垫等。为防止床体填料尖角对薄膜的损坏，施工时可在塑料薄膜上铺设一层细砂。

9.8　人工湿地的设计和运行中应注意的问题

（1）认真做好人工湿地的设计工作，特别是做好布水及植物筛选设计工作

（2）认真做好人工湿地运行期管理工作

①足够的专业人员；

②足够的管理费用；

③当作高新技术企业进行认真管理，至少当作一家污水处理厂来管理。

应当反复强调设计时认真设计，当作一个正规的环境工程设计，包括布水、结构、植物筛选、育苗、假植，运行期应投入相当的人力、物力，严格管理，这是目前人工湿地推广、应用时出现问题的重要原因。

（3）人工湿地的启动与运行

在启动阶段，芦苇等植物栽种后即须充水。初期可将水位控制在地表下 0～25 mm 左右处。按设计流量运行 3 个月后，将水位降低至距床底 0.2 m 处，以促进芦苇等植物根系向深部发展。待根系深入到床底后，再将水位调节至地表下 0.1 m 处开始正常运行。进入稳定成熟阶段后，系统处于动态平衡状态，植物的生长仅随季节发生周期性变化，而年际间则处于相对稳定的状态，此时系统的处理效果充分发挥，运行稳定。人工湿地系统从启动到成熟一般需 1～2 年时间。

对设计合理的人工湿地系统，在进水水质及水量变化不大时，一旦进入成熟期，系统可自流运行，无须任何动力设备，也无须更多的维护。湿地中的植物一般可于冬季干枯期定期收割。

（4）基底沉淀物质的清理

由于湿地对 TSS 具有良好的沉降性能，一些沉淀物会积累在湿地底部。沉淀物中有机物含量很高，可达 16%。这些有机物为湿地众多生物提供了营养物质，所以不会引起大量沉淀物的积累。有研究表明，年积累量约为 4 mm。而且，这一富含丰富有机物的沉淀物在湿地底部形成了一个独特的生物层，对净化水质有很好的作用。国外关于用人工湿地处理城市径流污染的研究指出，为防止沉淀物渗透污染地下水源，床底沉淀物宜 25 年清理一次，沉淀物经脱水后再进行处置。因富含丰富的有机物及磷，沉淀物还可作为肥料回用于农田。若处理的污水浓度较高，人工湿地没有前处理，则在进水前面的生物塘或第一个单元的植物碎石床的底部设置污泥收集和向外排放设施，定期排放底泥。若设计前处理，建议采用一体化高效处理工艺。

9.9　人工湿地净化效果分析

人工湿地的净化作用包括生物作用、化学作用和物理作用。

①悬浮固体到滞水底部，或被湿地基质和植物吸收、过滤（物理作用）；

②有机物质被植物根系区际微生物所降解，特别是具气根植物，其根系区际微生物有好氧分解作用（生物作用、化学作用）；

③人工湿地基质（特别是碎石）表面生物膜的微生物降解作用（生物作用、化学作用）。

以下是在水力负荷 0.4 $m^3/(m^2 \cdot d)$ 以上，水力停留时间 38 h 以下情况下人工湿地的净化效果。

9.9.1　BOD_5 的去除

BOD_5 的去除主要靠微生物的吸附与代谢作用。人工湿地中的植物根系和碎石床上的生物膜能有效地将污水中的有机颗粒和胶体吸附，并被其周围的大量微生物所降解，人工湿地上的植物，其根系有输氧功能，使其根际微生物区系处在好氧状态，将污水中一部分有机物合成新的细胞，一部分分解后获得细胞合成所需的能量，其最终产物是 CO_2 和 H_2O 等稳定物质，所以人工湿地对 BOD_5 的去除率较高，可达 85%～95%。

9.9.2　SS 的去除

SS 的去除主要靠沉淀作用和被吸附作用。人工湿地是生物塘和碎石床组合的系统，在生物塘、SS 得到充分沉淀的基础上，还有一部分被生物塘中的植物根系所吸附；在碎石床，碎石表面的生物膜也能吸附 SS，所以人工湿地去除 SS 的效率很高，一般可达 95% 以上。

9.9.3　TP 的去除

人工湿地对磷的去除是通过微生物的积累、植物的吸收和碎石床的物理、化学等几方面的协调作用共同完成的。一方面，无机磷是植物生长所必需的营养物质，在植物吸收和同化下，被合成 ATP、DNA 和 RNA 等有机成分；另一方面，人工湿地系统中大量微生物也能同化吸收磷，将其作为微生物体必需的成分 $C_{60}H_{87}O_{23}N_{12}P$ 而供微生物生长所需，聚磷菌对磷的过量积累，也能去除污水中的磷。一般情况下，人工湿地对 TP 的去除率在 70%～80%。

9.9.4　TN 的去除

应该说，在水力负荷较高、水力停留时间较短的情况下，人工湿地去除 TN 的能力较弱，一般在 30%～50%。

污水中的氮一般以有机氮和氨氮的形式存在，有机氮在人工湿地系统中首先被异养微生物转化为氨氮，而氨氮在硝化菌的作用下被转化为无机的亚硝态氮和硝态氮，转化后一部分可被植物吸收，另一部分在厌氧条件下，通过反硝化菌的作用从系统中逸出。高水力负荷、水力停留时间短的人工湿地系统一般没有厌氧条件，就算有厌氧条件，也没有足够的厌氧时间，即不具备反硝化条件，所以相当一部分氮仍留在系统水中。

9.9.5 NH_3-N 的去除率

NH_3-N 的去除率一般为 50%～80%。

9.9.6 蓝藻的去除率

蓝藻的去除率一般为 99% 以上。对蓝藻的去除，主要靠生物塘高等水生植物根系的吸附及阻隔作用，可去除 60% 以上的藻类。通过此方法除藻，产生的污泥极少，因为藻类易腐烂和被降解。碎石生物膜也能有效吸附降解蓝藻。

9.9.7 叶绿素 a 的去除率

叶绿素 a 的去除率一般为 98% 以上。

9.9.8 非离子氨去除率

非离子氨去除率一般为 88% 以上。

9.9.9 强化处理建议

在土地较少，人工湿地水力负荷较高，要达标排放，一般必须采取强化措施，如前处理采用一体化高效处理工艺，可也在人工湿地前部的生物塘或各级碎石床前的配水渠采用强化措施。对 NH_3-N 去除强化措施宜在碎石床前部，TP 的去除强化措施宜在后半部。

9.10 人工湿地经济分析

考虑不同时期的价格因素，本分析仅对近年的人工湿地工程进行分析（表 9-1）。

9.10.1 广东省深圳地区人工湿地经济分析

表 9-1 广东省深圳地区人工湿地经济分析（1992 年）

项目名称	人工湿地	城市二级污水处理厂	地埋式无动力污水处理装置
处理方式	一级处理同城市污水处理厂，前处理还加上曝气池，然后进潜流和垂直流人工湿地	SBR 或氧化沟	厌氧消化、生物过滤、接触氧化、消毒
吨水投资 / 元	792.5	1 800	1 350
吨水处理费 / 元	0.094	0.800	—

9.10.2 云南省玉溪地区人工湿地经济分析（表 9-2）

表 9-2 云南省玉溪地区人工湿地经济分析（2001 年）

项目名称	人工湿地	城市二级污水处理厂
处理方式	以植物碎石床为主工艺的生态综合工艺	DSTE 工艺
吨水投资 / 元	120～350（不包括集、排水管导）	593～1 186（不包括集、排水管导）
吨水处理费 / 元	0.03	0.44

参考文献

［1］中国湿地植被委员会编著．中国湿地植被［M］．北京：科学出版社，1998.

［2］任艳军，陈其兵．人工湿地系统在成都市园林绿化建设中应用的探讨［C］．四川省中青年专家学术大会，2003.

［3］顾传辉．人工湿地处理系统概述［J］．中山大学研究生学刊，2001，22（2）．

［4］黄时达，等．从成都市活水公园看人工湿地系统处理工艺［J］．四川环境，2000，19（2）．

［5］何均发．生态与文化的交融——四川成都府南河活水公园评介［J］．时代建筑，1999（3）．

［6］吴维芳．湿地生态文化的景观创作——深圳“海上田园”旅游区的建设经验［J］．广东园林，2002.

［7］俞孔坚，等．湿地及其在高科技园区中的营造［J］．中国园林，2001（2）．

［8］Illiams J BW，Zambrano D，Ford M G，et al. Construc-tedWetlands forWastewater Treatment in Colombia［J］.Water Science and Technology，1999，40（3）：217-233.

［9］董斌．灌溉—排水—湿地综合管理系统（WRSIS）［J］．湿地科学管理，2006，2（3）：14-15.

［10］汤承彬，施甘霖．滇池水源地农田径流污染控制工程的研究［J］．云南环境科学，1997，16（2）：3-5.

［11］艾芸．美国发布新的湿地补偿管理条例［J］．湿地科学与管理，2008，4（2）：41.

［12］张立，等．湿地功能与重建［J］．四川林业科技，2005，26（1）：39-41.

［13］王淩，等．城市湿地景观的生态设计［J］．中国园林，2004，1：40-41.

［14］吴晓磊．人工湿地废水处理机理［J］．环境科学，1994，16（3）：83-86.

［15］沈耀良，等．新型废水处理技术——人工湿地［J］．污染防治技术，1996（6）：1-8.

［16］G.Sun.K.R.Gray，A.J.Biddlestoneand D.J.Cooper.Treatment of Agricultural Wastewaterina Combined Tidal Flow-Downflow Reed Bed System［J］. Wat.Sci.Tech，1999，40（3）：139-146.

［17］王世和．人工湿地污水处理理论与技术［M］．北京：科学出版社，2007：2-4.

[18] 尹军，崔玉波．人工湿地污水处理技术［M］．北京：化学工业出版社，2006.
[19] 唐述真．铁矿酸性排水的人工湿地处理［J］．环境工程，1996，14（4）：3-7.
[20] 籍国东，孙铁珩，等．人工潜流湿地处理稠油采出水的实验研究［J］．环境科学学报，2001，21（5）：619-621.
[21] 籍国东，孙铁珩，等．自由表面流流湿地处理超稠油废水［J］．环境科学，2001，22（4）：95-99.
[22] 李亚治．水葫芦—水草人工湿地系统在再生浆造纸废水处理中的应用研究［J］．环境工程，2000，18（6）：15-16.
[23] 诸惠昌，D.K. Stevens. 用人工湿地处理乳制品厂废水的研究［J］．环境科学，1996，17（5）：30-32.
[24] 胡焕斌，周化民，等．人工湿地处理矿山炸药污水［J］．环境科学与技术，1997，78（3）：17-18.
[25] 卢显文，唐述虞．人工湿地系统净化炼油废水试验［J］．石油化工环境保护，1994，2：20-23.
[26] 廖新佛，骆世明．人工湿地对猪场废水有机物处理效果的研究［J］．应用生态学报，2002，13（1）：113-117.
[27] 刘文样．人工湿地在农业面源污染控制中的应用研究［J］．环境科学研究，1997，10（4）：15-19.
[28] T.Koottatep，C.Polprasert，et al. Septage Dewatering in Vertical-flowCon structedf etlands［J］. Water Scienceand Technology，2001，44（2-3）：181-188
[29] 白晓慧，王宝贞，等．人工湿地污水处理技术及其发展应用［J］．哈尔滨建筑大学学报，1999，32（6）：88-92.
[30] 高拯民，李宪法，等．城市污水土地处理利用设计手册［M］．北京：中国标准出版社，1999.
[31] 诸惠昌．新型废水处理工艺——人工湿地的设计方法［J］．环境科学，1993，14（2）：39-43.
[32] 沈耀良．新型废水处理技术——人工湿地［J］．污染防治技术，1996（1-2）：1-8.
[33] 华南环境科学研究所，高等微管束植物栽种研究［D］．人工湿地处理系统研讨会，1990.
[34] R.B.E.Shutes，D.M.Revitt，A.S.MungurandL. et al. The Design of Wetland Systems for the Treatment of Urban Runoff［J］. Wat.Sci.Tech，1997，35（5）：19-25.
[35] Cun B S，Liu X T. Discussion on some basic problems in design of wetland ecosystem. 应用生态学报，2001，12（1）：145-150.
[36] Greenway M. Nutrlent content of wetland plants in constructed wetlands，receiving municipal effluent in tropical Australia.
[37] Gul Ley JR，Klym DJ. In environmental issues and waste management in energy and

minerals production Balkema [J] . Rotterdam，1992：1431-1438.

[38] Kadlec H. Determinkstic and stochastic aspects of constructed wetland performance and design [J] . Wat Sci Tech，1997，35 (5)：149-154.

[39] Mckinlay RG.，Kasperek K. Observations on decontamination of herbicide polluted water by marsh plant systems [J] . Wat Res，1990，32 (2)：505-511.

[40] Mirth WJ. Wise RM. Water quality，fate of metals，and predictive model validation of a constructed wetland treating acid mine drainage [J] . Wat Res，1998，32 (6)：1888-1900.

[41] Wiehner A，Ruschk P. Treating a lignite pyrolysis wastewater on a constructed subsurface flow wetland [J] . Wat Res，1999，33 (5)：1296-1302.

[42] Brix H. Treatment of waste water in the rhizosphere of wet land plants-theroot zone-method [J] . Wat Sci Technol，1987，19：107-118.

[43] 成水平，况琪军，夏宜 . 香蒲、灯心草人工湿地的研究 [A] . 净化污水的效果 . 湖泊科学，1997，9 (4)：351-358.

[44] 李科德，胡正嘉 . 人工模拟芦苇床系统处理污水的效能 [J] . 华中农业大学学报，1994，13 (5)：511-517.

[45] Gersberg RM，Elkins BV，Lyon SR，et al.Role of aquatic plants in waste water treatmentbyartificial wet lands.WatRes，1986，20 (3)：363-368.

[46] stendorp W.“Die back”of reeds in Europe Acritical review of literature [J] . AquaticBot，1989，35：5-26.

[47] Fennessy MS，Cronk JK，Mitsch WJ. Macrophyteproductivity and community developmentin created fresh water wet lands underexperimenal hydrological conditions [J] . EcolEng，1994，3 (4)：469-484.

[48] Armstrong J，Armstrong W，Wu Z，etal.Arolefor phytotoxins in the Phragmite sdie backsyndrome? [J] . Folia Geobot Phytotax，1996，31：127-142.

[49] 崔克辉，何之常，张甲耀，等 . 模拟 N、P 污水对水稻幼苗过氧化物酶和氧化物歧化酶的影响 [J] . 环境科学学报，1995，15 (4)：447-453.

[50] 岳寿松，于振文，余松烈 . 小麦旗叶与根系衰老的研究 [J] . 作物学报，1996，22 (1)：55-58.

[51] Cooper PF，Hobson JA，Jones S.Sewagetratmentbyreedbed systems. JInst Water Environ Manage，1989，3：60-74.

[52] Edwards GS.Rootdistributionofsoft stembulrush (Scirpusvalidus) inaconstructedwetland.TVA Coop For Stud Program，TVA.ForestyBulid，Norris，TN37828，USA.29054194G，1992.239-243.

[53] 成水平，夏宜 . 香蒲、灯心草人工湿地的研究：Ⅱ [J] . 净化污水的空间，湖泊科学，1998，10 (1)：62-66.

[54] 白涛，陶豫萍．人工湿地堵塞的生物机理探讨 [J]．江西农业学报，2008，20（4）：116-118.
[55] 李强．应用于人工湿地污水处理系统中的水生植物介绍
[56] 周晓夏．人工湿地污水处理的机理及研究方向 [J]．山西建筑，2007，33（16）：2.
[57] 马安娜，张洪刚，洪剑明．湿地植物在污水处理中的作用及机理 [J]．首都师范大学学报（自然科学版），2006，27（6）.
[58] 卢少勇，金相灿，余刚．人工湿地的氮去除机理 [J]．生态学报，2006，26（8）：2670-2677.

第10章　人工湿地主要研究课题介绍

10.1　高水力负荷人工湿地示范研究

前言后语

本示范研究是国家环保总局三项费用课题。

（1）该工程及其系列试验由汪俊三主持、设计、现场实施，历时7年，参与试验研究的有汪道宇、汪秋霞、张毅、汪道岚、蔡信德等同志。凤眼莲生物塘除藻试验由覃环、汪俊三主持。

（2）该工程2003年10月由国家环保总局科技司尹改司长、蔡道基院士、清华大学王占生教授为鉴定专家组长，鉴定意见认为该成果达到国际领先水平。

（3）该工程及其系列试验亮点如下：

①水力负荷达到1 $m^3/(m^2 \cdot d)$，大幅提高人工湿地水力负荷（国外人工湿地设计手册一般为0.07 $m^3/(m^2 \cdot d)$ 解决了人工湿地占地大的问题，该问题一直影响人工湿地的推广应用。

②在人工湿地工程进行大规模的维管束植物的筛选工作，筛选出净化能力强、适应性强的系列人工湿地植物，包括在不同处理部位、不同污水浓度的最佳植物。

③完成了潜流、推流植物碎石床和高等植物生物塘、垂直流植物粗砂床的最佳组合试验研究，并提出了人工湿地WJS工艺。

④对高等植物生物塘进行了深入除藻研究。

⑤净化效率高，出水基本达到地表水Ⅱ类。

（4）存在的问题：

①植物碎石床的生物膜未进行深入研究。

②由于该人工湿地高等植物配置好，形成一个很好的草本植物生态系统，有大量的陆生动物和昆虫，本研究未能进行调查研究。

③人工湿地植物收割的综合利用及最佳处理方法，未进行深入研究。

10.1.1　项目研究的提出

为了防止星云湖（上游湖，湖容为1.83亿 m^3、Ⅳ～Ⅴ类水，经常发生水华）

对抚仙湖（下游湖，湖容为189亿m^3、Ⅰ类水）的污染，同时为玉溪市补充水资源，云南省玉溪市决定截断星云湖水流入抚仙湖，将星云湖出水引另一个方向，经处理后流入玉溪市东风水库，星云湖和东风水库水质现状见表10-1。由于东风水库水质要求为Ⅲ类水，所以星云湖的出水必须经过净化处理达到Ⅱ～Ⅲ类水水质要求。

表10-1 星云湖和东风水库水质现状

水体	COD_{Mn}/（mg/L）	BOD_5/（mg/L）	蓝藻/（万个/L）	叶绿素a/（mg/m^3）	TN/（mg/m^3）	TP/（mg/L）	非离子氨/（mg/L）
星云湖	5.08	3.11	261.74	32.95	1.03	0.077	0.060
东风水库	2.31	2.16	546.41（小环藻）	19.22	0.73	0.026	0.021

根据星云湖水质情况和处理要求，我们认为其水质处理属于富营养化水的净化处理、微污染水净化处理。

我们在现场对星云湖的富营养化水进行了一系列的净化处理小型试验，经分析对比后，确定采用高水力负荷，以潜流平流植物碎石床为主，结合高等植物生物塘和垂直流植物粗砂床为辅的WJS人工湿地工艺，并建立24 m^3/d试验场和1 000 m^3/d示范工程，从2000年7月开始试验。本书主要介绍1 000 m^3/d示范工程试验研究情况，以郑州市郑东新区CBD中心湖人工湿地为例，该人工湿地参照1 000 m^3/d人工湿地示范工程流程和设计参数，日处理1万～2万m^3CBD中心湖的水源水和循环处理水，确保面积为15万m^2的城市中心湖水不发生富营养化。

10.1.2 试验研究方法

本试验研究在云南省玉溪市江川县星云湖边，直接对星云湖富营养化水进行试验研究。

10.1.2.1 试验工艺流程及主要设计参数

10.1.2.1.1 工艺流程

星云湖富养化水→一级水生物池塘→一级植物碎石床（潜流、推流）→二级水生物强化塘→二级植物碎石床（潜流、推流）→植物渗滤床（垂直流）→出水

10.1.2.1.2 设计主要参数

（1）进水水量及水质

①进水水量：1 000 m^3/d；

②进水水质：BOD_5：3.11 mg/L；

COD_{Mn}：5.08 mg/L；

TP：0.077 mg/L；

TN：1.03 mg/L；

蓝藻：261.74 万个 /L；

叶绿素 a：32.95 mg/m^3；

非离子氨：0.060 mg/L。

（2）主要构筑物设计参数

①一级水生物池

$$(20.6+18.2)/2\times 7.5=145.5\ m^2$$

②一级植物碎石床

$$(17.9+14.6)/2\times 19.3=313.6\ m^2$$

③二级水生物强化塘

$$(13.15+14.05)/2\times 9.2=125.1\ m^2$$

④二级植物碎石床

$$(14.01+12.55+16.85)/3\times 24.1=348.7\ m^2$$

⑤垂直流植物渗滤床

$$(16.75+16.9)/2\times 8.9=149.7\ m^2$$

①～⑤总面积：1 082.6 m^2

（3）水力停留时间

①一级水生物塘：7.0 h；

②一级植物碎石床：2.5 h；

③二级水生物强化塘：7.6 h；

④二级植物碎石床：2.5 h；

⑤垂直流植物渗滤床：0.29 h；

①～⑤总停留时间 19.89 h。

10.1.2.1.3 布水

科学的布水能使人工湿地系统不出现死角，提高水力负荷。因此，所有流程均采用平行布水，各流程之间进出水采用上进下出或下进上出方式。

10.1.2.1.4 高等维管束植物品种

（1）湿地植物筛选意义和原则

植物组分是湿地能否正常运行的一个主要因素。在已经设计好的湿地污水处理系统中（即水力学因素、水质及基质已定）如何选择适当的植物与之相配，什么样的植物才能提供最佳的污水处理效果，是湿地设计的另一必须考虑的问题，也是湿地处理系统成败的关键。一般人工湿地处理系统植物的选择要遵循以下原则：

详见章节 5.9.2 植物选择的原则

（2）种植方法

根据上述所要考虑的要素及植物选择原则，可确定湿地的植物种类，然后寻找苗源并种植。

湿地植物的种植最关键的问题是选择适当的繁殖体及种植时间。对于大型高等湿生植物来说，它的种植期要较木本植物长，在云南省，几乎全年都可栽植。但种植若安排在秋季（11 月）至第二年春季（4 月）进行，则可获得较高的成活率。在温带，最适宜的种植季节应是秋季植物冬眠后到第二年 1/3 的生长季节过去之前这段时间。对于以块茎或根茎繁殖体的湿生植物来说，秋冬季（如温带，则是冬眠后）种植是最适宜的，如黑三棱属、酸模属、水蔗草属、灯心草属、慈姑属，在秋后种植较好，而甜茅属、苔草属、香蒲属则宜在冬季种植。

湿生植物多以植株、休眠根茎或块茎作为繁殖体，人工湿地一般不以播种形式来种植植被，因为湿生植物的种子一般要求较为恒定的水环境才能发芽，而水位不定的人工湿地不易做到这一点。再者，水流的运动也可带走待发芽的种子。植物的块茎式根茎可直接种在湿地中一定深度处（以其根部或节处浸到水为宜），多留一截茎秆露出湿地表面，以利于植物的呼吸。慈姑属、眼子菜属、水蔗草属、蓼属及禾本科几种都采用此法种植。

另一种方法是在天然湿地中挖种苗（或挖块茎、根茎时，将包围它的 8～10 cm 直径的天然湿土壤一齐挖起，一并移入人工湿地中种植），由于有原生地土壤，可以帮助植物适应新的生境，而且这天然湿地土壤中含有各种湿地植物的种子苗芽及根，因而，可以帮助被栽种的植物的生长。这种栽种方法的缺点是种苗收集较费时间且费用高，运输及栽种都不方便。

一些湿地研究专家认为，人工湿地中，先将植物种活，再放入污水进行污水处理，是一种较为可取的方法。因为，移植后的植株需要一段时间来恢复才能接受大浓度的污染冲击。此外，污水的浓度应由小到大逐渐增加，这也是植物栽种初期应采取的措施之一。第一次植物栽种完成后，应注意加强对植物的观察，一旦发现死苗，应尽快加以补种或暂时将污水浓度降低，以确保植株的成活率。

在种植方法上，可根据湿地及繁殖体的实际情况，采用穴植、沟植、面植等方法，种植密度一般为每平方米 5～10 株。

另外，对新生成的植物幼苗要做好保护措施。此外，也应尽量避免种植动物嗜食的种苗。

（3）人工湿地植被的管理

湿地植被的管理工作主要包括水位调节、补种、杂草控制、病虫害控制和收割。

在植物种植后的第一年中，水位调节是管理工作的重点，直接影响植株的成活率。应该注意的是，长期的深水浸泡，即便是对湿生植物幼苗的生长也是很不利的。因为，长时间的水浸阻止了大气中氧气向植物根部的输送，进而引起死苗。在种植初期，要使湿地保持湿润，保证植物幼苗（或根茎）根部能触到水而湿地又不被水浸，等植株扎下根，长出苗芽后，再将水位提高。在第一年中，要注意每隔一段时间将水位尽量下调一次，使湿地得以全面充氧，维持幼苗的正常生长。无论水位如何调节，应该注意的是，绝不可将植物完全暴露在水位线以上，特别是以砾石为基质的潜流式湿地更是如此。在人工湿地这一水热条件良好而又极富营养的系统中，杂草是极易生长的，要对其进行控制，方法主要有两种，即调节水位和人工拔除。湿地中杂草的种类主要与一般农田杂草一样，如云南省的稗、柳叶菜蓼、鸭拓草等，在植物系统刚建立的第一、二年内，这些杂草极易泛滥。在被栽培植物还不占优势的情况下，它们可以增加湿地的盖度，经过 3～4 年后，栽种的植物占优势，杂草的生长水平会降低。据外国科学家研究，湿地建立 3～4 年后，在没有控制措施的情况下，杂草生物量只占总生物量的 8% 左右。

湿地植物的收割视不同的植物而定，一般来说，植物成熟枯黄后都采用收割法将之移出湿地，一是可减少二次污染的可能，二是很多湿地栽种的沼泽植物还有其经济利用价值，如每年可收割 2～3 次的茳芏及 3 年大约收 2 次的席草，都是编织手工业的很好的原材料。而欧美一些国家的人工湿地也采用免耕地，如他们的芦苇床湿地等，可视各自情况的不同而异。

（4）本试验植物设计

1）一级水生物塘

考虑到以后出流水水质净化工程植物对环境的适应性，如水质、气温等生境条件，同时考虑到一级塘除藻的作用，故一级水生物塘选用星云湖中的凤眼莲［*Eichhornia crassipes*（Mart.）Solm］。

2）一级植物碎石床

考虑到植物碎石床是该工程的重要部分，故选用目前国内外人工湿地优良品种：

芦苇［*Phragmites communis*］

伞草［*Cyperus altern*］

风车草［*Cyperus involucratus*］

菖蒲［*Acorus calamus*］

野姜花［*Hedychium coronarium* Koen］

纸莎［*Cyperus papyrus*］

再力花［*Thalia dealbata*］

3）二级水生生物强化塘

大薸［*Pistia stratiotes*］

凤眼莲［*Eichhornia crassipes*］

4）二级植物碎石床

花叶芦荻［*Arundo donar* var. *versicolor*］

香根草［*Vetiveria zizanioides*］

芦苇［*Phragmites australis*］

香蒲［*Typha orientalis*］

水葱［*Scripus validus*］

美人蕉［*Canna chinenesis*］

茳芏［*Cyperus malaccensis*］

象草［*Pennisetum purpurum*］

香根草［*Vetiveria zizanioides*（L.）］

5）垂流植物渗滤床

芦苇［*phragmites australis*］

花叶芦荻［*Arundo donar* var. *versicolor*］

10.1.2.2 试验时间

试验研究从 2001 年 9 月 5 日至 2007 年 8 月。本试验研究主要对第一年、第二年运行情况进行研究。

10.1.2.3 水质监测

（1）采样分析（监测）单位：云南省玉溪市环境监测站（其中藻毒素由云南省环境监测中心站采样分析）。

（2）采样方法：由玉溪市环境监测站随机到现场采样。

（3）采样频率：每月 1 次。

（4）监测项目

①理化指标：pH、DO、BOD_5、COD_{Mn}、TP、TN、NH_3-N、NO_3-N、NO_2-N、非离子氨、水温、气温。

②生物指标：藻类数量及其优势种、叶绿素 a。

③毒理指标：藻毒素。

（5）监测分析方法

监测分析方法按《地表水环境质量标准》（GB 3838—2002）中“表 4 地表水环境质量标准基本项目分析方法”和《水和废水监测分析方法》第三版中有关项目分析方法进行。水质监测项目及分析方法见表 10-2。

表 10-2　水质监测项目及分析方法

序号	监测项目	分析方法	来　源
1	温度	温度计法	—
2	pH	玻璃电极法	GB 920—86
3	DO	碘量法	GB 7489—87
4	COD_{Mn}	酸性高锰酸钾法	GB 11892—89
5	BOD_5	20℃五日培养法	GB 7488—86
6	NH_3-N	钠氏试剂分光光度法	GB 7499—87
7	NO_3-N	离子色谱法	GB 7480—87
8	NO_2-N	离子色谱法	GB 11896—89
9	TN	碱性过硫酸钾分光光度法	《水和废水监测分析方法》第三版
10	TP	钼兰比色法	GB 11893—89
11	藻类	—	《环境监测技术规范》生物监测
12	叶绿素 a	分光光度法	《环境监测技术规范》

10.1.2.4　高等维管束植物生物量监测

（1）监测频率：第 12 个月，第 20 个月。

（2）监测方法：采用作物群落量测定法。(《中国生态系统研究网络观测与分析标准方法》《陆地生物群落调查观测与分析》，中国标准出版社）

10.1.2.5　水生物分析

按照《环境监测技术规范》生物监测中采样分析方法。

10.1.3　试验结果及分析

10.1.3.1　水质总净化效果及分析

试验从 2001 年 9 月 5 日开始运行，每月监测 1 次，由云南省玉溪环境监测站和云南省环境监测中心站随机取样对 pH、DO、BOD_5、COD_{Mn}、TP、TN、NH_3-N、NO_3-N、NO_2-N、非离子氨、水温、气温、藻类数量及其优势种、叶绿素 a 和藻毒素 15 个项目进行监测分析。试验共布设 6 个监测点，即 $1^{\#}$ 进水、$2^{\#}$ 一级生物塘出水、$3^{\#}$ 一级植物碎石床出水、$4^{\#}$ 二级生物强化塘出水、$5^{\#}$ 二级植物碎石床出水、$6^{\#}$ 植物砂滤池出水（各流程编号以后同）。试验结果见表 10-3 和图 10-1。

表 10-3 高水力负荷人工湿地试验结果

项目 采样点		气温 /℃	水温 /℃	pH	DO/（mg/L）	COD_{Mn}/（mg/L）	BOD_5/（mg/L）	TN/（mg/L）	NH_3-N/（mg/L）
$1^{\#}$ 进水		16.53	17.78	8.64	5.07	5.079	3.105	1.104	0.375
人工湿地	$2^{\#}$	17.34	17.51	8.07	3.07	4.836	2.413	1.140	0.501
	$3^{\#}$	17.38	17.45	7.87	1.56	4.374	2.687	0.973	0.327
	$4^{\#}$	16.73	17.01	7.82	3.06	4.070	1.563	0.837	0.353
	$5^{\#}$	16.57	16.52	7.83	2.40	3.498	1.807	0.648	0.235
$6^{\#}$ 出水		16.60	16.61	7.75	3.75	3.308	1.216	0.552	0.172
去除率 /%		—	—	—	—	34.87	60.84	50.00	54.13

项目 采样点		NO_2-N/（mg/L）	NO_3-N/（mg/L）	TP/（mg/L）	非离子氨 /（mg/L）	叶绿素 a/（mg/m^3）	蓝藻 /（万个 /L）	蓝藻优势种 /（万个 /L）
$1^{\#}$ 进水		0.018	0.250	0.077	0.060	32.954	273.099	299.682
人工湿地	$2^{\#}$	0.014	0.293	0.070	0.022	16.408	103.328	118.073
	$3^{\#}$	0.013	0.018	0.047	0.010	3.294	7.829	17.500
	$4^{\#}$	0.027	0.019	0.045	0.010	2.333	2.688	0.000
	$5^{\#}$	0.067	0.009	0.031	0.006	0.776	0.422	0.000
$6^{\#}$ 出水		0.060	0.012	0.024	0.004	0.510	0.344	0.000
去除率 /%		-229	95.20	68.83	93.33	98.45	99.87	100.00

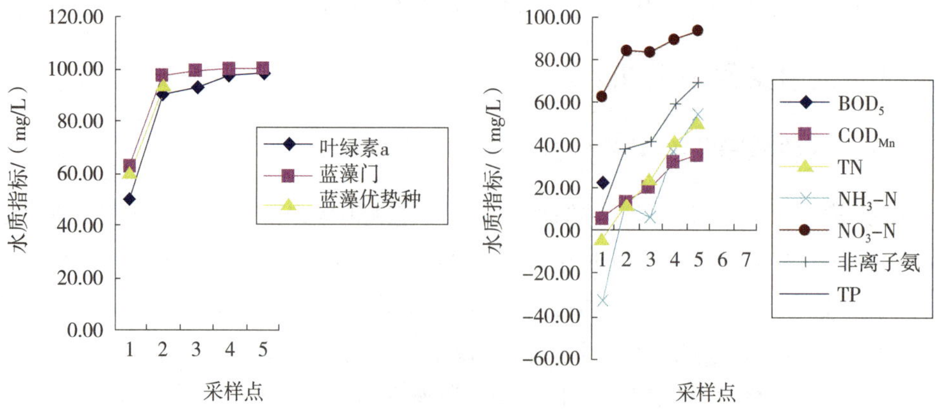

图 10-1 人工湿地试验净化效果曲线

本试验连续运行 635 d，除对 NO_2-N 的净化效果差外，其余各项水质指标均显示出很好的净化效果，尤其对 NO_3-N、非离子氨、叶绿素 a、蓝藻的去除效果尤为显著，去除率均在 95% 以上。NO_2-N 的净化效果差的原因主要是停留时间短造成的反消化不彻底。各项水质理化指标的去除效果：NO_3-N（95.3%）＞非离子氨（93.5%）＞TP（68.9%）＞BOD_5（60.8%）＞NH_3-N（54.1%）＞TN（50.0%）＞COD_{Mn}（34.9%），生物指标的去除效果：蓝藻优势种（100%）＞蓝藻（99.87%）＞叶绿素 a（98.45%）。

10.1.3.2　各项水质指标净化效果影响分析

10.1.3.2.1　COD_{Mn}、BOD_5 净化效果及 DO 变化影响分析

星云湖 BOD_5 和 COD_{Mn} 的浓度较低，分别为 3.105 mg/L 和 5.079 mg/L，BOD_5 略超过地表水Ⅱ类水质标准（3 mg/L），COD_{Mn} 在Ⅱ～Ⅲ类之间。

试验结果表明，本人工湿地对 BOD_5 有很好的处理效果，去除率达 60.84%，其处理后的出水 COD_{Mn}、BOD_5 达到饮用水Ⅱ类水质标准。各流程 COD_{Mn}、BOD_5 的净化效果及 DO 情况见表 10-4、图 10-2。人工湿地对生活污水中的 BOD_5、COD_{Mn} 去除率一般较高，可达 80%～90%，但对微污染水的去除率较低，一般只有 50%～60%。

表 10-4　各流程 DO 变化及 COD_{Mn}、BOD_5 净化效果　　单位：mg/L

采样点		COD_{Mn}	BOD_5	DO
1# 进水		5.079	3.105	5.066
人工湿地	2#	4.836	2.413	3.069
	3#	4.374	2.687	1.558
	4#	4.070	1.563	3.060
	5#	3.498	1.807	2.401
6# 出水		3.308	1.216	3.754
去除率 /%		34.87	60.84	

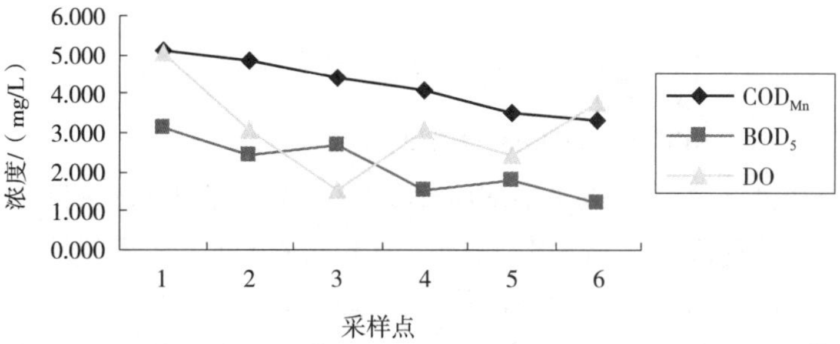

图 10-2　流程 COD_{Mn}、BOD_5 净化效果及 DO 情况

10.1.3.2.2　TN 净化效果及分析

试验表明，高水力负荷人工湿地处理富营养化水体由于其水力停留时间较短（约 19.89 h），整个人工湿地系统 DO 含量都高于 2～3 mg/L，即处于好氧状况，系统厌氧区很小。同时系统中 pH 较高，在 pH 7.7～8.6 之间，不利于反硝化，而且本系统 BOD_5 浓度较低，进水浓度只有 3 mg/L 左右，BOD_5/TKN 为 2.8 左右，低于 5～8，说明碳源不足，而在生物脱氮反硝化过程中，需要一定数量的碳源以保证一定碳氮比而使反硝化反应能顺利进行，BOD_5/TKN 碳源不足，使反应受到限制，故 TN 的去除也受到限制。本试验 TN 去除率为 50%，出水 TN 为 0.552 mg/L，接近《地表水环境质量标准》（GB 3838—2002）Ⅱ类标准，满足玉溪市对本试验出水 TN 0.7 mg/L 的要求。TN 净化效果见表 10-5 和图 10-3。

表 10-5　TN 净化效果

采样点		TN/（mg/L）
1# 进水		1.104
人工湿地	2#	1.140
	3#	0.973
	4#	0.837
	5#	0.648
6# 出水		0.552
去除率 /%		50

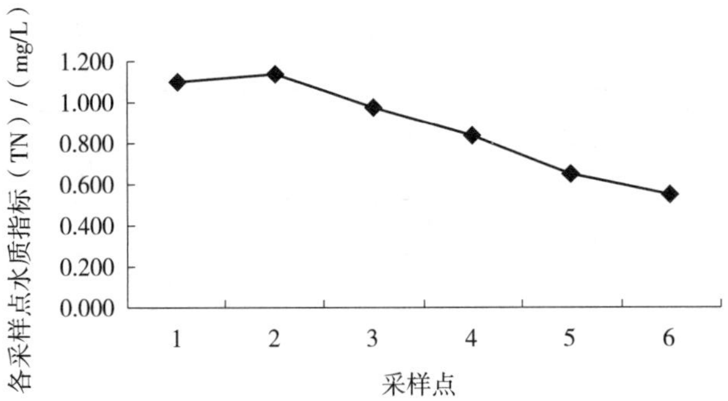

图 10-3　TN 净化效果曲线

10.1.3.2.3　NH_3-N、NO_2-N、NO_3-N 净化效果分析

试验结果表明，本人工湿地对 NH_3-N、NO_3-N 均有很好的去除效果，去除率分别达 54.13% 和 95.20%。出水中 NH_3-N 为由原来（进水）占《地表水环境质量标准》（GB 3838—2002）Ⅱ类标准限值（0.5 mg/L）的 75% 下降为 34.4%，但对 NO_2-N 的去除效果则很差，而且出水浓度呈上升的趋势，这主要是高水力负荷人

工湿地水力停留时间短，NO_2-N 没来得及反硝化所致。NH_3-N、NO_2-N、NO_3-N 净化效果见表 10-6 和图 10-4。

表 10-6　NH_3-N、NO_2-N、NO_3-N 净化效果　　单位：mg/L

采样点		NH_3-N	NO_2-N	NO_3-N
1# 进水		0.375	0.176	0.250
人工湿地	2#	0.501	0.165	0.293
	3#	0.327	0.160	0.018
	4#	0.353	0.319	0.019
	5#	0.235	0.713	0.009
6# 出水		0.172	0.722	0.012
去除率 /%		54.13	-310	95.20

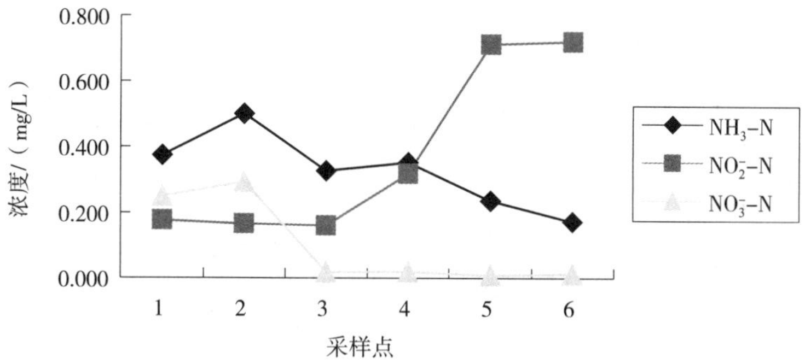

图 10-4　NH_3-N、NO_2-N、NO_3-N 净化效果

10.1.3.2.4　非离子氨、TP 净化效果分析

试验结果表明，本人工湿地对非离子氨的净化有相当明显的效果，去除率达 93.33%，经人工湿地处理后出水浓度为 0.004 mg/L，远优于原《地表水环境质量标准》（GB 3838—2002）Ⅱ类标准（0.02 mg/L）和玉溪市对本试验（0.04 mg/L）的要求。

本人工湿地对 TP 也有明显的净化作用，其去除率达 68.8%，使原来 TP 超标 2.08 倍的湖水经处理后符合Ⅱ类水质标准湖、库（0.025 mg/L）的限值要求。一般水或废水中存在各种形式的磷，但主要是正磷酸盐（通常称为磷酸盐）。磷酸盐同硝酸盐一样，是植物生长必不可少的营养物质，所以人工湿地的植物能有效吸收污水中的 TP，而且人工湿地的基质也能吸收部分 TP，故经人工湿地后的出水，其

TP 的浓度大大降低。非离子氨、TP 净化效果见表 10-7 和图 10-5。

表 10-7 非离子氨、TP 净化效果 单位：mg/L

采样点		非离子氨 /（mg/L）	TP/（mg/L）
1# 进水		0.060	0.077
人工湿地	2#	0.022	0.070
	3#	0.010	0.047
	4#	0.010	0.045
	5#	0.006	0.031
6# 出水		0.004	0.024
去除率 /%		93.33	68.83

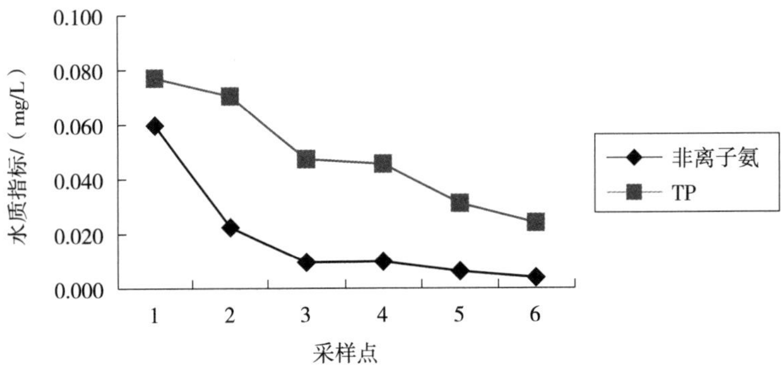

图 10-5 非离子氨、TP 净化效果

10.1.3.2.5 蓝藻、蓝藻优势种净化效果分析

对富营养化水体的净化处理，除藻是一项主要内容。利用植物碎石床除藻效果非常好，但缺点是大量藻类会造成碎石床堵塞，严重影响人工湿地的持续正常运转。本试验将藻类的去除设置于水生物塘，不但取得了极好的除藻效果，避免了碎石床的堵塞，确保了湿地系统持续正常地运行，而且利于藻泥的清理和其残体的分解矿化。试验结果表明，本人工湿地对富营养化水体主要藻类——蓝藻有极好的去除效果，去除率达 99% 以上，经处理后水中蓝藻浓度为 0.344 万个 /L，远低于玉溪市对本试验藻类 80 万个 /L 的要求。蓝藻、蓝藻优势种净化效果见表 10-8 和图 10-6。

表 10-8　蓝藻、蓝藻优势种净化效果　　单位：万个 /L

采样点		蓝藻 /（万个 /L）	蓝藻优势种
1# 进水		273.099	299.682
人工湿地	2#	103.328	118.073
	3#	7.829	17.500
	4#	2.688	0.000
	5#	0.422	0.000
6# 出水		0.344	0.000
去除率 /%		98.87	100

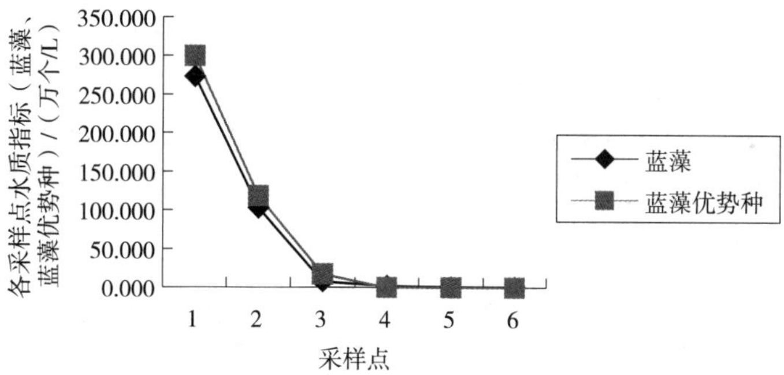

图 10-6　蓝藻、蓝藻净化效果

10.1.3.2.6　叶绿素 a 净化结果分析

试验结果表明，本人工湿地叶绿素的去除率达 98%。经人工湿地处理后出水叶绿素浓度为 0.510 mg/m³，远低于玉溪市对本试验藻类 30 mg/m³ 的要求。叶绿素 a 净化结果分析见表 10-9 和图 10-7。

表 10-9　叶绿素 a 净化结果

采样点		叶绿素 a/（mg/m³）
1# 进水		32.954
人工湿地	2#	16.408
	3#	3.294
	4#	2.333
	5#	0.776
6# 出水		0.510
去除率 /%		98.45

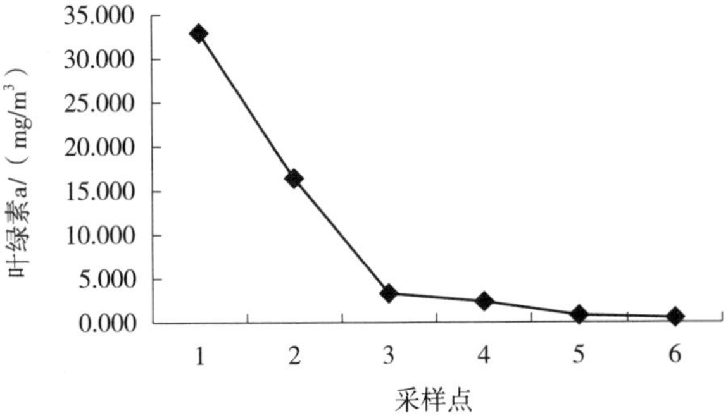

图 10-7 叶绿素 a 净化效果

10.1.3.3 人工湿地运行初期与一年后净化效果比较

10.1.3.3.1 人工湿地运行初期与一年后 DO 变化

运行初期，星云湖水 DO 为 6.34 mg/L，一年后湖水 DO 为 5.28 mg/L，说明星云湖污染仍在加剧。运行初期 DO 经过人工湿地系统后下降 15.9%，运行一年以后 DO 下降 36.4%，DO 下降的原因一是初期进水 DO 较高，二是一年后植物长高长密后，各部位出水（跌水、复氧）受到影响。本试验初期与一年后 DO 变化见表 10-10 和图 10-8。

表 10-10 人工湿地运行初期 与一年后 DO 变化比较 单位：mg/L

采样点		初期 DO	一年后 DO
1# 进水		6.34	5.28
人工湿地	2#	4.66	3.27
	3#	2.43	1.98
	4#	4.01	3.45
	5#	4.36	2.87
6# 出水		5.33	3.36

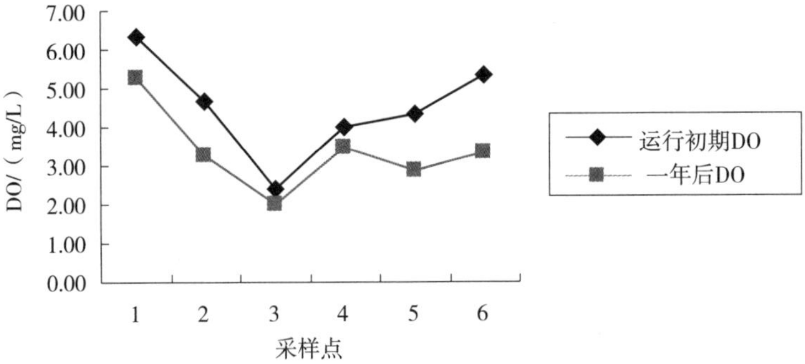

图 10-8 人工湿地运行初期与一年后 DO 变化曲线

10.1.3.3.2 人工湿地运行初期与一年后 BOD_5 净化效果比较

试验表明，人工湿地运行一年以后，对 BOD_5 净化效果较初期有明显的提高（提高 15.31%），这主要是由于大部分植物已适应湿地的生境并正常生长；而运行初期，则由于大部分植物正处于适应生境阶段，未能进入正常生长的状态，故效果相对较差。人工湿地运行初期与一年后 BOD_5 净化效果比较见表 10-11 和图 10-9。

表 10-11 人工湿地运行初期与一年后 BOD_5 净化效果比较

采样点		初期 BOD_5/（mg/L）	一年后 BOD_5/（mg/L）	初期 BOD_5 去除率 /%	一年后 BOD_5 去除率 /%
1# 进水		2.63	2.73		
人工湿地	2#	2.43	1.92	7.48	29.67
	3#	1.83	2.42	30.29	11.23
	4#	1.34	1.50	49.05	44.93
	5#	1.01	1.22	61.72	55.43
6# 出水		1.11	0.74	57.67	72.89

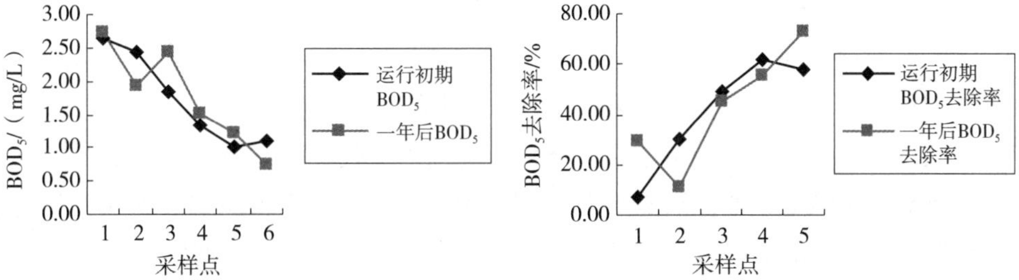

图 10-9 人工湿地运行初期与一年后 BOD_5 净化效果比较

10.1.3.3.3 人工湿地运行初期与一年后 COD_{Mn} 净化效果比较

试验表明，人工湿地运行一年以后，对 COD_{Mn} 净化效果较初期有一定的提高（提高 4.44%），主要原因是大部分植物已适应湿地的生境并正常生长；而运行初期，则由于大部分植物正处于适应生境阶段，未能进入正常生长的状态，故效果相对较差。人工湿地运行初期与一年后 COD_{Mn} 净化效果比较见表 10-12 和图 10-10。

表 10-12　人工湿地运行初期与一年后 COD_{Mn} 净化效果比较

采样点		初期 COD_{Mn}/（mg/L）	一年后 COD_{Mn}/（mg/L）	初期 COD_{Mn} 去除率 /%	一年后 COD_{Mn} 去除率 /%
1# 进水		4.83	3.88	—	—
人工湿地	2#	4.46	4.06	7.79	-4.55
	3#	3.80	3.64	21.31	6.35
	4#	4.11	3.30	14.97	15.11
	5#	3.65	2.76	24.41	29.01
6# 出水		3.55	2.68	26.55	30.99

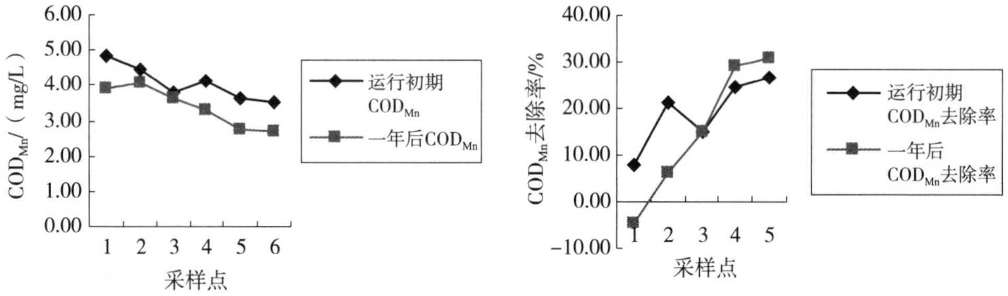

图 10-10　人工湿地运行初期与一年后 COD_{Mn} 净化效果比较

10.1.3.3.4　人工湿地运行初期与一年后 TN 净化效果比较

人工湿地运行初期，高等维管束植物未正常生长，TN 的去除效果不明显，并出现波动情况。第二年植物长好以后，TN 的去除效果才显示出来，说明高水力负荷的人工湿地 TN 的去除主要靠高等维管束植物的吸收，即有机氮、氨氮被好氧菌硝化后形成的硝酸盐、亚硝酸盐部分被植物吸收后进入植物组织中。本人工湿地整个流程基本处于好氧状态，没有明显厌氧区，所以难以进行反硝化反应，无法将硝酸盐转化成分子氮扩散到大气中。本试验运行初期与一年后 TN 净化效果比较见表 10-13 和图 10-11。

表 10-13　人工湿地运行初期与一年后 TN 净化效果比较

采样点		初期 TN/（mg/L）	一年后 TN/（mg/L）	初期 TN 去除率 /%	一年后 TN 去除率 /%
1# 进水		0.823	1.048	—	—
人工湿地	2#	0.860	0.933	-4.50	10.94
	3#	0.711	0.577	13.65	44.97
	4#	0.903	0.563	-9.72	46.25
	5#	0.979	0.544	-18.96	48.09
6# 出水		0.962	0.366	-16.89	65.08

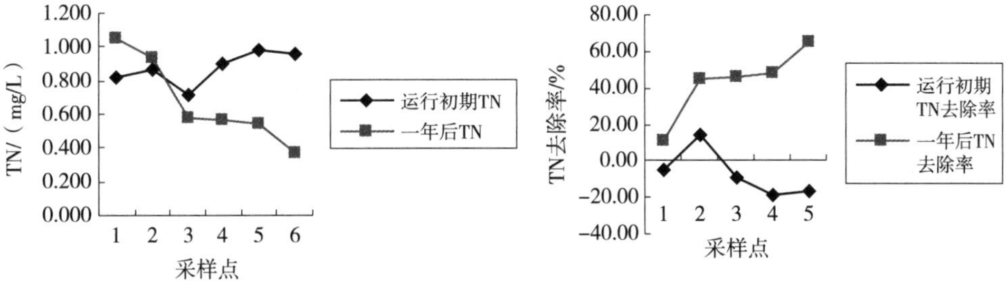

图 10-11　人工湿地运行初期与一年后 TN 净化效果比较

10.1.3.3.5　人工湿地运行初期与一年后 TP 净化效果比较

人工湿地运行一段时间后，植物生长越来越好，生物量也较初期大得多，因此对磷酸盐的需求和吸收也相应增多，故 TP 的去除效果比初期明显提高。本试验运行初期与一年后 TP 净化效果比较见表 10-14 和图 10-12。

表 10-14　人工湿地运行初期 与一年后 TP 净化效果比较

采样点		初期 TP/（mg/L）	一年后 TP/（mg/L）	初期 TP 去除率 /%	一年后 TP 去除率 /%
1# 进水		0.066	0.082	—	—
人工湿地	2#	0.060	0.095	9.14	-16.26
	3#	0.052	0.044	20.81	45.93
	4#	0.047	0.041	28.93	50.00
	5#	0.038	0.029	42.13	65.04
6# 出水		0.026	0.026	59.90	67.89

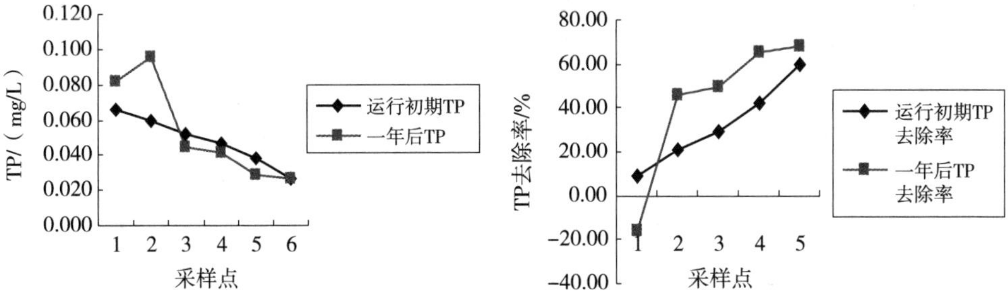

图 10-12　人工湿地运行初期与一年后 TP 净化效果比较

10.1.3.3.6　人工湿地运行初期与一年后 NH_3-N 净化效果比较

污染水体的氮以有机氮、氨氮、亚硝酸盐氮和硝酸盐氮四种形式存在。在生活污水中，以有机氮和氨氮为主，其主要来源于人们食物中的蛋白质。当污水中有机物被生物降解氧化时，其中的有机氮被转化为氨氮，氨氮的硝化反应是在好氧的情况下进行。人工湿地运行初期，进水 DO 较高，故 NH_3-N 的去除率也较高。本人工湿地运行初期与一年后 NH_3-N 净化效果比较见表 10-15 和图 10-13。

表 10-15 人工湿地运行初期与一年后 NH_3-N 净化效果比较

采样点		初期 NH_3-N/（mg/L）	一年后 NH_3-N/（mg/L）	初期 NH_3-N 去除率 /%	一年后 NH_3-N 去除率 /%
1# 进水		0.293	0.242	—	—
人工湿地	2#	0.278	0.277	4.90	-14.76
	3#	0.138	0.249	52.96	-2.90
	4#	0.165	0.158	43.74	34.76
	5#	0.079	0.149	72.89	38.48
6# 出水		0.121	0.127	58.77	47.31

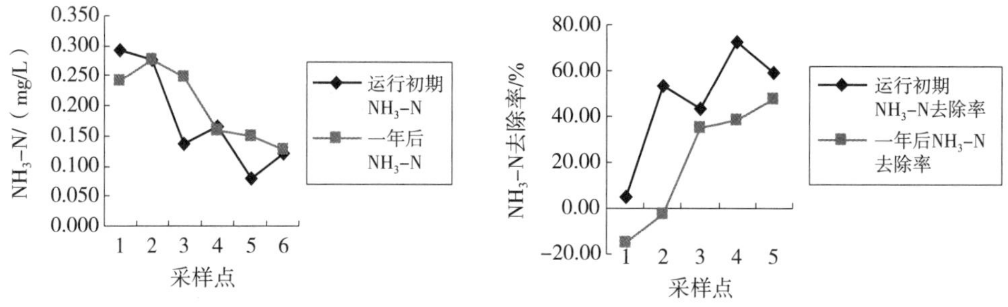

图 10-13 人工湿地运行初期与一年后 NH_3-N 净化效果比较

10.1.3.3.7 人工湿地运行初期与一年后非离子氨净化效果比较

本人工湿地试验整个运行期对非离子氨的去除效果比较稳定，运行初期去除率就已达到 86.54%，运行一年后，去除率提高到 93.0%。其运行初期与一年后非离子氨净化效果比较见表 10-16 和图 10-14。

表 10-16 人工湿地运行初期与一年后非离子氨净化效果比较

采样点		初期非离子氨 /（mg/L）	一年后非离子氨 /（mg/L）	初期非离子氨去除率 /%	一年后非离子氨去除率 /%
1# 进水		0.035	0.043	—	—
人工湿地	2#	0.015	0.021	55.77	51.94
	3#	0.006	0.008	83.65	82.17
	4#	0.006	0.005	83.65	89.15
	5#	0.003	0.004	92.31	90.70
6# 出水		0.005	0.003	86.54	93.02

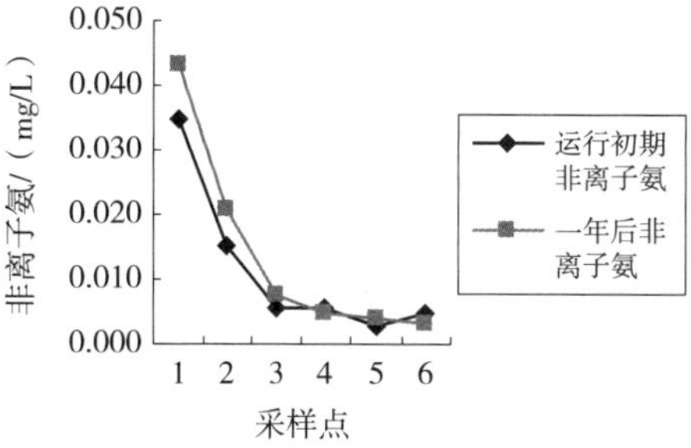

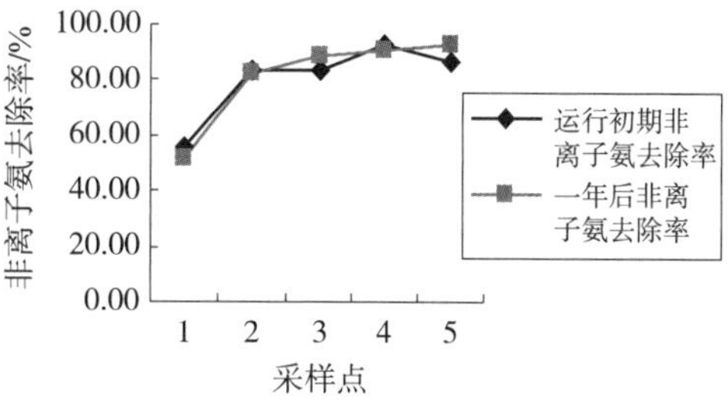

图 10-14 人工湿地运行初期与一年后非离子氨净化效果比较

10.1.3.3.8 人工湿地运行初期与一年后叶绿素 a 净化效果比较

人工湿地运行初期与一年后叶绿素 a 净化效果比较见表 10-17 和图 10-15。

表 10-17 人工湿地运行初期与一年后叶绿素 a 净化效果比较

采样点		初期叶绿素 a/（mg/m^3）	一年后叶绿素 a/（mg/m^3）	初期叶绿素 a 去除率 /%	一年后叶绿素 a 去除率 /%
1# 进水		28.483	20.233	—	—
人工湿地	2#	14.377	10.790	49.53	46.67
	3#	3.463	1.400	87.84	93.08
	4#	1.430	2.460	94.98	87.84
	5#	0.930	0.593	96.73	97.07
6# 出水		1.210	0.203	95.75	99.00

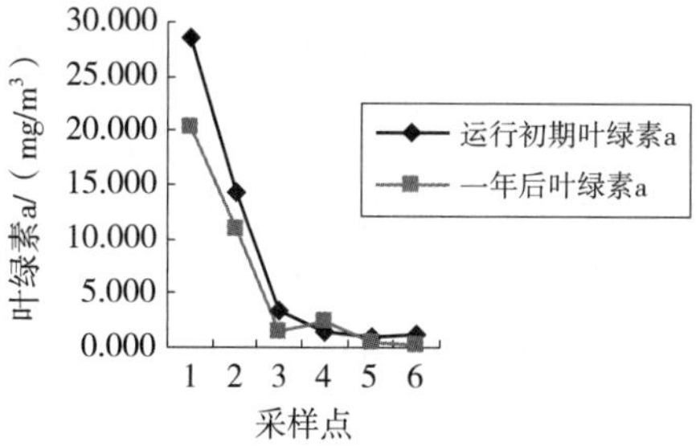

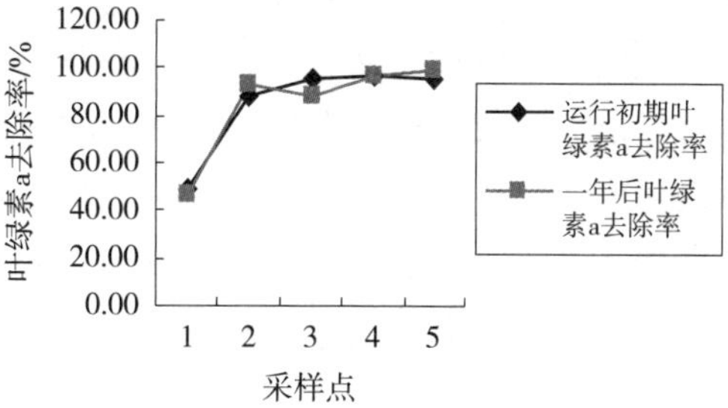

图 10-15 人工湿地运行初期与一年后叶绿素 a 净化效果比较

10.1.3.3.9 人工湿地运行初期与一年后蓝藻净化效果比较

运行初期，本人工湿地就表现出强且稳定的除藻效果。其藻类的去除率达到 98.69%，运行一年后，去除率基本达到 100%。其运行初期与一年后蓝藻净化效果比较见表 10-18 和图 10-16。

表 10-18　人工湿地运行初期与一年后蓝藻净化效果比较

采样点		初期蓝藻 /（万个 /L）	一年后蓝藻 /（万个 /L）	初期蓝藻去除率 /%	一年后蓝藻去除率 /%
1# 进水		95.167	167.167	—	—
人工湿地	2#	35.250	124.500	62.96	25.52
	3#	5.253	5.500	94.48	96.71
	4#	4.500	1.000	95.27	99.40
	5#	1.500	0.083	98.42	99.95
6# 出水		1.250	0.000	98.69	100.00

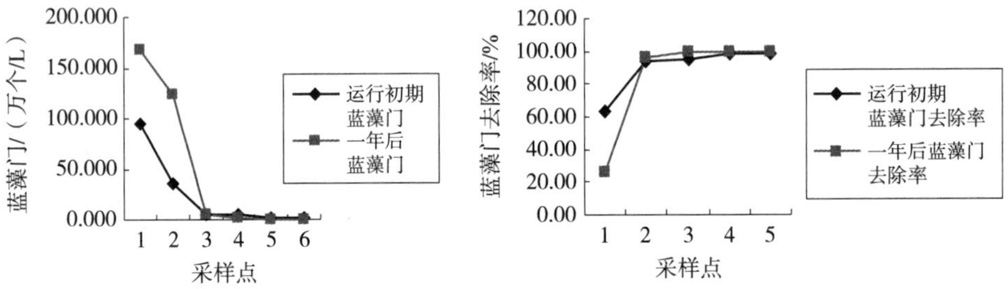

图 10-16　人工湿地与一年后蓝藻净化效果比较

10.1.3.4　人工湿地各处理工序净化效果

10.1.3.4.1　一级生物塘净化效果

一级生物塘对蓝藻、叶绿素 a 和非离子氨有较好的去除效果。在一级生物塘，水力停留时间仅 7 h 就能除去 62.16% 的蓝藻。大部分藻类的去除，对于整个人工湿地系统来说有很大的好处。其一，大量蓝藻被截留在一级生物塘，利于藻泥的集中清理；其二，减少大量蓝藻进入植物碎石床，减轻植物碎石床的污染负荷；其三，避免大量蓝藻可能造成的碎石床的堵塞。一级生物塘的净化效果见表 10-19 和图 10-17。

表 10-19　一级生物塘对各污染物的净化效果

污染物	BOD	COD_{Cr}	TN	NH_3-N	TP	非离子氨	叶绿素 a	蓝藻
去除率 /%	15.84	4.79	-3.28	-33.69	8.60	62.56	50.21	62.16

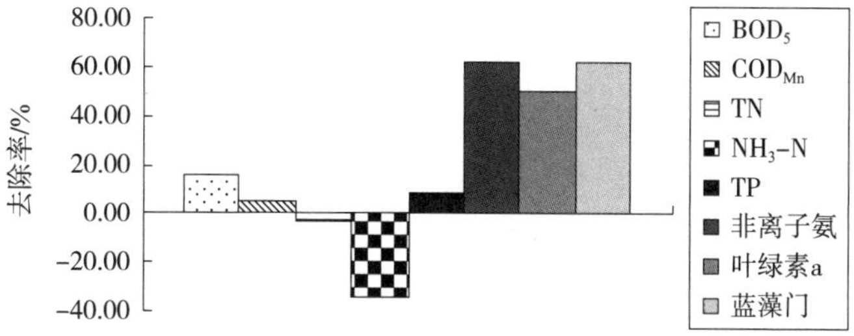

图 10-17　一级生物塘对各污染物的净化效果

10.1.3.4.2　一级植物碎石床净化效果

一级植物碎石床对蓝藻、叶绿素 a、非离子氨的净化效果较为理想，一级植物碎石床的水力停留时间为 2.5 h，能去除 92.42% 的蓝藻、79.92% 的叶绿素 a，说明植物碎石床的吸附作用很强。同时对 TP 和 NH_3-N 的净化能力也较强，其对 TP 和 NH_3-N 的去除率也分别达到 32.83% 和 34.72%（TP 和 NH_3-N 在整个人工湿地系统中净化效果分别为 68.83% 和 54.13%）。本人工湿地一级植物碎石床净化效果见表 10-20 和图 10-18。

表 10-20　一级植物碎石床对各污染物的净化效果

污染物	BOD	COD_{Mn}	TN	NH_3-N	TP	非离子氨	叶绿素 a	蓝藻
去除率 /%	-2.82	9.54	14.66	34.72	32.83	57.37	79.92	92.42

图 10-18　一级植物碎石床对各污染物的净化效果

10.1.3.4.3　二级生物塘净化效果

二级生物塘的净化效果见表 10-21 和图 10-19。

表 10-21　二级生物塘对各污染物的净化效果

污染物	BOD	COD_{Cr}	TN	NH_3-N	TP	非离子氨	叶绿素 a	蓝藻
去除率 /%	41.85	6.96	13.93	-7.99	3.90	-3.70	29.18	65.67

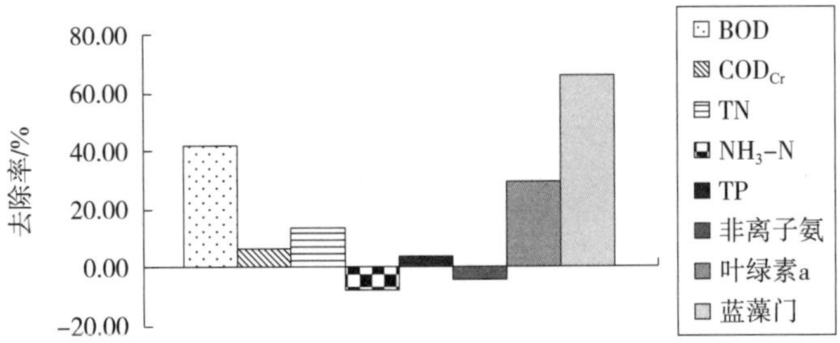

图 10-19　二级生物塘对各污染物的净化效果

10.1.3.4.4　二级植物碎石床净化效果

二级植物碎石床水力停留时间为2.5 h，对蓝藻、叶绿素a、非离子氨、NH_3-N、TP有较好的净化效果，TN去除率也能达到22.67%。从整个系统分析，除蓝藻、叶绿素a、非离子氨外，TN、NH_3-N、TP和BOD大部分都是在一级植物碎石床和二级植物碎石床去除的，说明植物碎石床在人工湿地系统中的重要性。二级植物碎石床的净化效果见表10-22和图10-20。

表 10-22　二级植物碎石床的净化效果

污染物	BOD	COD_{Cr}	TN	NH_3-N	TP	非离子氨	叶绿素 a	蓝藻
去除率 /%	-15.64	14.05	22.67	33.33	31.82	37.50	66.73	84.30

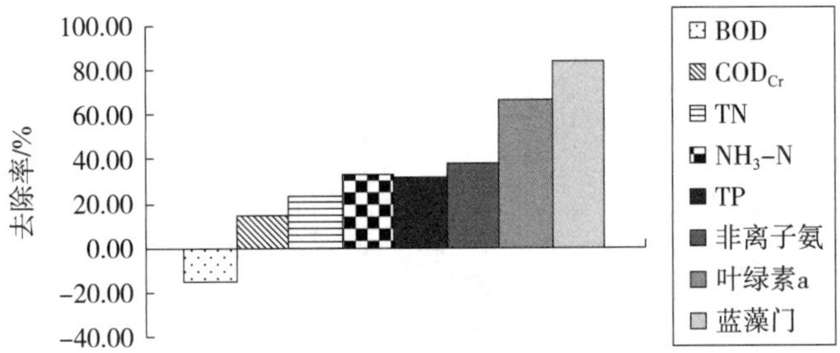

图 10-20　二级植物碎石床对各污染物的净化效果

10.1.3.4.5　植物渗滤池净化效果

植物渗滤池水力停留时间很短，只有0.29 h，而且进入植物渗滤池水中的各类污染物的浓度很低，基本为Ⅱ～Ⅲ类水水平，但非离子氨、叶绿素a、BOD、NH_3-N仍有一定的去除效果，而且出水感观良好，说明人工湿地处理污水终端采用植物渗滤池很有必要。植物渗滤池的净化效果见表10-23和图10-21。

表 10-23　植物渗滤池的净化效果

污染物	BOD	COD_{Cr}	TN	NH_3-N	TP	非离子氨	叶绿素 a	蓝藻
去除率 /%	32.69	5.45	14.76	26.91	22.80	59.09	34.30	18.52

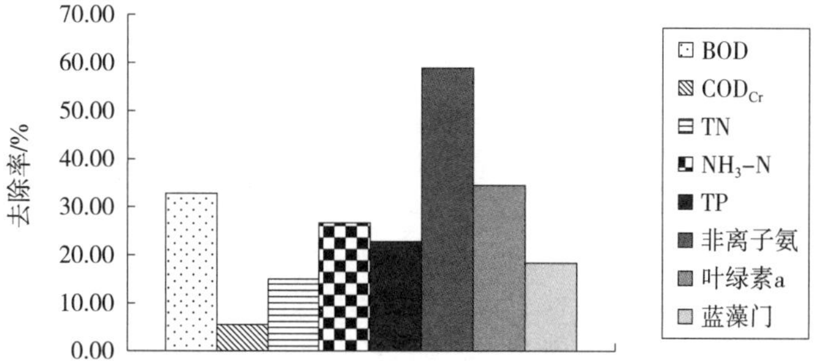

图 10-21　植物渗滤池对各污染物的净化效果

10.1.3.5　试验运行过程 pH 变化情况

废水经人工湿地系统以后，pH 略有下降，进水 pH 为 8.64，偏碱性，出水 pH 为 7.75，接近中性，下降 10.3%。试验运行近 2 年，pH 无论进水还是出水都比较稳定。人工湿地在西部地区的应用，可降低地表水的碱度。本试验运行过程流程中 pH 变化情况见表 10-24 和表 10-25 以及图 10-22。

表 10-24　试验运行过程流程 pH 变化情况

流程		2001 年			2002 年									2003 年			
		10.18	11.11	11.21	4.16	5.12	6.22	7.24	8.27	9.19	10.18	11.29	12.26	2.12	3.13	4.15	5.3
$1^{\#}$ 进水		8.32	8.64	8.82	8.63	8.36	8.76	9.02	9.2	8.85	8.78	8.94	8.45	8.3	8.72	8.14	8.32
人工湿地	$2^{\#}$	8.05	8.16	8.38	7.91	8.11	7.54	7.88	8.09	8.14	8.06	8.64	8.5	7.93	8.13	7.74	7.83
	$3^{\#}$	8.07	7.76	8.08	7.84	7.72	7.72	7.76	7.9	7.86	7.76	7.98	8.13	7.93	7.92	7.82	7.6
	$4^{\#}$	8.1	7.7	8.05	7.78	7.76	7.75	7.76	7.74	7.86	7.85	7.88	7.88	7.8	7.9	7.64	7.66
	$5^{\#}$	8.16	7.8	8.08	7.95	7.57	7.91	7.74	7.84	7.82	7.83	7.76	7.76	7.82	7.85	7.62	7.73
$6^{\#}$ 出水		8.28	7.92	7.68	7.81	7.26	7.77	7.67	7.76	7.67	7.71	7.7	7.74	7.76	7.73	7.61	7.85

表 10-25 流程 pH 变化情况

试验流程		pH
1# 进水		8.64
人工湿地	2#	8.07
	3#	7.87
	4#	7.82
	5#	7.83
6# 出水		7.75

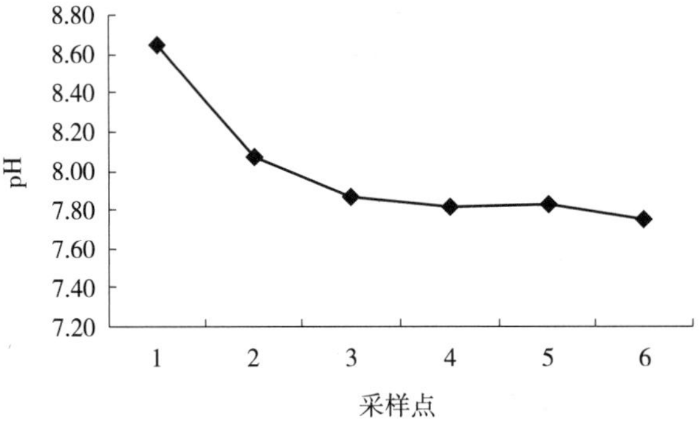

图 10-22 流程 pH 变化情况曲线

10.1.3.6 人工湿地植物生长情况调查

10.1.3.6.1 一级水生物塘

凤眼莲，2001 年 9 月 5 日栽，细苗高 7 cm，根长 6 cm；生长一年后，生物量湿重为 50 kg/m^2，高 75 cm，根长 80 cm，生物量干重为 2.5 kg/m^2（每年栽一次生长满一年清除重栽）。

10.1.3.6.2 一级植物碎石床

（1）水竹

2001 年 9 月 5 日栽，第 12 个月高 200 cm，根长 50 cm，生物量为 60 kg/m^2；第 20 个月高 250 cm，根长 53 cm，生物量为 70 kg/m^2。

（2）风车草

2001 年 9 月 5 日栽，第 12 个月高 150 cm，根长 40 cm，生物量为 40 kg/m^2；第 20 个月高 200 cm，根长 41 cm，生物量为 48 kg/m^2。

（3）类芦苇

2001 年 9 月 5 日栽，第 12 个月高 150 cm，根长 65 cm，生物量为 35 kg/m^2；第 20 个月高 280 cm，根长 70 cm，生物量为 55 kg/m^2。

（4）野姜花

2001 年 9 月 5 日栽，第 12 个月高 105 cm，根长 36 cm，生物量为 22 kg/m^2；第 20 个月高 230 cm，根长 40 cm，生物量为 45 kg/m^2。

（5）纸莎

2001 年 4 月 30 日栽，第 12 个月高 156 cm，根长 42 cm，生物量为 26 kg/m^2；第 20 个月高 176 cm，根长 43 cm，生物量为 30 kg/m^2。

（6）菖蒲

2001 年 9 月 5 日栽，第 12 个月高 45 cm，根长 32 cm，生物量为 12 kg/m^2；第 20 个月高 102 cm，根长 36 cm，生物量为 16 kg/m^2。

10.1.3.6.3　二级水生物强化塘

2001 年 9 月 5 日栽凤眼莲，可能由于养分等原因，其生长不良，过不了冬；2002 年 2 月 20 日换种喜旱莲子草，长势良好，但到 2002 年 7 月，发生虫害，叶子被潜叶虫食光；之后又改换红萍，生长快，但每隔 3 个月要打捞一次，否则会下沉池底；后又改用大薸，于 2002 年 7 月 25 日栽，生长迅速，冬季没发生冻害，具有较好的景观效应，第 10 个月，高 20 cm，根长 85 cm，生物量为 18 kg/m^2。大薸生物量比凤眼莲小得多，利于残体处理，根系长也超过凤眼莲。

10.1.3.6.4　二级植物碎石床

（1）美人蕉

2001 年 9 月 5 日栽，第 12 个月高 120 cm，根长 40 cm，生物量为 38 kg/m^2；第 20 个月高 240 cm，根长 42 cm，生物量为 45 kg/m^2。

（2）茳芏

2002 年 8 月 13 日栽，第 9 个月高 180 cm，根长 32 cm，生物量为 17 kg/m^2。

（3）象草

2002 年 6 月 21 日栽，第 11 个月高 360 cm，根长 48 cm，生物量为 65 kg/m^2。

（4）花叶芦荻

2001 年 9 月 5 日栽，第 12 个月高 210 cm，根长 46 cm，生物量为 67 kg/m^2；第 20 个月高 365 cm，根长 47 cm，生物量为 72 kg/m^2。

10.1.3.6.5　水生物塘水生生物

（1）原生动物

鞭毛虫、表壳虫、变形虫、草履虫、漫游虫、吸管虫等。

（2）后生动物

轮虫、水溞、螺、摇蚊幼虫等。

（3）细菌

小球菌、硝化细菌、硝化球菌、梭菌等。

（4）藻类

小球藻、铜绿微囊藻、衣藻、颤藻等。

10.1.3.6.6 淤泥

星云湖富营养化水的SS浓度为20 mg/L，经沉砂沉淀后进入人工湿地系统，主要是藻类，蓝藻浓度为273万个/L，其中62%被截流在一级水生物塘：一部分被浮水植物根系吸附，一部分沉在一级水生物塘底。本试验自2001年9月5日开始运行以来，每月监测一次一级水生物塘底泥情况，已连续监测20次，发现底泥情况稳定，底泥厚度保持在8 cm，分两层，上层4 cm为绿色蓝藻沉积层，下层也是4 cm，为褐色，是腐烂的藻类残体。一级水生物塘剖面上层为浮水植物根系区，80 cm，褐黄色，浑浊，细菌、藻类、原生动物、次生动物数量大，是一级水生物塘的活性污泥降解区；中层为80 cm的清水区；最低层为底泥层。

10.1.4 结论和建议

10.1.4.1 结论

10.1.4.1.1 大幅提高人工湿地水力负荷

经过20多个月的连续运行试验，人工湿地处理星云湖富营养化湖水，水力负荷可达1 $m^3/(m^2\cdot d)$，为目前国内外人工湿地水力负荷0.2～0.4 $m^3/(m^2\cdot d)$ 的2.5～5倍；每天处理1 m^3 星云湖富营养化水需1 m^2 面积，比一般人工湿地占地面积减少了60%，水力停留时间为19.89 h，比一般人工湿地缩短时间50%以上。

10.1.4.1.2 对富营养化水体污染物去除率高

本试验处理星云湖富营养化水，在1 $m^3/(m^2\cdot d)$ 高水力负荷下各种污染物的去除率还是比较高的，特别对蓝藻、叶绿素a、非离子氨去除率分别为99.87%、98.45%、93.33%，对TP的去除率也达到了71.42%。各污染物的去除效果见表10-26。

表10-26 人工湿地各污染物的去除效率

污染物名称	去处率
蓝藻	99.90%
叶绿素a	98.45%
非离子氨	93.3%
TP	71.42%
NH_3–N	54.1%
TN	46.3%
BOD_5	60.8%
COD_{Mn}	34.9%

10.1.4.1.3　出水水质好

星云湖富营养化水经过人工湿地 19.98 h 净化处理后，出水水质除 TN 外，均达到《地表水环境质量标准》（GB 3838—2002）Ⅱ类水水质标准，TN 达到饮用水Ⅲ类水水质标准，见表 10-27。

表 10-27　星云湖富营养化水经过人工湿地处理出水水质　　单位：mg/L

污染物	出水水质	《地表水环境质量标准》（GB 3838—2002）	
		Ⅱ类	Ⅲ类
BOD_5	1.216	≤3	≤4
COD_{Mn}	3.308	≤4	≤6
NH_3-N	0.172	≤0.5	≤1.0
TN	0.552	≤0.5	≤1.0
TP	0.024	0.1（湖、库 0.025）	0.2（湖、库 0.05）

10.1.4.1.4　投资少，运行费用低

处理 1 m^3 水投资为 150～180 元，运行中不曝气、不加药，每天处理 1 m^3 水的运行费用为 0.03～0.05 元。

10.1.4.1.5　筛选、培育了几十个优良高等植物品种

从 70 多种人工湿地常用植物中筛选出适应云南省气候和水土的植物，包括在低营养状况、不同人工湿地部位适宜的植物，它们是净化力强、抗逆性强、有景观生态效益和资源化的人工湿地植物品种。

- 挺水植物塘：芦苇类；
- 一级水生物塘：凤眼莲；
- 二级植物碎石床：水竹、风车草、野姜花、类芦苇、芦苇、茳芏、纸莎、菖蒲；
- 二级水生物强化塘：大薸；
- 二级植物碎石床：象草、类芦苇、芦苇、花叶芦荻、水竹、风车草、香根草、茳芏、美人蕉等。

10.1.4.1.6　提高人工湿地净化污水的层次和理念

本人工湿地将净化、景观、生物多样性、环境保护宣传教育相结合，从根本上改变人们对人工湿地的传统观念，提高人工湿地净化污水的层次和理念。

10.1.4.1.7　环境效益、经济效益、社会效益显著

由于本试验研究提出的高水力负荷人工湿地工艺占地面积小，投资和运行费用也少，成果的推广应用较快，已推广应用的人工湿地日处理量超过 55 万 m^3，环境效益、经济效益、社会效益显著。

10.1.4.1.8 人工湿地净化效果越来越好

人工湿地运行一年后，其净化能力比初期高，如 TN，运行初期去除率很低，第二年植物正常生长以后，去除率为 65.08%，BOD_5 的去除率也提高了 15.13%，TP 提高了 7.99%，见表 10-28。

表 10-28 人工湿地运行初期和一年后净化能力比较

时间	水质指标	BOD_5	COD_{Mn}	TN	TP	非离子氨	叶绿素 a	蓝藻
初期	测量数值 /（mg/L）	1.11	3.55	0.96	0.026	0.005	1.21 mg/m^3	1.25 万个 / L
	去除率 /%	57.67	26.55		59.90	86.54	95.75	98.69
一年后	测量数值 /（mg/L）	0.74	2.60	0.365	0.026	0.003	0.20 mg/m^3	0.00
	去除率 /%	72.8	30.99	65.08	67.89	93.00	99.00	100

10.1.4.1.9 DO 对人工湿地运行效果影响

本试验进水 DO 浓度较高，为 5 mg/L 左右，同时水力负荷高（1 m^3/（m^2·d）)，水力停留时间短（19.89 h），所以整个人工湿地流程中溶解氧浓度不低，从进水到出水 DO 浓度变化为 5.07 mg/L → 3.07 mg/L → 1.56 mg/L → 3.06 mg/L → 2.40 mg/L → 3.75 mg/L，整个过程处在有氧反应状况下，除了一级植物碎石床低于 2.0 mg/L 外，其他地方均高于 2.0 mg/L，也可以说是处在好氧状况，这种情况利于系统好氧生化反应，所以能够在较短时间内对污染物有较高的去除率，叶绿素 a 去除率达到 98.45%，非离子氨去除率达到 93.33%，TP 去除率达到 68.83%，NH_3-N 去除率达到 54.13%。

本研究对高 DO 系列（进水→出水：7.51 mg/L → 4.27 mg/L → 1.77 mg/L → 3.60 mg/L → 3.83 mg/L → 4.44 mg/L）和低 DO 系列（进水→出水：1.59 mg/L → 1.70 mg/L → 1.03 mg/L → 2.29 mg/L → 1.24 mg/L → 3.89 mg/L）进行对比分析，低 DO 系列对 TN（比高 DO 最低去除率高 22.75%）、NH_3-N（高 40.41%）、BOD_5（高 12.15%）、TP（高 19.78%）去除有利，高 DO 系列对非离子氨（比低 DO 去除率高 6.43%）去除有利。

10.1.4.1.10 pH 对人工湿地运行影响

本试验进水到出水 pH 依次为 8.64 → 8.07 → 7.87 → 7.82 → 7.83 → 7.75，中性偏碱，试验中对 pH 也分成两个系列：高 pH 系列（8.97 → 8.23 → 7.92 → 7.86 → 7.85 → 7.70）、低 pH 系列（8.29 → 7.93 → 7.83 → 7.79 → 7.78 → 7.75），低 pH 系列 BOD（去除率高 9.46%）、TN（高 27.85%），NH_3-N（高 15.97%），TP（高 11.73%）净化效果较好。高 pH 系列对非离子氨（去除率高 6.99%）净化效果较好。处理系统基本处于好氧和低 pH 系列状态，利于除氮的硝化反应。

10.1.4.1.11　季节变化对人工湿地运行效果影响

本试验对不同季节的气温、水温变化情况分析人工湿地净化效果变化。整个试验过程平均水温为 17.15℃，最低水温 10℃，最高水温为 22.5℃。平均气温为 16.86℃，最高气温为 24℃，最低气温为 7.5℃。

春季：TP 去除率较高（比最低去除率季节去除率高 23.01%）。

夏季：COD 去除率较高（比最低去除率季节去除率高 20.1%）。

秋季：BOD、TN 去除率较高（比最低去除率季节去除率分别高 26.35%、21.11%）。

冬季：气温、水温较低，人工湿地系统生化反应相对较缓慢，故污染物去除率也较低。

10.1.4.1.12　人工湿地系统不同部分的净化效果

（1）一级水生物塘：去除 62.16% 蓝藻、50.21% 的叶绿素 a，效果显著，将大量蓝藻截留一级塘，利于藻泥清除，避免堵塞植物碎石床。一级水生物塘能去除 62.56% 的非离子氨、15.84% 的 BOD_5，但对 TN、NH_3-N 和 COD 去除效果不佳。

（2）一级植物碎石床：对蓝藻、叶绿素 a 和非离子氨去除率分别为 92.42%、79.92% 和 57.37%，TP 的去除率 32.83%，对 TN、NH_3-N 的去除开始出现效果，NH_3-N 有 34.72% 的去除率，TN 有 14.66% 的去除率。一级植物碎石床对 BOD 和 COD 的去除率不高。

（3）二级水生植物强化塘：对蓝藻去除率比较高（65.67%），对 BOD_5 的去除率开始显示出作用，达 41.85%，对 TN 的去除率也保持在 13.93% 左右。大部分非离子氨和 NH_3-N 在一级水生物塘和一级植物碎石床被净化掉，所以在二级水生物强化塘中去除效果不显著。水生物塘对 TP 的去除效果均不理想，如一级水生物塘去除率为 10%，二级水生物强化塘去除率为 4.4%。

（4）二级植物碎石床：对蓝藻、叶绿素 a 的去除率分别为 84.30% 和 66.73%，对 TP、NH_3-N 和 TN 的去除率分别为 31.82%、33.33% 和 22.67%。TP 在一、二级植物碎石床和植物砂滤池中的去除率分别为 17.16%、36.37% 和 17.39%，TN 和 TP 一样，主要在植物碎石床和植物砂滤池中被净化。

（5）植物砂滤池：非离子氨、叶绿素 a、BOD、NH_3-N 和 TP 的去除率分别为 34.30%、32.69%、26.91% 和 22.80%。植物砂滤池水力停留时间为 0.29 h，在相当于深度处理情况下，对上述污染物保持相当的净化率，还算理想。

（6）TN 主要在一、二级植物碎石床和植物砂滤池中去除。

（7）TP 主要在一、二级植物碎石床和植物砂滤池中去除。

（8）蓝藻主要在一级水生物塘和一级植物碎石床中去除。

（9）叶绿素 a 主要在一级水生物塘和一级植物碎石床中去除。

（10）非离子氨主要在一级水生物塘和一级植物碎石床中去除。

（11）NO_3^--N 主要在一级水生物塘和一级植物碎石床中去除。

（12）NH_3^--N 通过各部分逐步被去除。

（13）BOD_5 通过各部分逐步被去除。

（14）COD 通过各部分逐步被去除。

（15）NO_2^--N 的浓度逐步增加。

总之，植物碎石床虽然水力停留时间比生物塘短，但对各污染物去除效果比水生物塘好，而水生物塘对蓝藻、叶绿素 a、非离子氨去除效果也很好。

10.1.4.2 建议和存在的问题

（1）试验未能来得及对碎石床的生物膜进行研究，故此次试验研究报告没有这方面的材料。

（2）一级水生物塘底泥变化不大，厚度一直保持在 8 cm 左右，其原因未能及时研究。Middlebroks 等研究一些兼性塘底泥厚度变化后发现，经过 82 个月的运行，池底污泥层厚度仅 10～18 cm。澳大利亚新金山大氧化塘经过十年运行，容纳废水在 1 亿 m^3 以上，污泥厚度仅为 5～15 cm，可见兼性塘若没有大量泥沙流入，仅仅是本身的生物沉淀，底层污泥可以多年不用清理。

（3）人工湿地已显示了生态效益，本研究未能对陆地动物进行调查。

10.1.5 人工湿地的除藻研究

10.1.5.1 富营养化水体中蓝藻的控制进展

蓝藻污染控制是世界性难题。20 世纪 60 年代以来，各国先后对蓝藻的控制进行了大量的研究，并提出了相应的对策及措施。

（1）物理化学法

超声波、混凝和紫外辐射等物理方法对蓝藻有一定的去除作用，主要通过改变蓝藻表面电性、增强细胞凝聚和破坏细胞结构等途径完成。

三氯化铁、聚合氯化铝、硫酸铝混凝法可去除富营养化水体的藻类（余国忠等，2004），用高锰酸钾复合药剂强化混凝则可提高蓝藻的去除率，明显优于传统预氯化、预投加高锰酸钾除藻工艺（石颖等，2001）。

黏土也被用于去除富营养化水体的蓝藻。经壳聚糖包覆改性后的黏土能通过壳聚糖的粘结架桥作用絮凝藻细胞，并通过表面电性的改变，凝聚带负电的藻细胞（邹华等，2004）。潘纲等（2003）也认为增强黏土对藻细胞的架桥网捕作用可能是今后进一步提高除藻效率、大幅度降低黏土投加量的一个重要方向。

低功率高频（1.7 MHz）超声能破坏蓝藻水华胆体和叶绿素等蓝藻捕光天线复合物的关键组分，或抑制其生物合成，导致蓝藻光合作用受损，从而抑制蓝藻生长，藻蓝蛋白受到的超声破坏作用尤其强烈，即高频超声对蓝藻细胞不同成分的破坏具有选择性（郝红伟等，2003；邱荷香，2002）。

浸没式 UV-C 技术对铜绿微囊藻有明显的抑制和杀灭效应，较低剂量的紫外辐射都会引起铜绿微囊藻存活率和生长率的降低（周明等，2003）。

（2）机械清除法

机械清除法采用动力将藻类收获并使之与湖泊水体分离，而修筑截污工程或疏浚底泥等方法往往十分昂贵。

富营养湖泊暴发蓝藻水华时可集聚浓度达 $n \times 10^{8\text{-}9}$ cell/L。2001 年 4 月至 2002 年 11 月，沈银武（2004）在云南滇池利用重力振动、旋振和离心等方法收集富藻水，逐次浓缩、脱水，共清除蓝藻水华 351 t，共处理富藻水 42 648 m^3，折合清除水华蓝藻干重 460.83 t。按所清除的蓝藻干粉的 TN、TP、总钾、粗有机质及重金属的平均含量计算，相当于从试验区水体中去除了氮（N）37.33 t、磷（P）2.71 t、钾（K）2.49 t 及粗有机质 200.32 t；重金属铅（Pb）2.289 kg、砷（As）2.23 kg、汞（Hg）2.3 kg、镉（Cd）0.51 kg。这表明在富营养湖泊中水华蓝藻大量暴发时，采用机械除藻，对控制蓝藻水华污染，有效降低内源氮、磷等污染物负荷具有十分重要的作用。

（3）生物控制法

在蓝藻水华综合治理的众多方法中，生物控制利用食物网结构对水体初级生产力产生影响，而不通过控制水体营养物质来治理蓝藻水华。生物控制法包括经典生物操纵法、非经典生物操纵法、微生物杀藻技术和水生高等植物的净化作用等。

①经典生物操纵法（Tradictional biomanipulation technique）

经典生物操纵法由 Shapiro 等于 1975 年提出，通过一系列对湖泊中生物及其环境的操纵，促使藻类——特别是蓝藻的生物量下降。经典生物操纵法旨在通过放养凶猛鱼类来逆转食浮游生物的鱼类对浮游植物的影响，从而改善水体富营养化症状（Drenner 等，2002）。但利用此法取得成功的大都属于小型水体，在大型水体中应用时不成功的比例较高（Xie 等，2001）。

②非经典生物操纵法（Non-tradictional biomanipulation technique）

非经典生物操纵法由中国科学院水生生物研究所刘建康和谢平（刘建康等，1999）提出，即通过凶猛鱼类及放养滤食性鱼类（鲢鱼、鳙鱼）直接牧食蓝藻水华的生物操纵。Xie（2001）将非经典生物操纵的核心目标定位在控制蓝藻水华。在蓝藻水华暴发的富营养湖泊中，放养较高密度的鲢鱼、鳙鱼，以达到控制蓝藻生产力、消除蓝藻水华的目的。非经典生物操纵法最显著的优点是具有持久性。自 20 世纪 60 年代以来，鲢鱼、鳙鱼已被广泛引种到世界各地，用于控制藻类水华。

近几年来，对非经典生物操纵法的研究越来越多，均肯定了滤食性鱼类对藻类水华的控制效果。在滇池试验水域的富营养化控制中，滤食性鱼类控藻技术正是其中的一项主要措施；在巢湖，利用网箱成功养殖了罗非鱼、鲢鱼、鳙鱼等捕食微囊藻类的鱼类（申德林，2002）；罗非鱼对微囊藻的平均消化率为67.88%，体重和藻类密度对消化率影响不明显，而消化率与温度呈正相关（王扬才等，2003）；在夏季暴发大面积蓝藻水华的水库，用改性明矾浆应急除藻，再通过投放鲢鱼、鳙鱼控制，使水体富营养状态从治理前的中—富营养类型恢复到中—贫营养类型（陆开宏等，2002）。

③水生动物对蓝藻水华的控制

20世纪80—90年代，人们采用水体中食物链上层生物（水生浮游动物）的变化对下层生物、初级生产力及水质的影响以控制富营养化。浮游动物一方面通过摄取蓝藻抑制其过度的繁殖，另一方面通过改变周围光线的强度和营养条件间接地影响蓝藻的繁殖。利用浮游动物来对蓝藻水华进行生物控制，需要提高浮游动物在湖泊中的生物量和引进能够抑制蓝藻水华的大型浮游动物。

小型浮游动物偶尔也能降低整个蓝藻的生物量，但通常能显著降低叶绿素a（chla）含量的浮游动物只有大型的枝角类，特别是水溞（Daphnia）（Brooks等，1965；Pace，1984）。枝角类并不主动地选择食物，而是通过被动过滤的方式选择食物（Brendelberger等，1985），所滤食的颗粒大小的上限随枝角类体积大小而变化（Burn，1968），可能被枝角类的滤食附肢（Filtering limb）之间距离及外壳裂缝（Carapace crevice）的宽度所限（Gliwicz，1980；Gilwicz等，1980）。

螺类对去除水中蓝藻也有明显的效果。螺类通过摄食蓝藻，使湖水脱色，透明度增加，并可除去水中氮、磷，达到控制蓝藻水华的目的。

④微生物杀藻技术

研究表明，细菌可以通过直接或间接作用抑制藻类生长。间接溶藻一般是通过分泌化学物质来分解藻类，非选择性地杀伤藻类细胞（赵以军等，1996；彭超等，2003）。另有一些种类的黏细菌可直接与藻细胞接触，通过分泌溶解纤维素酶来消化宿主的细胞壁，进而使整个藻细胞溶解，极少数种类的细菌可进入藻细胞内溶藻（Maria等，1984）。

噬藻体被认为是水体微型生物群落系统中重要的动态因子，有人观察到其昼夜间在水体中的数量快速增减，说明它们在不断地进入和退出该系统（Maranger，1996）。病毒的专性寄生对控制蓝藻种群密度能起到调控作用，它们对蓝藻的致死率达到72%（Proctor等，1990）。尽管在生态学上还难以解释病毒的调控机制，但在不少现象如“水华”与“赤潮”的消长过程中，病毒浓度和效价也相应地发生明显的变化（Suttle，1996）。

⑤水生植物净化作用

水生高等植物是水生生态系统保持良性运行的关键类群，也是整个水生植物群落多样性的基础。国外学者较早认识到水生高等植物在湖泊中具有重要的调控作用，并对其生物净化的机理和可行性进行了探讨（Aoyama 等，1990；Brahma 等，1991）。我国有关学者近年来分别在滇池、太湖等湖泊开展这方面的研究。吴玉树等（1988）在滇池北端的草海边利用天然湖湾、湖塘，分别放养水葫芦、莲、满江红、荇菜和茭白 5 种植物，其中水葫芦对水中氮、磷及重金属的富集系数和净化率最高；太湖五里湖中桥湖湾放养的冬季喜旱莲子草也获得成功（王国祥等，1999）。

高等水生植物的净化机制主要通过：促进水体中含 N、P 物质的沉降和抑制水底表层沉积物的再悬浮；高等水生植物分泌的化感物质能抑制浮游植物的生长；与浮游植物竞争营养物质和光能，抑制其生长，促进水体生物多样性的恢复，使生态系统的结构更趋于稳定。

10.1.5.2　用凤眼莲生物塘去除星云湖富营养化水中蓝藻的试验设计

试验在野外条件下进行，从不同角度进行凤眼莲生物塘的除藻规律研究，以及凤眼莲对蓝藻的作用机理研究。

10.1.5.2.1　凤眼莲生物塘除藻的工艺分析

对于湖泊的微污染水，采用人工湿地工艺处理，投资小，管理方便，运作费用低，在欧美、澳大利亚、新西兰得到广泛利用（Cooper，1990；Shutes 等，1997），但其水力负荷低，国外为 0.07 $m^3/(m^2 \cdot d)$，国内为 0.2～0.4 $m^3/(m^2 \cdot d)$，出流改道项目工程仅有 20 万 m^2 的水质净化场地，无法满足低水力负荷人工湿地处理工艺的要求。因此提高水力负荷是实现人工湿地成功处理富营养化湖水的关键。

富营养化水体最突出的污染问题是蓝藻，以蓝藻为主的大量悬浮物（SS）直接进入人工湿地碎石床，容易造成堵塞，因此除藻是保证人工湿地正常运转的前提。

在现有的蓝藻控制方法中，物理化学法和机械清除法需要专门的设备和专人管理，一次性投资大，经典和非经典的生物操纵法适用于全湖的蓝藻水华控制，不适合出流改道这类以生态效益为主的项目。而凤眼莲生物塘已被广泛地应用于各种废水的处理，凤眼莲快速生长的性能，强大的 N、P 吸收能力，发达的根系以及由根区构成复杂的水环境中生物的多样性，使凤眼莲能够通过物理过程和生物过程去除污染物。

星云湖出流改道水质控制试验采用凤眼莲生物塘去除湖水中的蓝藻（工艺流程见图 10-23），取得了一定的效果，并通过国家环境保护总局组织的《高水力负荷人工湿地处理富营养化水试验研究》课题鉴定。

本试验在华南环境科学研究所承担的星云湖出流改道水质控制试验基地进行，设置了三种规模的试验，在野外条件下从不同角度进行凤眼莲生物塘的除藻规律研究，以及凤眼莲对蓝藻的作用机理研究。

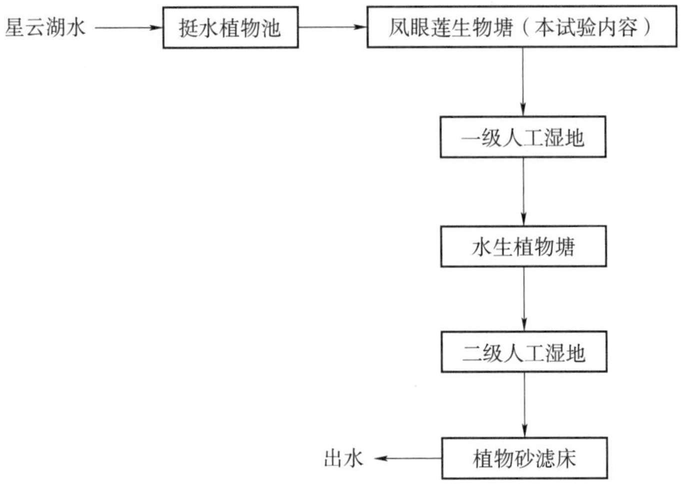

图 10-23 人工湿地处理星云湖富营养化湖水工艺流程

10.1.5.2.2 试验的总体思路和内容

首先研究凤眼莲生物塘的运行规律，以及影响除藻的因素，在此基础上围绕蓝藻与凤眼莲根区、根区水环境中的生物之间的关系，揭示蓝藻在凤眼莲生物塘中的变化、分解以及物质的迁移等规律。研究的内容及顺序见图 10-24。

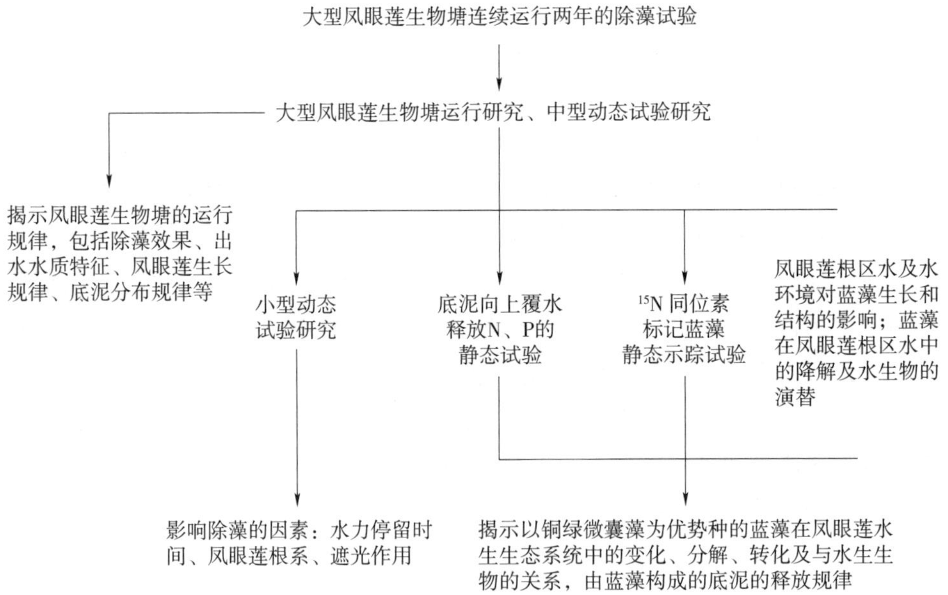

图 10-24 试验研究内容的顺序结构

（1）除藻的动态试验

除藻的动态试验包括大型试验、中型试验和小型试验，目的在于研究并揭示凤眼莲生物塘的除藻效果、出水特征、启动阶段不同水层的水质变化特征和影响除藻的因素等。

1）大型试验的除藻效果及水质的变化。

大型试验采用华南环境科学研究所在云南省星云湖出流改道水质控制试验中的凤眼莲生物塘。生物塘从 2001 年 9 月启动运行以来，每天 24 h 运转，至 2003 年 10 月，已经整整运行了两年。在每年的 9 月放养新的凤眼莲。

因此，以该塘为对象，研究凤眼莲生物塘的除藻效果、水质变化、蓝藻在塘中的分布规律等，更具有现实意义，可以为该类塘的设计、运行和管理提供参数和经验。

湖泊富营养化以蓝藻的出现为表征，而 chla（叶绿素 a）一般占有机物（无灰分）干重的 1.5%，它被用作藻类生物量的指标（美国公共卫生协会，1985）。TN、TP 也是湖泊富营养化的重要指标，因此在本试验中，以 TN、TP、chla 作为水质变化的主要指标。

①四季运行状况的研究

大型试验的进水来源于星云湖湖水经挺水植物塘短暂停留后的出水，在每个季节选取具有代表性的时段，对凤眼莲生物塘进水、出水进行监测，可揭示在野外试验下蓝藻的去除以及由蓝藻引起的出水水质变化。

②凤眼莲生物塘的生物调查

凤眼莲生物塘中现存组分量包括凤眼莲生物量、系统内的水生生物优势种和微生物的分布。

③底泥的沉积

凤眼莲生物塘持续运行以来，沉积物以藻类为主，没有清理。大量的蓝藻底泥在塘中沉积，可向上覆水释放 N、P 等物质。

研究凤眼莲生物塘底泥的沉积量、分布规律，可为将来底泥的清理提供依据。

2）中型试验用于研究凤眼莲生物塘启动时凤眼莲根区水、底泥上覆水的水质变化和凤眼莲生长规律。

中型试验体积约为 3 m^3，可以通过精确布置采样管、直接测定凤眼莲植株高度和根系长度等方法，研究启动后在凤眼莲生物塘中蓝藻的累积及其附近水环境的变化和凤眼莲的生长规律。

3）小型试验用于研究影响凤眼莲生物塘除藻的因素。

动态小型试验克服大型试验和中型试验受总进水流量和占地的影响，可同时进行多组试验，用于研究水力停留时间、凤眼莲遮光作用和根系数量对除藻的影响。

（2）^{15}N 同位素标记的铜绿微囊藻在凤眼莲水生生态系统中的 N 转移研究

研究标记 ^{15}N 同位素的纯培养铜绿微囊藻投放到凤眼莲水生生态系统中，^{15}N 在凤眼莲根、茎、叶中的沉积，^{15}N 在根区各水层的颗粒有机质（Particulate

Organic Matter，POM）、底质有机质（Sedimental Organic Matter，SOM）、根区水和中层水的微生物、螺体内随时间的变化规律，揭示铜绿微囊藻在凤眼莲水生生态系统中的分解和氮转移。

（3）凤眼莲生物塘中底泥释放 N、P 的试验

通过底泥的释放试验，揭示凤眼莲生物塘中沉淀于底部的蓝藻向上覆水释放 N、P 的规律。

（4）研究凤眼莲根区水及根区水环境对铜绿微囊藻的作用

1）凤眼莲根区水对铜绿微囊藻生长和结构的影响。

试验从凤眼莲根区水对纯培养铜绿微囊藻的生长和结构影响角度，通过测定铜绿微囊藻在经过不同处理的凤眼莲根区水中的生长状况以及细胞结构的变化，研究凤眼莲根区水对铜绿微囊藻的作用。

2）天然铜绿微囊藻与凤眼莲根区水环境的相互作用。

为了研究在大型试验中发现的凤眼莲根区聚集蓝藻现象，采用静态试验，研究以铜绿微囊藻为优势种的蓝藻在凤眼莲水生生态系统的变化过程及各种水生生物的演替规律。

10.1.5.3　试验的意义

凤眼莲生物塘已广泛地应用于废水处理中。由于凤眼莲具有良好的适应性，在工业废水、生活污水、农业废水和富营养化水体等不同浓度的水中均能生长，并有较好的去除污染物的效果。因此，开展凤眼莲对富营养化湖水中蓝藻去除效果及作用机理的研究，揭示凤眼莲在水生生态系统中的功能，为其他类型的富营养化水体，如农业中的养鱼水体、畜禽场经厌氧和好氧处理后排放水的深度处理提供理论依据和实践经验。

10.1.5.4　凤眼莲生物塘的运行规律研究——季节对出水水质和除藻效果的影响、底泥的分布及生物组成

10.1.5.4.1　前言

凤眼莲（*Eichhornia crassipes*），英文俗名为 Water hyacinth，中文俗名为水葫芦，原产热带美洲、巴西东北部，现分布于全世界温暖地区，我国南北各地栽培或为野生，常生长于水库、湖泊、池塘、沟渠、流速缓慢的河道、沼泽地和稻田中。凤眼莲为雨久花科，凤眼蓝属，浮水草本或根生长于泥土中，高 30～50 cm。茎极短，节上生根，具有长匍匐枝。凤眼莲繁殖迅速。在营养丰富的温水中，8～10 d 种群就可成倍增长，在最适宜的生长条件下，凤眼莲每天能吸收氮 3.4 kg/hm^2、磷 0.43 kg/hm^2（李典友，2000）。凤眼莲有比较强的适应性，对温度较敏感，生长最适温度范围为 20～30℃，水温低于 10℃时停止生长，39℃时仍能旺盛生长。对酸

碱度的适应范围为 pH=6～8。

凤眼莲属于水生微管束植物。20 世纪 70 年代以来，国外学者开始了利用水生维管束植物净化污水的研究，目前凤眼莲生物塘已经广泛用于生活污水（辛晓云等，2003）、生态工程（王庆安等，2001；汪俊三等，2005）、养猪场废水（余远松等，2000）、炼油废水（唐述虞等，1996）、缫丝废水（陈建国等，1996）等处理。Youngchul（2000）采用了凤眼莲生物塘用于废水稳定塘出水的深度处理，目的在于去除水中的藻类。

凤眼莲良好的水质净化能力在于庞大的根系是水中微生物理想的栖息场所，其根区周围聚集了大量的微生物，与凤眼莲一起构成凤眼莲—根区微生态系统，废水中的污染物如有机物、悬浮物等被根系吸附、截留，然后被根区中的微生物降解（周凤霞等，1998）。此外，凤眼莲的根际还附有大量的微型动物，它们通过自身的新陈代谢作用吸收、降解、转移和转化水体污染物，并协同凤眼莲本身的生理机能共同达到净化水质的目的（李宝林等，1996）。

蓝藻是富营养化水体的表征，蓝藻严重暴发时可以覆盖水体表面，形成水华。富营养化水体中蓝藻的优势种有铜绿微囊藻（*Microcystis aeruginosa*）、水华微囊藻（*Microsystis flos-aquae*）等，星云湖蓝藻的优势种为铜绿微囊藻。因此，对于富营养化水体的净化，除藻是一项主要的内容。

星云湖出流改道水质净化试验采用人工湿地工艺，如果含有大量蓝藻的湖水直接进入人工湿地，容易造成碎石床的堵塞，严重影响人工湿地的持续正常运转。本试验研究的凤眼莲生物塘设在人工湿地碎石床之前，是人工湿地净化富营养化水的一部分，其任务是去除湖水中的藻类，确保湿地系统的持续正常运行，并有利于藻泥的清理和残体的分解。

本试验的目的是研究在不同季节里凤眼莲生物塘对蓝藻的去除效果和出水水质的变化规律，蓝藻构成的底泥的沉积规律，凤眼莲生物塘中凤眼莲的生物量、根区细菌的分布规律等。

10.1.5.4.2　研究内容及试验设计

为了研究凤眼莲生物塘的除藻效果及其特征，试验采用华南环境科学研究所在云南省星云湖出流改道水质控制试验的凤眼莲生物塘，试验时间为一年。

本试验从 2003 年 10 月开始至 2004 年 11 月结束，水力停留时间（HRT）恒定在 7 h。

大型试验装置设一座，呈长方形，设计规格为：L_1=20.6 m，L_2=18.2 m，W=7.5 m，H=1.8 m，S=（20.6 m+18.2 m）/2 × 7.5 m=145.5 m^2，V=S × 1.8 m=261.9 m^3。

（1）凤眼莲生物塘四季水质的变化研究

1）凤眼莲生物塘四季水质采样的时间

凤眼莲生物塘四季水质的采样分别在春季的4月、夏季的7月、秋季的10月和冬季的2月初进行。

2）凤眼莲生物塘进出水的水样采集方法

凤眼莲生物塘进水样的采集地点位于凤眼莲生物塘进水槽，出水样的采集地点位于出水堰，当天下午2时采样。由于挺水植物池和凤眼莲生物塘具有一定的池容，能起到平衡当天进出水水质作用，因此采用即时采样方法，可代表一段时间内的水质状况。

3）分析项目和方法

凤眼莲生物塘进出水水样测定项目包括pH、水温、溶解氧、电导率（EC）、氨氮、硝酸盐氮（NO_3-N）、TN、正磷酸盐（PO_4^{3-}）、TP和chla共10个指标。其中pH、水温、DO和EC即时测定，除chla外，NH_3-N、NO_3-N、TN、PO_4^{3-}和TP在48 h内完成分析。

（2）底泥沉积的研究

1）底泥收集设计及方法

试验始于2003年10月，按图10-25的布置，在凤眼莲生物塘中沿水流方向，在距离进水口0.5 m处开始，每隔1.5 m放底泥收集瓶，至水面下1.4 m处（距离池底0.4 m），每组设5个采样点，每个采样点设4个底泥采集瓶，试验设三组重复。放瓶半年后，于2004年4月收集底泥，作为非蓝藻期底泥的沉积量；2004年10月收集剩余的采集瓶，作为全年底泥的沉积量。

2）底泥样本的采集

凤眼莲密集生长，覆盖整个塘面，根区聚集了大量的悬浮物。收集底泥样本必须防止凤眼莲根区的悬浮物沉淀落入底泥收集瓶中。

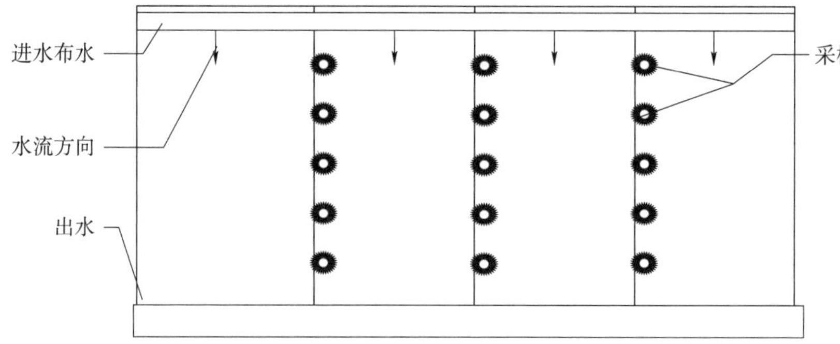

图10-25　底泥采样布置示意图

3）底泥样本分析项目及方法

底泥分析项目为 SS。SS 需定容测定，根据收集瓶口面积计算出单位塘面的 SS 含量。

（3）凤眼莲生物量的测定

1）凤眼莲测定时间

2003 年 9 月，清除全塘凤眼莲，并栽种新的植株。2003 年 10 月试验开始，第 1 次测定凤眼莲生长状况；2004 年 4 月，在进入蓝藻期前，第 2 次测定凤眼莲生长状况；2004 年 10 月试验结束时，第 3 次测定凤眼莲生长状况。

2）凤眼莲的测定项目及方法

凤眼莲生物量的测定按照《环境监测技术规范》第四册《生物监测（水环境部分）》（国家环保总局，1986）方法，采集 1 m^2 水面的凤眼莲，去除腐烂的根、茎、叶，用清水洗净，沥干水分后称重。分析项目包括生物量（湿重）、茎叶高度、根系长度。

（4）凤眼莲生物塘凤眼莲根区动物及微生物的测定

凤眼莲根区动物及微生物的测定，包括原生动物和后生动物的优势种、凤眼莲根区水的细菌总数（国家环境保护总局，1989）。

凤眼莲根区微型动物定性分析采用活体镜检法，蓝藻期和非蓝藻期各分析一次。细菌总数样本在 2004 年 10 月分析一次。

普通水生生物样本用 121℃、15 min 灭菌的 1 000 mL 玻璃瓶收集。

微生物用 121℃、15 min 灭菌的 25 mL 玻璃瓶收集，立即送检。

（5）统计分析方法

采用 SPSS 统计软件进行平均数标准差的计算，多重比较采用邓肯氏新复极差检验法（DMRT 法），α=0.05 的显著水平。

凤眼莲生物塘进水与出水间的差异性检验采用 SPSS 统计软件进行配对样本的 T 检验（two-tailed）。

10.1.5.4.3　试验结果与分析

（1）各季节凤眼莲生物塘进水水质特征

1）各季节凤眼莲生物塘进水 pH、温度、DO 和 EC 的变化

各季节凤眼莲生物塘进水 pH、温度、DO 和 EC 的变化分别见图 10-26～图 10-29。凤眼莲生物塘夏季进水 pH 显著高于其他季节（$P<0.05$），各季节进水的水温差异显著（$P<0.05$），呈现夏高冬低随气候变化的规律；冬季的 DO 显著高于其他三个季节（$P<0.05$）；而 EC 变化显著，规律为夏季＞秋季＞春季＞冬季（$P<0.05$）。结果说明在夏季凤眼莲生物塘进水的 pH、水温、EC 在四个季节中夏季最高，春季和秋季次之，冬季最低；而冬季 DO 最高。

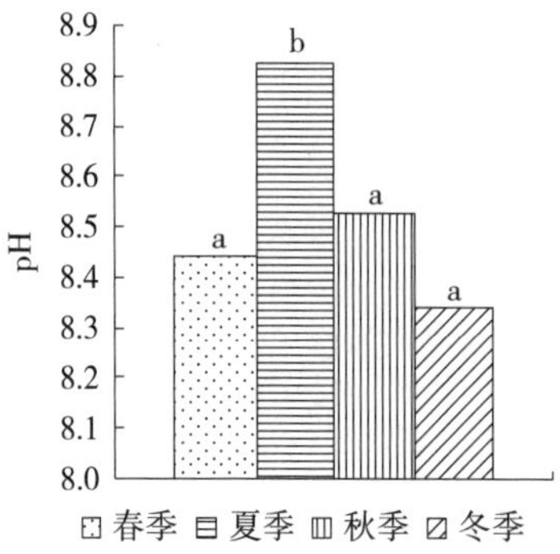

图 10-26　进水 pH 的变化

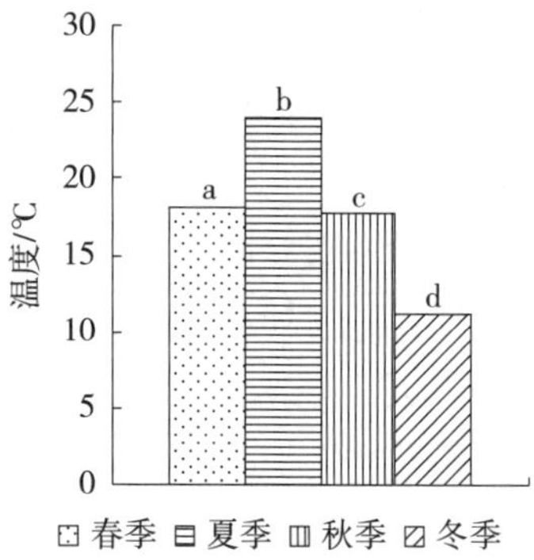

图 10-27　进水温度的变化

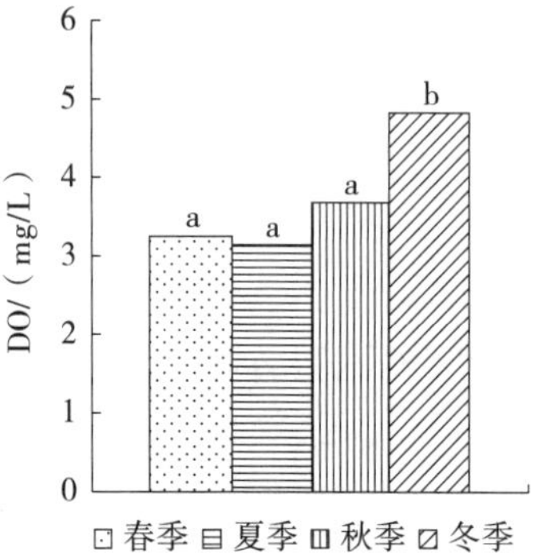

图 10-28　进水 DO 的变化

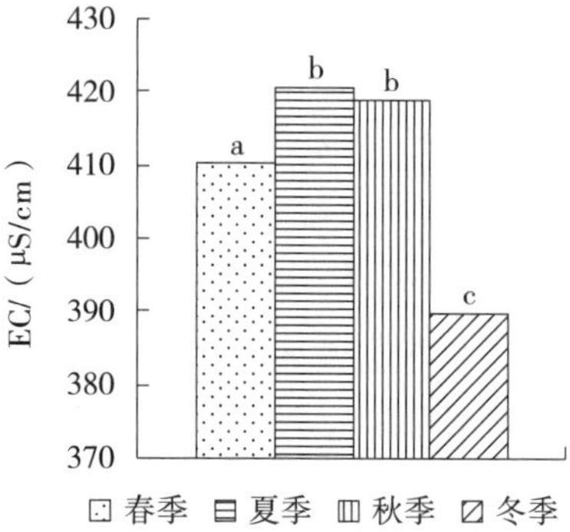

图 10-29　进水 EC 的变化

注：以上图中不同的字母表示差异显著（$P<0.05$），相同的字母代表差异不显著（$P>0.05$），以下所有图表示方法相同。

2）凤眼莲生物塘进水 NH_3-N、NO_3-N、TN 和 chla 的变化

凤眼莲生物塘进水 NH_3-N、NO_3-N、TN 和 chla 的变化分别见图 10-30～图 10-33。凤眼莲生物塘夏季进水的 NH_3-N、TN 和 chla 均显著地高于其他季节（$P<0.05$），冬季进水的 NH_3-N 和 NO_3-N 显著低于其他季节（$P<0.05$），而春、夏、秋三个季节的 NO_3-N 差异不显著（$P>0.05$），春、秋两季的 TN 和 chla 均高于冬季，但差异不显著（$P>0.05$）。说明夏季进水中有较高的 NH_3-N、NO_3-N、TN 和 chla，水质差；冬季进水的 NH_3-N、NO_3-N、TN 和 chla 最低，水质好。

3）凤眼莲生物塘进水 PO_4^{3-} 和 TP 的变化

凤眼莲生物塘进水 PO_4^{3-} 和 TP 的变化分别见图 10-34 和图 10-35。

凤眼莲生物塘进水的 PO_4^{3-} 和 TP 表现为夏季＞秋季＞春季＞冬季，差异显著（$P<0.05$）。说明夏季进水的 PO_4^{3-}、TP 最高，冬季最低。

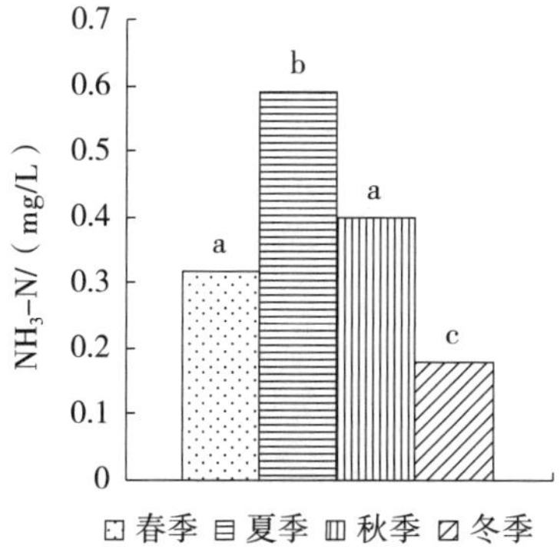

图 10-30　进水 NH_3-N 的变化

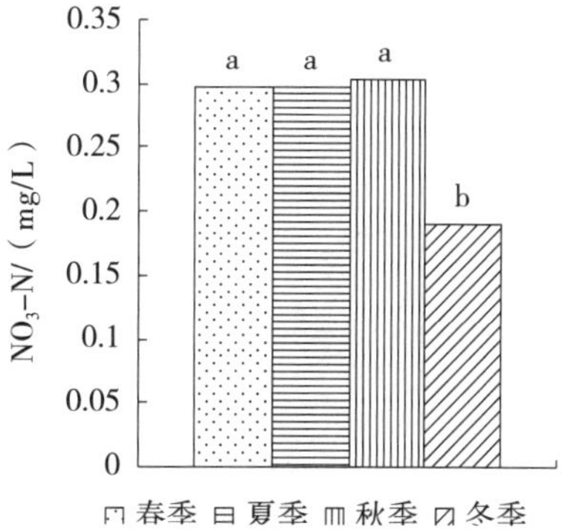

图 10-31　进水 NO_3-N 的变化

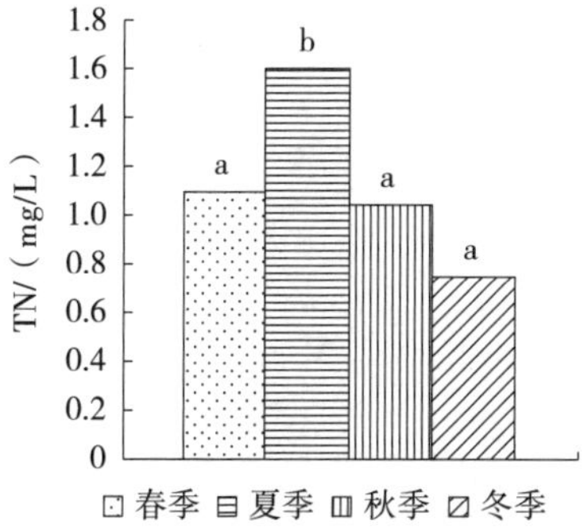

图 10-32　进水 TN 的变化

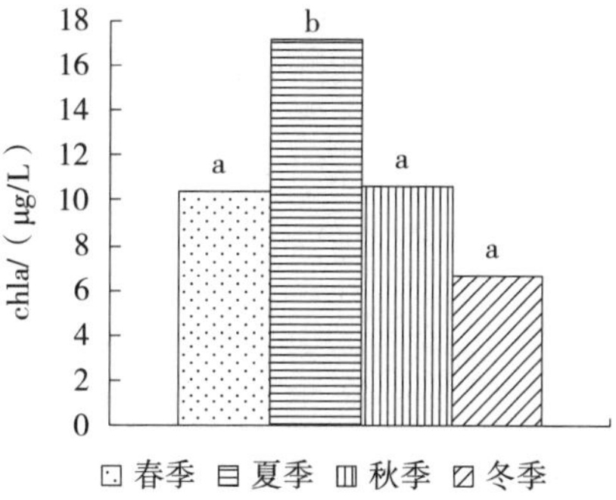

图 10-33　进水 chla 的变化

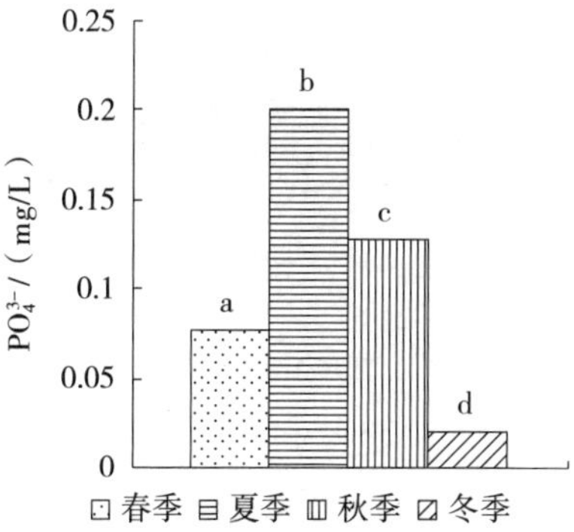

图 10-34　进水 PO_4^{3-} 的变化

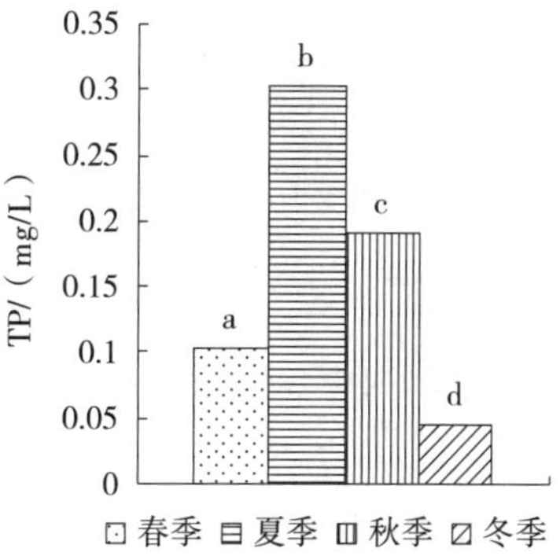

图 10-35　进水 TP 的变化

（2）各季节凤眼莲生物塘出水水质特征

1）各季节凤眼莲生物塘出水 pH、温度、DO 和 EC 的变化

各季节凤眼莲生物塘出水 pH、温度、DO 和 EC 的变化分别见图 10-36～图 10-39。

夏季凤眼莲生物塘出水的 pH、水温和 EC 全年最高，且与其他季节差异显著（$P<0.05$），春、秋、冬三季的 pH 差异不显著（$P>0.05$），但春季较低；春秋两季的水温差异不大，而冬季水温只有11.5℃，明显低于其他季节（$P<0.05$）；春、夏两季的DO明显低于秋、冬季节（$P<0.05$），而冬季DO最高；各季节出水的EC表现为夏季＞秋季＞春季＞冬季，差异显著（$P<0.05$）。说明夏季凤眼莲生物塘出水有高pH、高水温、高EC和低DO的特点，冬季水温、EC最低，而DO最高。

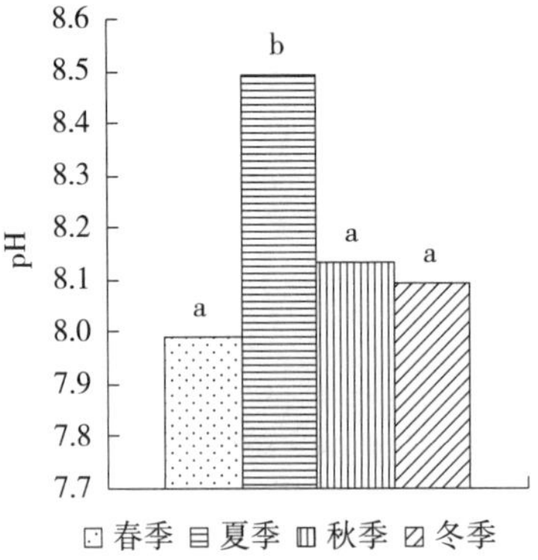

图10-36 出水pH的变化

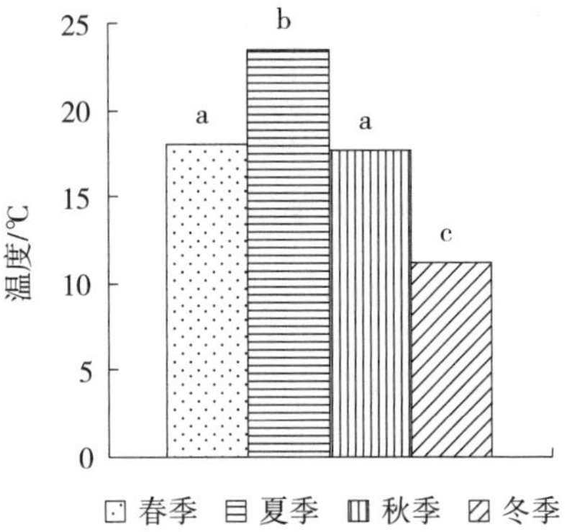

图10-37 出水水温的变化

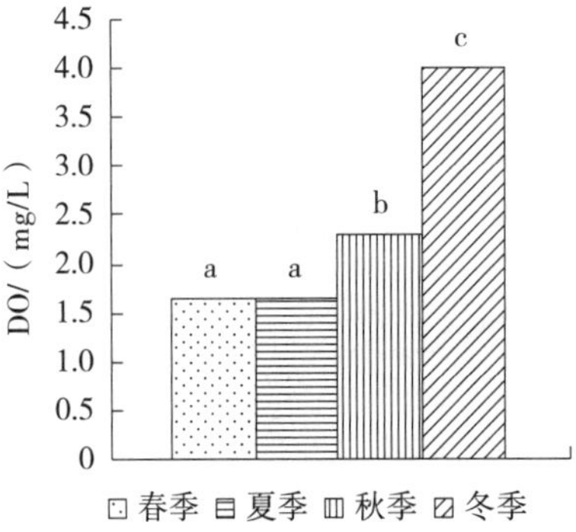

图10-38 出水DO的变化

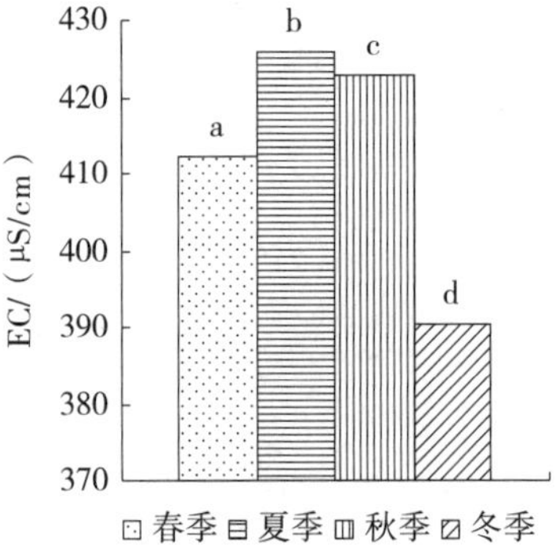

图10-39 出水EC的变化

2）各季节凤眼莲生物塘出水NH_3-N、NO_3-N、TN和chla的变化

各季节凤眼莲生物塘出水的NH_3-N、NO_3-N、TN和chla的变化分别见图10-40～图10-43。

夏季出水的NH_3-N、TN和chla显著地高于其他几个季节（$P<0.05$），春秋两季的NH_3-N、NO_3-N、TN和chla差异不显著（$P<0.05$），冬季的NH_3-N、NO_3-N、TN和chla均为全年最低。说明夏季出水在氮和chla方面水质状况差，而冬季最好。

3）各季节凤眼莲生物塘出水PO_4^{3-}和TP的变化

各季节凤眼莲生物塘出水PO_4^{3-}和TP的变化分别见图10-44和图10-45。

各季节出水的PO_4^{3-}和TP差异显著（$P<0.05$），表现为夏季＞秋季＞春季＞冬季。说明夏季凤眼莲生物塘出水磷的含量高，水质差，而冬季水质最好。

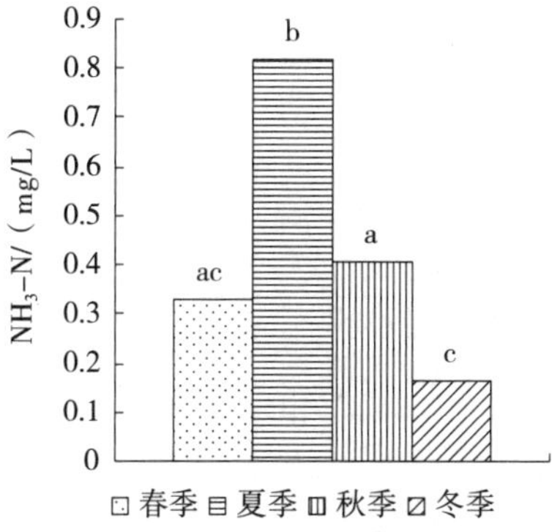

图 10-40 出水 NH_3-N 的变化

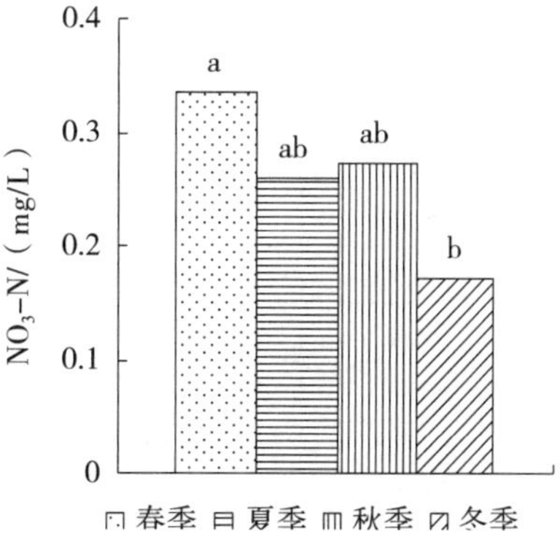

图 10-41 出水 NO_3-N 的变化

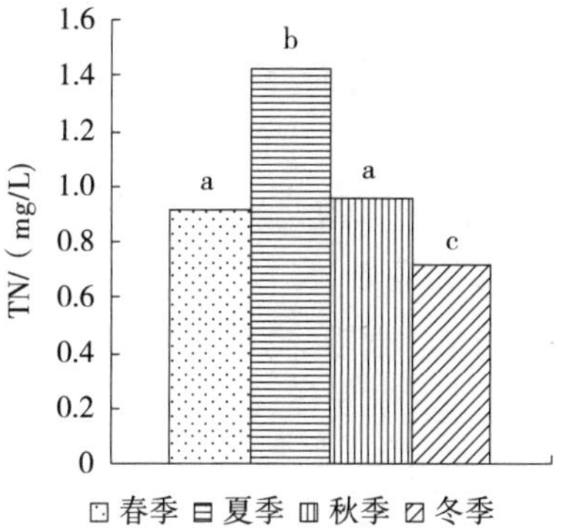

图 10-42 出水 TN 的变化

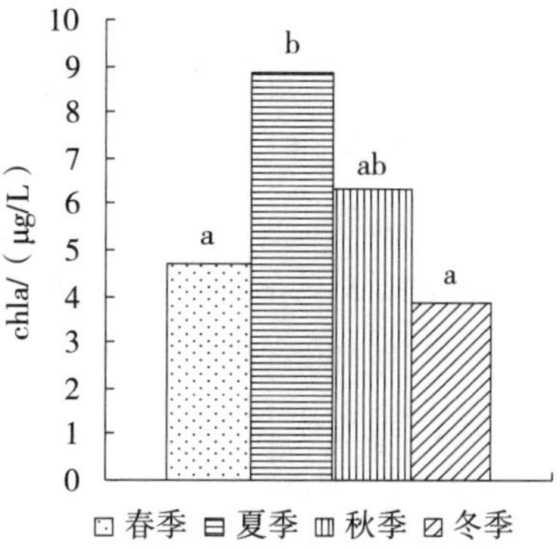

图 10-43 出水 chla 的变化

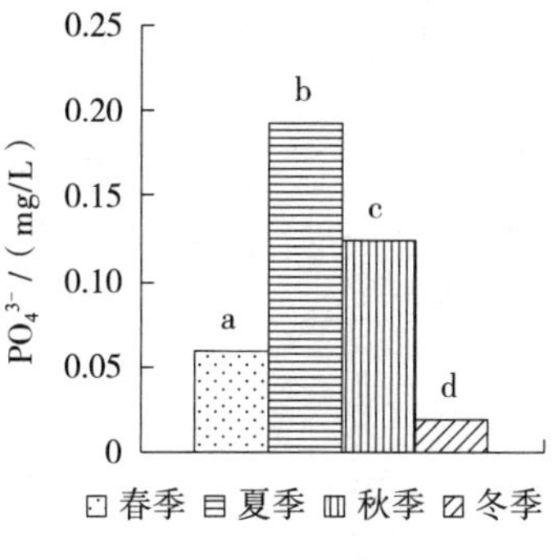

图 10-44 出水 PO_4^{3-} 的变化

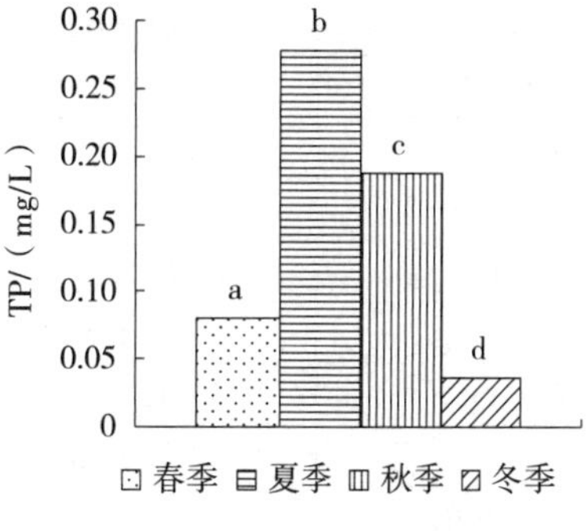

图 10-45 出水 TP 的变化

（3）各季节凤眼莲生物塘进出水水质指标的变化分析

1）春季凤眼莲生物塘进出水差异分析

春季凤眼莲生物塘进出水差异性检验见表 10-29。

表 10-29 春季凤眼莲生物塘进出水差异性检验

水质指标	凤眼莲生物塘进水	凤眼莲生物塘出水	差异显著性检验
pH	8.44±0.09	7.99±0.11	$P<0.01$
水温 /℃	18.14±0.06	18.04±0.03	$P>0.05$
DO/（mg/L）	3.24±0.39	1.66±0.34	$P<0.01$
EC/（μS/cm）	410.20±0.74	412.2±0.65	$P<0.01$
NH_3-N/（mg/L）	0.318±0.016	0.328±0.027	$P>0.05$
NO_3-N/（mg/L）	0.296±0.013	0.334±0.064	$P>0.05$
TN/（mg/L）	1.090±0.043	0.916±0.028	$P<0.05$
PO_4^{3-}/（mg/L）	0.077±0.006	0.058±0.004	$P<0.05$
TP/（mg/L）	0.104±0.016	0.081±0.009	$P>0.05$
chla/（μg/L）	10.443±0.950	4.724±0.883	$P<0.01$

注：$P<0.05$ 代表差异性显著，$P<0.01$ 代表差异性极显著，$P>0.05$ 代表差异性不显著。

差异性检验结果表明，春季凤眼莲生物塘出水的理化指标中，pH 大幅度降低，并消耗大量的 DO，EC 也显著升高；NH_3-N 和 NO_3-N 平均值略微升高，但不显著，NO_3-N 表现出一定的波动，与进水比较有降低的现象，但不显著；TN、PO_4^{3-} 降低显著，TP 降低不显著，而进出水的 chla 有显著的差异。结果说明，在春季凤眼莲生物塘有很好的除 TN、PO_4^{3-} 和除藻效果，而 EC 则明显升高。

2）夏季凤眼莲生物塘进出水差异分析

夏季凤眼莲生物塘进出水差异性检验见表 10-30。

表 10-30 夏季凤眼莲生物塘进出水差异性检验

水质指标	凤眼莲生物塘进水	凤眼莲生物塘出水	差异显著性检验
pH	8.83±0.06	8.49±0.06	$P<0.01$
水温 /℃	23.93±0.15	23.45±0.26	$P<0.05$
DO/（mg/L）	3.15±0.21	1.65±0.22	$P<0.05$
EC/（μS/cm）	420.75±1.25	426.00±1.22	$P<0.05$
NH_3-N/（mg/L）	0.589±0.034	0.815±0.063	$P<0.05$
NO_3-N/（mg/L）	0.297±0.029	0.261±0.029	$P<0.01$
TN/（mg/L）	1.602±0.050	1.419±0.068	$P<0.05$
PO_4^{3-}/（mg/L）	0.201±0.016	0.192±0.010	$P>0.05$
TP/（mg/L）	0.302±0.023	0.279±0.019	$P<0.05$
chla/（μg/L）	17.139±2.325	7.097±0.753	$P<0.01$

注：$P<0.05$ 代表差异性显著，$P<0.01$ 代表差异性极显著，$P>0.05$ 代表差异性不显著。

夏季凤眼莲生物塘进出水的 pH、水温、DO 和 EC 有显著的变化，呈现出 pH、水温和 DO 降低而 EC 显著升高的规律。出水的 NH_3-N 显著高于进水，而 NO_3-N 有显著的降低，进出水 TN 和 TP 差异显著、chla 差异极其显著，表明夏季凤眼莲生物塘有较好的除 TN、除 TP 和除藻效果，出水的 NH_3-N 和 EC 比进水高。

3）秋季凤眼莲生物塘进出水差异分析

秋季凤眼莲生物塘进出水差异性检验见表 10-31。

表 10-31 秋季凤眼莲生物塘进出水差异性检验

水质指标	凤眼莲生物塘进水	凤眼莲生物塘出水	差异显著性检验
pH	8.53±0.05	8.14±0.06	$P<0.05$
水温 /℃	17.7±0.15	17.63±0.10	$P>0.05$
DO/（mg/L）	3.69±0.35	2.31±0.12	$P>0.05$
EC/（μS/cm）	418.75±0.75	423.00±1.08	$P<0.05$
NH_3-N/（mg/L）	0.400±0.072	0.406±0.141	$P>0.05$
NO_3-N/（mg/L）	0.303±0.036	0.272±0.020	$P>0.05$
TN/（mg/L）	1.043±0.032	0.960±0.105	$P>0.05$
PO_4^{3-}/（mg/L）	0.128±0.001	0.125±0.000	$P>0.05$
TP/（mg/L）	0.192±0.013	0.186±0.007	$P>0.05$
chla/（μg/L）	10.611±1.218	6.338±1.128	$P<0.01$

注：$P<0.05$ 代表差异性显著，$P<0.01$ 代表差异性极显著，$P>0.05$ 代表差异性不显著。

秋季凤眼莲生物塘进出水 pH 显著降低而 EC 显著升高，水温和 DO 的差异不显著，而 NH_3-N、NO_3-N、PO_4^{3-}、TN 和 TP 差异不显著，但凤眼莲生物塘在秋季依然表现出明显的除藻效果。

4）冬季凤眼莲生物塘进出水差异分析

冬季凤眼莲生物塘进出水差异性检验见表 10-32。

表 10-32 冬季凤眼莲生物塘进出水差异性检验

水质指标	凤眼莲生物塘进水	凤眼莲生物塘出水	差异显著性检验
pH	8.34±0.06	8.09±0.05	$P<0.01$
水温 /℃	11.20±0.11	11.18±0.10	$P>0.05$
DO/（mg/L）	4.82±0.23	4.02±0.05	$P<0.05$
EC/（μS/cm）	389.6±0.57	390.4±0.57	$P>0.05$
NH_3-N/（mg/L）	0.177±0.010	0.162±0.007	$P>0.05$
NO_3-N/（mg/L）	0.191±0.028	0.173±0.029	$P>0.05$
TN/（mg/L）	0.750±0.039	0.718±0.025	$P>0.05$
PO_4^{3-}/（mg/L）	0.021±0.001	0.019±0.002	$P<0.05$
TP/（mg/L）	0.045±0.008	0.037±0.006	$P<0.05$
chla/（μg/L）	6.720±0.398	3.829±0.442	$P<0.01$

注：$P<0.05$ 代表差异性显著，$P<0.01$ 代表差异性极显著，$P>0.05$ 代表差异性不显著。

凤眼莲生物塘出水在冬季的 pH 降低非常显著，DO 差异显著但下降的幅度不大，而水温和 EC 的变化不大；冬季 TN 的变化不大，而 PO_4^{3-} 和 TP 的差异显著，但下降的幅度不大。凤眼莲生物塘冬季依然表现出显著的除藻效果。

（4）凤眼莲生物塘对蓝藻的去除率效果

凤眼莲生物塘在春季、夏季、秋季和冬季对富营养化星云湖水的 chla 去除率分别为 55.85%、57.86%、41.12% 和 42.50%，夏季蓝藻去除率显著高于秋冬季（$P<0.05$）。

（5）凤眼莲生物塘出水的预测

1）凤眼莲生物塘出水 NH_3-N 预测模型

采用凤眼莲生物塘一年四季进出水数据，进水的 NH_3-N 范围为 0.144～0.654 mg/L，不同进水 NH_3-N 所对应的出水 NH_3-N 表述的回归方程为 $y=a+bx$，其中 x 表示进水的 NH_3-N（mg/L），y 表示出水的 NH_3-N（mg/L），$a=-0.088$，$b=1.385\ 7$。显著性检验表明回归关系显著（$P<0.05$），见图 10-46。

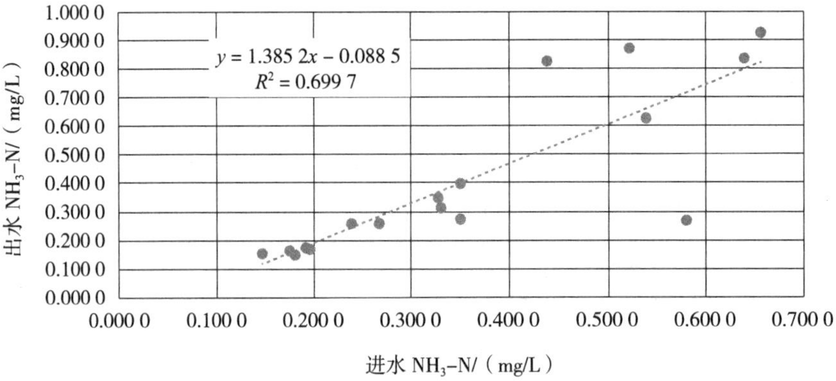

图 10-46 凤眼莲生物塘出水的 NH_3-N

2）凤眼莲生物塘出水 NO_3-N 预测模型

采用凤眼莲生物塘一年四季进出水数据，进水的 NO_3-N 范围为 0.128～0.387 mg/L，不同进水 NO_3-N 所对应的出水 NO_3-N 表述的回归方程为 $y=a+bx$，其中 x 表示进水的 NO_3-N（mg/L），y 表示出水的 NO_3-N（mg/L），$a=0.050\ 9$，$b=0.775\ 1$。显著性检验表明回归关系显著（$P<0.05$），见图 10-47。

3）凤眼莲生物塘出水 TN 预测模型

采用凤眼莲生物塘一年四季进出水数据，进水的 TN 范围为 0.673～1.734 mg/L，不同进水 TN 所对应的出水 TN 表述的回归方程为 $y=a+bx$，其中 x 表示进水的 TN（mg/L），y 表示出水的 TN（mg/L），$a=0.083\ 8$，$b=0.817\ 8$。显著性检验表明回归关系显著（$P<0.05$），见图 10-48。

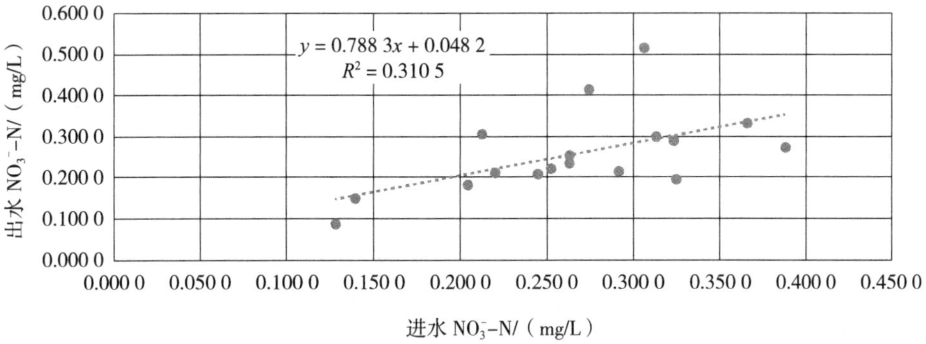

图 10-47　凤眼莲生物塘出水的 NO_3-N

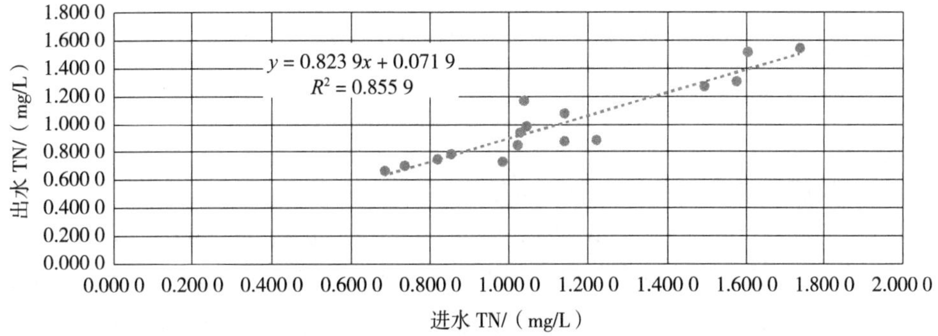

图 10-48　凤眼莲生物塘出水的 TN

4）凤眼莲生物塘出水 PO_4^{3-} 预测模型

采用凤眼莲生物塘一年四季进出水数据，进水的 PO_4^{3-} 范围为 0.018～0.241 mg/L，不同进水 PO_4^{3-} 所对应的出水 PO_4^{3-} 表述的回归方程为 $y=a+bx$，其中 x 表示进水的 PO_4^{3-}（mg/L），y 表示出水的 PO_4^{3-}（mg/L），a=−0.109 4，b=0.213 4。显著性检验表明回归关系显著（$P<0.05$），见图 10-49。

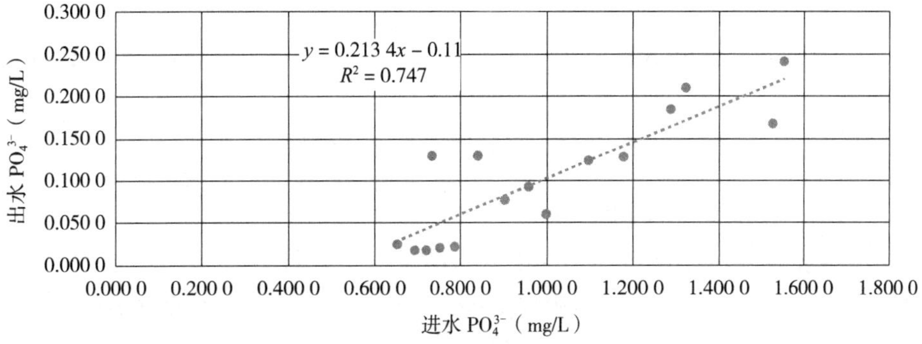

图 10-49　凤眼莲生物塘出水的 PO_4^{3-}

5）凤眼莲生物塘出水 TP 预测模型

采用凤眼莲生物塘一年四季进出水数据，进水的 TP 范围为 0.032～0.357 mg/L，不同进水 TP 所对应的出水 TP 表述的回归方程为 $y=a+bx$，其中 x 表示进水的 TP（mg/L），y 表示出水的 TP（mg/L），$a=-0.005\ 8$，$b=0.939$。显著性检验表明回归关系显著（$P<0.05$），见图 10-50。

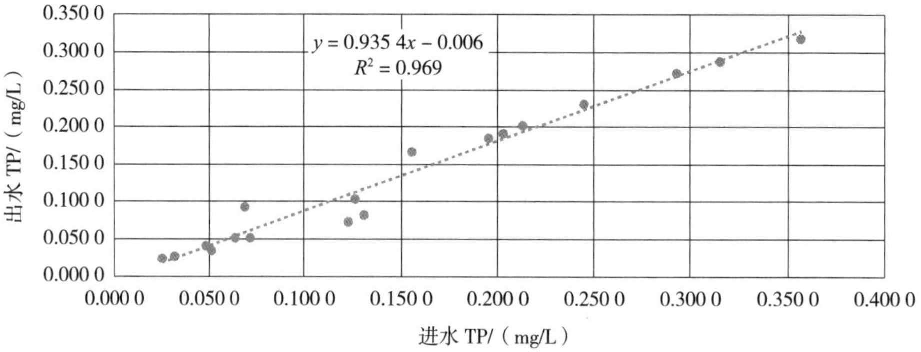

图 10-50 凤眼莲生物塘出水的 TP

6）凤眼莲生物塘出水 chla 预测模型

采用凤眼莲生物塘一年四季进出水数据，进水的 chla 范围为 5.434～22.477 mg/L，不同进水 chla 所对应的出水 chla 表述的回归方程为 $y=a+bx$，其中 x 表示进水的 chla（mg/L），y 表示出水的 chla（mg/L），$a=1.453\ 4$，$b=0.357\ 4$。显著性检验表明回归关系显著（$P<0.05$），见图 10-51。

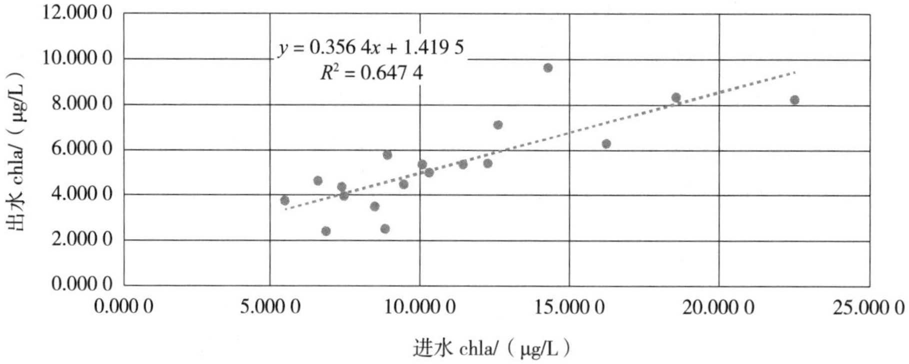

图 10-51 凤眼莲生物塘出水的 chla

（6）凤眼莲生物塘的底泥沉积

凤眼莲生物塘沿水流方向不同采样点的底泥沉积量见图 10-52。HRT=7 h 时，底泥的沉积沿水流方向减少，说明蓝藻进入凤眼莲生物塘后，容易在塘体前半部分沉积，塘体前半部分底泥的沉积量明显高于后半部分（$P<0.05$）。凤眼莲生物塘全

年单位面积平均底泥产量为 0.6 kg/m²，全塘产泥总量为 87.3 kg，非蓝藻期的底泥只占全年产泥量的 35%，由此推断底泥主要在蓝藻期内产生。

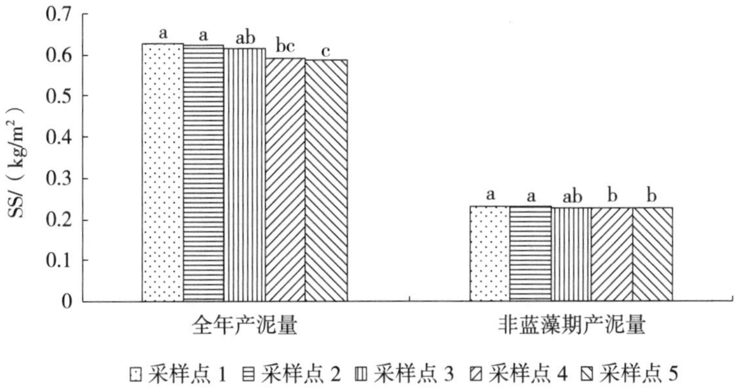

图 10-52　全年和非蓝藻期各采样点的底泥产量

（7）凤眼莲生物量

各阶段凤眼莲生物量及根系、茎叶长度见表 10-33。凤眼莲总生物量一年后增加了 56.6 kg/m²，全年全塘凤眼莲总生物量增加了 8 235.3 kg。随着试验时间增加，凤眼莲茎叶的增长，在一年后收获时，去除腐烂衰老的根系后，根系只有 30 cm 长，这说明在不同时期凤眼莲茎、叶和根系的生长有差异。

表 10-33　各阶段凤眼莲生物量及根系、茎叶长度

凤眼莲各部分指标	试验日期		
	2003 年 10 月 20 日	2004 年 4 月 18 日	2004 年 10 月 18 日
凤眼莲总湿重 /kg	9.80	28.00	66.40
茎叶重 /kg	8.20	21.53	61.12
根系重 /kg	1.60	6.47	5.28
茎叶重 / 根系重	5.13	3.33	11.58
根系长 /cm	40	55	30
茎叶长 /cm	25	35	70
茎叶长 / 根系长	0.63	0.64	2.33

（8）凤眼莲根区的动物种类及细菌总数

凤眼莲根区中发现的优势动物种类有枝角类、螺、轮虫、腹毛虫、桡足类、甲壳类、寡毛虫、蛭类、线虫和变形虫等水生动物。

根区的细菌总数随水流方向递减：进水口 0.5 m 处为 3.74×10^4 CFU/mL，塘中部根区水为 2.88×10^4 CFU/mL，塘出水口前为 2.28×10^4 CFU/mL。

（9）总进水 SS 与 chla 相关性

在蓝藻期间，对湖水随机采样，9 个水样的 SS 与 chla 所表述的回归方程为 $y=a+bx$，其中 x 表示总进水的 chla（μg/L），y 表示总出水的 SS（mg/L），a=7.264 6，b=0.276 9。显著性检验表明回归关系显著（$P<0.05$），见图 10-53。

因此，在蓝藻期间，可用 SS 代表蓝藻的含量。

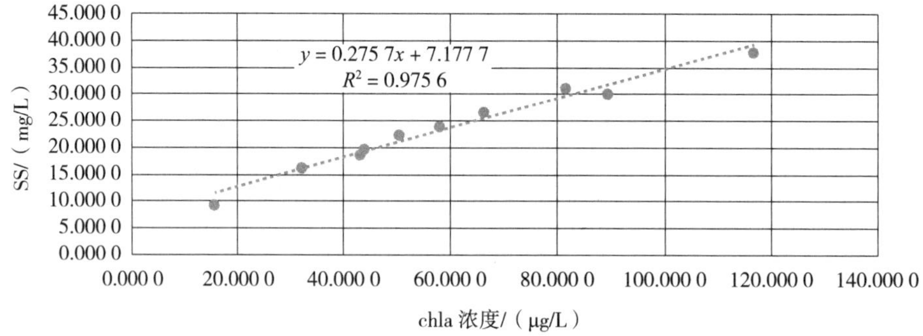

图 10-53 总进水 SS 与 chla 的相关关系

（10）SS 在凤眼莲根区水中的分布规律

SS 在凤眼莲根区水中的分布规律见图 10-54。SS 样本采自于凤眼莲生物塘中进水口后 0.5 m、塘中部和出水口前 0.5 m 三个采样点的凤眼莲根区水，样本采集后镜检发现主要由蓝藻、腐烂的凤眼莲和水生动物组成，样本剔除腐烂的凤眼莲后，凤眼莲生物塘前半部分的 SS 显著高于塘后半部分的样本（$P<0.05$），进水口后 0.5 m、塘中部和出水口前 0.5 m 处的凤眼莲根区水 SS 分别为 251.30 mg/L、176.10 mg/L 和 125.30 mg/L。说明水进入凤眼莲生物塘后，在前半部分凤眼莲根系对 SS 的拦截量高于后半部分。

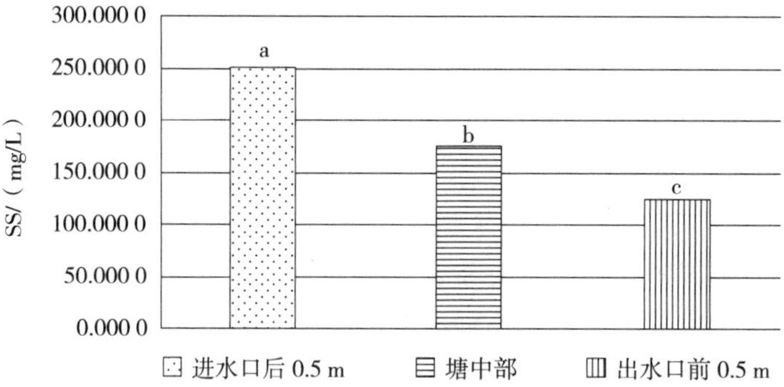

图 10-54 SS 在塘中凤眼莲根区分布

10.1.5.4.4 讨论

（1）凤眼莲生物塘中蓝藻的去除与其他水质指标的关系

在一般藻体中，氮和磷分别占湿重的 0.7% 和 0.08%（黄玉瑶，2000）。本试验发现，在夏季凤眼莲生物塘对蓝藻去除的同时，TN 和 TP 也降低，并伴随 pH 和 DO 降低，出水 NH_3-N 和 EC 升高。在对凤眼莲根区水生生物调查时发现，凤眼莲根区和塘底泥中有大量破损的蓝藻，说明蓝藻进入生物塘后，被凤眼莲根系拦截、沉降，并在根区和底泥中发生分解，消耗水中的 DO，使 pH 降低，产生 NH_3-N 使水中 EC 增加。因此，对凤眼莲生物塘除藻的研究，还涉及与 TN 和 TP 形态关联的分解产物 NH_3-N、NO_3-N 和 PO_4^{3-} 变化规律的研究。

（2）凤眼莲根区中氮形态的转化

凤眼莲生物塘出水的 NH_3-N 浓度随着季节变化而变化，夏季进水蓝藻量高，出水的 NH_3-N 浓度与进水相比升幅最大，这可能与分解蓝藻的微生物及其酶体系受环境温度影响有关；冬季出水的 NH_3-N 低于进水，可能与进水蓝藻数量相对较少、分解速度慢有关，而 NH_3-N 转化的速度高于蓝藻分解产生 NH_3-N 的速度。

Reddy 等（1986）认为在水生高等植物根际存在氧化还原微环境，空气中的氧气通过水生高等植物的根、茎、叶通气组织到达植物根部，并扩散到根表面，环绕根形成一个薄的氧化层（即根际氧化带，Aerobic rhizosphere）。在试验过程中发现，凤眼莲生物塘中凤眼莲根区水的 DO 保持在 0.8～2.5 mg/L，不随进水 DO 的剧烈变化发生很大的波动。在中试中发现，停止进水后，装置中的中层水 DO 下降到 0.8 mg/L 以下时，凤眼莲根区水 DO 依然能维持在 0.8～1.5 mg/L 范围。因此，凤眼莲根系具有维持根区相对稳定的溶氧状态，这与其根系的特殊结构是分不开的。

NO_3-N 是 NH_3-N 的氧化产物。在 HRT=7 h 的水力条件下，凤眼莲根区中的 DO 保持在 0.8～2.5 mg/L 范围，蓝藻在凤眼莲根区中分解后产生的 NH_3-N 和 PO_4^{3-} 等，可立即被凤眼莲根区和微生物吸收同化或转化为 NO_2-N 和 NO_3-N 等其他形式的氮。同时由于凤眼莲根区附近有着不平衡的 DO 分布，使严格好氧的硝化细菌和对氧环境要求不严格的反硝化细菌在微小的根区附近大量分区分布成为可能，蓝藻在根区水环境中的分解产物 NH_3-N 通过浓度梯度向硝化细菌分布区域扩散，NH_3-N 的转化产物亚硝酸盐氮（NO_2-N）、NO_3-N 再通过浓度梯度向反硝化细菌分布区域扩散，通过反硝化过程脱氮。许航等（1999）研究发现，凤眼莲根区聚集大量芽孢杆菌、假单胞菌、产碱杆菌和短杆菌，但进出水的 NO_2-N、NO_3-N 相当低，而水中的硝化细菌很低，氨化细菌、亚硝化细菌和反硝化细菌大量存在，他认为凤眼莲根区存在短程的硝化过程，即 NO_2-N 不经 NO_3-N 直接转化为 N_2。但在本试验中，凤眼莲生物塘的出水 NO_2-N、NO_3-N 浓度很高，根区 DO 保持在 0.8～2.5 mg/L，因此推断，凤眼莲根区 DO 相对稳定的不均衡分布，可能产生了强烈的氨化、硝化和反硝化反应，并维持 NH_3-N、NO_3-N 的动态平衡，这可能是凤眼莲生物塘中主要的脱氮途径，但这还需要进一步研究证实。

（3）凤眼莲根区中蓝藻与细菌总数、凤眼莲生长速度的关系

本试验还发现，凤眼莲生物塘前半部分根区水中的细菌总数和 SS 比后半部分高，中试装置中前半部分的凤眼莲生长速度快于后半部分。因此推断，在 HRT=7 h 的水力条件下，蓝藻在凤眼莲根系被拦截的数量越多，该区域微生物含量越高，蓝藻被分解后释放的 NH_3-N 越多，凤眼莲生长速度越快。

（4）凤眼莲生物塘提出的问题

本试验以已经运行了两年的凤眼莲生物塘为对象，研究其四季的除藻效果和塘进出水 N、P 的变化规律。由于大型试验受占地面积和进水量等的影响，无法在 HRT 等方面进行人工调控，因此，本试验将采用中试进一步研究凤眼莲生物塘的启动变化规律，采用小试进行凤眼莲生物塘除藻影响因素的研究。

在蓝藻暴发期间，湖水蓝藻的含量与 SS 呈良好的线性关系，说明在富营养化水体中蓝藻是 SS 的主要组成部分。凤眼莲根区中聚集着大量的蓝藻，以铜绿微囊藻为优势种的蓝藻在凤眼莲根区中的变化将在第七部分研究。

10.1.5.4.5 小结

（1）凤眼莲生物塘的除藻效果

在星云湖富营养化水体除藻试验中，HRT=7 h 的水力条件下，凤眼莲生物塘在春季、夏季、秋季和冬季对蓝藻的平均去除率分别为 55.85%、57.86%、41.12% 和 42.50%。

（2）凤眼莲生物塘出水的数学模型

在星云湖富营养化水体进水条件下，凤眼莲生物塘出水的 NH_3-N、NO_3-N、TN、PO_4^{3-}、TP 和 chla 浓度可通过与之相对应的进水浓度分别用以下方程描述：

NH_3-N：$y=1.385\,7x-0.088$

NO_3-N：$y=0.775\,1x+0.050\,9$

TN：$y=0.817\,8x+0.083\,8$

PO_4^{3-}：$y=0.213\,4x-0.109\,4$

TP：$y=0.939x-0.005\,8$

chla：$y=0.357\,4x-1.453\,4$

（3）底泥和根区水 SS 的分布规律

在水力停留时间 HRT=7 h 的水力条件下，凤眼莲生物塘中由蓝藻形成的底泥分布呈现塘体前半部分高于后半部分的规律，全年单位面积平均底泥产量为 0.6 kg/m^2。在进水口后 0.5 m 处、塘中部和出水口前 0.5 m 处，凤眼莲根区水的 SS 分别为 251.3 mg/L、176.1 mg/L 和 125.3 mg/L。

（4）凤眼莲及其根区水中的生物

凤眼莲生物塘中，凤眼莲总湿重每年增加 56.6 kg/m^2。根区水细菌总数呈现塘

体前半部分高于后半部分的规律，根区中的水生动物主要有变形虫、枝角类、螺、轮虫、腹毛虫、桡足类、甲壳类、寡毛虫、蛭类和水线虫等。

10.1.5.5　凤眼莲生物塘的运行规律——启动过程中塘内水层的变化及凤眼莲生长规律的研究

10.1.5.5.1　前言

在研究本书第二部分大型凤眼莲生物塘的运行规律过程中，发现凤眼莲生物塘在各个季节都有显著的除藻效果。在夏季，随着蓝藻的去除，伴随着 TN、TP 的显著降低，出水中的 NH_3-N 和 EC 显著升高。大型试验已经持续运行了两年，根系拦截大量的蓝藻，底部沉积大量的污泥，无法得知其启动时的运转状况。为了研究凤眼莲生物塘中根区水层和底泥上覆水层水质状况、凤眼莲生物塘运行过程中凤眼莲的生长状况，以及夏季塘出水的 NH_3-N 和 EC 的升高与根区水层、中部水层和底泥上覆水层水质的关系，采用体积为 3 m^3 的中试装置进行试验。

中试装置与大型试验一致，底部平行布水，顶部平行出水，HRT=7 h。为了便于测定凤眼莲根系的长度和观察根系的变化，中试装置采用四面透明的玻璃壁，为了模拟自然条件下的凤眼莲生物塘，对玻璃池壁遮光（沈韫芬，1990）。

10.1.5.5.2　材料与方法

（1）中试装置的规模及设计

中试装置设一座，外围四周设玻璃墙，并遮光，池体呈长方形。装置设计如下：L=2.20 m，W=1.25 m，H=1.10 m，S=2.20 m × 1.25 m=2.75 m^2，V=S × 1.10=3.03 m^3。

（2）中试的进出水布管和采样布管

中试进水采用下进上出平行布水的方式。进水为 Φ25 mm 管，沿水流方向平行钻孔。进水管距池底 30 cm。

采样布管：池内中部沿水深方向设 3 处取样管，分别可采取水深为 20 cm、50 cm、80 cm 的水样，分别代表凤眼莲根区水、中层水和底泥上覆水样。

（3）中试的内容

中试装置于 2004 年 4 月下旬运行，测定运行初期、运行一个月后和运行两个月后凤眼莲根区水层、底泥上覆水层的水质，两个月后测定中层水质，研究其变化规律；测定运行初期、运行一个月后和两个月后凤眼莲茎叶的高度和根系的长度。

（4）采样方法及分析项目

各层水采用虹吸法从取样管中采样。

分析项目：各层水水质分析项目包括 pH、水温、DO、EC、NH_3-N、NO_3-N、TN、PO_4^{3-}、TP 和 chla 共 10 个指标。其中 pH、水温、DO 和 EC 即时测定，除 chla 外，NH_3-N、NO_3-N、TN、PO_4^{3-} 和 TP 在 48 h 内完成分析。

（5）统计分析方法

多重比较采用邓肯氏新复极差法（DMRT 法）α=0.05 的显著水平。

10.1.5.5.3 结果与分析

（1）不同运行期凤眼莲根区水层和底泥上覆水层的水质变化

1）不同运行期凤眼莲根区水的水质变化

不同运行期凤眼莲根区水的 NH_3-N、NO_3-N、TN、PO_4^{3-}、TP 和 chla 变化分别见图 10-55、图 10-56。

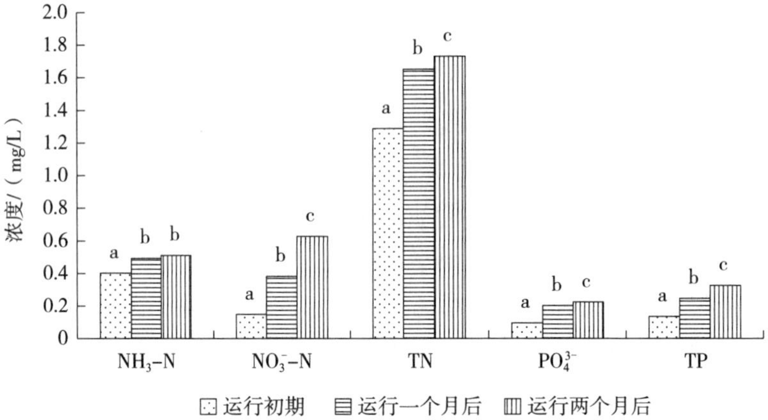

图 10-55 不同运行期凤眼莲根区水 NH_3-N、NO_3-N、TN、PO_4^{3-} 和 TP 的变化

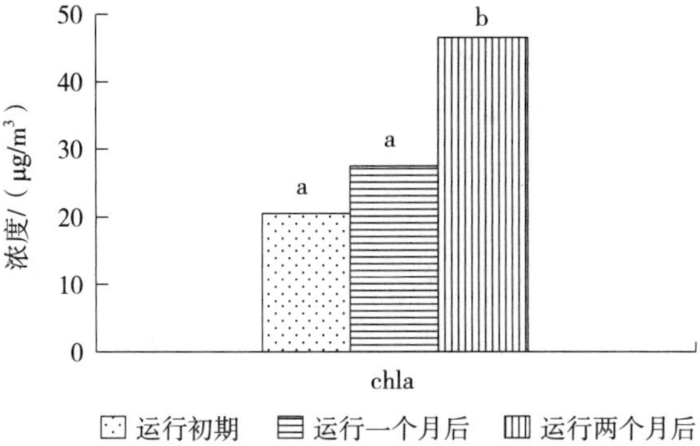

图 10-56 不同运行期凤眼莲根区水 chla 的变化

随着运行时间的增加，凤眼莲根区水中的 NH_3-N、NO_3-N、TN、PO_4^{3-}、TP、chla 和 EC 明显上升，在运行一个月和运行两个月的凤眼莲根区水的 NH_3-N 显著高于运行初期的根区水（$P<0.05$），NO_3-N、TN、PO_4^{3-} 和 TP 在三个运行期间差异显著（$P<0.05$）。运行两个月后的凤眼莲根区水中，chla 显著高于运行初期和运行一个月的根区水（$P<0.05$）。说明随着运行时间的增加，凤眼莲根区中的 N、P 随着拦截蓝藻的增加而增加。

2）不同运行期底泥上覆水的水质变化

运行初期、运行一个月后和运行两个月后，底泥上覆水的 NH_3-N、NO_3-N、TN、PO_4^{3-} 和 TP 变化见图 10-57，chla 变化见图 10-58。随着运行时间的增加，底泥上覆水中的 NH_3-N、NO_3-N、TN、PO_4^{3-}、TP、chla 和 EC 明显上升，NH_3-N、NO_3-N、TN、TP、chla 和 EC 6 个指标在三个运行期间差异显著（$P<0.05$），运行一个月后和运行两个月后底泥上覆水中 PO_4^{3-} 显著高于运行初期。说明凤眼莲生物塘低泥上覆水随着运行时间的增加，水质变差。

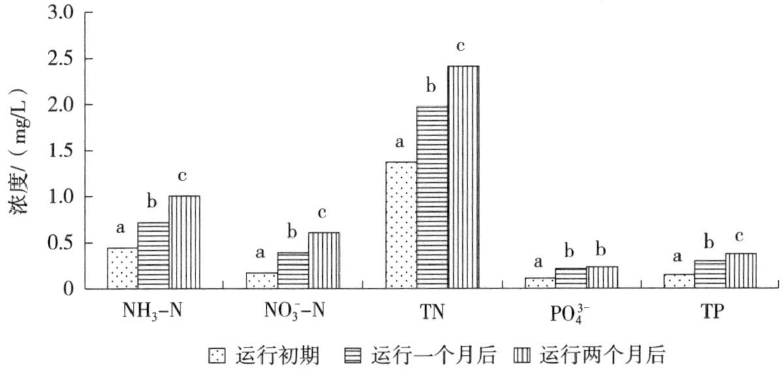

图 10-57　不同运行期底泥上覆水 NH_3-N、NO_3-N、TN、PO_4^{3-} 和 TP 的变化

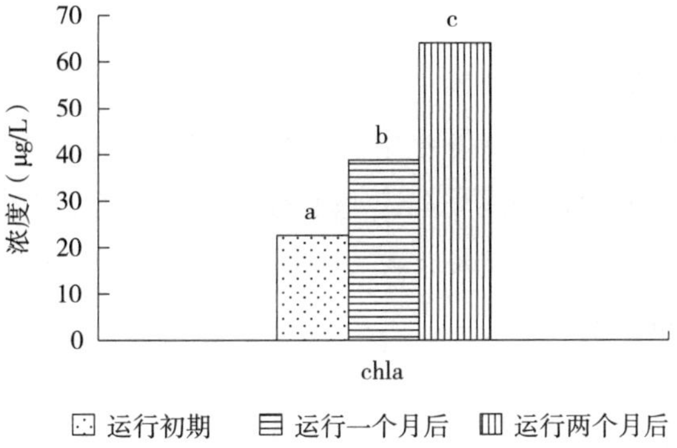

图 10-58　不同运行期底层水 chla 的变化

（2）运行两个月后不同水层的水质变化

运行两个月后不同水层的水质变化见图 10-59、图 10-60。运行两个月后，中层水的 NH_3-N、TN、TP 和 chla 显著低于凤眼莲根区水和底泥上覆水（$P<0.05$），中层水的 NO_3-N 也显著低于凤眼莲根区水（$P<0.05$），表明蓝藻主要集中在根区和底泥，根区水和底泥上覆水的 NH_3-N 增加，但 PO_4^{3-} 变化不大。这说明凤眼莲生物塘中存在着三层水，表现为中层水清洁，而上层的凤眼莲根区水和下层的底泥上覆水污染重，PO_4^{3-} 在各层水中的变化不大。

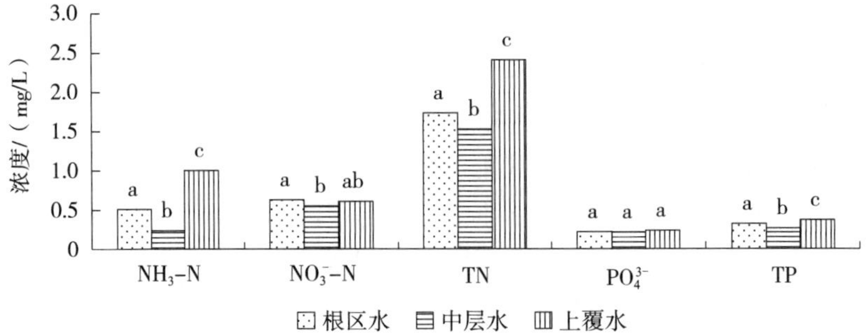

图 10-59 运行两个月后不同水层的 NH_3-N、NO_3-N、TN、PO_4^{3-} 和 TP 的变化

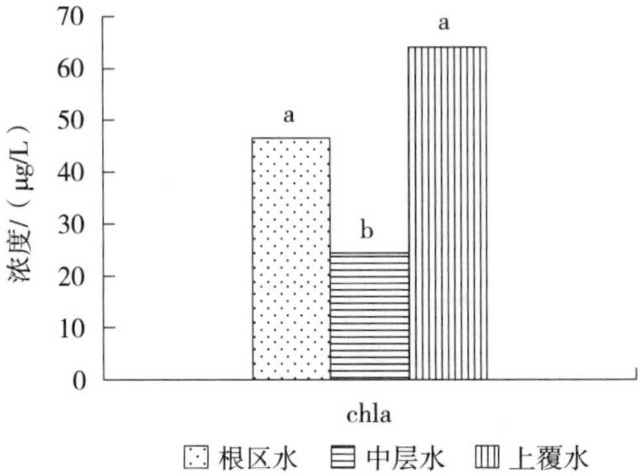

图 10-60 运行两个月后不同水层的 chla 的变化

（3）不同运行时期凤眼莲植株高度和根系长度的变化

不同运行时期凤眼莲植株高度变化见图 10-61，根系长度变化见图 10-62。

运行初期的凤眼莲植株高度平均为 12.6 cm，运行一个月后为 14.3 cm，而在运行两个月后为 52.6 cm，增长幅度显著（$P<0.05$），凤眼莲在不同运行期生长的差异可能是气温差异造成的。

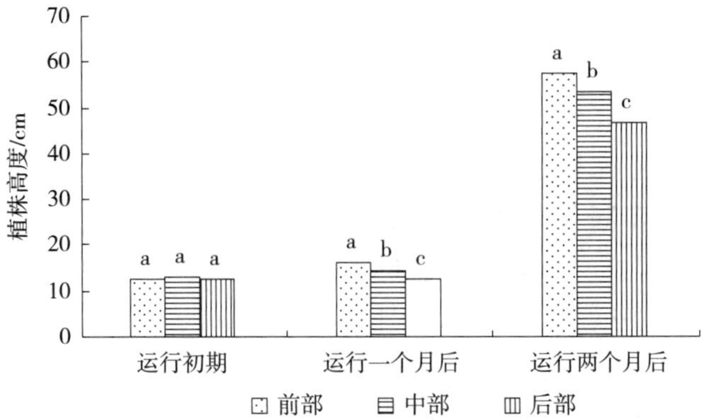

图 10-61 不同运行时期凤眼莲植株的高度

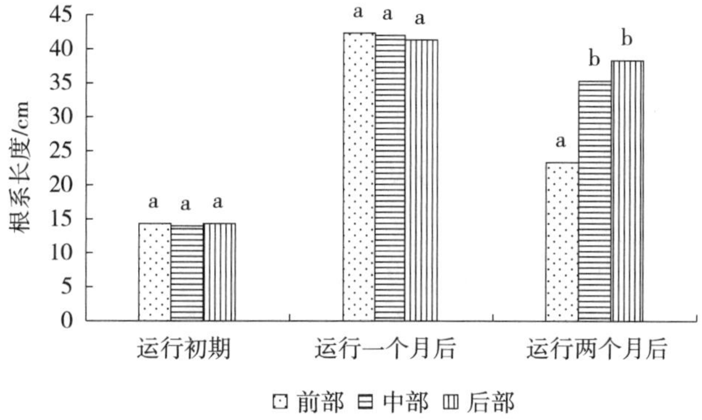

图 10-62　不同运行时期凤眼莲根系的长度

不同位置的凤眼莲植株在高度上也存在差异。在运行初期，沿池长度（水流）方向，凤眼莲植株高度差异不显著（$P>0.05$），而在运行一个月和两个月后，植株在装置前部、中部和后部的高度呈下降的趋势，差异显著（$P<0.05$）。

凤眼莲根系在运行初期平均长度为 14.2 cm，运行一个月后显著增长至 41.9 cm（$P<0.05$），而在运行两个月后显著降低至 32.3 cm（$P<0.05$）。在装置运行初期，凤眼莲根系长度差异不显著（$P>0.05$），而在运行一个月后，在装置前部、中部和后部根系的长度一致，差异不显著（$P>0.05$），在运行两个月后，凤眼莲根系在装置前部的长度显著短于中部、后部的长度（$P<0.05$）。

10.1.5.5.4　讨论

（1）根系长度的变化

凤眼莲根系在运行第一个月时，根系的长度比茎叶的高度增加快，表现为根系的数量增多，根长很快增加到 40 cm 以上。由于春夏之初进水的蓝藻开始增加，根系截留了大量的蓝藻，在运行一个月后，截留的蓝藻在根系附近结团；随着根系的老化和黏附的蓝藻增多，在运行一个半月左右，根系开始脱落，并萌发新根。运行两个月后，根系中由新生根和结团的老根组成，装置中前半部分老根的长度明显短于装置后半部分的长度，这可能是由于在 HRT=7 h 的水力条件下，蓝藻在装置前半部分被拦截的数量多于后半部分，导致大量黏附蓝藻的根系结团，先行脱落。

试验装置前半部分的凤眼莲根系在运行一个半月左右脱落，数量减少，而水面上植株的高度却在不断地增长。Odum（1983）指出：冗余能提高生态系统的稳定性。任明迅等（2001）在通过凤眼莲根系的去除试验中证明了根系生长冗余的存在，认为群体比单株的生长冗余多，而冗余的根系不会对整个植株的生长发育产生明显影响。在 HRT=7 h 的条件下，凤眼莲因附着大量蓝藻使根系脱落，但不影响水上部分茎叶的生长，也证实了凤眼莲冗余根系的存在。

（2）凤眼莲根区水中可能存在营养的差异

凤眼莲的生长与营养直接有关（Gopal，1987）。在运行一个月后，凤眼莲已经布满整个装置，其植株高度在装置前半部分大于后半部分，说明前部生物量高于后部，这可能是由于前半部分与后半部分的凤眼莲根区水存在营养的差异，进而导致不同区域的凤眼莲生长差异显著。

（3）凤眼莲生物塘中各水层的水质变化

中试装置中各水层的变化明显，在凤眼莲的根区和装置的底部，存在着大量的蓝藻，并随着运行时间的增加而增加。蓝藻具有调节自身密度的伪空泡，可以垂直升降。密度大的细胞在进入装置中后，沉淀到池底部，而密度较小的细胞则随着水流的上升而上升，接触到凤眼莲根系并被截留。中试装置中，进水管在近底部平行进水，对角上部平行出水，可以避免池中出现紊流，有利于密度较小的蓝藻被截留。根据沉淀理论，底部进水造成较小的沉降距离，有利于密度大的蓝藻沉淀。

随着运行时间的增加，根区水和底部水中的 NH_3-N 和 EC 显著增加，这是由于分布在根区和底部的蓝藻分解后产生 NH_3-N，而装置内的水始终保持较高的 DO 水平，有利于硝化反应的进行。由于凤眼莲根系特殊的结构和大量蓝藻的结团，根区内可能有低 DO 区的存在，在反硝化细菌的作用下，发生脱氮作用，使整个根区保持 NH_3-N 与 NO_3-N 的动态平衡。在各层水中 PO_4^{3-} 并不随着 TP 的增加而增加，可能由于蓝藻分解后产生的 PO_4^{3-} 被植物和微生物所利用，或沉积于池底的蓝藻被分解后，产生的 PO_4^{3-} 容易与水体中的 Ca、Fe 等离子结合，被固定而导致 PO_4^{3-} 浓度变化不大。由于蓝藻的分解作用致使 NH_3-N 浓度增加，导致根区水和底部水层的 EC 也增加。

中试运行两个月后，凤眼莲根区水和底部水层含有大量的 NH_3-N，而中层水相对较为清洁，NH_3-N 通过浓度梯度向中层水扩散，导致出水 NH_3-N 含量高于进水。

10.1.5.5.5 小结

中试装置启动运行过程中，随着运行时间的增加，蓝藻在凤眼莲根区水层和底部水层含量增多，并使附近水环境中的 NH_3-N、TN 和 TP 显著增加。

在中试装置启动过程中，凤眼莲表现为根系增长速度快于茎叶增高速度，一个月后旧根开始脱落并萌发新根，凤眼莲茎叶则持续生长，其高度变化表现为塘体前半部分高于塘体后半部分。

10.1.5.6 影响凤眼莲生物塘除藻因素的研究

10.1.5.6.1 前言

在本书第二部分的凤眼莲生物塘除藻的大型试验中，在 HRT=7 h 水力条件下，凤眼莲生物塘对富营养化湖水有显著的除藻作用，表现为夏季最高。这给除藻研究提出了一个新问题：影响凤眼莲生物塘除藻的因素有哪些？

国内外的凤眼莲生物塘主要用于生活污水、工业废水等处理，国外已有采用凤眼莲去除水体中的藻类的报道（Youngchul 等，2000）。HRT 是水处理中常用的工艺参数，不同的 HRT 常常直接影响处理效果。HRT 的设置不合理，可能造成出水藻类的浓度高于进水藻类的浓度（WEF，1992）。

因此，HRT 是影响除藻效率的一个重要因子。在大型试验和中型试验中，受试验水量和占地面积的影响，不能同时进行多组试验，因此采用容积为 0.08 m^3 的小型装置。由于小试规模小并受总水量限制，流量过小容易堵塞管道，无法保证 HRT 的准确性，因此设置试验组最大 HRT=7 h，与大型试验和中型试验保持一致。其余试验组的 HRT 递减，分别为 HRT=4 h、HRT=2 h、HRT=1 h。

为了模拟凤眼莲遮光作用对除藻产生的效应，在设计对照组时采用两组，其中一组装置四周及顶部遮光，另一组不遮光，HRT=7 h。

在大型和中型试验中，发现凤眼莲根系黏附大量的蓝藻细胞，同时在中型试验中发现凤眼莲根系相对于植株的生长存在冗余现象，根系的数量是否会影响凤眼莲的除藻效果呢？

综上所述，以下试验回答的问题有：不同的 HRT、光和凤眼莲根系数量对除藻的影响。

10.1.5.6.2　*材料与方法*

（1）小试装置的设计

试验装置采用玻璃材质，呈长方形，规格为 L=0.55 m，W=0.30 m，H=0.50 m，S=0.55 m × 0.30 m=0.17 m^2，V=S × 0.5 m=0.08 m^3。

（2）小试布水管的安装

布水采用 Φ20 mm PVC 管并钻孔，在距池底上方 8 cm 处平行布管，使进水布水均匀，装置对角上方平行出水。在布水管前的进水管处设一阀门，便于流量的调校。

（3）小试装置的启动

小试的启动在 5 月进行。星云湖内采集大小一致、健康的植株，去除坏死的根、茎、叶，用清水洗净，种植于小试装置内。植入的初始生物量（湿重）为 1.2 kg，每天按缸体积的 1/2 水量换一次水，使凤眼莲正常生长，一个月后开始连续进水，每天校正进水流量。

（4）试验分组设计

1）HRT 和光对凤眼莲生物塘除藻效果的影响试验设计

本试验共设 4 个试验组和 2 个空白对照组，见表 10-34。试验前准确设定 HRT，运行期间每天对 HRT 进行测定并调校。

表 10-34 HRT 和光照对除藻效果影响的试验分组

处理方式	组别					
	空白光照	空白遮光	试验 1 组	试验 2 组	试验 3 组	试验 4 组
HRT/h	7	7	7	4	2	1
是否遮光	否	全是	缸壁是	缸壁是	缸壁是	缸壁是
是否种植凤眼莲	否	否	是	是	是	是

2）凤眼莲根系数量对除藻效果的影响

试验按凤眼莲根系的数量分三组进行，见表 10-35，准确设定 HRT=7 h，运行期间每天调校 HRT。每组受试凤眼莲生物量均为 2 kg，试验前用湖水静养，每天按容器体积的 1/2 换水，一周后进行根系处理，再置于小试装置中试验，试验设三个重复。

表 10-35 根系的长短和数量对除藻的影响试验分组

组别	根系长 /cm	HRT/h	根系处理
对照组	35	7	全根
试验 1 组	25	7	保留 2/3 根
试验 2 组	10	7	保留 1/2 根

（5）采样和分析项目

试验期间收集当日 10：00～14：00 进出水的混合样本，测定 chla。

（6）统计分析方法

多重比较采用 SPSS 统计软件邓肯氏新复极差法（DMRT 法）α=0.05 的显著水平。

10.1.5.6.3 结果与分析

（1）凤眼莲全根系、光照和遮光作用对除藻效果的影响

试验 HRT 控制在 7 h，光照空白组、空白遮光组和凤眼莲试验组的除藻效果见图 10-63。

方差分析表明，空白光照组与空白遮光组对 chla 的去除率差异显著（$P<0.05$），空白遮光组比空白光照组的 chla 去除率高 8.39%；而凤眼莲试验组与空白光照组、空白遮光组的 chla 的去除率差异显著（$P<0.05$），chla 去除率比空白光照组和空白遮光组分别高 29.68% 和 21.29%。说明在 HRT=7 h 条件下，凤眼莲试验组对蓝藻去除好于空白光照组和空白遮光组，空白遮光组的除藻效果好于空白光照组，即凤眼莲的除藻效应明显，遮光条件下的除藻效应明显。

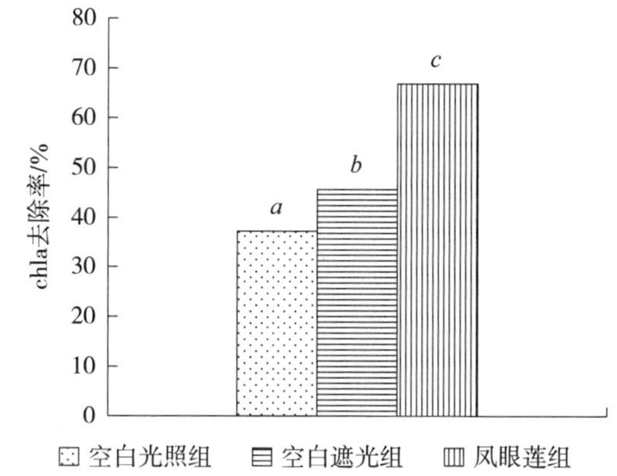

图 10-63　空白对照组与凤眼莲试验组除藻效果的比较

（2）不同 HRT 试验的除藻效果

不同 HRT 试验的除藻效果见图 10-64。

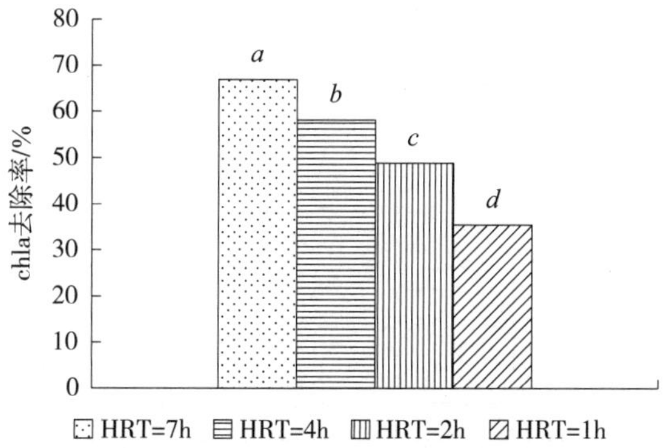

图 10-64　不同 HRT 试验的除藻效果

HRT 分别为 7 h、4 h、2 h 和 1 h 四组试验中，各组间的 chla 去除率差异显著（$P<0.05$）。说明随着水力停留时间的增加，chla 的去除率增加。

（3）不同 HRT 条件下，凤眼莲生物塘对蓝藻的去除效果模型及其验证

1）不同 HRT 条件下，凤眼莲生物塘对蓝藻的去除效果模型

在 8 个进水样本中，chla 浓度分别为 20.341 μg/L、34.472 μg/L、43.457 μg/L、53.273 μg/L、62.733 μg/L、106.838 μg/L、128.802 μg/L、146.740 μg/L 时，HRT=7 h、HRT=4 h、HRT=2 h 和 HRT=1 h 试验组对蓝藻去除率随着进水 chla 浓度的增加而增加。

① HRT=7h 时凤眼莲生物塘对蓝藻去除率模型

在 HRT=7h 条件下，凤眼莲生物塘中 8 个不同进水 chla 与其相应的 chla 去除率所表述的方程为 $y=a+bx$，其中 x 为进水的 chla 浓度（μg/L），y 为 chla 去除率（%），a=55.687，b=0.150 1，显著性检验表明回归关系显著（$P<0.05$），见图 10-65。

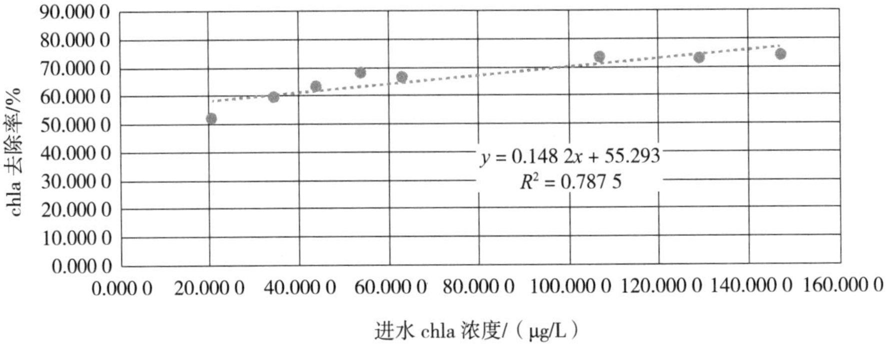

图 10-65 HRT=7 h 凤眼莲生物塘对 chla 的去除模型

② HRT=4 h 时凤眼莲生物塘对蓝藻去除率模型

在 HRT=4 h 条件下，凤眼莲生物塘 8 个不同进水 chla 与其相应的 chla 去除率所表述的方程为 $y=a+bx$，其中 x 为进水的 chla 浓度（μg/L），y 为 chla 去除率（%），a=44.884，b=0.178 7，显著性检验表明回归关系显著（$P<0.05$），见图 10-66。

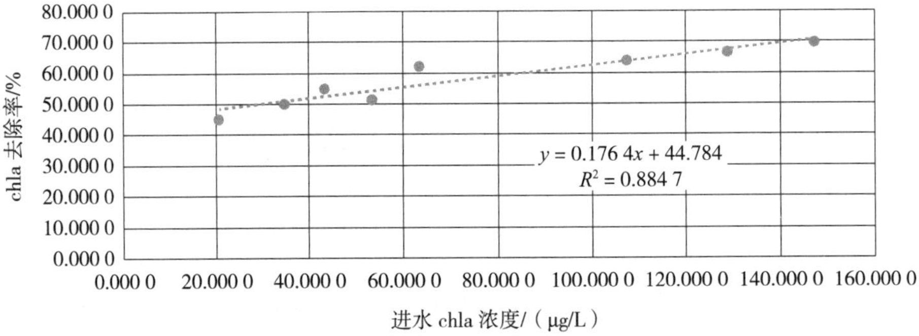

图 10-66 HRT=4 h 凤眼莲生物塘对 chla 的去除模型

③ HRT=2 h 时凤眼莲生物塘对蓝藻去除率模型

在 HRT=2 h 条件下，凤眼莲生物塘 8 个不同进水 chla 与其相应的 chla 去除率所表述的方程为 $y=a+bx$，其中 x 为进水的 chla 浓度（μg/L），y 为 chla 去除率（%），a=37.577，b=0.151 8，显著性检验表明回归关系显著（$P<0.05$），见图 10-67。

④ HRT=1 h 时凤眼莲对蓝藻去除率模型

在 HRT=1 h 条件下，凤眼莲生物塘 8 个不同进水 chla 与其相应的 chla 去除率所表述的方程为 $y=a+bx$，其中 x 为进水的 chla 浓度（μg/L），y 为 chla 去除率（%），a=23.828，b=0.155 7，显著性检验表明回归关系显著（$P<0.05$），见图 10-68。

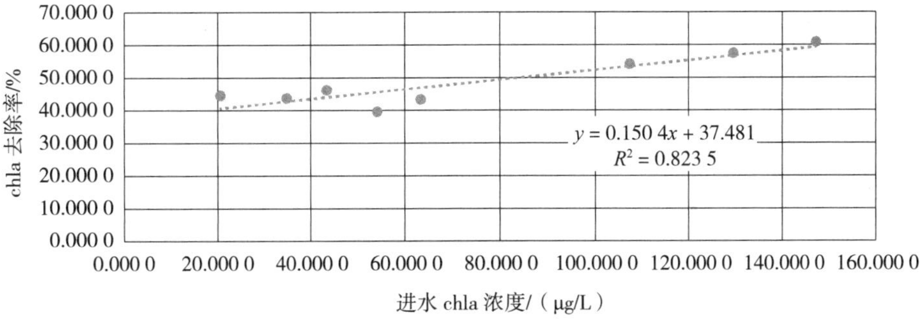

图 10-67　HRT=2 h 凤眼莲生物塘对 chla 的去除模型

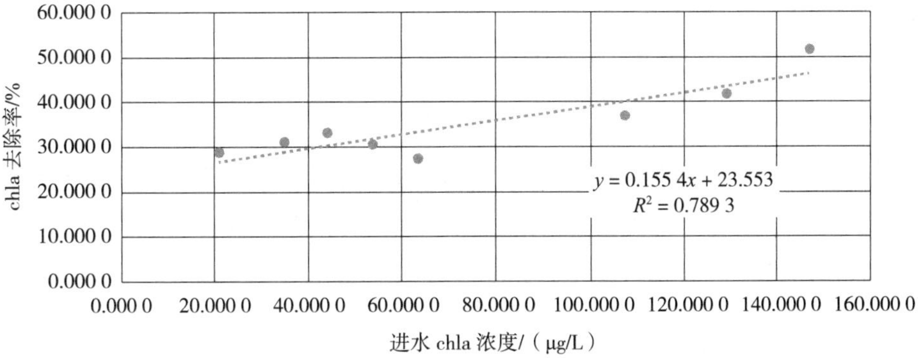

图 10-68　HRT=1 h 凤眼莲生物塘对 chla 的去除模型

2）HRT=7 h 时，凤眼莲试验组对 chla 去除效果模型的验证

在 HRT=7 h、HRT=4 h、HRT=2 h、HRT=1 h 四组试验中，HRT=7 h 的除藻效果最好。HRT=7 时，凤眼莲生物塘对 chla 去除效果模型的验证见表 10-36。

表 10-36　HRT=7 h 条件下凤眼莲除藻试验运行结果和模型计算结果比较

验证次数	1	2	3	4	5
进水 chla 浓度 /（μg/L）	16.40	28.25	31.73	56.03	113.85
chla 去除率 /%	49.21	54.02	49.18	60.11	63.21
模型计算值 /%	47.83	49.94	50.57	54.91	65.24
相对误差	2.8	7.55	2.83	8.65	3.21
相关系数	0.887*				

注：① * 表示相关关系显著。

②模型：$y=a+bx$，其中 a=55.687，b=0.150 1。

③相对误差 =［| 实际去除率 − 模型去除率 |］/ 实际去除率 ×100%。

验证模型的数据来自于同期运行的凤眼莲生物塘除藻中试（第三部分）。验证结果表明，模型值与实测值相关关系显著，中试除藻效果与模型相符。

（4）凤眼莲根系数量对除藻效果的影响

凤眼莲根系的处理对除藻效果的影响见图 10-69。

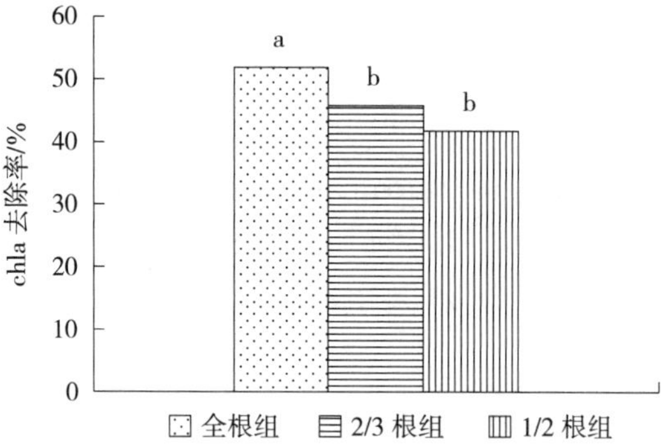

图 10-69 不同的根系数量对除藻效果的影响

凤眼莲全根对照组的 chla 去除率显著高于 2/3 根系的试验组和 1/2 根系的试验组（$P<0.05$），2/3 根系试验组和 1/2 根系试验组的除藻效果差异不显著（$P>0.05$）。凤眼莲全根、2/3 根、1/2 根试验组对蓝藻的平均去除率分别为 51.90%、45.81% 和 41.74%，说明凤眼莲根系的数量对除藻效果有影响。

10.1.5.6.4 讨论

本试验发现，遮光有助于除藻。万登榜等（1999）在研究稳定塘系统出水时，发现微藻出现自动絮凝作用，在光暗交替条件下，藻类生物量呈增减替换趋势，即在遮光条件下出现"暗沉降"现象。铜绿微囊藻是星云湖富营养化水体中蓝藻的优势种，群体生长，群体细胞中的伪空泡使其具有调节自身密度的功能，在不同的环境条件下，下沉、上浮和漂浮状态的铜绿微囊藻细胞数量比例可发生变化。星云湖中的铜绿微囊藻也因遮光作用有"暗沉降"现象存在，但本试验凤眼莲生物塘的除藻效应主要是由于蓝藻自身的沉淀作用，其次是凤眼莲根系的拦截作用和凤眼莲的遮光作用，这与 Youngchul 等（2000）的结果一致。

在夏季，小试进水的铜绿微囊藻变化很大，chla 的含量在 20.341～146.740 μg/L，在这个区间里，进水的铜绿微囊藻越多，除藻的效果越好，可能是由于细胞数量的增加，造成细胞之间黏附的机会增多，容易集结沉淀或被凤眼莲根系拦截，使出水的蓝藻细胞数量减少。

凤眼莲生物塘的除藻效率与凤眼莲根系数量有关，保留 2/3 根系和 1/2 根系的凤眼莲的除藻效率明显低于全根凤眼莲，说明凤眼莲根系对除藻有明显的作用。在本书的中型试验中，相对于凤眼莲植株和群体生长而言的冗余根系，有着庞大的表面积，对蓝藻有显著的拦截、吸附作用，也为水生生物提供了一个良好的栖息场所。因此，根系的数量对于蓝藻的去除具有重要的意义。

10.1.5.6.5 小结

在本试验条件下，HRT 在 1～7 h，随着 HRT 的延长，除藻的效率提高；随着进水 chla 浓度的增加，除藻效率也提高。各 HRT 对 chla 的去除率可用以下方程描述：

HRT=7 h：y=55.687+0.150 1x

HRT=4 h：y=44.884+0.178 7x

HRT=2 h：y=37.577+0.151 8x

HRT=1 h：y=23.828+0.155 7x

其中，x 为进水的 chla 浓度（μg/L），y 为 chla 去除率（%）。

当 HRT=7 h 时，凤眼莲生物塘除藻主要通过铜绿微囊藻的沉淀作用、凤眼莲根系拦截作用和遮光作用实现。凤眼莲全根、2/3 根、1/2 根的试验组对蓝藻的平均去除率分别为 51.90%、45.81% 和 41.74%，凤眼莲全根的除藻效果好于剪除根系的效果。

10.1.5.7 铜绿微囊藻在凤眼莲水生生态系统中 ^{15}N 转移的研究

10.1.5.7.1 前言

（1）问题的提出

在进行大型、中型和小型动态试验过程中，均发现凤眼莲根系拦截了大量的铜绿微囊藻，这是凤眼莲生物塘除藻的主要因素之一。蓝藻优势种为铜绿微囊藻的湖水，进入凤眼莲水生生态系统后铜绿微囊藻如何分布？分解后细胞物质向何处转移？示踪法是研究物质迁移、转化的有效手段，但在自然环境的研究中必须做到安全、有效。

（2）示踪剂应用概况

同位素是研究物质在生态系统中迁移和转化的常用示踪剂。主要有放射性同位素和稳定性同位素两大类。

1）放射性同位素的应用

放射性 ^{32}P 是最常用的藻类标记物。^{32}P 已经用于标记钝顶螺旋藻，观察莫桑比克罗非鱼、鲤鱼、鲢鱼、鳙鱼、鳊鱼和珍珠蚌对藻类的摄食动态（周爱堂，1987）；^{32}P 标记纯培养的铜绿微囊藻、羊角月牙藻和水华鱼腥藻，用于研究藻类对滇池水中磷酸盐的吸收（王桂林等，1991）。史小丽等（2002）用标记了 ^{32}P 的铜绿微囊藻研究 P 在水中的迁移。

其他放射性同位素标记研究有放射性 ^{125}I 标记富勒烯在金鱼藻、水罗兰及宝塔草中的吸收、浓集、分布与排泄情况（杜红祥，2004）；2H- 葡萄糖示踪法对亚心形扁藻吸收葡萄糖进行动力学研究（李文权，1993b）。

放射性同位素用于藻类的示踪，具有快捷、灵敏的优点，但必须有严格的防护措施，仅限于实验室研究，不能在自然条件下使用。

2）稳定性同位素

常用的稳定性同位素有 ^{14}C 和 ^{15}N。

^{14}C 用于测定藻类生长的研究：王宪等（1991）采用 ^{14}C 同位素示踪法测定了盐度和 pH 对小球藻、年氏角毛藻、聚生角毛藻、叉鞭金藻、钙质角毛藻光合作用速率的影响，随后研究三角褐指藻对光的适应过程（王宪等，1992）。李文权等（1994）测定三角褐指藻的光合作用速率，海水中锌对聚生角毛藻生长的影响（李文权等，1993）以及 4 种海洋单胞藻的光合作用速率（李文权等，1999）。郑微云等（1994）也对日本对虾糠－3 幼体对褶皱臂尾轮虫，卤虫和亚心形扁藻的摄食率、吸收率和利用率进行研究。

稳定同位素 ^{15}N 已经广泛地应用农业化肥等的示踪。而对于野外的生态系统，^{15}N 被用于有机物来源和食物链营养级的指示物（Van Dover 等，1992）、食物网结构的示踪剂（Peterson 等，1987），以及城市污水排入美国波士顿湾和马萨诸塞湾的示踪研究，并通过测定 ^{15}N 得出相对营养级的模型（Tucke 等，1999），用 ^{15}N 稳定同位素观察海洋食物网中污染物的行为（Broman 等，1992；Rolff 等，1993；Atwell 等，1998）。在新西兰，^{15}N 同位素成功用于追踪受污染的海藻和有关捕食者的关系，研究污水污染的海洋群落修复，并用它研究污水衍生有机物对藻类和有壳水生动物的污染效应及其污染的修复监测（Karyne，2003）。在我国，也有学者利用标记了 ^{15}N 的 $NaNO_3$ 和 NH_4Cl 作为示踪剂，研究其在食物链中的传递规律（洪阿实等，1994）。

（3）本试验采用的示踪剂和蓝藻藻种

藻类的经验分子式为 $C_{106}H_{263}O_{110}N_{16}P$，分解后容易转化为 CO_2 从水体逸出，而 N 在生态系统中代谢途径相对复杂，其代谢产物容易被各种水生生物利用，因此采用 ^{15}N 作为示踪剂。在目前的研究中，用于 ^{15}N 示踪源的物质仅限于无机态，而尚未发现有用 ^{15}N 标记铜绿微囊藻使之成为细胞成分，并用于铜绿微囊藻在水生生态系统中行为的研究。因此，采用 ^{15}N 标记，可为铜绿微囊藻在水生生态系统的行为研究提供一种新的方法。

天然铜绿微囊藻细胞集群生长，外包透明的多糖被膜，被膜上黏附微生物。为了防止天然铜绿微囊藻被膜黏附的微生物对 ^{15}N 的同化作用，采用纯培养的铜绿微囊藻进行试验，以确保进入凤眼莲水生生态系统中的 ^{15}N 完全来源于铜绿微囊藻细胞体。

（4）试验方式和项目分析方法

纯培养的铜绿微囊藻细胞单个生长，无伪空泡，容易随水流流失，因而采用静态试验，静态试验设 1 组。

对于稳定同位素的分析，结果采用 $^{15}N/^{14}N$ 的比值方法，^{14}N 在自然界中的含量稳定，因而根据样本 $^{15}N/^{14}N$ 在试验过程中的变化可以确定铜绿微囊藻的氮转移状况。

10.1.5.7.2　*材料与方法*

（1）试验材料

试验藻种用纯培养的铜绿微囊藻 fach-315，来源于中国科学院水生生物研究所标准藻种库。

（2）试验设计

标记 ^{15}N 的铜绿微囊藻在试验开始的 1～10 d 中，每日定时投入到风眼莲水生生态系统中，分析样本包括凤眼莲根、茎、叶、根区水 POM、根区水微生物、中部水 POM、中部水微生物、SOM、螺及螺排泄物，分别在 2 d、6 d、8 d、10 d、12 d、15 d、20 d 和 25 d 采集。

试验温度在 20℃左右，DO 控制在 2 mg/L 左右，自然光照，每天用蒸馏水补充蒸发的水分。

（3）试验方法

1）^{15}N 同位素铜绿微囊藻的培养及标记

①铜绿微囊藻培养基

铜绿微囊藻培养基采用 BG11 medium 及 A_5 solution。

②同位素的来源及标记

^{15}N 同位素化合物为 $Na^{15}NO_3$，丰度为 75.2%，由上海化工研究所提供。

按 BG11 medium 用含 ^{15}N 的 $NaNO_3$ 代替普通 $NaNO_3$，配制培养基母液，再配制培养基使用液，接入处于对数生长期的铜绿微囊藻，2 000～2 500 lx 光照，（25 ± 1）℃培养。

转接 ^{15}N 培养基 4 次后，培养液在使用前离心去上清液，用磷酸盐缓冲液洗涤，重复 5 次，得到标记好的铜绿微囊藻。

2）试验装置及用具

① 试验装置

采用 24 cm × 24 cm × 40 cm 的玻璃缸，缸体周围内包一层白纸，外包一层黑布，模拟野外凤眼莲生物塘的光条件。

② 试验用具

浮游植物网：25# 网，由中国科学院水生生物研究所提供。

Whatman GF/F 滤膜的预处理（Keith 等，2002）：英国 Whatman international Ltd 生产，经 450℃、4 h 处理后，冷藏保存。

0.22 μm、1 μm 微孔滤膜：混合材质，上海市新亚净化器件厂生产，蒸馏水冲洗三次后，经 121℃、15 min 灭菌备用。

250 mL 烧杯、镊子、剪刀、冰箱。

玛瑙研钵：辽宁省凌源市宋杖子镇玛瑙加工厂生产。

50 ml 广口玻璃瓶：经 121℃、15 min 灭菌备用。

3）试验的启动

试验正式启动前，采集星云湖湖水 15 L，经过 25# 浮游植物网过滤后加入试验装置中。采集小试玻璃缸中的凤眼莲及其根区水，凤眼莲用清水洗净，用 25# 浮游植物网过滤根区水，收集根区中的动物，与凤眼莲一并投入试验装置中，凤眼莲生物量为 1.5 kg。每天更换经 25# 浮游植物网过滤的湖水 5 L，连续进行 15 d。

试验开始，将 5 mL 的玻璃瓶置于玻璃缸底部用于收集 SOM。铜绿微囊藻的投放见表 10-37，每次投加铜绿微囊藻前，测定其在 626 nm 处的吸光度（OD），表示细胞的投入量。

表 10-37 ^{15}N 标记的铜绿微囊藻投放

投放时间 /d	体积 /mL	OD_{626}	细胞生长状况
1	200	1.245	原藻液呈黄绿色，镜检细胞正常
2	200	1.129	原藻液呈蓝绿色，镜检细胞正常
3	200	1.194	原藻液呈蓝绿色，镜检细胞正常
4	200	0.828	原藻液呈蓝绿色，镜检细胞正常
5	200	1.176	原藻液呈蓝绿色，镜检细胞正常
6	200	0.914	原藻液呈蓝绿色，镜检细胞正常
7	200	1.056	原藻液呈蓝绿色，镜检细胞正常
8	200	1.022	原藻液呈蓝绿色，镜检细胞正常
9	200	1.018	原藻液呈蓝绿色，镜检细胞正常
10	200	0.990	原藻液呈蓝绿色，镜检细胞正常

4）样本的采集、预处理和保存方法

①凤眼莲

参照 Page 等（1997）的方法，用蒸馏水洗净的剪刀和镊子分别采集凤眼莲的嫩茎叶和新根，用去离子水冲洗附着物，并镜检采集的根系中是否黏附有标记的铜绿微囊藻，然后冷冻保存。样本测定前经 60℃干燥 4 h 后，用液氮研磨。

②微生物样本

水样先用 25# 浮游植物网过滤，再按照 Cifuentes 等（1996）的方法，将 250 mL 水样通过 0.22 μm 微孔滤膜，再置于经 1 μm 滤膜过滤得到的试验水中，48 h 黑暗培养。用 GF/F 滤膜过滤培养水浓缩微生物后，滤膜用去离子水冲洗后冷冻保存，样本测定前经 60℃干燥 4 h。

③ POM

收集样本水，参照 Riera 等（2000）的方法 2 h 内用 Whatman GF/F 滤膜过滤，滤膜用去离子水冲洗后冷冻保存，样本测定前 60℃干燥 4 h。

④ 螺

参照 Riera 等（2000）的方法，去除螺表面附着物后用去离子水冲洗，滤纸吸干水分，螺用经过 1 μm 滤膜过滤的试验水在室内养过夜，然后用蒸馏水冲洗，冷冻保存，样品测定前 60℃干燥 4 h 后用液氮磨碎。

⑤ SOM

参照 Riera 等（2000）的方法，取出放置在缸底部收集 SOM 的瓶子，2 h 内用 Whatman GF/F 过滤，滤膜用去离子水快速冲洗后，冷冻保存。样本测定前 60℃干燥 4 h。

⑥ 螺排泄物的收集及保存

参照 Riera 等（2000）和 Stephen 等（2001）的方法，取 2.3.4.4 养过螺的试验水，用 Whatman GF/F 滤膜过滤并用去离子水快速冲洗，滤膜冷冻保存，样本测定前 60℃干燥 4 h。

5）样本分析

样本由中国科学院地球化学研究所 Finnigan Delta plus XL 同位素比质谱分析。

10.1.5.7.3 结果与分析

（1）$^{15}N/^{14}N$ 在凤眼莲根、茎、叶中的变化

$^{15}N/^{14}N$ 在凤眼莲叶片、茎部和根部的变化见图 10-70。

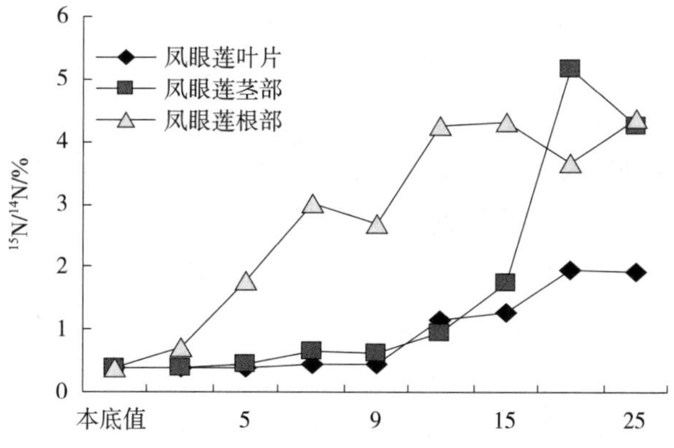

图 10-70 $^{15}N/^{14}N$ 在凤眼莲叶片、茎部和根部中的变化

凤眼莲根部的 $^{15}N/^{14}N$ 在铜绿微囊藻投入 1 d 后就有轻微的上升，是本底值的 1.8 倍，在 5 d 后约为本底值的 4.5 倍，以后呈现上升的趋势，说明蓝藻在投入凤眼莲生态系统中 1 d 已经开始分解，^{15}N 被凤眼莲根系吸收，根部的 $^{15}N/^{14}N$ 在投加铜绿微囊藻期间保持上升趋势；至第 10 天停止投加铜绿微囊藻后，根部 $^{15}N/^{14}N$ 依然保持上升趋势；第 12 天开始停止上升，保持到第 20 天，然后开始下降。在连续投

入标记 ^{15}N 的铜绿微囊藻过程中，凤眼莲的茎叶部分的 $^{15}N/^{14}N$ 并没有明显的变化。在 10 d 后，茎叶部分 $^{15}N/^{14}N$ 上升，至 20 d 达到峰值，然后开始降低。根部对 ^{15}N 的迅速吸收，^{15}N 吸收达到茎叶部分需要 10 d 左右的时间。

（2）$^{15}N/^{14}N$ 在根区水、中部水和沉积物中的变化

$^{15}N/^{14}N$ 在根区水、中部水和沉积物中的变化见图 10-71。

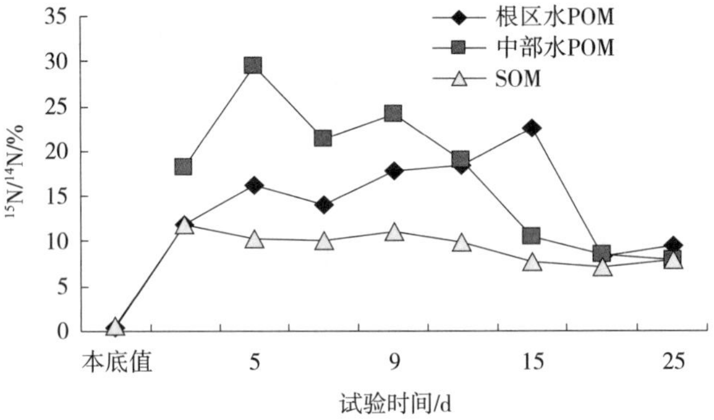

图 10-71 $^{15}N/^{14}N$ 在根区水、中部水 POM 和 SOM 中的变化

各水层及底部的 SOM 在投入标记 ^{15}N 的铜绿微囊藻后第 2 天出现显著上升，其中根区水 POM 和底部沉积物 SOM 的 $^{15}N/^{14}N$ 是本底值的 75 倍以上，说明铜绿微囊藻很快地分布到各个水层，并沉积到底部。在投放铜绿微囊藻期间和停止投放铜绿微囊藻后的 10 d 内，根区水、中部水的 POM 的 $^{15}N/^{14}N$ 保持较高值，停止投入铜绿微囊藻 10 d 后，中部水 POM 的 $^{15}N/^{14}N$ 显著下降，到第 20 天趋于平稳。在停止投入铜绿微囊藻时，根区水 POM 的 $^{15}N/^{14}N$ 依然呈上升趋势，到第 15 天开始下降。而 SOM 的 $^{15}N/^{14}N$ 升高出现在试验开始后第 1 天，在投入铜绿微囊藻期间保持一个相对稳定值。这说明铜绿微囊藻进入凤眼莲生态系统后的第 10 天，根区水、中部水 POM 和底泥 SOM 的 ^{15}N 有明显的变化，凤眼莲根区水 POM 则有蓄积 ^{15}N 的能力，使之在停止投入铜绿微囊藻后，$^{15}N/^{14}N$ 依然能上升，第 20 天后根区水和中部水的 POM 以及 SOM 变化平缓。

（3）$^{15}N/^{14}N$ 在凤眼莲根区水和中部水微生物中的变化

$^{15}N/^{14}N$ 在凤眼莲根区水和中部水微生物中的变化见图 10-72。

参照自然界的 $^{15}N/^{14}N$ 比值，投入铜绿微囊藻的第 2 天，根区水和中部水微生物就有显著上升，在 10 d 的投放期内，$^{15}N/^{14}N$ 有波动。在试验第 10 天停止投放铜绿微囊藻后，根区水和中部水微生物的 $^{15}N/^{14}N$ 均呈下降的趋势，说明根区水和中部水的微生物对铜绿微囊藻的投入非常敏感，中部水微生物的 ^{15}N 含量高于根区水。

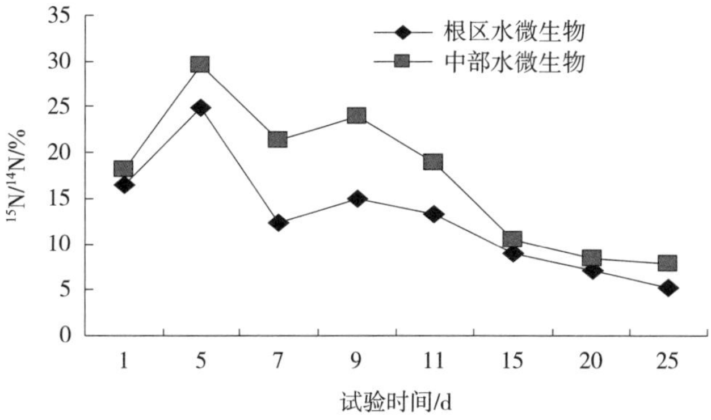

图 10-72　$^{15}N/^{14}N$ 在凤眼莲根区水和中部水微生物中的变化

（4）$^{15}N/^{14}N$ 在螺及其排泄物中的变化

$^{15}N/^{14}N$ 在螺及其排泄物中的变化见图 10-73。

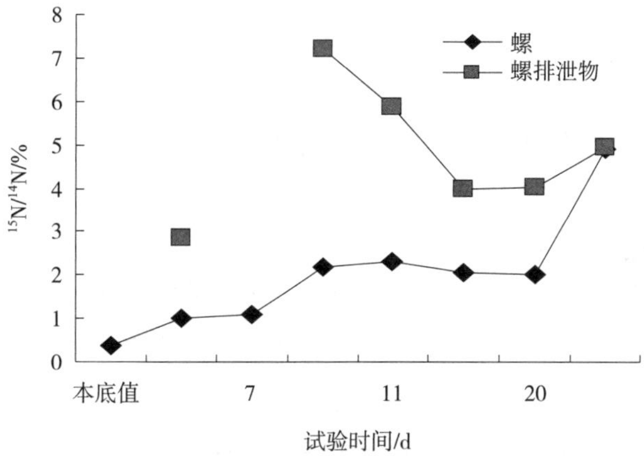

图 10-73　$^{15}N/^{14}N$ 在螺及其排泄物中的变化

在试验开始后 5 d，螺体内的 $^{15}N/^{14}N$ 是本底值的 2.6 倍，上升幅度不大，在停止投放铜绿微囊藻后 15 d 内仍呈现上升的趋势。螺排泄物的 $^{15}N/^{14}N$ 在停止投放铜绿微囊藻后呈下降的趋势，之后变化趋势较小。

10.1.5.7.4　讨论

凤眼莲根区有蓄积 POM 的作用，即使停止投加铜绿微囊藻，根区 POM 的 $^{15}N/^{14}N$ 在 5 d 内依然保持上升状态。POM 包括浮游动植物、藻类等，代表了水体中的有机颗粒物。凤眼莲根区中有大量的枝角类可以直接捕食小颗粒的浮游植物，如标记的铜绿微囊藻等。铜绿微囊藻投入后，向水中扩散，凤眼莲根区中生物的种类和数量较中部水多，使得 ^{15}N 在其中的比例增加缓慢，因此 $^{15}N/^{14}N$ 不如中部生物种类较为单一的水样高，但在停止投放后，根区水的 $^{15}N/^{14}N$ 在第 25 天时比中部水的高，表现出 ^{15}N 在其中积累转化的复杂与长效；而根区水微生物在投放期比中

部水微生物 $^{15}N/^{14}N$ 增长缓慢，也是由于根区微生物的种类、数量高于中部水，从而造成 $^{15}N/^{14}N$ 增长缓慢；但与根区水的 POM 相比，根区水的微生物在停止投加铜绿微囊藻后并没有出现 $^{15}N/^{14}N$ 保持上升的趋势，这可能由于微生物是铜绿微囊藻的直接分解者，当标记有 ^{15}N 的微囊藻来源断绝时，就会分解其他带有或不带有 ^{15}N 标记的生物残体。

本试验首次建立 ^{15}N 标记铜绿微囊藻的方法，用于研究铜绿微囊藻在凤眼莲和湖水构成的生态系统中 N 的分布和转移。由于在标记、采样间隔以及采样量方面没有任何文献，因此在采样和样本分析过程中造成少数样本缺失。但本次试验为铜绿微囊藻在生态系统中的 N 转移建立了有效的研究方法，有望应用于自然条件下的大规模食物链、食物网结构的研究。

10.1.5.7.5 小结

本试验首次建立用 ^{15}N 标记铜绿微囊藻的方法，并获成功。它可用于铜绿微囊藻在凤眼莲和湖水构成的水生生态系统中的 N 转移研究。

铜绿微囊藻投入凤眼莲水生生态系统中，第 2 天发生分解，细胞内标记的 ^{15}N 释放出来，并被凤眼莲根系吸收，根系 ^{15}N 开始上升。铜绿微囊藻在此生态系统中分解，10 d 内凤眼莲对其 N 转化呈上升趋势，而凤眼莲根系对 N 的吸收速度快，茎叶对 N 的累积相对较为缓慢，凤眼莲茎部对 ^{15}N 的累积比叶片快且高；根区水 POM 和 SOM 的 N 较中部水稳定；根区水和中部水的微生物对铜绿微囊藻的投入非常敏感，中部水微生物的 ^{15}N 含量高于根区水；静态凤眼莲水生生态系统中的大型动物螺及其排泄物中 ^{15}N 的含量表明；螺捕食铜绿微囊藻并可转化为其机体的一部分。

10.1.5.8 铜绿微囊藻在凤眼莲水生生态系统中分解及底泥 N、P 释放研究

10.1.5.8.1 前言

20 世纪 80 年代以来，人们在治理水体富营养化时发现，当显著减少外源养分负荷以后，水质并未得到明显改善，水体中 N、P 浓度并未降低，原因在于底泥已经成为水体中 N、P 的重要来源（Chapin 等，1997；Nerbug，1991）。

国内外对底泥的释放进行了大量的研究，主要涉及 N 和 P 的释放，对于蓝藻沉降后的分解研究不多。陈伟民等（1996）对太湖的铜绿微囊藻接种底泥微生物进行好氧降解研究，发现铜绿微囊藻的好氧降解符合一级动力学反应，悬浮物呈指数递减；吴生才等（2004）在此分解试验的基础上检测到太湖生物量波动周期与微囊藻细胞分解和生长过程所需的时间之和（43～50 d）一致。史小丽等（2002）用放射性同位素 ^{32}P 示踪法研究表明，铜绿微囊藻的衰亡能促进水体中 P 向底泥迁移，最终绝大部分外源性 P 迁移到底泥中。

蓝藻沉淀后成为底泥的一部分。大型试验、中型试验和小型试验结果也表明，

试验装置底部沉积大量的底泥，根系也能拦截大量的铜绿微囊藻。

铜绿微囊藻进入凤眼莲水生生态系统中后，细胞被分解。为了研究其分解后的残余量可进行静态试验。由于 SS 与 chla 呈良好的线性关系，可以代表铜绿微囊藻在水中的不溶性剩余量，又因 chla 容易降解，因此不采用 chla 作为蓝藻残余量的指标；根据大型试验中凤眼莲根区水的 DO 为 0.8～2.5 mg/L，因此试验过程中将 DO 控制在 2 mg/L 左右。

本试验旨在研究铜绿微囊藻在凤眼莲水生生态系统中分解的残余量，以及沉积在凤眼莲生物塘底部的蓝藻底泥向上覆水释放 N、P 的规律。

10.1.5.8.2　*材料与方法*

（1）铜绿微囊藻在凤眼莲水生生态系统中降解的静态试验

1）试验材料

试验用水：凤眼莲生物塘根区水经 25# 浮游植物网过滤备用。

铜绿微囊藻：用 25# 浮游植物网收集星云湖湖面的蓝藻，称重，取 60 g 备用，经镜检后确定 99% 为铜绿微囊藻。

凤眼莲：采自星云湖中健康的植株，清洗沥干水，湿重 1.2 kg。

试验装置：采用 24 cm × 24 cm × 40 cm 的方形玻璃缸，缸壁遮光。

2）试验方法

将凤眼莲、试验用水、铜绿微囊藻加入玻璃缸中，遮光培养，DO 保持在 2 mg/L 左右。同时设一个不种植凤眼莲的对照组，各组试验设三个重复。25℃自然光照培养，每天用蒸馏水补充蒸发的水分。

3）取样分析

测定试验 1 d、5 d、10 d、20 d、30 d 培养水的 SS，取样前混匀水体，取样后剔除可见的大型水生动物。

（2）底泥的 N、P 释放试验

1）试验设计

试验组包括无凤眼莲的底泥释放组和种植凤眼莲的底泥释放组，设一个无底泥、无凤眼莲的空白对照组，各组试验设三个重复，共九个试验装置，见表 10-38。

试验用水与底泥量的配比根据凤眼莲生物塘中现有底泥与水的比例设定，种植凤眼莲的生物量根据小试、中试和大型试验中凤眼莲处于生长旺盛阶段单位面积的生物量计算确定；玻璃缸壁先用一层白纸，然后再用一层黑色塑料纸包裹，防止光线透入。

试验用水来自经挺水植物池后进入凤眼莲生物塘前的湖水。凤眼莲在试验前用清水洗净，并用蒸馏水冲洗，再用吸水纸吸干水分备用。底泥采自凤眼莲生物塘，黑绿色，镜检发现有绿色的铜绿微囊藻。底泥沉淀过夜后去除上清液，其 SS 浓度为 24 800 mg/L。先将底泥投入玻璃缸内，然后小心注入试验用水，防止底泥的搅动，向“底泥＋凤眼莲”试验组内栽种凤眼莲。试验期间保持水体 DO 在 5 mg/L 左右，水温在 17～20℃。

表 10-38 底泥释放试验的设计

试验组别	试验用水量 /L	底泥量 /L	凤眼莲生物量 /kg	是否遮光
对照组	16	0	0	全部遮光
底泥组	15	1	0	全部遮光
“底泥＋凤眼莲”组	15	1	1.2 kg	缸壁遮光

2）采样与分析

试验水样采用虹吸法吸取缸体中部水。

采样时间：试验开始后 8 h、1 d、2 d、4 d、6 d、8 d 和 10 d 各采样一次。

分析项目包括 pH、温度、DO、EC、NH_3-N、NO_2-N、NO_3-N、TDN、PO_4^{3-} 和 TDP 共 10 项指标。

10.1.5.8.3 结果与分析

（1）铜绿微囊藻在凤眼莲根区水中的降解规律

SS 主要为铜绿微囊藻及其降解的残留物，用于表示铜绿微囊藻在凤眼莲根区水中的含量。凤眼莲试验组的 SS 在试验开始 5 d 已经降低，5～15 d 显著下降，15 d 以后下降趋势减缓。无凤眼莲的对照组在试验 5 d 内 SS 下降缓慢，5 d 后下降速度加快。凤眼莲试验组对铜绿微囊藻的降解快于对照组。

如图 10-74 所示，铜绿微囊藻的分解符合一级动力学反应。设定降解平衡后未分解的 SS 与起始 SS 的比值为 f（难分解系数），则

$$dC/dt=-k\,(C-fC_0) \qquad (10\text{-}1)$$

式中：k——铜绿微囊藻分解速率常数；

C——分解过程中 SS 浓度；

C_0——起始 SS 浓度。

求解该方程得下式：

$$C=fC_0+(C-fC_0)\,e^{-kt} \qquad (10\text{-}2)$$

拟合曲线，得到铜绿微囊藻的降解方程：

$$SS=136.6e^{-0.245\,8t} \qquad (10\text{-}3)$$

式中：

f=0.322，k=0.245 8d，r^2=0.981 3。

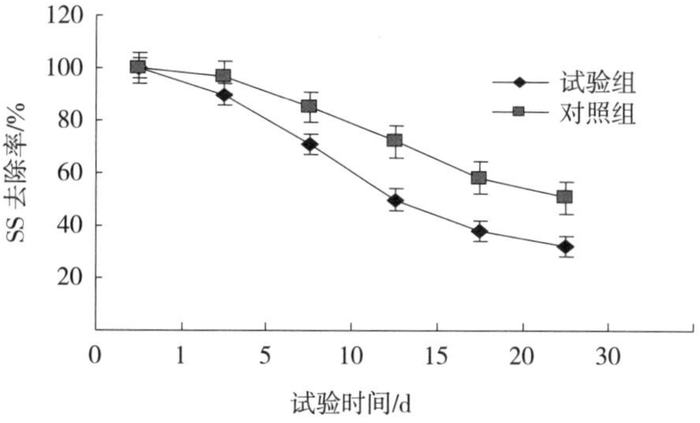

图 10-74　SS 的降解动态

以上结果表明，凤眼莲的存在对新鲜的天然铜绿微囊藻的降解起促进作用。铜绿微囊藻在投入凤眼莲水生生态系统中一个月后，铜绿微囊藻的残余物为试验开始时的 32.21%，而空白组的残余物为 50.83%。

（2）底泥的 N、P 释放试验结果

1）各组 NH_3-N 的变化

各组 NH_3-N 的变化见图 10-75。试验组的底泥有很强的 NH_3-N 释放作用，试验开始时，NH_3-N 迅速上升。在“底泥＋凤眼莲”试验组中，从开始试验的第 1 天，NH_3-N 的浓度远高于对照组和底泥试验组，并在第 6 天达到高峰，随后迅速下降，到第 10 天时低于开始试验时的浓度，说明凤眼莲及其根区水环境具有促进底泥释放 NH_3-N 的作用。而底泥试验组水中 NH_3-N 的浓度有所波动，但略高于空白组。

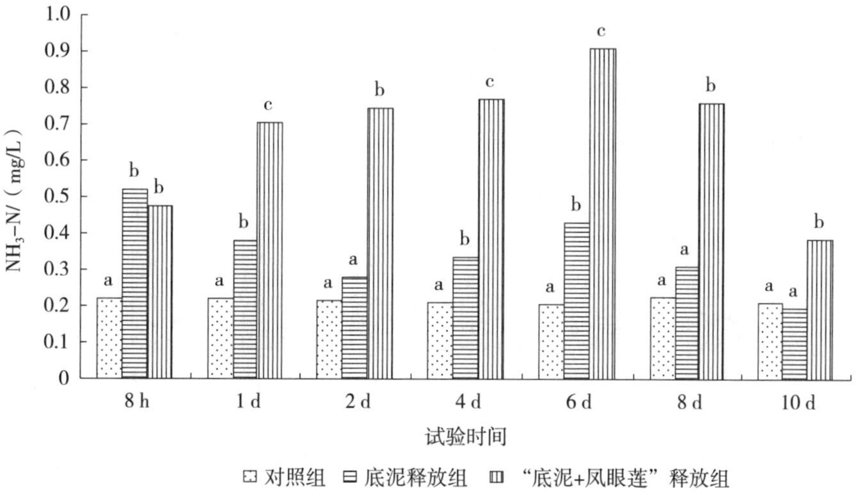

图 10-75　NH_3-N 的变化

2）各组 NO_2-N 的变化

在底泥试验组中，NO_2-N 呈显著上升趋势，到试验第 10 天时 NO_2-N 是试验开始 8 h 时的 8.5 倍，是同时期“底泥 + 凤眼莲”组的 16 倍，可见底泥试验组的水中累积了大量的 NO_2–N，见图 10–76。

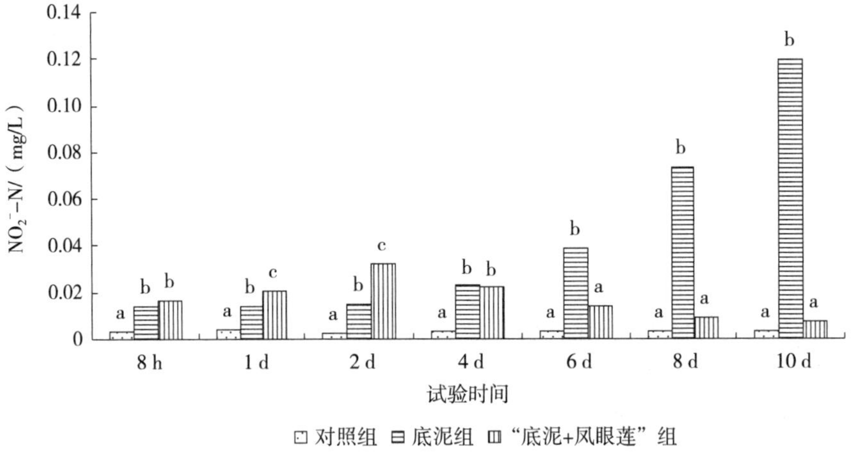

图 10–76 NO_2–N 的变化

3）各组 NO_3–N 的变化

对照组和各试验组 NO_3–N 的变化见图 10–77。底泥试验组的 NO_3–N 只在试验开始 8 h 和 4 d 略高于对照组（$P<0.05$），而“底泥 + 凤眼莲”试验组的 NO_3–N 呈显著上升趋势，在试验开始 10 d 时，水中的 NO_3–N 达到 2.9 mg/L，是试验开始 8 h 时的 6 倍，是同时期底泥试验组的 8 倍。可见凤眼莲具有促进水体积累 NO_3–N 的作用。

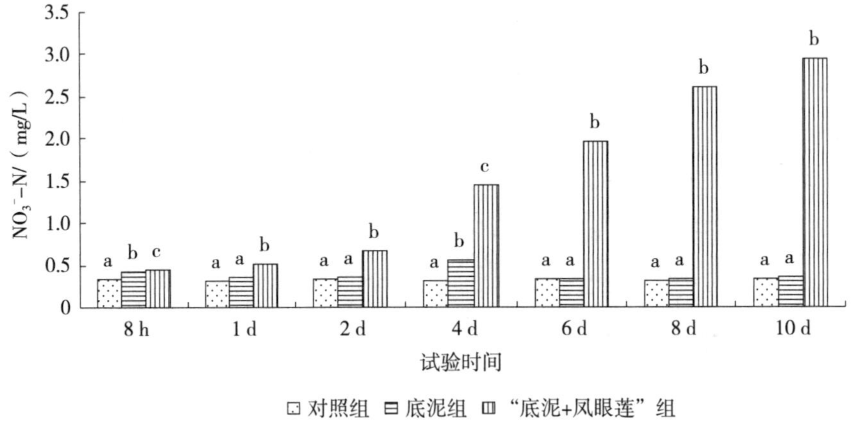

图 10–77 NO_3–N 的变化

4）各组 TDN 的变化

对照组与试验组的 TDN 变化见图 10–78。底泥试验组和“底泥 + 凤眼莲”试验组水中的 TDN 含量显著高于对照组，其中“底泥 + 凤眼莲”试验组的 TDN 呈显著的上升趋势，到第 10 天，其水中的 TDN 是试验开始 8 h 的 2.7 倍，是同期底泥试验组的 3 倍。可见凤眼莲能促进水中的 TDN 显著升高。

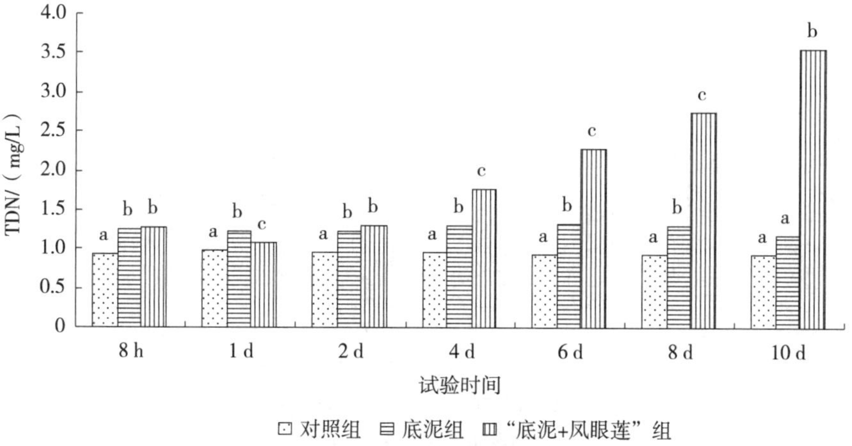

图 10-78　TDN 的变化

5）各组 PO_4^{3-} 的变化

对照组与试验组的 PO_4^{3-} 变化见图 10-79。除试验开始 8 h、4 d、6 d 底泥试验组的 PO_4^{3-} 显著高于对照组和“底泥 + 凤眼莲”试验组外（$P<0.05$），各组之间在不同的试验天数差异不显著（$P>0.05$）。说明“底泥 + 凤眼莲”试验组的 PO_4^{3-} 在试验开始时略有升高，但 1 d 后下降并保持相对稳定。而底泥试验组存在不规则的变化，表现为 PO_4^{3-} 在试验开始时升高，第 1 天、第 2 天下降，到第 4 天突然升高，第 6 天下降后又保持相对稳定。

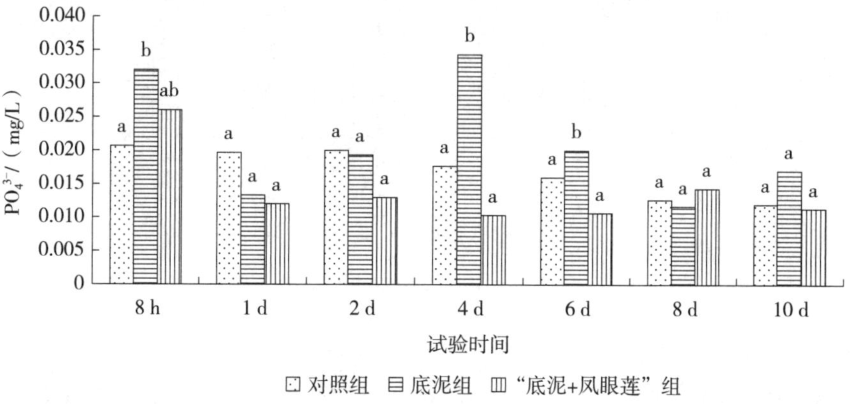

图 10-79　PO_4^{3-} 的变化

6）各组 TDP 的变化

空白组与两个试验组的 TDP 变化见图 10-80。试验组的 TDP 在试验开始 8 h

时显著高于对照组（$P<0.05$），随后下降并出现波动，除第4天和第6天底泥试验组显著高于对照组和“底泥＋凤眼莲”试验组外（$P<0.05$），其余各组间差异均不显著（$P>0.05$）。TDP的变化规律与PO_4^{3-}一致。

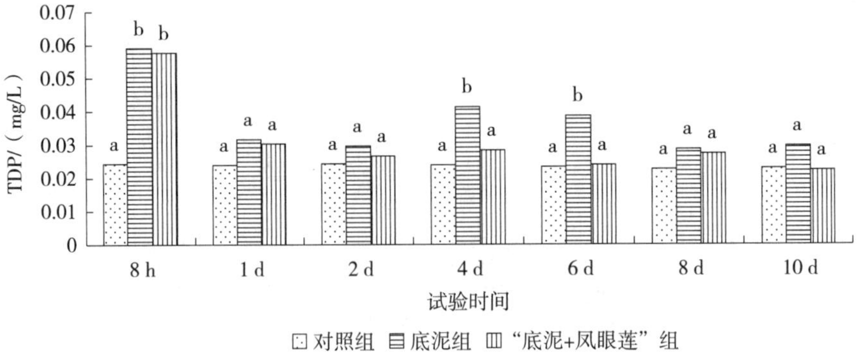

图10-80 各组TDP的变化

7）各组DO的变化

各组DO的变化见图10-81。试验开始8 h时，对照组与试验组之间DO差异不显著（$P>0.05$），但从第1天开始，凤眼莲的DO显著高于对照组和底泥试验组，说明凤眼莲具有增加水中溶解氧的作用。而底泥试验组在2 d、4 d、6 d的DO显著低于对照组，说明底泥具有消耗水体中溶解氧的作用。

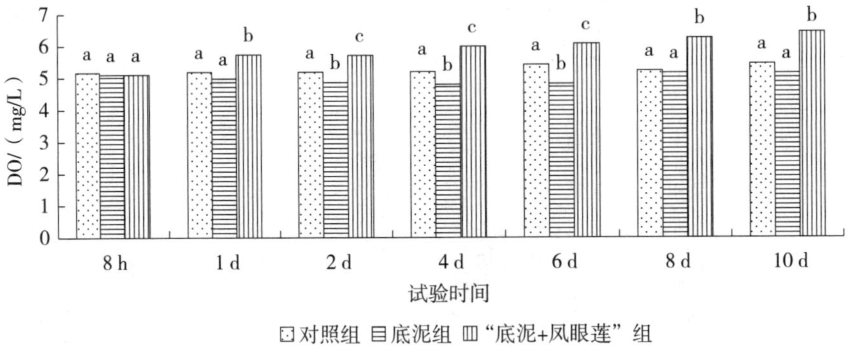

图10-81 各组DO的变化

8）各组EC的变化

各组EC的变化见图10-82。试验组的EC显著高于对照组（$P<0.05$），呈现上升的趋势，而在第2天后，“底泥＋凤眼莲”试验组的EC显著高于底泥试验组（$P<0.05$）。说明由于底泥的释放作用使水中的离子浓度增加，而凤眼莲能更显著地增强水中离子的浓度。

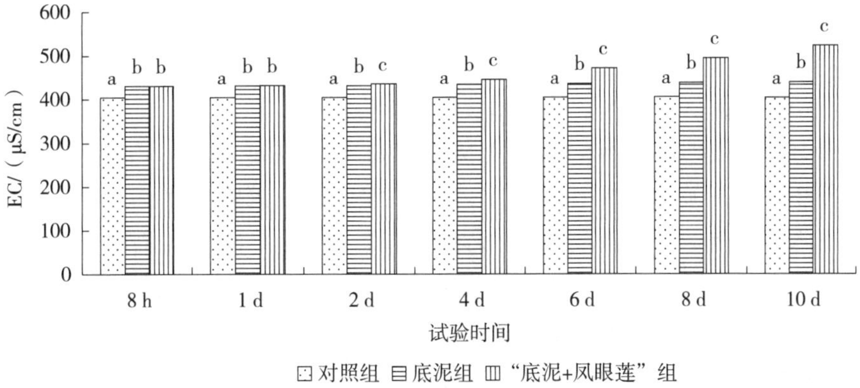

图 10-82　各组 EC 的变化

9）各组 pH 的变化

各组 pH 的变化见图 10-83。在试验的初期，底泥试验组的 pH 显著低于对照组，而后逐渐升高。从第 6 天开始，底泥试验组的 pH 与对照组相比差异不显著；而底泥 + 凤眼莲试验组的 pH 呈下降趋势，并显著低于对照组和底泥试验组，在第 6 天后，pH 保持在 6.0 左右的水平。可见在本试验条件下，凤眼莲具有降低并维持水体 pH 平衡的作用。

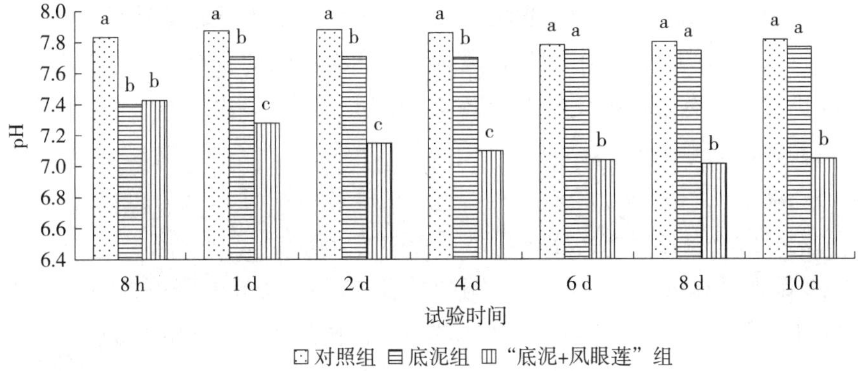

图 10-83　各组 pH 的变化

10.1.5.8.4　讨论

（1）NH_3-N、NO_2-N 和 NO_3-N 转化的问题

试验过程中，不种植凤眼莲并含有底泥的水体表现为 DO 略有降低，EC 升高，pH 先降后升和显著积累 NO_2-N 的特征。可能由于试验开始时底泥间隙水因浓度梯度而发生扩散作用，同时有机物发生分解作用，使 pH、DO 降低，离子浓度增大，EC 增大。有机物分解产生的 NH_3-N 在 DO 为 5 mg/L 的好氧条件下，首先转化为 NO_2-N，同时亚硝化作用的进行导致了 pH 略有升高；而 NO_2-N 的氧化途径受到阻滞，导致 NO_2-N 大量积累。随后，底泥的释放速度减缓，pH 和 EC 变化减弱。在

此过程中，由于水面的复氧作用，DO 能维持在一个相对稳定的状态。对于 NO_2-N 的积累，可能是因为试验水的 pH＞8，而高 pH 能抑制亚硝酸盐并还原酶活性（徐亚同，1996），同时也是 NO_2-N 氧化途径受阻所致。

种植有凤眼莲的试验水，表现为 NO_3-N 和 TDN 的显著上升，由于底泥间隙水的扩散作用和有机物的分解作用，水体中的 NH_3-N 在试验前期有显著的增加，随后呈现下降的趋势。中间产物 NO_2-N 浓度很低，说明了 NH_3-N 的硝化过程没有受到阻碍，致使 NH_3-N 浓度在第 8 天下降以及 NO_3-N 浓度显著升高。凤眼莲根系及其微生物还有它们构成的特殊生态环境，是导致 NH_3-N 向 NO_3-N 转化的重要因素，凤眼莲根区可能还会产生反硝化脱氮作用。

试验开始时，底泥就向水体释放 PO_4^{3-}，底泥试验组的 PO_4^{3-} 和 TDP 浓度不稳定。而凤眼莲则能很快使水中的 PO_4^{3-} 和 TDP 保持一个较低的水平，可能是由于凤眼莲及其根区微生物生长对磷的吸收使水中的 PO_4^{3-} 降低所致。

（2）铜绿微囊藻在凤眼莲水生生态系统中降解的问题

以 SS 为指标的铜绿微囊藻在凤眼莲水环境中的降解作用比不种植凤眼莲水环境中的降解速度快，可能是凤眼莲根区存在大量的微生物、原生动物和后生动物的作用所致。凤眼莲根区水中的 SS 降解规律说明，铜绿微囊藻由颗粒物转化为可溶性物质主要原因可能是微生物的分解作用，这与陈伟民等（1996）试验结果一致。但原生动物和后生动物对铜绿微囊藻的捕食，可能有助于细胞的破碎，使微生物对细胞的降解速度加快。试验中观察到螺对铜绿微囊藻的捕食过程，在中型试验中也发现螺的排泄物里有未被消化的铜绿微囊藻细胞，但螺消化道的作用也可破坏部分藻体细胞，导致细胞变黄。

10.1.5.8.5 小结

（1）铜绿微囊藻在凤眼莲水生生态系统中的降解

以 SS 作为铜绿微囊藻的指标，铜绿微囊藻经过 30 d 的降解，SS 剩余量约为 32%，5～15 d 降解显著，符合一级动力学反应。降解方程为 $SS=136.6e^{-0.245\,8t}$。

（2）底泥的 N、P 释放规律

凤眼莲使底泥向水体释放更多的 TDN，没有种植凤眼莲的底泥试验组的水体中出现了 NO_2-N 累积，而凤眼莲试验组中水体的 NO_3-N 显著升高。

没有种植凤眼莲的底泥试验组中，水体的 PO_4^{3-} 有一定波动，而凤眼莲能够维持水体中 PO_4^{3-} 相对稳定。

10.1.5.9 凤眼莲根区及根区水对蓝藻的作用

10.1.5.9.1 前言

利用水生植物控制水体富营养化已受到国内外的广泛重视，有关高等水生植物对藻类的相生相克作用研究也有一些报道（王海珍等，2002；庄源益等，1995；孙文浩等，1992；俞子文等，1992）。孙文浩等（1988）关于用水葫芦对藻类的克制效应的研究，证明了水葫芦的根部能向水体分泌某些有机物质，这些物质都能伤害或杀死某些藻类，对治理富营养化水体起到重要作用。分泌物已被鉴定为 *N*- 苯基 -2- 萘胺等物质（孙文浩等，1993）。但以上实验用藻种都是绿藻。微囊藻是形成水华最主要的、危害最大的藻类，马为民等（2003）以铜绿微囊藻为对象，研究了金鱼藻、水毛茛、哥伦比亚萍 3 种高等水生植物分泌物对铜绿微囊藻生长的影响，发现种植物的高浓度种植水对铜绿微囊藻的生长都有抑制作用。而唐萍（2001）也发现水葫芦具有明显抑制栅藻效应。有关凤眼莲对铜绿微囊藻的影响未见相关报道。

铜绿微囊藻是蓝藻中最常见的种类。铜绿微囊藻具有伪空泡，能够调节细胞昼夜间沉浮变化（Van 等，1985）。在凤眼莲生物塘中，凤眼莲有密集的根系，对上升状态的铜绿微囊藻起到拦截黏附作用，可提高出水水质，因此研究凤眼莲对铜绿微囊藻的抑制作用有着重要的意义。

本试验的目的在于研究凤眼莲根区水中的铜绿微囊藻的变化，凤眼莲根区中水生生物对铜绿微囊藻的影响，以及在凤眼莲根区水中铜绿微囊藻的生长状况。

野生的铜绿微囊藻集结成群生长，不利于单个细胞的记数。为了研究凤眼莲根区水对铜绿微囊藻生长和结构的影响，试验采用纯培养的铜绿微囊藻。纯培养的细胞以单个存在，二分裂法繁殖，没有伪空泡。在分批培养下，群体生长，细胞会出现世代生长繁殖，表现为细胞数量的增加、数量的减少和活细胞死亡的过程。铜绿微囊藻的生长周期包含了延迟期、对数生长期、稳定期和衰亡期。铜绿微囊藻细胞世代生长计算参照罗志腾（1987）的对数生长期细胞世代间隔计算方法：

$$\text{细胞生长比速度 } \mu=2.303\times(\log x-\log x_0)/(t-t_0) \qquad (10\text{-}4)$$

式中：t——生长结束时的时间；

t_0——开始生长的时间；

x——t 时间时细胞的数量；

x_0——t_0 时间时细胞的数量

细胞的世代生长（G）$=0.693/\mu$。

10.1.5.9.2　*材料与方法*

（1）凤眼莲根区水对铜绿微囊藻生长和结构的影响

1）试验设计

用蒸馏水和经 0.45 μm 微孔滤膜抽滤的凤眼莲根区水，按比例配制不同的培养基，使培养基中分别含 100%、50% 和 10% 的根区水，设一个由 100% 根区水配制经 121℃、15 min 灭菌的培养基试验组，共 4 组试验，设一个对照组。各组设三个重复。试验设置见表 10-39。

表 10-39 凤眼莲根区水对铜绿微囊藻生长和结构的影响试验分组

制备方法	对照组	试验 1 组	试验 2 组	试验 3 组	试验 4 组
总体积 /mL	600	600	600	600	600
蒸馏水 /mL	480	0	240	420	0
根区抽滤水 /mL	0	480	240	60	480
接种量 /mL	120	120	120	120	120
蒸馏水培养基是否灭菌	是	—	是	是	—
0.45 μm 抽滤水是否灭菌	—	否	否	否	是

2）试验材料

① 1 L 的三角烧瓶：15 个，121℃、15 min 灭菌备用。

② 500 mL 的玻璃砂芯滤器一套：121℃、15 min 灭菌备用。

③微孔滤膜：Φ0.45 μm，混合材质，上海市新亚净化器件厂生产，用蒸馏水冲洗三次，121℃、15 min 灭菌备用。

④吸管、15 mL 离心管：121℃、15 min 灭菌备用。

⑤无菌室：石英紫外灯灭菌。

⑥离心机（上海精科仪器仪表有限公司生产，80-2 型），生化培养箱（广东医疗器械厂生产，LRH-250A）。

⑦试剂：25% 戊二醛（中国五联化工厂生产），琼脂（三明市明福琼胶厂生产）。

⑧普通铜绿微囊藻培养基的制备：按 BG11 medium、A_5 solution 分别配制培养基母液，121℃、15 min 灭菌备用。

⑨凤眼莲抽滤水培养基：采集大型试验凤眼莲根区水，经过 0.45 μm 的微孔滤膜负压抽滤后，加入按 BG11 medium、A_5 solution 铜绿微囊藻培养基配制的灭菌培养基母液，混合均匀备用。

⑩凤眼莲抽滤水灭菌培养基的制备：用采样装置吸取 1 000 m^3/d 湿地一级生物塘内凤眼莲的根区水，用 0.45 μm 的微孔滤膜负压抽滤，121℃、15 min 灭菌，待温度降到室温后，按 BG11 medium、A_5 solution 铜绿微囊藻培养基配方，加入灭菌的培养基母液混合均匀备用。

3）试验方法

参照马为民等（2003）方法，分别制备培养基，无菌加入处于对数生长期的铜绿微囊藻 120 mL，用灭菌牛皮纸封口，25℃、2 000～2 500 lx 光照培养。

4）采样方法

分别在试验的 1 d、3 d、5 d、7 d、10 d 测定铜绿微囊藻培养液的活细胞数，在第 4 天、第 7 天分别采集 100% 根区水和 100% 根区灭菌水细胞培养液，以及在第 4 天采集对照组细胞培养液，制备透射电镜切片。

5）分析方法

①细胞数的测定

参照《水生微生物学实验法》（陈绍铭等，1985），用血球记数板计数。

②透射电镜切片的制备

无菌操作取 5 mL 培养液，4 000 r/min 离心 10 min，吸出上清液；加入 2% 的 50～60℃的琼脂液 2 mL，迅速混匀，4 000 r/min 离心 2 min，使细胞沉积于琼脂的底部，待琼脂凝结后小心取出，置于 5 mL 的玻璃瓶中，加入 3% 的戊二醛溶液，4℃保存；各级别丙酮脱水，双氧铀和柠檬酸铅双重染色，切片后用 FEI-Tecnai 12 分析型透射电子显微镜观察。

（2）凤眼莲根区对天然铜绿微囊藻的作用

本试验与铜绿微囊藻静态降解试验同时开始，设三个重复。

1）试验材料

① 2 L 的烧杯：121℃、15 min 灭菌备用。

② 25# 浮游植物网：中国科学院水生生物研究所提供。

③吸管：121℃、15 min 灭菌备用。

④显微镜：广州光学仪器厂生产，L-2000。

⑤生化培养箱：广东医疗器械厂生产，LRH-250A。

⑥凤眼莲：采集星云湖面上漂浮的植株高 20～25 cm、气囊端膨大、新根发达、生长良好的凤眼莲，清除根系的杂物和衰老的茎叶，在清水中浸泡并换水三次，过夜。用蒸馏水反复冲洗根系，备用。

2）试验方法

向 2 L 的烧杯依次加入 1.7 L 的湖水，试验组植入 50 g 左右、大小一致的凤眼莲，然后在对照组和试验组中加入 8 g 天然铜绿微囊藻，（25 ± 1）℃、自然光照培养。试验期间每天用蒸馏水添加因蒸发减少的水分。

3）采样和分析的指标

取样并观察天然铜绿微囊藻及水生生物的变化。

10.1.5.9.33　结果与分析

（1）凤眼莲根区水对铜绿微囊藻生长和结构的影响

1）凤眼莲根区水对铜绿微囊藻生长的影响

试验组及对照组各天的细胞数见图 10-84。

从试验的第 3 天开始，对照组、试验各组间活细胞数量差异显著（$P<0.05$）。对照组的细胞数量在 1～5 d 内缓慢增长，可以见到大量处于分裂期的细胞，5～7 d 进入对数生长期，世代间隔约为 2.36 d，7～10 d 进入稳定期；铜绿微囊藻在 100% 根区水配制的未灭菌培养基中，随着培养天数的增加完整细胞数量下降，在

试验的第3天可以看到很多的空细胞，与试验开始相比，试验第5天有45%的完整细胞，第7天时只有20%的完整细胞，第10天时几乎没有完整的细胞；在50%根区水的培养基中，铜绿微囊藻的完整细胞数呈下降趋势，试验第3天开始出现空细胞，随着培养时间的增长，空细胞的数量增多，完整的细胞减少，到试验结束时完整细胞的数量是试验开始时的63%；在10%的凤眼莲根区水培养基中，铜绿微囊藻在0～5 d处于延迟期，培养液中可以看到少量的空细胞，在5～10 d才进入对数生长期，世代间隔约为15.8 d，是对照组的6.7倍；在100%的根区灭菌水培养基中，铜绿微囊藻在0～3 d处于延迟期，培养液中可以看到少量的空细胞，3～7 d处于对数生长期，在7～10 d进入稳定期，细胞的世代间隔为5.37 d，是对照组的2.28倍。

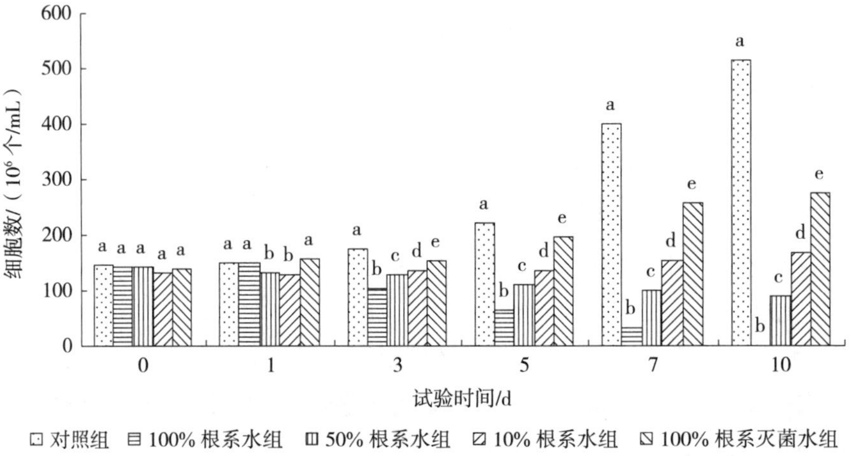

图10-84 各组不同天数的细胞数

可见，凤眼莲根区水对铜绿微囊藻生长有强烈的抑制作用，高浓度的根区水对铜绿微囊藻细胞有明显的破坏作用。

2）凤眼莲根区水对铜绿微囊藻结构的影响

正常的铜绿微囊藻细胞见图10-85和图10-86，100%根区水处理组第4天的细胞见图10-87和图10-88，100%根区水处理组第7天的细胞见图10-89和图10-90，100%根区灭菌水第7天的细胞见图10-91和图10-92。

凤眼莲根区水对纯培养铜绿微囊藻结构的损伤显著，随着处理天数的增加而加剧。对照组中，未受到损伤的铜绿微囊藻细胞具有完好的外膜，光合作用片层清晰且排列有序，核质明显、均匀，细胞壁无褶皱。而在100%根区水配制的培养基中，铜绿微囊藻细胞受损严重，细胞壁破裂，原生质收缩，细胞几乎成了空腔。100%根区灭菌水培养基的铜绿微囊藻在试验第4天时，也出现了的细胞受损现象：光合作用片层膨胀不均，呈波浪型无序排列，核质收缩，细胞壁出现破损；当试验时间延长到第 7 天时，细胞受损加剧，光合作用片层膨胀更严重，细胞严重受损。说明凤眼莲根区水对铜绿微囊藻的细胞结构具有明显的破坏作用。

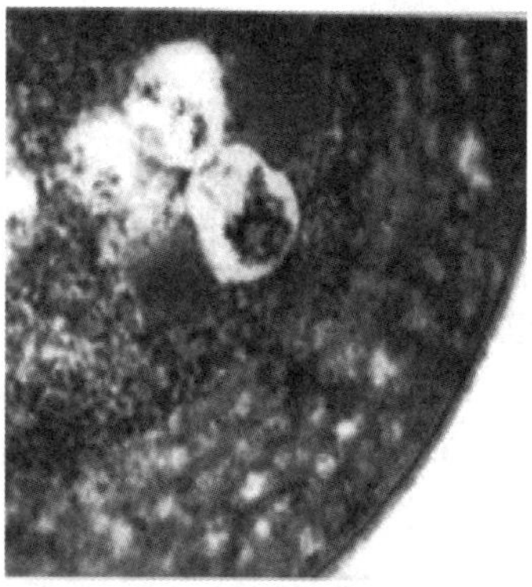

图 10-85　正常的铜绿微囊藻（×18 750）

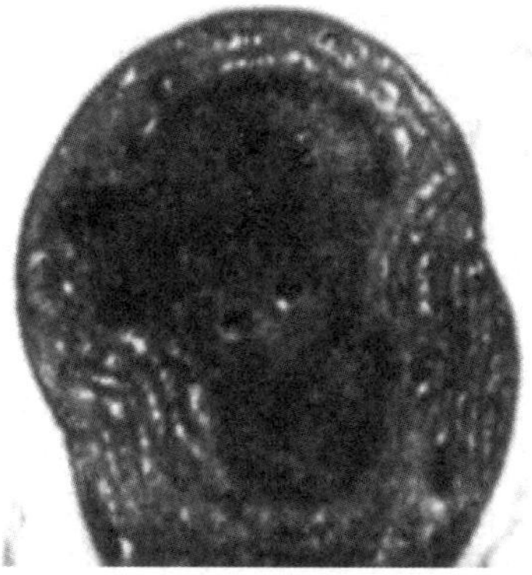

图 10-86　正常的铜绿微囊藻（×50 000）

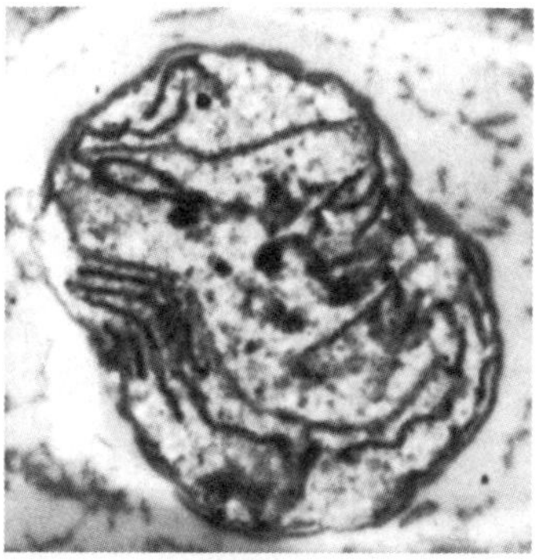

图 10-87　100% 根区水第 4 天的铜绿微囊藻（×12 500）

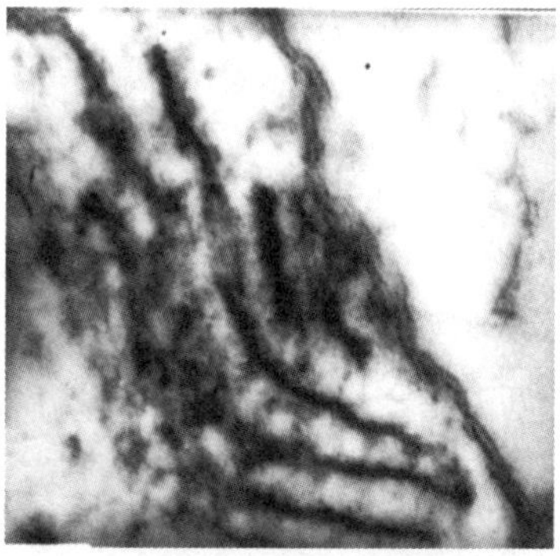

图 10-88　100% 根区水第 4 天的铜绿微囊藻（×50 000）

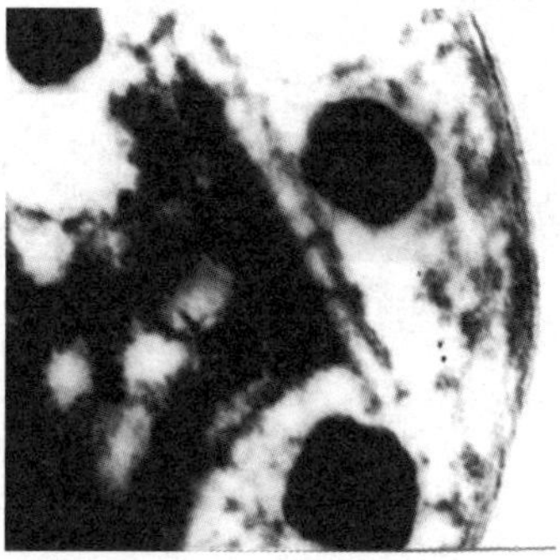

图 10-89　100% 根区灭菌水第 4 天的铜绿微囊藻（×10 714）

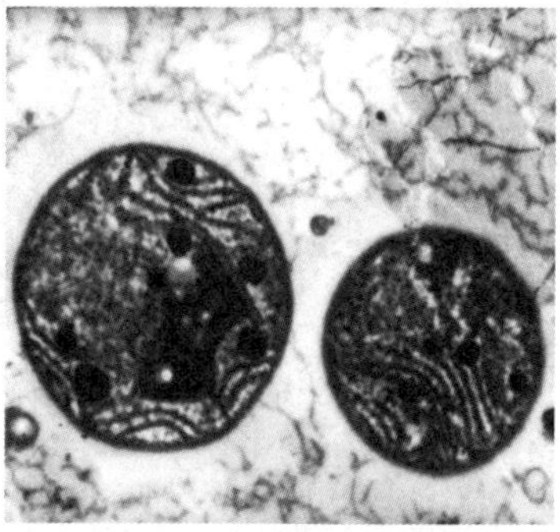

图 10-90　100% 根区灭菌水第 4 天的铜绿微囊藻（×50 000）

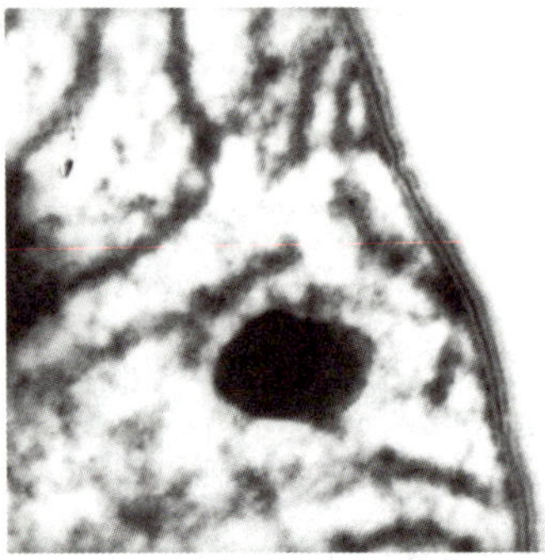

图 10-91 100% 根区灭菌水第 7 天的铜绿微囊藻（×12 500）

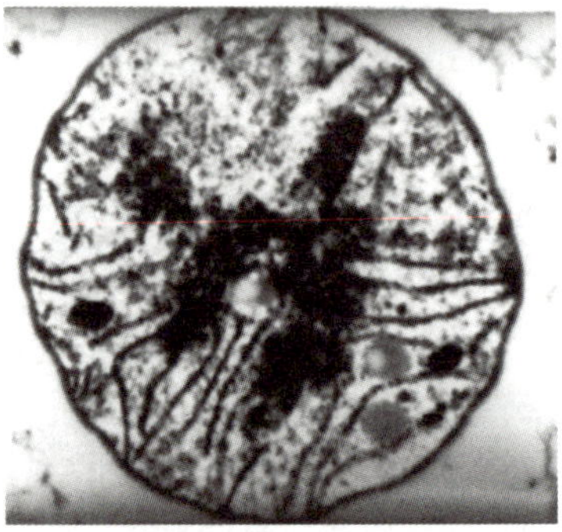

图 10-92 100% 根区灭菌水第 7 天的铜绿微囊藻（×50 000）

（2）凤眼莲水生生态系统中天然铜绿微囊藻的变化及水生动物优势种的演替

1）试验第 1 天的天然铜绿微囊藻

天然正常的铜绿微囊藻集结成群生长，细胞完整，外包透明多糖被膜，具有伪空泡（图 10-93），用于试验的天然铜绿微囊藻第 1 天全部漂浮于水中。

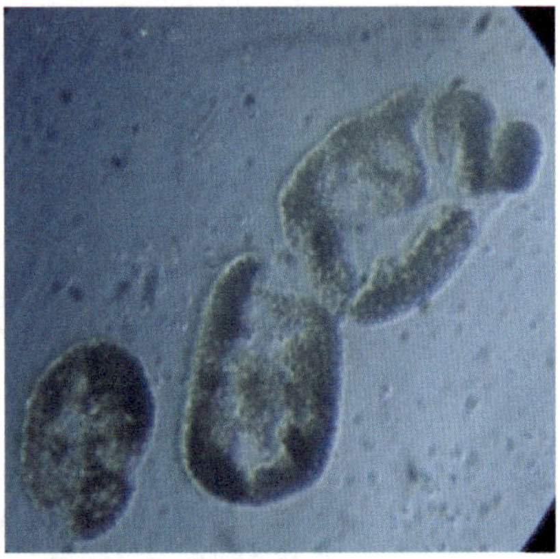

图 10-93 第 1 天的铜绿微囊藻

2）试验第 2 天的铜绿微囊藻

在凤眼莲水中，第 2 天有约 20% 的铜绿微囊藻细胞沉淀于试验容器底部，并有多糖被膜破裂现象（图 10-94），少数细胞泛黄，单个细胞从多糖被膜中散落出来（图 10-95）。

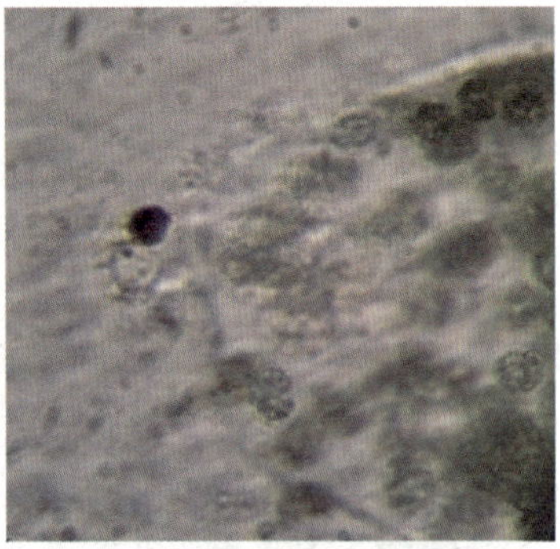

图 10-94 第 2 天的铜绿微囊藻（一）

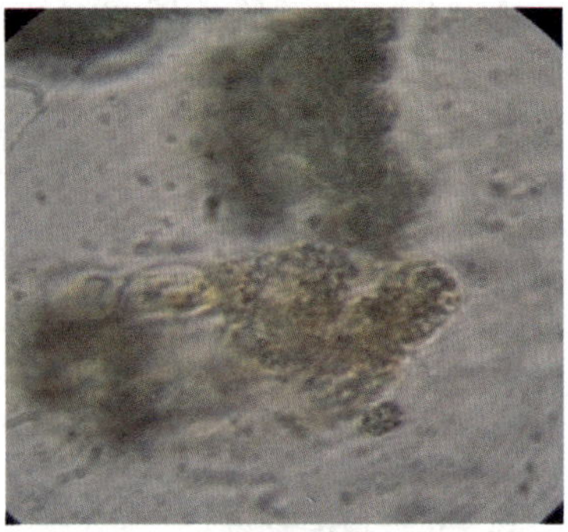

图 10-95 第 2 天的铜绿微囊藻（二）

3）试验第 4 天的铜绿微囊藻

试验第 4 天，铜绿微囊藻在凤眼莲水生生态系统中，约有 40% 的细胞沉淀，10% 细胞泛黄，有的细胞失去正常的形态（图 10-96）。

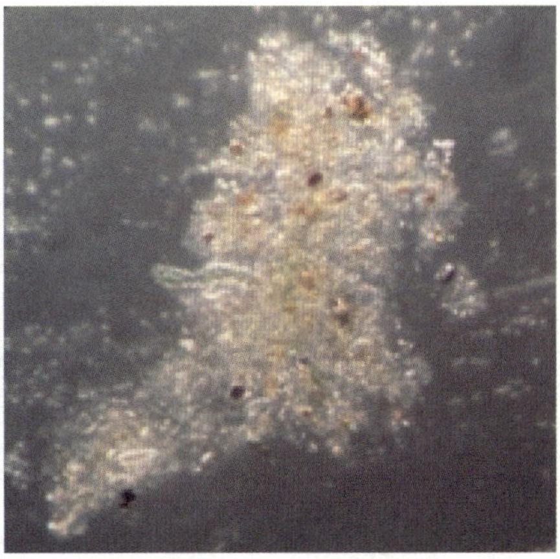

图 10-96　第 4 天的铜绿微囊藻

4）试验第 5 天的铜绿微囊藻及水生动物

试验第 5 天，可见大量散落的单个铜绿微囊藻细胞（图 10-97）。原生动物种类和数量增多，以肉足纲和纤毛纲为主，出现变形虫（图 10-98～图 10-100）、绿眼虫（图 10-101）、梨形四膜虫（图 10-102）、粗圆纤虫（图 10-103、图 10-104）等原生动物，其中以变形虫的种类、数量为最多。

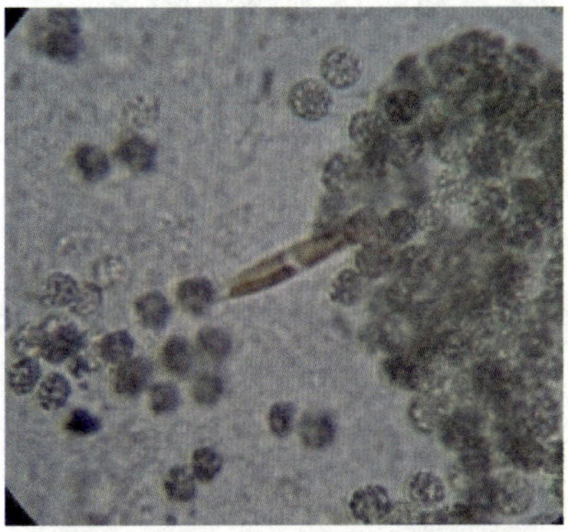

图 10-97　第 5 天的铜绿微囊藻

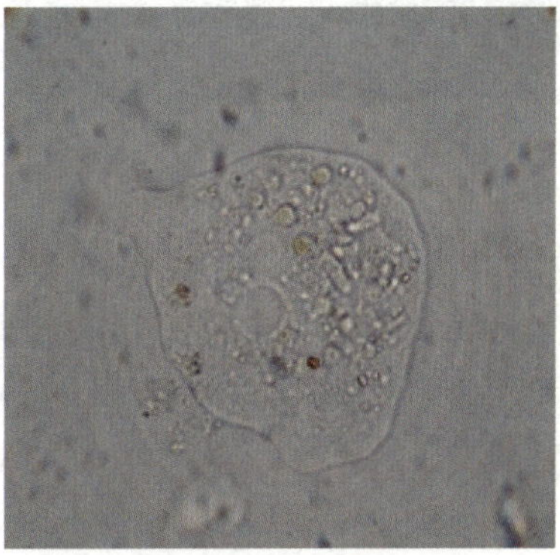

图 10-98　第 5 天的肉足纲动物（一）

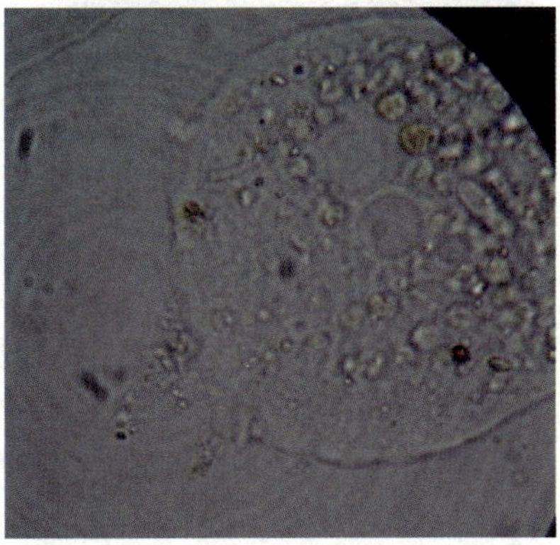

图 10-99　第 5 天的肉足纲动物（二）

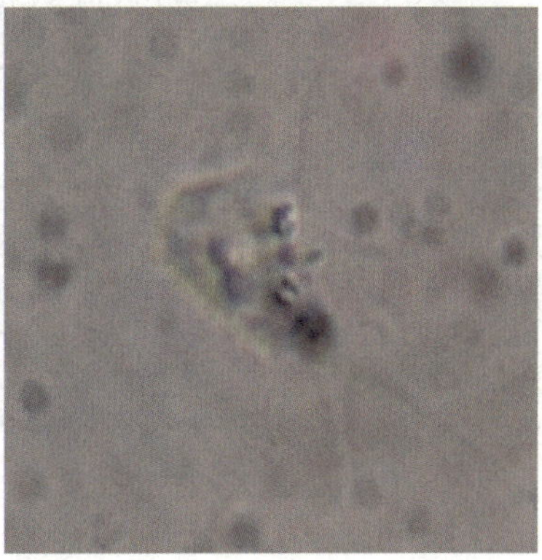

图 10-100　第 5 天的肉足纲动物（三）

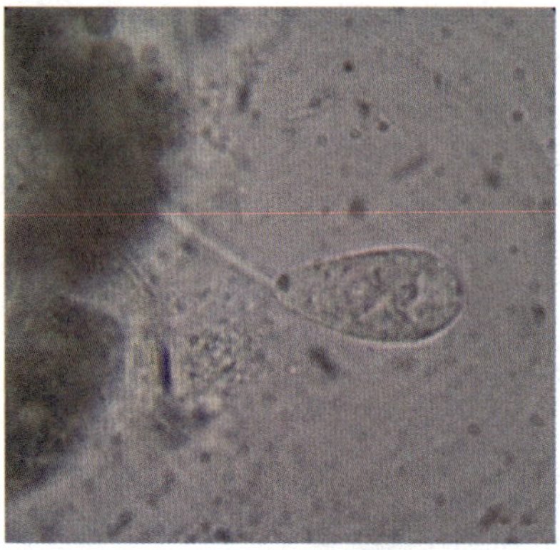

图 10-101 第 5 天的鞭毛纲动物

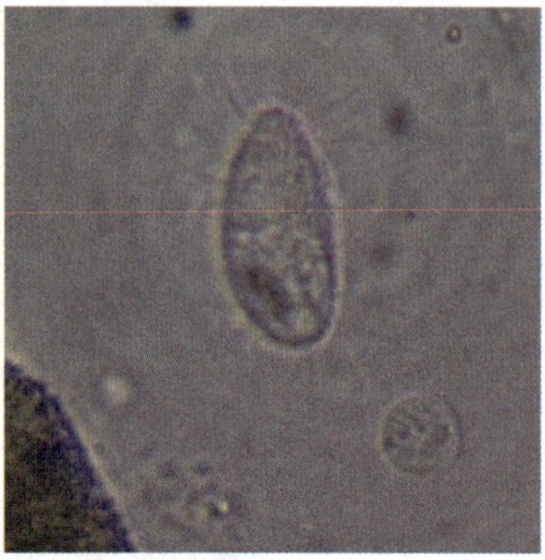

图 10-102 第 5 天的纤毛纲动物（一）

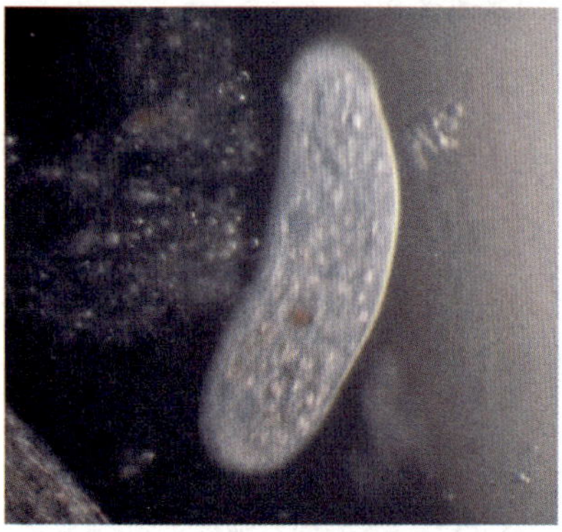

图 10-103 第 5 天的纤毛纲动物（二）

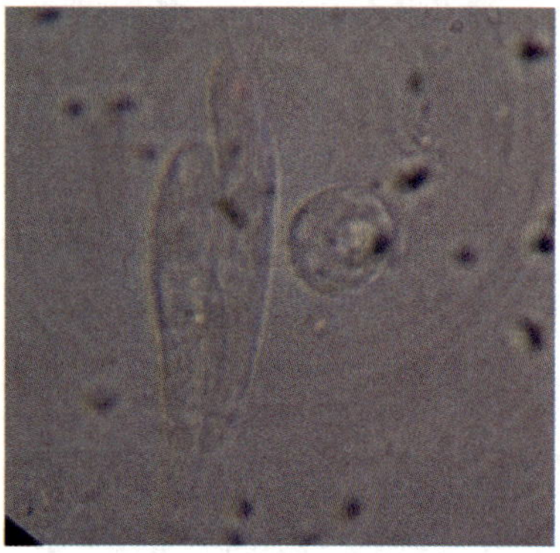

图 10-104 第 5 天的纤毛纲动物（三）

5）试验第 6 天的铜绿微囊藻及水生动物

试验第 6 天，70% 的铜绿微囊藻细胞发生沉淀，30% 以上细胞明显发黄。除第 5 天开始出现的肉足纲、纤毛纲动物外，还有纺锤全列虫（图 10-105）、弯豆形虫（图 10-106）、油滴虫（图 10-107）、眼虫（图 10-108）等原生动物。并开始出现肉食性的后生动物猪吻轮虫（图 10-109、图 10-110）。

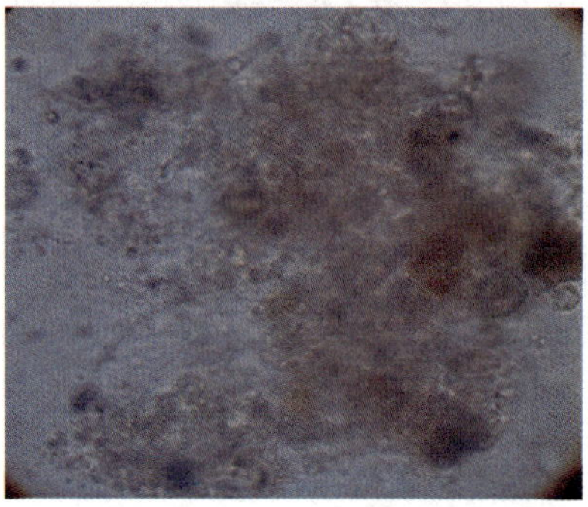

图 10-105 第 6 天的铜绿微囊藻

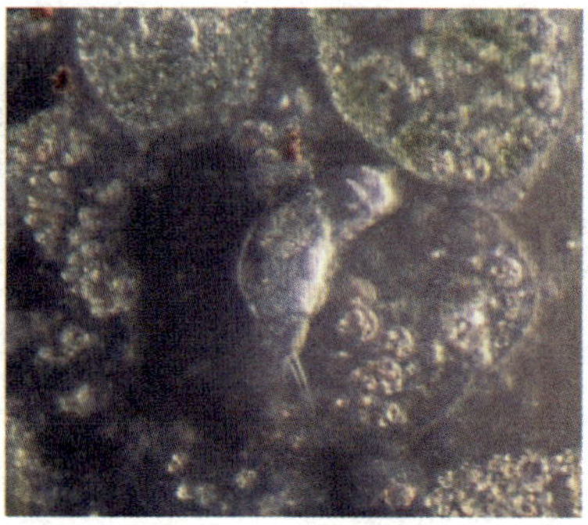

图 10-106 第 6 天的轮虫纲动物

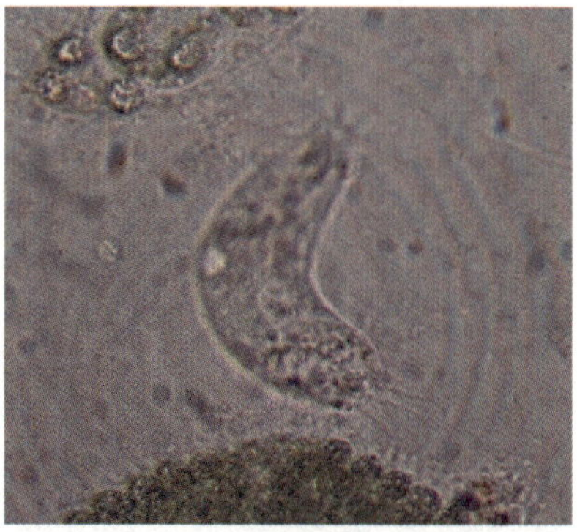

图 10-107　第 6 天的纤毛纲动物（一）

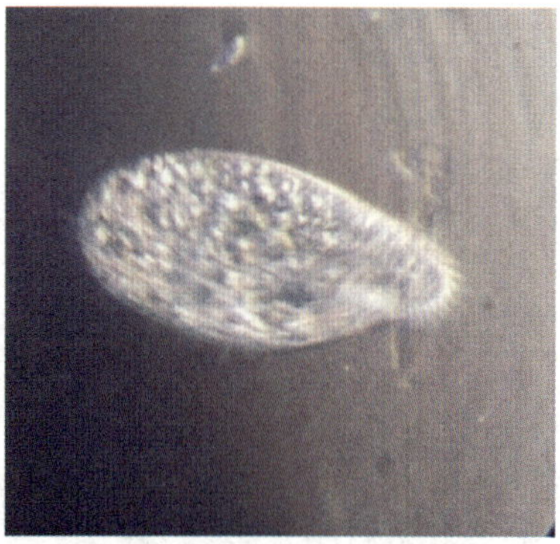

图 10-108　第 6 天的纤毛纲动物（二）

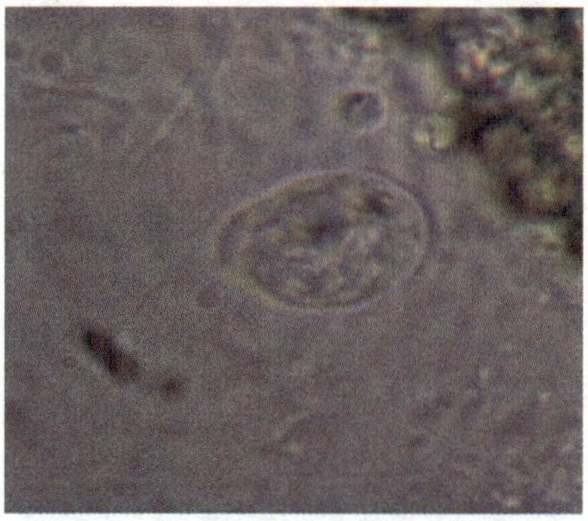

图 10-109　第 6 天的鞭毛纲动物（一）

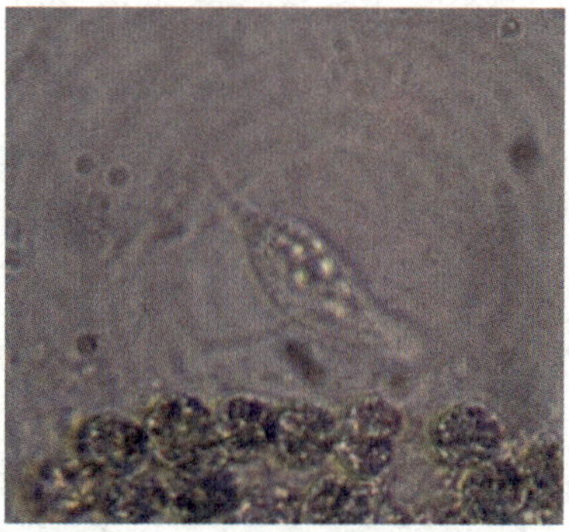

图 10-110　第 6 天的鞭毛纲动物（二）

6）试验第 7 天的铜绿微囊藻

试验第 7 天，铜绿微囊藻继续沉降，群体细胞破裂后剩下空的包被（图 10-111），水中保持着第 5、6 天出现的原生动物和后生动物。

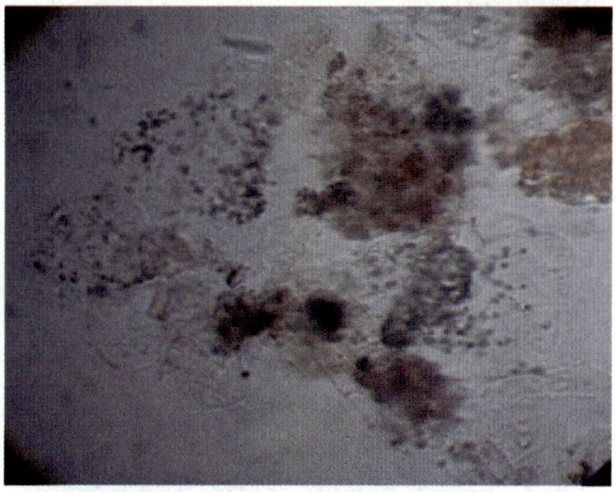

图 10-111　第 7 天沉淀的铜绿微囊藻

7）试验第 8 天的铜绿微囊藻及水生动物

试验第 8 天的铜绿微囊藻见图 10-112。水中出现了草履虫（图 10-113）、漫游虫（图 10-114），在第 7 天出现的肉足纲、纤毛纲动物在第 8 天时也活动频繁（图 10-115）。

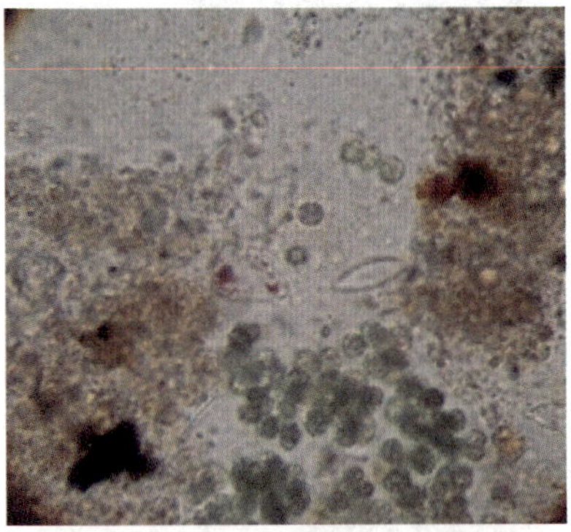
图 10-112　第 8 天的铜绿微囊藻

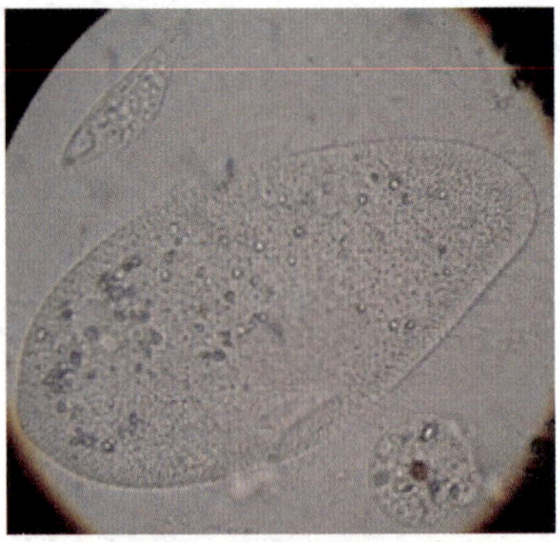
图 10-113　第 8 天的纤毛纲动物（一）

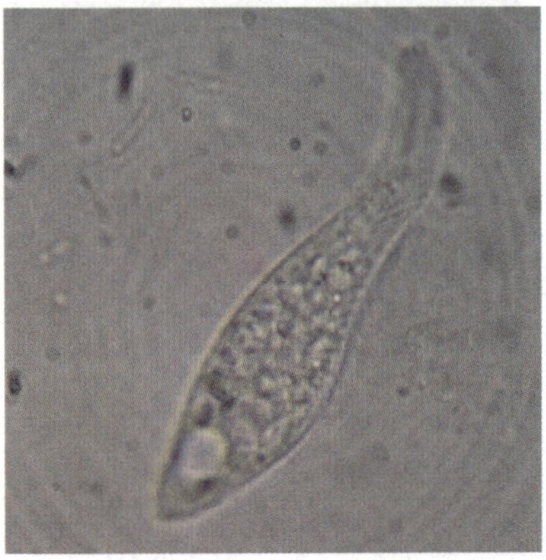
图 10-114　第 8 天的纤毛纲动物（二）

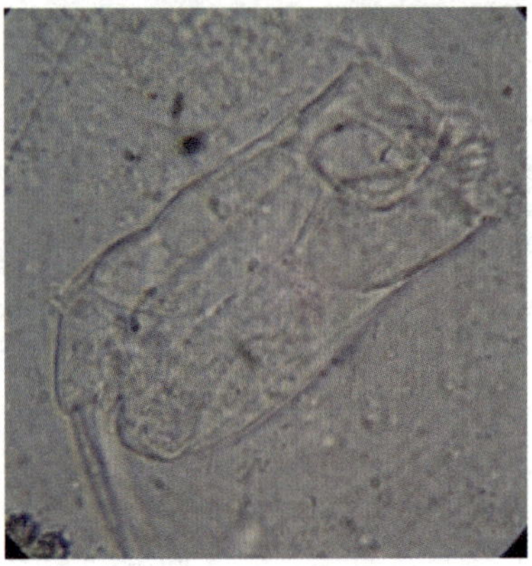
图 10-115　第 8 天的轮虫纲动物

8）试验第 10 天的铜绿微囊藻

在试验的第 10 天，投入试验的铜绿微囊藻完全沉降，70% 以上的细胞泛黄（图 10-116），可见残余的群体细胞包被。

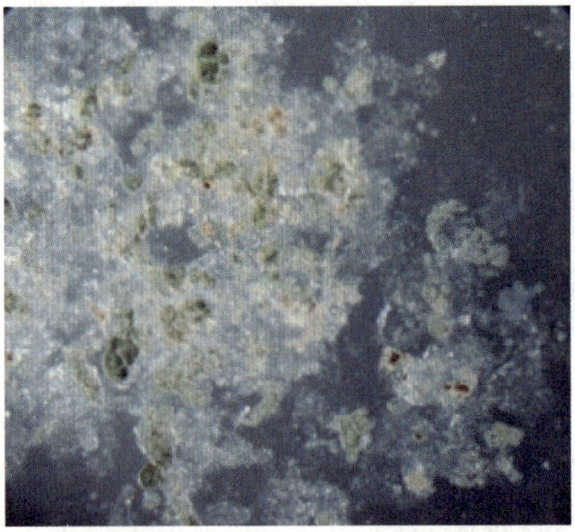
图 10-116　第 10 天的铜绿微囊藻

9）试验第 12 天的铜绿微囊藻及水生动物

试验第 12 天，轮虫活跃，开始出现线虫（图 10-117）、毛腹虫（图 10-118）等水生动物，水中依然保持着大量的变形虫（图 10-119）、纤毛虫，如辐射变形虫等（图 10-120）。

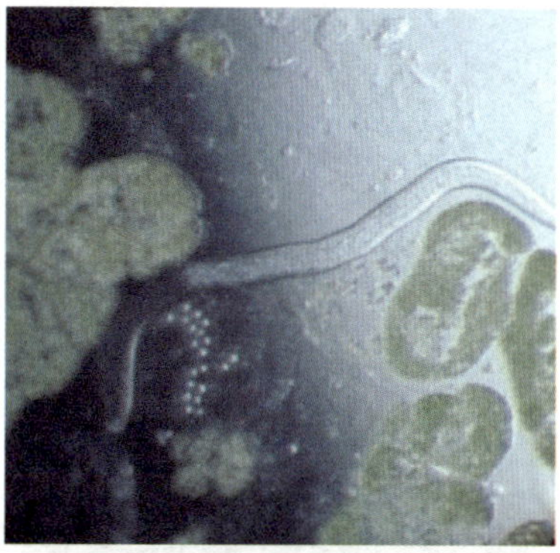

图 10-117　第 12 天的线虫纲动物

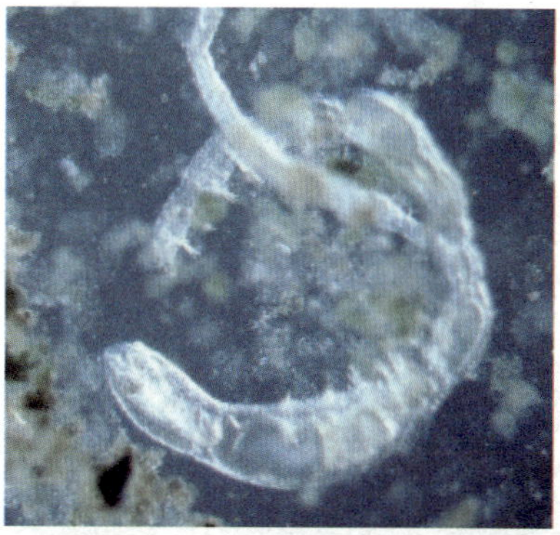

图 10-118　第 12 天的寡毛纲动物（一）

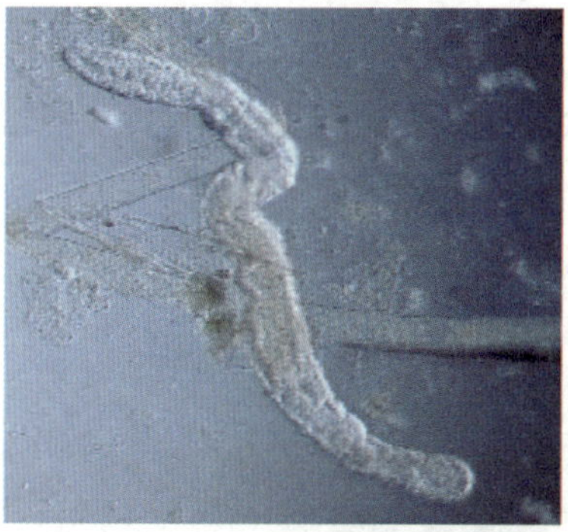

图 10-119　第 12 天的寡毛纲动物（二）

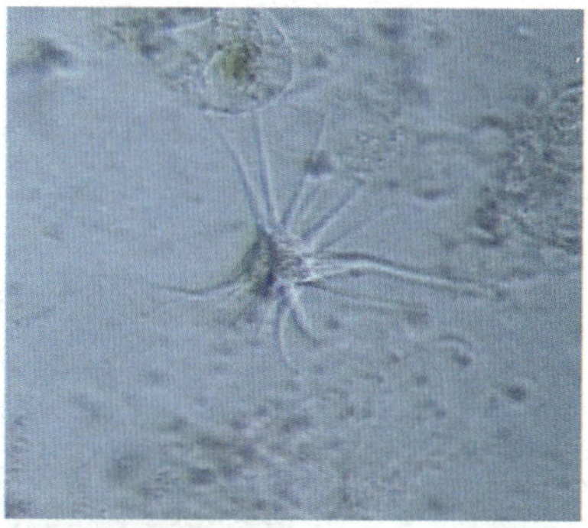

图 10-120　第 12 天的肉足纲动物

10）试验第 15 天的铜绿微囊藻及水生动物

试验第 15 天，铜绿微囊藻全部沉淀于底部，仅存少数完整细胞（图 10-121）。轮虫、草履虫等纤毛虫活跃，开始出现似铃壳虫（图 10-122）。

图 10-121　第 15 天的蓝藻

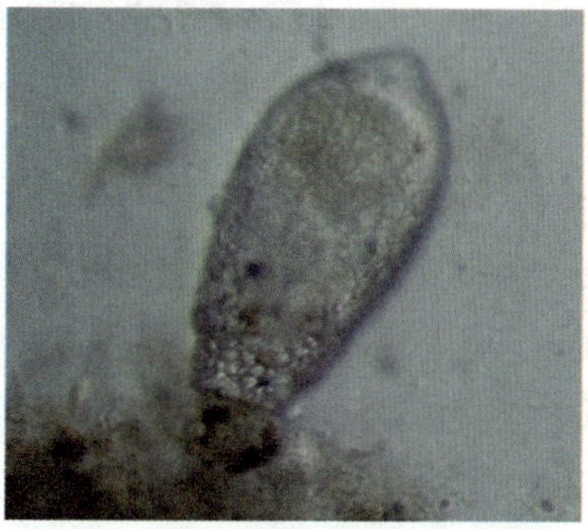

图 10-122　第 15 天的纤毛纲动物

11）试验第 21 天的铜绿微囊藻

试验第 21 天，铜绿微囊藻仅存极少数绿色细胞，底部沉淀不定形的黄褐色残余物（图 10-123、图 10-124），水生动物的种类、数量减少，有少量鞭毛虫、似铃壳虫等，轮虫、毛腹虫、线虫消失。

图 10-123 第 21 天的铜绿微囊藻

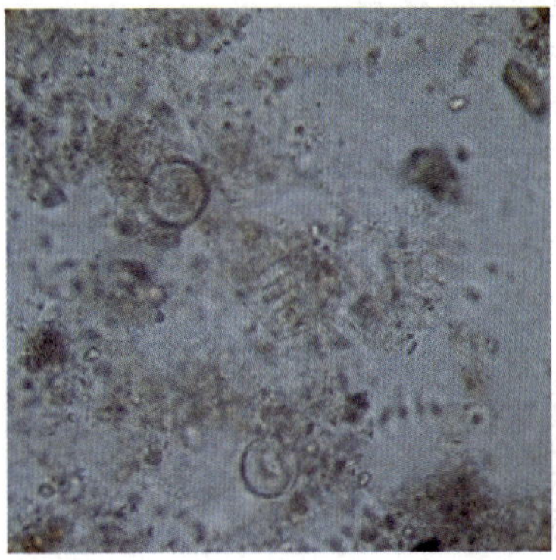

图 10-124 第 21 天铜绿微囊藻的残余物

12）试验第 25 天的铜绿微囊藻

试验第 25 天，几乎看不到正常铜绿微囊藻细胞，黄褐色残余物变深（图 10-125），很难发现正常活动的水生动物。

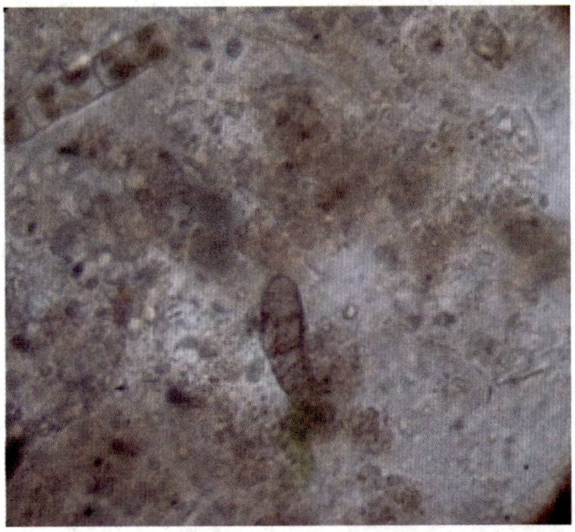

图 10-125 第 25 天的铜绿微囊藻（残余物）

10.1.5.9.4 讨论

（1）凤眼莲及其根区水对铜绿微囊藻的作用

凤眼莲根区水对铜绿微囊藻的生长有抑制作用，随着种植水浓度的升高而增强。凤眼莲根区水对铜绿微囊藻的作用表现为致细胞内的光合片层膨胀、细胞壁受损甚至破裂、核质收缩、原生质外泄，导致细胞死亡。在种植凤眼莲的水环境中，通过天然铜绿微囊藻衰亡过程，可以看到细胞的裂解，伴随着多种原生动物、后生动物的演替。在野外大型试验中采集的凤眼莲根区水，经过 0.45 μm 的微孔滤膜过滤后，可以去除浮游动物、细菌等，但不能过滤细小细菌和病毒。因此，凤眼莲及其根区系统对天然铜绿微囊藻的作用有以下几方面：

1）凤眼莲根系分泌物的抑制作用

凤眼莲的根系能向水体分泌某些有机物质，分泌物已被鉴定为 *N*-苯基-2-萘胺等物质（孙文浩等，1988；1993）。金鱼藻、水毛茛、哥伦比亚萍 3 种高等水生植物高浓度种植水对铜绿微囊藻生长也有显著影响，这些植物对铜绿微囊藻的作用也是通过根系释放分泌物实现的（马为民等，2003）。有研究表明，在分泌物产生、释放过程中，微生物可以通过改变根细胞壁的透性、根的代谢或修改根的代谢产物，影响根系分泌物的分泌及作用。本试验中，种植水的浓度也明显影响铜绿微囊藻的受损程度，这是否是由凤眼莲根系分泌物的化感作用所导致，尚未得到确切的证实。

2）噬藻体（Cyanophage）的裂解作用

噬藻体被认为是水体微型生物群落系统中重要的动态因子，有人观察到其昼夜间数量的快速增减，说明它们在不断地进入和退出该系统（Maranger 等，1996）。由于病毒的专性寄生，在控制蓝藻种群密度起到调控作用，它们对蓝藻的致死率达到 72%（Proctor 等，1990）。尽管在生态学上还难以解释病毒的调控机制，但在不少现象如“水华”与“赤潮”的消长过程中，病毒浓度和效价相应地发生明显的变化（Suttle，1996）。郭亚新等（2003）从富营养化的池塘水体中分离到噬藻体，对微囊藻有较强的感染能力。而噬藻体属于病毒类，能通过 0.45 μm 的微孔滤膜，凤眼莲根区水对铜绿微囊藻的损害作用有可能是噬藻体对细胞的裂解作用造成的。

3）细菌的抑制作用

凤眼莲根系是许多微生物的良好生境，形成特殊的根系微生物区系。很多研究表明，细菌可以通过直接或间接作用抑制藻生长。间接溶藻一般是通过分泌化学物质来实现，非选择性地杀伤藻类细胞（赵以军等，1996；彭超等，2003），如中性柠檬酸菌对铜绿微囊藻生长的抑制作用（袁峻峰等，1999）。另有些种类的黏细菌可直接与藻细胞接触，通过分泌溶解纤维素的酶来消化掉宿主的细胞壁，进而使整个藻细胞溶解；极少数种类的细菌可进入藻细胞内溶藻，一种似蛭弧菌的细菌能进入铜绿微囊藻的细胞使其溶解（Maria 等，1984）。

4）浮游动物的捕食作用

有学者提出的生物操纵学说（史为良等，1998；Boers 等，1991；王左等，1998），其中之一是利用大型浮游动物的吞食作用，来抑制水体中浮游植物的增长，从而达到净化水质、降低富营养化程度的目的。张喜勤等（1998）进行了“水溞净化富营养化湖水实验研究”，发现草食性水溞能去除富营养化湖水中的 TN、TP、COD 和 BOD 等污染物，从而使水质得到净化。而在凤眼莲根区的天然铜绿微囊藻变化的试验中，可以观察到多种原生动物对铜绿微囊藻及其残余物的捕食作用；在小试、中试、大试和 ^{15}N 同位素的示踪试验中，发现了螺对铜绿微囊藻的捕食作用，以及腺介虫和枝角类的滤食作用。

（2）以铜绿微囊藻为核心的水生生态系统的生物演替及其环境原因

在进入种植凤眼莲的水体后，集群生长的铜绿微囊藻在第 2 天就发生外包被膜破裂现象，单个细胞游离到水体中。铜绿微囊藻在凤眼莲根区水中生长受到胁迫，单个细胞壁也可能发生破裂，使细胞原生质外泄，容易被微生物分解。在试验的第 4 天，部分铜绿微囊藻群体细胞的叶绿素受到破坏，藻体泛黄，甚至完全失去正常的细胞形态，这说明铜绿微囊藻在凤眼莲种植水体中受到的损害迅速、明显。

铜绿微囊藻投入凤眼莲种植水中后，最先出现的原生动物有变形虫、绿眼虫、梨形四膜虫、粗圆纤虫，其中以肉足类变形虫的种类数量最多。肉足类、鞭毛虫和纤毛虫以吞噬细菌、小型藻类及有机颗粒为生。铜绿微囊藻及其细胞分解过程中的残余有机物，以及分解铜绿微囊藻的细菌，可能成为这些原生动物最好的食物。

在第 6 天，原生动物的种类、数量继续增加，出现纺锤全列虫、弯豆形虫、油滴虫、眼虫等，并开始出现肉食性后生动物猪吻轮虫（胡家骏，1999），试验中可观察到其捕食原生动物的现象。试验的第 8 天，原生动物的种类继续增加，出现草履虫、漫游虫，肉足纲、纤毛纲、鞭毛纲动物活跃，猪吻轮虫也异常活跃，数量增多，这是适应水体中原生动物的数量增多的结果。

在试验的第 12 天，原生动物、轮虫依然活跃，开始出现以有机颗粒、细菌、藻类和原生动物为食的后生动物线虫、毛腹虫。到第 15 天，原生动物中的似铃壳虫出现，原生动物、后生动物活跃。在试验的第 21 天，铜绿微囊藻的数量已经很少，很难发现正常活动的轮虫、毛腹虫、线虫等，有少量的鞭毛虫、似铃壳虫活动。到试验的第 25 天，沉积的铜绿微囊藻残体中几乎没有正常活动的原生和后生动物，各种原生动物和后生动物可能已经进入休眠状态。

在凤眼莲根区水生生态系统中，铜绿微囊藻的进入导致了水生环境的变化。为了适应营养因子的变化，系统中先后出现杂食性的原生动物和后生动物，且种类和数量也相应增加。生态系统结构的改变直接影响其功能，凤眼莲水生生态系统中生物的种类和数量的增多加速了蓝藻的分解。

（3）不同凤眼莲水环境的优势水生动物及其对铜绿微囊藻的作用

天然铜绿微囊藻投放到凤眼莲水生生态系统后，发生了为适应食物营养变化的生物演替，原生动物和后生动物相继出现。在食物消耗殆尽后，水生动物进入休眠状态。

在大型试验、中型试验和小型试验中，水生动物尤其是后生动物的种类和数量有所不同。在大型试验的凤眼莲根区水体中，由于进水的铜绿微囊藻经过一级挺水植物塘的拦截，再进入凤眼莲生物塘时数量比原湖水减少，所以大型试验凤眼莲根区水体中主要以腐败的蓝藻、凤眼莲根茎为主，并有少量的新鲜蓝藻。在此水体中发现了螺，它们以藻类、腐殖质和凤眼莲为食物，并有蛭和颜色浅而小的水溞。在进水含较多的铜绿微囊藻的中试和小试凤眼莲根区水体中，出现大量的螺直接捕食铜绿微囊藻；个体大的水溞和腺介虫为优势种，这也是为了适应能滤食到大量个体较大的新鲜铜绿微囊藻而发生的自然选择，个体大的水溞和腺介虫也能滤食到较大的食物。

在水生生态系统中，营养是联系各生物成员之间的一条重要纽带，即捕食者—被捕食者的关系交织成一个复杂的食物网。原生动物在食物网中扮演细菌的捕食者、藻类的捕食者和后生动物的饵料三种角色。在连续运行的凤眼莲水生生态系统中，还发现剑水蚤、豆娘稚虫、腺介虫、摇蚊幼虫、龙虱幼虫、涡虫和蛭等大型水生动物，它们与原生动物的关系以及在食物网中所处的营养级和作用，还需进一步研究。

（4）凤眼莲在水生生态系统中的地位和作用

在本试验中，凤眼莲在生物塘中通过植株的遮光、根系的拦截等物理作用提高对蓝藻的去除率，同时还通过根区水环境中细菌对蓝藻的分解作用、原生动物和后生动物对蓝藻及其代谢产物和细菌的捕食作用、根区水对蓝藻生长的抑制和结构破坏作用，完成对蓝藻的分解。因此，凤眼莲对蓝藻的去除是物理过程和生物过程的有机结合。

凤眼莲根区及其水生生物的存在，使得底泥向水体释放 N、P 有一定的差异。凤眼莲对水体中的 P 起到稳定作用，而对 N 的释放起到促进作用。凤眼莲的存在使底泥中的 NH_3-N 加速释放，并促进 NH_3-N 向 NO_3-N 转化。因此凤眼莲及其根区形成的水生生态系统，是蓝藻去除的关键之一，对蓝藻物质由有机态向无机态转化起到促进作用。在人工湿地处理富营养化星云湖水系统中，凤眼莲起到去除湖水蓝藻、矿化有机物的作用，并为后续的人工湿地植物生长提供无机养分，成为人工湿地处理系统不可缺少的部分。

凤眼莲因快速生长性能以及较少的天敌，很快占据生态位，在各种水域中疯长，导致湖泊、池塘和河道阻塞，使其他水生生物减少甚至灭绝，破坏水下动物食物链，影响水底生物生长，从而危害整个水生生态系统（Wanda 等，2001），因而被很多人认为是有害植物，各国科学家也相继研究各种方法对其进行控制，如放养凤眼莲的天敌象甲虫（*Neochetina eichhorniae*）（Yasser 等，1997），通过马樱单（*Lantana camara* L）提取物抑制凤眼莲的生长（Manjula，2000）等。凤眼莲被视为有害植物，源于它在无法控制状态下造成的生态恶果。与此同时，凤眼莲也被广泛地用于废水处理的生物氧化塘中，对各种重金属（Schneider 等，1995）、染料（Low 等，1995）等污染物有良好的去除作用。本试验中，凤眼莲显著的除藻作用及其根区水生生态系统对蓝藻的分解和转化作用，也充分表明了凤眼莲在可控的条件下是一种优良的水质净化植物。但正由于凤眼莲的快速生长，衰老的植株凋落于水体中容易使水质恶化，如何更好地控制凤眼莲防止其造成二次污染的发生，并对其有效综合利用，是保证用于净化水质的凤眼莲水生生态系统持续、有效运行的关键所在。

10.1.5.9.5 小结

（1）凤眼莲根区水对纯培养铜绿微囊藻的作用

凤眼莲根区水对纯培养铜绿微囊藻结构的损伤显著，并随着处理天数的增加而加剧。细胞严重受损，细胞壁破裂，原生质外泄，核区收缩，光合作用片层膨胀，细胞几乎成了一个空腔。纯培养的铜绿微囊藻在不同浓度、不同方法处理的凤眼莲根区水中生长均受阻，表现为细胞世代间隔的增大。

（2）凤眼莲根区的天然铜绿微囊藻及其水环境的生物演替

在凤眼莲种植水环境中，天然铜绿微囊藻第 2 天开始出现细胞破裂现象，随着时间的增加，细胞沉降增多，10 d 能够完全沉降。随着细胞的受损，铜绿微囊藻被分解，原生动物中肉足纲的变形虫、纤毛纲的梨形四膜虫、鞭毛纲的绿眼虫等首先出现，之后出现以肉食性的猪吻轮虫为主的后生动物以及线虫、毛腹虫，漫游虫也增多，原生动物和后生动物的种类数量增加；随着铜绿微囊藻的消耗殆尽，原生动物和后生动物种类、数量减少，25 d 后很难发现正常活动的水生动物。

10.1.5.10 结论

10.1.5.10.1 凤眼莲生物塘的运行特征

（1）凤眼莲生物塘对蓝藻的去除效果

在星云湖富营养化水体除藻试验中，HRT=7 h 的水力条件下，凤眼莲生物塘在春季、夏季、秋季和冬季对蓝藻的平均去除率分别为 55.85%、56.86%、41.12% 和 42.50%。

（2）凤眼莲生物塘出水的变化规律

在星云湖富营养化进水条件下，凤眼莲生物塘出水的 NH_3-N、NO_3-N、TN、PO_4^{3-}、TP 和 chla 的浓度可通过与之相对应的进水浓度用以下方程描述：

NH_3-N：$y=1.3857x-0.088$

NO_3-N：$y=0.7751x+0.0509$

TN：$y=0.8178x+0.0838$

PO_4^{3-}：$y=0.2134x-0.1094$

TP：$y=0.939x-0.0058$

chla：$y=0.3574x+1.4534$

其中，x 为进水浓度（mg/L），y 为出水浓度（mg/L）。

（3）蓝藻在凤眼莲生物塘中的分布

随着运行时间的增加，蓝藻在凤眼莲根区和装置的下层积累，并使附近水环境中的 NH_3-N、TN、TP 显著增加，出水的 DO、pH 降低，NH_3-N 和 EC 升高。

在 HRT=7 h 水力条件下，凤眼莲生物塘中由蓝藻形成的底泥分布呈现塘体前半部分高于后半部分的规律，全年单位面积平均底泥产量为 0.6 kg/m^2。凤眼莲生物塘中凤眼莲根区水中的 SS 分布为在进水口后 0.5 m 处、塘中部和出水口前 0.5 m 处。凤眼莲根区水的 SS 分别为 251.3 mg/L、176.1 mg/L 和 125.3 mg/L。

（4）凤眼莲的生长规律及水生生物种类

在启动过程中，凤眼莲表现为根系长度的增长速度快于茎叶高度的增长速度，一个月后旧根系开始脱落并萌发新根，凤眼莲茎叶则持续生长，并表现为进水前半部分高于进水后半部分。凤眼莲总湿重每年增加 56.6 kg/m^2。

根区水的细菌总数呈现塘体前半部分高于后半部分的规律，根区中的水生动物主要有变形虫、枝角类、螺、轮虫、甲壳虫、腹毛虫、桡足类、水寡毛虫、蛭类和水线虫等。

10.1.5.10.2　影响凤眼莲生物塘除藻的因素

在本试验条件下，HRT 在 1～7 h，随着停留时间加长，除藻的效率提高；随着进水 chla 浓度增加，除藻效率也提高。各水力停留时间对应的 chla 去除率可用以下方程描述：

HRT=7 h：y=55.687+0.150 1x

HRT=4 h：y=44.884+0.178 7x

HRT=2 h：y=36.577+0.151 8x

HRT=1 h：y=23.828+0.155 7x

其中，x 为进水的 chla 浓度（μg/L），y 为 chla 去除率（%）。

当 HRT=7 h 时，凤眼莲生物塘除藻主要通过蓝藻的沉淀作用、凤眼莲根系拦截作用和凤眼莲遮光作用实现。凤眼莲全根、2/3 根、1/2 根试验组对蓝藻的平均去除率分别为 51.90%、45.81% 和 41.74%，凤眼莲全根的除藻效果好于剪除根系的效果。

10.1.5.10.3　铜绿微囊藻在凤眼莲水生生态系统中变化机理的研究

（1）铜绿微囊藻在凤眼莲水生生态系统中的分解

以 SS 作为铜绿微囊藻的指标，经过 30 d 的降解，铜绿微囊藻的剩余量约为 32%，5～15 d 降解显著，符合一级动力学反应，降解方程为 $SS=136.6e^{-0.245\,8t}$。

（2）铜绿微囊藻构成的底泥在凤眼莲水生生态系统中 N、P 的释放

凤眼莲使底泥向水体释放更多的 TDN，没有种植凤眼莲的底泥试验组的水体中出现了 NO_2-N 累积，而凤眼莲试验组中水体的 NO_3-N 显著升高。

没有种植凤眼莲的底泥向水体释放 PO_4^{3-} 有一定波动，而凤眼莲能够维持水体中 PO_4^{3-} 相对稳定。

（3）^{15}N 标记的铜绿微囊藻在凤眼莲水生生态系统中的 N 转移

本试验首次建立用 ^{15}N 标记铜绿微囊藻的方法，并获成功，用于铜绿微囊藻在凤眼莲和湖水构成的水生生态系统中的物质转移研究。

铜绿微囊藻进入凤眼莲水生生态系统中，第 2 天发生分解作用，细胞内标记的 ^{15}N 释放出来，并被凤眼莲根系吸收，根系 ^{15}N 开始上升。铜绿微囊藻在此生态系统中分解，10 d 内凤眼莲对 ^{15}N 转化呈上升趋势，而凤眼莲根系对 ^{15}N 的吸收速度快，茎叶对 ^{15}N 的积累相对较为缓慢，凤眼莲茎部对 ^{15}N 的积累速度比叶片快且高。在静态凤眼莲水生生态系统中的大型动物螺极其排泄物表明，螺捕食铜绿微囊藻并可将其转化为机体的一部分。

（4）天然铜绿微囊藻在凤眼莲水生生态系统中细胞的变化及水生生物的生态演替

在凤眼莲根区水生生态系统中，天然铜绿微囊藻第 2 天开始出现细胞破裂现象，随着时间的增加，细胞沉降量增多，第 10 天完全沉降。随着细胞的受损，铜绿微囊藻被分解，原生动物中肉足纲的变形虫、纤毛纲的梨形四膜虫、鞭毛纲的绿眼虫等首先出现，之后出现以肉食性的猪吻轮虫为主的后生动物，以及线虫、毛腹虫，漫游虫也增多，原生动物和后生动物的种类、数量增加；随着铜绿微囊藻的消耗殆尽，原生动物和后生动物的种类、数量减少，25 d 后很难发现正常活动的水生动物。

10.1.5.10.4 凤眼莲对铜绿微囊藻细胞生长和结构的作用

凤眼莲根区水对纯培养铜绿微囊藻的作用表现为生长的抑制作用和结构的显著损伤。铜绿微囊藻在不同浓度、不同方法处理的凤眼莲根区水中生长均受阻，表现为细胞世代间隔的增大。随着处理天数的增加，铜绿微囊藻受损加剧，细胞壁破裂，原生质外泄，核区收缩，光合作用片层膨胀，细胞壁破损，细胞几乎成了一个空腔。

10.1.6 相关图片

高水力负荷人工湿地示范工程图片见图 10-126～图 10-141。

图 10-126 高水力负荷人工湿地日处理 1 000 吨示范工程

图 10-127　高水力负荷人工湿地日处理 1 000 m^3 示范工程

图 10-128　高水力负荷人工湿地处理富营养化水示范工程全景（一）

图 10-129 高水力负荷人工湿地处理富营养化水示范工程全景（二）

图 10-130 高水力负荷人工湿地处理富营养化水示范工程全景（三）

图 10-131　高水力负荷人工湿地处理富营养化水示范工程处理的星云湖湖水—蓝藻暴发

图 10-132　高水力负荷人工湿地处理富营养化水示范工程—出水

图 10-133 汪俊三教授对湿地植物进行研究

图 10-134 高水力负荷人工湿地植物的筛选

图 10-135　高水力负荷人工湿地植物的筛选—纸莎

图 10-136　高水力负荷人工湿地植物的筛选—类芦苇、风车草

图 10-137　高水力负荷人工湿地植物的筛选—伞草

图 10-138　高水力负荷人工湿地植物的筛选—花叶芦荻

图 10-139　高水力负荷人工湿地植物的筛选—野姜花、江芏

图 10-140　高水力负荷人工湿地除藻模拟试验（一）

图 10-141 高水力负荷人工湿地除藻模拟试验（二）

10.2 华南地区氧化塘设计参数的研究

前言后语

本课题是“七五”国家科技攻关项目

技术顾问：张崇华

子专题组组长：李穗中 汪俊三

子专题组主要成员：韩泰畴 陈毓华 麦建波 陈国生 黄静端

10.2.1 序

当前，随着我国国民经济建设的高速度发展，城市生活污水的排放量与日俱增。这些污水大部分未经任何处理就直接排入江河湖海。在全国范围内所监测的87条河流中，有54条已受污染，其中14条已被严重污染。如何控制水体污染已成为发展经济所必须解决的环境问题。工业发达国家为控制水污染，多年来花费了巨额资金兴建二级污水处理厂。例如，法国每年用于污水处理的费用占国民经济总收入的0.5%～1.5%，污水处理耗电占城市用电量的2%。这是一笔连经济发达国家也感到难以负担的开支。因此，寻求经济节能型的污水处理方法，一直是世界各国的努力目标。

氧化塘作为一项利用自然净化能力处理污水的设施，始于 21 世纪。它造价低、耗能少、出水水质稳定、运行管理方便、可有效地去除各种有机污染物（包括二级生化处理难以去除的有机化合物），就是经济发达国家也在大力研究氧化塘的发展和应用。对于像我国这样的经济处于发展中的国家，由于氧化塘有上述优点，其成为控制水体污染的适宜方法之一。

传统的氧化塘有下列缺点：效率低，占地大（我国现有塘的 BOD_5 去除负荷平均为 7 g/（m^2·d），与美国兼性塘标准 1.1～9.0 g/（m^2·d）相仿；日处理 10 000 t 污水占地约 400 亩，等于二级污水处理厂占地的 20 倍以上）；淤积严重，导致环境卫生条件恶劣，处理效果也逐年变差，乃至停止运行。

近一二十年来，氧化塘在欧美及部分发展中国家发展很快。我国在“六五”大量研究总结工作的基础上，将氧化塘列入“七五”科技攻关项目，表现出极大的重视。

本课题是国家科委“七五”攻关项目第 59 项的一个重要子专题。课题编号：7559021304。

课题名称：“华南地区氧化塘设计参数的研究”。作为地方点，主要攻关内容是：

取得各类塘对 BOD_5、SS、COD 等的去除效果；

掌握各类塘的运行规律；

探索适宜的具有优良净水功能的高等水生植物种属；提出组合氧化塘的设计参数。

本课题于 1986 年 8 月立题，经过国内典型氧化塘现场调查（石家庄市西三教、西安市漕运河、昆明市兰花沟、贵阳市花溪公园、长沙市湘湖养鱼塘和武汉市鸭儿湖等）、国外文献联机检索，确定了研究方案，进行了中试基地的建设（包括选点调查、工程设计、施工安装、现场实验室的建立等），于 1988 年 1 月建成，验收过程中发现塘体泄漏，于 1988 年 6 月完成返工，1988 年 7 月验收合格，1988 年 8 月投入运行。

中试基地建于广东省中山市三乡镇附近的中山温泉宾馆内，北纬 22°18′，东经 113°24′；工程总占地约 5 500 m^2，其中水面面积约 5 050 m^2，设计规模为日处理 1 000 m^3 生活污水，至 1990 年 1 月，已连续进行了 18 个月的试验和观测，取得了近万个有效的生产性数据，完成了课题的预定要求。

与此同时，就华南地区有一定净水功能的高等水生维管束植物的引种和筛选，进行了栽培试验。在此基础上，从 1988 年 10 月到 1989 年 3 月，进行了连续 6 个月的室外污水处理模拟小试验，取得了较好的结果。

10.2.2　国内外氧化塘的发展趋势

氧化塘工艺是一种和自然水域自净过程相似的污水处理方法。它容积大，水面宽广，完全依靠生存在水中的各种微生物和水生植物共同作用而自然运行，影响因素极为复杂。今天，氧化塘这项古老的污水处理技术已经逐渐升华为人工控制的自然净化方法，塘效能有了很大提高，使得越来越多的国家和地区采用它来处理各种各样的污水。

自20世纪50年代以来，氧化塘的研究与应用获得了飞跃式的发展。这些发展总体来说，其趋势是科学化、多样化、资源化。

氧化塘的科学化表现在它的净化机理得到了深入的研究，其内在的生物反应变化规律已经越来越为人们所了解，同时，就塘结构对水力特性乃至对塘净化效率的影响，也开展了大量的研究，取得了显著的进展。由于对氧化塘了解的加深，氧化塘的设计已开始系统化、规范化，逐步成为可人工控制的污水处理技术。

氧化塘的多样化表现在它的形式，例如：多级串联塘；使用多种不同功能的水生植物组合的多级塘；采用人工基质强化的塘；曝气与水生植物组合的塘；厌氧、兼性、好氧三类组合的塘；高负荷藻类塘等。这些塘系统因地制宜，而以“厌—兼—好”组合塘在发展中国家应用较为普遍。

氧化塘的资源化主要用于开展综合利用。例如，以副产藻类蛋白质为目的的高负荷藻类塘，在处理污水的同时，生产蛋白饲料，使污染水体的营养物变成资源。更多是使处理后的水回用，作为农业灌溉、城市绿化用水，以及养鱼。

氧化塘的应用范围越来越广泛。可以这样说，凡是具备土地条件的地方，都可以考虑用氧化塘来处理当地多种类型的有机废水。随着氧化塘污水处理技术的日益完善，这项符合我国国情的技术将为解决水环境污染问题作出越来越大的贡献。

10.2.3 中试基地的设计和运行

10.2.3.1 工艺流程的确定

纵观国内外氧化塘的发展趋势，经历了由单小的大污水库改进为多级串联塘，进而用水生植物改善塘出水的水质，由于串联塘首级表面负荷很高，实际上处于厌氧状态，因而，至20世纪80年代演变成“厌氧塘—兼性塘—好氧塘”的串联工艺，这使氧化塘占地比传统的经验设计大幅度地减少。近二十年来，厌氧处理技术的突破性进展，为厌氧塘的改进提供了新的依据，尤其是上流式厌氧污泥床（UASB）工艺的诞生，改变了传统厌氧发酵反应时间长的观念，它使厌氧反应控制在产酸这个快反应阶段，在此情况下，厌氧的作用不是以最大限度地获取能源（甲烷）、去除污水中有机质为目的，而是缓冲水质，并利用池内逐步形成的悬浮污泥层，过滤和吸附自下而上地通过污泥层的污水所含有的悬浮物及有机质，使之在污泥层内生长的产酸菌作用下，水解为有机酸等较为简单和较易生物降解的物质。原污水经过这样的处理之后，不但获得了一定程度的净化，还变得更易于生化处理，使后级塘的效能得以更充分地发挥。同时，利用泥龄长的特点，收到污泥消化良好的效果，积泥量少且易处理，传统氧化塘的淤积问题得到较好的解决。在本中试基地的设计中，采纳这一工艺为首级污水处理工艺，并考虑到南方生活污水悬浮物含量低和浓度低的特点，在设计参数上做了改进。

在厌氧塘之后，本流程选定兼性塘。华南地区气温高、日照长、雨量充沛，适合高等水生维管束植物终年生长。这为用水生植物强化兼性塘效能提供了天然的有利条件。因此，这里的兼性塘系统种植水生植物。由于水生植物覆盖塘面而会使塘出水的溶解氧低，故兼性塘之后设置好氧塘，提高处理后排水的溶解氧。

此外，为了减少入塘污水夹带的大块漂浮物及泥砂，进塘前，污水会经过沉砂及格栅的处理。为了处置沉砂池排出的沉砂及厌氧池过多的污泥，另设置了污泥干化场。

综上所述，中试基地的工艺流程为污水→贮池→提升泵→格栅→沉砂池→计量→厌氧塘→兼性塘→好氧塘→农灌。

10.2.3.2　设计

10.2.3.2.1　华南地区城镇污水水质

为了进行科学的设计，我们对广东沿海城镇的污水（包括中试基地）进行了调查。结果如表 10-40 所示。

表 10-40　广东省沿海城市市政污水水质统计

水质项目	本试验点	茂名市	深圳市	东莞市	广州市
COD_{Cr}/（mg/L）	197	132	195	131.4	—
BOD_5/（mg/L）	90	57.9	85	72.7	72.8
SS/（mg/L）	＜50	84	54	—	—
TN/（mg/L）	22.5	12.04	—	—	—
TP/（mg/L）	1.33	1.14	—	—	—
BOD_5/COD_{Cr}	0.457	0.436	0.436	0.553	—

由表 10-40 可见，华南地区城镇污水浓度及悬浮物含量都很低，这与当地用水量大有关，此外，BOD/COD 比值高，属于高度腐败性污水。

10.2.3.2.2　厌氧塘的设计

由于厌氧塘的设计不成熟，特别是在低浓度生活污水处理方面的经验十分缺乏。华南地区市政污水的悬浮物含量十分低，如果直接套用上流式厌氧污泥床（UASB）工艺，有可能因不易形成污泥床而失败。本流程厌氧塘按固体颗粒沉降速度选定上升流速，根据斯托克斯（Stokes）定律，10～20 μ粒子在水中沉降极限速度为0.2～0.8 m/h。本厌氧塘选用值：

上升流速	0.2～0.6 m/h
停留时间	0.3～1.0 d
预计COD去除率	25%～50%

塘体结构的纵剖面上半部为长方形，下半部为倒方锥台。污水通过设在锥台底的布水器流出，自下而上，由水面两侧的溢流堰流入集水渠。设置三座，并联运行，每座进水量可调节，在其中一座的上部水层中，悬挂软填料，做塘的强化试验。

10.2.3.2.3 水生植物塘的设计

大量的实验结果证明，在兼性塘内放养水生植物可大大强化塘的效能。华南地区水生植物终年生长，实为得天独厚的条件。本研究选用的是迄今为止被公认为净水能力最强的水葫芦，在后级塘选用的是水花生。为了取得污水净化过程中水质随停留时间的变化规律，根据地形设计成四塘串联，每塘用石坝间隔，坝顶设置淹没式出水槽及溢流堰。各塘长宽比为（3～4）：1，水深为1.4～1.5 m。

设计参数取值：

表面负荷：30 g BOD_5/（$m^2 \cdot d$）（按印度为23.5 g BOD_5/（$m^2 \cdot d$）；

停留时间：2 d（包括试验塘）。

10.2.3.2.4 好氧塘的设计

由于水葫芦塘的出水溶解氧将会很低，为了提高出水溶解氧，稳定水质，使最终出水满足攻关要求的$BOD_5 \leqslant 20$ mg/L、$SS \leqslant 60$ mg/L而设置本塘。为了确定水生植物去除水中营养物的能力，在好氧塘前两格投放水花生，末格为藻类塘。各格长宽比为（3.5～3.8）：1，水深为1.0 m。

设计参数取值：

表面负荷：4～10 g BOD_5/（$m^2 \cdot d$）；

停留时间：3.4 d。

10.2.3.2.5 各设施规格尺寸

①贮水池（原有）

Φ8 000 mm × 2 400 mm；

有效容积：120 m^3。

②提升泵

$2\frac{1}{2}$ PW型污水泵，3台（常开1台，高峰2台）；

扬程：8.5 m；

扬量：60 m^3/h；

配用电机：4 kW。

③沉砂池

每格：4 600 mm × 600 mm × 1 950 mm，共设两格，合建；

停留时间：100 s；

砂斗容积：1.56 m^3。

④厌氧塘

每座：9 500 mm × 9 500 mm × 4 300 mm，共设三座，合建；

其中，一个塘悬挂 F3 型软填料约 3 400 串，每串长 1.2 m，穿 16 束填料，合计 54 400 束填料；

总容积：860 m^3（三座合计）。

⑤试验塘

36 000 mm × 9 500 mm × 1 550 mm（水深）；

用导流墙分成七格；

总容积：510 m^3。

⑥串联水葫芦塘

$1^{\#}$ 33 000 mm × 9 000 mm × 1 500 mm（水深）；

$2^{\#}$ 39 000 mm × 9 000 mm × 1 400 mm（水深）；

$3^{\#}$ 30 000 mm × 9 000 mm × 1 400 mm（水深）；

$4^{\#}$ 30 000 mm × 8 500 mm × 1 400 mm（水深）；

总面积：1 173 m^2；

总容积：1 672 m^3。

⑦好氧塘

64 000 mm × 51 000 mm × 1 050 mm（水深）；

用导流墙分成三格；前两格放水花生；末格设八个 Φ100 淹没式出水孔。

⑧干化场

10 000 mm × 10 000 mm × 900 mm 划分为六格，轮流使用；

滤料上层为 0.2 m 厚细沙，下层为 0.2 m 厚碎石。

⑨污水流量计

LJ01 型污水流量自动测量仪。

同时设三角堰流量计做瞬时检查。

10.2.3.3　运行与监测

中试基地于 1988 年 1 月完成土建安装，并放水进行土建质量检验，同时投放水生植物。由于土建质量未达到设计要求，泄漏严重，由承建单位返工。直至同年 7 月土建验收合格，正式进水投入运行。此时，兼性塘及好氧塘的前两格已全部被投放的水葫芦及水花生覆盖。同年 8 月开始取样监测，经过 3 个月的微生物生长、驯化，全系统达到稳定运行，对有机污染物的去除效果良好，数据重现性好。

以水生植物强化兼性塘的试验表明，作为首级塘（厌氧塘后），水葫芦可以正常生长；水龙耐污性差，首先枯萎；水花生生长不好。好氧塘中的水花生则因虫害及福寿螺蚕食，也生长不好，经过几个月的运行，大部分只剩下茎秆，并且有沤腐现象，遂全部清除，改种水葫芦。

厌氧塘中有一格原悬挂软填料，投入运行后附着生长了大量微生物，由于产气，使填料成串成串地上浮，发酵发臭，尽管悬挂填料对塘效能有所改善，但考虑到大规模推广应用时，基建投资将使厌氧塘每立方米的容积增加 50 元以上，而且 3～5 年更换一次，维护费用较高，从现场试验看，悬挂填料的塘与不挂者相比净化效率仅提高 2%～6%，分析数据见表 10-41，经济上不合算。因此，填料塘仅运行不到两个月就拆除了填料。为了改善厌氧塘的外观及卫生条件，试种了水葫芦，获得了成功。虽然生长缓慢，且茎叶较兼性塘矮小得多，但能覆盖全塘，景观及气味均大为改善。

表 10-41 厌氧塘悬挂填料的效果

取样点测定值 时 间	厌氧塘出水 COD_{Cr}/（mg/L）	填料塘出水 COD_{Cr}/（mg/L）	水温 /℃
1988.8.12 14：00	68.04	66.10	28.5
1988.8.13 14：00	66.93	62.99	29.2
1988.8.14 11：00	82.19	80.24	—

经过上述三个月的探索、调整、自然培菌，全系统的运行达到稳定。研究工作转入连续运行监测。

水样品分析方法参照 1983 年版《环境监测分析方法》以及国家“七五”科技攻关项目分析方法与质量保证技术文件之二《水分析方法》。运用瞬时采样，采样时间按北京时间 13：00（夏令时为 14：00），样品的代表性考察见表 10-42。由表 10-42 可见，所定取样时间取的水样基本上可反映全日水质的平均值。

根据研究需要，经过一个月的探索，确定全系统的采样位置为：

1# 沉砂池出口（原污水）；

2# 厌氧塘出口；

3# 水葫芦串联塘首塘出口（即试验塘）；

4# 水葫芦串联塘第二级出口；

5# 水葫芦串联塘第三级出口；

6# 水葫芦串联塘第四级出口；

7# 水葫芦串联塘第五级出口；

10# 好氧塘末级出口。

表 10-42　原污水连续监测结果

日期	项目 \ 测定值 \ 钟点	10：00	11：00	12：00	13：00	14：00	15：00	16：00	17：00	18：00	平均
1988.8.5	COD_{Cr}/（mg/L）	77.46	106.51	97.99	110.38	107.61	138，35	132.59	107.61	107.61	109.57
	BOD_5/（mg/L）	30.2	48.78	52.24	68.72	74.17	80.44	—	92.02	66.16	64.09
	pH	6.52	6.45	6.46	6.5	6.5	6.5	6.4	6.5	6.5	
1988.8.6	COD_{Cr}/（mg/L）	86.47	—	122.98	—	122.98	—	167.17	—	130.66	126.05
	BOD_5/（mg/L）	47.67	—	66.96	—	62.95	—	88.55	—	78	68.83
	pH	6.64	—	6.54	—	6.50	—	6.46	—	6.49	

串联塘于1989年2月由原五级串联改为四级串联，减少一个取样点，原首塘与厌氧塘并联运行，出水入原串联塘第二级。厌氧塘出水经导管也进入原串联塘第二级。

取样频率为两天一次。

在塘系统稳定运行一年后，于1989年8月至12月对原污水及各级塘出水的细菌总数及大肠菌群进行了抽检，检查结果见表10-43。

表10-43 细菌学指标检验记录

项目	日期	原污水	厌氧塘	水葫芦塘	好氧塘
细菌总数/（个/mL）	1989.8.25	1.1×10^6	2×10^5	5.8×10^4	5.6×10^3
	1989.9.1	1.2×10^6	6.2×10^5	2.1×10^5	2.7×10^4
	1989.9.21	1.1×10^7	3.7×10^6	9.2×10^4	8.8×10^2
	1989.10.5	1.8×10^5	1.6×10^5	4.3×10^3	2.8×10^3
	1989.11.8	4×10^5	3.4×10^5	7.5×10^3	6.4×10^2
	1989.12.7	3.2×10^5	1.3×10^5	9.8×10^3	1.6×10^4
	1989.12.28	4.4×10^6	4.5×10^5	9.5×10^4	7.8×10^2
大肠菌群/（个/L）	1989.8.25	＞16 000	＞16 000	＞16 000	3.5×10^3
	1989.9.1	＞2.4×10^{10}	2.4×10^{10}	9.4×10^6	2.3×10^2
	1989.9.21	2.4×10^{12}	9.5×10^7	2.3×10^6	2.3×10^3
	1989.10.5	2.4×10^7	2.3×10^5	2.3×10^3	2.3×10^3
	1989.11.8	2.4×10^6	2.4×10^6	2.3×10^4	2.3×10^2
	1989.12.7	9.6×10^6	2.3×10^4	9.4×10^2	9.4×10^2
	1989.12.28	1.9×10^9	9.4×10^9	9.0×10^7	2.4×10^4

厌氧塘于1990年1月12日至1月17日抽干清理。3个厌氧塘的积泥量及分析结果见表10-44。

表10-44 三个厌氧塘的积泥量一览表

塘 号	泥深/m	含泥/%	干泥中挥发分/%	泥浆量/m^3	干泥量/kg
1	0.66	5.15	29	16.5	849.75
2	0.60	4.2	29	15	672
3	0.63	6.1	32	15.75	960.75
总计	平均0.63	平均5.15	平均30	47.25	2 482.5

在塘系统稳定运行一年后，对全系统进行了两次污水及水葫芦根系生物的取样分析，分析结果如下：

（1）厌氧塘

1）浮游植物密度为1 526.5个/L（1990年4月）

主要种属及数量：

颤藻属（*Oscillatoria* sp.） 289.4个/L

微囊藻属（*Microcystis* sp.）	421.1 个 /L
绿球藻属（*Chroococcus* sp.）	315.8 个 /L
桥弯藻属（*Cymbella* sp.）	105.3 个 /L
螺旋藻属（*Spirulina* sp.）	78.9 个 /L
裂丝藻属（*Stichococcus* sp.）	78.9 个 /L
平裂藻属（*Merismopedia* sp.）	52.6 个 /L
裸藻属（*Euglena* sp.）	52.6 个 /L
舟形藻属（*Navicula* sp.）	26.4 个 /L
星球藻属（*Asterocapsa* sp.）	26.4 个 /L
胶质浮球藻属（*Planktosphaeria gelotinosa*）	26.4 个 /L
异端藻属（*Gomphonema* sp.）	26.4 个 /L
纤维藻属（*Ankistrodesmus* sp.）	26.4 个 /L

夏季（1989 年 8 月）密度为 5 425 个 /L，主要种类与上述相同。

2）原生动物密度为 42～100 个 /m^3

主要种属：

气球屋滴虫（*Oikomonas termo*）	卄
银灰膜袋虫（*Cyclidium glaucoma Muller*）	卅
膜袋虫属（*Cyclidium* sp.）	卄

（2）兼性塘（串联塘）

1）首塘

浮游植物密度为 1 915.5 个 /L（1990 年 4 月）。

主要种属及数量：

微囊藻属（*Microcystis* sp.）	791.6 个 /L
裸藻属（*Euglena* sp.）	416.3 个 /L
菱形藻属（*Nitzschia* sp.）	416.3 个 /L
颤藻属（*Oscillatoria* sp.）	208.1 个 /L
异端藻属（*Gomphonema* sp.）	208.1 个 /L
直链藻属（*Melosira* sp.）	166.5 个 /L
小球藻属（*Chlorella* sp.）	166.5 个 /L
小环藻（*Cyclotella striata*）	124.9 个 /L
舟形藻属（*Navicula* sp.）	124.9 个 /L
羽纹藻属（*Pinnularia* sp.）	41.6 个 /L

夏季密度 3 350 个 /L（1989 年 8 月），主要种属与上述类似。

原生动物密度为 100 个 /m^3

主要种属：	
波豆虫属（*Bodo* sp.）	卅
侧跳滴虫（*Pleuromonas jaculas*）	廾
独缩虫属（*Carchesium* sp.）	廾

2）第三级塘

主要种属及数量：

颤藻属（*Oscillatoria* sp.）	521.6 个 /L
羽纹藻属（*Pinnularia* sp.）	372.6 个 /L
舟形藻属（*Navicula* sp.）	74.5 个 /L
小球藻属（*Chlorella* sp.）	55.9 个 /L
衣藻属（*Chlamydomonas* sp.）	37.3 个 /L
菱形藻属（*Nitzschia* sp.）	18.6 个 /L
夏季密度（1989 年 8 月）	1 600 个 /L

主要种属与上述类似。

原生动物密度为 317 个 /m^3。

主要种属及数量：

扉甲虫（*Thuricola amphora*）	卅
针棘匣壳虫（*Centropyxis aculeata*）	廾
表壳虫属（*Arcella* sp.）	廾

（3）精制塘

1）浮游植物密度（1990 年 4 月）为 1 417.7 个 /L

主要种属及数量：

颤藻属（*Oscillatoria* sp.）	479.8 个 /L
小球藻属（*Chlorella* sp.）	458.0 个 /L
羽纹藻属（*Pinnularia* sp.）	87.2 个 /L
菱形藻属（*Nitzschia* sp.）	87.2 个 /L
舟形藻属（*Navicula* sp.）	109.1 个 /L
衣藻属（*Chlamydomonas* sp.）	65.4 个 /L
变异直链藻（*Melosira varians*）	4 3.6 个 /L
异端藻属（*Gomphonema* sp.）	21.8 个 /L
柱形鼓藻属（*Penium* sp.）	21.8 个 /L
扁裸藻属（*Phacus* sp.）	21.8 个 /L
四尾栅藻（*Scenedesmus quadricauda*）	21.8 个 /L
夏季密度（1989 年 8 月）	3 300 个 /L

主要种属与上述相同。

2）原生动物密度为 11 985 个 /m^3

主要种属及数量：

聚钟虫属（*Campanella* sp.）	卄
扉甲虫（*Thuricola amphora*）	卄
鞘居虫属（*Vaginicola* sp.）	卄
表壳虫属（*Arcella* sp.）	卄
匣壳虫属（*Centropyxis* sp.）	卄

（4）水葫芦根系生物相分析

1）藻类

颤藻属（*Osciltatoria* sp.）	卅
四尾栅藻（*Scenedesmus quadricauda*）	卅
栅藻属（*Scenedesmus* sp.）	卅
螺旋藻属（*Spirulina* sp.）	卄
微囊藻属（*Microcystis* sp.）	十
圆筛藻属（*Coscinodiscus* sp.）	十
舟形藻属（*Navicula* sp.）	十
根管藻属（*Rhizosolenia* sp.）	十
针杆（硅）藻属（*Synedra* sp.）	十

2）原生动物

钟虫属（*Vorticella* sp.）

草履虫（*Paramecium*）

鳞壳虫属（*Euglypha* sp.）

腔轮虫属（*Lecane* sp.）

轮虫属（*Rotifer* sp.）

10.2.4　华南地区高等水生维管束植物净水性能试验

在强化氧化塘系统净水效能、提高处理后出水水质的途径方面，除了对塘进行优化组合之外，另一项最有效的措施就是在塘内种植水生植物。

本试验选取华南地区水生植物中具有净水能力的 22 个种类，引入试验苗圃繁殖和驯化。然后移入盆栽，间歇注入一定量的生活污水，进行静态筛选试验，从中选出 11 种进行正式试验。然后对前四种综合效果较好的品种优化组合，进行污水处理的动态检拟试验。主要结果如下：

10.2.4.1　静态栽培试验

筛选出具有较好净水功能（按 COD_{Cr} 去除效率高低排序）的水生植物是：

凤眼莲（即水葫芦）、假马齿苋、茳芏、黑藻、水筛、荸荠、喜旱莲子草、菖蒲、两栖蓼、菰、冰龙、藻类（对照样）。

通过静态试验，新发现四个净水功能好的品种：假马齿苋、黑藻、水筛、茳芏。假马齿苋、黑藻、水筛不但净化能力与凤眼莲相近，而且处理后出水溶解氧大于 4 mg/L，生长量也较少，后续处理的工作量较小。茳芏是广泛用于编织草席、草帽、草包的原料，具有综合利用价值。

10.2.4.2 动态模拟试验

结果表明，对 BOD_5、COD_{Cr}、TN、TP 的去除效果以凤眼莲为最好。水生物组合试验表明，以黑藻或水筛作为污水处理的末级，不但处理后出水溶解氧含量高（达到饱和甚至超过饱和值），而且，出水悬浮物含量低，比末级设置藻类塘以便提高出水溶解氧的做法要优越得多。

模拟试验还表明，采用高等维管束水生植物强化氧化塘，可比普通藻类塘的效率提高 70%。推荐的水生植物优化组合流程为一级处理出水→凤眼莲塘→假马齿苋塘→黑藻塘→排放。

10.2.5 结果与讨论

10.2.5.1 升流式厌氧塘的运行规律及设计

（1）净化效率

本研究表明，升流式厌氧塘在亚热带及热带气候条件下，可有效地处理低浓度（COD_{Cr}＜200 mg/L、BOD_5＜100 mg/L）、低浊度（SS＜100 mg/L）的城镇生活污水。两冬一夏的运行记录显示，平均 BOD_5 去除率为 49.7%，COD_{Cr} 去除率为 49.3%，SS 去除率为 64%。详见图 10-142～图 10-144。

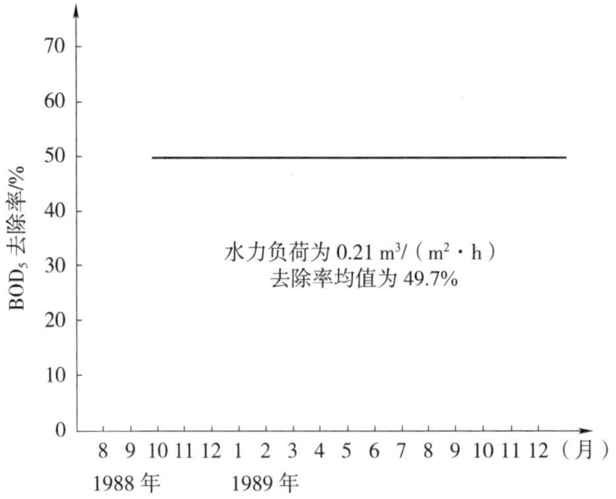

图 10-142 BOD_5 去除率月变化统计

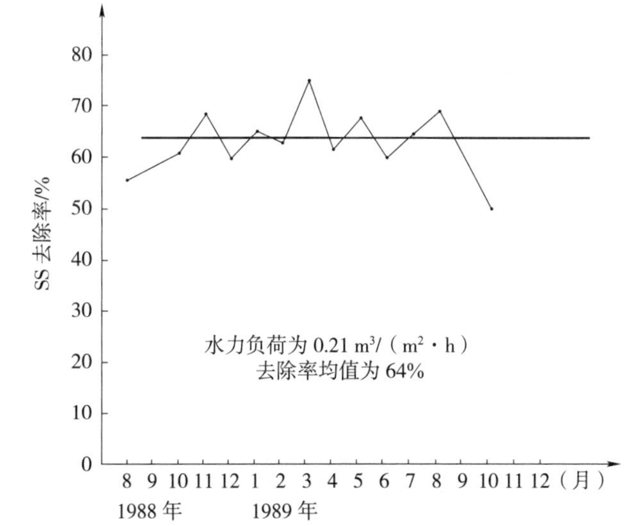

图 10-143　SS 去除率月变化统计

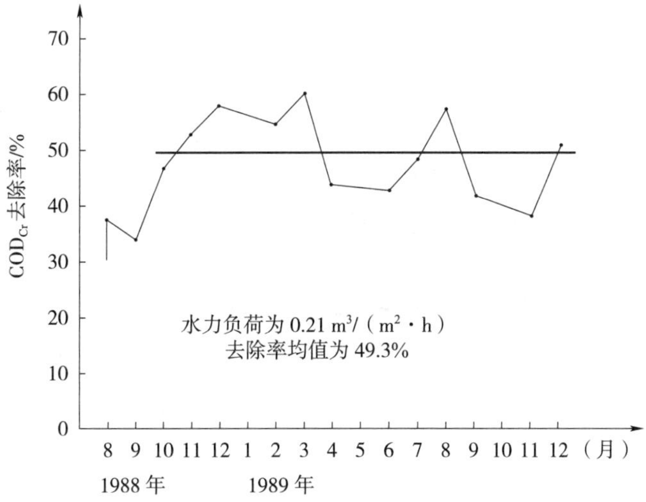

图 10-144　COD_{Cr} 去除率月变化统计

本研究条件下影响塘效率的主要因素为进水浓度、水力负荷及停留时间。图 10-145 表示进水 COD_{Cr} 浓度对 COD_{Cr} 去除率的影响。由图 10-145 可见，进水浓度越低，去除率也越低。BOD_5 也有类似的规律。

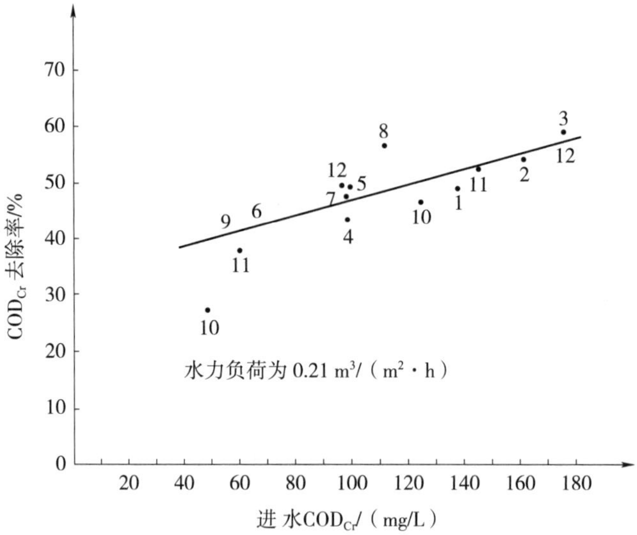

图 10-145　COD_{Cr} 去除率与进水 COD_{Cr} 浓度的关系

图 10-145 的回归式如下：

$$E_{COD}=0.333\,2+1.407\times10^{-3}\,C_{COD} \tag{10-5}$$

式中：E_{COD}——COD_{Cr} 去除率；

C_{COD}——进水 COD_{Cr} 浓度，mg/L；

r——相关系数，取 0.358 9。

该式适用于污水 COD_{Cr}=40～180 mg/L、水力负荷为 0.21 m^3/（m^2·h）。

本研究条件下，水力负荷 0.21 m^3/（m^2·h），相当于有机负荷 3 400 kg BOD_5/（hm^2·d），去除率略高于 McKinney 在澳大利亚记录到的城市污水厌氧塘的去除率。

（2）运行规律

升流式厌氧塘由启动至稳定运行所需要的时间，在自然培菌情况下，对于低浓度的生活污水来说，大约需要三个月。其启动至稳定运行的进出水 BOD_5 的变化见图 10-146。

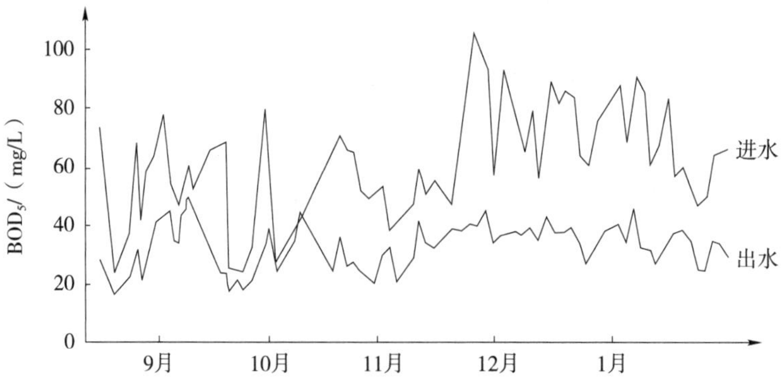

图 10-146　厌氧塘进出水浓度逐日变化情况

由图 10-146 可见，在运行初期，前两个月 BOD_5 平均去除率为 34.7%，COD_{Cr} 平均去除率为 35.7%，与常规沉淀池的效果相仿。启动三个月后，BOD_5 平均去除率为 49.8%，COD_{Cr} 平均去除率为 54.68%（连续五个月的平均值）。监测结果还显示，进出水 BOD_5/COD_{Cr} 的比值在运行初期变化不大，如最初两个月进水 BOD_5/COD_{Cr} 的比值为 0.472，出水 BOD_5/COD_{Cr} 比值为 0.479，达到稳定后，进水 BOD_5/COD_{Cr} 比值为 0.470，出水 BOD_5/COD_{Cr} 比值为 0.511（1988 年 10 月至 1989 年 5 月的平均值）。这表明，厌氧塘处于产酸发酵的稳定运行状态。本研究认为，塘进出水有机质的去除率及 BOD_5/COD_{Cr} 的比值可作为升流式厌氧塘是否达到稳定运行的判断指标。

（3）污泥的积累与分解

厌氧塘自 1988 年 7 月启动，至 1990 年 1 月清塘前，连续运行了 18 个月。累计沉淀积泥 8 116 kg，一直没有排过泥。沉淀污泥按悬浮物成分计，含挥发分平均值为 66.4%，而塘内消化污泥含挥发分的均值为 30%（表 10-44），污泥分解率为 52%。按此计，污泥累积量应为 3 905 kg，相当于每处理 1 t 这类污水产泥 10 g 左右。

10.2.5.2　兼性塘的运行规律及设计

当兼性塘所接纳的污水的化学性质被确定之后，发现影响兼性塘效能的主要因素有停留时间、面积负荷及水温等。此外，在以水生植物强化塘效能时，与水生植物也有关。表 10-45 列举 1988 年 10 月至 1989 年 5 月串联塘各级进出水的监测数据平均值以及以此为基础整理的有关参数平均值。

表 10-45　串联塘各级进出水与有关参数

项目	进水	出水			
停留时间 /d	—	0.687	1.337	1.951	2.465
BOD_5/（mg/L）	33.6	20.54	16.66	13.71	11.65
COD_{Cr}/（mg/L）	65.39	50.90	41.27	41.05	35.45
$SBOD_5$/（mg/L）	23.81	15.38	12.29	10.60	8.97
$SCOD_{Cr}$/（mg/L）	42.14	33.52	30.94	22.97	24.74
BOD_5/COD_{Cr}	0.514	0.404	0.404	0.334	0.329
面积负荷 /[g BOD_5/（m^2·d）]	—	74.32	36.72	24.90	19.62
BOD_5 去除率 /%	—	38.87	50.41	59.20	65.34
水温 /℃	22.7	—	—	—	—

平均流量为 740 m^3/d（水平流速 0.68 mm/s）。

由表 10-45 可以推导和分析塘的运行规律。

（1）反应机理

图 10-147 表示停留时间与串联塘各级出水水质的关系。由图可见，反映出水 BOD_5、COD_{Cr}、$SBOD_5$、$SCOD_{Cr}$ 均一致呈现随停留时间而下降的规律。一般认为，氧化塘的净化过程遵从一级反应。设计公式则按流态提出了三种模型：活塞流、完全混合流和任意流。图 10-147 的图形与前两种模型接近。经过对逐月数据及平均值回归计算，本研究的塘反应符合一级反应式：

$$Ce=\frac{C_o}{1+Kt} \tag{10-6}$$

式中：C_o 及 C_e——进出水 BOD_5 浓度，mg/L；

K——一级反应速度常数，d^{-1}；

t——水力停留时间，d。

在本研究条件下，按平均值解得（平均水温 22.70℃）

$$C_e=\frac{32.19}{1+0.709\,6t}\ (r=0.997\,4) \tag{10-7}$$

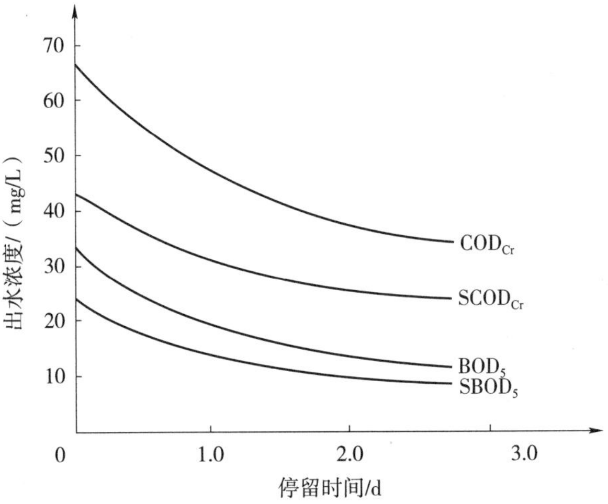

图 10-147 停留时间对水葫芦塘出水水质的影响

表 10-46 列出 1988 年 10 月至 1989 年 5 月各月的 K 值。

表 10-46 1988 年 10 月至 1989 年 5 月各月的反应速度常数（$\boldsymbol{K}$）的变化

指标	10 月	11 月	12 月	1 月	2 月	3 月	4 月	5 月
K	0.733	0.593	0.636	0.539	0.659	1.172	1.003	0.993
r	0.992 7	0.991 6	0.989 1	0.986 9	0.981 9	0.982 7	0.997 0	0.937 3
水温 /℃	26.44	22.16	20.04	19.04	21.75	21.92	23.89	25.63

由表 10-46 可见，随着水温下降（季节变化），K 值也下降，取表中 10 月至

1 月的数据，按下式回归计算求温度系数及 K_{20} 值：

$$K_T=K_{20}\theta^{T-20} \tag{10-8}$$

式中：K_T 及 K_{20}——T 及 20℃下的速度常数，d^{-1}；

θ——温度系数。

代入解得

$$K_T=0.581\,9\times1.035^{T-20}$$

式中：θ=1.035，K_{20}=0.581 9 d^{-1}，r=0.864 6。

所求得温度系数值略低于印度 C.A.Sastrg 和 G.J.Mohanrao 报道的 $K_T=K_{20}\times1.047^{T-20}$。本研究的 K_{20} 值是在本组合塘流程及水质条件下取得的。本研究认为，由于 K_{20} 的报道或为实验值，或为现场测定，污水的化学成分、浓度、微生物菌种数量、水生植物的作用、光照等条件均不详尽，彼此之间的可比性不强。本研究的 K_{20} 值及 θ 值是在生产条件下取得的，只适用于华南沿海城镇生活污水。其数值大小在国内外报道的范围之内。可供预测处理后出水浓度，或计算在所要求进出水水质下的水力停留时间。

由表 10-46 还可以看到，尽管春季的水温低于秋季的 10 月，前者的 K 值却明显高于后者的 K 值，原因是塘内生长的水葫芦在春季处于猛长状态，使有机质减少的反应加快。按式（10-6），在进水浓度及停留时间变化不大的情况下，出水浓度越低，速度常数（K）就越大。由此可见，在兼性塘内放养水生植物对污水净化的确是有明显的强化作用。设计时，若按塘为 100% 覆盖水葫芦，式（10-8）不适用。

（2）水葫芦塘的经验设计式

图 10-148 说明了塘表面负荷与 BOD_5 去除率、塘表面去除负荷的关系。由图 10-148 可见，随着塘表面负荷的增大，BOD_5 去除率下降，但塘单位面积去除的 BOD_5 数量增加。在进行水葫芦塘设计时，除了塘表面负荷之外，水力停留时间也是生物反应进行深度的限制条件，应同时考虑。水力停留时间对 BOD_5 去除效率的影响见图 10-149。图 10-148 和图 10-149 的图形符合 $Y=aX+b$ 的经验方程，回归求得：

$$E=1.980\,2L-0.375\,4\ (r=0.998\,8) \tag{10-9}$$

$$E=0.451\,2t+0.406\,3\ (r=0.999\,8) \tag{10-10}$$

式中：E——BOD_5 去除率；

L——塘表面负荷，$gBOD_5/(m^2\cdot d)$；

t——水力停留时间，d。

式（10-6～10-8）仅适用于串联在升流式厌氧塘之后的多级水葫芦塘，处理热带和亚热带地区的城镇生活污水。所采用的塘的几何尺寸应满足单塘长：宽 =（3～4）：1、水深 1.4～1.6 m，水面 100% 覆盖水葫芦。

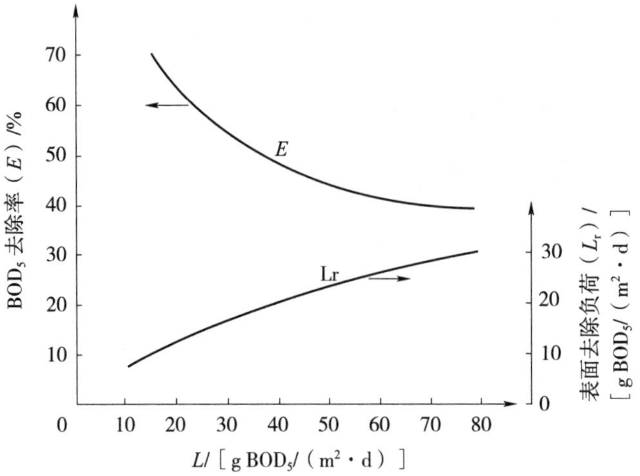

图 10-148 水葫芦塘表面负荷与去除率的关系

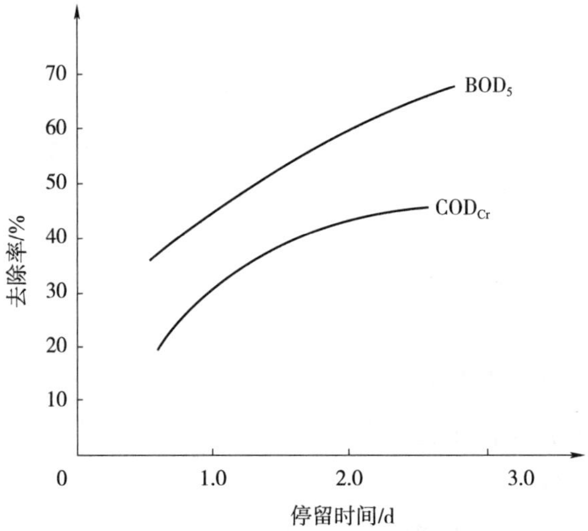

图 10-149 水力停留表面与去除率的关系

经过一年半的生长、驯化，塘内水葫芦生长密度达 75 kg/m^2，按水葫芦单位重量来计算塘表面去除负荷的速度，串联塘首塘去除 BOD_5 的速度为 0.4 g/（kg·d），稍低于美国 EPA 发表的实验值［0.57 g/（kg·d）］。后面三个塘去除 BOD_5 的速度均小于 0.1 g/（kg·d），这个值对于修正不同地区因水葫芦生长密度不同而产生的塘表面去除负荷值有参考作用。

（3）水力停留时间的选择

由图 10-149 可见，污水在塘内停留时间越长，净化程度越高。但是，仔细分析之后发现，去除率并不随停留时间的延长而正比例增大。

表 10-47　串联塘各个塘作为单塘研究得到的结果

塘序	首塘	次塘	第三塘	第四塘
L_r/［g BOD_5/（m^2·d）］	30.25	8.86	7.03	5.81
L/［g BOD_5/（m^2·d）］	77.8	46.91	39.70	38.65
去除率 /%	38.88	18.89	17.70	15.05
出水 BOD_5/COD_{Cr}	0.404	0.404	0.334	0.329

由表 10-47 可见，污水在通过串联塘各级时，在各级塘内去除负荷的值是逐级下降的，而以首塘的去除负荷值最高，其大小为次塘的 3.4 倍。次塘与后两个塘的去除负荷值虽持续递减，但递减幅度仅为 17%～20%。还可看到塘进出水水质变化的另一显著指标是 BOD_5/COD_{Cr}，该值在首塘进水为 0.514，出水降为 0.404，在其后的三个塘下降较慢，末级出水为 0.329。这意味着去除负荷与污水的可生化性有密切关系。首塘去除负荷高的原因，主要是经过厌氧发酵酸化的污水具有较高的可生化降解性能，在首塘最易于生化转化去除的那部分有机物被去除之后，反应速度就减慢了。这一规律对于工程设计具有指导意义：在污水净化达到一定程度之后，由于可生化性变差，生化转化过程越来越慢，为了得到某一净化目标，就需要比反应初期长得多的时间，因而，塘占地面积就需要增大。例如，按式（10-7）计，串联塘去除效率为 50% 时，水力停留时间仅为 1.4 d；去除效率为 70% 时，水力停留时间需 4.7 d，所需土地面积就要相应增加 2.4 倍。在土地资源比较缺乏的华南地区，正确合理地选择水力停留时间尤为重要。

10.2.5.3　好氧塘的运行规律及设计

在本流程中设置的好氧塘，实际接纳的污水 BOD_5<20 mg/L，故其作用相当于三级处理的精制塘。

（1）净化效率

全年统计，该塘对 BOD_5、COD_{Cr}、SS 的去除效率均为负值，对 $SCOD_{Cr}$ 的去除率也为负值，只有 $SBOD_5$ 的去除效率为正，但也仅有 28.45%。在藻类不生长或不旺盛的季节（如 1989 年 2 月），月平均 BOD_5 去除率最大为 26.3%，塘表面去除负荷为 0.94 gBOD_5/（m^2·d）。

全年统计，该塘对 N、P 的去除效率：N 去除率为 13.67%，塘表面去除负荷为 0.2 gN/（m^2·d）；P 去除率为 17.23%，塘表面去除负荷为 0.02 gP/（m^2·d），N 的去除负荷值与美国新罕布什尔州彼得堡罗串联塘首塘类似水温条件下的 N 的去除负荷值相仿，后者为 0.239 gN/（m^2·d）。

（2）好氧塘的设计

从本研究看，好氧塘的设置无助于改善串联兼性塘的出水。该塘占全系统有效水面面积的 69%，按去除率最高的 2 月计其去除的 BOD_5 量仅占全系统总去除量的5%～6%。效率低的原因在兼性塘的停留时间一节里已有讨论，归根结底，是水的可生化性问题。好氧塘接纳的水，是经过前面多级处理的，构成水中污染物的组分都是不易或不可生化降解的，因而，这种水的BOD_5/COD_{Cr}比值较低。这些比值往往低于通常认为的适宜生化处理的BOD/COD≥0.3的准则。在用氧化塘对这样的水做深度处理时，由于水的可生化性差，所以塘效率将很低。如上述美国彼得堡罗串联塘首塘出水$BOD_5/COD=0.187$，后面串联的两个塘的表面去除负荷小于1 $gBOD_5/(m^2\cdot d)$，与本研究的好氧塘情况类似。

综上所述，在采用本升流式厌氧塘与兼性塘组合工艺处理华南地区城镇生活污水时，不推荐在该组合工艺之后再设置好氧塘。

10.2.5.4 全系统指示生物的变化规律

由浮游植物分析结果可见，蓝藻的颤藻属为贯穿全系统的唯一优势种属。其原因是该属科目多，可适应从多污带至寡污带的污水场合。其次，硅藻门中好污性的舟形藻属，虽数量比例不大，但也贯穿全系统。这些都不宜作为本系统的指示生物。

在厌氧塘及串联塘首级中占优势的好污性的微囊藻（蓝藻），自串联塘第三级起就消失了，寡污性的羽纹藻属（硅藻门）自串联塘首级出现，至第三级之后成为优势种属之一,一直到精制塘末级。

原生动物的分析也有类似规律，在厌氧塘以生活污水最常出现的气球属滴虫为优势，串联塘首级以好污性的波豆虫为优势，串联塘第三级出现较多以硅藻及单细胞藻为食料的寡污性针棘匣壳虫、表壳虫等。这种由多污性原生动物占优势过渡到寡污性为主的变化，与浮游植物的分析结果是一致的，同污水在该过程的净化程度（至第三级出水，前系统已去除总BOD_5负荷的78%）是一致的。

对水葫芦根系中微生物的分析显示，其根系附生着大量适应性很广的藻类，还生长着大量显示水处理效果良好的钟虫、轮虫。

综上所述，对塘系统微生物相的分析，揭示了净化过程中生物相的变化规律，与前人的报道是基本一致的。

10.2.5.5 华南地区净水水生植物的最佳组合

对南亚热带地区具有净水功能的高等维管束植物进行的对比试验研究，取得了如下结果：

（1）净水水生植物的优良品种

静态与动态的试验表明，综合净化能力最强的品种是水葫芦，其去除污水BOD_5、COD_{Cr}、TN、TP的效率是试验品种中最高的。单一的水葫芦塘出水溶解氧与负荷有关，在高负荷下，常常为零。其次，假马齿苋、茳芏、黑藻、水筛是这次发现的四个净水功能良好的新品种，尤其是黑藻和水筛，不但具有较好的净水功能，还能使处理后的出水溶解氧达到饱和程度。喜旱莲子草（即水花生）也被证明有较好的净水功能，但其最大的缺点是易受虫害，这已被生产实践所证明。

（2）净水水生植物的优化组合

对比试验表明，单一的串联藻类塘系统是效果较差的，单位面积去除负荷仅为水葫芦塘系统的 59%，这意味着要想达到同等净化效果，藻类塘的占地面积比水葫芦塘要增加将近 70%。因而，水葫芦是优选的第一品种，利用其广谱的净化能力，放在串联塘的首级；次级是净化能力接近水葫芦但复氧能力较强的假马齿苋；末级是复氧能力特别优异的黑藻（或水筛）。这样一个优化的水生植物组合系统，将可能提供一个有更好净化效果的塘系统。

10.2.5.6　厌氧—兼性塘串联工艺技术经济指标

（1）废水处理成本

编制说明：

①按污水设计日处理量为 1 000 m^3 计；

②年综合折旧率为固定资产总值的 3.6%，其中大修费比例为 1.5%，另加检修维护费 1%；

③固定资产按设计概算价为 11.58 万元，不含地价；

④定员 3 人。

表 10-48　氧化塘运行成本

序号	项目	单耗	单价	费用 /（元 /m^3）	百分比 /%
1	电耗	0.066 kW · h/m^3	0.38 元 /kW · h	0.025 3	27.1
2	折旧、维修	$\frac{固定资产\times0.046}{365\times1\,000}$	—	0.014 6	15.6
3	人工	0.003 工 /m^3	15 元 / 工	0.045	48.2
4	其他	上述之和的 10%		0.008 5	9.1
5	合计			0.093 4	100

（2）技术经济比较

表 10-49 列举珠江三角洲已在运行的几家二级污水处理厂的平均投资、电耗，与氧化塘做比较。由于运行费计算的人工、电价等不统一，没有可比性，故不予列入。

表 10-49　技术经济比较

项目	氧化塘	二级处理厂
投资 /（元 /m^3）	133.7	670
电耗 /（kW · h/m^3）	0.066	0.32

由表 10-49 可见，本组合塘投资仅为二级厂的 20%（未计地价），电耗仅为二级厂的 21%。氧化塘的占地与进水浓度、出水浓度的要求有关。表 10-50 列举在不同进水、出水浓度下的塘占地，这是按中山塘导出的设计公式计算的。

表 10-50 不同进出水浓度下“厌—兼”塘的占地及土地投资

原污水 BOD_5/（mg/L）		100		200	
出水 BOD_5/（mg/L）		≤30	≤20	≤30	≥20
塘面积 /［m^2/（m^3 水・d）］		0.904	2.28	6.46	9.13
占地 /［m^2/（m^3 水・d）］		1.06	2.68	7.6	10.7
不同低价的土地投资 /（元 /m^3 水）	2 000 元 / 亩	3.18	8.04	22.8	32.1
	5 000 元 / 亩	7.95	20.1	57	80.25
	10 000 元 / 亩	15.9	40.2	114	160.5
	20 000 元 / 亩	31.8	80.4	228	321
	50 000 元 / 亩	79.5	201	570	802.5

由表 10-50 可见，当地价不高于 20 000 元 / 亩时，在具备土地条件的地方，即使在进水 BOD_5 200 mg/L，出水要求≤20 mg/L 这样的条件下，采用本组合塘工艺还是合算的。但在华南地区，城镇生活污水通常 BOD_5＜100 mg/L，因此，即使地价达到 50 000 元 / 亩，甚至更高一些，运用本组合塘工艺仍然是适宜的。

10.2.6 结论

（1）在华南地区的气候条件及常温下，用升流式厌氧塘处理低浓度（COD_{Cr}≤20 mg/L、BOD_5≤100 mg/L）、低浊度（SS≤100 mg/L）的城镇生活污水是可行的。塘的设计参数为：

水力负荷　　0.21 m^3/（m^2・h）

停留时间　　15～28 h

去除效率（按 COD_{Cr} 计）

$$E_{COD}=0.333\,2+1.407\times10^{-3}\,C_{COD}$$

污泥产率　　10 g/m^3 污水

或污泥分解率　　52%

（2）在华南地区气候条件下，以高等水生维管束植物强化氧化塘，可使塘效率提高 70%。适宜在氧化塘使用的净水水生植物，本研究推荐由单一凤眼莲（即水葫芦）或凤眼莲、假马齿苋、黑藻（或水筛）串联组合的系统为最佳的兼性塘强化工艺。

（3）在本组合塘工艺中，多级串联水葫芦塘构成的塘系统，在处理生活污水时，可按下式设计塘体：

$$E_{BOD_5}=1.980\,2\,L_{BOD_5}-0.375\,4$$

塘水深　　　　　　1.4～1.5 m

单级塘长 / 宽为　　（3～4）：1

按下式复核处理后出水水质：

$$C_e=C_0/(1+0.7096t)$$

（4）当以本组合塘工艺处理华南地区低浓度、低浊度的生活污水时，可以不设置末级好氧塘，以便减少塘占地面积。

（5）以本组合塘工艺处理华南地区低浓度、低浊度的生活污水时，处理成本为 0.093 4 元 /m^3 污水（其中 48% 为人工费），为当地二级污水厂运行费平均值的 30% 左右；电耗为 0.066 kW · h/m^3 污水，为当地二级污水处理厂平均值的 21%。在处理华南沿海城镇低浓度、低浊度的污水时，占地 16 亩 /（万 m^3 污水 · d）。因此，本工艺具有效率高、能耗低、运行费及基建投资均十分节省、维护管理简易的优点，适宜在热带、亚热带地区推广应用。

致　谢

本课题在制订技术方案及工程设计中，得到国家环保局张崇华教授、北京建工学院李献文教授的悉心指导；在课题实施的三年多的时间里，得到国家环保局、广东省科委、广东省环保局、中山市环保局以及中山温泉宾馆自始至终在经济上、物质上和精神上的热忱支持和帮助，特表示衷心的感谢！

10.2.7　相关图片

图 10-150　中山温泉氧化塘的进水沉砂池及升流式高等植物酸化生物塘

图 10-151　中山温泉氧化塘—高等水生植物塘

10.3　华南地区高等水生维管束植物净化生活污水的研究

前言后语

本课题是国家环保局课题，课题组长汪俊三，组员有童红云、陈毓华、梁明易。

华南地区地处热带和南亚热带，光热充足、雨量充沛，适合高等水生维管束植物终年生长，为全年稳定净化污水提供良好的先决条件。用高等水生维管束植物净化城镇生活污水是一种手段易得、投资少、运转费低的适宜工艺。因而，发展这类工艺是热带、亚热带地区处理城镇生活污水以及污水资源化的重要途径。

常见的高等水生维管束植物有 100 多种，按其生态特点和生活习性的不同，分为四类：挺水植物——茎、叶挺出水面，根或地下茎生于泥中；漂浮植物——植物体浮于水面，根浮于水中；浮叶植物——叶浮于水面，根生在泥中；沉水植物——植物体全部沉没于水中，根生于泥底。可以选用来净化污水的水生植物取决于它的适应能力、生长速度（净化能力）、是否易于收获及其最后处置的可能和综合利用的价值等因素。华南地区气候条件优越，但在这方面的研究工作甚少。为此，我们调查了华南地区具有净水能力的高等水生维管束植物资源，然后对其中 11 个品种进行污水净化能力的测试，最后选取几个优良品种组合，进行污水处理模拟试验，从而取得水生植物塘设计的优化组合条件。

10.3.1　高等水生维管束植物种类调查和引种

利用高等水生维管束植物净化污水，也是氧化塘工艺中的主要部分之一，故我们对华南地区的高等水生维管束植物种类进行调查，在此基础上，对有一定净化能力的品种引入试验苗圃进行繁殖、驯化。

调查结果显示，对污水有较佳净化能力的品种有 104 种，其中浮水植物 17 种，浮叶植物 14 种，沉水植物 25 种，挺水植物 46 种。常用或有较高应用价值的种类有凤眼莲、喜旱莲子草、芦苇、灯心草、假马齿苋、黑藻、水筛、茳芏、荸荠、水龙、菖蒲、两栖蓼、菰、水葱、品萍、莲、浮萍、满江红、蒲草、西洋菜、蕹菜等。

10.3.2　静态栽培去污试验

各种高等水生维管束植物对生活污水的净化能力是通过静态栽培试验进行筛选的。方法是：

在深 50 cm、体积 65 L 的塑料桶内，底部安放 10 cm 的水稻田土，从试验苗圃中引入 22 个驯化得较理想的品种，栽入桶内，放入清水，待植株正常生长时，逐步引入适量的生活污水，当植株进入生长最佳时期，就引入原污水并进行净化能力测试，经过初步筛选，淘汰掉净化能力较差的品种，对选出的 11 种进行正式测试。分析项目包括生物量、气温、日照、湿度、DO、BOD_5、COD_{Cr}、SS、TN、TP 等，分析方法按总课题要求统一方法。试验时间为 1988 年 5—10 月，共 6 个月。试验期间地面气象状况见表 10-51。

试验结果见表 10-52～表 10-56。

表 10-51　静态和动态试验期间地面气象状况

年份	月份	气温 /℃			相对湿度 /%		降雨量 / mm	平均云量 / 份数	日常时数 / h	积光量 / (lx·s)
		平均	极端最高	极端最低	平均	最小				
1988	1	15.4	20.6	12.2	74	—	24.8	6.45	103.3	
	2	13.8	17.7	11.4	32	—	30.8	9.17	352	
	3	14.7	17.9	12.7	83	—	111.1	9.42	30.8	
	4	20.2	24.3	17.4	82	—	159.7	8.90	61.9	
	5	26.6	30.3	24.2	87	—	413.0	9.30	70.2	
	6	28.5	32.8	25.1	79	—	141.7		181.1	
	7	29.0	33.6	25.3	81	—	242.3		194.0	
	8	27.7	31.9	25.0	86	—	453.6		112.9	
	9	27.3	31.4	24.1	74	—	88.1		151.0	12.81
	10	21.3	28.5	21.0	72	—	138.2		148.5	9.43
	11	19.7	23.4	14.2	60	—	114.9		185.4	11.08
	12	15.3	22.2	10.9	68	—	64.5		200.8	9.74
1989	1	12.8	16.2	10.7	82	—	139.6		45.1	7.21
	2	14.9	19.5	11.7	74	—	9.0		100.7	10.70
	3	18.2	22.9	14.9	73	—	84.1		101.0	8.51

表 10-52 各种水生物净化 BOD_5 效果

水生植物种类 \ 处理结果 \ 处理组	停留 24 h 处理组			停留 48 h 处理组			停留 72 h 处理组			停留 96 h 处理组		
	进水浓度 /（mg/L）	出水浓度 /（mg/L）	去除率 / %	进水浓度 /（mg/L）	出水浓度 /（mg/L）	去除率 / %	进水浓度 /（mg/L）	出水浓度 /（mg/L）	去除率 / %	进水浓度 /（mg/L）	出水浓度 /（mg/L）	去除率 / %
凤眼莲	36.12	9.35	74.11	68.60	3.56	94.81	36.12	2.32	93.58	68.60	3.24	95.28
喜旱莲子草	36.12	11.47	68.24	68.60	6.20	90.97	36.12	3.22	91.09	68.60	6.08	91.14
假马齿苋	36.12	13.41	62.29	68.60	4.00	94.17	36.12	2.40	93.36	68.60	2.94	95.71
黑 藻	36.12	11.42	68.38	68.60	4.33	93.68	36.12	2.15	94.05	68.60	2.37	96.54
水 筛	36.12	10.51	70.90	68.60	6.53	90.48	36.12	4.89	86.46	68.60	4.50	93.44
茳 芏	36.12	8.72	75.86	68.60	3.63	94.71	36.12	1.78	95.07	68.60	1.90	97.23
荸 荠	36.12	8.37	76.83	68.60	6.08	91.13	36.12	1.67	95.38	68.60	3.53	94.85
水 龙	36.12	24.42	32.39	68.60	7.26	89.41	36.12	16.87	53.29	68.60	8.93	86.98
菰	36.12	16.00	55.70	68.60	9.99	85.44	36.12	7.70	78.68	68.60	8.39	87.76
菖 蒲	36.12	17.39	51.85	68.60	6.12	90.95	36.12	7.11	80.32	68.60	7.52	89.90
两栖蓼	36.12	20.24	43.86	68.60	10.16	85.19	36.12	5.59	84.52	68.60	10.51	84.68
对照（或藻类塘）	36.12	35.44	1.88	68.60	13.04	80.99	36.12	19.6	45.74	68.60	14.92	78.25

表 10-53　各种水生植物净化 COD_{Cr} 效果

水生植物种类 \ 处理结果 \ 处理组	停留 24 h 处理组			停留 48 h 处理组			停留 72 h 处理组			停留 96 h 处理组		
	进水浓度 /（mg/L）	出水浓度 /（mg/L）	去除率 / %	进水浓度 /（mg/L）	出水浓度 /（mg/L）	去除率 / %	进水浓度 /（mg/L）	出水浓度 /（mg/L）	去除率 / %	进水浓度 /（mg/L）	出水浓度 /（mg/L）	去除率 / %
凤眼莲	77.22	31.33	59.43	126.63	29.85	76.43	77.22	5.88	92.39	126.63	16.30	87.13
喜旱莲子草	77.22	31.33	59.43	126.63	32.40	74.44	77.22	17.63	77.17	126.63	35.87	71.67
假马齿苋	77.22	27.41	64.51	126.63	28.45	77.51	77.22	9.80	87.31	126.63	19.57	84.54
黑 藻	77.22	35.24	54.36	126.63	25.89	79.55	77.22	19.59	74.63	126.63	18.91	85.06
水 筛	77.22	23.50	69.57	126.63	34.31	72.91	77.22	33.30	56.88	126.63	27.40	78.36
荭 芏	77.22	27.41	64.51	126.63	31.25	75.32	77.22	19.58	74.65	126.63	21.86	82.74
荸 荠	77.22	35.24	54.36	126.63	31.91	74.80	77.22	27.41	64.51	126.63	30.00	76.31
水 龙	77.22	43.08	44.21	126.63	33.69	73.40	77.22	78.37	0	126.63	51.54	59.30
菰	77.22	31.33	59.43	126.63	43.93	65.31	77.22	29.39	61.94	126.63	43.69	65.50
菖 蒲	77.22	53.24	31.05	126.63	35.70	71.80	77.22	39.16	49.29	126.63	40.45	68.06
两栖蓼	77.22	39.16	49.29	126.63	51.87	59.04	77.22	—	—	126.63	43.05	66.00
对照（或藻类塘）	77.22	58.74	23.93	126.63	40.74	67.82	77.22	56.78	26.47	126.63	78.15	48.28

表 10-54 各种水生植物处理中 DO 情况

水生植物种类 \ 处理结果 \ 处理组	停留 24 h 处理组			停留 48 h 处理组			停留 72 h 处理组			停留 96 h 处理组		
	进水浓度 /（mg/L）	出水浓度 /（mg/L）	去除率 /%	进水浓度 /（mg/L）	出水浓度 /（mg/L）	去除率 /%	进水浓度 /（mg/L）	出水浓度 /（mg/L）	去除率 /%	进水浓度 /（mg/L）	出水浓度 /（mg/L）	去除率 /%
凤眼莲	0	0.73		0	1.47		0	3.52		0	3.97	
喜旱莲子草	0	5.66		0	2.08		0	4.13		0	5.24	
假马齿苋	0	6.75		0	2.15		0	5.32		0	4.10	
黑 藻	0	11.84		0	5.43		0	16.93		0	8.48	
水 筛	0	7.08		0	3.15		0	14.48		0	2.90	
茳 芏	0	4.03		0	2.07		0	5.89		0	4.01	
荸 荠	0	2.24		0	2.19		0	4.91		0	3.83	
水 龙	0	11.07		0	1.52		0	1.94		0	5.81	
菰	0	0		0	0.38		0	0.41		0	0	
菖 蒲	0	1.55		0	1.48		0	9.24		0	4.20	
两栖蓼	0	3.30		0	3.80		0	4.33		0	5.26	
对照（或藻类塘）	0	0		0	0.15		0	5.93		0	9.74	

表 10-55　各种水生植物净化 TN 效果

水生植物种类 / 处理结果 / 处理组	停留 24 h 处理组			停留 48 h 处理组			停留 72 h 处理组			停留 96 h 处理组		
	进水浓度 /（mg/L）	出水浓度 /（mg/L）	去除率 / %	进水浓度 /（mg/L）	出水浓度 /（mg/L）	去除率 / %	进水浓度 /（mg/L）	出水浓度 /（mg/L）	去除率 / %	进水浓度 /（mg/L）	出水浓度 /（mg/L）	去除率 / %
凤眼莲	9.78	1.70	82.62	25.40	17.89	29.57	9.78	0	100	25.40	13.60	46.46
喜旱莲子草	9.78	6.22	36.40	25.40	14.82	41.65	9.78	1.65	83.13	25.40	5.69	77.60
假马齿苋	9.78	5.32	45.60	25.40	17.00	33.07	9.78	0.76	92.23	25.40	11.09	56.34
黑藻	9.78	5.49	43.87	25.40	13.97	45.00	9.78	1.55	84.15	25.40	8.17	67.83
水筛	9.78	5.43	44.48	25.40	16.21	36.18	9.78	1.89	80.67	25.40	11.66	54.09
茳芏	9.78	4.42	54.81	25.40	16.71	34.21	9.78	2.23	77.20	25.40	14.49	42.95
荸荠	9.78	6.71	31.39	25.40	14.33	43.58	9.78	2.12	78.32	25.40	12.70	50.00
水龙	9.78	8.38	14.31	25.40	15.44	39.21	9.78	3.80	61.15	25.40	12.53	50.67
菰	9.78	3.31	66.16	25.40	19.53	23.11	9.78	2.98	69.53	25.40	4.77	81.22
菖蒲	9.78	7.16	26.79	25.40	17.49	31.14	9.78	4.49	54.09	25.40	18.48	27.24
两栖蓼	9.78	5.81	40.59	25.40	17.00	33.07	9.78	2.31	76.38	25.40	13.29	47.68
对照（或藻类塘）	9.78	8.70	11.04	25.40	23.15	8.86	9.78	7.02	28.22	25.40	18.584.10	26.85

表 10-56 各种水生植物对 TP 净化效果

水生植物种类 处理结果 处理组	停留 24 h 处理组			停留 48 h 处理组			停留 72 h 处理组			停留 96 h 处理组		
	进水浓度 /（mg/L）	出水浓度 /（mg/L）	去除率 / %	进水浓度 /（mg/L）	出水浓度 /（mg/L）	去除率 / %	进水浓度 /（mg/L）	出水浓度 /（mg/L）	去除率 / %	进水浓度 /（mg/L）	出水浓度 /（mg/L）	去除率 / %
凤眼莲	0.467	0.121	74.62	1.711	0	100	0.467	0.004	99.09	1.711	0	100
喜旱莲子草	0.467	0.212	55.40	1.711	0.164	90.41	0.467	0.031	93.46	1.711	0.056	96.73
假马齿苋	0.467	0.200	58.89	1.711	0.121	92.93	0.467	0.039	91.88	1.711	0.099	94.21
黑 藻	0.467	0.150	68.50	1.711	0.244	85.74	0.467	0.038	92.05	1.711	0.070	95.91
水 筛	0.467	0.191	59.78	1.711	0.322	81.18	0.467	0.071	85.01	1.711	0.124	92.75
茳 芏	0.467	0.179	62.41	1.711	0	100	0.467	0.037	92.22	1.711	0	100
荸 荠	0.467	0.220	53.66	1.711	0.145	91.25	0.467	0.030	93.63	1.711	0.095	94.45
水 龙	0.467	0.295	37.95	1.711	0.518	66.73	0.467	0.209	55.99	1.711	0.367	78.55
菰	0.467	0.071	85.09	1.711	0	100	0.467	0.023	95.21	1.711	0	100
菖 蒲	0.467	0.270	43.19	1.711	0.412	75.92	0.467	0.080	83.26	1.711	0.193	78.55
两栖蓼	0.467	0.258	45.82	1.711	0.419	75.51	0.467	0.205	56.88	1.711	0.329	80.77
对照（或藻类塘）	0.467	0.341	28.38	1.711	1.337	21.86	0.467	0.184	61.27	1.711	0.551	67.80

静态栽培试验结果表明，综合去除效果最好的是凤眼莲（即水葫芦），其次有假马齿苋、茳芏、黑藻、水筛、喜旱莲子草等。植物生长量的盆栽测定结果见表 10-57。由表 10-57 可见，凤眼莲的生长速度最快，水筛和黑藻最慢。

表 10-57　凤眼莲等 11 种高等水生维管束植物生长量

植物种类	1988 年 4 月 15 日 生物量 / [g（干重）/m^2]	1988 年 8 月 24 日 生物量 / [g（干重）/m^2]	生长量 / [g（干重）/（m^2 • d）]
凤眼莲	537.8	4 387.8	29.2
喜旱莲子草	377.5	3 677.5	25
假马齿苋	681.4	2 991.4	17.5
黑 藻	194.0	1 844.0	12.5
水 筛	259.0	1 359.4	8.33
茳 芏	4 194.3	6 614.3	18.3
荸 荠	3 355.7	6 105.7	20.8
水 龙	660.4	3 850.4	24.2
菰	7 268.5	9 798.5	19.2
菖 蒲	4 877.5	6 967.5	15.8
两栖蓼	1 817.1	4 127.1	17.5

10.3.3　优选品种组合系统净化污水的动态试验

工艺流程：

污水→格栅→调节池→沉淀池→植物池 Ⅰ→植物池 Ⅱ→植物池 Ⅲ→藻类塘→出水

调节池长 2 m，宽 1 m，高 1.5 m；植物池用塑料桶，直径 50 cm，高 60 cm，容积 65 L。从调节池到出水，有自然落差，各级之间进出水通过专管自流，底部进水，表层出水，调节池原污水进入各试验组，有调节阀，可随意调节进出水流量。沉淀池直径 17 cm，高 57 cm，升流式停留时间 1.29 h。格栅采用竹片格栅。

试验时间从 1988 年 10 月至 1989 年 3 月，连续运转 6 个月。这段时间华南地区气温逐渐下降，2 月是阴雨天，不时有寒潮袭击，日照也短。选择这段时间进行动态试验，可以取得具有较强应用价值的结果。

试验中的污水流量由小到大，开始为每小时 2.1 L，再由每小时 4.2 L 增加到 6.3 L，最后三个月增加到每小时 10 L。

动态试验供试高等水生维管束植物种类是选取静态试验中净化能力较强的四个品种，即凤眼莲、喜旱莲子草、假马齿苋、黑藻。

动态试验同时设立四个平行组：

第一组为凤眼莲组（I），其工艺流程为

原生活污水→格栅→调节池→沉淀池→凤眼莲 A →凤眼莲 B →凤眼莲 C →藻类池→出水；

第二组为藻类塘组（II），其工艺流程为

原生活污水→格栅→调节池→藻类塘 A →藻类塘 B →藻类塘 C →藻类塘 D →出水；

第三组为喜旱莲子草组（III），其工艺流程为

污水→格栅→调节池→沉淀池→凤眼莲→喜旱莲子草→黑藻→藻类塘→出水；

第四组为假马齿苋组（IV），其工艺流程为

污水→格栅→调节池→沉淀池→凤眼莲→假马齿苋→黑藻→藻类塘→出水。

在运转期间，每周取样检测三次进水（污水）浓度及各组每种植物净化后的出水浓度，监测项目有溶解氧、悬浮物、BOD_5、COD_{Cr}、总氮、总磷，测定方法同静态试验。

动态试验取样时间主要在 1988 年 11 月、12 月，1989 年 1 月、2 月。1988 年 11 月平均气温为 18.2℃，最高温度 28.3℃，最低温度 11.5℃，全月日照时数为 185.4 h；12 月平均气温为 15.3℃，最高气温为 26.1℃，最低气温为 5.7℃，全月日照时间为 185.8 h；1989 年 1 月平均气温为 12.℃，最高气温 26.6℃，最低气温 4.5℃，全月日照时数为 103.3 h；2 月平均气温为 14.9℃，最高气温 26.5℃，最低气温为 5.2℃，全月日照时数为 100.7 h；3 月平均气温为 18.2℃，最高气温为 29.3℃，最低气温为 8.3℃，全月日照时数为 101.0 h。

动态试验结果如下：

①四种不同植物处理系统对污水 BOD_5 的去除能力结果见表 10-58。

表 10-58　四种生态系统对污水中 BOD_5 去除能力

项目 处理系统	进水浓度 /（mg/L）	出水浓度 /（mg/L）	去除率 /%	表面负荷 /［g/（m^2·d）］	去除负荷 /［g/（m^2·d）］	水力停留时间 /h
Ⅰ系统	110.29	15.03	86.9	42.02	36.25	21.9
Ⅱ系统	110.29	54.12	50.9	43.54	21.38	20.0
Ⅲ系统	110.29	19.27	82.5	42.02	34.64	21.9
Ⅳ系统	110.29	18.22	83.5	42.02	35.04	21.9

②四种不同维管束植物处理系统去除污水中 COD_{Cr} 能力。

当进水浓度为 259.97 mg/L 时，3 个维管束植物处理系统的去除率大于 60%，而对照的多级藻类塘去除率为 36.7%，结果见表 10-59。

表 10-59　不同处理系统对污水中 COD_{Cr} 的去除能力

处理系统 \ 项目	进水浓度 /（mg/L）	出水浓度 /（mg/L）	去除率 / %	实际停留时间 /h
Ⅰ - 凤眼莲处理系统	259.97	91.59	64.8	21.9
Ⅱ - 藻类塘处理系统	259.97	164.58	36.7	20.0
Ⅲ - 喜旱莲子草处理系统	259.97	99.09	61.9	21.9
Ⅳ - 假马齿苋处理系统	259.97	98.51	62.1	21.9

③四种不同水生维管束植物处理系统出水中的 DO 含量。

Ⅳ - 假马齿苋系统出水中的 DO 含量最高，为 10.72 mg/L，Ⅰ - 凤眼莲和Ⅲ - 喜旱莲子草处理系统出水中的 DO 含量也分别达到 8.66 mg/L 和 8.23 mg/L，这几组处理系统最后一级都设有藻类塘，在日照较好的情况下，出水中的 DO 含量较高，四级串联藻类塘出水水质中的 DO 含量也达 5.90 mg/L。

黑藻和水筛是提高出水 DO 含量的理想植物，本动态试验Ⅲ和Ⅳ系统的植物配置，第三级采用黑藻，所以出水 DO 含量较高。

④几种处理系统对污水中总磷（TP）的去除率结果见表 10-60。

表 10-60　四种处理系统对污水中 TP 的去除能力

处理系统 \ 项目	进水浓度 /（mg/L）	出水浓度 /（mg/L）	去除率 / %	表面负荷 /［g/（m^2 · d）］	去除负荷 /［g/（m^2 · d）］	水力停留时间 /h
Ⅰ系统	2.703	0.802	74.3	1.189	0.883	20.00
Ⅱ系统	3.124	2.329	25.4	1.234	0.313	20.00
Ⅲ系统	2.703	1.580	49.2	1.067	0.585	20.00
Ⅳ系统	2.703	1.486	52.4	1.067	0.623	20.00

⑤四种处理系统净化 TN 能力结果见表 10-61。

表 10-61　四种处理系统对污水中 TN 的去除能力

处理系统 \ 项目	进水浓度 /（mg/L）	出水浓度 /（mg/L）	去除率 / %	表面负荷 /［g/（m^2 · d）］	去除负荷 /［g/（m^2 · d）］	水力停留时间 /h
Ⅰ系统	46.35	30.22	41.1	19.513	8.020	20.00
Ⅱ系统	51.28	35.00	31.7	20.242	6.417	20.00
Ⅲ系统	46.35	31.68	38.2	19.513	7.454	20.00
Ⅳ系统	46.35	35.59	30.6	19.513	5.971	20.00

⑥各处理系统去除 SS 情况，见表 10-62。

表 10-62 各处理系统去除 SS 的结果

处理系统	进水浓度 /（mg/L）	出水浓度 /（mg/L）	去除率 / %	实际停留时间 /h
Ⅰ－凤眼莲处理系统	115.32	17.55	84.8	21.29
Ⅱ－藻类塘处理系统	115.32	36.56	68.3	20.00
Ⅲ－喜旱莲子草处理系统	115.32	14.57	87.4	21.29
Ⅳ－假马齿苋处理系统	115.32	15.75	86.3	21.29

10.3.4 结论

静态盆栽与动态模拟试验取得的结论是一致的：

在氧化塘内种植高等维管束水生植物可使塘效能强化，按本试验条件处理生活污水，可使效率提高 70%；

凤眼莲是具有最佳净化功能的水生植物；同时，本试验提出的水生植物优化组合流程为：

一级处理出水→凤眼莲塘→假马齿苋塘→黑藻塘→排放。

该流程处理效果良好，但收获的假马齿苋及黑藻量比水葫芦少得多，因此，后处理问题较小，而且，处理后出水溶解氧达到饱和甚至过饱和，对养殖有利。

10.4 人工湿地植物碎石床污水处理系统研究

前言后语

人工湿地植物碎石床污水处理系统研究是“八五”国家科技攻关课题。

立题时课题组：刘少宁、李子森、汪俊三、刘富强、钱松、胡康萍、马桂花、兰方勇。

主要研究人员：许振成、汪俊三、郑伟、朱彤、胡康萍、李华、郭振仁、蔡信德、黄章富、马桂花、钱松、杨扬。

课题主要参加人员：刘斐如、叶赛金、杨晓云、陈毓华、钱怀生、蔡坚、曾凡棠、冼开康、方建德、李开苏、梁明易、沈茜。

报告主要编写人员：许振成、杨扬、朱彤、胡康萍。

协作组主要研究人员：王桂芝、张时友、王久贤、陈水源、杜淋淋、林清、吉明。

课题协作单位：广东省东江——深圳供水工程管理局。

10.4.1 研究目标

国家环保局“八五”科技计划的总体设想，本课题制定研究目标的指导思想是合理开发利用自然生态系统的净化功能，发展低成本、低能耗、高效率的城市污水处理革新替代技术，为我国南方地区人工湿地污水处理系统提出适用条件和设计参数，具体考核目标为：

（1）建成实用规模的人工湿地示范工程，总设计日处理生活综合废水 5 000 m^3/d，示范工程基建费用应不高于常规二级处理的 1/3，运行费不高于常规处理的 1/3；

（2）处理后出水 BOD_5≤30 mg/L，SS≤60 mg/L（无除藻措施）；

（3）提交人工湿地植物碎石床污水处理工程实用技术及其综合利用技术研究报告。

10.4.2　研究方法和内容

为了研究适宜华南地区的人工湿地系统、工艺参数、水力系数及运行规律等，并且使其研究具有工程代表性，本子专题采取直接对具有生产规模的示范工程进行长期观测研究为主，以必要的室内试验研究为辅的研究方法，在广东省深圳市、东莞市建立了具有一定生产规模的湿地污水处理系统示范工程。同时在美国田纳西河流域管理局（TVA）环境研究中心设计和运行了一套人工湿地污水处理系统模型，用以配合生产规模处理系统进行一些影响因素与处理机理方面的研究。此外，三个研究基地，有着不同的工艺流程，通过试验研究，不但可使试验具有更大的选择性，而且能同时得到几种工艺的对比研究结果。

（1）白埚坑人工湿地污水处理系统

白埚坑人工湿地污水处理系统位于深圳市龙岗区，于 1990 年 7 月建成并投入运行，占地 8 400 m^2，处理量每日为 3 100 m^3，整个系统由四级处理池串联而成，每级处理池又有 2～3 个小池并联使用，处理系统流程为原污水→碎石床潜流湿地（第一级）→碎石床潜流湿地（第二级）→稳定塘（第三级）→碎石床潜流湿地（第四级）→出水。

（2）雁田工业区污水处理场

雁田污水处理场是在白埚坑人工湿地污水处理系统试验的基础上设计的，于 1992 年 4 月建成通水，位于东莞市雁田工业区，占地约 4 800 m^2，处理量为每日 1 500～2 000 m^3。系统采用如下工艺流程：

原污水→明渠→格栅→沉砂池→升流式厌氧池→兼性稳定塘（三个池并联）→碎石床潜流湿地（两个并联）→出水。

（3）模拟碎石床系统

模拟试验采用 30 个微型湿地，分成不同处理组别在温室中进行。

（1）生产规模人工湿地稳定运行条件和规律的研究

在生产规模的处理系统中，研究了在各种条件下有机物（BOD_5、COD_{Cr}），悬浮物和营养物质的去除效果及规律。

（2）人工湿地中不同生态系统对去除效果的影响

在生产规模的工程上，考察了各种生态系统的净化效果，探讨了污染物的迁移转化规律。

（3）人工湿地不同介质的渗透性能、水力负荷与污染负荷的设计参数研究。

（4）人工湿地污水处理工程设计参数的确定

探讨了在各种条件下人工湿地污水处理工程的设计参数及参数计算模式。

（5）人工湿地污水处理系统的工艺组合方案的研究

通过对示范工程处理系统的长期观测，研究了人工湿地对不同废水类型抗冲击负荷能力、去除效果及工艺性能，选择出最佳组合工艺方案以扩大人工湿地工艺的应用范围。

10.4.3 主要成果

本课题经历数年的攻关研究，取得了如下几个方面的主要成果：

（1）全面考察、总结和归纳了国际目前人工湿地污水处理系统的研究成果和动态，系统引进了国外经验，同时发现了国外研究存在的问题，明确了在我国研究这项技术的主攻方向在于提高人工湿地系统的水力负荷、污染负荷，并总结归纳出设计建设较大规模湿地工程的技术参数。

（2）在资料调研和小型试验的基础上，以碎石床人工湿地为主要工艺设计建设了白坭坑等示范工程，并对这些工程进行了近五年的系统水质监测，获得了一万余个水质数据及近一万个水温、水量、植被气象等相关数据，这些数据不但满足了本课题研究的需要，也为以后的相关研究提供了不可多得的参考资料。

（3）示范工程数年的运行结果表明，在系统出水水质BOD和SS均小于10 mg/L的情况下，示范工程的表面水力负荷达到了0.5 m/d，比国外类似工程的水力负荷（0.04～0.08 m/d）高了一个数量级；系统的污染负荷高达50 g/（m^2·d），比国外类似工程的最高值高了一倍以上，这些参数值的发现，为在地少人多的我国推行这项技术奠定了基础。

（4）对碎石床人工湿地的去污机理进行了深入的研究，揭示了湿地系统是一个厌氧－好氧共生系统，在这个系统中存在着种类繁多、生物量很大的微生物群落。在南方的条件下，有机污染物的反应速率与进入系统的表面负荷呈正相关，与停留时间呈负相关，而与温度的关系并不显著。

（5）与美国TVA人工湿地实验室合作，对碎石床人工湿地中氮、磷营养素的迁移转化规律进行了实地观测和室内模拟研究。定量分析发现新的碎石填料对污水中磷、氮有强的吸附作用，但这种作用随着时间的推移将逐渐减弱；植物对氮、磷的吸收作用随着时间的推移将逐渐加强，但吸收的总量是有限的。湿地的好氧－厌氧共生系统可以使一部分氨通过硝化和反硝化作用逸入大气，但由于硝化作用不完全，其转化量也是有限的。总之，高负荷的湿地系统对污水中氮、磷的去除率不高于 30%。这已为工程现场的观测所证实。

（6）通过对我国南方碎石床人工湿地的适用植物的栽植技术进行研究，认为芦苇是最佳的植物，茳芏次之，灯心草及席草等效果则差一些。总结归纳了在移植初期，实行日间调高水位保苗，夜间放空水位催根催芽等一系列栽培措施及植物群落形成后的管理措施。

（7）对较大规模工程的设计参数进行了检验和演绎，纠正了国外文献中基于模型实践或小规模工程所演绎的参数，这些参数如表 10-63 所列：

表 10-63　设计参数推荐值

参数	国外文献值	本课题推荐值
A. 碎石床底坡	2%～8%	0.3%～1%
B. 碎石床面坡	2%～8%	0～0.3%
C. 碎石床深度	0.3～2 m	0.7～0.9 m
D. 湿地平面长宽比	＞3：1	＜1：3
E. 水力负荷	≤0.08 m/d	≥0.4 m/d
F.BOD 负荷	≤30 g/（m^2·d）	≥50 g/（m^2·d）

（8）摸索了碎石床人工湿地污水处理系统的启动过程中管理办法，为该技术的推广提供了操作规范。

（9）总结了碎石床人工湿地污水处理系统的基建费用和运行费用函数，为污水处理工艺的选择和决策提供了经济技术依据。

（10）以本课题研究多阶段取得的成果为楔子，先后召开了三次学术交流会，与会代表来自 40 多个国家，共 400 多人次，促使我国有关人工湿地的研究和应用技术在短短五年内基本跟上了国际水平，致使这项技术在国内已得到较为普遍的应用。

10.4.4　碎石床人工湿地污水处理系统基本规律分析

由于白坭坑人工湿地污水处理系统已稳定运行五年多，积累各类分析测试数据 11 000 多个，这些数据客观地反映了系统的各种规律，本章以该系统这些运行数据为依据，进行碎石床人工湿地污水处理系统的基本规律分析。

10.4.4.1　白坭坑人工湿地污水处理系统对主要污染物的去除规律

（1）系统对 BODs、COD_{Cr} 的净化规律

从表 10-64 可以看出，BOD_5、COD_{Cr} 随着处理深度的不断加深，其值在不断减少。在整个湿地系统中，BOD_5 及 COD_{Cr} 的降解主要发生在第一、二级，经第一

级处理后，BOD_5 的降解率平均已达 56.3%，变动范围为 42.16%～66.2%，到第二级时达 75.9%，变动范围为 68.4%～82.2%，第三级对 BOD_5 的降解率贡献不大，平均去除率达到 77.9%，第四级则又追加 10% 左右，平均去除率为 90.6%，变动范围为 84.7%～96.6%。COD_{Cr} 的降解情形与 BOD_5 大致相同，第一、二级平均去除率分别达到 42.7% 和 58.3%，变动范围分别为 24.5%～59.95% 和 47.0%～64.7%，第三级平均去除率达到 59.1%，变动范围为 48.1%～66.5%，第四级平均去除率则达到 73.6%，变动范围为 68.8%～77.2%。

对有机物的去除结果表明（表 10-64），在第二级湿地出水 BOD_5、COD_{Cr} 含量就基本达到≤30 mg/L 与≤60 mg/L 的出水指标，其停留时间不足一天。

表 10-64 白坭坑人工湿地污水处理系统各级对 BOD_5、COD_{Cr}、SS 处理效果

项目	月份	进水 /（mg/L）	一级碎石床		二级碎石床		三级氧化塘		四级碎石床	
			出水 /（mg/L）	去除率 /%	出水 /（mg/L）	去除率 /%	出水 /（mg/L）	去除率 /%	出水 /（mg/L）	去除率 /%
BOD_5	1 月	58.3	32.3	44.60	18.4	68.4	15.4	73.6	6.60	88.6
	2 月	70.7	27.9	60.54	16.6	75.7	18.9	73.2	6.43	90.9
	3 月	84.8	34.3	59.55	15.9	82.2	15.7	82.4	6.77	96.6
	4 月	71.5	36.9	48.39	17.1	75.9	14.3	80.7	6.32	91. 2
	5 月	55.5	32.1	42.16	13.5	75.5	15.3	73.7	6.76	87.8
	6 月	70.6	29.2	58.64	13.4	81.1	11.71	83.4	4.15	94.1
	7 月	57.6	25.7	55.38	15.2	73.6	12.16	78.9	5.87	89.8
	8 月	79.2	35.9	72.9	17.2	78.3	14.8	81.1	6.88	91.1
	9 月	59.4	22.9	61.45	17.0	71.4	16.06	72.4	9.02	84.7
	10 月	72.9	36.8	49.52	20.9	72.3	20.31	73.2	8.53	88.9
	11 月	104.8	35.4	66.22	19.7	81.2	17.18	83.6	9.53	90.9
	12 月	88.6	38.3	56.77	21.3	75.9	18.9	78.6	7.28	92.7
	均值	72.8	32.2	56.3	17.18	75.9	15.89	77.9	7.01	90.6
COD_{Cr}	1 月	139.9	81.4	40.97	59.4	55.8	54.7	59.2	32.71	76.2
	2 月	183.1	100.9	44.89	71.3	61.1	71.9	60.1	48.99	73.2
	3 月	153.1	77.4	49.44	72.5	52.6	56.2	63.4	44.78	70.8
	4 月	156.5	86.5	44.73	62.3	60.2	54.93	64.9	38.98	74.9
	5 月	133.8	86.8	35.13	61.7	53.8	61.14	54.0	42.99	68.8
	6 月	115.8	62.8	45.77	44.19	63.4	38.76	66.5	25.17	71.5
	7 月	132.6	53.1	59.95	53.6	60.1	58.48	56.4	37.06	72.1

续表

项目	月份	进水 /（mg/L）	一级碎石床		二级碎石床		三级氧化塘		四级碎石床	
			出水 /（mg/L）	去除率 /%	出水 /（mg/L）	去除率 /%	出水 /（mg/L）	去除率 /%	出水 /（mg/L）	去除率 /%
COD_{Cr}	8 月	144.7	90.3	37.00	57.8	60.1	61.7	58.4	41.31	73.0
	9 月	122.3	72.9	40.39	50.8	58.4	55.57	54.4	33.37	72.7
	10 月	160.0	82.9	48.1	56.1	64.7	63.32	59.7	36.90	77.2
	11 月	149.5	87.3	41.61	56.1	61.5	51.39	64.5	33.63	76.4
	12 月	140.0	105.7	24.5	74.2	47.0	72.95	48.1	43.9	69.1
	均值	144.1	83.3	42.2	60.00	58.3	56.2	59.1	38.32	73.1
SS	1 月	172.4	30.0	32.60	10.3	94.1	8.9	94.1	5.26	96.7
	2 月	107.2	38.6	61.86	22.5	77.7	21.5	78.7	15.97	83.1
	3 月	158.5	37.5	76.20	28.5	82.1	16.1	89.8	7.81	95.1
	4 月	109.3	41.8	61.26	32.2	70.5	24.23	77.8	16.09	85.2
	5 月	92.2	28.8	68.71	20.1	78.1	19.19	79.1	9.36	89.4
	6 月	108.4	42.2	61.03	30.0	72.3	30.89	71.9	11.38	90.1
	7 月	475.1	40.6	91.45	30.3	93.5	29.60	93.6	12.16	97.2
	8 月	98.2	26.7	72.81	20.6	81.1	12.76	89.1	12.28	89.6
	9 月	75.5	34.8	53.91	22.3	72.1	18.48	75.5	12.66	83.2
	10 月	92.5	32.7	64.62	17.2	81.2	15.99	82.7	8.05	91.3
	11 月	108.0	22.6	79.02	22.9	78.6	22.66	78.9	7.54	96.3
	12 月	99.4	38.6	61.17	27.0	72.8	24.17	75.4	11.69	88.3
	均值	140.9	34.6	69.6	23.6	779.5	26.47	82.2	10.86	90.5

（2）BOD_5 反应速率常数

反应速率常数计算，反应速率常数反映了有机物的降解速度，通过试验以一级反应动力学速率方程计算 *K*p 值，采用理想推流式动力学模型来描述它们的净化规律。

即选用公式：

$$\frac{C_e}{C_o} = e^{-Kp.t}$$

式中：*K*p——反应速率常数，d^{-1}；

C_e——湿地出水 BOD_5 浓度，mg/L；

C_o——湿地进水 BOD_5 浓度，mg/L；

t——停留时间，d。

应用上述公式分别按相近负荷分时间段计算每级湿地、氧化塘系统及整个湿地系统的 K_p 值（表 10-65）。

表 10-65 推荐 K_p 值

一级湿地 BOD_5/［kg/（hm^2·d）］	系统	一级碎石床	二级碎石床	三级氧化塘	四级碎石床
990	0.723 8	1.256 5	0.839 9	0.179 8	0.962 8
1 200	0.770 9	1.937 1	0.752 5	−0.126 0	1.184 8
1 400	1.231 5	2.205 0	1.222 4	0.046 7	0.970 8
1 800	1.057 7	2.260 7	1.315 7	0.205 9	1.178 5
2 000	1.105 9	2.278 6	1.191 6	0.275 1	1.522 0
2 100	1.172 3	2.541 5	1.471 7	0.170 8	1.538 8
2 500	1.094 8	3.192 2	1.746 1	0.1	1.407 8
均值 1 700	均值 1.0225	均值 2.238 8	均值 1.220 0	均值 0.134 3	均值 1.252 2

从表 10-65 反应速率常数（*Kp*）值的变化也可看出有机物（BOD_5）的降解主要在湿地中进行，特别是在一、二级湿地中进行，而在氧化塘中基本没有变化，甚至回升。这与有机物的去除率结果是一致的（表 10-64），从另一方面也证实了碎石床湿地对有机物的去除较氧化塘等其他依靠自然净化过程的技术有更高的效率。反应速率常数（*Kp*）值在第二、四级碎石床中基本接近，而在第一级碎石床中则增大近一倍，我们认为是由于白垊坑人工湿地处理系统没有预处理设施，有相当部分固体悬浮物沉淀在第一级碎石床前部，床中同时存在污泥反应及污水反应，所得 *Kp* 值应是两部分之和。

（3）影响反应速率的因子

反应速率常数（*Kp*）值与水温、污水性质、BOD_5 负荷及水力停留时间等因素有关，一般水温是影响 *Kp* 值最主要的因素，但根据我们对系统的实测结果与 *Kp* 值进行相关分析，发现水温与反应速率之间相关关系并不显著，分析结果见表 10-66。

表 10-66 白垊坑人工湿地全年各月平均水温（*T*）条件下的 *Kp* 值

T/℃	16.1	17.2	19.7	23.7	25.5	26.0	26.5	27.1	27.8
Kp	0.770 9	1.173 2	1.094 8	1.105 9	1.047 4	0.845 2	1.409 9	1.095 7	1.234 4

相关模式为 $Kp=0.6317\ e^{0.021\,8T}$（r=0.581 2）

用整个处理系统与第一级碎石床实测数据建立 BOD_5 表面负荷（*Lo*）与反应速率（*Kp*）关系式如下：

$$Kp=0.950\,5e^{0.000\,5Lo}$$（r=0.898 0）（第一级碎石床）

$$Kp=0.322\,6e^{0.000\,5Lo}$$（r=0.831 1）（整个处理系统）

通过检验，BOD_5 表面负荷与 *Kp* 值之间相关关系显著，上述两式可供设计参考。

用系统实测数据建立系统停留时间（t）与反应速率常数（Kp）的关系式：

$$Kp=2.366\,9e^{-0.365t}\ (r=-0.760\,3)$$

经验证，线性关系显著。表现出明显的负相关，可见，在设计中可以选择适当的水力停留时间，这是节省投资的关键。

上述分析结果表明，对白垅坑人工湿地污水处理系统去除率影响的主要因子是 BOD_5 负荷，其反应速率与停留时间呈负相关。在南方由于没有极端低温，年内月均水温变化在 16.1～27℃，在系统中有机物降解受温度影响不明显，有一定的随机性。

历来有关有机污染物生化降解的研究都表明，温度与反应速率常数（Kp）有密切的关系，在机理上这与微生物的活性与温度关系密切相关是一致的。而本研究在示范工程中的长期观测结果的分析却显现了与常规不同的结果，我们认为，除了南方的水温变化小的原因外，还揭示了碎石床湿地系统中的生物量大，数量上的优势足以掩盖因温度变化而造成的生物活性变化，这一点，从 Kp 值与表面负荷有良好的正相关关系上也得到了辅证。事实上，碎石床湿地是一种特殊的生物滤床，其生物量足以承受更大的污染负荷，只是由于系统的供氧条件缺乏，而未能发挥出更大的作用。

（4）系统处理有机物的几个阶段

实验运行情况表明，湿地系统处理有机物经历了以下几个阶段：①高速去除阶段，发生在第一级碎石床中；②稳定去除阶段，去除率逐级降低，反应速率常数 K_p 值变小；③再降解阶段，主要发生在第四级碎石床中，显示了植物—碎石床对有机物的强大净化能力。

运行结果还表明，当第一级碎石床 BOD_5 表面负荷小于 2 500 kg/（hm^2·d）时，停留时间 0.7～1.2 d，出水可达 20 mg/L，增加停留时间 1～2 d，BOD_5 出水可达 10 mg/L 以下。

COD_{Cr} 与 BOD_5 浓度间的关系：

原污水中 COD_{Cr} 值大于 BOD_5 值，说明了这两种综合指标内涵的不同。经人工湿地处理后，BOD_5 值下降到 10 mg/L 以下（4.15～9.53 mg/L）；COD_{Cr} 值下降为 50 mg/L 以下（25.17～48.99 mg/L），这说明人工湿地处理系统具有强大的生物氧化净化作用，但对于难以生物氧化的有机物来说，人工湿地处理系统对它的净化能力就较小，所以导致了出水中的 COD 较高。

从去除率来看，无论是经过哪一级处理，BOD_5 的去除率都高于 COD，又从另一个角度反映了白垅坑人工湿地污水处理系统对生物可降解的有机物具有强大的生物净化能力。

根据国外的经验，$BOD_5/COD_{Cr}>0.3$ 是检验污水中一般有机物可生化降解的界线，白垅坑村的污水处理厂进水可生化性是较好的，从系统的不同处理水平的比值来看，BOD_5/COD_{Cr} 呈下降趋势，其系统出水的比值为 0.18，低于 0.3，这是人工湿地污水处理系统对 BOD_5 净化作用的结果。

（5）系统对 SS 的净化规律

SS 是悬浮固体，作为一项综合性指标，它的内涵随着水质的不同而不同，除具有一个基粒核心外，其外围还吸附着许多有机、无机污染物质。白垅坑人工湿地污水处理系统所接受的污水不但包括雨天的洪水，而且包括一些粉沙质悬浮物含量很高的废水（如宝石厂废水等）。因而悬浮物含量较高，而且变化范围很大，为 75.5～475.1 mg/L，平均值为 140.9 mg/L。人工湿地对 SS 的净化作用主要是过滤和分解反应，SS 经湿地微生物分解后剩余的残渣及一些惰性固体将成为湿地基质的一部分。从表 10-64 可以看出，SS 经人工湿地处理后呈下降趋势，处理效果非常明显，出水平均浓度为 10.86 mg/L，变动范围为 5.26～16.09 mg/L，平均去除率为 90.5%。经前二级的处理，其含量一般都降至 10～30 mg/L，去除率达 70.5%～94.1%。SS 的处理基本在第一级碎石床中进行，去除率为 61.8%～91.5%，平均值为 70%，占整个系统平均去除率的 80% 以上。其中不可分解的部分是引起第一级基质过水能力下降的主要原因。

10.4.4.2 有关氮、磷的去除规律

（1）系统对 TN、NH_3-N、NO_3-N 的净化规律

人工湿地处理系统是一个很发达的营养循环系统，从理论上讲应该对氮素有很大的净化能力，氮素作为植物的营养元素被植物吸收转化后成为构造其植物体自身的物质成分，同时氮素在湿地微生物的作用下，进行着硝化和反硝化作用，将 NH_3-N 氧化成 NO_2-N 和 NO_3-N，同时在厌氧条件下，将 NO_3-N 和 NO_2-N 还原成 NO_2 和 N_2。

原污水中，TN（包括有机氮和无机氮）、NH_3-N 的含量较高、NO_3-N 较少，经过碎石—植物系统后，TN、NH_3-N 的浓度有所下降，而 NO_3-N 在第一级、第二级下降较快而至第三、四级时又有所回升，但总体来说，湿地对氮素的去除一般不超过 30%。

1990—1994 年，系统中氮的平均去除结果见表 10-67。系统中 TN 的去除主要发生在第三级氧化塘，整个系统 TN 的平均去除率只有 21.4%，其中第三级占 10% 左右。TN 入水浓度多年平均为 25.5 mg/L，出水浓度多年平均为 20.3 mg/L，就季节变化来说，冬春两季（1 月、2 月、3 月、12 月）入水浓度较大，而夏季（4—11 月）则因雨水的加入而使其月入水浓度减少（表 10-67）。

湿地对氮的降解主要是受负荷（浓度负荷及水力负荷）的影响，根据白垅坑人工湿地污水处理系统近五年的运行结果，我们发现 TN 的出水浓度明显受进水浓度影响，相关模式表示为

$$Y=0.199\,1\times 0.880\,0\ (r=0.856,\ n=42)$$

式中：Y——系统 TN 出水浓度，mg/L；

X——系统 TN 进水浓度，mg/L。

表 10-67　白坭坑人工湿地污水处理系统各级对氮、磷的处理效果（1990—1994 年逐月平均值）

项目	月份	进水 /（mg/L）	一级碎石床		二级碎石床		三级氧化塘		四级碎石床	
			出水 /（mg/L）	去除率 /%	出水 /（mg/L）	去除率 /%	出水 /（mg/L）	去除率 /%	出水 /（mg/L）	去除率 /%
TN	1 月	26.9	27.2	−1.1	26.8	0.4	25.9	3.7	25.5	12.6
	2 月	31.5	29.8	5.3	29.1	7.6	27.5	12.6	25.5	19.0
	3 月	34.4	30.6	11.90	28.1	18.3	24.7	28.2	26.4	23.3
	4 月	28.4	27.7	2.5	25.5	10.2	23.1	18.7	22.7	20.1
	5 月	18.8	19.8	−5.3	19.5	−3.7	16.3	13.3	14.8	21.2
	6 月	19.0	18.4	3.2	17.2	9.5	14.1	25.8	13.8	27.4
	7 月	17.7	16.9	4.5	15.5	12.1	14.0	20.9	13.6	23.2
	8 月	19.4	18.6	4.1	18.2	6.2	15.3	21.1	15.7	19.1
	9 月	19.4	18.6	4.1	18.4	5.2	16.4	15.5	16.5	15.0
	10 月	23.2	22.6	2.5	21.9	5.6	19.2	17.2	16.3	29.7
	11 月	23.2	22.9	1.3	21.2	8.6	19.8	14.7	18.4	20.7
	12 月	38.8	38.0	2.1	36.2	6.7	33.3	14.2	32.6	16.6
	均值	25.5	24.2	3.0	22.9	7.3	20.3	17.3	20.3	21.4
NH_3-N	1 月	23.3	25.0	−7.2	25.2	−8.2	23.8	−2.1	24.5	−5.1
	2 月	27.9	27.5	1.4	27.2	2.5	26.7	4.4	24.6	11.8
	3 月	25.8	26.6	−3.0	26.1	−1.1	24.6	4.6	25.3	1.9
	4 月	22.8	22.3	2.2	22.9	−0.4	21.8	4.9	23.3	11.0
	5 月	12.9	16.8	−30.2	16.7	−29.5	14.8	−14.7	14.0	−8.8
	6 月	11.5	11.0	4.3	11.5	0	9.3	19.1	11.1	3.4
	7 月	16.6	12.1	−4.3	12.8	−10.0	12.4	−6.9	11.1	4.3
	8 月	15.5	11.6	21.6	15.2	1.9	12.2	21.9	11.4	26.5
	9 月	14.5	6.9	13.4	15.0	−3.4	15.6	−7.6	15.1	−4.1
	10 月	17.8	7.9	−0.6	17.4	2.2	16.6	6.7	15.8	11.2
	11 月	18.5	18.6	1.0	18.2	1.0	16.1	13.0	15.4	16.8
	12 月	33.5	30.5	9.0	30.0	10.1	28.0	16.4	28.3	15.5
	均值	19.6	18.9	0.6	18.9	−2.9	17.7	4.9	18.1	6.2

续表

项目	月份	进水 /（mg/L）	一级碎石床		二级碎石床		三级氧化塘		四级碎石床	
			出水 /（mg/L）	去除率 /%	出水 /（mg/L）	去除率 /%	出水 /（mg/L）	去除率 /%	出水 /（mg/L）	去除率 /%
NO_3-N	1 月	0.50	0.34	32.0	0.25	50.0	0.24	52.0	0.21	58.10
	2 月	0.79	0.52	34.2	0.26	54.0	0.46	41.3	0.44	43.8
	3 月	0.74	0.51	31.1	0.42	43.2	0.38	48.2	0.35	52.2
	4 月	0.49	0.39	20.4	0.34	30.6	0.31	36.7	0.32	34.7
	5 月	0.55	0.32	41.8	0.30	45.5	0.38	30.9	0.65	-18.2
	6 月	0.58	0.44	24.1	0.25	56.9	0.18	61.2	0.27	53.4
	7 月	0.67	0.56	16.4	0.41	35.2	0.43	36.2	0.36	46.3
	8 月	0.60	0.48	20.9	0.37	38.3	0.37	38.3	0.30	50.0
	9 月	0.41	0.33	19.5	0.41	0.0	0.81	-97.5	0.26	36.61
	10 月	0.65	0.47	27.7	0.41	36.9	0.40	38.5	0.37	43.1
	11 月	0.59	0.27	54.2	0.23	60.9	0.22	62.7	0.42	28.8
	12 月	0.84	0.46	45.2	0.41	51.2	0.36	57.0	0.56	33.3
	均值	0.62	0.42	30.5	0.35	58.6	0.38	33.8	0.38	38.5
TP	1 月	2.59	2.0	22.8	2.0	22.8	1.96	24.3	1.68	35.1
	2 月	3.80	2.0	47.4	1.41	62.9	1.0	73.2	0.79	79.2
	3 月	2.96	1.9	19.21	1.85	27.8	1.77	31.5	1.43	44.11
	4 月	2.40	2.3	4.21	1.99	11.1	1.89	21.3	1.74	27.6
	5 月	2.00	2.0	-1.51	2.04	-3.6	1.59	19.3	1.97	1.5
	6 月	1.68	1.60	4.8	1.57	6.51	1.31	23.8	1.33	20.8
	7 月	2.10	1.5	21.0	1.81	14.4	1.74	17.9	1.27	40.1
	8 月	2.70	2.2	18.51	2.32	14.1	2.44	9.6	2.03	24.8
	9 月	2.00	2.2	-10.0	2.28	-14.0	2.23	-11.5	1.92	4.0
	10 月	2.21	2.0	9.11	2.02	8.2	2.02	0.0	1.79	18.6
	11 月	2.53	2.3	8.9	1.74	30.4	0.69	72.4	1.31	47.6
	12 月	3.51	2.8	20.1	2.43	30.6	2.26	35.4	1.84	47.4
	均值	2.54	2.2	13.01	1.95	17.5	1.75	26.4	1.59	32.4

可见，TN 进水负荷的变化直接影响了系统中的环境条件（如 DO、pH、氧化还原电位等），限制了湿地系统中微生物群落的生长，进而影响了氮在湿地中的降解。氮去除机理研究结果表明，湿地氮的去除作用中，由微生物直接参与的硝化、反硝化作用是较植物、微生物对氮的吸收作用重要得多的一种机制。

同时，白坭坑湿地现时的水力负荷已超过了设计要求的 40%～50%，大大缩短了水力停留时间，因此，系统对氮的去除结果不太令人满意。

从表 10-67 中 NH_3-N 在系统中的变化还可反映系统中的氧化还原状况，原污水中较高的 NH_3-N 以及有机氮经厌氧微生物的作用转变成为 NH_3-N，在第一、二级碎石床，NH_3-N 基本没有变化，第一级平均去除率为 0.6%，在第二级 NH_3-N 继续升高，使其平均去除率为 -2.9%，可见，在第一、二级碎石床中，因厌氧主要处于还原环境。在第三级氧化塘中，由于大气复氧、藻类光合作用的影响，使 NH_3-N 平均去除率提高到 4.9%，虽总体来说，进出水 NH_3-N 含量变化不大，平均进水浓度为 19.6 mg/L，出水浓度为 18.1 mg/L，但其间却发生了诸多变化。表 10-67 结果还表明，由于反硝化细菌和植物的吸收作用，NO_3-N 在系统前两级湿地中，平均含量从进水的 0.62 mg/L 降至 0.35 mg/L，通过氧化塘后由于复氧化作用，含量回增到 0.38 mg/L。可见，整个系统是以强烈的还原环境为主，而这种还原环境限制了湿地系统中硝化细菌群落的生长。

（2）系统对总磷（TP）的净化规律

污水中磷（P）的去除机制主要是细菌、藻类的吸收、固定、底质的吸附、底质碎石表面发生的交换反应等作用，以及高等水生植物的吸收。系统的环境条件及底质的性质对 P 的去除影响较大。一般来说，用石灰石作底质碎石对 P 的去除效果较好，因为大量不断溶出的 Ca^{2+} 可与 PO_4^{3-} 生成不溶物而在湿地中沉淀下来。白坭坑污水处理系统采用的底质碎石是花岗岩，对 P 的处理效果不及石灰石，但在系统运行初期，它对 P 的吸附、沉淀及配位体交换等作用仍十分活跃。

在白坭坑人工湿地所种的几种建群植物中，以茳芏、芦苇含 P 量最大，分别为 1.72% 及 1.68%。两种植物相比，茳芏的生长量较芦苇大，为 60～80 kg/（m^2·a），因而只茳芏的收割，每年每平方米可移走 0.142 kg 磷。

同氮（N）一样，P 在湿地中的去除主要受停留时间，也即受水力负荷及污染负荷的影响，因为它们决定了系统的环境条件，从而影响系统中微生物的生长，白坭坑人工湿地中，由于污水进入系统大多未经厌氧性质的前处理，污水几乎是以原污水的形式进入湿地的，有机 P 分解也只能在第一级湿地中进行，再加之整个系统没有任何充氧设施，因而，整个系统处于十分严重的厌氧状态，从而限制了有机 P 的分解，系统中 P 的去除率不易提高的另一个原因就是系统的超负荷运行，使得污水在系统中的停留时间大大缩短。

白坭坑人工湿地中 TP 的净化结果见表 10-67，随着处理深度的增加，TP 的浓度呈下降趋势，出水平均去除率为 32.4%，变动范围为 18.6%～79.2%，系统中 TP 的去除主要发生在第一级碎石床与第三级氧化塘，占系统去除率的 70% 左右，多年进水平均浓度为 2.5 mg/L，出水平均浓度为 1.6 mg/L。季节变化同氮一致，呈现春冬高、夏季低的趋势。

10.4.4.3 不同条件下湿地的净化功能

（1）不同生态结构的净化作用

白坭坑人工湿地处理系统不同处理级别有三种植物—碎石滤床系统，即芦苇—碎石床系统、茳芏—碎石床系统、席草（蒲草）—碎石床系统。我们以 BOD_5 为例，根据系统的不同级别对三种结构的出水水质进行方差分析（表 10-68）。

表 10-68 不同生态结构植物—碎石床系统对净化功能的影响

组号	样品数	平均数	方差	标准差	标准误	变动系数
2-1	12	17.1	2.995 7	1.730 8	0.499 6	0.101 0
2-2	12	18.24	9.542 8	3.089 1	0.891 7	0.196 0
4-1	12	5.34	2.429 8	1.558 8	0.449 9	0.292 0
4-2	12	7.43	1.744 7	1.320 9	0.381 3	0.177 8
4-3	12	7.78	1.698 4	1.361 2	0.392 9	0.174 7

以下是多重比较结果，按自由度 2.29 查 Q 分布表，若下述差值大于 Q 值，则差异显著 $Q_{0.01}=3.89$，$Q_{0.05}=3.79$。

表 10-69 方差分析表

处理系统	离差来源	平方和	自由度	均方	方差比	P 值
二级	总变异 组间变异 组内变异	442.19 43.31 398.88	23 1 22	43.31 18.18	2.38	$P>0.05$
四级	总变异 组间变异 组内变异	98.54 41.77 56.77	2 29	10.98 1.98	5.5	$P<0.01$

方差分析结果表明，生态结构因素对净化功能的影响极其显著，多重比较结果为，茳芏系统与席草系统比较差异显著。芦苇与茳芏系统比较差异不显著，说明由芦苇和茳芏系统间产生的方差与系统内部产生的方差没有显著性差异，尽管从水质平均值来看，茳芏比芦苇系统出水要好一些。三种结构出水的平均值，茳芏为 17.1 mg/L（2-1），芦苇为 18.24 mg/L（2-2）（第二级碎石床出水）；茳芏为 5.34 mg/L（4-1），7.43 mg/L（4-2），席草为 7.78 mg/L（4-3）（第四级碎石床出水）。尽管不同处理级别的出水平均值不便进行比较，但从出水水质而论，白坭坑人工湿地污水处理系统茳芏对 BOD_5 的净化功能最强，芦苇系统基本与其相等，席草系统最弱。尽管茳芏的根系较芦苇浅，其茎叶易倒伏，远不如芦苇那样坚挺，但仍不失与芦苇

一样是湿地系统植物的好品种。

（2）氧化塘与总体工程净化功能的比较

白坭坑人工湿地污水处理工程主要分为两大部分，一是不同生态结构类型的植物—碎石滤床系统部分，二是稳定塘部分，系统最后出水水质可代表人工湿地处理系统总体出水水平（包括氧化塘）。氧化塘处理系统对主要污染物的净化作用最高为 8.7%（TP），最低为 2.0%（SS），而人工湿地处理系统总体工程对污染物的净化作用基本都在 75% 以上。TN、TP 净化率低的原因前面已阐述，白坭坑人工湿地污水处理系统总体工程对污染物的净化贡献中，植物—碎石滤床起主要作用，但氧化塘对 TN、TP 的净化起着较重要的作用。

（3）系统缓冲作用

白坭坑人工湿地污水处理系统进水水质变化很大，出水水质却很稳定，表现出对污染负荷具有很大的缓冲性，我们用 *F* 检验（方差比检验）即可反映出系统的缓冲性能（表 10-70）。

表 10-70　白坭坑人工湿地污水处理系统进出水水质 *F* 检验（方差比检验）

指标	S_1（原污水）	S_2（系统出水）	S_1/S_2	F（n_2-1，n_2-1）	差异值
BOD_5	14.13	1.38	104.84	（11，11）	**
SS	104.16	3.30	996.26	（11，11）	**
COD	11.29	4.27	6.99	（11，11）	**
TP	0.76	0.36	4.46	（11，11）	**
TN	8.37	5.03	3.03	（11，11）	*
NH_4^+	8.35	6.79	1.58	（11，11）	不显著
NO_3^-	0.13	0.12	1.17	（11，11）	不显著

注：** 代表差异极显著，* 代表差异显著。

方差比较分析结果为，BOD_5、COD、SS、TP 指标进出水方差差异极其显著，TN 指标进出水方差差异显著。这些指标的进水方差值远远大于出水方差值，而方差的大小反映了数据的离散情况。系统进水指标的水质方差大，说明进水水质波动大，而出水水质方差小，说明系统耐冲击负荷能力强，不受进水水质的影响。耐冲击负荷能力强，这正是湿地处理对上述指标强大的同化容量所致。但 NH_3-N 与 NO_3-N 的分析结果是进出水水质方差比差异不显著，原因如前所述，白坭坑人工湿地污水处理系统接纳了超负荷（水力负荷与浓度负荷）污水，而使整个系统呈现还原环境所致。

（4）系统运行中净化功能比较（1991—1993 年）

1991—1993 年对污染净化率较高，除 TP 和 TN 外，净化率都在 80% 以上，其中 BOD_5、SS 净化率分别达到 90% 和 91% 以上，COD 净化率都在 74% 以上，三年运行结果表明，白坭坑人工湿地污水处理系统正趋向成熟，其对 BOD_5、SS、COD 等污染物的净化功能不受气候条件与进水负荷影响（表 10-71）。

表 10-71 不同负荷率与不同季节对主要污染物去除率的影响

项目	参数	春季（8～25℃）	夏季（25～35℃）	秋季（18～30℃）	冬季（2～15℃）
负荷率 /［kg/（hm^2·d）］	BOD_5	325.2	331.5	306.4	406.0
	COD_{Cr}	489.2	535.7	485.8	590.5
	SS	523.6	543.0	501.5	576.2
出水浓度 /（mg/L）	BOD_5	6.7	6.1	6.5	9.2
	COD_{Cr}	35.2	29.2	33.1	52.1
	SS	9.8	9.2	9.6	13.2
去除率 /%	BOD_5	89.8	91.4	90.8	89.2
	COD_{Cr}	73.4	78.1	74.0	67.8
	SS	91.8	93.2	92.5	90.5

（5）温度对净化效率的影响

人工湿地污水处理系统与土地处理系统及氧化塘一样，其污水净化过程与水体自净过程相似，是一种经某些强化措施的自然净化过程。其净化结果在很大程度上受外部环境诸如温度、光照强度及风混合等左右，特别是温度的影响最为实际和显著，且不能人为地加以改变。深圳地区由于地处南亚热带，气温较高，多年平均气温为 23.4℃左右，在周年内，7、8 月气温最高，平均为 29.6℃，变动范围为 28.0～30.8℃，1 月最低，平均为 16.3～17.6℃。可以看出无论是 BOD_5 还是 COD_{Cr}，其全年出水浓度均不受气温影响，而且能达到设计要求。可见，人工湿地处理工艺在不同地域的推广是有其广阔的发展前景的。

（6）本系统的净化功能与国外人工湿地处理系统的比较

本系统在设计上吸收了美国 TVA 肯塔基州（Kentucky）三个人工湿地系统的设计经验，经过近五年的运行，现将白坭坑人工湿地的净化功能与美国 TVA 人工湿地（Benton，Hardin，Kentudy）处理效果进行比较，结果见表 10-72。

表 10-72　白坭坑人工湿地污水处理系统与国外湿地运行结果比较

	湿地	进水负荷 / [kg/(hm²·d)]	进水浓度 / (mg/L)	出水浓度 / (mg/L)	去除负荷 / [kg/(hm²·d)]	去除率 / %
BOD_5	A	3 420	92.8	6.9	316.7	92.6
	B	32.5	67.0	9.0	28.1	86.6
	C	32.5	55.0	9.5	26.9	82.7
	D	22.0	26.0	9.0	14.4	65.4
SS	A	528.0	140.9	10.9	487.3	92.3
	B	89.6	92.0	8.0	81.8	91.3
	C	73.9	125.0	17.7	63.4	85.8
	D	49.0	57.0	9.0	41.3	84.2
TP	A	8.5	2.3	1.6	2.6	30.9
	B	5.8	6.0	3.2	2.7	46.7
	C	2.8	4.8	2.0	1.6	58.3
	D	3.9	4.5	4.1	0.3	8.9
TN	A	87.5	23.7	18.2	20.3	23.2
	B	31.6	32.5	6.0	25.7	81.4
	C	11.9	20.2	11.6	5.1	42.6
	D	12.6	14.6	11.2	2.9	23.0
NH_3-N	A	76.4	20.7	18.5	8.0	10.5
	B	71.5	73.5	3.7	51.9	72.6
	C	5.6	9.4	9.9	-0.3	-5.3
	D	4.1	4.8	8.3	-3.3	-81.4
NO_3-N	A	2.3	0.62	0.38	0.9	38.7
	B	0.65	0.67	0.57	0.2	25.0
	C	0.41	0.70	0.38	0.2	45.7
	D	0.24	0.28	0.22	0.1	21.4

注：A—白坭坑人工湿地；B—美国 TVA pembroke Kentudy 湿地；C—美国 TVA Hardin Kentud 湿地；D—美国 TVABenton Kentudy 湿地。

主要污染指标在不同处理方式、不同地域的进出水浓度平均值、负荷率及净化效率。表 10-72 结果表明，白坭坑人工湿地污水处理系统具有极高的进水负荷，同时对有机物及悬浮固体具有极强的净化能力，BOD_5、SS 去除负荷高达 300 kg/(hm^2·d) 以上，较美国 TVA 肯塔基州三个湿地的去除效果高出 10 倍以上。但由于该系统地处深圳特区，地价昂贵，占地面积偏小，停留时间较短，导致 TP、TN 去除率效果低于美国肯塔基州的三个人工湿地。

不同系统比较结果表明，白坭坑人工湿地污水处理系统对有机污染物及固体悬浮物有极强的净化功能，但对营养物质的去除作用则尚待研究。

10.4.4.4 植物生长规律

（1）湿地植物的选择原则

植物组分是湿地能否正常运行下去的一个主要因素。在已经设计好的湿地污水处理系统中（即水力学因素，水质及基质已定），如何选择适当的植物与之相配，什么样的植物才能提供最佳的污水处理效果，是湿地设计的另一个必须考虑的问题，也是湿地处理系统成败的关键。

一般地，湿地处理系统植物的选择要遵循 6.9.2 章节的原则。

（2）湿地植物的种植方法

白坭坑人工湿地污水处理系统主体工程于 1990 年 6 月竣工，植物的种植随即开始。

根据上述的植物选择原则及白坭坑人工湿地当地具体的实际情况，我们选择了芦苇、茳芏、席草及灯心草作为白坭坑湿地的主要群种，这 4 种植物中，除灯心草不能适应当地生境而被陶汰外，其余 3 种长势良好。

①芦苇

芦苇床碎石粒径 3～5 cm，床表面有一定的坡度，芦苇种植时间为 7 月，是该地区出现月最高温的天气，强烈的太阳光照射到碎石表面形成辐射，容易使幼苗晒伤或烫伤，为了克服这些困难，我们采用滤床开沟穴植的种植方法。沟的深度视水面的高低而定，要求沟底在水面之下；在开挖沟中，再挖穴 10～15 cm，栽种芦苇苗。这样保证了芦苇有充足的水分生长，同时，由于沟底有水分，且是流动水，水的流动带走太阳光照射的热量，起到降温的作用，保护了苗的生长。

芦苇苗采用株蔸分丛苗和茎切苗两种混合。种植规格采用 80 cm × 100 cm。

②茳芏

2-1 塘、4-1 塘栽种茳芏，碎石表面平缓，直接种植，种植方法为穴植。

分蔸植，每穴 3～5 苗，较高种苗应切割，保留地上部分 25～30 cm，可减少其水分蒸发，种植规格为 50 cm × 60 cm，深度为 10 cm。

③灯心草

种植方法与茳芏相同，但由于不是它的种植季节，从假植地移到灯心草滤床后，一是反季节种植，气候炎热，生长很慢；二是由于碎石滤床与土壤不同，不利于灯心草幼蘖的长出，重新分蘖的管状茎稀疏、弯曲，不能适应，逐渐死亡，最后 4-2 塘只好补种茳芏代替。

④席草（蒲草）

种植方法与茳芏相同。

较高种苗应切割，地上部分保留 30～40 cm，减少水分的蒸发，每穴所种苗数为 8～10 苗，种植规格为 40 cm × 50 cm，规格深度为 10～15 cm。

（3）湿地植物的管理

滤床种植作物后，我们进行认真、细致的管理，特别是芦苇、灯心草、席草并不是合适的种植季节。

白坭坑人工湿地的植物都是在 6—7 月种植，强烈的太阳光照射和碎石表面的辐射很容易使幼苗烫伤，因此，田间管理工作的第一步，就是做细致的调水降温的工作：上午 10 点至下午 4 点，把滤床表面的水位升高，利用水升温慢的特性，来降低植物苗周围的温度；夜间，降低水位，甚至将水位降至滤床面之下，也即是设计要求的水面——潜流，水面的升降移动，还可以增加水中的 DO。夜间植物较多地进行异化作用，为自身生理活动提供能量，需要氧气的参与，因此，DO 的增加也有利于植物的生长（在幼苗期）。

进入湿地的污水、生长培养基（碎石）、种苗，都有可能把其他植物的种子及苗带进湿地，自然生长起来，当它们影响栽种植物的生长时，采用人工方法将之拔去。去除杂草既可以把这些植物从污水中吸收的养分迁离湿地，又可以通过人工的拔除，使局部地方的表面疏松。

湿地植物出现病虫害是不可避免的，所以我们坚持“预防为主，积极防治”的原则，所谓的“预防为主”就是不选择有病虫的植物作为种苗移入湿地；在湿地中创造良好的小气候，不利于病虫的发生。白坭坑湿地芦苇滤床，有少数植株曾出现蚜虫，是由于高温多湿的气候造成的。“积极防治”就是不要消极对待出现的病虫，因为其危害是很大的。例如蚜虫，它伏在叶子背面，吸收芦苇的液，如果任其发展，将使芦苇叶片枯黄丧失光合作用能力，最终使芦苇枯死，所以我们应采取积极的办法防治，防治的方法应以生物防治为主，农药防治次之。

补苗，湿地中有死亡的苗，再种上新苗，充分利用，提高成苗数。

（4）种植初期生长调查

1）芦苇长势调查

在种植初期，对芦苇的生长情况，我们做了地上部分出芽率、株高、叶片数的调查，结果见表 10-73、表 10-74。

种植日期：7 月 26 日，8 月 8 日。

表 10-73　芦苇塘芦苇成活率调查结果　单位：%

调查	1-1 塘 平均	1-2 塘 平均	1-3 塘 平均	2-2 塘 平均
8 月 3 日	88	72	49	20
8 月 8 日	88	85	57	50
9 月 3 日	88	86	77	70

注：2-1 塘改种茳芏。

表 10-74　种植初期芦苇株高叶片数调查结果

塘号	样方号	芽长度 /cm	叶片数 / 片	备注
1-1	A B C 平均	7.00 6.02 6.97 7.0	2.02 1.80 2.90 2.2	调查日期为 8 月 3 日
1-2	A B C 平均	3.68 4.47 4.70 4.3	1.08 1.00 1.07 1.40	
1-1	A B C 平均	43.1 40.8 22.1 35.3	13.6 12.7 12.6 13.0	调查日期为 9 月 3 日
1-2	A B C 平均	19.6 22.2 32.9 24.9	10.8 15.2 13.4 12.4	
1-3	A B C 平均	38.8 24.0 19.6 27.5	13.6 12.6 8.1 11.3	

2）茳芏生物量

茳芏生物量测定结果见表 10-75。

表 10-75　种植初期茳芏生物量测定结果（湿重）

测定日期	样方号	测定生物量（kg/0.3 m²）	推自生物量（kg/ 亩）	备注
8 月 6 日	A B C	0.66 0.30 0.09	1 446.7 666.7 200.0	最高株 115.0 cm 最长根 19.5 cm
9 月 3 日	A B C	3.54 1.40 0.52	7 866.7 3 111.1 1 155.6	最高株 171.0 cm 最长根 20.0 cm

白坭坑湿地植物，人工种植的主要有芦苇、茳芏、席草这 3 种，虽然对席草的生长情况未做调查，但进入秋季以后，其长势较好。从生物学的角度来说，是成功的。

芦苇无论是分丛苗，还是茎切苗，都发根快，植后 1～2 d 就有新根长出；发芽也早，2～3 d 就发出新芽；生长速度快，据 9 月 3 日的调查，最高株达 92.0 cm，叶片数有 17.8 片。这说明了虽然芦苇春季栽培比较合适，但只要我们能克服温度和水的问题，也是能使它生长好的。茳芏生长速度很快，可以说是速生种。调查结果显示，种植后约 7 d 就有新芽（分蘖）长出，8 月 6 日的调查显示，最多株数达 59 株（不包括原来栽的种苗数）；9 月 3 日的调查显示，最多株数达 172 株（不包括原来栽的种苗数）。植物生长快，能从污水中吸收更多的养分，湿地去除污水效果则更好，可以说，茳芏是华南地区人工湿地的适宜品种。总体来说，从生物学角度上看，白坭坑人工湿地污水处理系统所选种的芦苇、茳芏、席草等建群是成功的，可以在华南地区推广。然而，作为一个群落来说，湿地植物群落最好不应由单一品种组成。

10.4.5　碎石床人工湿地污水处理工程设计方法与参数

10.4.5.1　概述

根据我们五年来对碎石床人工湿地污水处理系统攻关研究的实践，可以总结归纳出这类工程的设计方法及其关键参数。

（1）人工湿地污水处理系统的基本构成

人工湿地模拟天然湿地，由水、处于水饱和状态下的基质层以及水生植物和水生生物所组成，是具有较高生产力和较大活性，处于水陆交接相的复杂的生态系统。一般的人工湿地系统包括以下五个要素：①具有一定过水能力的基质层；②有可在处于水饱和及厌氧状态的基质层中生长的植物；③有水流（可在基质层中流动也可在基质表面流动）；④有无脊椎动物和脊椎动物；⑤有好氧和厌氧微生物。

人工湿地污水处理系统，是为处理污水而人为设计的、工程化的湿地系统。人工湿地的去污机理和自然湿地（如沼泽等）是完全一样的，即污水从生长有植物的介质中流过，从而产生过滤、沉淀、吸附等物理作用及污染物与基质多种形式的化学反应，同时植物的生长还对污水处理有两个主要的间接作用：①在水中，植物的根茎和叶为微生物生长提供了大面积的栖息地，这些微生物包括细菌、真菌、藻类和原生动物，它们从污染物中获取生长的营养和能量。湿地处理污水效果好坏主要取决于是否能够通过管理打造适合于这些微生物生长的环境。在污水中，由于有充足的营养和能量的来源，微生物的量是极丰富的。只有极少数有毒或不易被生物降解的工业废水需要专门驯化适宜的微生物种群。自然界绝大多数微生物都能消灭病原菌。②湿地植物能将空气传输到其根部，这些空气在植物的每一根根须周围形成一层薄薄的好氧区，无疑会在这一微小的好氧区中发生氧化反应。但更重要的是，这一好氧区为大量微生物的生存创造了条件，这些微生物能降解各种污染物。湿地植物的根系都很发达，大量的根系使得好氧区和厌氧区同时存在于基质层中。好氧和厌氧状态的同时存在为硝化作用、反硝化作用和其他许多污染物的转化创造了条件。相反，植物对营养物的吸收相对就显得不是很重要了，除非定期收割。各地都有适合当地生长环境的湿地植物，选用这些植物用于人工湿地污水处理系统，其成功的把握较大，而从外地引进植物则极可能导致失败。由各种土壤、砂或碎石构成的基质，为植物提供了生长的环境，以及为各种生化反应和微生物的生长提供了面积很大的场所（碎石面）。流动的水给微生物带来了生长需要的各种物质和气体，带走了生长过程中的中间产物，为植物和微生物的生长提供了环境和水。

人工湿地污水处理系统可以处理范围广泛的各种污染物，自然界存在的湿地一般在低洼处，雨水大都流入这些湿地，因而湿地植物具有吸收各种污染物的特性，并且其生物量也很大。另外，湿地中微生物大多繁殖周期短，数量多，并且在遗传特性上可塑性较强，这些特性使得湿地微生物能很快地适应各种类型的污染物。

目前对湿地的去污机理，尤其是去除有毒废物的机理还不完全清楚，上述有关机理是目前国际上较为一致的结论。

（2）人工湿地的主要类型

根据不同的特征，对人工湿地进行分类。根据污水的流态，人工湿地可分为以下两种类型。

①表面流人工湿地

这种湿地是由反应池或渠、土或其他基质（填料）、生长在基质上的挺水植物、有自由水面的较浅的细水流等要素组成。如果要求防渗，还要加上防渗层。该湿地的特点是反应池或渠一般较细长，以保证近似的推流状态。

②潜流人工湿地

潜流人工湿地包括一个装有基质的池和长在基质上的挺水植物。潜流人工湿地的基质可以是碎石、卵石以及各种土壤，也可以是它们的组合。大多数湿地在基质底部都有防渗透层以保证水位的控制和保护地下水。污水流经基质表面及植物根系而获净化。

该湿地的特点是较之表面流湿地具有更高的负荷率、占地面积小、效果可靠、耐冲击负荷和不易滋生蚊蝇等。各类型人工湿地的典型设计参数见表 10-76。

表 10-76　各类型人工湿地的典型设计参数

系统型式	水流形式	停留时间 /h		水深 /m		负荷率 /（cm/d）	
		范围	典型值	范围	典型值	范围	典型值
浅渠（种有芦苇或灯心草）	PF	6～15	10	0.3～0.5	0.4	2.6～6.8	5.4
沼泽（种有灯心草等）	AF	8～20	10	0.15～0.6	0.25	2.6～26.2	8.9
沼泽—塘 1. 沼泽 2. 塘	AF AF	4～12 6～12	6 8	0.15～0.6 0.5～1.0	0.25 0.6	1.4～1.79 2.6～5.9	5.4 3.0
衬底浅渠	PF	4～20	6			0.4～1.0	0.5

注：PF—推流，AF—流态不定。

表 10-76 给出的是根据国外人工湿地运行资料所确定的设计参数推荐值。本课题对这些参数进行了深入的研究，认为在我国需有较大的改进。

（3）一般规定

①根据城市规划，在有湖塘洼地可供污水处理的天然环境中，均可建造湿地处理系统。

②用于单独处理的人工湿地，污水在进入湿地前宜进行初次沉淀处理。

③人工湿地可处理不同程度的污水，如原污水、经过化粪池和格栅预处理的污水，以及经过二级处理的出水。

④表面流系统的负荷率低，潜流系统的负荷率高。

⑤用多个单元串联、并联或混合联接可提高处理效率，减少占地面积，增加负荷率。各个单元的形式可以不同，如采用回流则处理效果更佳。

⑥对于表面流系统通常要求长宽比等于或大于 3∶1，以充分保证推流条件而使短路的可能性减至最小。对于潜流系统，则通常要求长宽比小于 1∶1，这样便于控制进水而保证流动始终是潜没的。对于卵石床长宽比通常要求小于 1∶2；而对于土壤床长宽比则要求为 1∶3。

⑦人工湿地的技术正在发展中，对于大型工程还不能保证做到最优设计以及处理效果长期稳定。因此，在设计时应偏保守，选用较小的负荷率。也可将处理工程分两期，第一期采用较高的负荷率，并预留空地，如处理效果不理想，再增加面积。

10.4.5.2 设计方法

所有人工湿地系统都可以看作是附着生物反应器来进行设计的，在稳定条件下，其生物反应可用推流一级反应来描述。一级反应是指反应速度和反应物浓度的一次方成正比。有机物的降解（BOD、COD、TOC）、硝化、大肠杆菌的死亡以及吸附等过程都符合一级反应条件。以前反应速率及反应常数都是通过试验确定，它们和处理系统的性质有关，国外文献对人工湿地的 BOD_5 的反应常数曾有报道，并指出在实际情况中，没有完全的稳态和推流反应。因此，必须对一级反应的动力学关系加以修正。为便于结合理论使用本课题通过示范工程归纳的参数，我们在此先综合已有资料给出设计需要的基本公式。但使用这些公式时要特别注意其适用条件，同时要注意公式中的数据，因为这些数据大多是在有限的试验中求得的。

在稳态条件下，推流的基本反应式如下：

$$\frac{C_e}{C_o} = \exp\left[-K_T t\right] \tag{10-11}$$

式中：C_e——出水浓度，mg/L；

C_o——进水浓度，mg/L；

K_T——一级反应速率常数，d^{-1}，和温度有关；

t——水的停留时间，d。

Reed 等建议，可将土地处理中的地表漫流和快速过滤的设计方法结合起来，为表面流人工湿地的设计提供依据。他们给出了 BOD_5 降解的通用模型：

$$\frac{C_e}{C_o} = A' \exp\left[\frac{-C' K_T \left(A_v\right) 1.75 LWh\varepsilon}{Q}\right] \tag{10-12}$$

式中：A'——没有沉降在系统进水点附近池中的 BOD_5 所占百分比；

C'——基质的特性常数；

L——沿水流方向的长度，m；

W——宽度，m；

h——设计深度，m；

ε——介质的孔隙率，空隙的体积 / 总体积；

Q——平均水力负荷，m^3/d，$Q = \frac{Q_{进水} + Q_{出水}}{2}$；

A_V——系统中 K_T 平均值。

式（10-12）中 “$LWh\varepsilon/Q$” 代表了停留时间。表面流的人工湿地中，植物将占据一部分体积。发现实际的水力停留时间比上面算出的小。

Reed 等应用梯田式漫流土地处理的试验结果得知，当床底坡降≥1% 时，修正的设计模型如下：

$$\frac{C_e}{C_o}=A'\exp\left[\frac{-C'K_T(A_v)1.75LWh\varepsilon}{4.63S_1/3Q}\right] \tag{10-13}$$

式中：S——床底坡降。

污水流经湿地时，水量会增加（降雨）也会减少（蒸腾、渗漏），蒸腾作用使水流速放慢并增加水在池中的停留时间，而降雨的作用却相反。如果湿地的水深保持不变，其实际的停留时间（t_a）为

$$t_a=t\left[\frac{1}{a}\ln\left(\frac{1}{1-a}\right)\right] \tag{10-14}$$

式中：a——水量增减的百分数；

t——理论停留时间。

水量的增减是由蒸腾、降雨、渗透等因素共同影响的结果。植物的蒸腾对停留时间的影响极大，而降雨的影响却不大。

将式（10-14）代入式（10-11），可得

$$\frac{C_e}{C_o}=\left[1-a\frac{X}{L}\right](K_T t/a-1) \tag{10-15}$$

式中：X 是取样点与进水口之间的影响距离。

如果有渗透现象，上式可改写成：

$$\frac{C_e}{C_o}=\left[1-a\frac{X}{L}\right](K_T t/a) \tag{10-16}$$

有机负荷也是人工湿地设计和运行的主要参数。有机负荷与 BOD_5 去除率具有线性关系，在目前，被报道的表面流人工湿地系统中，最大的有机负荷率为 100 kg/（$hm^2 \cdot d$）。绝大部分湿地的有机（BOD_5）负荷在 18～116 kg/（$hm^2 \cdot d$），BOD_5 的去除率为 70%～90%。以前人们没将有机负荷做主要的设计参数，是为了保证系统处于好氧状态，强调有机负荷不应超过 110 kg/（$hm^2 \cdot d$）。而本课题的研究认为人工湿地作为一个好氧、厌氧共生系统，可以大幅提高其表面有机负荷。

10.4.5.3　潜流人工湿地污水处理系统

从水力学角度而言，潜流式湿地中的水流状态（流动介质为饱和的细土、砂或碎石）取决于介质的透水性和水力坡降。达西定律的公式是描述这一过程的经典

公式：

$$Q=R_sAS \tag{10-17}$$

式中：R_s——渗透系数（与水流方向垂直的单位面积上的透水性）；

A——断面面积；

S——碎石床底坡。

Q 和 R_s 的单位要相配。将式（10-17）改写成：

$$A=\frac{Q}{R_sS} \tag{10-18}$$

可用来求算系统需要多大的过水断面。

但是一般认为，当渗流雷诺系数大于 10 后，式（10-17）就不适用了。此外，当介质的粒径较大时，对水流的挠动作用已经不能被忽视。用 Ergun 公式能更好地描述水流在粗卵石和碎石中的流动情况：

$$pgs=150\ uV（1-\varepsilon）2/D_p^{\ 2}\varepsilon^2+1.75pV^2（1-\varepsilon）/D_p\varepsilon \tag{10-19}$$

式中：s——自由水面坡度；

p——流体密度；

g——重力加速度；

u——黏滞系数；

ε——介质孔隙率；

D_p——介质平均粒径；

V——流速 = 表面流速 /ε。

这个公式在达西公式上加上一项，以描述挠流，这在大粒径介质中经常出现。而且，它“颠倒”过来将水面比降表示成显式形式，而不是直接表达流速。这个公式可以计算在具有水平向潜流的湿地系统（碎石床系统）中，可能出现的水头壅高度。

式（10-19）的修正差分近似解为

$$h_{k+1}=h_k+\frac{\Delta x}{2}\left[f\left(h_k+\Delta xfh_k\right)\right] \tag{10-20}$$

用式（10-20）可以很方便地求出不同底坡、碎石粒径以及控制水位条件下的水面线。对于渗流形式的碎石床来说，水面线的设计是极其重要的。如果水面线在床层表面以下太深，就会造成部分床层未被利用，甚至导致局部植物干涸而死；当水面线设计过高时，上游端水流会壅高，甚至由潜没流转变成表面流。

显然，碎石床系统中最理想的流态是均匀或近似均匀地流动，因为均匀流动最接近于推流模式，可以减少短流，提高系统效率。同时，从工程上来说，水面线（同时也是介质面）与底坡平行，也是最经济的结构。然而，这种理想的状态在实际上却是达不到的。这主要是因为污水的流量在通常情况下都不会是恒定的。正常水深有一个变动范围，而工程设施和植物对水深的要求一般又是不可变的。此外，碎石床系统中，介质的渗透率也不是一个常数，而是随着植物根系的发育而改变，这也妨碍了水流在一个固定的工程结构中保持均匀流动。

碎石床系统的介质从前面的粗卵石到后边的细石，其孔隙率为 0.18～0.35，由于堵塞和植物根系的发达，孔隙率是会随运行时间而变化的。这些变化可能使水流达到层流或过度流态，这样只要不出现表面流，达西定律是适用的。关于达西定律中的渗透系数，目前已有的资料很少。欧洲的许多研究工作表明，在卵石介质长期运行的情况下，渗透系数可达 10^{-3} m/s 或更大。断面单位流速（Q/A）不能超过 8.6 m/d，以免破坏介质和根系之间的结构，并保证水处理有足够的接触时间。

池深必须和植物种类相匹配，以保证所有的水流都在根系带中流过。根系带中的好氧微生物对处理有机污染物和氨氮相当重要。目前只对水葱、芦苇和香蒲三种植物的根系浓度做过研究。从 Santee 人工湿地获得的资料认为，芦苇和水葱碎石床的深度不能超过 76 cm，香蒲为 30 cm。在联邦德国，以土壤为介质的潜流芦苇床深度不超过 60 cm。目前认为，气候和介质种类对根系所能达到的深度无影响。

大多数以土壤为介质的湿地的池底坡降为 1% 或稍高，但如果当地有较好的等高线条件，池底坡降可高达 8%。碎石床的池底坡降一般较小（0～2%）。大多数湿地系统的池底坡降不等于实际情况下的水力坡降，主要原因是没有可靠的渗透系数可供设计，并且渗透系数还随运行时间的变化而改变。

确定了池深和池底坡降后，可直接用式（10-21）或间接用式（10-22）来计算宽度，池宽等于断面面积除以池深，断面面积和生物反应无关，主要取决于水力要求。

考虑到随运行时间的延长，水力条件会发生变化及其他实际的限制，碎石床的长宽比应小于 3∶1，较大型工程要小于 1∶1，以土壤为介质的湿地系统，长宽比要更小。

潜流式人工湿地中可生物降解的污染物，如 BOD_5 和有机氮的去除可用推流式的一级反应动力方程描述：

$$\frac{C_e}{C_o} = \exp\left(-K_T t\right) \tag{10-21}$$

水力停留时间（t）是过水体积（V_v）和流量（Q）的函数：

$$t = \frac{V_v}{Q} \tag{10-22}$$

式中：$V_v = LWh\varepsilon$。

为避免设计错误，平均流一定要考虑蒸腾、渗透和降雨。粗石到细石的典型孔隙率为 18%～35%，粗砂到细砂的孔隙率为 37%～44%，不过孔隙率会随时间而改变。随时间的增长，大部分水可能会从碎石表面的落叶层中流过。由于 LW 项等于表面面积（A_s），上述基本方程可改写成：

$$\frac{C_e}{C_o}=\exp\left[\frac{-K_T A_s h\varepsilon}{Q}\right] \tag{10-23}$$

根据反应动力学方程、达西定律和Ergun公式来确定水力与污染负荷时，最难解决的问题是如何确定湿地基质的渗透系数和污染物在湿地中降解的反应动力学常数。对潜流式人工湿地，K_T的取值有如下的关系：

$$K_T=K_{20}\theta^{T-20} \tag{10-24}$$

θ为温度系数，约为1.047，则

$$K_{20}=37.31K_0 n^{4.172}$$

式中：K_0——理想状态下（基质中有完全发育成熟的芦苇根系）的反应速率常数＝1.839 d^{-1}（典型的生活污水）=0.198 d^{-1}（含COD较多的工业污水）。

我们曾与此公式的原著作者Dr. J. T. Wafson在1990年“中美人工湿地污水处理系统研讨会”（深圳）上进行过商榷，认为这些公式有待按实用工程的运行效果来进行检验。

以往，国外学者都认为潜流湿地的有机负荷不作为设计的主要参数，仅用来校核是否有足够的氧供降解用。并按一般情况下，挺水植物的输氧速度为5～45 g O_2/（d·m^2）来校核需氧量。

他们假设湿地的需氧量和部分混合的氧化塘相同，植物输氧率定为20 g/（m^2·d），则氧平衡可用下式计算：

需要的氧 $$OL2=1.5L_0 \tag{10-25}$$

可获得的氧 $$O_2=\frac{(\mathrm{Tr}O_2)}{1\,000\ \mathrm{g/kg}} \tag{10-26}$$

式中：O_2——需要的或可获得的氧气，kg/d；

L_0——有机（BOD_5）负荷，kg/d；

$\mathrm{Tr}O_2$——植物传输氧的速率，20 g/（m^2·d）。

按照上述推论，为了保险起见，可获得的氧的量应是需要的量的两倍。处理高浓度废水的单元要相应增加表面面积以保证氧平衡。由此可以算出，在氧传输速率为20 g/（m^2·d）的情况下，有机负荷可高达133 kgBOD_5/（hm^2·d），和表面流湿地的情况差不多。在氧传输速率达到理论最大值45 g/（m^2·d）时，有机负荷可高达300 kg/（hm^2·d）。本课题经多年的实际工程运行总结，认为采用表面有机负荷进行工程设计更为实用，由于湿地中有机负荷量由好氧与厌氧作用共同构成，因此，不必拘泥于供氧量的限制。

（3）计算公式与步骤

人工湿地设计的计算公式与步骤可参考表10-77。

表 10-77　计算公式与步骤

<table>
<tr><th>计算步骤</th><th>计算公式</th><th>符号说明</th></tr>
<tr><td>1. 系统总有效面积</td><td>$A=\dfrac{Q}{R_s S}$</td><td rowspan="5">A——系统总有效面积；
Q——污水设计流量（m^3/d）；
S——自由水面坡度；
R_s——渗透系数（与底坡介质粒径、孔隙率有关，一般在实验中求出）；
P——流体密度；
g——重力加速度；
ε——质孔隙率；
u——黏滞系数；
D_p——介质平均粒径；
V——流速 = 表面流速 /ε；
h——根据植物根系选定深度；
W——单池宽度；
L——单池长度；
R——湿地的长宽比，如长宽比为 3∶1 时；R=3（表面流湿地＞3∶1，潜流湿地：碎石床＜1∶1，土壤床＜1∶1）；
t——正常水位、水量停留时间；
t_a——考虑蒸腾、渗漏、降雨时停留时间；
a——水量增减的百分数。</td></tr>
<tr><td>2. 底坡、介质粒径</td><td>$pgs=150uv(1-\varepsilon)^2/D_p^2\varepsilon^2+1.75pV^2(1-\varepsilon)/D_p\varepsilon$</td></tr>
<tr><td>3. 湿地单池宽度</td><td>$W=\dfrac{Q}{R_s Sh}$</td></tr>
<tr><td>4. 湿地单池长度</td><td>$L=\dfrac{RQ}{R_s Sh}$</td></tr>
<tr><td>5. 水力停留时间</td><td>$t=\dfrac{LW\varepsilon h}{Q}$（潜流湿地）
$t_a=t\left[\dfrac{1}{a}\ln\left(\dfrac{1}{1-a}\right)\right]$（表面流湿地）</td></tr>
</table>

有必要指出，表 10-77 中所列公式并不是湿地设计中唯一的办法，经本课题对实际工程运行的观测研究，我们认为湿地系统总有效面积也可以用下面表面负荷系数求得：

$$A=\frac{Q\cdot C_o}{L_o} \tag{10-27}$$

10.4.5.4　工程设计中主要参数的确定方法

在一个具体的人工湿地工程的设计中，各水力学参数的选择往往是相互牵连的，具体确定时，除了要考虑到处理目标这一最基本的因素外，还要受到地形、湿地单元组合等因素的限制，目前，国内外对这方面的研究还没有获得很成熟的成果，本节结合白泥坑人工湿地工程的设计给出一些实用的考虑方法，以下给出各点的顺序，也是实用中一般的设计程序。

（1）碎石粒径和碎石深度

碎石粒径直接影响到床体的介质孔隙率和作物的生长条件。根据在白泥坑的研究，平均碎石粒径与孔隙率一般有如下关系：

$$\varepsilon=0.039D_p^{-0.51} \tag{10-28}$$

通常 D_p=5～50 mm。不过，对于不同均匀度的碎石，孔隙率最好由试验确定。

床体中碎石的填深取决于作物根系发育的可能最大深度，对芦苇床我们推荐 h=0.6～0.7 m，而对茳芏、席草、灯芯草等植物则以 0.45～0.60 m 为宜。

（2）单元宽度、底坡、流速

由式（10-19）和下式来确定：

$$Q=\varepsilon A_{\mathrm{v}} \tag{10-29}$$

其中 A 为碎石床断面面积，则碎石床的单元宽度、底坡和流速可以在污水流量（Q）给定的情况下相互确定，只要借助于另外的条件先定出三个参数中的任一个，则另外两个参数可由式（10-19）和式（10-29）给出，如果先选定流速 v，则一般有 $20<v<280$。对于底坡 s，本文前面已讨论过，最好取均匀流动时的水力坡度（s）。根据文献和白坭坑的试验，宜取 $0<s<2\%$。

（3）单元长度与污水停留时间

这两个参数一般情况下要由污染物的净化特征来确定，人工湿地中污染物的降解规律一般用一阶动力学反应方程描述。

$$C_{\mathrm{e}}=C_{\mathrm{o}}\exp\left[-K_{\mathrm{T}}t\right]=C_{\mathrm{o}}\exp\left[-K_{\mathrm{T}}LWh\varepsilon/Q\right] \tag{10-30}$$

根据试验确定出 K_{T} 值后，确定单元长度（L）是简单的。但是准确的 K_{T} 往往很难获得。上述方法在理论上说是没有问题的；但是实用中 L 却不能太大。由本书前面对水面线的分析可见，如果 L 太大，则不光工程量增大，而且使得水位调节变得困难，不利于作物栽培。根据经验，L 一般不应大于 50 m，较好的值可参照底坡 i 的情况事先确定。L 一旦确定，单元停留时间也就确定了。显然单元的表面积（A_{s}）=LW。

（4）系统总占地面积

系统的总占地面积为各单元面积之和，理论上也可以由式（10-23）确定，不过此时 K_{T} 为整个系统的降解系数，t 为污水在全系统中的停留时间。

10.4.5.5 基质和植物的选择

（1）基质的选择

在选择湿地单元及组合形式时，要考虑系统的大小、形状、征用地的费用、挖土方量和场地平整的工作量、基质的价钱、气候情况以及污水处理的要求。受水力负荷的影响，表面流的湿地系统占地面积较大，并且是长条形的（除非做成蛇形的），而潜流的占地面积相对较小，但潜流湿地单元在建造时的土方量可能较大，平整池底和修整池壁的工作量也往往比表面流的大。

潜流湿地单元基质的费用是投资的主要部分，必须视当地材料价格、湿地大小及运输距离而定。表面流湿地一般都用当地的土壤。

无论湿地单元是表面流还是潜流，基质的透水性都很重要。基质中的水和根是形成好氧和厌氧处理机制的关键因素。基质为植物提供生存环境，也为微生物提供了生长的基本条件，同时也是水处理中化学和物理反应的场所。基质的种类和特性影响湿地单元的水力停留时间、微生物和水接触的面积以及可获得氧的量，因此，基质也会影响到处理效果。

基质的选择取决于费用、处理要求以及表面流还是潜流。基质包括土壤（黏土或当地的地表土）、混合土、各种不同粒径级配的卵石或碎石、火力发电厂燃烧后的煤渣以及上述各种的混合基质。潜流湿地系统的去污效率比表面流湿地高，但潜流湿地单元基质的费用和基质运输的费用较高，这部分费用使得表面流系统在投资上并不处于劣势（表面流占地大，土方工程量也较大）。一般表面流湿地都用当地的土壤为基质，如要保护地下水，则在基质下层做防渗层。

潜流湿地的基质主要有两种，即砂石和土。大部分潜流湿地系统都选砂石为基质。石质基质层的透水性较好，在植物成熟之前大多能保持最初的渗透系统。那些被悬浮固体堵塞的孔隙会被生长的植物根须重新穿空。植物的落叶和枯枝堆积在基质表面，又形成新的基质层，增加了过水断面。

石质基质层一般做不到各向同性，沿程的透水性会有变化。离进水口近的地方沉积的悬浮固体较多，透水性会随时间变化。远离进水口的地方沉淀的悬浮固体较少，透水性较为稳定。

当所设计的湿地单元的面积、长宽比、断面面积及坡降确定之后，就可根据达西定律来确定渗透系统，从而选择基质的粒径。一个深 60 cm 的卵石单元，可选两种规格的粒径。下面 45 cm 内可选 12～25 mm 的粒径，上面 15 cm 内可选 6～12 mm 的粒径，以帮助植物种植和生长。当然也可全部都用 12～25 mm 的卵石，在进水口和出水口的 5～10 m 内要用 5～10 cm 的石头，以帮助布水和防止堵塞。粒径太小会影响透水性，从而形成表面流，粒径太大会减少停留时间，并且表面积也较小，也会影响植物生长。

常用的石质基质包括经冲洗和筛选的碎石和河床卵石。碎石选石炭岩较好，石炭岩可增加水中的碱度，有助于反硝化作用。基质的类型可能对诸如磷等少数污染物的去除有帮助，但对其他污染物的去除率影响很小。曾经有人试验了六种基质（地表土、黏土、卵石、天然湿地、废矿石和酸性湿地）对酸性矿山尾水的处理效果，结论是基质的影响甚微。这样选用当地的材料就可以节省费用。

基质层的厚度影响到潜流湿地的水力停留时间，0.6 m 较为常用，但厚度应和所选植物相匹配。理想的植物应该是生长密度大，扩展快，并有很深和很密的根系。如果植物的根不能长满整个基质层的深度，那么在根系以下就会形成一层完全厌氧的水流，使硝化作用减弱，氨氮去除率降低，并且出水的 DO 浓度变小。

如果要保护地下水或防止污水流失过多，在基质层下要做防渗层。可用作防渗层的材料和方法有：①就地夯实原土（使渗透系数小于 10～60 m/s），②膨胀土，③沥青，④合成橡胶，⑤塑料薄膜。防渗层要坚固、厚实和光滑，以防植物根系穿透。如用碎石做基质，为防碎石刺破防渗层，在填碎石之前应先铺一层细砂。

（2）植物的选择

从实用的角度来看，植物和基质应作为一个整体来处理。微生物可生长在植物的根系、茎、叶上等，植物还能过滤悬浮固体，并将氧输送到基质层中，形成好氧环境，并对某些微生物种群，如硝化菌的生长较为有利。植物对营养物的吸收作用对其去除效果并不显著，而且会随着落叶及枯枝返回湿地之中。

通过植物传送到根系的空气，是潜流湿地中氧的主要来源。由于水面在基质表面之下，直接从大气复氧的作用很弱，因而基质层中的污水很容易进入厌氧状态。而在根系附近由于植物的作用，则基质层中的污水经常处于好氧状态。

植物还有助于基质层保持良好的透水性。植物的落叶及枯死的枝杆在原来的基质表面堆积，形成了新的基质层。随着运行时间的增长，表面流的湿地单元会逐渐变成部分潜流（污水在新形成的落叶枯枝层中流过），而潜流的湿地单元的水面会因堵塞等问题上升到原有的基质面上，但仍会在落叶枯枝层中流动，处理效果也不会受到影响。

常用的挺水植物包括水葱（Scripus validus）、芦苇（Phragmites australis）和香蒲（Typha orientalis）。我们研究了这三种植物在一个 76 cm 深的潜流湿地中的作用，发现水葱对氨氮的去除率高于其他两种植物，原因是只有水葱的根达到了 76 cm 深。进一步的研究表明，上述三种植物的根系能达到的最大深度分别为 76 cm、70 cm 和 30 cm。

基质的种类对 BOD_5 和 SS 的去除率基本上没影响。基质对生物降解作用影响也很小。但植物根系是否发达却对有机物的降解有影响，根系越发达，效果越好。

10.4.5.6 工艺组合原则

人工湿地污水处理系统包括预处理单元和湿地处理单元（池）。预处理单元可包括各种预处理工艺，如化粪池、沉淀池、格栅、厌氧处理系统、氧化塘等。湿地处理单元主要有表面流和潜流两种形式。根据特定的污染物去除要求，上述预处理工艺和湿地处理单元可有许多不同的组合形式以达到最佳处理效果。

（1）不同系统组合对水力学因素的影响

不同的系统组合对湿地单元（系统）的水力学因素有较大的影响。水力学因素包括流速、水深及其波动，停留时间，回流及布水方式，以及紊流和波浪的作用。这些因素对污染物的去除过程有很大的控制作用。系统组合的主要目的是改善系统的布水以达到污水和基质、植物最充分接触，并最大限度地控制短流。在确定系统组合形式之前要充分考虑以下因素：①预处理程度；②要求的占地面积；③所选场地的形状和坡度；④希望的床底坡降；⑤长宽比；⑥挖土方量和修整的工作量；⑦基质的类型和费用；⑧内部的坝及布水、集水系统的形式和费用；⑨操作运行是否灵活。

（2）系统组合对水流形式的影响

系统组合的第二步是考虑人工湿地处理单元的水流形式。水流形式有三种，它们是推流、分级进水和回流。推流的形式主要用于生活污水和酸性矿尾水处理。这种流动形式所要求的动力和输送管渠最少，操作和管理最简单。

分级进水的流动形式将处理单元的有机负荷分布得更均匀，这样有利于有机物和 SS 的去除，并且分级进水为处理单元下游部分的除氮过程提供了碳源。分级进水一般都同时采用回流，这种流动形式的基建费用较高。

采用回流可以稀释进水 BOD_5 和 SS，减少产生臭味的可能性，并能增加溶解氧和水力停留时间，有助于硝化作用的进行。采用回流的缺点是增加了基建费用和运行费用。

（3）人工湿地系统单元组合原则

系统组合的第三步是考虑人工湿地处理单元的组合。这种组合包括单池系统、并联系统、串联系统以及湿地单元和氧化塘的混合系统。

单池系统是最简单的一种设计，并且建造最经济。但单池系统的运行灵活性最差。一旦湿地单元需要维修，则污水只经预处理就排放了。因此，单池系统只为处理量很小的用户设计（如家庭），因为小系统的维修可以很快完成。

并联系统中的单池数越多，处理的灵活性越大。污水均匀的根据负荷按比例布入各池。当某一个池要维修时，其他各池仍可正常运行。并联的湿地系统在控制蚊子方面也更方便，只要轮流定期降低各池的水位即可。

将人工湿地单元并联运行增加了基建和运行经费使用上的灵活性。各单元可以是表面流也可以是潜流。潜流单元的基质（碎石）较贵，但可以利用的水力负荷较大。各单元之间的隔墙和配水设施都增加了投资，但并联可以分期分批逐步修建。

（4）湿地单元和氧化塘单元组合的原则

湿地单元和氧化塘组合的形式是在两个或多个湿地单元中串联一个池塘。这种系统在污染物去除方面有较明显的好处。氧化塘中由于有较多的藻类提供 O_2，可使 NH_3-N 的去除较明显，并可增加 pH 和促进硝化。

在两个表面流单元中间增加氧化塘，一方面氧化塘可控制一级单元中可能产生的短流，另一方面可为下级单元均匀布水。下一单元的进水可用水管收集后再布，也可直接在池前垒透水的石坝。

如在潜流湿地单元之前加氧化塘，氧化塘中的自然充氧可改善湿地单元的硝化作用，如果氧化塘在潜流湿地单元之后，则可增加出水中的溶解氧。如果自然充氧作用不能满足要求，可在氧化塘上增加机械曝气装置。

（5）系统组合对投资的影响

在选择湿地单元及组合形式时，要考虑系统的大小、形状、征用地的费用、挖土方量和场地平整的工作量、基质的价钱、气候情况以及污水处理的要求。受水力负荷的影响，表面流的湿地系统占地面积较大，并且是长条形的（除非做成蛇形的），而潜流的占地面积相对较小，但潜流湿地单元在建造时的土方量较大，平整池底和修整池壁的工作量也比表面流的大。

潜流湿地单元基质的费用是投资的主要部分，投资多少视当地材料价格、湿地大小及运输距离而定。表面流湿地一般都用当地的土壤。

10.4.6 结论

10.4.6.1 主要结论

本研究课题经过对世界各地人工湿地污水处理系统的考察、比较分析和深入研究，按照中国国情和南方条件设计并建成了日处理规模达 3 100 t 的白泥坑人工湿地污水处理系统等示范工程。经过对示范工程近五年的系统观测和各种试验研究，从应用理论的深度和工程实践的广度，证实了碎石床人工湿地污水处理系统是一种具有广泛应用前景且投资低、运行费用低和维护管理要求低的城市污水处理革新替代技术。这一技术将传统的土地处理方法和传统的滤池技术有机结合，使处理城市污水的水力负荷达到 0.5 m^3/（m^2 • d）以上，即每日处理每吨污水仅需要 2 m^2 的土地。这对于污水土地处理而言，无疑是一场技术革命；碎石床人工湿地主要依靠植物根系的供氧所形成独特的厌氧好氧共生系统，对一般城市污水的污染负荷达到 50 g/（m^2·d）以上，尽管比采取了人工强化措施的生物滤地等传统工艺要低，但其不需要消耗人工能（白泥坑示范工程为完全不使用人工能量的全自流进水），因而，这对于传统的城市污水处理工艺而言，也是一次符合回归自然潮流的变革。

依据示范工程的基建决算和实际运转费用，课题对碎石床人工湿地污水处理工艺的技术经济指标做了分析，按可比价格，碎石床人工湿地的工程投资和运行费用仅分别相当于常规污水处理厂的 1/10～1/3（含征地费用）和 1/6～1/3（含折旧费等全成本），占地面积是常规污水厂的 2～3 倍。可见，采用本技术替代常规的城市污水处理方法，是符合我国城市建设资金紧缺的基本国情的，是利于实现经济建设和环境保护协调发展的基本方针的。可以设想，若全国每天 3 000 万 m^3 城市污水中有 1% 采用本工艺，即有 30 万 m^3/d 的污水用碎石床人工湿地方法进行处理，则最少可以节约 2 亿元的建设投资，而且每年还可节约 2 000 万元以上的运行费用。若考虑将本工艺与其他工艺组合，还可以广泛地适用于饲养、食品加工等废水，则其经济效益是很可观的。

有必要指出，由于碎石床人工湿地工艺所需土地尚成倍高于常规的污水处理厂，因而其经济规模效益不显著，特别是在许多大城市，周围土地价格昂贵，因而，对于大城市近邻的大型城市污水厂而言，这种工艺的技术经济优越性可能会成为劣势。经系统分析，我们推荐本工艺的适用条件如表 10-78 所示。

表 10-78　碎石床人工湿地污水处理工程规模与地价的关系

地价 /（元 /m²）	适用工程规模 /（t/d）
＜10	可适用任何规模
10～50	6 万以下
50～100	3 万以下
100～200	1 万以下
200～500	3 000 以下
500～1 000	1 000 以下
＞1 000	不适用

由表 10-78 可见，本工艺对于水源区的乡镇生活污水处理是普遍适用的；对于绝大多数小城市、新兴卫星城、工业或生活小区也是适用的。对于部分中等城市及少数大城市也可以作为备用方案经论证后使用。

课题的试验研究经白坭坑示范工程的多年运行实践还表明，为了充分发挥碎石床人工 + 湿地工艺的优点，使之适应城市污水的各种情况，将其与其他工艺组成组合方案，可以收到更好的处理效果。在课题研究中，我们基于白坭坑工程的经验，采用格栅—竖流沉砂—升流厌氧—兼性塘—碎石床人工湿地组合工艺建成的东莞市凤岗镇雁田工业小区污水处理系统，经三年多的运转表明，即是一种较佳的组合工艺方案，它不但可以较有效地防范雨洪时段随污水而来的垃圾、沉砂，而且对混入污水系统中的工业废水，也有较好的处理效果；在乐平猪场采用同样的组合工艺处理养猪废水，经运转证明也是行之有效的。

根据国家“八五”科技攻关项目的分工，本课题主要针对南方的条件进行研究，但从本课题组指导设计的赤峰市天义镇碎石床人工湿地污水处理系统（属建设部“八五”科技攻关项目的示范工程）的运行效果来看，潜流式碎石床只要采取有效的措施，保护布水沟在冬季不被冻结，则碎石床系统的防冻性能就远较一般的土地处理系统好，在冬季仍可以维持运行，由此可见，本课题研究的碎石床人工湿地污水处理系统在我国范围内都有推广意义。

本课题在引进国外人工湿地污水处理设计参数的基础上，通过工程设计和运转实践，对碎石床设计的水力负荷、污染负荷、床平面的长宽比、底坡、面坡、床介质、植被种类等主要工程参数的选择办法的计算公式，做了多方面系统的重大更改，我们认为，目前在国外文献上流行的碎石床人工湿地污水处理设计参数，基本上是依照小规模的试验床短期观测数据演绎的，而本课题提出的工程设计参数是基于实用规模的工程长期运行数据演绎的，因而，本课题所提供的设计参数，可以直接应用于同类工程的设计实践。

综上所述，本课题的研究不但较全面地完成了既定的攻关目标，为碎石床人工湿地污水处理技术在我国的全面推广提供了全套工程的设计技术条件；而且，在碎石床人工湿地厌氧－好氧共生生物群落的去污机理及其水力负荷、污染负荷的研究及应用等方面取得的成果，已处于国际同类工作的前沿。

10.4.6.2 展望和讨论

水是人类赖以生存的基本命脉。一个多世纪以来，人类为了保护日益受污染的水环境，一直在进行着不懈的努力，20 世纪 70 年代，美国等西方发达国家曾就为控制水污染提出了“零排放”议案，并上演了一场声势浩大的、以消耗大量能量为代价的污水三级处理运动。然而，这场运动虽取得了一定的成就，但却未取得最后的成功，因为人类面临的资源（包含能源）危机，与环境危机一样严重威胁人类的可持续发展乃至生存，换言之，以巨大的能源为代价来换取水环境，也许不是解决问题的最优办法。我国在 20 世纪 80 年代吸取了西方的经验教训，及时开展了水环境容量规划及开发利用研究，这对合理综合利用我国有限的水资源及减缓水环境的污染具有积极意义。但要想最终控制我国的水污染，这显然是不够的。我们认为，我国的国情复杂，水环境情况多样化，水污染控制之途，应是条件方法并举之路。本课题所研究的实践已证明，碎石床人工湿地污水处理系统具有投资低、运行费用低、维持技术要求低、出水水质稳定且优良等显著优点。因此，应将其和其他的常规技术一样，纳入我国经济发展、环境保护的技术规范之中，以使科研成果尽快转化为生产力，取得巨大的环境效益、经济效益和社会效益。为了实现这一最终目标，我们提议进一步开展下列工作：

（1）研究各种介质在湿地中的适用性，以便各地能够因地适宜，就近选用最便宜的人工湿地介质填料。

（2）由于碎石床的渗透性远大于泥土，因此，碎石床湿地用于处理城市污水一般不会污染地下水。但为了使本技术能广泛地应用到一些对地下水敏感的砂质地，应研究适用于不同条件的简单便宜的人工湿地防渗技术。

（3）尽早着手编制人工湿地污水处理设计规范。

10.5 三水养猪场人工湿地试验研究

前言后语

（1）项目来自《农业部”八五“畜牧业重点科研资助项》，由三水市畜牧局主持建设；

（2）该猪场污水处理由汪植三、汪俊三负责，汪俊三负责工艺流程、设计参数和工程设计，廖新娣现场施工，梁敏现场指挥。

（3）本案例介绍采用廖新娣、汪植三、汪俊三相关文章。

（4）亮点

①植物碎石床应用于废水浓度高的猪场废水，具有试验性质。

②工程设计较早，但考虑较全面，利用升流式酸化池进行前处理，还设计了光合细菌对酸化池后废水进行处理，再进入植物碎石床，经过上述处理，出水没有臭味，水也变清了。在后面还有一个用自然水塘改造的高等植物生物塘，所以该系统出水水质很好。

③筛选高浓度水处理的植物鸭舌草。

（5）问题

①前处理较简单，应进行完整的厌氧处理；

②酸化池产生大量废水发酵胶态气泡。

10.5.1　项目背景

大中型集约化猪场污水排放量大，经过沉淀、酸化水解等一级处理后，出水的 COD_{Cr}、SS 仍然较高，尚需进行二级处理方可达到排放标准或排入鱼塘。鉴于人工湿地作为二级处理在工业污水处理中已有一定效果，但应用在猪场污水净化还是首次。

10.5.2　人工湿地净化猪场污水的基本原理

人工湿地由碎石（或卵石）构成碎石床。在碎石床上栽种耐有机物污水的高等植物（可选用鸭舌草、芦苇或蒲草等），植物本身能够吸收人工湿地碎石床上的营养物质，这在一定程度上使污水得以净化，并能给生物滤床增氧，根际微生物区系及酶还能降解矿化有机物。当污水渗流碎石床后，在一定时间内，碎石床会生长出生物膜，在近根区有氧情况下，生物膜上的大量微生物以污水中的有机物为营养，把有机物氧化分解成二氧化碳和水，把另一部分有机物合成新的微生物；含氮有机物则通过氨化、硝化作用转化为含氮无机物（如 NO_2–N，NO_3–N），在缺氧区通过反硝化作用而脱氮。所以，人工湿地的碎石床起到生物滤床的高效化作用，是一种理想的全方位生态净化系统。另外，人工湿地碎石床也是一种效率很高的过滤悬浮物（SS）的结构，使富含 SS 的畜牧污水经过人工湿地后水质明显变清，这种物理作用在人工湿地运行初期更显重要。

10.5.3　人工湿地基本构造

10.5.3.1　人工湿地构造及参数

人工湿地为污水处理系统的二级处理环节，其进水来自系统的一级处理末端。

根据猪场每天排出污水量为 80～100 m^3，入水 COD_{Cr} 12 000 mg/L、BOD_5 9 000 mg/L、SS 18 6000 mg/L，经一级处理后进入人工湿地之前的污水，一般来说

COD_{Cr} 仍约有 2 000 mg/L、BOD_5 1 000 mg/L、SS 550 mg/L，要求人工湿地出水水质达标，为此进行如下设计：

四级串联，一级：13.7 m × 7.5 m × 0.5 m

二级：14.0 m × 7.5 m × 0.5 m

三级：13.5 m × 7.5 m × 0.5 m

四级：18.7 m × 7.5 m × 0.5 m

一级和三级人工湿地水力负荷为 0.8 m^3/（m^2 • d），二级人工湿地的水力负荷为 0.78 m^3/（m^2 • d），四级人工湿地的水力负荷为 0.6 m^3/（m^2 • d）。表面负荷（COD_{Cr}）为 250 g/（m^2 · d），降解负荷（COD_{Cr}）为 200 g/（m^2 · d）。

湿地主要由碎石床、水生植物、缓冲沟、微生物及基质组成。

每一级湿地均铺有一定厚度的碎石构成碎石床。一至四级碎石的粒径大小依次为 4～5 cm、3～4 cm、2～3 cm、1～2 cm。同一级湿地碎石粒径大小相近。从一至四级，碎石粒径依次减小，这是与流经一至四级的污水有机物逐渐减少、水质逐渐改善相适应的。

每级湿地碎石床面是平坦的，在床面上栽种鸭舌草。它是雨久花科，雨久花属植物。根系多，耐高浓度有机物，能抑菌；不但能净化污水，还是乳牛和耕牛的优质饲料，也可作鱼料。

人工湿地的两条缓冲沟（图 10-152）是本研究中人工湿地的结构特点之一。其主要作用：控制各级人工湿地水位高低，使人工湿地处于自流式，并使污水流入人工湿地碎石床时呈均匀渗透单向流入；另外，污水在进入一级人工湿地前或最后进入氧化塘前，能够在缓冲沟内接收太阳辐射，起到一定氧化与杀菌作用。

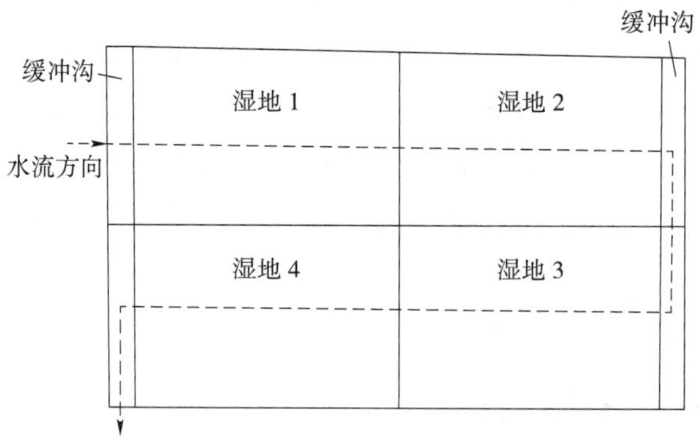

图 10-152 人工湿地结构示意图

10.5.3.2 人工湿地工艺流程的确定及优缺点

人工湿地本身的工艺流程可以有多种形式，人工湿地规模可大可小，可有多种组合，如单一式、多级并联式、多级串联式和综合式等。本研究根据进入湿地的污水量及进出水水质指标，采用四级推流串联式，即人工湿地由四小块（级）面积大小相近的湿地串联而成，依次为湿地 1、湿地 2、湿地 3 和湿地 4。这种工艺流程比较简单，净化能力高，出水水质好，水从湿地 1 到湿地 4 完全自流化；但缺点是在运行过程中如果某一级湿地出故障，会影响整个湿地的净化效果。

水进入人工湿地后，在湿地间渗流方向是湿地 1→湿地 2→湿地 3→湿地 4，最后流入生物氧化塘。从湿地 1 到湿地 4，水的流动是从高水位流向低水位，渗流是单向的。各级人工湿地水位高低可由设在缓冲沟，或湿地 1 与湿地 2、湿地 3 与湿地 4 的间隔墙上的出水口高度控制。

10.5.3.3　人工湿地的其他设计问题

（1）湿地污水进出口设置。为了配水均匀，可采用多孔配水法，使污水能均匀分布于整个碎石床。

（2）防止湿地底渗漏污染地下水。建造人工湿地的土壤最好选择黏土，不宜在砂质土上建人工湿地。要在土层开挖时尽量保持原土层，也可在原土层上采取一些防渗措施，如可以铺上黏土、沥青等，也可采用高密度聚乙烯树脂薄膜，为防止填料的尖角损伤塑料膜，可以先在塑料膜上铺一层细砂。

（3）其他问题。人工湿地转入正常运行后，随着时间推移，处理床逐渐成熟，处理效率逐渐提高，处理床完全成熟需要 2～3 年。

人工湿地维护。如果设计得当，完全自流运行，则不需要任何动力设备，因此维护工作很少。人工湿地上生长的鸭舌草可定期收割或修剪。

10.5.4　测试结果与分析

10.5.4.1　每一级人工湿地对污水各指标去除效果比较

在春、夏季运行期间，各级人工湿地对污水 COD_{Cr}、BOD_5、SS、硫化物（S^{2-}）、铜化物（Cu^{2+}）的去除情况见表 10-79。

表 10-79　每一级人工湿地对污水各指标去除率比较　　单位：%

去除率	COD_{Cr}	BOD_5	SS	S^{2-}	Cu^{2+}
人工湿地 1	39.2	39.8	44.0	43.5	45.0
人工湿地 2	37.7	36.5	43.0	40.7	43.0
人工湿地 3	30.6	37.4	41.0	39.8	46.0
人工湿地 4	49.3	50.0	51.0	38.9	47.0

注：去除率是指某一级人工湿地对污水某水质指标的去除率，计算公式：第 n 级（COD_{Cr}）去除率（%）$=\dfrac{\text{第}n\text{级入水}(COD_{Cr})-\text{第}n\text{级出水}(COD_{Cr})}{\text{第}n\text{级入水}(COD_{Cr})}\times 100\%$（其中，$n$ 为 1，2，3 或 4）。

水质监测是在每年春、夏节进行的。从表 10-79 可知，各级人工湿地对污水 COD_{Cr}、BOD_5、SS、S^{2-}、Cu^{2+} 的去除率大小顺序依次是湿地 4＞湿地 1＞湿地 2＞湿地 3，这与人工湿地碎石床上的植物生长情况有很大关系。在监测期间，湿地 4 和湿地 1 碎石床上植物生长比湿地 2、3 旺盛，各级人工湿地碎石床上植物生长情况顺序依次是湿地 4＞湿地 1＞湿地 2＞湿地 3，与污水 COD_{Cr}、BOD_5、SS 的去除率顺序一样。这说明人工湿地碎石床上的植物生长优劣与污水净化程度有很大关系。

10.5.4.2 四级人工湿地对污水的净化效果

一级处理后的污水进入四级人工湿地净化（二级处理），净化情况见表 10-80。

表 10-80 净化效果

水质指标	入水 /（mg/L）	出水 /（mg/L）	去除率 /%
BOD_5	1 037.5	124.1	88.04
COD_{Cr}	1 846.8	246.1	86.67
SS	558.0	51.5	90.77
S^{2-}	11.1	1.3	88.29
Cu^{2+}	4.7	0.2	95.74

注：去除率是指整个人工湿地（共四级）对污水某水质指标的去除率，计算公式为

$$(COD_{Cr})去除率(\%)=\frac{第1级入水(COD_{Cr})-第4级出水(COD_{Cr})}{第1级入水(COD_{Cr})}\times100\%。$$

从表 10-80 可知，人工湿地对一级处理出来的污水净化效果很明显，对污水中 BOD_5、COD_{Cr}、SS、S^{2-}、Cu^{2+} 的去除率都在 85% 以上。经人工湿地净化后排出的污水 BOD_5、COD_{Cr}、SS、S^{2-} 分别为 1 24.1 mg/L、246.1 mg/L、51.5 mg/L 和 1.3 mg/L，基本上都达到了国家规定的排放标准。铜化物的去除率虽然高达 95.74%，但排出污水的含铜量仍然很高，为 0.2 mg/L，尚未达到国家排放标准，今后有待进一步研究。

10.5.5 讨论

10.5.5.1 人工湿地初期运行阶段净化机理

表 10-80 的测试结果反映了人工湿地在初期运行阶段的净化效果。在这个阶段，四级人工湿地碎石床上的生物膜刚刚开始形成；碎石床表层种植的鸭舌草也刚开始生长，根系活跃区域逐渐形成，但还没有良好的氧气环境。因此，人工湿地吸收分解作用仍然较弱，尚未发挥出最佳状态；根系微生物代谢强度有限。这个阶段的净化作用部分依赖于碎石床对污染物的截留吸附等物理作用。

在人工湿地初期运行过程中，为了促进碎石床表层种植的鸭舌草根系的生长发育，并向深层发展，污水通过人工湿地时应控制在一定水位。

10.5.5.2　人工湿地碎石床表层种植植物的筛选方法

人工湿地碎石床表层种植的植物筛选宗旨为筛选耐高浓度有机物且根系发达的水生植物。除了考虑净化水质的要求外，还应优先考虑当地易找且具有一定数量的植物，最好能保留天然湿地的优势种，并尽量选择可综合利用的植物。虽然在人工湿地碎石床表层种植单一植物可有效地净化污水，但采用多种植物的混合群落会提高人工湿地对污染物的去除率，同时也能降低人工湿地系统脆弱性，提高其生命力。

10.5.5.3　人工湿地的管理与运行效果

人工湿地主要是利用生物来净化污水的。显然其净化能力与生物（如微生物、植物）的产生（或形成）、生长、发育及消亡的规律有很大关系。本书仅研究春夏季人工湿地运行初期的情况，长期运行效果有待今后研究。另外，在寒冷地区及冰冻期本工艺运行受阻。

人工湿地作为整个污水处理系统的二级处理环节，在运行期间，均匀配水将有利于人工湿地的长期运行，保证一级处理的出水质量也有利于人工湿地正常运行。

运行期间，人工湿地积淤堵塞的主要原因是进入湿地的水量经常超过正常负荷，或一级处理出水未达要求（特别是悬浮物）就进入湿地，此外，也与湿地生物净化能力有关。一般来说，积淤堵塞后可用高压水管进行灌水清洗。

集约化猪场排放的污水与工业废水不同之处，不仅在于污水本身的理化性质，还在于不同的排放特点。这是由于集约化猪场的生产组织与工厂不同，因此，在集约化猪场污水处理系统的运行、管理与维护上，要重视考虑猪场本身的生产组织特点。

10.5.6　结论

利用人工湿地处理集约化猪场的污水具有出水水质好、运行费用小、管理方便、维护容易等优点。人工湿地之间组合形式较为灵活（可多级串联、并联），占地面积较小，并可减少恶臭，减少滋生蚊蝇，因此，也改善了环境，适于在集约化猪场污水净化处理中应用。

10.5.7　相关图片

三水养猪场人工湿地图片见图 10-153和图 10-154。

图 10-153 处理养猪场废水的三水人工湿地

图 10-154 处理养猪场废水的三水人工湿地植物——鸭舌草

植物碎石床人工湿地污水处理技术和我的工程案例

（第二版）

下册

汪俊三　主编

中国环境出版集团·北京

图书在版编目（CIP）数据

植物碎石床人工湿地污水处理技术和我的工程案例．下册／汪俊三主编．—2版．—北京：中国环境出版集团，2021.12

ISBN 978-7-5111-4946-6

Ⅰ.①植…　Ⅱ.①汪…　Ⅲ.①人工湿地系统—污水处理—案例　Ⅳ.①X703

中国版本图书馆CIP数据核字（2021）第212442号

出 版 人　武德凯
责任编辑　孙　莉
责任校对　任　丽
封面设计　彭　杉

出版发行　中国环境出版集团
（100062　北京市东城区广渠门内大街16号）
网　　址：http：//www.cesp.com.cn.
电子邮箱：bjgl@cesp.com.cn.
联系电话：010-67112765（编辑管理部）
010-67112736（第五分社）
发行热线：010-67125803，010-67113405（传真）

印　　刷　北京中科印刷有限公司
经　　销　各地新华书店
版　　次　2021年12月第2版
印　　次　2021年12月第1次印刷
开　　本　787×1092　1/16
印　　张　24.25
字　　数　489千字
定　　价　202.00元（上、下册）

《植物碎石床人工湿地污水处理技术和我的工程案例》
（第二版）

编　委　会

编委会主任：吴国增

副　主　任：陆俊卿　汪俊三　庞志华

主　　　编：汪俊三

执行主编：汪俊三　庞志华　陆俊卿　覃　环

副　主　编：周伟坚　汪道宇　洪铁璇

编　　　者：邱康杰　孙可欣　李智林　郭有顺
韦梓坤　彭晓培　吴世刚　许文骏
丁逸宁　庄伟涛　邓德珩　梁文钟
易新贵　李穗中　韩泰畤　陈毓华
朱　彤　杨　扬　许玉凯　汪道岚
李　强　王红艳　黄淑丽

图片编辑：汪道岚　黄淑丽

《植物碎石床人工湿地污水处理技术和我的工程案例》（第二版）

序一

《植物碎石床人工湿地污水处理技术和我的工程案例》一书由生态环境部华南环境科学研究所汪俊三研究员等编写，2009 年由中国环境科学出版社正式出版。该书作者从 20 世纪 80 年代开始承接多个国家级项目，研究成果曾获国家级和省级、部级科技进步奖，并在全国广泛推广应用，取得了良好的经济效益和生态效益。

我曾经主持过他们示范研究课题和应用工程设计方案的专家评审会，参观过他们设计的工程，实践效果很好。

2009 年编写的《植物碎石床人工湿地污水处理技术和我的工程案例》一书既介绍了人工湿地污水治理技术原理，也提供了典型案例，内容翔实、丰富，理论性和实践性均较强，深受广大读者欢迎。在这次再版发行中，该书作者对植物碎石床人工湿地污水处理技术进一步完善和更新，同时增加了 2009 年以来他们的主要工程案例，进一步提高了本书的参考价值。

中国工程院院士

蔡道基

2021 年 8 月 1 日

《植物碎石床人工湿地污水处理技术和我的工程案例》（第二版）

序二

《植物碎石床人工湿地污水处理技术和我的工程案例》一书由以我研究所研究员汪俊三为首的科技人员编写，2009年由中国环境科学出版社正式出版。该书总结了编者自20世纪80年代以来承担的多个国家级课题研究成果，包括“七五”国家科技攻关计划“华南地区氧化塘设计参数研究”、“八五”国家科技攻关计划“人工湿地植物碎石床污水处理系统研究”、农业部“八五”畜牧业重点科研资助项目“人工湿地在猪场污水净化中的应用”、国家环境保护局课题“华南地区高等水生维管束植物净化城镇污水研究”、“光合细菌处理高浓度有机废水研究”和国家环境保护总局课题“高水力负荷人工湿地处理富营养化水示范研究”等。研究成果广泛应用于污水处理厂出水深度处理，水环境承载力提升、园林景观水质净化以及农村生活污水处理等领域，代表性工程包括全国率先采用升流式酸化厌氧塘前处理方式的广东省中山市温泉宾馆污水处理氧化塘、国内最早开展人工湿地技术工程化应用的深圳白坭坑人工湿地、当时国内水力负荷和日处理量最大的云南省九溪人工湿地、污水处理厂出水深度处理的山东省临清人工湿地水质净化工程、河南省许昌市宏源污水处理公司水环境承载力提升工程人工湿地、结合园林景观设计的河南省郑州市CBD中心湖人工湿地等。为进一步推广应用人工湿地污水处理研究成果和工程设计经验，编者于2009年编写了《植物碎石床人工湿地污水处理技术和我的工程案例》一书，将试验结果以及应用工程的初步设计等主要内容编入其中。

该书在大量科学试验研究和工程实践的基础上编写而成，既介绍技术原理，也提供典型案例，内容翔实而丰富，理论性和实践性均较强，不仅为水环境治理工程设计单位和专业人员提供参考，而且被认为是我国人工湿地污水处理领域的教科书，深受广大读者欢迎。本次再版时，对书中植物碎石床人工湿地污水处理技术部分内容进行了补充、完善和更新，增加了我研究所的人工湿地研究方面的部分科研成果和2009年以来的主要工程案例，进一步提高了本书的参考价值。

生态环境部华南环境科学研究所

（生态环境部生态环境应急研究所）

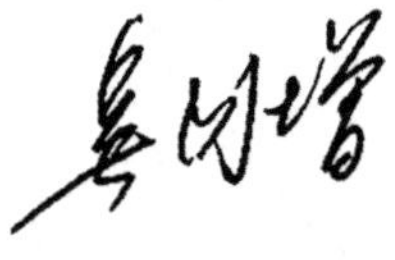

2021年8月

目　录

上　册　植物碎石床人工湿地处理技术和试验研究

下 册 工程设计案例

下 册

工程设计案例

第 1 章　植物碎石床人工湿地处理城镇污水案例

1.1　深圳白坭坑人工湿地

前言后语

（1）该工程是“八·五”科技攻关“人工湿地植物碎石床污水处理系统研究”课题处理工程，课题完成后作为污水处理工程。

（2）该工程由深圳市东深供水管理局主持建设。

（3）原国家环保局华南环境科学研究所负责此项目设计。在刘少宁所长、李子森处长的主持下，成立了以水环境室许振成为主任，生态研究室汪俊三主任为项目组长，水室主要成员吴康平萍、钱松、李华等，生态室主要成员蔡信德、李龙滩、兰方勇、梁明易等人组成的设计筹建组。运行期间，分析室由叶赛金主持分析，运行期管理主要由生态室的朱彤等负责，朱彤出国后生态室由杨扬负责。

汪俊三作为项目组长之一，负责白坭坑人工湿地的植物设计、植物筛选和培育，并协助蔡信德做好人工湿地栽种工作。

（4）本案例的介绍采用朱彤等的《白坭坑人工湿地污水处理系统运行管理研究报告》。

（5）亮点

①我国较早的植物碎石床人工湿地处理城镇污水的正规工程；

②首次将具有较好经济价值的席草和茳芏作为人工湿地的主要净化植物；

③水力负荷较高，净化效果也较好。

（6）问题

该人工湿地进水浓度较高，含有乡镇制革、石材加工等废水，而人工湿地没有很好的前处理系统，废水直接进入碎石床，造成堵塞和漫流。

1.1.1　项目背景

白坭坑污水处理系统于 1990 年 7 月建成，位于深圳市宝安县平湖镇东南，是我国第一座实用型人工湿地污水处理装置，也是为了探索在经济高强度开发的条件下行之有效的保护水资源而建设的一项综合性示范工程。

白坭坑村原为一半山区农村，小溪从村中间淌过去，1964 年被改造成为东深供水工程的水源区。20 世纪 80 年代以前，该村经济落后、工业不振，但并未对水源造成威胁。然而进入 20 世纪 80 年代后，该村凭借靠近公路与水资源的优势在短短几年内便挤入几十家“三来一补”加工厂，并随之涌来近万名民工，严重威胁着水源区的水质安全。为解决这一重要的水源受污染威胁的问题，1988 年受东深局社区委托，广东省环境保护局和华南环境科学研究所等单位，联合开展了东深供水工程水污染控制系统的规划研究。研究决定，在东深沿线建立 30 多个城镇污水处理设施。然而，应该采取什么样的工程方法却成了争论的热点。传统的工艺要么处理效果欠佳，要么投资太高，要么技术过于复杂，或者占地过多，难以满足在城镇地区推广的“一高三低一少一不”（高效率、低投资、运转费用低、维持技术低、占地少且最好不耗电）的技术要求。为此，科研、管理与工程部门一致决定，必须从已有工艺中选择最接近这一标准的方案来建设示范工程。通过对示范点进行系统长期的观测研究，证实其实用可行性之后再在面上推广。示范工程最终以“七五”国家攻关课题中的污水氧化塘处理研究成果为技术起点，并选择需要重点治理的白垅坑村为工程设计对象。

1.1.2 工程规模和进出水水质的确定

白垅坑人工湿地污水处理量为 4 500 m^3/d，湿地前有一套生物滤池前处理系统，污水先进入人工生物滤池处理后再进入人工湿地系统。工程占地面积为 12.6 亩（1 亩≈666.67 m^2），实用面积为 7.46 亩。设计进水 BOD_5 最高浓度为 100 mg/L，SS 最高浓度为 150 mg/L，两者的出水浓度均为 30 mg/L，可达到城市污水二级排放标准。具体进水、出水水质详见表 1-1。

表 1-1 白垅坑人工湿地进水、出水水质要求

	BOD_5/（mg/L）	COD_{Cr}/（mg/L）	SS/（mg/L）	TN/（mg/L）	TP/（mg/L）
进水	<100	<200	<150	<20	<2
出水	<30	<60	<30	<20	<2

1.1.3 工程工艺流程及人工湿地设计参数

白垅坑人工湿地系统在设计上吸取了美国 T.V.A 在肯塔基州 3 个小型试验性人工湿地系统的设计和运行经验，又借鉴了第一届国际人工湿地会议的学术成果，采取了潜流湿地和氧化塘串、并联相混合的优化组合系统，具有规模大、水力负荷高和占地面积小等特点，其功能设计足以满足去除以 BOD_5、COD_{Cr}、SS、N、P 等为主的生活污水的要求。全系统由四级处理池串联而成，每级处理池由 2～3 个小池并联使用。系统工艺流程如图 1-1 所示：原污水先流经第一、第二级碎石床，对有机物进行降解，再进入第三级兼性塘，最后经过第四级碎石床变成洁净水排出。

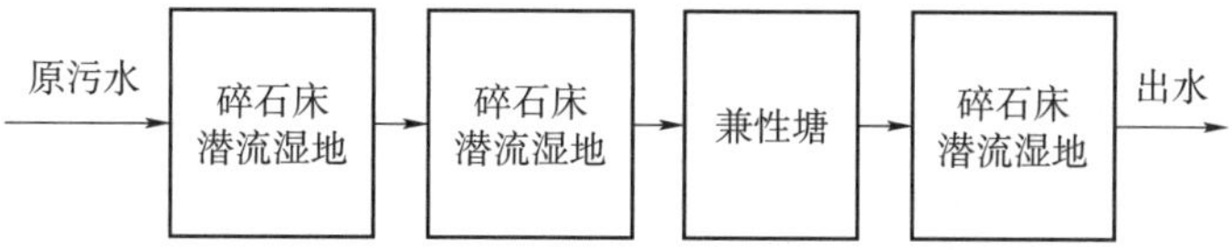

图 1-1　白坭坑人工湿地污水处理系统工艺流程

湿地系统的平面、剖面如图 1-2、图 1-3 所示。各处理池的具体设计参数见表 1-2。

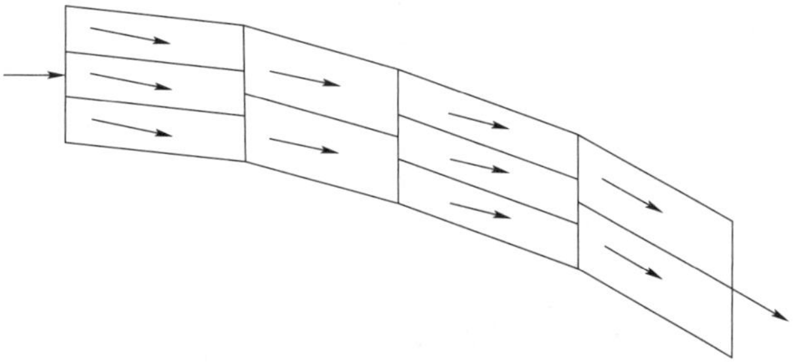

图 1-2　白坭坑人工湿地污水处理系统工艺流程

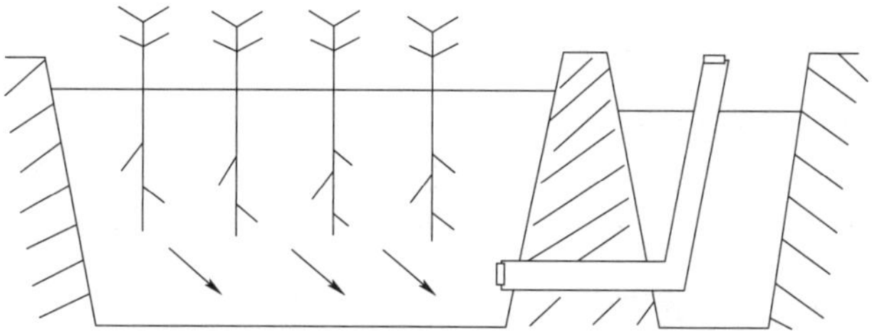

图 1-3　白坭坑人工湿地平面图

表 1-2　白坭坑人工湿地设计参数

组成			L/m	W/m	H/m	碎石粒径 /cm	碎石层厚 /cm	池底坡降 /%	水力负荷 /[m³/(m³·d)]
碎石床（芦苇）（米草）	第一级	1	42	11	0.4～0.8	3～5	40	1.0	2.05
		2	42	12.5	0.4～0.9			1.9	
		3	48	12.5	0.4～1.0			2.0	
碎石床（芦苇）（茳芏）	第二级	1	47	18.5	0.5～1.0	1～3	50	2.0	1.78
		2	42		0.5～1.2			3.0	
兼性塘	第三级	1	30	19	1.25			无坡降	1.81
		2	30						
		3	30						
碎石床（茳芏）	第四级	1	54	19	0.6～0.8	0.5～1	60	0.5	1.007
		2	54		0.6～0.9			1.0	
		3	54		0.6～1.0			1.5	

白坭坑人工湿地在我国是首例（实用型人工湿地污水处理装置），各塘的底坡、碎石粒径、尺寸均有区别。此外，在塘内分别种植芦苇、茳芏、席草、大米草等水生植物。根据各塘底坡、碎石粒径、尺寸的最优数据，筛选最佳作物。植物的种植在系统土建完成后即着手进行，其后再经过几次补种，现在各池盖度已分别达30%～90% 不等。

按原设计，白坭坑污水的平均理论停留时间为 23 h，其中第一级为 2.7 h，第二级为 3.13 h，第三级为 10.31 h，第四级为 6.38 h。但在实际运行过程中，由于死区是不可避免的，所以实际停留时间要比理论停留时间短。

1.1.4 系统处理效果及现状监测结果

人工湿地污水处理系统自启动到真正形成，需要经历两个阶段：①系统崛起形成阶段：在这阶段中，整个系统还处在不稳定状态，植物物种、生物量及凋落物量每年都有增加；②稳定成熟阶段：此时系统处于动态平衡之中，植被及凋落物只发生季节性变化，年际间相比则较为稳定。一般说来，系统往往要经过 2～3 年才能达到稳定阶段。进入稳定阶段后，只要污水入水量及浓度在设计的上限以内，就能获得质量较为稳定的出水处理效果。

经过检测，我们发现人工湿地对污染物的去除能力在 BOD_5、COD、SS 方面表现较为显著。对 N、P 也具有一定的去除能力。

白坭坑人工湿地运行以来每月水质监测结果见表 1-3。从结果可知：运行一年以来，湿地对 BOD、COD 的处理效果较稳定，大都在 90% 左右，对 SS 的去除效果也很显著，为 90%～95%。

表 1-3 白坭坑人工湿地污水处理系统水质分析结果　　单位：mg/L

月份	样品 \ 项目	TN	NH_3-N	NO_3-N	TP	BOD_5	COD_{Cr}	SS
8	入水	24.72	20.03	0.60	—	63.61	167.07	—
	出水	16.16	15.55	0.34		3.93	29.71	2.28
9	入水	21.00	15.58	0.81	—	50.40	100.47	—
	出水	13.59	11.91	0.52		2.91	6.06	1.81
11	入水	26.42	22.47	0.34	2.50	47.98	117.97	38.67
	出水	23.74	21.90	0.15	2.70	5.32	39.93	13.56
12	入水	32.66	25.53	0.48	3.23	56.75	153.1	361.00
	出水	28.29	26.08	0.30	2.57	7.81	36.84	8.33
1	入水	25.44	21.97	0.46	2.42	57.7	149.4	190.67
	出水	23.47	22.99	0.15	2.15	6.50	227.99	6.08

续表

样品	月份 \ 项目	TN	NH_3-N	NO_3-N	TP	BOD_5	COD_{Cr}	SS
3	入水	38.28	19.06	0.34	3.6	53.05	99.9	150.0
	出水	22.37	22.07	0.19	2.26	4.93	30.2	4.57
4	入水	32.49	26.96	0.51	2.87	70.90	224.60	202.5
	出水	24.31	21.08	0.28	1.83	5.73	40.39	8.67
5	入水	20.97	16.75	0.38	1.91	45.87	114.1	80.0
	出水	21.54	18.37	0.31	2.31	6.53	37.38	1.7
6	入水	18.17	13.57	0.21	1.74	42.52	132.9	641.5
	出水	14.99	13.44	0.14	1.53	4.45	6.91	4.8
7	入水	15.88	11.86	0.27	1.73	87.57	236.64	1 892.5
	出水	12.07	9.39	0.07	1.25	1.44	20.13	2.77
9	入水	19.02	10.20	0.42	1.822	51.20	87.36	185.0
	出水	16.25	13.96	0.17	1.79	7.03	26.62	1.47
11	入水	21.16	14.09	0.39	1.94	61.23	129.48	90.0
	出水	17.48	16.38	0.19	0.90	5.32	24.89	5.0

白坭坑乡虽有 60 多家工厂，但因其大部分都是以来料加工为主的外资、合资企业，除了珠宝厂排出超标的泥沙悬浮物及制帽厂歇排出印花废水外，对当地水质的影响主要是生活污水的排放。由于工厂企业的高速发展，白坭坑人口由原来的 7 000 人（1989 年）发展到 13 000 人（1991 年），月平均污水排放量达 3 200 t/d，每天最大值多在 3 500 t 以上。因而，白坭坑湿地污水处理系统可以说是超负荷运转，如此情形下能达到两样的处理效果，是非常难得的。对检测结果中各污染物进行详细比较分析如下：

（1）BOD_5、COD_{Cr}

监测结果表明，湿地对 BOD_5、COD_{Cr} 的去除效果非常显著，系统运行 3～4 个月后便可达理想水平。1991 年 BOD_5 的进水浓度年平均值为 62.5 mg/L，而出水浓度只有 5.5 mg/L 左右，去除率达 91%；COD_{Cr} 进水总浓度平均为 157.6 mg/L，出水浓度平均 28.9 mg/L，去除率达 82%。在整个湿地系统中，BOD_5 和 COD_{Cr} 的降解主要发生在第一、二级。第一级处理池，BOD_5 的降解率达 61%，到第二级时已达 80%，第三级氧化塘对 BOD_5 降解贡献不大，第四级则又追加 10% 的降解。如图 1-4 所示，COD_{Cr} 的降解情形与 BOD_5 大致相同。

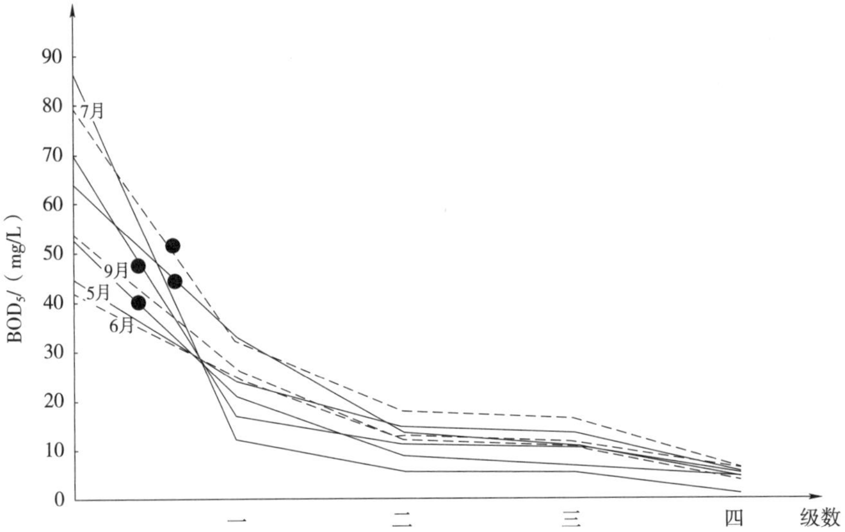

图 1-4 BOD_5 在湿地系统中的去除（1991.1—1991.11）

（2）溶解氧（DO）

在白坭坑湿地系统中，除第三级氧化塘外，其余各级的溶解氧水平很低，夏季一般为 0.3～0.8 mg/L，入水 DO 一般为 0.35 mg/L（38℃），出水为 0.22 mg/L；冬季温度降低，可使原污水之 DO 平均值提高到 0.622 mg/L，而湿地中微生物活动减弱。因而，出水 DO 比夏季差，一般只在 0.15 mg/L 左右。如此严重的厌氧环境，主要成因是有机污染，尤其是有机氮与氨氮负荷过大，系统内各级之间的落差小，没有任何充氧设施及条件。另外，系统还未成熟，根作用层还未完善。

（3）氮

系统中氮的去除情况如图 1-5 所示，可见系统中总氮的去除主要发生在第一级及第四级，整个系统总氮的去除率只有 24.3%，而第一级便已达 14.2%，总氮入水浓度 1991 年全年平均为 24.86 mg/L，出水浓度全年平均为 18.76 mg/L，就季节性变化来说，冬春两季入水浓度较大，而夏季则因雨水的加入而使其入水浓度减小。

湿地对氮的降解主要是受负荷（污染负荷及水力负荷）的影响，负荷的变化直接影响了系统中的环境条件（如 DO、污染物浓度等），从而限制了湿地系统中微生物群的生长。在湿地氮的去除作用中，由微生物直接参与的硝化、反硝化作用是较植物、微生物对氮的吸收作用重要得多的一个机制。从我们的试验分析可见：季节性变化对氮的去除率影响不大，这一结果也验证了上面的结论。

白坭坑湿地现时的水力负荷已超过了设计要求，因此，系统对氮的去除效果较差。另外，从 NH_3-N 及 NO_3-N 在系统中的变化也可反映出系统中的氧化还原状况。NH_3-N 在入水及出水中的含量几乎没变，冬季为 20～26 mg/L，夏季为 8～15 mg/L，而 NO_3-N 则从入水的 0.4～0.7 mg/L 降低到出水时的 0.1～0.2 mg/L，可

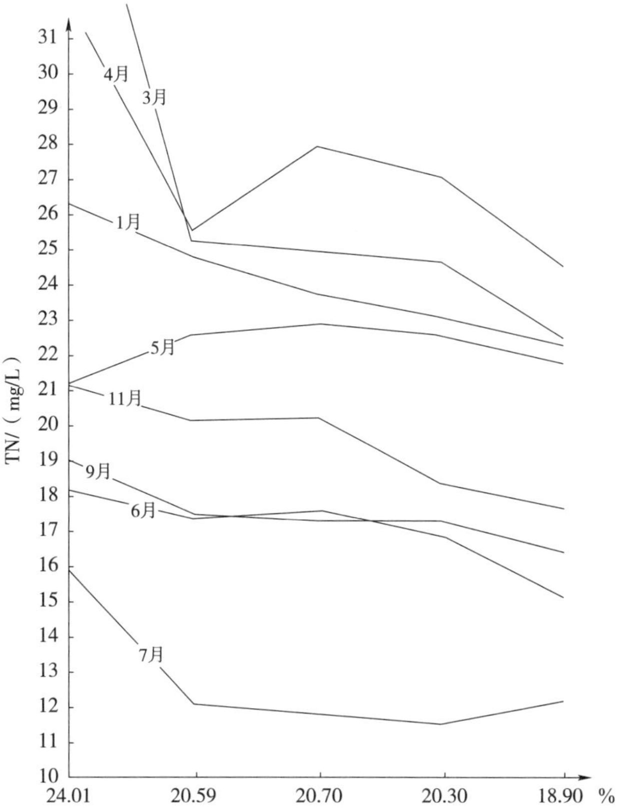

图 1-5　系统中总氮的去除情况

见，整个系统是以强烈的还原环境为主。

（4）磷

污水中 P 的去除机制主要是细菌、藻类的吸收和固定，底质的吸附，底质碎石表面发生的交换反应等作用以及高等水生植物的吸收。系统的环境条件及底质的性质对 P 的去除影响较大。一般来说，用石灰石作底质碎石对 P 的去除效果较好，因为大量不断溶出的 Ca^{2+} 可与 PO_4^{3-} 生成不溶物而在湿地中沉淀下来。白垙坑污水处理系统采用的底质碎石是花岗岩，对 P 的处理效果不及石灰石，但在系统运行初期，它对 P 的吸附、沉淀及配位体交换等作用仍十分活跃。

在白垙坑所种的几种建群植物中，以茳芏、芦苇含 P 量最大，分别约为 1.72% 及 1.68%。这两种植物相比，茳芏的生长量较芦苇大，为 60～80 kg/（m^2・a），因而对茳芏的收割，每年每平方米可移走 0.142 kg 磷。

同氮一样，P 在湿地中的去除主要受停留时间，也受水力负荷及污染负荷的影响，因为它们决定了系统的环境条件，从而影响系统中微生物的生长。白垙坑人工湿地中由于污水进入系统前大多未经厌氧性质的前处理，污水几乎是以原污水的形式进入湿地，有机磷及有机氮的分解也只能在第一级湿地进行，再加之整个系统没有任何充氧设施及充氧的地形条件，因而，整个系统处于十分严重的厌氧状态中，从而限制了有机磷及有机氮的分解。系统中磷的去除率不易提高的另一个原因就是系统的超负荷运行，使得污水在系统中的停留时间大大缩短，有机磷刚刚被分解甚至还未被分解就已被带出了系统，从图 1-6 也可见这点。20 世纪 90 年，湿地处理系统中 TP 的入水浓度为 2.83 mg/L，出水显示 2.36 mg/L，平均去除率为 16%；1991 年的入水浓度有所降低，为 1.9 mg/L，出水平均值为 1.6 mg/L，去除率约为 15.7%。

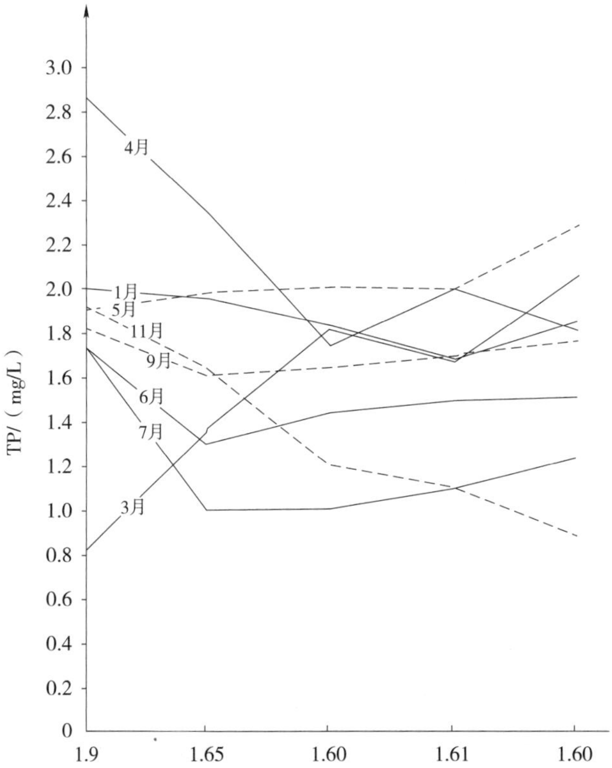

图 1-6　系统中总磷的去除

（5）总固体悬浮物 TSS

白坭坑人工湿地污水处理系统所接收的污水不但包括雨天的洪水，而且还包括一些粉沙质悬浮物含量很高的工业废水（如宝石厂废水等），因而，污水中悬浮物含量较高而且变化范围很大，从 40×10^{-6}～600×10^{-6} 不等。然而，经湿地的处理，出水的 TSS 一般都在 10×10^{-6} 以下，平均只有 5.1 mg/L，去除率平均达 90%。经过前二级的除解，其含量一般可降至 10×10^{-6}～15×10^{-6} 或低，由此可见大部分的悬浮物是停留在第一级处理池中的。其中不可分解的部分是引起第一级基质过水能力下降的主要原因。

1.1.5　结语

人工湿地污水处理系统为越来越多的人所接受，其中一个重要原因是其所需费用较低。据外国资料统计，人工湿地处理系统的投资和运行费用仅为二级污水处理厂的 1/10～1/2。白坭坑人工湿地污水处理系统的场地建筑费用预算为 42.89 万元，即 138 元 /m^2，而其运行维护成本费估算为 0.018 1 元 /m^2（其中包括人工、材料消耗、维修等费用），也只有二级污水处理厂的 1/15～1/10。

据研究资料表明，人工湿地污水处理系统在一定的处理范围内的经济效果极佳，可替代二级污水处理厂。但是，人工湿地污水处理系统的规模经济效应不显著，从经济上来说，它特别适合中、小型污水处理系统，而其优点对大型污水处理系统则不显著。从前述的对我国第一个实用性人工湿地污水处理系统的运行分析来看，用人工湿地来处理中、小型，乡镇以及其工业开发区的污水是切实可行的，人工湿地不失为一个低建造费、低运行管理费、低维护费以及高效率、高适应、高承受力的“三低”“三高”污水处理工艺。

1.1.6　相关图片

深圳市白坭坑人工湿地如图 1-7～图 1-10 所示。

图 1-7　深圳市白坭坑人工湿地

图 1-8 深圳市白坭坑人工湿地——进水

图 1-9 白坭坑人工湿地植物——茳芏

图 1-10　白坭坑人工湿地植物——肇庆席草

1.2　成都市凤凰二沟人工湿地污水处理项目

前言后语

（1）该项目是成都市水利局主持建设项目，由府南河道办公室具体组织领导。

（2）该项目由汪俊三提供工艺流程和设计参数，曹云龙负责工程设计，汪道宇进行植物栽培。

（3）监测数据取自府南河道管理办公室，数据不系统，仅供参考。

（4）此人工湿地由于是进水浓度很高的系统，故前面建造了另一个单位设计的污水一级处理系统和快速渗滤系统。运行初期，大部分污染物在前处理和快速渗滤处理中被去除，人工湿地污染负荷不高，但随着时间延长，人工湿地污染负荷进一步加大。

（5）本工程人工湿地水力负荷较大，若日处理 4 万 m^3，水力负荷则高达 0.9 m^3/（m^2 · d），若日处理 2.4 万 m^3，水力负荷为 0.55 m^3/（m^2 · d）。

（6）该工程也是我国规模较大的城市污水植物碎石床人工湿地处理工程，人工湿地面积达 4.4 万 m^2。

（7）该工程出水水质好，运行稳定，管理方便。

（8）该工程结合了景观设计，成为成都市的城市湿地公园。

1.2.1 项目背景

为巩固和深化“创模”成果，确保创建全国文明城市和争创中国最佳人居环境奖等重大活动顺利的实施，为构建和谐成都提供优良的环境条件，成都市环境保护委员会专门成立水环境整治办公室，确保通过三年努力，在 2007 年 11 月 30 日前，使岷江、沱江成都段出境断面水质达到《地表水环境质量标准》（GB 3838—2002）Ⅲ类标准。为此，成都市水务局提出首先将凤凰河二沟的河水进行处理，使之达到地表水Ⅲ类水。该工程位于成都市城北三环以外区域，邻近天回镇。从规划图上看，成都市凤凰河二沟污水综合治理项目所在片区，南北基本以三环路、古柏路为界，而东面以宝成铁路为界，西面则以一条道路为界，面积达到 300 亩。

1.2.2 工程任务

工程任务是建造凤凰河二沟水环境综合治理工程人工湿地，对前处理（快速渗滤）出水（一级 A 类）进行人工湿地深度处理，使人工湿地出水达到地表水Ⅴ类水标准。

1.2.3 工程规模、处理量确定和进水、出水水质确定

该工程从 2007 年 4 月开始运转，人工湿地占地面积为 54 000 m^2，污水处理量为 2.4 万 m^3/d，水力负荷为 0.44 t/（m^2 · d）。进水、出水水质见表 1-4。

表 1-4 成都市凤凰河二沟人工湿地进水、出水水质要求

指标	BOD_5/（mg/L）	COD_{Cr}/（mg/L）	SS/（mg/L）	NH_3-N/（mg/L）	TP/（mg/L）
进水	10	50	50～200	8.0	1
出水	10	40	—	2.0	0.4

1.2.4 工艺优化

将前处理出水（一级 A 类）处理成地表水Ⅴ类水，相当于污水深度处理，若采用常规的处理方案，处理 1 t 水的成本较高，一般为 1.0 元左右。采用生态处理工艺，投资低，运行费用小，处理 1 t 水费用在 0.1 元以下，管理也较方便。

生态处理中人工湿地工艺分为漫流、垂直流、推流潜流等工艺。漫流人工湿地水力负荷一般在 0.07 m^3/（m^2 · d）以下，占地面积较大，日处理 1 m^3 水需几十平方米的面积，同时伴有臭味，蚊蝇滋生。垂直流人工湿地也存在臭味和蚊蝇滋生问题，而采用推流潜流湿地，则不存在臭味和蚊蝇滋生问题。以往的推流潜流人工湿地工艺，也存在水力负荷低、占地面积大等问题，一般水力负荷在 0.07～

0.2 m^3/（m^2·d），该工程采用高水力负荷人工湿地工艺，将水力负荷提高到 0.4～1 m^3/（m^2·d）以上，大大减少了占地面积，出水稳定（Ⅱ～Ⅲ类水），并在全国各地广泛推广应用。

1.2.5　人工湿地工艺流程

人工湿地工艺流程如图 1-11 所示。凤凰河二沟水在该项目场地入口处设置水闸，然后将河水抽提至前处理系统，再进入人工湿地布水渠，该渠与宝成铁路平行，从西向东，总长 480 m。经人工湿地处理达到地表水 V 类水的出水，又经出水沟流入凤凰河二沟拦污水闸闸下河段。

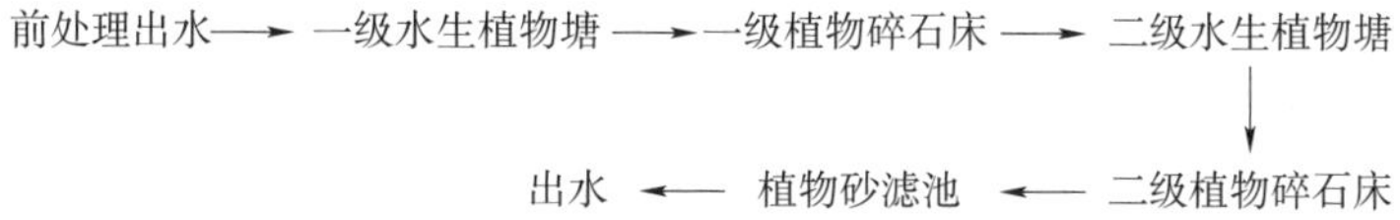

图 1-11　凤凰河二沟人工湿地流程

1.2.6　该工程中人工湿地处理出水情况分析

凤凰河二沟人工湿地水力负荷在日处理 2.4 万 m^3 时为 0.44 m^3/（m^2·d），比示范工程 1.0 m^3/（m^2·d）低，所以其净化能力相应比示范工程高，其提高幅度及出水情况如下：

COD_{Cr}：由 60.5% 提高到 78%，出水浓度为 11 mg/L，达到Ⅰ类水；

NH_3-N：由 54.1% 提高到 77.5%，出水浓度为 1.8 mg/L，为Ⅳ～Ⅴ类水；

TP：由 68.8% 提高到 70%，出水浓度为 0.3 mg/L，为Ⅳ类水；

BOD_5：去除率为 70%，出水浓度为 3 mg/L，为Ⅰ～Ⅱ类水。

1.2.7　人工湿地设计参数

1.2.7.1　占地面积、处理量、水力负荷及停留时间

人工湿地总占地面积为 5.4 万 m^2，日处理量为 2.4 万 m^3，水力负荷为 0.44 m^3/（m^2·d），停留时间为 53 h。

1.2.7.2　人工湿地平面设计

人工湿地系统分为 8 个子系统，8 个子系统并联，且都垂直于进水布水渠，子系统按 1～8 系列组成，1～8 子系统由一级生物塘、一级植物碎石床、二级生物塘、二级植物碎石床和植物砂滤池组成。人工湿地平面布置如图 1-12 所示，各子系统规格见表 1-5。

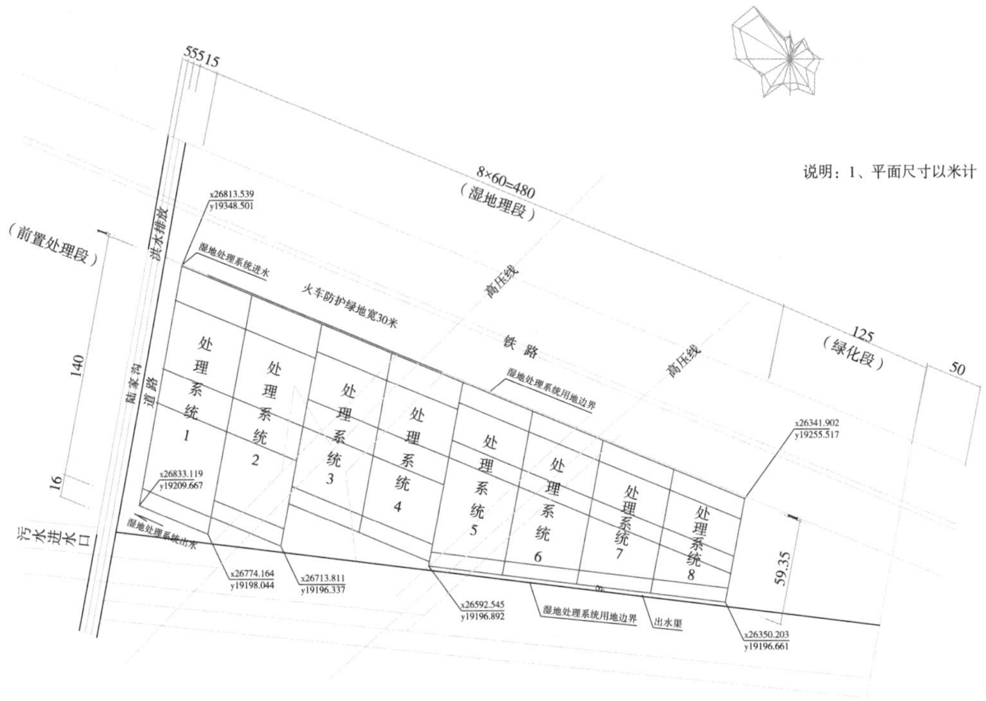

图 1-12 人工湿地平面布置

表 1-5 人工湿地各子系统平面规格 单位：m^2

子系统	强化生物一级植物塘	一级植物碎石床	二级生物塘	二级植物碎石床	植物砂滤池	备注
1	60 × 20	60 × 40	60 × 20	60 × 50	60 × 10	
2	60 × 20	60 × 40	60 × 20	60 × 40	60 × 10	
3	60 × 16	60 × 28	60 × 16	60 × 40	60 × 10	
4	60 × 16	60 × 28	60 × 16	60 × 40	60 × 10	
5	60 × 12	60 × 22	60 × 10	60 × 48	60 × 8	二级植物碎石床不是正方形
6	60 × 12	60 × 22	60 × 10	60 × 36	60 × 8	同上
7	60 × 12	60 × 22	60 × 10	60 × 24	60 × 8	同上
8	60 × 12	60 × 22	60 × 10	60 × 13	60 × 8	同上

1.2.7.3 人工湿地剖面设计

（1）在所有子系统中一级水生物塘地势最高，逐级下降，植物砂滤池最低，以便自流出水；

（2）各级高度差从强化一级水生物塘到最后的植物砂滤池分别为 0.3 m、0.3 m、0.3 m、0.4 m；

（3）各级系统有效水深或碎石、砂厚度：

一级水生物塘：2.0 m；

一级植物碎石床：1.5 m，铺 70～100 mm 碎石；

二级水生物塘：2.0 m；

二级植物碎石床：1.5 m，铺 40～60 mm 碎石；

植物砂滤池：1.5 m，铺 2.5～10 mm 河砂。

（4）坡度

一级水生物塘：i=0.001；

一级植物碎石床：i=0.002 5；

二级水生物塘：i=0.001；

二级植物碎石床：i=0.002 5。

1.2.7.4　布水方式

按照以下原则布水：

（1）上进下出或下进上出原则；

（2）平行布水；

（3）采用 DN100 PVC 管。

1.2.7.5　防渗

底部防渗采用标准为 450 g/m^2 的二布一膜防渗土工膜。

1.2.7.6　植物设计

该工程均选用耐污性强、净化效果好的植物：一级水生物塘栽种凤眼莲、喜旱莲子草；一级植物碎石床栽种芦苇、风车草、美人蕉；二级水生物塘栽种大薸、水芹菜；二级植物碎石床栽种伞草、野姜花、水葱；植物砂滤池栽种花叶芦荻、花叶虉草。

1.2.8　人工湿地系统运行水质分析结果

人工湿地系统从 2007 年 7 月下旬开始正常运转后各污染物的去除率见表 1-6。由表 1-6 可知，采用高水力负荷人工湿地工艺处理城镇污水，其结果均达到出水标准。

表 1-6 凤凰二沟人工湿地初期运行情况

指标	COD_{Cr}	BOD_5	SS	NH_3-N	TP	PH
进水 /（mg/L）	202	97	76	36.3	2.97	7.3
前处理出水 /（mg/L）	20	5	<5	2.8	1.1	7.1
人工湿地出水 /（mg/L）	18.4	4	<5	0.67	0.85	7.7
人工湿地去除率 /%	9	20	—	76.1	22.7	—
评价 /（mg/L）	50（一级 A）	10（Ⅲ类水）	10（一级 A）	5（Ⅲ类水）	—	—

注：①一级 A 指《城镇污水处理污染物排放标准》（GB 18918—2002）中的一级排放标准 A 标准。

②Ⅲ类水指《地表水环境质量标准》（GB 3838—2002）中的Ⅲ类标准。

1.2.9 效益分析

该工程总投资为 900 万元，即每吨水投资 375 元。

该工程运行费：

（1）水费：按每吨水单价为 0.70 元，每月用水 90 t 计，每月水费为 63 元。

（2）电费：按每度电单价为 0.481 元，每月满负荷用电费为 37 × 24 × 0.481 × 30=12 813.84 元。

（3）人工费：每月每人工资 800 元计，为 4 × 800=3 200 元 / 月

（4）办公费用：按每月 3 600 元计。

（5）植物收割清理费：按每年植物残体 600 t 计算，每吨植物残体收割清理费为 60 元，每年植物收割清理费为 36 000 元，平均每月植物收割清理费为 3 000 元。

（1）～（5）合计：每月 22 676.84 元。

处理每吨水运行费用：0.031 5 元 /t。

1.2.10 相关图片

成都市凤凰二沟人工湿地见图 1-13～图 1-18。

图 1-13　成都市凤凰二沟人工湿地污水景观工程

图 1-14　成都市凤凰二沟人工湿地污水处理系统—进水

图 1-15 成都市凤凰二沟人工湿地污水处理系统—出水
（人工湿地前通过另一环保公司设计的快速渗滤处理）

图 1-16 成都市凤凰二沟人工湿地运行典礼

图 1-17　成都市凤凰二沟人工湿地污水处理系统—植物

图 1-18　汪俊三在成都市凤凰二沟人工湿地污水处理系统调研

1.3 广东省梅州市蕉岭县人工湿地污水处理系统

前言后语

（1）该工程由广东省环保局、蕉岭县政府主持，蕉岭县水利局、县环保局主持具体工作。

（2）该工程由广东省环境监测站主持组织，陈站长领导，张永波具体主持，金端瑶负责前处理系统，汪俊三负责人工湿地系统设计。

（3）亮点

①该工程是县级人工湿地污水处理工程，要求比较严格，同时也是万吨级工程。

②前处理采用一体化高效生化处理池工艺，很有特色。

③植物碎石床人工湿地水力负荷较高［0.57 $m^3/(m^2 \cdot d)$］。

④植物品种较多。

1.3.1 项目背景

蕉城镇是蕉岭县人民政府所在地，在蕉岭县中部、石窟河东岸，是蕉岭县政治、经济、文化中心。当时的城区面积为 6 km^2，人口约 6 万人。近年来，蕉岭县围绕全面建设小康社会这一奋斗目标，认真实施“四个梅州”发展战略，经济发展快速，人民生活水平不断提高。特别是充分发挥石灰石、大理石资源丰富的优势，大力发展资源型加工工业，使蕉岭成为全省规模最大的水泥生产和大理石精深加工基地，带动了相关产业的迅速发展。但随着人口的增加，城区生活污水的排放量也逐年增加。由于目前尚未建有城市污水处理设施，污水直接排入溪峰河和石窟河，不仅污染了水质，危害人民身体健康，也对石窟河下游地区的用水安全构成直接的威胁。根据《蕉岭县城总体规划》和《蕉岭县环境保护“十五”规划和 2015 年远景目标纲要》要求，争取 2015 年建成一座污水处理厂，提高城市污水处理率，以达到保护水源、保障人民群众身体健康的目的。

1.3.2 设计原则

（1）认真贯彻执行国家关于环境保护工作的方针和政策，符合国家相关法律、法规、规范及标准。

（2）从蕉岭县实际情况出发，在城市总体规划的指导下，全面规划，分期实施。污水处理厂以近期建设为主要目的，为远期发展留有余地，使工程建设与城市发展相协调，既保护环境，又最大限度地发挥工程效益。

（3）根据进水水质和排放标准要求，所选用的污水处理工艺技术先进、处理效果好、管理简单、运行可靠、投资成本低及日常运行费用低。

（4）设备选用国内外先进可靠、高效节能、运行管理方便的设备。

（5）妥善处理和处置污水处理过程中产生的栅渣、沉砂和污泥，避免对环境造成二次污染。

（6）采用现代化技术手段，提高自动化控制和管理水平，做到技术可靠、经济合理。

（7）为保证污水处理系统正常运转，供电系统采用双回路电源，且污水处理厂运行设备备用率充足。

（8）厂区总平面布置力求在便于施工、便于安装和便于维修的前提下进行，力求新颖美观，布局合理，功能齐全。

（9）厂区竖向设计力求减少填方量，节省污水提升费用。

（10）厂区建筑风格力求统一，简洁明快、美观大方，并与厂区周围景观相协调，积极创造一个良好的生产和生活环境。

（11）工业废水经处理达到《污水排入城市下水道水质标准》（GJ 18—86）后，方可接入城市排水系统。

1.3.3 工程规模和进水、出水水质确定

广东省梅州市蕉岭县污水处理厂于 2008 年 6 月开始建设，2009 年 1 月主体工程完工，处理规模为 10 000 m^3/d，人工湿地总占地面积为 17 400 m^2。该工程位于县城西南部，石窟河荣春电站蓄水坝下游，处理范围为蕉岭县中心城区（溪峰河北岸地区）的城镇污水，暂不包括溪峰河南岸地区，处理后的尾水排至石窟河。污水处理厂出水执行《城镇污水处理厂污染物排放标准》（GB 18918—2002）一级标准的 B 标准，同时执行《广东省水污染物排放限值》（DB 44/26—2001）的一级标准。本工程设计进水、出水水质见表 1-7。

表 1-7 设计进水、出水水质

项目	BOD_5	COD_{Cr}	SS	NH_3-N	TP
进水水质 /（mg/L）	100	200	150	20	4
出水水质 /（mg/L）	≤20	≤40	≤20	≤8	≤1.5
去除率 /%	≥83	≥75	≥88	≥60	≥63
GB 18918—2002 与 DB 44/26—2001 的一级标准的较严标准 /（mg/L）	20	40	20	8	1.5

1.3.4 工艺优化及其处理原理

1.3.4.1 工艺优化

蕉岭县城污水处理厂规模较小，而蕉岭县又是经济欠发达的县城，但土地资源

比较丰富，因此从蕉岭县的实际情况出发，选择了“一级强化＋人工湿地工艺”作为蕉岭县污水处理厂的设计工艺。该工艺的优点是：

（1）处理效果良好

生化絮凝的一级强化处理是在AB工艺的A级处理的基础上发展起来的，在国内外都有成熟的经验。广州猎德污水处理厂规模为22万m^3/d已投产，并取得了良好的处理效果。在此基础上又有生态环境部华南环境科学研究所汪俊三教授在云南省高水力负荷人工湿地工艺，水力负荷提高到0.4～$1m^3/(m^2 \cdot d)$作保证，因此能保证稳定达标排放。

（2）投资节省

生化絮凝的一级强化处理池比常规二级处理生化池体积小1/6，而人工湿地也是投资较低的污水处理设施，因此总投资大为节省。

（3）运行费用低

一体化高效处理池中污水停留时间短，曝气量低，能耗低，且人工湿地运行不需要电耗，因此运行费用低。

（4）管理简单易行

一体化高效处理池在管理中主要需要注意调节空气阀门，控制反应池内溶解氧量，其余基本可实现自动控制，管理简单。人工湿地管理只需注意定期收割和栽种植物，其他的管理也比较简单。

（5）利于实现污水资源化

在土地资源充足的条件下，经过人工湿地系统处理后的出水水质可以达到地面水水质标准。因此，它实际上可作为一种污水深度处理的方法。特别适合处理饮用水水源或景观用水区附近的生活污水或直接对受污染水体进行处理，或者为这些水体提供清洁的水源补充，同时还可以就近实现农田灌溉或绿化回用。

（6）具有较高的景观和生态价值

采用一级强化与人工湿地组合污水处理工艺，在有效地处理污水的同时，还具有强大的生态功能。通过湿地植物的优选组合，除可把污水处理厂建设成为一个绿色满园、生机盎然的城市生态和环保教育主题公园外，还可改善大气质量，净化空气，缓解热岛效应，蓄水抗旱，消洪减灾，减少排水投资，降低噪声，改善光污染，是建设生态城市必备之功能。

1.3.4.2 处理原理

（1）一级强化

其原理是：利用活性污泥和化学混凝剂的共同作用，在较短的时间内将容易降解的有机物分解合成新的细胞物质，或利用生物化学絮凝作用，把污染物迅速从水中去除，再经沉淀将水和污泥分离，从而达到去除污染物的目的。

一级强化工艺在设计上通过一体化高效处理池来完成。一体化高效处理池由两个同心圆组成，池的外圈为生物化学反应池，内圆为沉淀池。即污水进入外圈时与活性污泥接触，微生物絮凝体有很强的吸附能力，把污染物吸附在微生物的周围，并把容易分解的有机物进行分解，然后在反应池的后段投入少量的化学混凝剂（投加量为 10×10^{-6}～30×10^{-6}），继续进行物理化学反应，生成化学的絮凝体，在生物和化学絮凝体的共同作用下，污染物迅速地得到去除，再经流入内圈的沉淀池内，将水和污泥分离，最终使其出水得到净化。进入一体化高效生物、化学处理池的污水和出水浓度变化见表 1-8。

表 1-8　一体化高效生物、化学处理池处理效果（投药的效果）

项目	进水浓度 /（mg/L）	去除效果 /%	出水浓度 /（mg/L）
COD_{Cr}	200	70～85	75～37
BOD_5	100	70～85	36～14
SS	150	80～90	30～15
NH_3-N	25	30～40	17.5～15
TP	2.5	75～90	0.6～0.25

（2）人工湿地

人工湿地是在长期应用天然湿地净化功能的基础上于 20 世纪 70—80 年代发展起来的一种水净化资源化生态工程技术。其设计和建造是通过对湿地自然生态系统中的物理、化学和生物作用的优化组合来进行的，一般利用这三者的协同作用来处理污水。

表 1-9　一体化高效生物、化学处理池处理效果（不投药的效果）

项目	进水浓度 /（mg/L）	去除效果 /%	出水浓度 /（mg/L）
COD_{Cr}	200	50～70	120～75
BOD_5	100	40～60	72～48
SS	150	50～70	75～45
NH_3-N	25	10～20	22.5～20
TP	2.5	20～30	2～1.75

人工湿地对污染物的去除可分为对有机物的去除和对氮、磷的去除等。有机物的去除主要是靠成熟人工湿系统中的填料和植物根系中大量的微生物形成的生物膜，污水流经湿地床时，大量悬浮固体、不溶解性的有机物被填料及根系阻挡截留，可溶解性的有机质通过生物膜的吸附和微生物的代谢过程得到降解，也有一部分的有机物由于被植物吸收而得以去除。

污水中的氮在人工湿地处理系统中，除了通过吸附、过滤、沉淀、被植物及微生物作为营养成分直接吸收而得到去除外，同时由于人工湿地的植物根系具有较强的输氧作用，可使根系周围的微环境中保持有较高的溶解氧，并依次形成好氧、缺氧及厌氧环境，使污水中的氮在人工湿地系统中通过硝化、反硝化作用从水中去除。

磷是生物生长的必需的营养元素，污水中的磷在流经人工湿地时被植物及微生物作为营养成分直接吸收，将无机磷变成了微生物和植物的组成部分，最后通过湿地基质的定期更换或栽培植物的收割而最终使污染物质从系统中去除，同时作为填料的砾石，其中含有钙的成分，它与水中溶解性的磷酸作用生成不溶解性的磷酸钙盐，从污水中沉淀下来进而得到了去除。

人工湿地对重金属具有较强的化学沉淀、置换和生物吸附等去除作用，对细菌、大肠菌、粪大肠菌等生物学污染指标有较强的物理截留和生化与生物杀灭作用。一些人工湿地工程实践表明，其 COD_{Cr} 去除率可达 60%～70%，BOD_5 去除率可达 60%～70%，N、P 去除率可达 50%～70%，SS 去除率达到 70%～80%。常用人工湿地出水水质见表 1-10。

表 1-10　常用的人工湿地的出水水质

项目	地表慢流	湿地	地下渗滤
BOD_5/（mg/L）	10（<15）	10～20（<30）	<2（<5）
SS/（mg/L）	10（<15）	10（<20）	<1（<5）
NH_3-N/（mg/L）	<4（<8）	5～10（<15）	<5（<2）
TP/（mg/L）	4（<6）	4（<10）	<0.1（<0.3）
大肠菌群 /（个 /L）	2×10^3（$<2\times10^4$）	4×10^5（$<4\times10^6$）	0（$<1\times10^2$）

1.3.5　工艺流程

该工程的工艺流程如图 1-19 所示。污水通过粗格栅，再由污水泵提升到细格栅渠（细格栅渠与旋流沉砂池合建），污水经前处理后进入一体化高效生物化学处理池，最后进入人工湿地处理，再消毒后排入石窟河。

1.3.6　工程建（构）筑物单元设计

1.3.6.1　粗格栅和进水提升泵房

粗格栅和进水提升泵房合建，按土建 2 万 m^3/d 规模建设，设备分两期安装。厂外收集系统输送过来的污水将通过进水泵房提升到沉砂池，设计按最大流量泵房，变化系数取 1.45。泵房设计为半地下式，内设粗格栅，污水经格栅；去除垃圾后用干式离心泵提升，栅渣收集后运走。泵房平面尺寸为 19.6 m×8.3 m×9.45 m。

地下部分为钢筋混凝土结构，地上部分设计顶盖，以便挡雨和吊装水泵。

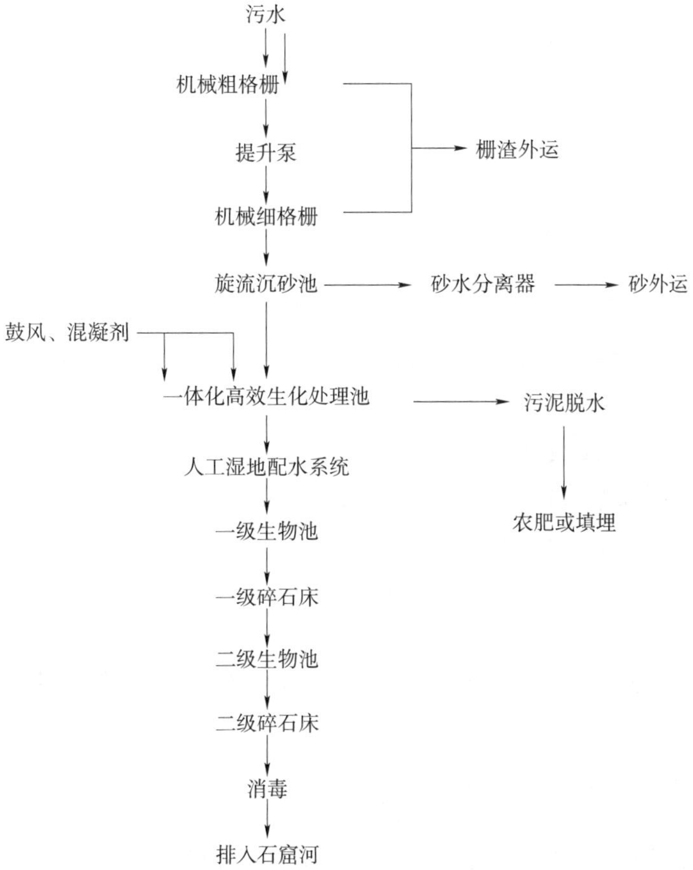

图 1-19　蕉岭县污水处理工艺流程

（1）粗格栅

设计水量最大为 604 m^3/h。

采用高链式粗格栅，用来拦截污水中的悬浮物和较大颗粒，保护水泵和其他机械免受损坏。格栅清渣可按前后水位差自动控制，也可手动控制。每日拦截栅渣量为 1.05 m^3。由市政垃圾车定期运走。

①高链式粗格栅除污机 1 台

格栅宽度为 B=0.8 m；

栅条间隙、宽度为 20 mm；

栅条宽度：10 mm；

过栅流速：V=0.5～1.0 m/s；

栅前水深为 600 mm；

安装倾角为 70°；

单台电机功率为 N=1.1 kW。

②手动粗格栅 1 台

格栅宽度为 B=0.8 m；

栅条间隙、宽度为 20 mm；

栅条宽度：10 mm；

过栅流速：V=0.5～1.0 m/s；

栅前水深为 600 mm；

安装倾角为 70°。

（2）进水泵房

泵房的深度不大，需要提升的高度也不高，可建干式提升泵房，内部安装离心式污水提升泵。

一期设备最大流量为 604 m^3/h。

一期：选用离心式污水泵 3 台（2 用 1 备），单台流量 Q=315 m^3/h，扬程 H=7.9 m，电机功率为 11 kW。

二期：增加 1 台离心污水泵，流量 Q=620 m^3/h，扬程 H=7.9 m，电机功率为 20 kW，即可满足第二期的污水处理量。

水泵运行方式：由安装在泵房集水井内的超声波液位计根据水位高低调节水泵运行台数。

1.3.6.2 细格栅和旋流沉砂池

细格栅与旋流式沉砂池合建，土建按 2.0 万 m^3/d 设计，设备分两期安装。平面尺寸约为 14.22 m × 6.68 m × 2.64 m。

（1）细格栅

细格栅采用机械回转式自动除渣格栅，用以拦截污水中较小的悬浮物。选取细格栅除污机 1 台，每台日处理水量为 Q=1.00 万 m^3。细格栅每日拦截渣量约为 0.5 m^3，含水率为 80%，栅渣经无轴螺旋输送压榨机将垃圾脱水并送至贮渣斗，由市政垃圾车定期外运。回转式细格栅可按栅前后水位差自动控制清渣，也可手动控制。

①回转式细格栅 1 台

最大过流量 Q_{max}=604 m^3/h；

栅宽为 1 000 mm；

栅齿间隙为 5 mm；

栅齿宽度为 10 mm；

格栅倾角为 70°；

栅前水深为 500 mm；

过栅流速：V=0.5～0.8 m/s；

单台电机 N= 1.1 kW。

②手动细格栅

最大过流量 Q_{max}=604 m^3/h；

栅宽为 1 000 mm；

栅齿间隙为 5 mm；

栅齿宽度为 10 mm；

格栅倾角为 70°；

栅前水深为 500 mm；

过栅流速：V=0.5～0.8 m/s。

（2）旋流沉砂池

旋流沉砂池具有占地少、沉砂效果好，安装、管理方便等优点。池体为钢筋混凝土结构，中间有桨板搅拌机，利用机械转动的离心力将砂甩到边上，然后落入砂斗，利用砂泵将砂粒抽出池外，每天排砂量约为 0.5 m^3，分离出来的干砂定期外运。

沉砂池设有 2 个池，一期仅使用 1 个池。沉砂池设 1 台可调速的桨板搅拌机，1 台砂泵，1 台砂水分离器。

单个沉砂池工艺尺寸：

沉砂池直径为 2.44 m；

沉砂池深为 1.42 m；

砂斗直径为 0.91 m；

砂斗深为 1.52 m。

①可调速的桨板搅拌机 1 台

桨板转速为 14 r/min；

电机功率 N=0.75 kW。

②提砂泵 1 台

流量 Q=20 m^3/h；

扬程 H=5 m；

电机功率 N = 1.5 kW。

③砂水分离器 1 台

Q=1.5 m^3/h，ϕ =260 mm，N=0.25 kW。

1.3.6.3　一体化高效处理池

池体由两个同心圆组成，内圆为沉淀池，直径为 25 m，外圆由生物反应池、化学反应池、回流泵、出水池组成，直径为 30 m。一体化高效生物化学处理池集中了生物、化学反应、沉淀于一池中，这样一来土建费用省、管道短、占地少、运行管理方便，是适合于小水量处理的构筑物。

外圈的前段为生物反应池，采用高负荷的活性污泥法工艺，污水进入反应池后，在短时间内有机物即被吸附和分解，为使活性污泥在好氧的状态下运行，内部装有微孔曝气器，作供氧和搅拌用。生物反应池的后面为化学处理池，向池内投加少量的化学混凝剂，经混合、反应过程，待生物和化学反应都形成絮凝物后，通过管道进入内圈的沉淀池，池内设有吸刮泥机，污水与污泥在沉淀池内进行泥水分离，沉淀后的污水进入人工湿地系统，污泥经吸刮泥机提升后进入污泥回流井，内设污泥回流泵，部分污泥（40%～50%）通过污泥泵回流到前面的反应池，剩余污泥排入污泥处理系统。

主要设计参数：

污泥负荷：1～1.5 kg BOD_5/（kgMLSS·d）；

污泥浓度：2～3 g/L；

生物反应停留时间：1.3 h；

化学混凝时间：0.5 h；

需氧量：0.3～0.5 kg O_2/kgBOD_5；

投药量：10×10^{-6}～30×10^{-6}；

沉淀池表面负荷：1.2 m^3/（m^2·h）（最大小时流量）；

0.82 m^3/（m^2·h）（平均小时流量）。

①吸刮泥机（直径 25 m，半桥式）1 台

功率为 2.2 kW。

②污泥回流泵 2 台

流量：210 m^3/h；

扬程：2.8 m；

电机功率：3 kW。

1.3.6.4 综合车间（鼓风机房、污泥脱水机房、配电房）

鼓风机房、污泥脱水机房、配电房合建在一栋建筑物内，用间隔墙进行分隔，总的平面尺寸为 12 m × 5 m+16 m × 7 m，高为 4.0 m，框架结构。

（1）鼓风机房平面尺寸为 6 m × 5 m，内部安装 2 台鼓风机（1 用 1 备），为防止噪声对环境的影响，鼓风机房的门窗设有隔音的装置。

罗茨鼓风机 2 台（1 用 1 备）

流量：16 m^3/min；

风压：49 kPa；

电机功率：22 kW。

（2）污泥脱水机房，主要工作原理是设置机械脱水机，将高效一体化设备中

产生的污泥进行机械脱水，每天产生的污泥量为 1 250 kg，未经浓缩污泥含水率为 99.2%，体积为 156 m^3，污泥脱水机房平面尺寸为 16 m × 7 m，一期计划安装 1 台 200 m^2 板框式脱水机（二期位置预留），脱水后污泥含水率约为 75%，体积约 5 m^3。

①板框式脱水机 1 台

板框面积　200 m^2。

②污泥加压提升泵 2 台（1 用 1 备）

流量：15 m^3/h；

扬程：20 m；

电机功率：11 kW。

③污泥投药设备、污水投药设备各 1 套。

（3）配电间，平面尺寸为 4 m × 5 m。

1.3.6.5　人工湿地系统参数设计

1.3.6.5.1　占地面积、处理量、水力负荷

人工湿地设计水量为 1 万 m^3/d，水力负荷为 0.57 m^3/（m^2 · d）（平均），湿地总面积为 17 400 m^2。

1.3.6.5.2　人工湿地平面设计

人工湿地分为四个系统，并联运行，每个系统处理规模为 2 500 m^3/d，由一级生物池、一级植物碎石床、二级生物池和二级植物碎石床组成。人工湿地平面布置如图 1-20 所示。由于场地规划，其中 1～3 系统的设计尺寸一样，系统 4 与其他 3 个有区别，各系统尺寸设计如下：

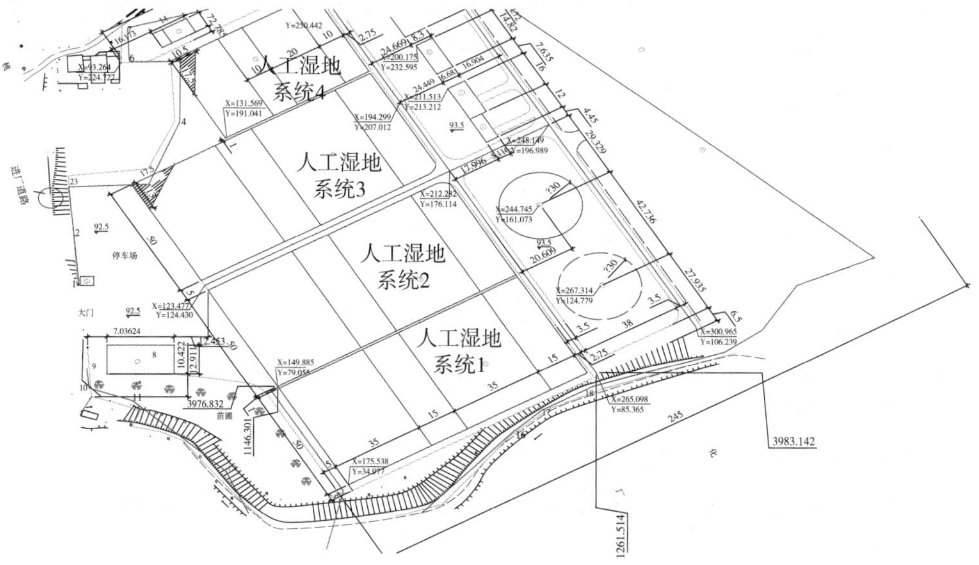

图 1-20　蕉岭县污水处理平面布置图

（1）一级生物池

系统 1～3：平面尺寸为 15 m × 50 m，面积为 750 m^2；深度 2.2 m，停留时间为 14.4 h；

系统 4：平面尺寸为 10 m × 40 m，面积为 400 m^2；深度 2.2 m，停留时间为 7.68 h。

（2）一级植物碎石床

系统 1～3：平面尺寸为 35 m × 50 m，面积为 1 750 m^2；碎石层厚 1.5 m，碎石粒径为 50～90 mm，停留时间为 7.56 h；

系统 4：平面尺寸为 20 m × 40 m，面积为 800 m^2；碎石层厚 1.5 m，碎石粒径为 50～90 mm，停留时间为 3.46。

（3）二级生物池

系统 1～3：平面尺寸为 15 m × 50 m，面积为 750 m^2；深度为 2.2 m，停留时间为 14.4 h；

系统 4：平面尺寸为 10 m × 40 m，面积为 400 m^2；深度为 2.2 m，停留时间为 7.68 h。

（4）二级植物碎石床

系统 1～3：平面尺寸为 35 m × 50 m，面积为 1 750 m^2；碎石层厚 1.5 m，碎石粒径为 40～60 mm，停留时间为 7.56 h；

系统 4：平面尺寸为 20 m × 40 m，面积为 800 m^2；碎石层厚 1.5 m，碎石粒径为 40～60 mm，停留时间为 3.46 h。

1.3.6.5.3 人工湿地剖面设计

所有子系统中一级生物池最高，逐级下降，二级植物碎石床最低，以便自行流出水；人工湿地平均坡度为 0.5%～1%，碎石床厚度为 1 500 mm，一级植物碎石床料粒径为 50～90 mm，二级植物碎石床粒径为 40～60 mm。

1.3.6.5.4 布水方式

污水在人工湿地中的运行方式：水平潜流。

布水方式：PVC 穿孔管布水，上部进水，下部出水。

1.3.6.5.5 防渗

一级、二级生物池，一级、二级植物碎石床底部防渗系统均采用“400 g 二布一膜土工膜加 200 mm 厚黏土保护层”，可保证湿地床底渗透系数 $k<10^{-8}$。

1.3.6.5.6 植物设计

该工程均选用耐污性强、净化效果好的植物。一级生物池种水葫芦，二级生物池种大漂；一级、二级植物碎石床拟选用芦苇、伞草、风车草、花叶芦荻、芦竹等水生植物。

1.3.6.6　消毒池设计

设计消毒池 1 座，污水停留时间为 30 min，消毒池平面尺寸为 10 m×7 m，深度为 3.2 m。

同时配置漂白粉投加设备 1 套。

1.3.7　效益分析

该工程总投资费用约为 1 098.69 万元，运行成本低，详见表 1-11，管理也很方便。

表 1-11　运行成本分析

序号	项目	单位	金额	备注
	污水处理量	万 t/a	365	
1	电 费	万元	34.41	按 0.739 2 元 /kW · h 计
2	水 费	万元	0.4	水费按 1.30 元 /t 计
3	药剂费（污泥脱水和污水投药）	万元	4.5	聚丙烯酰胺 5 万元 /t 聚合氯化铝 900 元 /t
4	工资及福利费	万元	12.0	每人每月平均工资按 1 000 元计
5	修理维护费	万元	10.91	按固定资产投资 1% 计算
6	折旧费	万元	54.6	按 20 年折旧，净残值率取 5%
7	管理费及其他	万元	8.4	按运行费 10% 计算
8	总成本	万元	125.23	
9	经营成本	万元	70.63	
	单位总成本	元 /m^3	0.34	
	单位经营成本	元 /m^3	0.19	

注：污水中加化学混凝剂按 3 个月计。

1.3.8　相关图片

蕉岭县人工湿地如图 1-21～图 1-23 所示。

图 1-21 蕉城污水处理厂

图 1-22 蕉城污水处理厂前处理系统

图 1-23　蕉城污水处理厂人工湿地系统

1.4　广东省梅州市大埔县人工湿地污水处理

前言后语

基本情况同蕉岭人工湿地。

水力负菏为 0.62 $m^3/(m^2 \cdot d)$，并结合景观设计，建成西湖湿地公园。

1.4.1　项目背景

大埔县地处粤东北部山区，韩江上游，北邻福建省。主要河流有汀江、梅潭河、梅江，三条河在该县的三河坝汇合成韩江。县城设在该县中部、青山环抱的湖寮盆地。梅潭河是韩江五大支流之一也是大埔县人民的母亲河，在大埔县城呈“门”字形穿流而过，县城四面环山、三面绕水，自然风光十分优美。大埔县是广东省 16 个贫困县之一。“九五”以来，大埔县利用侨乡优势广纳民资，大力完善基础设施建设，县城经济快速发展，城镇化进程加快。但随着经济的繁荣和人口的增加，城市污水排放量也大量增加。污水未经任何处理直接排入梅潭河，不仅污染了水质，也对韩江下游地区的用水安全构成直接威胁，成为制约当地社会经济发展的不利因素。

1.4.2 工程规模和进水、出水水质确定

广东省梅州市大埔县污水处理厂于2008年6月开始建设，2009年1月主体工程完工，处理规模为10 000 m^3/d。大埔县污水处理厂新址设在下沥大桥北侧下游100 m处，厂址规划用地面积41 400 m^2，一期用地25 100 m^2，处理范围为中心城区（不包括黎家坪）的城镇污水，建成后尾水排至梅潭河。污水处理厂出水执行《城镇污水处理厂污染物排放标准》（GB 18918—2002）的一级标准B标准，同时执行《广东省水污染物排放限值》（DB 44/26—2001）的一级标准。本工程设计进水、出水水质见表1-12。

表1-12 设计进水、出水水质

项目	BOD_5	COD_{Cr}	SS	NH_3-N	TP
进水水质 /（mg/L）	100	200	150	20	4
出水水质 /（mg/L）	≤20	≤40	≤20	≤8	≤1.5
去除率 /%	≥83	≥75	≥88	≥60	≥63
GB 18918—2002 与 DB 44/26—2001 的一级标准的较严标准 /（mg/L）	20	40	20	8	1.5

1.4.3 工艺优化及其处理原理

1.4.3.1 工艺优化

大埔县城污水处理厂规模较小，而大埔县又是经济不很发达的县城，但土地资源比较丰富，因此从大埔县的实际情况出发，选择了“一级强化＋人工湿地工艺”作为大埔县污水处理厂的设计工艺。该工艺的优点是：

（1）处理效果良好

生化絮凝的一级强化处理是在AB工艺的A级处理基础上发展起来的，在国内外都有成熟的经验。广州猎德污水处理厂规模为22万 m^3/d；现已投产并取得良好的处理效果，在此基础上再加上生态环境部华南环境科学研究所汪俊三教授在云南省高水力负荷人工湿地工艺，水力负荷提高到0.4～1 $m^3/(m^2 \cdot d)$ 以上作保证，因此能保证稳定达标排放。

（2）投资节省

生化絮凝的一级强化处理池比常规二级处理生化池体积小1/6，而人工湿地也是投资比较低的污水处理设施，因此总投资大为节省。

（3）运行费用低

污水在一体化高效处理池中停留时间短，曝气量低，能耗低，人工湿地运行不需要电耗，因此运行费用低。

（4）管理简单易行

一体化高效处理池在管理中主要需要注意调节空气阀门，控制反应池内溶解氧质量，其余基本可实现自动控制，管理简单。人工湿地管理应注意定期收割和补种植物，其他的管理也比较简单。

（5）利于实现污水资源化

在土地资源足够的条件下，经过人工湿地系统处理后的出水水质可以达到地面水水质标准。因此，它实际上可作为一种污水深度处理的方法。特别适合处理饮用水水源或景观用水区附近的生活污水或直接对受污染水体进行处理，或者为这些水体提供清洁的水源补充，同时还可以就近实现农田灌溉或绿化回用。

（6）具有较高的景观和生态价值

采用一级强化与人工湿地组合污水处理工艺，在有效处理污水的同时，还具有强大的生态功能。通过湿地植物的优选组合，除可把污水处理厂建设成为一个绿色满园、生机盎然的城市生态和环保教育主题公园外，还可改善大气质量，净化空气，缓解热岛效应，蓄水抗旱，消洪减灾，减少排水投资，降低噪声，改善光污染，是建设生态城市必备之功能。

1.4.3.2　处理原理

一级强化同蕉岭县人工湿地。

1.4.4　工程建（构）筑物单元设计

1.4.4.1　厂外粗格栅和污水提升泵房

厂外粗格栅和污水提升泵房合建，位于厂区对岸，土建按 2 万 m^3/d 规模建设，设备分两期安装。厂外收集系统输送过来的污水将通过进水泵房提升到沉砂池，泵房按最大流量设计，变化系数取 1.45。泵房选用半地下式，内设粗格栅，污水经格栅去除垃圾后用干式离心泵提升，栅渣收集后运走。泵房为圆形，直径 Φ=10.6 m，为钢筋混凝土结构。

（1）粗格栅

设计水量最大流量为 604 m^3/h。

采用高链式粗格栅，用来拦截污水中的悬浮物和较大颗粒，以保护水泵和其他机械免受损坏。格栅可按前后水位差自动控制清渣，也可手动控制。每日拦截栅渣量为 1.05 m^3，含水率为 80%。由市政垃圾车定期清运。

①高链式粗格栅除污机 1 台

格栅宽度为 B=0.8 m；

栅条间隙、宽度为 20 mm；

栅条宽度：10 mm；

过栅流速：V=0.5～1.0 m/s；

栅前水深为 600 mm；

安装倾角为 70°；

单台电机功率为 N=1.1 kW。

②手动粗格栅 1 台

格栅宽度为 B=0.8 m；

栅条间隙、宽度为 20 mm；

栅条宽度：10 mm；

过栅流速：V=0.5～1.0 m/s；

栅前水深为 600 mm；

安装倾角为 70°。

（2）污水泵房

泵房为圆形，直径 Φ=8.0 m，总高 10.5 m。

一期，泵房内安装 4 台潜水排污泵，2 台大泵（1 用 1 备），单台流量 Q=315 m^3/h，扬程 H=10 m，电机功率为 15 kW；2 台小泵（1 用 1 备），单台流量 Q=120 m^3/h，扬程 H=10 m，电机功率为 6 kW。

二期，将 2 台小泵换为大泵，单台流量 Q=610 m^3/h，扬程 H=10 m，电机功率为 20 kW，即可满足第二期的水量。

水泵的运行方式：由安装在泵房集水井内的超声波液位计根据水位高低调节运行水泵台数。

1.4.4.2 细格栅和旋流沉砂池

细格栅及旋流式沉砂池合建，位于厂区内，土建按 2.0 万 m^3/d 设计，设备分两期安装。平面尺寸约为 14.22 m × 6.68 m × 2.64 m。

（1）细格栅

细格栅采用机械回转式自动除渣格栅，用来拦截污水中较小的悬浮物。选取细格栅除污机 1 台，每台处理水量 Q=1.00 万 m^3/d。细格栅每日栏截渣量约为 0.5 m^3，含水率为 80%，栅渣经无轴螺旋输送压榨机输将垃圾脱水并送至贮渣斗，由市政垃圾车定期外运。回转式细格栅可按栅前、后水位差自动控制清渣，也可手动控制。

①回转式细格栅 1 台

最大过流量 Q_{max}=604 m^3/h；

栅宽为 1 000 mm；

栅齿间隙为 5 mm；

栅齿宽度为 10 mm；

格栅倾角为 70°；

栅前水深为 500 mm；

过栅流速：V=0.5～0.8 m/s；

单台电机功率 N=1.1 kW。

②手动细格栅

最大过流量 Q_{max}=604 m^3/h；

栅宽为 1 000 mm；

栅齿间隙为 5 mm；

栅齿宽度为 10 mm；

格栅倾角为 70°；

栅前水深为 500 mm；

过栅流速：V=0.5～0.8 m/s。

（2）旋流沉砂池

旋流沉砂池具有占地少、沉砂效果好，安装、管理方便等优点。池体为钢筋混凝土结构，中间有桨板搅拌机，利用机械转动造成的离心力将砂甩到边上，然后落入砂斗，采用砂泵将砂粒抽出池外，每天排砂量约为 0.5 m^3，分离的干砂定期外运。

沉砂池采用 2 个池，一期仅使用 1 个池。沉砂池设 1 台可调速的桨板搅拌机，1 台砂泵，1 台砂水分离器。

单个沉砂池工艺尺寸：

沉砂池直径为 2.44 m；

沉砂池深为 1.42 m；

砂斗直径为 0.91 m；

砂斗深为 1.52 m；

①可调速的桨板搅拌机 1 台

桨板转速为 14 r/min；

电机功率为 N=0.75 kW。

②提砂泵 1 台

流量 Q= 20 m^3/h；

扬程 H=5 m；

电机功率为 N=1.5 kW。

③砂水分离器 1 台

Q=1.5 m^3/h，ϕ =260 mm，N=0.25 kW。

1.4.4.3 一体化高效处理池

池体由两个同心圆组成，内圆为沉淀池，直径为25 m，外圆由生物反应池、化学反应池、回流泵、出水池组成，直径为30 m。一体化高效生物化学处理池，集中了生物、化学反应与沉淀作用于一池中，这样一来土建费用省、管道短、占地少、运行管理方便，是适合于小水量处理的构筑物。

外圈的前段为生物反应池，为高负荷的活性污泥法工艺，污水进入池后，在短时间内有机物被吸附和分解，为使活性污泥在好氧的状态下运行，内装有微孔曝气器，作供氧和搅拌用。生物反应池的后面为化学处理池，向池内投加少量的化学混凝剂，经混合、反应过程，待生物和化学反应都形成絮凝物后，通过管道进入内圈的沉淀池，池内设吸刮泥机，污水与污泥在沉淀池内进行泥水分离，沉淀后的污水进入人工湿地系统，污泥经吸刮泥机提升后进入污泥回流井，内设污泥回流泵，一部分污泥（40%～50%）通过污泥泵将它回流到前面的反应池，剩余污泥排入污泥处理系统。

主要设计参数：

污泥负荷：1～1.5 kg BOD/（kg MLSS・d）；

污泥浓度：2～3 g/L；

生物反应停留时间：1.3 h；

化学混凝时间：0.5 h；

需氧量：0.3～0.5 kg O_2/kg BOD_5；

投药量：10×10^{-6}～30×10^{-6}；

沉淀池表面负荷：1.2 m^3/（m^2・h）（最大小时流量）；0.82 m^3/（m^2・h）（平均小时流量）。

①吸刮泥机（直径25 m，半桥式）1台

功率为2.2 kW。

②污泥回流泵2台

流量：210 m^3/h；

扬程：2.8 m；

电机功率：3 kW。

1.4.4.4 综合车间（鼓风机房、污泥脱水机房、配电房）

鼓风机房、污泥脱水机房、配电房合建在一栋建筑物内，用间隔墙进行分隔，总的平面尺寸为12 m×5 m+16 m×7 m，高为4.0 m，框架结构。

（1）鼓风机房平面尺寸为6 m×5 m，内安装2台鼓风机（1用1备），为防止噪声对环境的影响，对鼓风机房的门窗设有隔音的装置。

罗茨鼓风机 2 台（1 用 1 备）

流量：16 m^3/min；

风压：49 kPa；

电机功率：22 kW。

（2）污泥脱水机房，主要是设置机械脱水机将高效一体化设备中产生的污泥进行机械脱水，每天产生的污泥量为 1 250 kg，未经浓缩污泥含水率为 99.2%，体积为 156 m^3，污泥脱水机房平面尺寸为 16 m × 7 m，一期安装 1 台 200 m^2 板框式脱水机（二期位置预留），脱水后污泥含水率约 75%，体积约 5 m^3。

①板框式脱水机 1 台

板框面积　　200 m^2。

②污泥加压提升泵 2 台（1 用 1 备）

流量：15 m^3/h；

扬程：20 m；

电机功率：11 kW。

③污泥投药设备、污水投药设备各 1 套

（3）配电间，平面尺寸为 4 × 5 m。

1.4.4.5　人工湿地系统设计参数

1.4.4.5.1　占地面积、处理量、水力负荷

人工湿地设计水量为 1 万 m^3/d，水力负荷为 0.62 m^3/（m^2 · d）（平均），湿地总面积为 16 218 m^2。

1.4.4.5.2　人工湿地平面设计

人工湿地分四个系统，并联运行，每个系统处理规模为 2 500 m^3/d，每个系统由一级生物池、一级植物碎石床、二级生物池和二级植物碎石床组成。人工湿地平面布置如图 1-24 所示。

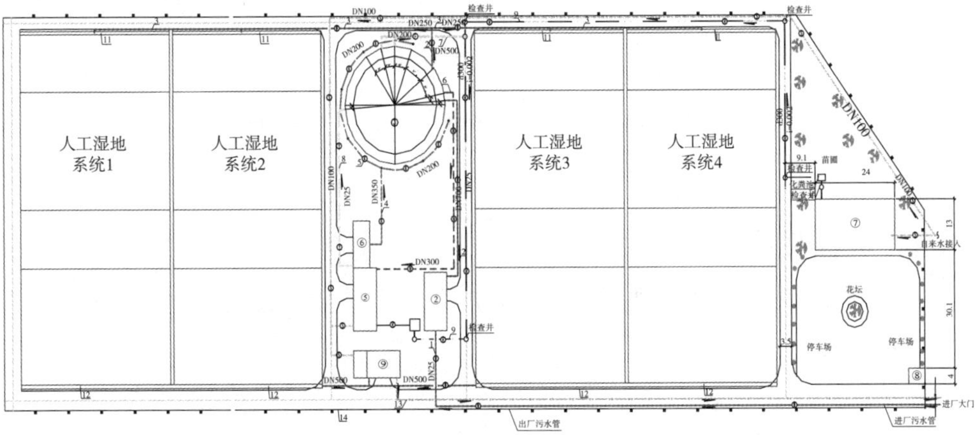

图 1-24　大埔县污水处理平面布置

人工湿地各系统尺寸设计如下：

（1）一级生物池

平面尺寸为 15 m × 45 m，面积为 675 m^2；深度为 2.2 m，停留时间为 12.96 h。

（2）一级碎石床

平面尺寸为 30 m × 45 m，面积为 1 350 m^2；碎石层厚 1.5 m，碎石粒径为 50～90 mm，停留时间为 5.83 h。

（3）二级生物池

平面尺寸为 15 m × 45 m，面积为 675 m^2；深度为 2.2 m，停留时间为 12.96 h。

（4）二级碎石床

平面尺寸为 30 m × 45 m，面积为 1 350 m^2；碎石层厚为 1.5 m，碎石粒径为 50～90 mm，停留时间为 5.83 h。

1.4.4.5.3 人工湿地剖面设计

所有子系统中，一级生物池最高，逐级下降，二级植物碎石床最低，以便自流出水；人工湿地平均坡度为 0.5%～1%，碎石床厚度为 1 500 mm，一级植物碎石床料粒径为 50～90 mm，二级植物碎石床粒径为 40～60 mm。

1.4.4.5.4 布水方式

污水在人工湿地中运行方式：水平潜流；

布水方式：PVC 穿孔管布水，上部进水，下部出水。

1.4.4.5.5 防渗

一级、二级生物池，一级、二级植物碎石床底部防渗均采用“400 g 二布一膜土工膜加 200 mm 厚黏土保护层”，可保证湿地床底渗透系数 $k<10^{-8}$。

1.4.4.5.6 植物设计

该工程均选用耐污性强、净化效果好的植物，一级生物池种水葫芦，二级生物池种大薸，一级、二级植物碎石床拟选用芦苇、伞草、风车草、花叶芦荻、芦竹等水生植物。

1.4.4.6 应急消毒池设计

1 座，停留时间为 30 min，平面尺寸为 10 m × 7 m，面积为 70 m^2；深度为 3.0 m。

1.4.5 效益分析

该工程投资省，总投资费用约为 1 079.31 万元，运行成本费低，详见表 1-13，管理也很方便。

表 1-13　运行成本分析

序号	项　目	单位	金额	备注
	污水处理量	万 t/a	365	
1	电费	万元	34.41	按 0.739 2 元 /（kW · h）计
2	水费	万元	0.4	水费按 1.30 元 /t 计
3	药剂费（污泥脱水和污水投药）	万元	4.5	聚丙烯酰胺 5 万元 /t 聚合氯化铝 900 元 /t
4	工资及福利费	万元	12.0	每人每月平均工资按 1 000 元计
5	修理维护费	万元	10.67	按固定资产投资 1% 计算
6	折旧费	万元	53.36	按 20 年折旧，净残值率取 5%
7	管理费及其他	万元	8.4	按运行费 10% 计算
8	总成本	万元	123.43	
9	经营成本	万元	70.07	
	单位总成本	元 /m^3	0.33	
	单位经营成本	元 /m^3	0.19	

注：污水中加化学混凝剂按 3 个月计。

1.4.6　相关图片

大埔县人工湿地如图 1-25～图 1-28 所示。

图 1-25　大埔污水处理厂人工湿地系统

图 1-26 大埔污水处理厂人工湿地系统

图 1-27 大埔污水处理厂前处理系统

图 1-28　大埔污水处理厂前处理系统

1.5　中山市民众镇浪网片区生活污水处理厂（人工湿地公园）

前言后语

此工程的人工湿地由汪俊三、洪轶璇、汪道宇、郭有顺、许玉凯等设计，前处理由金端瑶、张永波等设计。此人工湿地将结合园林景观设计，建成湿地公园。湿地有专门管理队伍，配套设施较全，运行正常。

1.5.1　项目背景

民众镇位于中山市东北部，横门水道北岸，鸡鸦水道东北岸，洪奇沥水道南岸，东临珠江口，南与中山市火炬开发区隔江相望，西连三角镇、港口镇，东北隔洪奇沥水道与广州番禺区万顷沙镇相望，地理位置为东经 113°26′48″，北纬 22°25′03″。全镇辖区面积 125.42 km^2，境内由平原、滩涂、水域组成，属大沙田地区，中心镇区距中山市中心城区石岐 14.2 km。京珠高速公路及番中公路由北向南穿越镇区，是民众镇两条主要的对外交通干道，其中京珠高速公路在民众镇设有南北两个出入口。城市规划中的万龙快速干线、新龙快速干线、三宝公路等几大快速干道穿越其中，水陆交通极为便利。民众镇海岸线长达 46 km，现有约 35 km^2 的水域，拥有珠江三角洲现存最优美的自然风光和优良生态环境。

民众镇下辖16个村民委员会和3个居民委员会。镇内河涌纵横密布，居民大多临水而居，素有中山“谷仓”之美誉。

近年来，中山市民众镇的经济迅速发展，人民生活水平不断提高，但与经济发展不协调的是，与之配套的基础设施却未能同步发展。目前民众镇城市污水处理厂仅有一座，城区的核心地带浪网片区生活污水未经处理直接排入河网水系中，严重影响了本镇的水体环境，沿岸居民对此反映强烈。同时，受到污染的河流也与民众镇水乡的地域发展定位不相符合。因此，在中山市民众镇浪网片区兴建污水处理厂已十分必要，并有着十分重要的意义。

为解决中山市民众镇的污水处理和排放问题，保护和改善河涌水质，促进地区经济的可持续发展，中山市民众镇浪网片区生活污水处理厂（人工湿地公园）已被中山市市政府提上议事日程，成为民众镇政府需要实施的主要市政基础设施工程之一。

1.5.2 工程规模和进水、出水水质确定

中山市民众镇污水处理厂，处理规模为10 000 m^3/d，污水处理厂新址设在十灵村南侧一块公共设施用地上，污水处理厂出水执行《城镇污水处理厂污染物排放标准》（GB 18918—2002）的一级标准B标准，同时执行《广东省水污染物排放限值》（DB 44/26—2001）的一级标准。本工程设计进水、出水水质见表1-14。

表1-14 设计进水、出水水质

项目	BOD_5	COD_{Cr}	SS	NH_3-N	TP
进水水质 /（mg/L）	125	250	150	25	3.5
出水水质 /（mg/L）	≤20	≤40	≤20	≤8	≤1.5
去除率 /%	≥84	≥84	≥86.7	≥68	≥57
GB 18918—2002与DB 44/26—2001的一级标准的较严标准 /（mg/L）	20	40	20	8	1.5

1.5.3 工艺优化及其处理原理

1.5.3.1 工艺优化

民众污水处理厂规模较小，土地资源比较丰富，因此从民众的实际情况出发，选择了“一级强化＋人工湿地工艺”作为污水处理厂的设计工艺。该工艺的优点是：

（1）处理效果良好

生化絮凝的一级强化处理是在AB工艺的A级处理的基础上发展起来的，在国

内外都有成熟的经验。广州猎德污水处理厂规模为 22 万 m^3/d，现已投产并取得良好的处理效果，在此基础上再加上生态环境部华南环境科学研究所汪俊三教授在云南省高水力负荷人工湿地工艺，将水力负荷提高到 0.4～1 $m^3/(m^2 \cdot d)$ 以上作保证，因此能稳定达标排放。

（2）投资节省

生化絮凝的一级强化处理池比常规二级处理生化池体积小 1/6，而人工湿地也是投资比较低的设施，因此总投资大为节省。

（3）运行费用低

一体化高效处理池中污水停留时间短，曝气量低，能耗低，人工湿地运行不需要电耗，因此运行费用低。

（4）管理简单易行

一体化高效处理池管理中需主要注意调节空气阀门，控制反应池内溶解氧，其余基本可实现自动控制，管理简单。人工湿地管理注意定期收割和种植物，其他的管理也比较简单。

（5）利于实现污水资源化

在土地资源足够的条件下，经过人工湿地系统处理后的出水水质可以达到地面水水质标准，因此，它实际上可作为一种深度处理的方法。特别适合处理饮用水水源或景观用水区附近的生活污水也可直接对受污染水体进行处理，或者为这些水体提供清洁的水源补充，同时还可以就近实现农田灌溉或绿化回用。

（6）具有较高的景观和生态价值

采用一级强化与人工湿地组合污水处理工艺，在有效处理污水的同时，还具有强大的生态功能。通过湿地植物的优选组合，除可把污水处理厂建设成为一个绿色满园、生机盎然的城市生态和环保教育主题公园外，还可改善大气质量，净化空气，缓解热岛效应，蓄水抗旱，消洪减灾，减少排水投资，降低噪声，改善光污染，是创建生态城市必备之功能。

1.5.3.2　处理原理

（1）一级强化

同蕉岭县人工湿地污水处理。

（2）人工湿地

人工湿地是在长期应用天然湿地净化功能基础上于 20 世纪 70—80 年代发展起来的一种水净化资源化生态工程技术。其设计和建造是通过对湿地自然生态系统中的物理、化学和生物作用的优化组合来进行的，一般利用这三者的协同作用来处理污水。

人工湿地对污染物的去除可分为对有机物的去除和对氮、磷的去除等方面。有机物的去除主要是靠成熟人工湿系统中的填料和植物根系中大量的微生物进而形成的生物膜，污水流经湿地床时，大量悬浮固体、不溶解性的有机物被填料及根系阻挡截留，可溶解性的有机质通过生物膜的吸附和微生物的代谢过程得到降解，也有一部分的有机物由于被植物的吸收而得以去除。

污水中的氮在人工湿地处理系统中，通过吸附、过滤、沉淀、植物及微生物作为营养成分直接吸收而得到去除外，同时由于人工湿地的植物根系具有较强的输氧作用，可使根系周围的微环境中保持较高的溶解氧，并可依次形成好氧、缺氧及厌氧环境，使污水中的氮在人工湿地系统中通过硝化、反硝化作用从水中去除。

磷是生物生长的必需的营养元素，污水中的磷在流经人工湿地时被植物及微生物作为营养成分直接吸收，将无机磷变成了微生物和植物的组成部分，最后通过湿地基质的定期更换或栽培植物的收割而最终使污染物质从系统中去除。同时作为填料的砾石，其中含有钙的成分，它与水中溶解性的磷酸作用生成不溶解性的磷酸钙盐，从污水中沉淀下来而得到去除。

人工湿地对重金属具有较强的化学沉淀、置换和生物吸附等去除作用，对细菌、大肠菌、粪大肠菌等生物学污染指标有较强的物理截留和生化与生物杀灭作用。一些用于处理城市污水的人工湿地工程实践表明，其 COD_{Cr} 去除率可达 60%～70%，BOD_5 去除率为 60%～70%，N、P 去除率达 50%～70%，SS 去除率达 70%～80%。常用人工湿地出水水质见表 1-15。

表 1-15 常用的人工湿地的出水水质

项目	地表慢流	湿地	地下渗滤
BOD_5/（mg/L）	10（<15）	10～20（<30）	<2（<5）
SS/（mg/L）	10（<15）	10（<20）	<1（<5）
NH_3-N/（mg/L）	<4（<8）	5～10（<15）	<5（<2）
TP/（mg/L）	4（<6）	4（<10）	<0.1（<0.3）
大肠菌群 /（个 /L）	2×10^3（$<2\times10^4$）	4×10^5（$<4\times10^6$）	0（$<1\times10^2$）

1.5.4 工艺流程

该工程的工艺流程如图 1-29 所示。污水通过粗格栅，再由污水泵提升到细格栅渠（细格栅渠与旋流沉砂池合建），污水经前处理后进入一体化高效生物化学处理池，最后进入人工湿地处理，再消毒后排入十灵河。

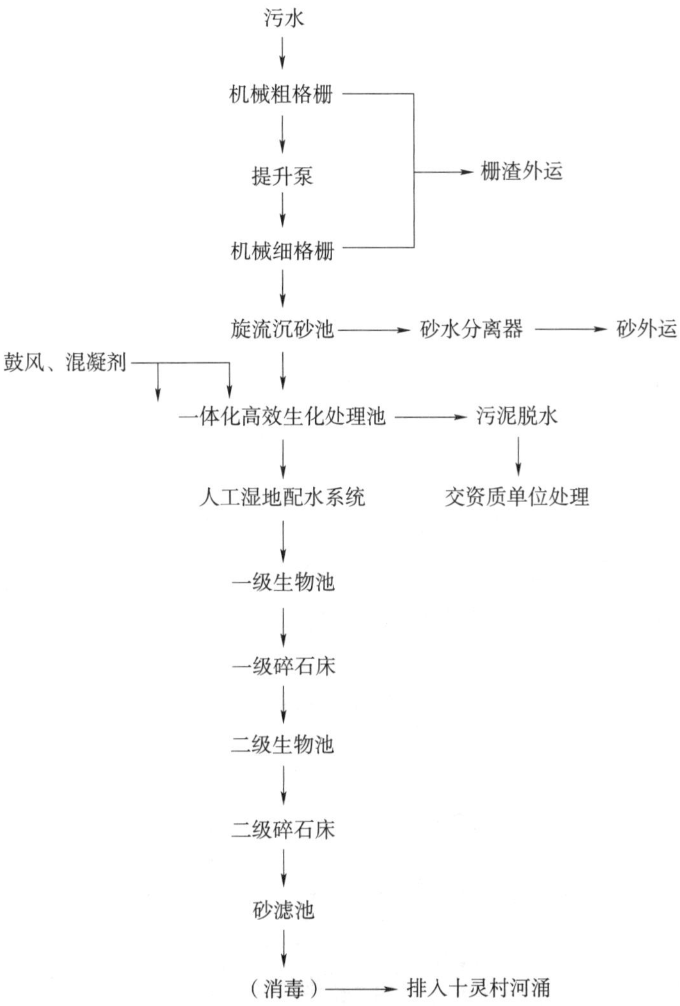

图 1-29　污水处理工艺流程

1.5.5　工程建（构）筑物单元设计

1.5.5.1　厂外粗格栅和污水提升泵房

粗格栅和进水提升泵房合建。厂外收集系统输送过来的污水将通过进水泵房提升到沉砂池，泵房按最大流量设计，变化系数取 1.58。泵房选用半地下式，泵房内设粗格栅，污水经格栅去除垃圾后用干式离心泵提升，栅渣收集后运走。泵房平面尺寸为 5 m × 10 m，为钢筋混凝土结构。

（1）粗格栅

设计水量最大流量为 658 m^3/h。

粗格栅采用回转式粗格栅，用来拦截污水中悬浮物和较大颗粒，保护水泵和其他机械免受损坏。格栅清渣可按前后水位差自动控制。每日拦截栅渣量为1.05 m^3，含水率为80%。由市政垃圾车定期外运。

回转式粗格栅除污机2台

格栅宽度为B=0.7 m；

栅条间隙、宽度为20 mm；

栅条宽度：10 mm；

过栅流速：V=0.5～1.0 m/s；

栅前水深为600 mm；

安装倾角为70°；

单台电功率N=1.1 kW。

（2）进水泵房

泵房平面尺寸为5 m×10 m，高5 m，地下建筑部分高8 m。

提升泵最大流量为658 m^3/h。

选用潜水排污泵3台（2用1备），单台流量Q=330 m^3/h，扬程H=13 m，电机功率25 kW。

水泵的运行方式：由安装在泵房集水井的超声波液位计根据水位高低调节运行水泵台数。

1.5.5.2 细格栅和旋流沉砂池

细格栅及旋流式沉砂池合建，平面尺寸约为12.2 m×5.1 m×2.74 m。

（1）细格栅

细格栅采用机械回转式自动除渣格栅，用来拦截污水中较小的悬浮物。选取细格栅除污机2台，每台处理最大小时流量Q=790 m^3/d 。细格栅每日栏截渣量约为0.5 m^3，含水率为80%，栅渣经无轴螺旋输送压榨机输将垃圾脱水并送至贮渣斗，由市政垃圾车定期外运。回转式细格栅可按栅前、后水位差自动控制清渣。

回转式细格栅2台

最大过流量Q_{max}=790 m^3/h；

栅宽为1 000 mm；

栅齿间隙为5 mm；

格栅倾角为70°；

栅前水深为500 mm；

过栅流速：V=0.5～0.8 m/s；

单台电功率N=1.1 kW。

（2）旋流沉砂池

旋流沉砂池具有占地少、沉砂效果好，安装、管理方便等优点。池体为钢筋混凝土结构，中间有桨板搅拌机，利用机械转动造成的离心力将砂甩到边上，然后落入砂斗，采用砂泵将砂粒抽出池外，每天排砂量约为 0.5 m^3，分离的干砂定期外运。

沉砂池采用 2 个池，每个池子最大处理能力 790 m^3/ h。每个沉砂池设 1 台可调速的桨板搅拌机，1 台砂泵，2 个沉砂池合用 1 台砂水分离器。

单个沉砂池工艺尺寸：

沉砂池直径 2.44 m；

沉砂池深 1.42 m；

砂斗直径 0.91 m；

砂斗深 1.52 m。

①可调速的桨板搅拌机 2 台

桨板转速：14 r/min；

电机功率：0.75 kW。

②提砂泵 1 台

流量 Q = 20 m^3/h；

扬程 H = 5 m ；

电机功率：N = 1.5 kW。

③砂水分离器 1 台

Q=1.5 m^3/h，ϕ =260 mm，N=0.25 kW。

1.5.5.3　一体化高效处理池

池体由两个同心圆组成，内圆为沉淀池，直径为 26 m，外圆由生物反应池、化学反应池、回流泵、出水池组成，直径为 31 m。一体化高效生物化学处理池，集中了生物、化学反应与沉淀于一池中，这样一来土建费用省、管道短、占地少、运行管理方便，是适合于小水量处理的构筑物。

外圈的前段为生物反应池，为高负荷的活性污泥法工艺，污水进入池后，在短时间内有机物被吸附和分解，为使活性污泥在好氧的状态下运行，内装有微孔曝气器，作供氧和搅拌用。生物反应池的后面为化学处理池，向池内投加少量的化学混凝剂，经混合、反应过程，待生物和化学都形成絮凝物后，通过管道进入内圈的沉淀池，池内设吸刮泥机，污水与污泥在沉淀池内进行泥水分离，沉淀后的污水进入人工湿地系统，污泥经吸刮泥机提升后进入污泥回流井，内设污泥回流泵，一部分污泥（40%～50%）通过污泥泵将它回流到前面的反应池，剩余污泥排入污泥处理系统。

主要设计参数：

污泥负荷：1～1.5 kg BOD/（kg MLSS · d）；

污泥浓度：2～3 g/L；

生物反应停留时间：1.3 h；

化学混凝时间：0.5 h；

需氧量：0.3～0.5 kg O_2/kg BOD_5；

投药量：10×10^{-6}～30×10^{-6}；

沉淀池表面负荷：1.2 m^3/（$m^2\cdot h$）（最大小时流量）；0.82 m^3/（$m^2\cdot h$）（平均小时流量）。

①吸刮泥机（直径 26 m，半桥式） 1 台

功率为 2.2 kW。

②污泥回流泵（无堵塞泵） 2 台

流量：210 m^3/h；

扬程：7 m；

电机功率：7.5 kW。

1.5.5.4 综合车间（鼓风机房、污泥脱水机房、配电房）

鼓风机房、污泥脱水机房、配电房合建在一栋建筑物内，用间隔墙进行分隔，总的平面尺寸为 12 m×5 m+16 m×7 m，高为 4.0 m，框架结构。

（1）鼓风机房平面尺寸为 6 m×5 m，内安装 2 台鼓风机（1 用 1 备），为防止噪声对环境的影响，对鼓风机房的门窗设有隔音的装置。

①罗茨鼓风机 2 台（1 用 1 备）

流量：16 m^3/min；

风压：49 kPa；

电机功率：22 kW。

（2）污泥脱水机房，主要是设置机械脱水机将高效一体化设备中产生的污泥进行机械脱水，每天产生的污泥量为 1 250 kg，未经浓缩污泥含水率为 99.2%，体积为 156 m^3，污泥脱水机房平面尺寸为 16 m×7 m，安装 1 台 200 m^2 板框式脱水机，脱水后污泥含水率约为 75%，体积约为 5 m^3。

①板框式脱水机 1 台

板框面积：200 m^2。

②污泥加压提升泵 2 台（1 用 1 备）

流量：15 m^3/h；

扬程：20 m；

电机功率：11 kW。

③污泥投药设备、污水投药设备 各 1 套

（3）配电间，平面尺寸为 4 m×5 m（详见电气设计）。

1.5.5.5　人工湿地系统设计参数

1.5.5.5.1　占地面积、处理量、水力负荷

设计水量：1 万 m^3/d，分 4 座，并联运行，每座规模为 2 500 m^3/d；

总水力负荷：q=0.584 $m^3/(m^2 \cdot d)$（平均）；

湿地总面积：$S=Q/q$=17 100 m^2；

湿地平均坡度：0.5%～1%；

碎石床厚度：h=1 500～1 600 mm；

碎石料粒径：20～80 mm；

粗砂粒径：5～10 mm；

污水在人工湿地中运行方式：水平潜流；

布水方式：PVC 穿孔管布水，上部进水（或下部进水），下部出水（或上部出水）。

1.5.5.5.2　人工湿地平面设计

人工湿地分四个系统，并联运行，每个系统处理规模为 2 500 m^3/d，每个系统由一级生物池、一级植物碎石床、二级生物池和二级植物碎石床组成。

表 1-16　人工湿地各系统尺寸　　单位：m

<table>
<tr><th>子系统</th><th>一级生物池</th><th>一级碎石床</th><th>二级生物池</th><th>二级碎石床</th><th>砂滤池</th></tr>
<tr><td>1</td><td>25 × 25.5</td><td>40 × 28</td><td>25 × 30.5</td><td>40 × 31.5</td><td>10 × 31.5</td></tr>
<tr><td>2</td><td>25 × 25.5</td><td>40 × 28</td><td>25 × 30.5</td><td>40 × 31.5</td><td>10 × 31.5</td></tr>
<tr><td>3</td><td rowspan="2">25 × 40.5</td><td>40 × 28</td><td>25 × 30.5</td><td>40 × 31.5</td><td>10 × 31.5</td></tr>
<tr><td>4</td><td>40 × 32</td><td>25 × 49</td><td>40 × 31.5</td><td>10 × 31.5</td></tr>
<tr><td>备注</td><td>梯形，宽为均宽，深 2.2</td><td>梯形，宽为均宽，深 1.6</td><td>梯形，宽为均宽，深 2.2</td><td>长方形，深 1.6</td><td>长方形，深 2</td></tr>
</table>

（1）一级生物池

有效水深 2.0 m。水利停留时间为 7.86 h。

（2）一级碎石床

碎石层厚 1.5 m，碎石粒径为 40～80 mm，水力停留时间 5.01 h。

（3）二级生物池

有效水深 2.0 m。水利停留时间为 16.86 h；

（4）二级碎石床

碎石层厚 1.5 m，碎石粒径为 20～60 mm，水力停留时间 3.63 h。

（5）砂滤池

碎石层厚 1.6 m，粗砂粒径为 5～10 mm，水力停留时间 0.24 h。

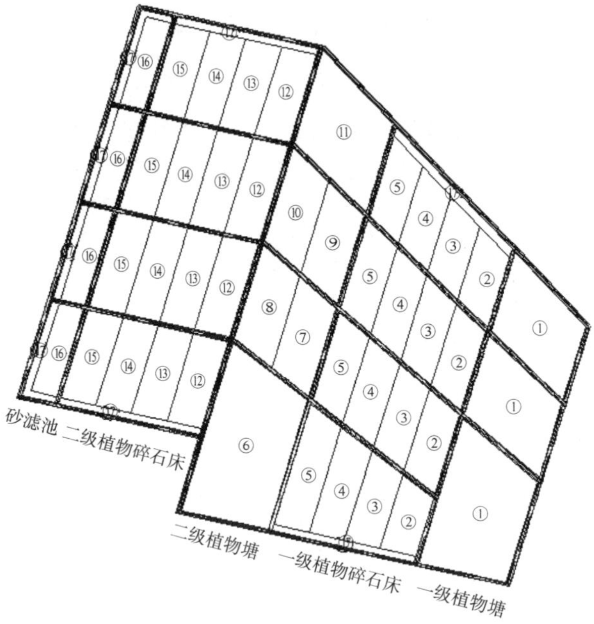

图 1-30 污水处理平面布置

1.5.5.5.3 人工湿地剖面设计

所有子系统中一级生物池最高，逐级下降，二级植物碎石床最低，以便自流出水；人工湿地平均坡度为 0.5%～1%，碎石床厚度为 1 500 mm，一级植物碎石床料粒径为 50～90 mm，二级植物碎石床粒径为 40～60 mm。

1.5.5.5.4 布水方式

污水在人工湿地中的运行方式：水平潜流；

布水方式：PVC 穿孔管布水，上部进水，下部出水。

1.5.5.5.5 防渗

一级、二级生物池，一级、二级植物碎石床底部防渗均采用“400 g 二布一膜土工膜加 200 mm 厚黏土保护层”，可保证湿地床底渗透系数为 $k<10^{-8}$。

1.5.5.5.6 植物设计

该工程植物品种的选种充分考虑了植物品种的耐污性、净化效果及观赏性，并通过植物品种间的搭配，使人工湿地公园呈现出一派姹紫嫣红、争芳斗艳、规划整齐而又错落有致的湿地景观，使人工湿地公园成为民众镇的一个新的旅游景点和生态教育窗口，同时符合民众镇的区域规划和城市定位。

该工程一级、二级生物池选种水葫芦、大薸、穗状狐尾藻、红菱、荇菜等；一级、二级碎石床以及砂滤池则选用芦苇、芦竹、花叶芦荻、伞草、风车草、野姜花、美人蕉、再力花等，并点缀以桐花、海桑、黄槐等，增加其观赏性。具体的植物设计见表 1-17 和图 1-31。

表 1-17　人工湿地植物设计

序号	部位		植物品种	面积 / m^2	苗数*/ 棵
	构筑物	斑块			
1	一级生物池	①	凤眼莲【*Eichhornia crassipes*】	2 106	42 116
2	一级碎石床	②（0.25）	芦竹【*Arundo donax*】	931	9 310
3		③（0.25）	风车草【*Cyperus alternifolius*】	1 002	10 020
4		④（0.25）	芦苇【*Phragmites communis* Trin】	1 072	10 720
5		⑤（0.25）	花叶芦荻【*Arundo donax* var *Arudo denax* var. Versicolor】	1 142	11 420
6	二级生物池	⑥	狐尾藻【*Myriophyllum verticillatum*】	1 142	22 840
7		⑦	睡莲【*Nymphaea tetragona*】	696	35
		⑧	红菱【*Trapa bicornis*】		35
8		⑨	荇菜【*Nymphoides peltatum*】	695	35
		⑩	二穗水薤【*Aponogeton distachyus*】		35
9		⑪	大藻【*Pistia stratiotes* L.】	695	13 900
10	二级碎石床	⑫（0.25）	水葱【*Scirpus validus* Vahl】	1 137	11 370
11		⑬（0.25）	再力花【*Thalia dealbata*】	1 137	11 370
12		⑭（0.25）	美人蕉【*Canna indica*】	1 137	11 370
13		⑮（0.25）	野姜花【*Hedychnun coronarium koening*】	1 137	11 370
14	砂滤池	⑯	千屈菜【*Lythrum salicaria*】	797	7 970
15	人工湿地四周	⑰（池周 2 m）	伞草【*Typha angustifoia*】	599	5 990
16	点缀		桐花【*Ageiceras comiculatum*（L）Blanco】 海桑【*Sonneratia caseolaris* L.】 黄槐【*Cassia surattensis* Burm.f.】	—	150（各 50）
17	合计		—	15 425	180 056

*：芦竹、风车草、芦苇、水葱、伞草每棵由 4～5 株组成；花叶芦荻、千屈菜每棵由一主芽（株）和侧芽组成；野姜花每棵由 3 株组成；美人蕉、再力花每棵包括一主芽（株）和几个侧芽；桐花、海桑、黄槐每棵为一株；凤眼莲、大藻、穗状狐尾草、睡莲、红菱、荇菜、二穗水薤每棵为一株。

1.5.5.6　应急消毒池设计

1 座，停留时间为 32 min，平面尺寸为 10 m × 7 m，深度为 3.2 m。

同时配置消毒投加设备 1 套。

1.5.5.7　辅助生产构筑物设计

污水处理厂辅助生产构筑物包括办公室、车库、机修间、仓库和传达室等。综合楼将中心控制室、办公室、会议室、化验室、机修间、仓库等全部合建在一栋楼内，传达室和车库另建。辅助生产构筑物面积参照建设部《城镇污水处理厂附属建筑和附属设备设计标准》（CJJ 31—89）而设计，具体尺寸见表 1-18。

表 1-18　辅助生产构筑物面积设计

项 目	建筑面积 /m^2	备注
办公室	83	设在综合楼二楼
化验室	37	设在综合楼二楼
中心控制室	36	设在综合楼二楼
会议室	36	设在综合楼一楼
仓 库	50	设在综合楼一楼
机修间	51	设在综合楼一楼
值班室	12	设在综合楼一楼
其他	172	通道、楼梯、洗手间等
传达室	20	设在进厂大门边
合 计	497	—

1.5.6　效益分析

该工程投资省，总投资费用约为 1 673.58 万元，运行成本低，详见表 1-19，管理也很方便。

表 1-19　运行成本分析

序号	项目	单位	金额	备注
	污水处理量	万 t/a	365	
1	电 费	万元	45.54	按 0.739 2 元 /（kW · h）计
2	水 费	万元	0.4	水费按 1.30 元 /t 计

续表

序号	项目	单位	金额	备注
3	药剂费 （污泥脱水和污水投药）	万元	4.5	聚丙烯酰胺 5 万元 /t；聚合氯化铝 900 元 /t
4	工资及福利费	万元	15.6	每人每月平均工资按 1 000 元计
5	修理维护费	万元	16.74	按固定资产投资 1% 计算
6	折旧费	万元	79.49	按 20 年折旧，净残值率取 5%
7	摊销费	万元	11.33	按 10 年分摊其他费用
8	管理费及其他	万元	17.36	按运行费 10% 计算
9	利息支出	万元	0	由镇财政补贴利息
10	总成本	万元	190.96	
11	经营成本	万元	100.14	
	单位总成本	元 /m^3	0.523	
	单位经营成本	元 /m^3	0.274	

表 1-20　主要经济技术指标

序号	项目	单位	指标	备注
1	单位水量工程投资	元 /t	1 500.24	
2	单位水量总投资	元 /t	1 673.58	
2	单位经营成本	元 /m^3 污水	0.274	
3	单位总成本	元 /m^3 污水	0.523	
4	用地指标	m^2/t 污水	1.82	

注：污水中加化学混凝剂按 3 个月计。

1.5.7　相关图片

人工湿地图如图 1-31～图 1-34 所示。

图 1-31 污水处理厂人工湿地系统

图 1-32 污水处理厂人工湿地系统

图 1-33　污水处理厂前处理系统

图 1-34　污水处理厂人工湿地系统植物图

1.6 成都市双流县兴隆镇人工湿地污水处理

前言后语

此工程人工湿地部分由汪俊三、洪轶璇、汪道宇等设计，前处理采用简化的一级强化处理池，适合较小规模的乡镇生活污水处理。

1.6.1 项目背景

兴隆镇地处丘陵山区，东与合江镇交界，南与煎茶镇、永兴镇接壤，西与正兴镇相连，北与万安镇相接。漉溪流过该镇。近期规划场镇面积 0.8 km^2，常住人口为 5 000 人，远期到 2020 年规划场镇面积 3.3 km^2，人口将达 15 000～20 000 人。根据基础资料显示，2007 年年初，双流县兴隆镇城区现状聚居人口为 3 000 人。双流县兴隆镇现有的城区排水系统极不完善，污水全部用明暗沟就近排放，城区大量的生活污水未经处理依地势就近排入附近溪河，严重影响了城区环境卫生。根据镇实际地理位置，该镇生活污水可以聚集处理，因此确定双流县兴隆镇修建一座规模为 1 000 m^3/d 的污水设施以解决近期污水处理问题，其污水处理率大于 70%。根据《国民经济和社会发展第十个五年计划纲要》规定，2005 年，全国城市污水集中处理率达 45%; 2010 年达到 60%～70%。双流县兴隆镇近期建设一座 1 000 m^3/d 污水处理设施，不仅满足国家宏观要求，并且可以有效地防止该镇生活污水对岷江的污染。

1.6.2 工程规模和进水、出水水质确定

成都市双流县兴隆镇污水处理厂于 2007 年 10 月开始建设，2008 年 6 月完工，处理规模为 1 000 m^3/d。根据双流县兴隆镇政府有关部门提供的资料，双流县兴隆镇的工业废水量很少，污水处理设施所处理的污水主要为生活污水，包括居民排水、商业设施排水、公共设施排水及其他排水。该污水水质主要以有机污染物为主，同时含有一定的氮、磷等物质。该工程进水、出水水质见表 1-21。

表 1-21 设计进水、出水水质

项目	BOD_5	COD_{Cr}	SS	NH_3-N	TP
进水水质 /（mg/L）	100	200	150	20	2.5
出水水质 /（mg/L）	≤10	≤50	≤10	≤8	≤0.5

1.6.3 工艺优化

双流县兴隆镇污水处理厂规模较小，从双流县兴隆镇的实际情况出发，选择了“一级强化 +WJS 人工湿地工艺”作为双流县兴隆镇污水处理厂的设计工艺。

1.6.3.1　一级强化前处理工艺

一级强化是采用高负荷的活性污泥法的一级强化处理工艺，在工艺设计上是通过一体化高效处理池来完成的。一体化高效处理池由曝气池和沉淀池组成，即污水进入曝气池时与活性污泥接触后，在短时间内把有机物迅速地得到降解，再流入沉淀池内，将水和污泥分离，使其出水得到净化，进入一体化高效生物处理池的污水和出水浓度变化见表 1-22。

表 1-22　一体化高效生物处理池处理效果

项目	进水浓度 /（mg/L）	去除效果 /%	出水浓度 /（mg/L）
COD_{Cr}	200	50～70	100～60
BOD_5	100	60～70	40～30
SS	150	70～80	45～30
NH_3-N	20	10～20	18～16
TP	2.5	20～30	2～1.75

从表 1-22 可看到各项指标在一体化高效生物处理池中已得到大幅度的削减，但离排放标准还有一定的差距，如果采用常规的污水处理工艺将要增加 5～6 h 的停留时间。结合兴隆镇当地情况，建议尽量减少投资和运行费用，用地比较宽裕，因此后接运行费用较低的 WJS 人工湿地处理。

1.6.3.2　WJS 人工湿地工艺

人工湿地采用 WJS 人工湿地，主要采用高等水生植物塘和植物碎石床相结合的运行方式，以平流潜流为主，最后结合垂直流的复合型人工湿地。该工艺的示范工程 2003 年由国家环保总局进行鉴定，成果达国际领先水平，并获得 2004—2005 年度国家环保总局科技进步奖，在北京、云南、四川、广东、河南等地区广泛推广应用。WJS 人工湿地对各污染物的去除效果：COD_{Cr} 为 50%，BOD_5 为 75%，SS 为 95%，NH_3-N 为 54%，TN 为 50%，TP 为 75%。

1.6.3.3　处理效果分析

“一级强化 +WJS 人工湿地工艺”各污染物的去除情况见表 1-23。

表 1-23　一体化高效处理池和人工湿地处理效果

项目	进水浓度 /（mg/L）	一级强化出水浓度 /（mg/L）	人工湿地出水浓度 /（mg/L）	出水标准 /（mg/L）
COD_{Cr}	200	80	40	50
BOD_5	100	30	7.5	10
SS	150	37.5	1.875	10
NH_3-N	20	16	7.36	8
TP	2.5	1.75	0.44	0.5

1.6.3.4 污泥处理方案

由于兴隆镇污水处理厂纳污范围内主要为生活污水，且规模较小，污泥产生量不多，因此该工程污泥处理采用自然干化的方式进行：若出厂污泥符合农用污泥标准，则考虑将污泥脱水后用于堆肥（也可以与湿地产生大量的植物一起堆肥），然后作为城市绿化、果树等经济作物的肥料，让污泥回到田里；如果出厂污泥不符合农用标准，脱水泥饼将运送至兴隆镇垃圾填埋场，与城市垃圾一起进行卫生填埋。其处理方案为：

剩余污泥→自然干化→农肥或卫生填埋。

1.6.4 工艺流程

该工程的工艺流程如下所示：

兴隆镇生活污水管→粗格栅井→调节池→细格栅井→一体化高效池→一级水生植物塘→一级植物碎石床→二级水生植物塘→二级植物碎石床→植物砂滤池→出水。

由截污干管输送到厂内的污水先经粗格栅，再经曝气调节池停留 8 h 后进入细格栅井，由污水泵将污水提升到一体化高效处理池，污水经前处理后进入一体化高效生物化处理池，经一体化高效生物处理池处理后进入人工湿地处理系统，进行最后的深度处理，达标后直接排入梅潭河。

1.6.5 工程建（构）筑物单元设计

1.6.5.1 粗格栅井

设计水量最大流量为 41.7 m^3/h。

粗格栅采用手动人工格栅，用来拦截污水中悬浮物和较大颗粒，保护水泵和其他机械免受损坏。每日按 0.1 m^3 栅渣 /1 000 m^3 计，每天除渣量为 0.1 m^3，含水率为 80%，由市政垃圾车定期运走。

设计参数：

栅条间隙、宽度为 50 mm；

粗格栅井工艺尺寸：$B \times L \times H$=1 m × 2 m × 3.3 m；

过栅流速：V=0.5～1.0 m/s；

栅前水深为 1.8 m；

安装倾角为 55°。

1.6.5.2 调节池

调节池设计停留时间为 8 h；

工艺尺寸：$B \times L \times H$=18 m × 18 m × 3.3 m；

最大需气总量：336 m^3/h；

气水比：8.0∶1。

1.6.5.3　细格栅井和提升泵

（1）细格栅

粗格栅井工艺尺寸：$B \times L \times H$=0.8 m × 3.5 m × 3.3 m。

细格栅采用机械回转式自动除渣格栅，用来拦截污水中较小的悬浮物。回转式细格栅可按栅前、后水位差自动控制清渣，也可手动控制。格栅宽 800 mm，栅距 5 mm，安装角度 70°，电机功率 N=0.75 kW。

（2）提升泵

提升泵采用潜水泵，流量 Q=42 m^3/h，扬程 H=10 m，N=5.5 kW。

1.6.5.4　一体化高效处理池

池体为曝气池和沉淀池组成，一体化高效生物化学处理池，集中了生物、化学反应与沉淀于一池中，这样一来土建费用省、管道短、占地少、运行管理方便，是适合于小水量处理的构筑物。

主要设计参数：

污泥负荷：1～1.5 kg BOD/（kg MLSS · d）；

停留时间：2 h；

需氧量：0.3～0.5 kg O_2/kg BOD_5；

沉淀池表面负荷：1.2 m^3/（m^2 · h）（最大小时流量）；0.87 m^3/（m^2 · h）时（平均小时流量）。

1.6.5.5　鼓风机房

鼓风机房总的平面尺寸为 4.8 m × 2 m，高为 3.0 m。内安装 3 台鼓风机。

罗茨鼓风机：3 台［2 台用于调节池（间歇曝气用），1 台用于曝气池］；

流量：2～2.8 m^3/min；

风压：35～39 kPa；

电机功率：4 kW。

1.6.5.6　污泥干化池

用于对剩余污泥脱水，1 座，分 3 格；

单格尺寸为 $B \times L \times H$=7.0 m × 5.0 m × 1.3 m。

1.6.5.7　人工湿地设计参数

设计水量：1 000 m^3/d，分 2 座，并联运行，每座规模为 500 m^3/d；

水力负荷：q=0.278 m^3/（m^2·d）（平均）；

水力停留时间为 18 h；

湿地总面积：$S=Q/q$=3 600 m^2；

湿地平均坡度：0.1%～0.25%；

碎石床厚度：h=1 500 mm；

碎石料粒径：40～90 mm；

污水在人工湿地中运行方式：水平潜流；

布水方式：PVC 穿孔管布水，上部进水，下部出水；

人工湿地系统共分为两个系统，每个系统都由一级生物池、一级植物碎石床、二级生物池、二级植物碎石床和砂滤池组成。人工湿地平面布置如图 1-37 所示。各单元尺寸设计如下：

（1）一级生物池

平面尺寸为 10 m×20 m，面积为 200 m^2；深度为 2.2 m。

（2）一级植物碎石床

平面尺寸为 30 m×20 m，面积为 600 m^2；碎石层厚 1.5 m，碎石粒径为 50～90 mm。

（3）二级生物池

平面尺寸为 10 m×20 m，面积为 200 m^2；深度为 2.2 m。

（4）二级植物碎石床

平面尺寸为 30 m×20 m，面积为 600 m^2；碎石层厚 1.5 m，碎石粒径为 40～60 mm。

（5）砂滤池

平面尺寸为 10 m×20 m，面积为 200 m^2；碎石层厚 1.6 m，砂粒径为 5～10 mm。

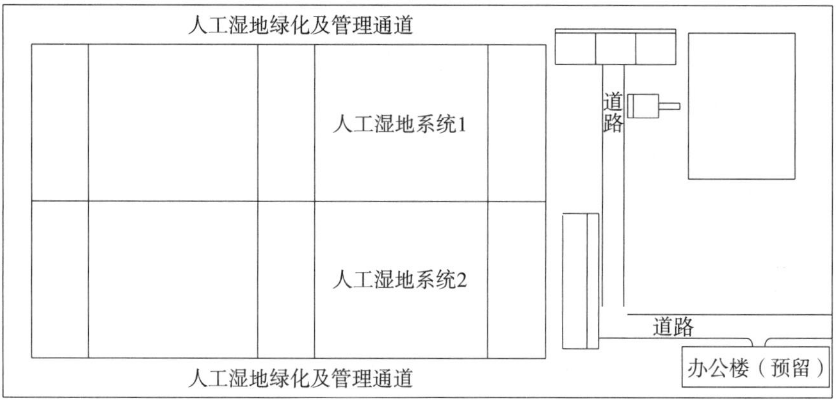

图 1-35 成都市双流县兴隆镇人工湿地平面布置

人工湿地池子底部防渗均采用“400 g 二布一膜土工膜加 200 mm 厚黏土保护

层”，可保证湿地床底渗透系数 $k<10^{-8}$。该工程均选用耐污性强、净化效果好的植物，一级生物塘种凤眼莲；一级植物碎石床种美人蕉、芦苇和风车草；二级生物池种大薸和水芹菜；二级植物碎石床种伞草、野姜花和水葱；砂滤池种花叶芦荻。

1.6.6　效益分析

该工程总投资 130 万元，人工湿地满负荷运行后，运行费用主要为电费、人工费及系统维护费。按 1 000 m^3/d 计。

（1）人工费

本处理站操作员按 3 人计，按 1 000 元 /（人・月）计，折算为处理每吨污水人工费为 0.100 元。

（2）系统维护费

植物收割、更新、栽种、垃圾运输等。按 2 000 元 /（亩・a）计，折算为处理每吨污水维护费为 0.005 5 元。

（3）电费

总装机功率 18.62 kW，运行功率 15.08 kW，按 0.75 元 / 度电计，折算为处理每吨污水电费为 0.16 元。

总运行费用为 0.27 元 /t 水。

1.6.7　相关图片

双流县兴隆镇人工湿地如图 1-36～图 1-40 所示。

图 1-36　污水处理站人工湿地全景

图 1-37　污水处理站前处理

图 1-38　污水处理站前处理

图 1-39　污水处理站人工湿地

图 1-40　污水处理站人工湿地

1.7 郑州国际物流园区水质净化再利用方案

前言后语

该项目将园区内所有排水（包括达标排放的工业废水、园区生活污水、初期雨水等）集中收集，经 WJS 人工湿地处理后回收并循环利用，达到《地表水环境质量标准》（GB 3838—2002）中的Ⅲ～Ⅳ类水标准，然后作为景观湖水、园林绿化用水、城市杂用水等进行多功能循环利用。使整个国际物流园区不外排污水、废水，基本实现园区水资源循环利用目标，大幅减少水资源的消耗。

WJS 人工湿地公园水质净化工艺可结合园林景观进行设计，打造成一个集水质净化、园林景观、休闲娱乐、科普教育等多种功能于一体的综合性人工湿地公园。

该项目由汪俊三、郭有顺、汪道宇、陆俊卿、邱康杰、韦梓坤等设计，汪俊三和汪道宇分别为项目负责人和技术负责人；郭有顺和邱康杰主要提供工艺流程及工程设计参数兼植物设计；韦梓坤负责工程土建和布水等设计；王红艳负责经济效益分析。

1.7.1 方案目标

将园区内所有排水（包括达标排放的工业废水、园区生活污水、初期雨水等）集中收集，经 WJS 人工湿地处理后回收并循环利用，达到《地表水环境质量标准》（GB 3838—2002）中的Ⅲ～Ⅳ类水标准，然后作为景观湖水、园林绿化用水、城市杂用水等进行多功能循环利用。使整个国际物流园区不外排污水、废水，基本实现园区水资源循环利用目标，大幅减少水资源的消耗。

WJS 人工湿地公园水质净化工艺可结合园林景观进行设计，打造成一个集水质净化、园林景观、休闲娱乐、科普教育等多种功能于一体的综合性人工湿地公园。

1.7.2 方案思路

根据园区规划，园区内所有排水（包括达标排放的工业废水、园区生活污水、初期雨水等）通过管道、渠道、小河溪等汇集至七里河，在园区北部的七里河南岸设置一座提升泵站泵站；同时在相近地区建设一座 WJS 人工湿地公园，通过泵站将综合污水提升至 WJS 人工湿地公园进行净化处理，达标后的出水进行回用或通过管道输送至园区内小河流的上游，进入小河流的水体最终又汇集到七里河，如此形成往复循环。在此循环机制下不断的通过 WJS 人工湿地公园进行净化处理，园区内综合污水将连续不断的抽取、净化、循环、回用，从而实现节水目标。

园区水资源循环体系如图 1-41 所示。

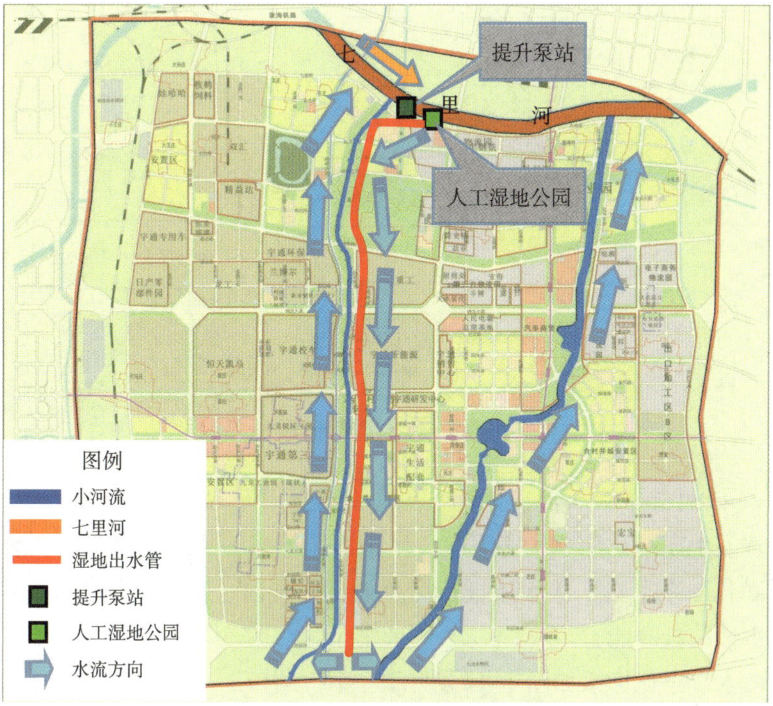

图 1-41　园区水资源循环体系

由图 1-43 可知，根据园区规划，可在公共绿地和广场绿地上建设人工湿地公园，所选地块面积约 3.0 万 m^2，其中约 2.5 万 m^2 可用于建设人工湿地公园。采用 WJS 人工湿地水质净化工艺，日处理规模可达 1.0 万～1.5 万 m^3。

工程方案平面布置如图 1-42 所示。

工艺流程如图 1-43 所示。

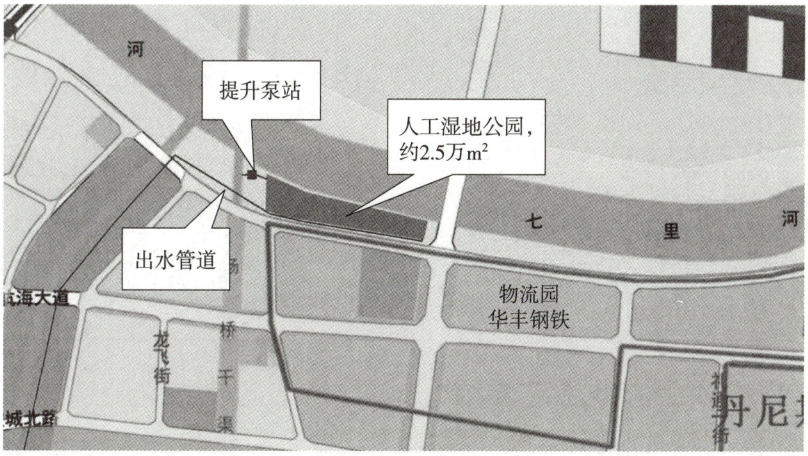

图 1-42　工程方案平面布置

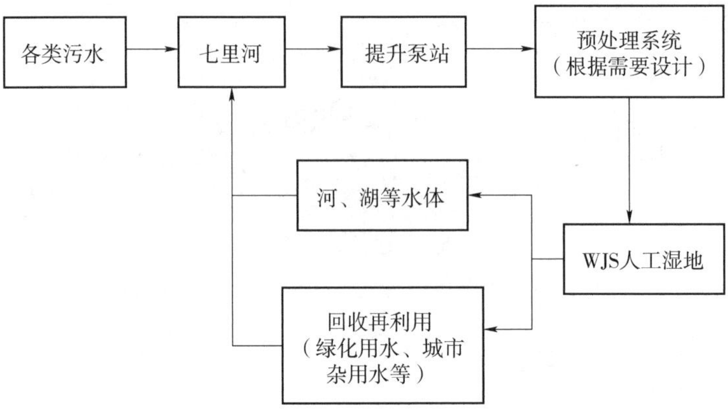

图 1-43 工艺流程

由图 1-43 可知，对于园区内河、湖等景观水体，除了 WJS 人工湿地公园外，还可通过建设生态绿化地、生态河岸、生态河床等多种生态净化方式，形成一个完善的水质净化体系，对水体水质进行净化处理的同时，提高水体生态系统完整性，从而提高水体的自净能力。

园区内水体净化体系如图 1-44 所示。

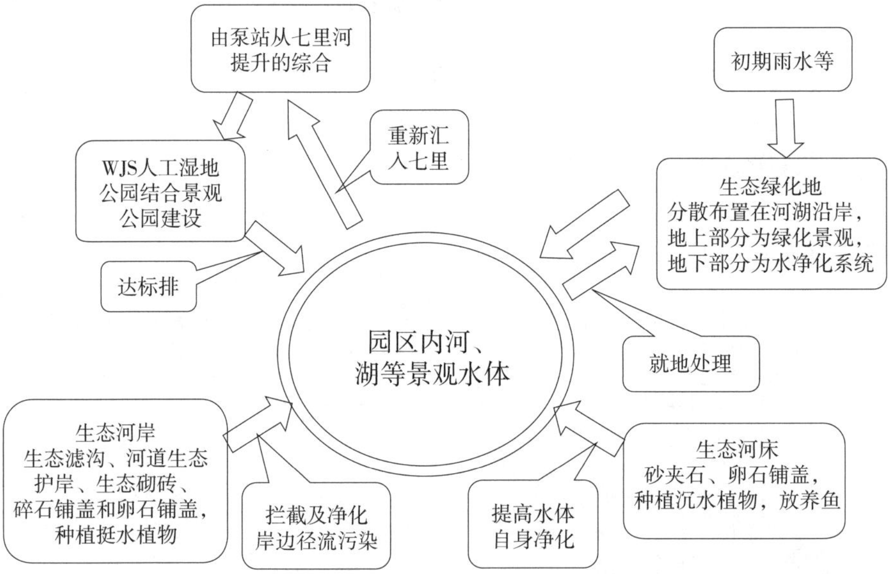

图 1-44 园区内水质净化体系

1.7.3 WJS 人工湿地工艺介绍

WJS 人工湿地水质净化工艺，是生态环境部华南环境科学研究所汪俊三教授积累近 30 年的研究、设计和施工经验，经过科学的分析和甄选后确定下来的人工湿地污水处理工艺，是一种以平流潜流为主并结合垂直流（位于人工湿地后处理阶段）、以植物碎石床为主，适当搭配水生植物塘的人工湿地水质净化工艺。

该工艺具有出水水质好，氮、磷处理能力强，运行维护管理方便，投资及运行费用低等优点。此外，由于该工艺属深度处理工艺范畴，具有相当高的灵活性，在实际应用中，根据不同的进水水质和出水标准，可以通过调整表面水力负荷和停留时间等方式进行经济、技术等多层面的优化设计，也可以根据需要在 WJS 人工湿地前端设置不同工艺、不同处理程度的前处理设施，实现工艺的最优组合。

该工艺在全国范围内得到了广泛应用，最为典型的是郑州市郑东新区 CBD 中心湖人工湿地公园，其出水水质达到地表Ⅱ类水标准。其他诸如马颊河临清河段人工湿地水质净化工程、云南省玉溪市江川县九溪人工湿地公园、广东省中山市民众镇浪网片区人工湿地污水处理厂、广东省梅州市大埔县、蕉岭县人工湿地污水处理厂、四川省成都市凤凰二沟人工湿地公园、双流县兴隆镇人工湿地污水处理厂等，运行状况均良好，达到出水稳定的设计目标。以上工程案例中，在 WJS 人工湿地公园设计过程中，均根据进出水水质的实际情况进行了工艺组合和工艺参数的优化设计。

该工艺在实际工程应用中，除了表现出的良好的水质净化效果外，在不同工程应用中，在保证 WJS 人工湿地的水质净化基本功能的基础上，因地制宜地结合园林景观进行设计，使之成为景观价值和工程品位远高于常规污水处理厂的人工湿地公园。

1.7.4　进出水水质要求

（1）WJS 人工湿地公园水质净化工艺进水水质要求

生活污水：经化粪池或其他预处理设施进行预处理，达到《污水排入城镇下水道水质标准》（CJ 343—2010）后排放汇集；

工业废水：经厂内或园区内污水处理设施按各行业标准处理达标后排放汇集；

雨水：初期雨水收集后与达到要求的生活污水、工业废水一并处理，后期雨水直接排入水体。

（2）WJS 人工湿地公园水质净化工艺出水标准

该项目旨在水资源的循环再利用，而经 WJS 人工湿地公园处理达标后的出水将拟作为景观湖水、园林绿化用水、城市杂用水等多种功能进行循环利用。因此，WJS 人工湿地公园出水标准拟执行《地表水环境质量标准》（GB 3838—2002）中的Ⅲ～Ⅳ类水标准。

1.7.5　占地、投资及运行费用

WJS 人工湿地公园在实际工程应用中，由于进水水质情况和所要达到的出水标

准不同，因此其工艺组合和设计参数也不相同，加之不同地区不同年限的物价指数不同，直接导致各个工程的占地面积、建设投资和运行管理费用等方面也存在差异。

WJS 人工湿地工艺占地面积通过水力负荷计算，一般表面水力负荷为 0.33～0.67 m^3/（m^2·d），即处理 1 m^3/d 的水量需要占地 1.5～2 m^2。

建设投资受工程规模的影响很大，在已建成的处理规模 10 000 m^3/d 以上的工程中，建设投资一般为 600～1 400 元 /m^2（包含不同年限的物价水平因素），规模越大，单位面积建设投资越小。

运行费用方面，主要包括机电设备运行电费、药剂费、管理人员工资、机械设备修理维护费、折旧费、人工湿地植物管理维护费等，一般单纯的 WJS 人工湿地公园的运行费用不超过 0.05 元 /t 水。

1.8 陆河县生活污水处理设施整县捆绑 PPP 项目

前言后语

根据陆河县各镇污水排放现状，结合总体规划和给排水规划，陆河县全县村镇生活污水处理设施项目的工程范围包括水唇、新田、上护、东坑和南万 5 座镇级污水处理设施及其配套管网；267 个自然村污水处理设施及配套管网建设，以及运营维护 20 个自然村农村环境连片整治建成的生活污水处理设施；总投资估算约 16 299.48 万元。

该项目由陆河县住房和城乡规划建设局主持建设；汪道宇负责该项目的技术审核 / 核校工作；汪俊三、汪道宇、陆俊卿、郭有顺、邱康杰主要负责提供工艺流程、设计参数、工程设计、植物品种等相关工作；韦梓坤主要负责布水等相关工作；李智林、孙可欣、王红艳主要负责经济分析和社会效益分析等相关工作。

1.8.1 项目背景

中共广东省委十一届五次全会确立了“到 2018 年，广东将率先全面建成小康社会”。目前珠三角地区的大部分农村由于受城镇工业化发展的辐射影响较明显，部分发达地区已实现城乡一体化，在环境治理方面已然先行，且获得显著效果。而粤东西北地区农村主要以农业生产为主，经济基础薄弱，长期以来环境治理投入不足，因此，粤东西北等非珠江三角洲的农村地区成为了实现广东率先全面建成小康社会这一发展目标的短板。作为广东省重要的生态屏障和水源涵养区，其在全省生态环保格局中处于重要地位，因此对粤东西北地区进行环境治理，尤其是水污染治理，对保护区域水环境，实现区域可持续发展具有重大意义。

2015 年 12 月 2 日，由省住建厅牵头的 12 个省级部门联合发布了《加快推进粤东西北地区新一轮生活垃圾和污水处理基础设施建设实施方案》（粤建城〔2015〕242 号），新增农村污水处理设施 29 506 个，农村生活污水处理设施建设资金 272 亿元，以推动广东省粤东西北地区生活污水的全面整治。

该项目经陆河县政府批准采用设计—建设—融资—经营—移交（DBFOT）模式，充分发挥社会资本技术先进和运营经验丰富等优势，推进该项目的开展。

1.8.2　工程规模和进水、出水水质确定

水唇镇镇区生活污水处理厂服务范围达 0.77 km^2，总服务人口约 1.5 万余人，设计规模为 2 200 m^3/d，中远期设计规模为 3 000 m^3/d。污水处理厂新址设在水唇镇镇区西北部，水唇大道西侧河边的空地。污水处理厂出水执行《城镇污水处理厂污染物排放标准》（GB 18918—2002）的一级标准 A 标准，同时执行《广东省水污染物排放限值》（DB 44/26—2001）的一级标准。该工程设计进水、出水水质见表 1-24。

表 1-24　设计进水、出水水质

项目	BOD_5	COD_{Cr}	SS	NH_3-N	TP
进水水质 /（mg/L）	150	250	200	30	4
出水水质 /（mg/L）	≤10	≤40	≤10	≤5	≤0.5
去除率 /%	≥93.3	≥84	≥95	≥83.3	≥87.5
GB 18918—2002 与 DB 44/26—2001 的一级标准的较严标准 /（mg/L）	10	40	10	5	0.5

1.8.3 城镇污水处理工艺优化及其处理原理

1.8.3.1　工艺优化

选择了“一级强化 + 人工湿地工艺”作为污水处理厂的设计工艺。该工艺优点是：

（1）处理效果良好

生化絮凝的一级强化处理是在 AB 工艺的 A 级处理的基础上发展起来的，在国内外都有成熟的经验。在广州猎德污水处理厂规模为 22 万 m^3/d 已投产，取得了良好的处理效果，在此基础上再加上生态环境部华南环境科学研究所汪俊三教授在云南省高水力负荷人工湿地工艺，水力负荷提高到 0.4～1 m^3/（m^2 · d）以上作保证，因此能稳定达标排放。

（2）投资节省

生化絮凝的一级强化处理池比常规二级处理生化池体积小 1/6，而人工湿地也

是投资比较低的设施，因此总投资大为节省。

（3）运行费用低

污水在一体化高效处理池中停留时间短，曝气量低，能耗低，人工湿地运行不需要电耗，因此运行费用低。

（4）管理简单易行

一体化高效处理池管理中主要注意调节空气阀门，控制反应池内溶解氧量，其余基本可实现自动控制，管理简单。人工湿地管理注意定期收割和栽种植物，其他的管理也比较简单。

（5）利于实现污水资源化

在土地资源足够的条件下，经过人工湿地系统处理后的出水水质可以达到地面水水质标准，因此，它实际上可作为一种深度处理污水的方法。因此特别适合处理饮用水水源或景观用水区附近的生活污水或直接对受污染水体进行处理，或者为这些水体提供清洁的水源补充，同时还可以就近实现农田灌溉或绿化回用。

（6）有较高的景观和生态价值

采用一级强化与人工湿地组合污水处理工艺，在有效处理污水的同时，还具有强大的生态功能。通过湿地植物的优选组合，除了可把污水处理厂建设成为一个绿色满园、生机盎然的城市生态和环保教育主题公园外，还可改善大气质量，净化空气，缓解热岛效应，蓄水抗旱，消洪减灾，减少排水投资，降低噪声，改善光污染，是生态城市建设必备之功能。

1.8.3.2 处理原理

（1）一级强化

其原理是：利用活性污泥和化学混凝剂的共同作用，在较短的时间内将易降解的有机物分解合成新的细胞物质，或利用生物化学絮凝作用，把污染物迅速地从水中去除，再经沉淀将水和污泥分离，从而达到去除污染物的目的。

一级强化工艺在设计上通过一体化高效处理池来完成。一体化高效处理池由两个同心圆组成，池的外圈为生物化学反应池，内圆为沉淀池。即污水进入外圈时与活性污泥在接触后，微生物絮凝体有很强的吸附能力，把污染物吸附在微生物的周围，并把容易分解的有机物进行分解，然后在反应池的后段投入少量的化学混凝剂（投加量为 10×10^{-6} ～ 30×10^{-6}），继续进行物理化学反应，生成化学的絮凝体，在生物和化学絮凝体的共同作用下，污染物迅速地得到去除，再经流入内圈的沉淀池内，将水和污泥分离，使其出水得到了净化。进入一体化高效生物、化学处理池的污水和出水浓度变化见表 1-25。

表 1-25　一体化高效生物、化学处理池处理效果（投药的效果）

项目	进水浓度 /（mg/L）	去除效果 /%	出水浓度 /（mg/L）
COD_{Cr}	250	70～85	75～37
BOD_5	150	70～85	45～22.5
SS	200	80～90	40～20
NH_3-N	30	30～40	21～18
TP	4	75～90	1～0.4

表 1-26　一体化高效生物、化学处理池处理效果（不投药的效果）

项目	进水浓度 /（mg/L）	去除效果 /%	出水浓度 /（mg/L）
COD_{Cr}	250	50～70	120～75
BOD_5	150	40～60	90～60
SS	200	50～70	100～60
NH_3-N	30	10～20	27～24
TP	4	20～30	3.2～2.8

（2）人工湿地

人工湿地是在长期应用天然湿地净化功能的基础上于 20 世纪 70—80 年代发展起来的一种水净化资源化生态工程技术。其设计和建造是通过对湿地自然生态系统中的物理、化学和生物作用的优化组合来进行的，一般利用这三者的协同作用来处理污水。

人工湿地对污染物的去除可分为对有机物的去除和对氮、磷的去除等方面。有机物的去除主要是靠成熟人工湿地系统中的填料和植物根系中生长的大量微生物形成的生物膜，当污水流经湿地床时，大量悬浮固体、不溶解性的有机物被填料及根系阻挡截留，可溶解性的有机质通过生物膜的吸附和微生物的代谢过程得到降解，也有一部分的有机物被植物直接吸收而得以去除。

污水中的氮在人工湿地处理系统中，通过吸附、过滤、沉淀，植物及微生物作为营养成分被直接吸收而得到去除外，由于人工湿地的植物根系具有较强的输氧作用，可使根系周围的微环境中保持较高的溶解氧，并依次形成好氧、缺氧及厌氧环境，使污水中的氮在人工湿地系统中通过硝化、反硝化作用从水中去除。

磷是生物生长中必需的营养元素，污水中的磷在流经人工湿地时被植物及微生物作为营养成分直接吸收，将无机磷变成了微生物和植物的组成部分，最后通过湿地基质的定期更换或栽培植物的收割而最终使污染物质从系统中去除。同时作为填料的砾石，其中含有钙的成分，它与水中溶解性的磷酸作用生成不溶解性的磷酸钙盐，从污水中沉淀下来而得到去除。

人工湿地对重金属具有较强的化学沉淀、置换和生物吸附的去除作用，对细菌、大肠菌、粪大肠菌等生物学污染指标有较强的物理截留和生化与生物杀灭作用。一些用于处理城市污水的人工湿地工程实践表明，其 COD_{Cr} 去除率可达60%～70%，BOD_5 去除率为 60%～70%，N、P 去除率达 50%～70%，SS 去除率达70%～80%。常用人工湿地出水水质见表 1-27。

表 1-27 常用的人工湿地的出水水质

项目	地表慢流	湿地	地下渗滤
BOD_5/（mg/L）	10（$<$15）	10～20（$<$30）	$<$2（$<$5）
SS/（mg/L）	10（$<$15）	10（$<$20）	$<$1（$<$5）
NH_3-N/（mg/L）	$<$4（$<$8）	5～10（$<$15）	$<$5（$<$2）
TP/（mg/L）	4（$<$6）	4（$<$10）	$<$0.1（$<$0.3）
大肠菌群 /（个 /L）	2×10^3（$<2\times10^4$）	4×10^5（$<4\times10^6$）	0（$<1\times10^2$）

1.8.4 城镇污水处理工艺流程

该工程的工艺流程如图 1-45 所示：污水通过粗格栅，再由污水泵提升到细格栅渠（细格栅渠与旋流沉砂池合建），污水经前处理后进入一体化高效生物化学处理池，最后进入人工湿地处理，再消毒后排入河涌。

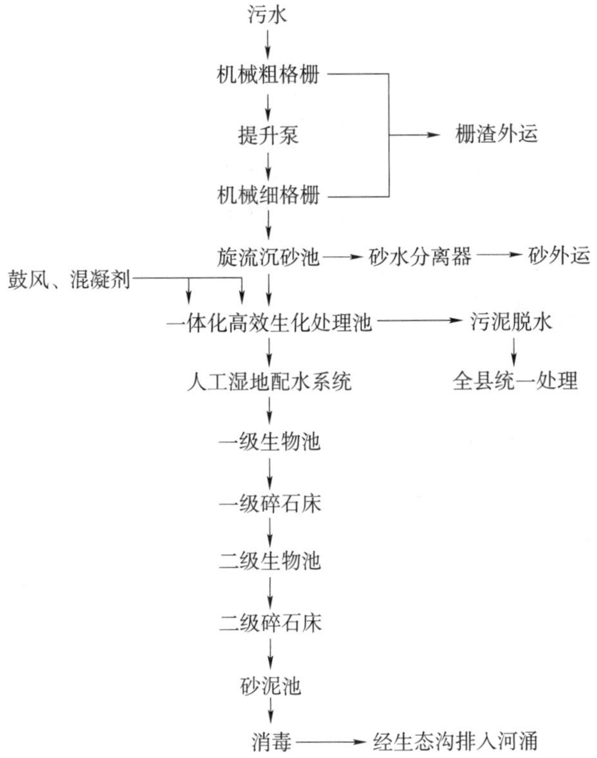

图 1-45 镇区污水处理工艺流程

1.8.5　城镇污水处理工程建（构）筑物单元设计

1.8.5.1　厂外粗格栅和污水提升泵房

厂外粗格栅和污水提升泵房合建，位于厂区对岸，土建按 3 000 m^3/d 规模建设，设备分两期安装。厂外收集系统输送过来的污水将通过进水泵房提升到沉砂池，泵房按最大流量设计，变化系数取 1.92。泵房选用半地下式，泵房内设粗格栅，污水经格栅去除垃圾后用干式离心泵提升，栅渣收集后运走。泵房为圆形，直径 Φ=10.6 m，为钢筋混凝土结构。

（1）粗格栅

设计水量最大流量为 176 m^3。

粗格栅采用高链式粗格栅，用来拦截污水中悬浮物和较大颗粒，保护水泵和其他机械免受损坏。格栅清渣可按前后水位差自动控制清渣，也可手动控制。每日拦截栅渣量为 1.05 m^3，含水率为 80%。由市政垃圾车定期运走。

回转式粗格栅除污机 2 台；

格栅宽度为 B=0.4 m；

栅条间隙宽度为 20 mm；

栅条宽度为 10 mm；

过栅流速为 V=0.5～1.0 m/s；

栅前水深为 500 mm；

安装倾角为 70°；

单台电机功率为 N=1.1 kW。

（2）污水泵房

集水池平面尺寸为 5 m × 3 m，地下建筑部分高 4.7 m。

提升泵最大小时流量为 200 m^3/h。

选用潜水排污泵 2 台（1 用 1 备），单台流量 Q=200 m^3/h，扬程 H=14 m，电机功率为 15 kW。

水泵的运行方式：由安装在泵房集水井的超声波液位计根据水位高低调节运行水泵台数。

1.8.5.2　细格栅和旋流沉砂池

细格栅及旋流式沉砂池合建，尺寸约为 5.5 m × 10.1 m × 3.9 m。

（1）细格栅

细格栅采用机械回转式自动除渣格栅，用来拦截污水中较小的悬浮物。选取细格栅除污机 2 台，每台处理最大小时流量 Q=180 m^3/h。细格栅每日栏截渣量约为 0.2 m^3，含水率为 80%，栅渣经无轴螺旋输送压榨机输将垃圾脱水并送至贮渣斗，由市政垃圾车定期外运。回转式细格栅可按栅前、后水位差自动控制清渣。

回转式细格栅 2 台；

最大过流量为 Q_{max}=180 m^3/h；

栅宽为 500 mm；

栅齿间隙为 5 mm；

格栅倾角为 70°；

栅前水深为 500 mm；

过栅流速为 V=0.5～0.8 m/s；

单台电机功率为 N= 1.1 kW。

（2）旋流沉砂池

旋流沉砂池具有占地少，沉砂效果好，安装、管理方便等优点。池体为钢筋混凝土结构，中间有桨板搅拌机，利用机械转动造成的离心力将砂甩到边上，然后落入砂斗，采用砂泵将砂粒抽出池外，每天排砂量约为 0.3 m^3，分离的干砂定期外运。

沉砂池采用两个池，每个池子最大处理能力为 180 m^3/h。每个沉砂池设 1 台可调速的桨板搅拌机、1 台砂泵，两个沉砂池合用 1 台砂水分离器。

单个沉砂池工艺尺寸：

沉砂池直径为 1.85 m；

沉砂池深为 1.3 m；

砂斗直径为 1.0 m；

砂斗深为 1.40 m。

①可调速的桨板搅拌机 2 台

桨板转速为 14 r/min；

电机功率为 0.75 kW。

②提砂泵 1 台

流量为 Q = 10 m^3/h；

扬程为 H = 5 m；

电机功率为 N = 0.75 kW。

③砂水分离器 1 台

Q=1.5 m^3/h，ϕ =260 mm，N=0.25 kW。

1.8.5.3 一体化高效处理池

池体为两个同心圆组成，内圆为沉淀池，直径为 13.2 m；外圆为生物反应池、化学反应池、回流泵、出水池组成，直径为 ϕ 24 m。一体化高效生物化学处理池，集中了生物、化学反应与沉淀于一池中，这样一来土建费用省、管道短、占地少、运行管理方便，是适合于小水量处理的构筑物。

外圈的前段为生物反应池，为高负荷的活性污泥法工艺，污水进入池后，在短时间内有机物被吸附和分解，为使活性污泥在好氧的状态下运行，内装有微孔曝气器，作供氧和搅拌用。生物反应池的后面为化学处理池，向池内投加少量的化学混凝剂，经混合、反应过程，待生物和化学都形成絮凝物后，通过管道进入内圈的沉淀池，池内设吸刮泥机，污水与污泥在沉淀池内进行泥水分离，沉淀后的污水进入人工湿地系统，污泥经吸刮泥机提升后进入污泥回流井，内设污泥回流泵，一部分污泥（约 60%）通过污泥泵将它回流到前面的反应池，剩余污泥排入污泥处理系统。

主要设计参数：

污泥负荷：0.146 kg BOD/（kg MLSS · d）；

污泥浓度：2.5～3.5 g/L；

生物反应停留时间：1.3 h；

化学混凝时间：0.5 h；

需氧量：55.77 kg O_2/h；

投药量：30×10^{-6}～58×10^{-6}；

沉淀池表面负荷：1.3 m^3/（m^2 · h）（最大小时流量）；0.68 m^3/（m^2 · h）（平均小时流量）。

①吸刮泥机（直径 ϕ14 m，半桥式）1 台

功率为 2.2 kW。

②污泥回流泵（无堵塞泵）2 台

流量为 100 m^3/h；

扬程为 7 m；

电机功率为 3 kW。

1.8.5.4　综合车间（鼓风机房、污泥脱水机房、配电房）

鼓风机房、污泥脱水机房、配电房合建在一栋建筑物内，用间隔墙进行分隔，总的平面尺寸为 15 m × 7 m，高为 4.0 m，框架结构。

（1）鼓风机房平面尺寸为 8 m × 5 m，内安装 2 台鼓风机（1 用 1 备），为防止噪声对环境的影响，对鼓风机房的门窗设有隔音装置。

罗茨鼓风机 2 台（1 用 1 备）

流量为 17.05 m^3/min；

风压为 6 000 mm 水柱；

电机功率为 25.19 kW。

（2）污泥脱水机房，主要是设置机械脱水机将高效一体化设备中产生的污泥进行机械脱水，每天产生的污泥量为 420 kg，未经浓缩污泥含水率为 99.2%，体积为 52.5 m^3，污泥脱水机房平面尺寸为 8 m × 5 m，安装 1 台 40 m^2 板框式脱水机，脱水后污泥含水率约为 60%，体积约为 1.05 m^3。

①板框式脱水机 1 台

板框面积为 40 m^2。

②污泥加压提升泵 2 台（1 用 1 备）

流量为 5 m^3/h；

扬程为 1.2 MPa；

电机功率为 3 kW。

③污泥投药设备、污水投药设备各 1 套。

（3）配电间，平面尺寸为 4 m × 5 m。

1.8.5.5 人工湿地系统设计参数

1.8.5.5.1 占地面积、处理量、水力负荷

设计水量为 2 200 m^3/d，分 2 座，并联运行，每座规模为 1 100 m^3/d；

总水力负荷为 q=0.53 m^3/（m^2 · d）；

湿地总面积为 $S=Q/q$=4 150 m^2；

湿地平均坡度为 0.5%～1%；

碎石床厚度为 h=1 500～1 600 mm；

碎石料粒径为 20～80 mm；

粗砂粒径为 5～10 mm。

1.8.5.5.2 人工湿地平面设计

人工湿地系统共分为 2 座，每座又分为 5 个单元：一级生物池、一级碎石床、二级生物池、二级碎石床、砂滤池。

（1）一级生物池

有效水深为 2.0 m，水力停留时间为 13.58 h。

（2）一级碎石床

碎石层厚 1.5 m，碎石粒径为 20～30 mm，水力停留时间为 7.13 h。

（3）二级生物池

有效水深为 2.0 m，水力停留时间为 12.68 h。

（4）二级碎石床

碎石层厚 1.5 m，碎石粒径为 10～20 mm，水力停留时间为 6.66 h。

（5）砂滤池

碎石层厚 1.2 m，粗砂粒径为 5～10 mm，水力停留时间为 2.11 h。

1.8.5.5.4　人工湿地剖面设计

所有子系统一级生物池最高，逐级下降，二级植物碎石床最低，以便自流出水。人工湿地平均坡度为 0.5%～1%，碎石床厚度为 1 500 mm，一级植物碎石床料粒径为 50～90 mm，二级植物碎石床粒径为 40～60 mm。

1.8.5.5.4　布水方式

污水在人工湿地中运行方式为水平潜流，布水方式为 PVC 穿孔管布水，上部进水，下部出水。

1.8.5.5.5　防渗

一级、二级生物池，一级、二级植物碎石床底部防渗均采用"400 g 二布一膜土工膜加 200 mm 厚黏土保护层"，可保证湿地床底渗透系数 $k<10^{-8}$。

1.8.5.5.6　植物设计

（1）植物品种设计

该工程植物品种的选种充分考虑了植物品种的耐污性、净化效果及观赏性，并通过植物品种间的搭配，使人工湿地公园呈现出一派姹紫嫣红、争芳斗艳、规划整齐而又错落有致的湿地景观，使人工湿地公园成为水唇镇的一个新的旅游景点和生态教育窗口，符合水唇镇的区域规划和城市定位。

该工程一级、二级生物池选种水葫芦、大薸、穗状狐尾藻、红菱、荇菜等；一级、二级碎石床以及砂滤池则选用芦苇、芦竹、花叶芦荻、伞草、风车草、野姜花、美人蕉、再力花等，并点缀以桐花、海桑、黄槐等，增加其观赏性。

（2）植物栽种密度

植物碎石床：10 棵 /m^2；2 行 /m^2，每行 5 棵。

水生物塘：大薸、凤眼莲、穗状狐尾藻 20 棵 / m^2；睡莲、红菱、荇菜、二穗水蕹 1 棵 /10 m^2。

其他植物：桐花、海桑、黄槐等仅用于点缀装饰之用，零星栽种，每个品种约种 50 棵。

（3）植物苗的准备及养护

考虑到人工湿地的植物品种较多，而且有些品种是设计单位长期培育的高净化力新品种，同时各种植物苗的需要量很大，市场无法供应，需要提前引苗、增苗，故在该项目施工前必须引苗、育苗。

当污水处理厂人工湿地土建工程基本完成以后，将苗圃里边的大苗引入污水处理厂。这些大苗在污水处理厂调试期间（一般为 3 个月至半年）内，便足以长成茂密、成熟的植株，并具有较发达的根系，不会影响到运营的处理效果。

在设计年限内，碎石填料不需要更换。植物一年收割一次，收割期一般在冬春季节。植物的收割会在一定程度上影响植物的净化能力，但其庞大根系中的区系微生物和碎石床中的生物膜仍然有很大的净化能力，加上冬春季节的生活污水量较少，而且我们在设计时已对人工湿地的污染负荷进行了调整，因此植物的收割基本上不会对人工湿地系统的处理能力产生影响。

1.8.5.6 消毒池设计

该工程设置紫外线杀菌消毒池 1 座，停留时间约 10 min，平面尺寸为 6 m×5 m，出水渠有效水深为 2.1 m。

同时配置紫外线杀菌设备 1 套，常年运行。

1.8.6 农村生活污水处理设计

1.8.6.1 进水、出水水质

该项目进水水质按常规农村污水监测参数考虑，根据《加快推进粤东西北地区新一轮生活垃圾和污水处理基础设施建设实施方案》（粤建城〔2015〕242 号），农村污水处理设施处理后出水水质达到《城镇污水处理厂污染物排放标准》（GB 18918—2002）的一级 B 标准。

污水进水、出水水质见表 1-28。

表 1-28 污水进水、出水水质

项目	COD_{Cr}	BOD_5	SS	NH_3-N	TP
进水水质 /（mg/L）	150	100	100	20	3
出水水质 /（mg/L）	60	20	20	8（15）	1
去除率 /%	60.00	80.00	80.00	60.00（25.00）	66.67

1.8.6.2 处理站选址概况

处理站选址为低洼处，村排水集中汇入点。

1.8.6.3 工艺流程

本方案推荐使用“厌氧池 +WJS 人工湿地”处理工艺。工艺流程如图 1-46 所示。

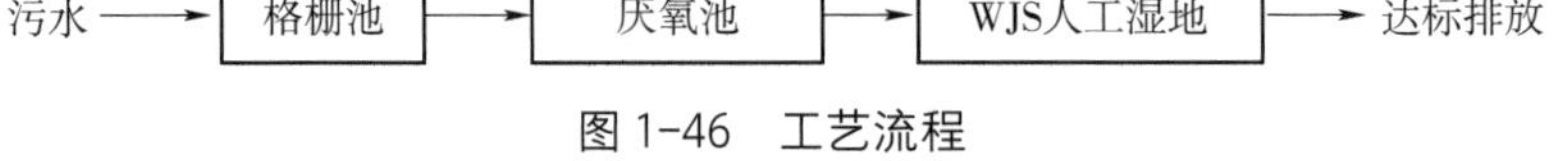

图 1-46 工艺流程

1.8.6.4　工艺说明

污水经格栅沉淀后去除悬浮物及大颗粒物质，降低后续污水处理设施处理难度。污水经沉淀后进入厌氧池，将生活污水中难降解的大分子物质降解为小分子物质，从而利于后续人工湿地微生物及植物吸收降解有机物。

人工湿地对废水的处理综合了物理、化学和生物三种作用。湿地系统成熟后，填料表面和植物根系将因大量微生物生长而形成生物膜。废水流经生物膜时，大量的 SS 被填料和植物根系阻挡截留，有机污染物则通过生物膜的吸收、同化及异化作用而被去除。湿地床系统中因植物根系对氧的传递释放，使其周围的环境依次呈现好氧、缺氧和厌氧状态，不仅确保了废水中的氮、磷被植物和微生物作为营养成分从废水中去除，最后湿地床填料的定期更换或栽种植物的收割也使污染物最终从系统中去除。

1.8.6.5　构筑物设计

1.8.6.5.1　组合池

组合池由格栅、厌氧池合建。

（1）格栅沉砂池

设置一道人工细格栅用于拦截悬浮物和较大颗粒，格栅清渣方式为人工清渣，由市政垃圾车定期运走。

格栅基本设计参数如下：

格栅材料：Q235A；

格栅宽：600 mm；

栅条间隙：10 目格栅网；

栅前水深：500 mm；

格栅倾角：70°。

（2）厌氧池

停留时间：8 h；

有效水深：2 m；

采用 Φ180 mm 的弹性填料。

1.8.6.5.2　WJS 人工湿地

WJS 由一级人工湿地、集 / 配水池，二级人工湿地、集 / 配水池串联组成。集 / 配水池设置于人工湿地内。

（1）基本设计参数

1）设计水量：Q=10～60 m^3/d；

2）总水力负荷：q=0.33 m^3/（m^2・d）（平均）；

3）面积：湿地面积 S=30～180 m^2；

4）湿地平均坡度：0.5%；

5）碎石床厚度：h=1 500 mm；

6）碎石料粒径：15～90 mm；

7）污水在人工湿地中运行方式：水平潜流；

8）布水方式：PVC-U 穿孔管布水，上部进水（或下部进水），下部出水（或上部出水）。

（2）植物设计

本方案植物品种的选种充分考虑了植物品种的耐污性、净化效果及观赏性，并通过植物品种间的搭配，使人工湿地公园呈现出一派姹紫嫣红、争芳斗艳、规划整齐而又错落有致的湿地景观。

人工湿地选用美人蕉、花叶芦荻。

（3）植物栽种密度

植物碎石床：9 棵 /m^2。

（4）植物苗的准备及养护

考虑到人工湿地的植物品种较多，而且有些品种是设计单位长期培育的高净化力新品种，同时各种植物苗的需要量很大，市场无法供应，需要提前引苗、增苗，故在该项目施工前必须引苗、育苗。

当污水处理厂人工湿地土建工程基本完成以后，将苗圃里边的大苗引入污水处理厂。这些大苗在污水处理厂调试期间（一般为 3 个月至半年）内，便足以长成茂密、成熟的植株，并具有较发达的根系，不会影响到运营的处理效果。

在设计年限内，碎石填料不需要更换。植物一年收割一次，收割期一般在冬春季节。植物的收割会在一定程度上影响植物的净化能力，但其庞大根系中的区系微生物和植物碎石床中的生物膜仍然有很大的净化能力，加上冬春季节的生活污水量较少，而且我们在设计时已对人工湿地的污染负荷进行了调整，因此植物的收割基本上不会对人工湿地系统的处理能力产生影响。

1.8.7　相关图片

图 1-47　人工湿地处理系统图 1

图 1-48　人工湿地处理系统图 2

第2章　植物碎石床人工湿地处理富营养化废水案例

2.1　云南省玉溪市江川县九溪人工湿地

前言后语

（1）该工程由汪俊三教授主持设计，该工艺是汪俊三在现场进行了8年系列试验和示范工程试验［室内试验，24 $m^3/(m^2·d)$、1 000 $m^3/(m^2·d)$、10 000 $m^3/(m^2·d)$］基础上提出和不断完善的。(汪俊三教授还主持该项目的项目建议书、工程可行性研究。) 工程土建由曹云龙、陈泽涛设计，布水管网由庞志华设计，洪轶璇作为设计方施工代表，植物选种汪道宇。

（2）该工程是国家立项工程，由云南省玉溪市主持，具体由玉溪市环保局、水利局主持，国家发改委、云南省发改委、环保局、水利厅做了大量工作。

（3）亮点

①该工程是国内外规模最大的植物碎石床人工湿地，是全国最大的富营养化水、微污染水体的植物碎石床人工湿地处理工程，是全国出水水质要求最高的大型植物碎石床人工湿地，是国内外水力负荷最大的大型植物碎石床人工湿地，是国内外引用高等维管束植物最多的大型植物碎石床人工湿地。

②在植物碎石床人工湿地前建立了面积达到3万 m^2 的大型挺水植物塘，并建立了应急塘，处理蓝藻及丰水期的浑浊水。

（4）问题和建议设计

①对大型植物碎石床人工湿地应充分重视防渗设计的施工质量。

②应充分重视对大型植物碎石床人工湿地施工质量管理。

2.1.1　工程概况及总体布置

星云湖与抚仙湖为云南省九大高原湖泊中的两个姐妹湖，两湖与隔河相连，现状为＞V类水质的星云湖水流入基本为I类水质的抚仙湖，使具有“纳污吐清”特性、湖水更换周期达167年的抚仙湖受到严重威胁。为了尽早扭转这一趋势，云南省决定实施抚仙湖、星云湖综合治理出流改道工程。该工程得到了国家和云南省有关领导的高度重视。工程实施后将使目前两湖的流向由星云湖→隔河→抚仙湖→海口河→南盘江，改为抚仙湖→隔河→星云湖→隧道（Ⅰ）→水处理工程→九溪河→东风水库→州大河→曲江→南盘江。超设计能力排洪或人工湿地出现事故时，流程改为抚仙湖→隔河→星云湖→隧道（Ⅰ）→隧道（Ⅱ旁通泄水道）→州大河→曲江→南盘江。通过该工程的实施，系统解决两湖的部分污染源及玉溪市中、长期发展的水源问题。

该工程进水指标见表 2-1。

表 2-1　进水水质指标

项目	COD_{Mn}	BOD_5	TN	TP	氨氮	叶绿素 a
最高浓度 /（mg/L）	13.52	6.82	5.879	0.617	0.424	413.32
平均浓度 /（mg/L）	7.13	4.15	1.602	0.257	0.254	48.61
最低浓度 /（mg/L）	4.78	2.42	0.901	0.127	0.115	6.22

出水水质要求［《地表水环境质量标准》（GB 3838—2002）Ⅲ类水，非离子氨、蓝藻、叶绿素 a 按玉溪市环保局意见］见表 2-2。

表 2-2　出水水质要求

出水检测项目	Ⅲ类水
蓝藻 /（万个 /L）	≤30（地方要求）
叶绿素 a/（mg/m^3）	≤15.0（地方要求）
TN/（mg/L）	≤1
TP/（mg/L）	≤0.05
NH_3-N/（mg/L）	≤1
BOD_5/（mg/L）	≤4
COD_{Cr}/（mg/L）	≤20
非离子氨 /（mg/L）	≤0.025（地方要求）

表 2-3　2004 年星云湖浮游植物种类统计结果　　单位：万个 /L

采样点 / 数量	螺蛳铺			湖心			李家湾		
藻类别	3 月	7 月	11 月	3 月	7 月	11 月	3 月	7 月	11 月
蓝藻门	122.50	253.50	3 782.0	126.50	393.25	83.20	103.00	962.25	156.50
绿藻门	119.25	67.25	33.50	123.25	82.25	16.50	94.25	47.50	21.50

续表

数量＼采样点		螺蛳铺			湖心			李家湾		
藻类别		3月	7月	11月	3月	7月	11月	3月	7月	11月
硅藻门		72.75	22.75	72.00	75.50	17.75	65.50	57.50	5.75	40.50
裸藻门		32.00	6.00	38.00	31.25	9.25	2.00	23.50	7.00	0.00
甲藻门		0.00	0.00	5.50	0.00	0.00	0.00	0.00	0.00	0.00
金藻门		0.00	0.00	0.00	0.00	0.00	0.00	0.00	0.00	0.00
隐藻门		0.00	0.00	0.00	0.00	0.00	0.00	0.00	0.00	0.00
合计		346.50	349.50	3 931.0	356.50	502.50	167.20	278.25	1 022.50	218.50
优势种	名称	3月为微囊藻（Microcystis）；7月为微囊藻（Microcystis）；11月为微囊藻（Microcystis）								
	生物量	110.25	233.25	3 403.50	113.30	361.80	74.85	92.50	885.25	140.85
	占总数的百分比/%	31.82	66.74	86.58	31.77	72.00	44.77	33.24	86.58	64.46

九溪人工湿地工程是星云湖、抚仙湖环境综合整治出流改道工程中的富营养化湖水净化工程。本工程的任务是：通过挺水植物带及人工湿地工程，满足日处理净化星云湖出流水20万 m^3（分两期：一期处理量为10万 m^3/d，二期处理量为10万 m^3/d，共20万 m^3/d），使达到地表水Ⅲ类水要求。最终实现保护抚仙湖；稀释星云湖污染水质，逐步改善其水环境；合理配置和补充玉溪市红塔区的水资源。该工程内容主要有挺水植物净化带和人工湿地。工程总体布置主要是水质处理设施的布置。挺水植物带要求净面积在50亩左右；除藻池面积（应急池）约6亩；玉江高速公路与一级水生物塘之间设一宽20 m的小人工湿地防垮堤缓冲带；星云湖出流水通过渠、管分别送入38个人工湿地子系统，出水收集后统一进入九溪河。

整个出流改道人工湿地工程占地523.89亩，分为4个区：挺水植物带（区）、第一区（由应急池、一级生物塘组成）、第二区（由处理系统1～4组成）、第三区（由处理系统5～8组成）。

（1）一期土建占地共340.06亩

①挺水植物带（区）：68.93亩；

②九溪人工湿地（第一区、第二区）：271.13亩。

（2）二期土建占地共183.83亩

九溪人工湿地（第三区）：183.83亩。

2.1.2　挺水植物带净化机理及净化效率

星云湖中蓝藻数量在100万～300万个/L（发生水华时例外），若直接进入人工湿地系统，会对湿地造成一定影响，若出流水先进湖边挺水植物带，相当一部分蓝藻及 SS 会被挺水植物水下部分的茎叶及其附着生物膜所吸附同化分解。从我们在星云湖湖边现场试验结果看出，经过挺水植物带，蓝藻可去除 20% 左右，同时，挺水植物带还能降解吸收部分 N、P。

挺水植物带工艺流程如下：

星云湖水→格栅→清渣桥→挺水植物带→沉砂池→出水。

2.1.3　人工湿地工艺净化机理

湿地是地球上具有多种功能的生态系统，可以沉淀、排除、吸收和降解有毒物质，因而被誉为“地球之肾”。

湿地具有独特的吸附、降解和排除水中污染物、悬浮物和营养物的功能，可使潜在的污染物转化为资源。这一过程主要包括复杂界面的过滤过程和生存于其间的多样性生物群落与其环境间的相互作用过程。该过程既有物理的作用，也有化学和生物的作用。物理作用主要是湿地的过滤、沉积和吸附作用；化学作用主要是吸附于湿地孔隙中的有机微生物提供酸性环境，转化和降解水中的重金属；生物作用包括微生物作用和植物作用，前者是指湿地土壤和根际土壤中的微生物如细菌对污染物的降解作用，后者是指大型植物如芦苇、香蒲以及藻类在生长过程中从污水中汲取营养物质的作用，从而使污水净化。生物作用是湿地环境净化功能的主要方式。

湿地植被有助于减缓水流的速度，当含有毒物和杂质（农药、生活污水和工业排放物）的流水经过湿地时，流速减慢，有利于毒物和杂质的沉淀、排除。此外，一些湿地植物（如芦苇、水葫芦等）还可以有效地吸收有毒物质。流经湿地的营养物质则被植物有效吸收，或者积累在湿地泥层之中，既为下游净化了水源，又通过物质循环养育了湿地生态系统中众多的次级生产者和更高食物链等级以上的消费者。

人工湿地一般由人工基质（多为碎石）和生长在其上的水生植物（如芦苇、茳芏等）组成，是一种独特的土壤—植物—微生物生态系统。主要设计参数包括污水类型、水流负荷、渗滤介质、滞水深度和时间、流路的可控性、植物类型及管理模式等。

湿地处理系统的工艺目标包括：①直接处理污水；②对经人工或其他工艺处理后的污水进行再处理或深度处理；③利用污水营造湿地自然保护区，为野生群落提供有价值的生态栖息地。根据污水径流的方式，人工湿地可分为表面流湿地、潜流湿地、立式流湿地。人工湿地对废水的处理有十分复杂的净化机理，一般认为人工湿地成熟以后，填料表面吸附了许多微生物形成的大量生物膜，植物根系分布于池中，与自然生态系统中物理、化学及生化反应三重协同作用净化污水。

人工湿地中的物理作用，主要是过滤、沉积作用。土壤—植物是一个活的过滤器，污水进入湿地，经过基质层及密集的植物茎叶和根系，可以过滤、截留污水中的悬浮物，并沉积在基质中。由于植物、土壤—无机胶体复合体、土壤微生物区系及酶的多样性，人工湿地中可以发生各种化学反应过程，如化学沉淀、吸附、离子交换、拮抗、氧化还原反应等，这些化学反应的发生主要取决于所选择的基质类型。

2.1.4 一期工程初步设计

一期工程包括挺水植物带（区）、一期人工湿地（第一区、第二区工程）。

2.1.4.1 挺水植物带工艺设计说明

挺水植物带（区）占地总面积为 45 934 m^2，即 68.9 亩。挺水植物种植面积为 36 134 m^2，即 54.2 亩，沉砂区面积为 4 800 m^2，即 7.2 亩。

（1）格栅

设粗格栅 1 道；

设计流量：8 333 m^3/h；

栅宽：B=50.0 m；

格栅间隙：42～50 mm；

栅前水深：0.5～2.2 m；

安装倾角：60°～75°；

材料：采用 Φ20 圆钢；

格栅规格：宽 × 高 =2 300 mm × 2 800 mm，共 17 格；

起调水位为 1 722.80 m 时，过栅流速为 0.10～0.25 m/s。

（2）清渣桥

一座，桥面长度为 50 m，桥面宽度为 2.5 m，桥面高程为 1 723.50 m。

（3）挺水植物带

长 470 m，宽 70 m，成 U 字形，面积 3.6 万 m^2（即 54.2 亩）。挺水植物带栽芦苇，芦苇用尼龙绳固定，尼龙绳用 DN200 mm 圆管桩固定。

（4）挺水植物带围堤

采用 1∶2 坡度砂土堆填，迎水面抛石。

（5）沉砂池

设在挺水植物带与出流网渠喇叭口之间，用来沉降湖水中的泥砂；底部高程为 1 720.1 m，比出水渠进水闸低 0.6 m。

（6）植物设计

采用星云湖类芦苇，共 16.5 万棵，每棵 3～5 株，带筐土的大苗。

（7）设计运行水位

1 722.20 m。

2.1.4.2　一期人工湿地工艺设计说明

一期人工湿地工艺流程如图 2-1 所示。

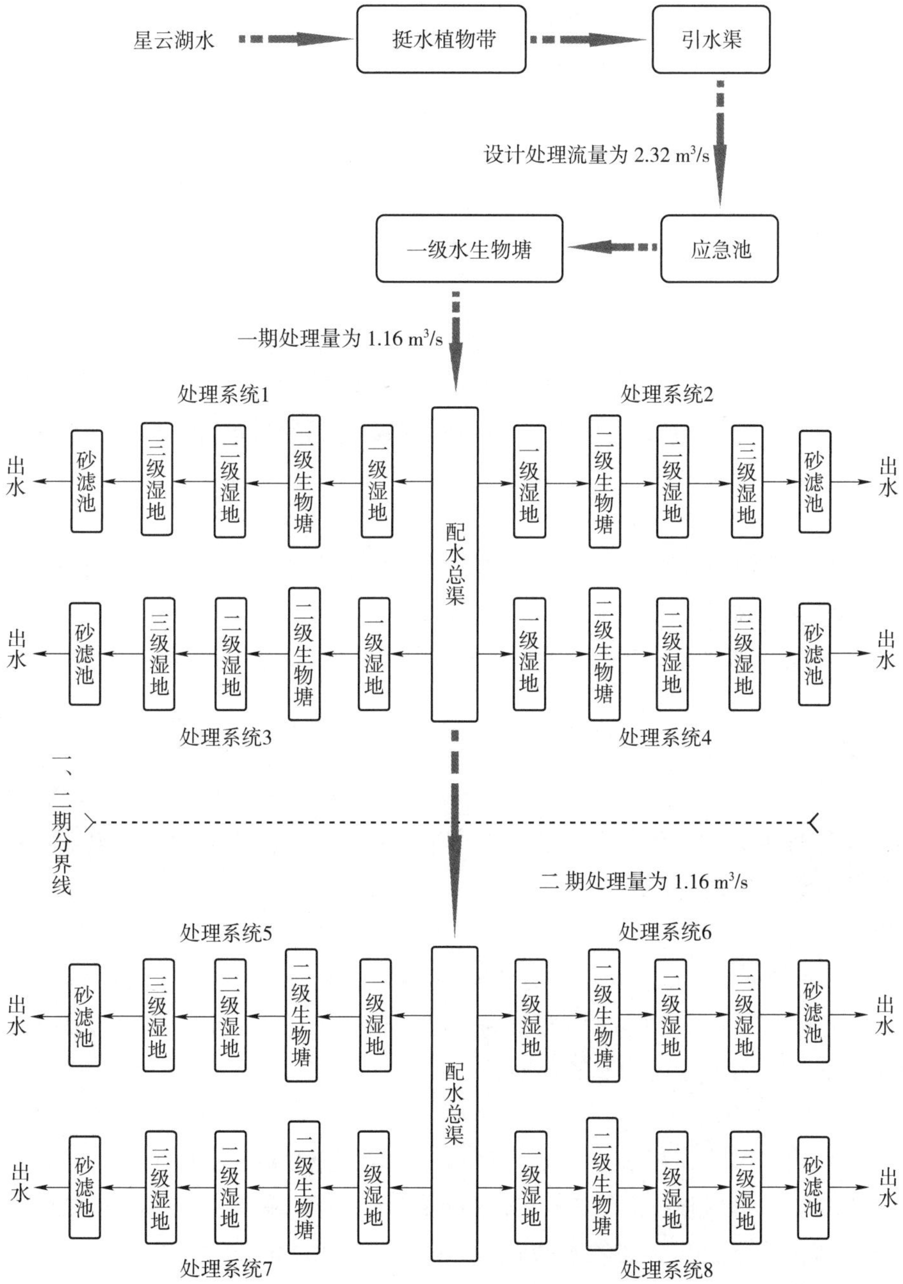

图 2-1　九溪人工湿地工艺流程

人工湿地及砂滤池的运行水位控制在有效水深 1.5 m；一级生物塘水深不低于 2.0 m；二级生物塘的运行水位控制在有效水深 2.0 m。

（1）应急处理池

应急处理池主要对两种异常情况进行处理：一是星云湖水华暴发，藻类数达到每升几千万个；二是暴雨时产生含泥沙量较高的雨水，这两种水都不能直接进入人工湿地系统，常规处理方法是化学方法，费用高，又影响饮用水水质。本工艺采用生物吸滤法，能够比较有效地处理好上述两种情况。

隧道出水经均匀布水后分别进入四个应急处理池，设计为并联 3 个矩形水池，共 4 100 m^2，设计水深为 2.0 m；池内种植凤眼莲等。

（2）一级植物塘

一级植物塘位于第一区。第一区总占地面积为 77.23 亩，其中的一级植物塘净面积约为 50.88 亩，小人工湿地为 9.3 亩。

进水采用穿孔管均匀布水，分成 3 组并联子系统，每组之间根据现有地势分别有 0.4～0.5 m 的落差，每组子系统分成 5 格，采用“下—上—下”进出水方式；塘内平均有效水深为 2.0 m，为保护玉江高速公路，靠近路边设计增加一块人工湿地，宽 20.0 m，扩大堤坝的承载。

（3）人工湿地处理系统一期工程

第一期人工湿地占地面积为 193.9 亩，由处理系统 1～4 组成，含 18 个子系统。

①各子系统流程

第一级植物碎石床→第二级植物碎石床→第二级水生物塘→第三级植物碎石床→砂滤池

②进水布水方式

一、二、三级人工湿地碎石床进出水采用穿孔管布水，从上部进水，从下部出水；二级生物塘采用“下—上—下”进出水方式；砂滤池采用上进下出方式布水，在顶部设置进水管均匀布水。

③ 设计坡度

一、二、三级人工湿地碎石床设计底坡度为 0.3%～0.5%，设计水面坡度为 0.1%～0.2%；二级生物塘设计底坡度为 0.3%～0.5%，设计水面坡度为 0.1%～0.2%；砂滤池设计底坡度为 0.2%～0.3%。

④工艺尺寸

第一级人工湿地碎石床：35 m × 36 m × 1.5 m，设计深度为 1.5 m（内填碎石）。

第二级人工湿地碎石床：35 m × 35 m × 1.5 m，设计深度为 1.5 m（内填碎石）。

第二级生物塘：35 m × 32 m × 2.0 m；设计深度为 2.0 m。

第三级人工湿地碎石床：35 m × 53 m × 1.5 m，设计深度为 1.5 m（内填碎石）。

砂滤池：35 m × 18.5 m × 1.5 m，设计深度为 1.5 m（内填砂）。

⑤ 构筑物总面积

（第一区）第一级生物塘总面积为 3.38 万 m^2（即 50.75 亩）。

（第二区）人工湿地（处理系统 1～4）占地总面积为 12.9 万 m^2（即 193.9 亩），其中主要组成如下：

第一级人工湿地碎石床总面积为 2.75 万 m^2（即 41.29 亩）；

第二级人工湿地碎石床总面积为 2.42 万 m^2（即 36.34 亩）；

第二级生物塘总面积为 1.87 万 m^2（即 28.0 亩）；

第三级人工湿地碎石床总面积为 2.33 万 m^2（即 35.0 亩）；

砂滤池总面积为 0.7 万 m^2（即 10.7 亩）。

⑥填料规格

人工湿地要求的碎石填料长宽规格为：

一级湿地 90 mm × 55 mm；

二级湿地 75 mm × 45 mm；

三级湿地 60 mm × 30 mm。

（4）配水系统

系统配水的原则是充分利用现场地势，减少挖填方量。整个配水系统分成 3 部分，分别供给一级塘与高速公路之间的小人工湿地及第二、第三片区（二期）共 8 个人工湿地系统用水。

第一部分从 4$^{\#}$ 塘引部分水进入小人工湿地；一级生物塘四股出水在高速公路前进行交叉换位后，从现有高速公路底部的涵洞穿过高速路，然后一级生物塘 1$^{\#}$、2$^{\#}$ 塘通过 1 个配水井分别均匀配水给第二片区的第 1、2、3、4 个处理系统；3$^{\#}$、4$^{\#}$ 塘出水通过 1 根管径 1 200 mm 的输水管输送到第三片区（二期），通过配水井分别均匀配水给第 5、6、7、8 处理系统。

穿越高速公路和现有进镇公路时采用钢管穿越，分别为 1 根 DN1 200 mm，直至配水井为止。配水井和配水井后进入人工湿地的进水配水渠采用 C20 钢筋混凝土。

为确保湖水能均匀进入人工湿地，在配水渠里设计可调三角堰，能比较准确地控制水量，确保处理系统的均匀运行。

第二、四人工湿地处理系统由出水沟收集后，沿进镇公路方向出流，汇同系统 1、3 出水进入出水明渠；第六、八人工湿地处理系统出水进入出水明渠，再沿九溪河方向出流，汇同系统 5、7 出水进入出水明渠。正常情况下出水，汇集进入九溪河。

2.1.4.3　一期主要建筑物

挺水植物带的设计流量为 9.2 m^3/s；除藻池及一级塘设计流量为 2.32 m^3/s；人工湿地工程（一期）的设计流量为 1.16 m^3/s；均为无压流。

（1）挺水植物带

挺水植物带是该工程进行水质净化处理的第一道设施，植物面积为 50 亩。综合考虑星云湖水位变化，植物所需水深的要求及实际地形条件，确定植物带渠道底板高程为 1 720.30 m，渠道两侧按永久边坡 1∶2.5 开挖，铺衬土工布固沙后，抛石护坡，不加衬砌。挺水植物带进水口处设粗格栅一道，并铺设清渣桥，桥长 50 m，宽 2.5 m，桥面高程为 1 723.5 m。清渣桥采用 400 预应力管桩做桥墩，预制钢筋混凝土桥面板，桥墩设钢制牛腿，联合格栅固定桩固定格栅，格栅固定桩上现浇钢筋混凝土起吊门架，并和桥面相连接，门架上设起吊钩，作为格栅起吊之用。挺水植物带末端与隧道进口过渡段衔接。

（2）人工湿地处理系统

人工湿地处理系统由应急池、一级植物塘配水系统、人工湿地处理系统组成。

①应急处理池

隧道出水经均匀布水后分别进入 4 个并联的应急处理池，设计为并联 4 个矩形水池，共 4 100 m^2，设计池底坡为 1.6%，设计水深为 2.0 m；池内种植根系发达的浮水植物。

应急处理池底部高程为 1 701.20 m，顶部高程为 1 703.70 m；底板厚度为 300 mm，壁板厚度为 300 mm。每池之间设伸缩缝，池体用 C25 钢筋混凝土现浇。

②一级生物塘

面积约为 3.38 万 m^2，分成 3 组并联子系统，每组之间根据现有地势分别有 0.4～0.5 m 的落差，每级子系统分成 5 格，采用“下—上—下”进水方式；塘内平均有效水深为 2.0 m。

一级生物塘周边均采用人工土堤，大湾河和高速公路边采用 M5 浆砌石挡土墙。每个生物塘均采用土堤相隔，顶宽 3 m，以满足植物的收割需要，边坡 1∶2，中间隔墙均用 M5.0 浆砌块石。

③人工湿地处理系统

一期湿地分 4 个大系统，再并联分成 18 个子系统。

人工湿地堤采用 M5.0 砖石结构，每 15 m 设一伸缩缝，迎水面 1∶2 水泥砂浆勾缝，配水管用 UPVC 管材及管件，为防渗漏，人工湿地底原土压实后铺 150 g/m^2 土工膜一层，膜面再铺原土 200 mm 厚压实。

2.1.5 二期工程初步设计

第二期工程位于第三区，包括处理系统 5～8（共含 20 个子系统）及相应的配水工程。总占地面积为 183.8 亩。

2.1.5.1 二期人工湿地工艺设计说明

（1）二期人工湿地处理系统

①二期人工湿地总占地面积为 183.8 亩。

②各子系统流程、进水布水方式、设计坡度、工艺尺寸均与一期各处理系统相同。

③构筑物总面积：

人工湿地（处理系统 5～8）占地总面积为 12.26 万 m^2（即 183.8 亩），其中主要组成如下：

第一级人工湿地碎石床总面积为 2.43 万 m^2（即 36.45 亩）；

第二级人工湿地碎石床总面积为 2.64 万 m^2（即 39.61 亩）；

第二级生物塘总面积为 1.80 万 m^2（即 26.94 亩）；

第三级人工湿地碎石床总面积为 2.48 万 m^2（即 37.16 亩）；

砂滤池总面积为 0.7 万 m^2（即 10.7 亩）。

④填料规格：

三级人工湿地要求的碎石填料长宽规格分别为 90 mm × 55 mm、75 mm × 45 mm、60 mm × 30 mm。

（2）配水系统

见 2.1.4.2 之（4）。

2.1.5.2　二期主要建筑物

二期人工湿地工程的设计流量为 1.16 m^3/s；为无压流。

二期湿地（处理系统 5～8）共 4 个大系统，每个大系统再由 5 个子系统（共 20 个子系统）组成。

人工湿地墙堤采用 M5.0 砖石结构，每 15 m 设一伸缩缝，迎水面 1∶2 水泥砂浆勾缝，配水管用 UPVC 管材及管件，为防渗漏，人工湿地底原土压实后铺 150 g/m^2 土工膜一层，膜面再铺原土 200 mm 厚压实。

2.1.6　一、二期占地面积统计

2.1.6.1　总占地面积

整个人工湿地及挺水植物带工程土建占地面积为 523.89 亩，其中挺水植物带占地 68.93 亩，整个九溪人工湿地土建占地面积为 454.96 亩。

（1）一期土建占地共 340.06 亩

①挺水植物带（区）：68.93 亩；

②九溪人工湿地一期（第一区、第二区）：271.13 亩。

（2）二期土建占地共 183.83 亩

九溪人工湿地二期（第三区）：183.83 亩。

人工湿地系统各区、单元面积见表 2-4～表 2-8。

表 2-4　人工湿地各区面积统计　　单位：亩

项目	第一期			第二期	合计
	挺水植物区	第一区面积	第二区面积	第三区面积	
挺水植物面积	54.22				54.22
沉砂区面积	7.24				7.24
应急池面积		6.14			6.14
小湿地面积		9.30			9.30
排洪沟面积		0.37	0.82	0.87	2.06
道路面积	7.24	6.37	23.70	22.08	59.38
配水渠面积		2.23	7.32	6.88	16.43
边坡占地		2.07	7.91	3.13	13.11
一级生物塘面积		50.75			50.75
一级人工湿地面积			41.29	36.45	77.73
二级人工湿地面积			36.34	39.61	75.94
二级生物塘面积			28.00	26.94	54.94
三级人工湿地面积			34.99	37.16	72.15
砂滤池			10.66	10.71	21.37
挺水植物带值班房	0.22				
人工湿地管理房用地			2.88		2.88
合计	68.93	77.23	193.89	183.83	523.89

2.1.6.2　建筑单元面积统计

（1）人工湿地系统面积统计（表 2-5）

表 2-5　人工湿地系统各单元面积概算　　单位：m^2

人工湿地净面积（不含墙体）统计						
		一级湿地	二级湿地	二级生物塘	三级湿地	砂滤池
处理系统 1	1 系列	2 360.79	1 388.67			
	2 系列	1 176.05	1 112.86	1 506.81	1 201.30	
	3 系列	1 176.05	1 112.86	957.27	1 729.67	449.15
	4 系列	1 176.05	1 112.86	957.27	1 729.67	500.22
	5 系列	1 176.05	1 112.86	957.27	17 29.67	552.22
	小计	7 064.98	5 840.09	4 378.61	6 390.32	1 501.59

续表

人工湿地净面积（不含墙体）统计						
		一级湿地	二级湿地	二级生物塘	三级湿地	砂滤池
处理系统 1 面积小计	净面积合计	25 175.59				
	配水渠面积	1 082.00				
	路面面积	3 395.70				
	边坡占地	833.00				
	土建总面积	30 486.29				
处理系统 2	1 系列	1 338.35	1 680.74	1 632.56	1 940.37	814.34
	2 系列	1 647.23	1 387.43	1 061.02	1 062.41	399.73
	3 系列	1 647.23	1 387.43	1 061.02	1 062.41	399.73
	4 系列	1 647.23	1 387.43	1 061.02	1 062.41	399.73
	小计	6 280.05	5 843.03	4 815.62	5 127.59	2 013.55
处理系统 2 面积小计	净面积合计	24 079.84				
	配水渠面积	1 386.44				
	路面面积	3 841.62				
	边坡占地	2 756.00				
	排洪沟面积	290.00				
	土建总面积	32 353.90				
处理系统 3	1 系列	1 583.66	1 511.21	1 164.58	1 873.93	432.45
	2 系列	1 583.66	1 511.21	1 164.58	1 873.93	501.89
	3 系列	1 583.66	1 511.21	1 164.58	1 873.93	571.39
	4 系列	2 514.28	1 956.17	1 205.75	1 286.63	198.79
	小计	7 265.25	6 489.81	4 699.50	6 908.41	1 704.52
处理系统 3 面积小计	净面积合计	27 067.48				
	配水渠面积	1 031.17				
	路面面积	3 124.16				
	土建总面积	31 222.82				

续表

人工湿地净面积（不含墙体）统计						
		一级湿地	二级湿地	二级生物塘	三级湿地	砂滤池
处理系统 4	1 系列	1 434.62	1 208.33	924.14	924.90	349.30
	2 系列	1 434.62	1 208.33	924.14	924.90	349.30
	3 系列	1 434.62	1 208.33	924.14	924.90	349.30
	4 系列	1 434.62	1 208.33	924.14	924.90	349.30
	5 系列	1 178.30	1 218.78	1 075.95	1 201.34	487.29
	小计	6 916.80	6 052.09	47 72.49	4 900.93	1 884.50
处理系统 4 面积小计	净面积合计	24 526.81				
	配水渠面积	1 379.83				
	路面面积	3 751.51				
	边坡占地	1 685.00				
	排洪沟面积	255.00				
	土建总面积	31 598.15				
处理系统 5	1 系列	811.32	1 160.57	959.85	1 486.91	499.02
	2 系列	1 240.86	1 305.49	875.14	1 156.12	349.57
	3 系列	1 240.86	1 305.49	875.14	1 156.12	349.57
	4 系列	1 240.86	1 305.49	875.14	1 156.12	349.57
	5 系列	1 240.86	1 305.49	875.14	1 156.12	349.57
	小计	5 774.78	6 382.53	4 460.42	6 111.41	1 897.31
处理系统 5 面积小计	净面积合计	24 626.44				
	配水渠面积	1 253.07				
	路面面积	3 132.18				
	土建总面积	29 011.69				
处理系统 6	1 系列	1 451.35	1 284.54	665.61	639.84	109.50
	2 系列	1 175.80	1 323.22	913.63	1 323.15	365.40
	3 系列	1 175.80	1 323.22	913.63	1 323.15	365.40
	4 系列	1 175.80	1 323.22	913.63	1 323.15	365.40
	5 系列	1 175.80	1 323.22	913.63	1 323.15	365.40
	小计	6 154.53	6 577.41	4 320.13	5 932.42	1 571.10

续表

人工湿地净面积（不含墙体）统计						
		一级湿地	二级湿地	二级生物塘	三级湿地	砂滤池
处理系统 6 面积小计	净面积	24 555.59				
	配水渠面积	1 064.27				
	路面面积	3 403.84				
	边坡占地	1 042.00				
	排洪沟面积	290.00				
	土建总面积	30 355.71				
处理系统 7	1 系列	1 309.50	1 375.59	925.11	1 217.70	367.78
	2 系列	1 309.50	1 375.59	925.11	1 217.70	367.78
	3 系列	1 309.50	1 375.59	925.11	1 217.70	367.78
	4 系列	1 309.50	1 375.59	925.11	1 217.70	367.78
	5 系列	1 260.23	1 226.80	767.84	941.90	268.73
	小计	6 498.22	6 729.15	4 468.29	5 812.71	1 739.83
处理系统 7 面积小计	净面积	25 248.21				
	配水渠面积	1 153.09				
	路面面积	3 184.93				
	土建总面积	29 586.22				
处理系统 8	1 系列	1 142.20	1 285.55	888.77	1 285.67	355.72
	2 系列	1 142.20	1 285.55	888.77	1 285.67	355.72
	3 系列	1 142.20	1 285.55	888.77	1 285.67	355.72
	4 系列	1 142.20	1 285.55	888.77	1 285.67	355.72
	5 系列	1 302.49	1 574.63	1 159.15	1 776.62	512.58
	小计	5 871.31	6 716.82	4 714.22	6 919.29	1 935.46
处理系统 8 面积小计	净面积	26 157.09				
	配水渠面积	1 119.51				
	路面面积	3 506.05				
	边坡占地	1 042.00				
	排洪沟面积	290.00				
	土建总面积	32 114.65				

（2）一级生物塘面积统计（表 2-6）

表 2-6 一级生物塘面积统计 单位：m^2

应急池		4 095.59
一级生物塘	1#净面积	8 442.86
	2#净面积	8 296.76
	3#净面积	8 405.39
	4#净面积	8 691.14
道路面积		4 245.27
配水渠面积		1 483.81
小湿地面积		6 200.00
塘堤绿化		1 380.14
排洪沟面积		250.00
土建总面积		50 110.84

（3）挺植物带面积统计（表 2-7）

表 2-7 挺植物带面积统计 单位：m^2

道路面积	4 826.00
植物种植面积	36 150.00
沉砂区面积	4 830.00
小计	45 806.00

2.1.7 人工湿地水力负荷设计（一、二期）

（1）水力停留时间： 19.3 h

第一级生物塘： 5.8 h

第一级植物碎石床：1.7 h

第二级植物碎石床：1.7 h

第二级生物塘：7.7 h

第三级植物碎石床：2.44 h

砂滤池：0.13 min

（2）水力负荷：0.8～1.0 $m^3/(m^2 \cdot d)$

2.1.8 人工湿地结构设计说明（一、二期）

一级生物塘由应急沉砂池和 4 个并联植物塘组成。湿地系统均由一级湿地、二

级湿地、二级生物塘、三级湿地和砂滤池组成。

（1）一级生物塘周边均采用人工土堤，马家沟和高速公路边采用浆砌挡土墙。每个生物塘均采用土堤相隔，顶宽 3 m，以满足植物的收割，边坡 1∶2；中间隔墙均用浆砌块石。进水沟和出水沟均采用砼结构；穿越高速公路利用现有机耕通道采用钢管穿越，分别为 1 根 DN 1200（送至系统 5～8）和 2 根 DN900；考虑湿地收割过车等机械化操作，环场道路均采用砼路面，可过 4 t 汽车。

（2）湿地系统除分配井和进水沟采用砼结构外，其他均用砖石结构 M5.0，15 m 设一伸缩缝，迎水面粉 1∶3 水泥砂浆 25 mm 厚；浆砌石按 0.3～0.4 放坡。

（3）系统 1、系统 3 由出水沟收集后，汇同第 2、4 系统出水直排马家沟；第 6、8 系统出水汇同第 5、7 系统入九溪河。系统 5～8 总进水管 DN1 200 穿越匝道公路采用顶管施工。

（4）为方便植物的收割和日常管理，除设 3 m 的环场路外，充分利用总进水渠和输水干管所占地，中间设一 4 m 宽干道贯穿整个湿地处理系统（考虑湿地收割过车等机械化操作，中央道路及环场道路均采用砼路面，可过工具车）。所有隔墙顶宽度除满足结构要求外均不小于 800 mm，以满足日常管理交通的需要。

（5）为防渗漏，所有植物碎石床、生物塘、砂滤池的底部都在原土压实后铺 150 g/m^2 二布一膜土工布一层，上面再铺黏土 200 mm 厚压实，土堤内面也覆盖土工布。

（6）一级生物塘靠环场道路一侧和中间三条纵向通道两侧、二级生物塘四周都设置安全护栏。整个人工湿地系统（包含 3 个片区）的环场道路外侧也设置安全护栏。

（7）碎石床厚度设计为 1.5 m。一般来说，植物碎石床厚度随处理水质浓度变低而变厚，本人工湿地主要是处理富营养化水，即地表水，所以碎石床厚度比处理工业废水、生活污水时厚。一般处理废水的厚度为 1.0～1.2 m，该项目处理微污染水为 1.5 m 是适宜的。

（8）人工湿地的坡比确定，首先根据场址的地形，再从布水角度考虑。本场地虽有较大的总高程可利用，但长条形分布不能满足几十个并联子系统，按工艺需要设置了 38 个子系统排列，又考虑与附近高速公路匝道协调子系统内坡比为 0.5% 较为合适。

2.1.9　植物设计（一、二期）

（1）植物品种设计

植物设计见表 2-8。

（2）植物栽种规格

①植物碎石床：10 棵 /m^2；2 行 /m^2，每行 5 棵。

②生物塘：50 棵 / m^2。

表 2-8 人工湿地植物设计（一、二期）

<table>
<tr><th></th><th colspan="2">部位</th><th>植物种类</th><th>面积 / m^2</th><th>苗数 * / 万棵</th></tr>
<tr><td rowspan="5">1</td><td rowspan="5">一级
生物塘</td><td>一排</td><td rowspan="3">4—10 月：雍菜［Ipomoeu reptans（L.）Poir］
4—10 月：豆瓣菜［Nasturtiun officinale R.Br］
11 月至翌年 3 月：水芹菜［Oenanthe javanica Dc.］</td><td rowspan="5">30 100</td><td rowspan="5">150.5</td></tr>
<tr><td>二排</td></tr>
<tr><td>三排</td></tr>
<tr><td>四排</td><td>凤眼莲［Eichhornia crassipes（Mart.）Solm］</td></tr>
<tr><td>五排</td><td>凤眼莲［Eichhornia crassipes（Mart.）Solm］</td></tr>
<tr><td>2</td><td colspan="2">一级植物碎石床前（0.25）</td><td>野姜花［Hedychnun coronarium Koenig］</td><td>12 000</td><td>15.6</td></tr>
<tr><td>3</td><td colspan="2">一级植物碎石床中（0.25）</td><td>风车草［Cyperus alternifolius L.］</td><td>12 000</td><td>15.6</td></tr>
<tr><td>4</td><td colspan="2">一级植物碎石床中（0.25）</td><td>星云湖类芦苇［Phragmites communis Trin］</td><td>12 000</td><td>15.6</td></tr>
<tr><td>5</td><td colspan="2">一级植物碎石床后（0.25）</td><td>伞草［Typha angustifolia］</td><td>12 000</td><td>15.6</td></tr>
<tr><td>6</td><td colspan="2">二级植物碎石床前（0.25）</td><td>美人蕉［Canna indica］</td><td>12 000</td><td>15.6</td></tr>
<tr><td>7</td><td colspan="2">二级植物碎石床中（0.25）</td><td>象草［Pennisetum purpureum Schumach］</td><td>12 000</td><td>15.6</td></tr>
<tr><td>8</td><td colspan="2">二级植物碎石床中（0.25）</td><td>茳芏［Cyperus malaccensis Lanm］</td><td>12 000</td><td>15.6</td></tr>
<tr><td>9</td><td colspan="2">二级植物碎石床后（0.167）</td><td>伞草［Typha angustifolia］</td><td>8 000</td><td>10.4</td></tr>
<tr><td>10</td><td colspan="2">二级植物碎石床后（0.083）</td><td>桐花［Ageiceras comiculatum（L）Blanco］
海桑［Sonneratia caseolaris L］</td><td>4 000</td><td>0.4</td></tr>
<tr><td rowspan="3">11</td><td rowspan="3">二级
生物塘</td><td>第一格</td><td rowspan="2">4—10 月：雍菜［Ipomoeu reptans（L.）Poir］
4—10 月：豆瓣菜［Nasturtiun officinale R.Br］
11 月至翌年 3 月：水芹菜［Oenanthe javanica Dc.］</td><td rowspan="3">40000</td><td rowspan="3">200</td></tr>
<tr><td>第二格</td></tr>
<tr><td>第三格</td><td>大薸［Pistia stratiotes L］</td></tr>
<tr><td>12</td><td colspan="2">三级植物碎石床前（0.125）</td><td>黄槐［Cassia surattensis Burm.f.］</td><td>5 800</td><td>0.58</td></tr>
<tr><td>13</td><td colspan="2">三级植物碎石床前（0.125）</td><td>香根草［Vativer zizanioides L. Nash］</td><td>5 800</td><td>7.54</td></tr>
</table>

续表

	部位	植物种类	面积 / m^2	苗数 */ 万棵
14	三级植物碎石床中（0.25）	野姜花［*Hedychnun coronarium* Koenig］	11 600	15.08
15	三级植物碎石床中（0.25）	伞草［*Typha angustifolia*］	11 600	15.08
16	三级植物碎石床后（0.25）	星云湖类芦苇［*Phragmites communis* Trin］	11 600	15.08
17	植物砂滤池前（0.5）	花叶芦荻［*Arundo donax var versicolor*（mill）］	8 000	10.4
18	植物砂滤池后（0.5）	星云湖类芦苇［*Phragmites communis* Trin］	8 000	10.4

*：类芦苇、伞草、风车草、香根草每棵由 4～5 株组成；野姜花每棵由 3 株组成；美人蕉每棵包括一主芽（株）和几个侧芽；黄槐每棵为一株；花叶芦荻、象草每棵为一主芽（株）和侧芽组成；桐花、海桑每棵为一株；凤眼莲、大薸每棵为一株；菜菜、豆瓣菜和水芹菜每棵为 1 株。上述苗数、苗质量和苗大小的具体解释权，由设计单位在上述论述基础上进行解释，该解释权具有最终确定权。

综合考虑工艺与景观要求，将各类斑块（斑块类别以①②③④⑤⑥⑦⑧⑨表示）的植物组成如下：

①第一类斑块

野姜花（0.25）：［*Hedychnun coronarium* Koenig］；

风车草（0.25）：［*Cyperus alternifolius* L.］；

类芦苇（0.25）：［*Phragmites communis* Trin］；

伞　草（0.25）：［*Typha angustifolia*］。

②第二类斑块

美人蕉（0.25）：［*Canna indica*］；

象　草（0.25）：［*Pennisetum purpureum* Schumach］；

茳　芏（0.333）：［*Cyperus malaccensis* Lanm］；

伞　草（0.167）：［*Typha angustifolia*］。

③第三类斑块

香根草（0.25）：［*Vativer zizanioides* L. Nash］；

野姜花（0.25）：［*Hedychnun coronarium* Koenig］；

伞　草（0.25）：［*Typha angustifolia*］；

类芦苇（0.25）：［*Phragmites communis* Trin］。

④第四类斑块

桐 花（0.0415）：[*Ageiceras comiculatum*（L）Blanco]；

海 桑（0.0415）：[*Sonneratia caseolaris* L]。

⑤第五类斑块

黄 槐（0.125）：[*Cassia surattensis* Burm.f.]。

⑥第六类斑块

花叶芦荻（0.5）：[*Arundo donax* var. *versicolor*（mill）]；

类 芦 苇（0.5）：[*Phragmites communis* Trin]。

⑦第七类斑块

雍 菜：[*Pomoeu reptans*（CL.）Poir]；

豆瓣菜：[Nasturtiun officinale R.Br]；

水芹菜：[Oenanthe javanica Dc]。

⑧第八类斑块

凤眼莲：[*Eichhornia crassipes*（Mart.）Solm]。

⑨第九类斑块

大薸：[*Pistia stratiotes* L]。

2.1.10 工程风险

（1）工艺可靠性

以植物碎石床和生物塘组合的人工湿地处理污水工艺，国内从 1989 年开始研究，到现在已有 20 多个应用工程，这些工程运行稳定，净化效果好。以富营养化水体为处理对象的人工湿地处理模拟试验，也于 2001 年 9 月 5 日开始运行，其中 24 m^3/d 和 1 000 m^3/d 试验，已连续运行了 40 多个月，在水力负荷 0.8～1.0 $m^3/(m^2 \cdot d)$ 情况下，把星云湖＞Ⅴ类水净化为Ⅱ～Ⅲ类水（除 TN 外为Ⅱ类水），达到星云湖、抚仙湖出流改道工程水质要求。本次 20 万 m^3/d 设计，为确保工艺的可靠性，采取了如下措施：一是严格按照试验工程工艺方法和提供的设计参数进行系统分析与选定；二是将水力负荷下降到 0.80 $m^3/(m^2 \cdot d)$；三是将 20 万 m^3/d 处理系统分解为 38 个并联的 5 263 m^3/d 子系统，每个子系统的放大倍数约为现场模拟试验工程规模的 5 倍，在工程相似范围之内；四是现场模拟试验工程环境条件和进水水质与 20 万 m^3/d 工程基本一样。所以，该工程的技术风险应较小。

（2）施工技术可靠性

人工湿地构筑物较简单，均以池塘为主，最深池不超过 3 m，布水管也不复杂，所以施工较容易。相比较而言，工程中较为困难的是大量优良植物苗的筛选、引种和增植工作，通过 24 m^3/d 和 1 000 m^3/d 3 年多的试验，已成功引入和筛选出

10 多个优良品种，并基本掌握其栽植方法，只要提前 2 年建立苗圃基地，人工湿地提前 1 年栽种植物，上述问题可以解决。

（3）运行管理可靠性

人工湿地技术是一种新技术，虽然这方面的技术人员较少，但可从现在开始，利用江川大凹人工湿地做课堂，培养人工湿地运行管理的技术人员。设计单位也同意从可行性研究、设计、调试、运行全程参与，大大提高运行管理的可靠性。地方政府将会成立专门机构对人工湿地的正常运行进行有效管理。

（4）对高速公路风险分析

玉川高速公路右边为人工湿地系统的一级生物塘，左边为一级植物碎石床，处理水从一级生物塘通过高速公路下的废弃机耕道流入一级植物碎石床。一级生物塘距高速公路路基 40 m，水面高程为 1 701.5 m，高速公路高程为 1 701.5 m。一级生物塘和高速公路间，有 20 m 宽的植物碎石床和一级生物塘连在一起，碎石床面与一级塘水面相差 30 cm，设计 20 m 宽的植物碎石床的主要目的就是起到加固一级生物塘作用，严防生物塘垮堤漏水对高速公路的影响。

一级生物塘边有一条宽 15 m、深 1.5 m 的马家沟，该沟直通九溪河。万一一级生物塘发生意外，所排出的水可通过该沟流到九溪河，不会淹到高速公路。

（5）人工湿地防渗分析

①关于工程设计中防渗：

人工湿地的工程地质情况为 Ⅰ 级冲积阶地，地表层 0.5 m 为人工耕作土，向下为冲积层砂、粉砂岩、砾卵石。未征用前大都是水稻田，考虑改作人工湿地的过程中部分地方有挖填方情况，同时为了确保不渗漏，所以整个人工湿地的底层及堤坝都加土工布防渗。

由于人工湿地所在场址的地下水位较高，为解决防渗土工膜被地下水顶托问题，采用逆止阀，每 600 m^2 安装一个，避免顶托造成土工膜的破裂漏水。

②关于隔断墙：

在每一个子处理系统中，各组成单元的出水工艺要求（上进下出或下进上出）各单元之间不能渗漏，否则影响出水效果。为确保处理效果及保证构筑物不垮不漏，设计系统 1、2、3、4 中单元进出水部采用了两堵一组的 M5.0 水泥砂浆砌块石砌成的顶宽各为 0.4 m（塘的隔断墙宽为 0.6 m）的墙隔断，两墙之间设 0.8 m（运行管理、水位调节的需要）宽的配水槽，处理系统之间采用 0.8 m 砖墙隔断（为降低造价，其结构为两堵 240 mm 厚砖墙之间设 320 mm 宽的槽，内填土方，夯实），塘采用 0.8 m 顶宽浆砌石隔断。

系统 5、6、7、8 单元进出水部隔水墙设置与系统 1、2、3、4 相同，子系统之间砌顶宽为 0.4 m 的浆块石墙隔断。

各触水墙均水泥砂浆抹面；各单元之间水头差不大于 0.8 m（含清洗时）。

若采用麻袋装填料垒砌隔断墙，一是进水和石料堆填进易垮场，强度无法保证，二是防渗无法保证，不可行。

由于人工湿地表层 0.5 m 为人工耕作土，向下为冲积层砂、粉砂岩、砾卵石，根据表层浅坑注水试验，其渗透系数 $K=(1.0\sim2.2)\times10^{-3}$ cm/s。地下水位埋深 0.6～0.9 m，向河床及排水沟排泄。因此需要在湿地的两侧地表以下一定深度内砌置防渗薄墙；人工湿地的各处理构筑物均设土工布防渗，以防止处理场内的处理水渗出场外，使周周边土地盐渍化。

（6）服务年限分析

根据目前国内外人工湿地的实际运行经验，人工湿地污水处理系统中的植物碎石床正常情况下的翻床时间约为 10 年一次，可服务 40 年；生物塘的服务年限可达 40 年。星云湖、抚仙湖出流改道工程人工湿地是净化富营养化湖水，浓度比一般污水浓度低，植物碎石床翻床所需时间会长一倍以上。

整个人工湿地分为 38 个小湿地，翻床时可逐次逐个的实施，对其他子系统影响不大，整个大系统能连续运行。

（7）人工湿地发生事故应急方案

①星云湖发生严重蓝藻水华或暴风雨出现黄泥水时，启动应急池系统。应急事件发生后，应及时复原应急池设施及功能。

②为了防止 38 个人工湿地系统中任何一个系统发生意外（如崩堤、渗漏）和及时修复，在输水管道中，每个大片区设有闸阀，每个子系统也有闸阀，确保发生意外事故的单元系统得到修复。

③由于子系统植物造成的净化效果下降，可通过调整进水量使出水水质量得以保证。

④由于所筛选出来的植物品种具有较强的抗病虫害能力，同时又通过多种植物间种，人工湿地病虫害发生概率很低。

⑤建议 50 亩临时苗圃完成使命后，保留 10 亩，作为人工湿地补苗，更新苗的苗圃基地。

⑥人工湿地植物碎石床上的植物，以草本植物为主，所选用植物都是多年生常绿植物，不出现干枯现象，发生火灾可能性较小，但应从严管理，不准带火种进入人工湿地。

2.1.11 效益分析

该工程一、二期工程总投资 47 222.18 万元，其中一期工程投资 43 299.56 万元，二期工程投资 3 922.62 万元。

该工程经营成本主要包括维护修理费、工资及福利费（含劳保统筹、住房基金）、人工湿地试验费、监测费、水生植物维护费、电费、管理费等。该工程的经营成本在工程投产后的前 2 年为 852 万元，以后每年为 340.8 万元。

2.1.12　相关图片

云南省玉溪市九溪人工湿地如图 2-2～图 2-10 所示。

图 2-2　环境综合整治出流改道工程进水挺水植物塘

（3.5 万 m^2，日处理 20 万 m^3，劣 V 类水），背景景观楼为隧道前的水闸

图 2-3　云南省星云湖、抚仙湖出流改道工程通水仪式现场

图 2-4　云南省星云湖、抚仙湖出流改道工程九溪人工湿地工程中的挺水生物塘

图 2-5　云南省星云湖、抚仙湖出流改道工程九溪人工湿地工程中的应急池和一级生物塘

图 2-6　云南省星云湖、抚仙湖出流改道工程九溪人工湿地工程中的一级生物塘

图 2-7　云南省星云湖、抚仙湖出流改道工程九溪人工湿地工程中的一级生物塘出水

图 2-8 云南省星云湖、抚仙湖出流改道工程九溪人工湿地工程中的植物碎石床

图 2-9 云南省星云湖、抚仙湖出流改道工程九溪人工湿地工程中的植物碎石床

图 2-10　云南省星云湖、抚仙湖环境综合整治出流改道工程的出水

2.2　台州湾现代农业水生态工程

前言后语

（1）该工程由台州循环经济发展有限公司主持建设。

（2）该工程由广州华科环保工程有限公司和杭州园林设计院股份有限公司共同设计。易新贵负责项目主持，庞志华负责审核，骆其金负责人工湿地设计。

（3）该人工湿地为台州市大型的人工湿地。

（4）该项目循环水生态处理系统规模为 8.0×10^4 m^3/d，再生水生态处理系统规模为 3.0×10^4 m^3/d。

（5）该工程人工湿地水力负荷较高，循环水处理系统的水力负荷为 1.0 $m^3/(m^2\cdot d)$，再生水生态处理系统的水力负荷为 0.67 $m^3/(m^2\cdot d)$。

（6）该工程也是我国规模较大的人工湿地处理工程，人工湿地面积达 232.5 亩，农业景观工程 923 亩，生态防护林 442.5 亩，总面积 1 598 亩。

（7）该工程出水水质好，运行稳定，管理方便。

（8）该工程结合景观设计，成为台州湾现代农业观光园。

2.2.1 项目背景

台州湾循环经济产业集聚区位于台州市东部，纵贯台州市域范围内的临海市、椒江区、台州经济开发区、路桥区和温岭市，总面积约 562 km^2。境内地貌以冲积平原、滩涂为主，东侧沿海地带有绵长的海岸线。集聚区分为北、东、南三大组团，规划区位于东部组团内，属新围垦区，是集聚区未来发展的核心部分，具有较强的辐射带动作用。循环经济集聚区的建设将改变台州的城市格局，强化城市的发展动力，是台州城市真正意义上的滨海开发，也是进一步拓展城市发展空间、促进环台州湾产业集聚、产业升级和拉动台州新一轮发展的转折点。

台州湾现代农业水生态工程位于集聚区北侧绿色生态廊道——心海绿廊的末端，以农业生态水净化工程为先导，结合生态农业、旅游科普、休闲体验等多种功能，为集聚区的现代农业发展提供了灌溉水质保障，同时也作为台州高效生态农业发展的重要环节。

工程建设范围：共计两部分，共计 1 598 亩，其中实施区块 1，以聚海大道以西，现代大道以南，十条河以东，绿脉南路以北，面积约 1 431 亩；实施区块 2，绿脉南路以北河道（聚海大道至环湖西路段），面积约 167 亩。

2.2.2 工程规模

共计 1 598 亩。其中，农业水生态处理系统工程 232.5 亩，包括再生水生态处理系统、循环水生态处理系统、地基处理工程、水利设施建设，保证农业生态水处理效果与质量；农业景观工程 923 亩，包括地形造坡、功能建筑、农田种植、道路铺装、功能设施建设；生态防护林 442.5 亩，为园区作物提供生态保护。下穿聚海大道箱涵工程一处，确保农业净水流线的贯通。

循环水生态处理系统规模为 8.0×10^4 m^3/d，再生水生态处理系统规模为 3.0×10^4 m^3/d。

2.2.3 设计进水、出水水质

2.2.3.1 循环水水质控制目标

根据上位规划，循环水进水水质执行《地表水环境质量标准》（GB 3838—2002）中Ⅴ类标准，出水水质执行Ⅳ类标准。详见表 2-9。

表 2-9 循环水水质控制目标 单位：mg/L

项目指标	BOD_5	COD_{Cr}	NH_3-N	TN	TP
循环水进水标准地表水Ⅴ类	10	40	2	2	0.4
循环水出水水质目标地表水Ⅳ类	6	30	1.5	1.5	0.3

2.2.3.2　再生水水质控制目标

根据上位规划，再生水进水水质执行《城镇污水处理厂污染物排放标准》（GB 18918—2002）中的一级 A 标准，出水水质除总氮标准放宽至 5 mg/L 外，其余执行《地表水环境质量标准》（GB 3838—2002）中Ⅳ类标准。详见表 2-10。

表 2-10　再生水水质控制目标　　单位：mg/L

项目指标	BOD_5	COD_{Cr}	NH_3-N	TN	TP
一级 A 类标准	10	50	5（8）	15	0.5
再生水出水水质目标	6	30	1.5	5	0.3
地表水Ⅳ类标准	6	30	1.5	1.5	0.3

2.2.4　工艺流程

工艺流程如图 2-11 所示。

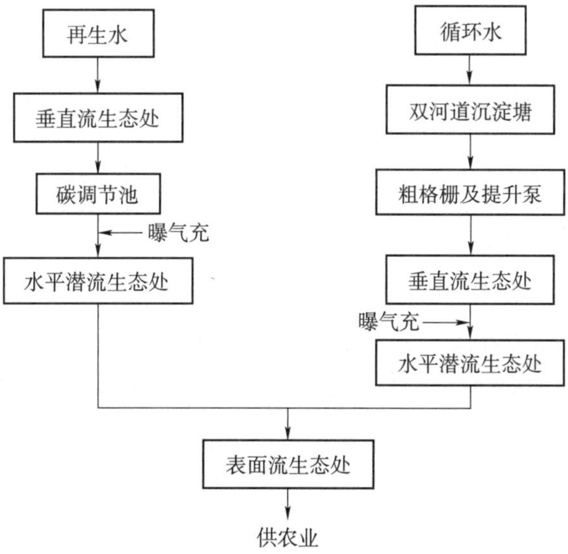

图 2-11　工艺流程

2.2.5　工艺流程说明

2.2.5.1　循环水生态处理系统

循环水生态处理系统工程规模为 8×10^4 m^3/d。

（1）预处理（包括双河道沉淀池、格栅间及提升泵站等）

循环水首先进入前端预沉池，去除循环水中的砂粒以及悬浮物。然后循环水通过进水管导入回转式机械格栅，进入提升泵站，经提升后进入垂直流生态处理系统。

格栅间内安装 2 台回转式机械格栅，污水中的较大的杂物（如树枝、塑料袋等）在此处得以去除，且能够起到保护下阶段设备的作用。机械格栅的工作根据粗格栅前后的液位差由 PLC 自动控制清污动作，同时设置定时自动控制和手动控制。

进水泵站内安装 3 台潜水泵，将循环水提升至垂直流生态处理系统，潜水泵的工作依据泵站内的水位而设定的程序实现自动控制。

预处理阶段产生的杂物可以定期运至垃圾填埋场另行处理。

（2）生态处理系统

自泵房提升出来的循环水沿着绿脉南路进入现代农业水生态工程的循环水生态处理系统。循环水生态处理系统的处理规模为 8×10^4 m^3/d，一次完成建设。循环水垂直流生态处理系统设计分为 26 组，每组处理规模平均约 3 200 m^3/d，生态处理系统预留 1 组作为生态处理系统清通检修用。循环水从垂直流生态处理系统出来后，经过曝气充氧再进入水平潜流生态处理系统。循环水水平潜流生态处理系统设计分为 19 组，每组处理规模平均约 4 450 m^3/d，预留 1 组作为生态处理系统清通检修用。水平潜流生态处理系统出水进入表面流生态处理系统，最终排入聚海河供农业用水。

2.2.5.2 再生水生态处理系统

再生水为椒江污水处理厂排放的污水，考虑到再生水的生化性有限，再生水流经垂直流生态处理系统后，进入生物处理设施——碳调节池，补给碳源后，经过曝气充氧再进入水平潜流生态处理系统，最后进入表面流生态处理系统，处理规模为 3×10^4 m^3/d。

（1）再生水垂直流生态处理系统

污水首先进入垂直流生态处理系统，垂直流生态处理系统设计分为 16 组，每组处理规模平均约 2 000 m^3/d，生态处理系统预留 1 组作为系统清通检修用。

（2）碳调节池

为提高污水中的碳氮比，以利于污染物的去除及生态处理系统植物的生长，设置 1 组碳调节池，分为 5 格。利用生态处理系统中收割的植物放置在调节池中发酵增加污水中 COD 含量，从而达到增加污水中碳源目的。碳调节系统采用轮流运行方式，每天用 1 格，5 d 循环一次。

（3）再生水水平潜流生态处理系统

水平潜流生态处理系统设计分为 16 组，每组处理规模平均约 2 000 m^3/d，预留 1 组作为清通检修用。再生水水平潜流生态处理系统出水与循环水一起经过人工复氧后进入表面流生态处理系统处理，最终出水排入聚海河。

2.2.6 工程建（构）筑物单元设计

2.2.6.1 建设目标

通过优先考虑农业净水流程，平衡调配生态布局，合理布置体验功能，努力将台州湾现代农业水生态工程建设成以展示农业水净化技术与自然农业景观为特色，集生态农业水净化、农耕体验、科普游览等多种功能为一体，融入台州海洋文化与循环农业发展理念，生态、自然、可续的国家级现代农业示范工程。

2.2.6.2　循环水生态处理系统工艺设计

设计流量 Q=8.0 × 10^4 m^3/d。

2.2.6.2.1　沉淀塘

月湖水系为双河道来水，在双河道末端各设一沉淀塘，沉淀塘中设置两道强化过滤墙，可将水体中悬浮的颗粒沉淀，防止进入人工生态处理系统长期积累而造成堵塞。在沉淀塘进水前设置一道粗格栅，用以拦截较大的悬浮物、杂质及漂浮物，以减少后续处理构筑物的负荷。格栅产生的废渣由人工定期清理，同时沉淀塘沉积的泥沙以清淤方式定期清除。

数量：2 座；

有效水深：1.5 m；

单座面积：1 800 m^2。

2.2.6.2.2　粗格栅及提升泵站

泵站土建工程按 8 × 10^4 m^3/d 设计建设，包括粗格栅间、泵房、配电间、值班室。

平面尺寸：29 m × 21 m。

主要设备选型：

潜水轴流泵 3 台（2 用 1 备），Q=1 800 m^3/h，H=8.0 m，N=55 kW；

池底潜污泵 1 台，Q=400 m^3/h，H=7.5 m，N=7.5 kW；

回转式粗格栅机，B=1 500 mm，电机功率为 3.3 kW，安装角度为 75°；

皮带输送机，带宽 0.8 m，电机功率为 1.1 kW，L=5 m。

2.2.6.2.3　垂直流生态处理系统

垂直流生态处理系统面积：36 054 m^2。

水力负荷：$q=Q/S$=80 000/36 054=2.22 m^3/（m^2 · d），

其中，q：水力负荷；Q：设计日处理水量；S：生态处理系统系统占地面积（下同）。

填料层厚度：1.2 m。

布水方式：穿孔管布水，从上部进水，下部出水。

设备和材料：

配水集水管道及其附件 1 批；

碎石级配填料：43 265 m^3；

植物：美人蕉、再力花、菖蒲、风车草、纸莎草等。

2.2.6.2.4 水平潜流生态处理系统

水平潜流生态处理系统面积：45 342 m^2；

水力负荷：$q=Q/S=1.76\ m^3/(m^2 \cdot d)$；

填料层厚度：1.2 m；

布水方式：穿孔管布水。

设备和材料：

配水集水管道及其附件 1 批；

碎石级配填料：54 410 m^3；

植物：美人蕉、再力花、菖蒲、风车草、纸莎草等。

2.2.6.3 再生水处理生态处理系统工艺设计

设计水量：$3.0 \times 10^4\ m^3/d$。

2.2.6.2.3 垂直流生态处理系统

生态处理系统总面积：22 489 m^2；

水力负荷：$q=Q/S=1.33\ m^3/(m^2 \cdot d)$；

填料层厚度：1.2 m。

设备和材料：

配水集水管道及其附件 1 批；

碎石级配填料：26 986 m^3；

植物：美人蕉、再力花、菖蒲、风车草、纸莎草等，具体配置由景观专业统一协调。

2.2.6.2.2 碳调节池

数量：1 组，每组 5 格；

有效水深：2.5 m；

每组设计尺寸：$L \times W \times H$=10.0 m × 10.0 m × 2.8 m。

2.2.6.2.3 水平潜流人工生态处理系统

生态处理系统总面积：22 762 m^2；

水力负荷：$q=Q/S=1.32\ m^3/(m^2 \cdot d)$；

填料层厚度：1.2 m。

设备和材料：

布水管道、弯头、三通、四通、阀门 1 批；

碎石级配填料：27 314 m^3；

植物：美人蕉、再力花、菖蒲、风车草、纸莎草等。

2.2.6.4 水力高程设计

水力高程设计主要计算从月湖双河道取水泵站起，至生态处理系统后排入聚海河的各工段水力高程。

该工程采用弧底梯形明渠形式，根据最佳水力断面条件计算断面各参数以及相应的水力坡度，最后结合渠长计算水头损失。

经计算，再生水水头损失总和为 2.488 m，循环水水头损失为 2.127 m，计算时各渠水量均按末端流量计算，实际水头损失要小于计算值，故最大水头损失取 2.400 m。

水力高程设计如图 2-12 所示，其最大净水头损失为 2.400 m。

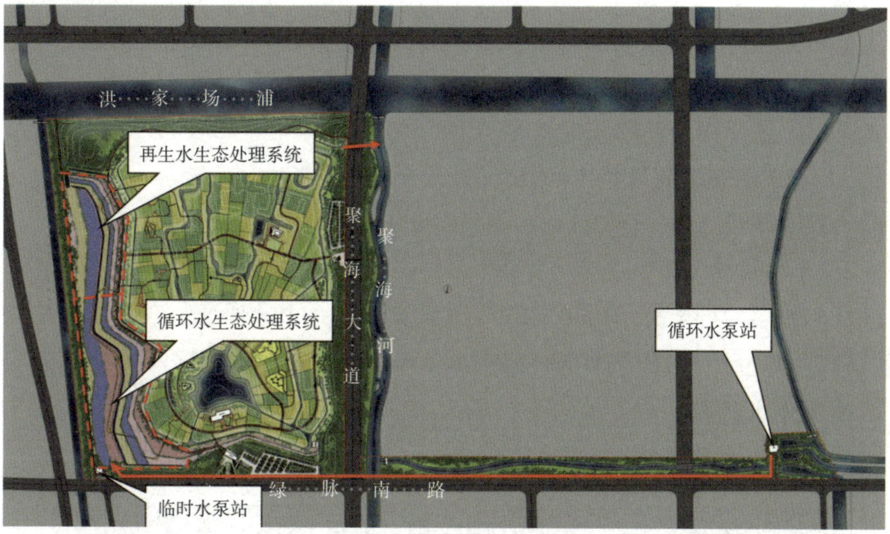

图 2-12　总平面布置

2.2.6.5　总平面设计

现代农业水生态工程位于心海绿廊末端，东临聚海大道，西接十条河，北部为洪家场浦，南靠绿脉南路。循环水水流方向为从双河道抽水提升至生态处理系统净化后排入聚海河，回流至月湖水系。再生水引至生态处理系统西北角人工生态处理系统净化，通过生态处理系统处理后排入聚海河。

循环水泵站设于绿脉南路的双河道末端。十条河临时提升泵站位于水生态处理工程的西南角，靠近十条河和绿脉南路。

水生态处理系统总有效面积为 126 647 m^2，其中再生水生态处理系统面积为 45 251 m^2，位于农业水生态处理工程的西侧北部；循环水生态处理系统面积为 81 396 m^2，位于农业水生态处理工程的西侧南部。再生水先进入垂直流生态处理系统，然后进入碳调节池，补充碳源后进入水平潜流生态处理系统，最终出水与循环水出水汇合；循环水经泵站提升后进入垂直流生态处理系统，再进入水平潜流生态处理系统，经二级生态处理系统处理净化后与再生水出水混合，一起经短时充氧池人工复氧后排出，最后排入聚海河和月湖北路河道进入月湖水系。

2.2.6.6 附属设施设计

2.2.6.6.1 曝气系统设计

曝气设置于垂直流生态处理系统出水汇集口处沟渠。每年按冬季运行 4 个月。

椒江污水厂再生水出水一般含有 2～3 mg/L 的溶解氧，循环水来自于月湖地表水，溶解氧可达 3～6 mg/L，经过泵加压后进入垂直流生态处理系统后溶解氧会降低。为提高后续水平潜流生态处理系统的效率，在进水前经过曝气系统增加溶解氧，主要考虑到冬季气温较低时，水体中氨氮的去除效率，通过人工复氧，提高水体中氧含量，有利于氨氮的去除。

本曝气系统采用全地埋式钢筋混凝土结构。

按 $11\times10^4\ m^3/d$、充氧量 5 mg/L 设计，充气量为 $6.4\ m^3/min$。

潜水式曝气机 3 台，Q=2.4 m^3/min，P=0.02MPa，N=3 kW。

2.2.6.6.2 泵站设计

循环水生态处理系统泵房用于将月湖水系内湖水从双河道末端提升进入生态处理系统处理，后再用于农业用水。由于水系还未完全形成，为提供月湖水系压盐用水，需从十条河抽水初步处理后用于压盐，因此需在十条河旁生态处理系统内建一临时泵房，详见泵站平面位置图（图 2-13）。

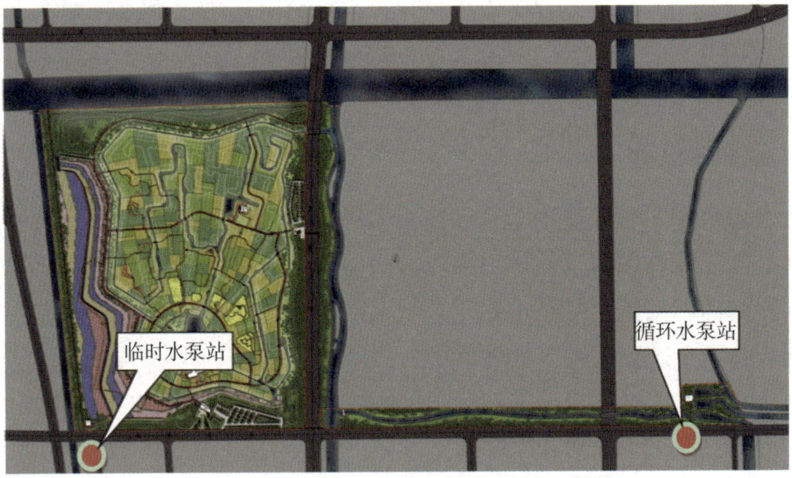

图 2-13 提升泵站位置示意

（1）循环水提升泵站设计

循环水提升泵站将双河道的河水提升送入生态处理系统，生态处理系统出水排入聚海河。因此提升泵站土建按 $8\times10^4\ m^3/d$ 设计建设，设备按 $8\times10^4\ m^3/d$ 安装。

循环水提升泵站占地面积约为 600 m^2，室外地面标高 3.50 m，室内地平

3.80 m。泵站进水管分别接至两座双河道集水池及洪家场浦进水渠，集水池底标高为 -1.600 m，常水位为 1.700 m，洪家场浦常水位暂按 2.000 m 估算。泵站出水管接至生态处理系统，生态处理系统水位为 4.90 m。

采用 3 台（2 用 1 备）轴流泵，Q=1 670 m^3/h，扬程 H=8 m，功率 N=55 kW。另外配置回转式格栅机两台，同时运作，设备宽度 1.4 m；皮带输送机 1 台，收集栅渣，带宽 0.8 m；池底潜污泵 1 台，流量 Q=400 m^3/h，扬程 H=7.5 m，功率 N=7.5 kW。

（2）临时水提升泵站设计

按 8×10^4 m^3/d 设计，占地面积约为 360 m^2，室外地面标高 5.00 m，室内地平 5.30 m。

采用 3 台（2 用 1 备）轴流泵，Q=1 670 m^3/h，扬程 H=5.8 m，功率 N=45 kW。另外配置回转式格栅机 2 台，同时运作，设备宽度 1.4 m；皮带输送机 1 台，收集栅渣，带宽 0.8 m。

2.2.6.6.3　水闸设计

（1）水闸概述

月湖水系为独立封闭的水系，仅在极端情况下参与排洪。本农业水生态处理系统用于循环处理月湖水系水质，为保持生态处理系统功能，不参与极端情况排洪，因此，生态处理系统与月湖水系和洪家场浦补水口水体交汇处均须设闸门，一是用于平时水量调蓄，二是在排洪时阻隔外来洪水。

水生态处理系统为串联，河水经泵站提升后进入垂直流生态处理系统，再进入水平潜流生态处理系统，入聚海河，大部分排入月湖中央水系，少部分通过控制闸，沿绿脉南路北侧向东排入月湖水系。

生态处理系统内水力流场主要为单向流，没有更复杂的流态，设置普通闸门可满足水力流场的控制和水量调节功能（图 2-14）。

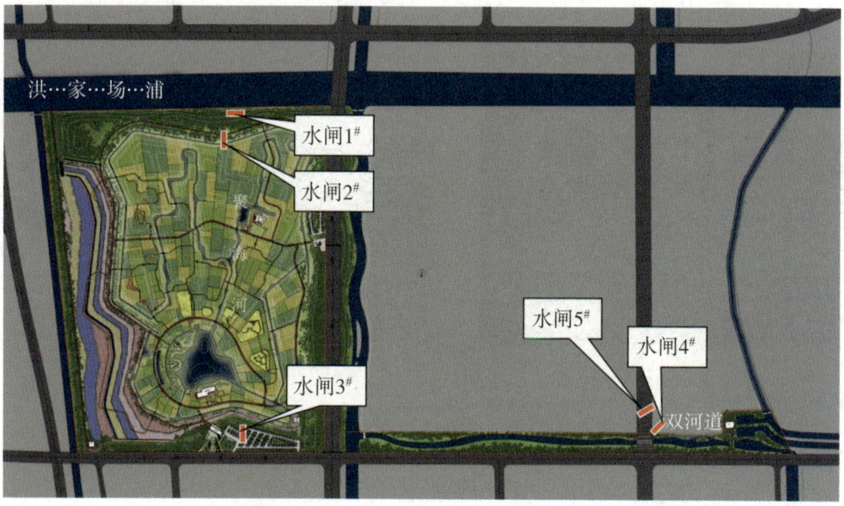

图 2-14　水闸总平面布置

（2）水闸类型

● 节制闸（或拦河闸）：拦河或在渠道上建造。枯水期用以拦截河道，抬高水位，以利上游取水或航运要求；洪水期则开闸泄洪，控制下泄流量。位于河道上的节制闸称为拦河闸。

● 进水闸：建在河道、水库或湖泊的岸边，用来控制引水流量，以满足灌溉、发电或供水的需要。进水闸又称取水闸或渠首闸。

● 分洪闸：常建于河道的一侧，用来将超过下游河道安全泄量的洪水泄入预定的湖泊、洼地，及时削减洪峰，保证下游河道的安全。

● 排水闸：常建于江河沿岸，外河水位上涨时关闸以防外河水倒灌，外河水位下降时开闸排水，排除两岸低洼地区的涝渍。该闸具有双向挡水、双向过流的特点。

● 挡潮闸：建在入海河口附近，涨潮时关闸不使海水沿河上溯，退潮时开闸泄水。挡潮闸具有双向挡水的特点。

● 排沙闸、排冰闸、排污闸：为排除泥沙、冰块、漂浮物等而设置。

该工程生态处理系统水闸主要作用为控制生态处理系统水位水量，不需具备泄洪排涝、挡潮、排砂等功能，因此生态处理系统 1# 为进水闸，2#、3# 水闸为排水闸（图 2-15）。

（3）闸门形式

目前常用的形式有：

直升门式：闸门向上滑动开启，可单孔或多孔布置。结构复杂，但应用灵活，不受内外水头差限制，需建交通桥及工作桥（图 2-15）。

横拉门式：闸门向单侧滑动开启，单孔布置。结构简单，不受内外水头差限制，堤岸占地大，闸槽易被异物堵塞影响关闭（图 2-16）。

图 2-15 直升门式闸门图

图 2-16 横拉门式闸门

人字门式：闸门分别向左右旋转开启，可单孔或多孔布置。结构简单，内外水头差过大时开闭困难，多用于航运（图 2-17）。

卧倒门式：闸门翻转开启，可单孔或多孔布置。结构简单，形式多样，内外水头差过大时开闭困难（图 2-18）。

图 2-17　人字门式闸门

图 2-18　卧倒门式闸门

（4）生态处理系统水闸功能

1# 水闸：平时关闭，阻挡外河（洪家场浦）水进入生态处理系统，极端天气情况下，1# 闸开启分担外江排洪压力。外河水位受潮汐影响波动大，暂无水位资料。

水闸 2#：平时开启，生态处理系统处理后的水进入月湖，当 1# 闸开启时，2# 闸关闭，防止外河水倒灌入生态处理系统。

水闸 3#：平时开启，控制和调节生态处理系统处理后的水进入月湖。

水闸 4#：平时开启，用于引入双河道其中一条的河水。

水闸 5#：平时关闭，防止外河水进入生态处理系统，在需要从外河补水时开启，同时关闭 4# 闸。

如图 2-14 所示。

（5）生态处理系统闸门形式建议

考虑生态处理系统景观，建议采用卧倒门式水闸，配电动启闭机。在有桥的情况下建议水闸与桥合建，以减少投资。

（6）水闸设计参数

1）1# 水闸

采用卧倒门式水闸（底轴驱动翻板闸），河道宽约 40 m，设计采用 1 孔，孔净宽 38 m，闸底板高程为 -1.5 m，上游洪家场浦水位暂按 3.0 m 估计，下游水位约 2.2 m，水闸最大过流能力为 365.37 m^3/s，水闸尺寸为 38.0 m × 4.5 m，电机功率为 15 kW，手电两用。

2）2# 水闸

采用卧倒门式水闸（底轴驱动翻板闸），河道宽约 15 m，设计采用 1 孔，孔净宽 13 m，闸底板高程为 -1.0 m，上游水位约 2.50 m，下游水位约 2.20 m，每座水闸最大过流能力为 4.69 m^3/s。考虑到 1# 闸开启时，闸门须防止外河水倒灌，单台水闸尺寸为 13 m × 4.5 m，电机功率为 11 kW，手电两用。

3）$3^{\#}$ 水闸

采用卧倒门式水闸（底轴驱动翻板闸），河道宽约 15 m，设计采用 1 孔，孔净宽 13 m，闸底板高程为 -1.0 m，上游水位约 2.20 m，下游水位约 1.80 m，单台水闸尺寸为 13 m × 4 m，电机功率为 11 kW，手电两用。

4）$4^{\#}$ 水闸

采用卧倒门式水闸（底轴驱动翻板闸），河道宽约 20 m，设计采用 1 孔，孔净宽 18 m，闸底板高程为 -1.0 m，上游水位约 1.80 m，下游水位约 1.60 m，单台水闸尺寸为 13 m × 3.5 m，电机功率为 11 kW，手电两用。

5）$5^{\#}$ 水闸

采用卧倒门式水闸（底轴驱动翻板闸），河道宽约 20 m，设计采用 1 孔，孔净宽 18 m，闸底板高程为 -1.0 m，上游水位约 3.0 m，下游水位约 1.60 m，单台水闸尺寸为 13 m × 4.5 m，电机功率为 11 kW，手电两用。

6）水闸示意图

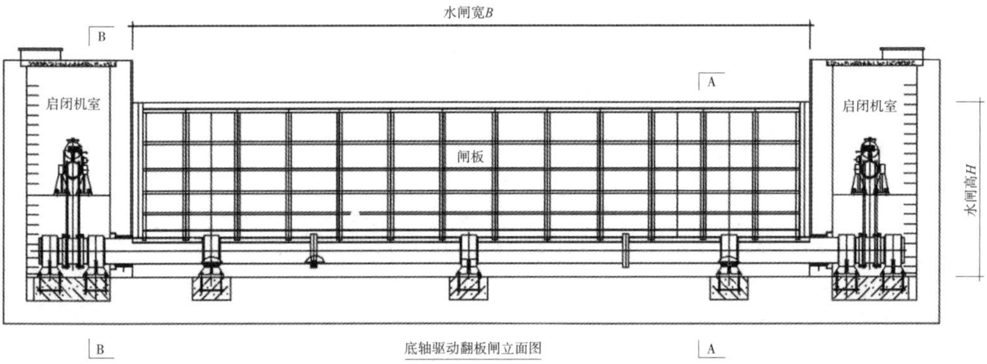

图 2-19　水闸立面图

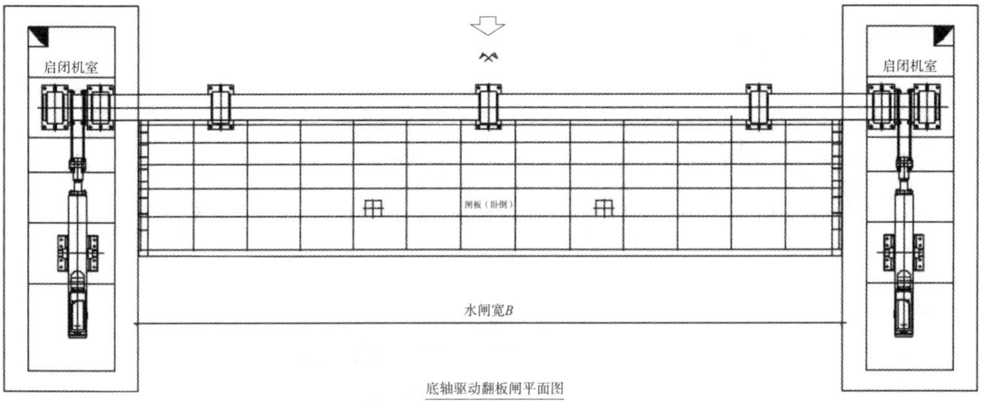

图 2-20　水闸平面图

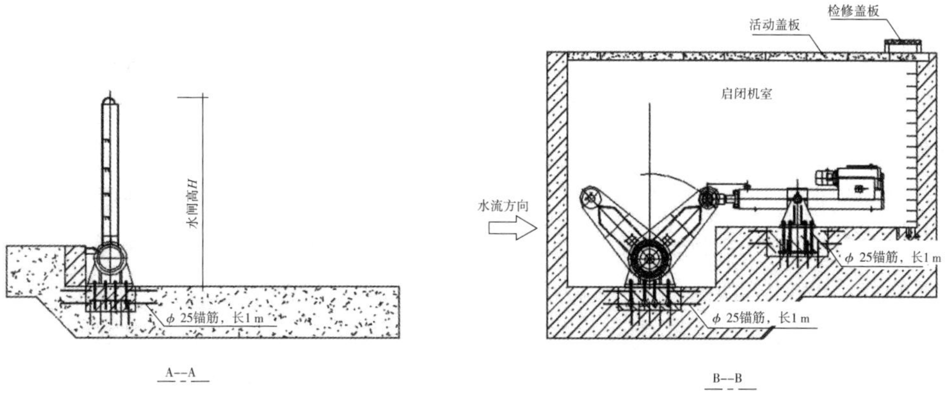

图 2-21　水闸剖面图

2.2.7　植物配置

2.2.7.1　植物种类的优选原则

水生或湿生植物多样性的结构和生理特点使其在水生态处理系统中可发挥多种功能。为了达到特定功能，需要有目的地选择和配置植物的种类。

（1）植物选择的第一个重要原则是较强的水质净化功能，如有庞大的根系可以为微生物群落提供氧气和附着空间，同时截留地表径流带入的污染物质、可分泌抑藻物质或能够大量吸收转化氮、磷等营养物质等。

（2）第二个原则是形成的植物群落景观具有稳定性，不需要复杂的人工管理措施，根据此原则可选择生长周期较长、生长速度较慢、生物量稳定的种类。

（3）对于景观型农业水生态处理工程，所选植物种类应具有较高的观赏价值，如个体外形具有较强观赏性的叶、花和茎秆，并且整个植物群落景观效果和周围环境协调一致。

2.2.7.2　植物种类

常用的植物包括挺水植物、沉水植物、浮叶植物等，以下主要对常用的挺水植物和沉水植物做分类介绍。

（1）挺水植物

在生态处理区中需种植挺水植物，适合的挺水植物有芦苇、茳芏、水生美人蕉、再力花、风车草、菖蒲、纸莎草等。以下对主要的挺水植物的形态特征和景观特点做简要介绍。

1）芦苇

多生于低湿地或浅水中。芦苇生长在灌溉沟渠旁、河堤沼泽地、河溪边等多水地区。叶舌有毛，叶片长线形或长披针形，排列成两行。叶长 15～45 cm，宽

1～3.5 cm。夏秋开花，圆锥花序，顶生，疏散，芦苇多成白色，圆锥花序分枝稠密，向斜伸展，花序长 10～40 cm，稍下垂，小穗含 4～7 朵花，雌雄同株，花序长 15～25 cm，小穗长 1.4 cm，为白绿色或褐色，花序最下方的小穗为雄，其余均雌雄同花，花期为 8—12 月。芦苇的果实为颖果，披针形，顶端有宿存花柱。具长且粗壮的匍匐根状茎，以根茎繁殖为主，芦苇常见于水边或干枯的水塘里。

种在公园的湖边，开花季节特别美观。在欧洲国家的公园，经常可见到芦苇优雅的身影。最新品种芦苇深水耐寒、抗旱、抗高温、抗倒伏，笔直、株高、梗粗、叶壮，成活率高。具有到短期成型、快速成景等优点。生命力强，易管理，适应环境广，生长速度快，是景点旅游、水面绿化、河道管理、净化水质、沼泽湿地、置景工程、护土固堤、改良土壤之首选。

2）茳芏

叶片短，叶鞘长，长约 150 cm，包裹着茎的下部，夏季开绿褐色小花，由穗状花序集成复出或多次复出的聚伞花序。茳芏的茎成三角形中空，叶山退化，高度 1～2 m，随着生长季节的不同，高度或有变化。分布于马来亚、印度、缅甸、印度尼西亚、地中海地区、日本、越南、台湾以及中国大陆的广东等地，常生长在湿地、稻田中和水边，或栽培，也见于海口。

3）水生美人蕉

大型水生花卉，叶片大，阔椭圆形，叶色为黄绿相间的花叶及紫色叶。顶生总状花序有 10 朵左右。花色有红、黄、粉色等多种颜色，花期为 7—10 月。原产于南美洲，生性强健，适应性强，喜光，适宜于潮湿及浅水处生长；生长适宜温度为 15～28℃，低于 10℃不利于生长，无休眠期。

由于水生美人蕉根系发达、生长迅速、可大量吸收水中的氮、磷等营养物质，且花色丰富、艳丽、花期长，是人工湿地理想的植物选择。

4）再力花

原产于美国和热带墨西哥的热带植物，为多年生挺水草本。叶卵状披针形，浅灰蓝色，边缘紫色，长 50 cm，宽 25 cm。复总状花序，花小，紫堇色。全株附有白粉。在温带地区是一种优秀的温室花卉，花柄可高达 2 m 以上。株形美观洒脱，叶色翠绿可爱，是水景绿花的上品花卉，也是近年新引入我国的一种观赏价值极高的挺水花卉。再力花对污水净化功能很强，被称为“环保花”。

5）风车草

株丛繁茂，顶部叶片扩散如伞形。风车草全年保持生长，即使在冬天仍能维持一定的生长速率。风车草根状茎短、粗大，须根坚硬。秆梢粗壮，高 30～150 cm，近圆柱状，上部稍粗糙，基部包裹以无叶的鞘，鞘棕色。

风车草在生活污水中培养 10 d 后，污水中 TN、TP、COD_{Cr} 和 BOD_5 的去除率分别达到 91%、92%、70% 和 73%，其中，风车草对 N、P 的吸收量分别占净化量的 55% 和 53%。种植风车草的潜流型人工湿地对 TN、TP、COD_{Cr} 和 BOD_5 的去除率分别为 64%、47%、74% 和 74%，与不种植物的人工湿地相比，TN、TP、COD_{Cr} 和 BOD_5 的去除率分别提高了 28%、19%、14% 和 13%。

6）菖蒲

多年水生草本植物。有香气，根状茎横走、粗状、稍扁，直径为 0.5～2 cm，有多数不定根（须根）。花期为 6—9 月，果期为 8—10 月。最适宜生长的温度为 20～25℃，10℃以下停止生长。冬季以地下茎潜入泥中越冬。菖蒲叶丛翠绿，端庄秀丽，具有香气，适宜水景岸边及水体绿化，也可盆栽观赏或做布景用，叶、花序还可以做插花材料。可栽于浅水中或做湿地植物，是水景园中主要的观叶植物。全株芳香，可做香料或驱蚊虫；茎、叶可入药。

7）纸莎草

水生植物，直立、坚硬、高大，好像芦苇一样生长在浅水中。其叶从植物底部长出，覆盖了茎的下部，可高达 90～120 cm；茎部不长叶子，可高达 4.6 m；花朵呈扇形花簇，长在茎的顶部。纸莎草生长在热带至亚热带的环境中，不论是潮湿的森林或干燥的沙漠，只要全年均温在 20～30°C 且土壤 pH 在 6.0～8.5 就可以生长。纸莎草的花在暮夏盛开，并且倾向于在全日照到半阴凉的环境开花。本种为我国南方最常用的水体景观植物之一。

8）梭鱼草

多年生挺水或湿生草本植物，株高 80～150 cm，叶柄绿色，圆筒形，叶片较大，长可达 25 cm，宽可达 15 cm，深绿色，叶形多变。喜温、喜阳、喜湿、怕风不耐寒，静水及水流缓慢的水域中均可生长，适宜在 20 cm 以下的浅水中生长，适温 15～30℃，生长迅速，繁殖能力强，条件适宜的前提下，可在短时间内覆盖大片水域。

梭鱼草具有最高磷积累量，为 7.23 g/m^2，而且叶色翠绿，花色迷人，花期较长，可用于家庭盆栽、池栽，也可广泛用于园林美化，栽植于河道两侧、池塘四周、人工湿地，与千屈菜、花叶芦竹、水葱、再力花等相间种植，是湿地常选植物。

9）水葱

莎草科多年生宿根挺水草本植物。株高 1～2 m，茎秆高大通直，很像食用的大葱，但不能食用。秆呈圆柱状，中空。根状茎粗状而匍匐，须根很多。在自然界中常生长在沼泽地、沟渠、池畔、湖畔浅水中。最佳生长温度为 15～30℃，10℃以下停止生长。耐低温，北方大部分地区可露地越冬。

（2）沉水植物

表面流人工湿地中无基质，是一片周边较浅、中心较深的水域，浅水区域主要种植挺水植物，如梭鱼草、再力花、水葱等，深水部分以种植漂浮植物、浮叶植物和沉水植物为主。

1）睡莲

多年生水生花卉。根状茎粗短；叶丛生，具细长叶柄，浮于水面，低质或近革质，近圆形或卵状椭圆形，直径为6～11 cm，全缘，无毛，上面浓绿，幼叶有褐色斑纹，下面暗紫色。花单生于细长的花柄顶端，多白色，漂浮于水，直径为3～6 cm。种子黑色。因其花色艳丽，花姿楚楚动人，在一池碧水中宛如冰肌脱俗的少女，而被人们赞誉为“水中女神”。

由于睡莲根能吸收水中的汞、铅、苯酚等有毒物质，还能过滤水中的微生物，是难得的水体净化的植物材料，所以在城市水体净化、绿化、美化建设中倍受重视。

2）荷花

多年生水生草本。根状茎横生，肥厚，节间膨大，内有多数纵行通气孔道，节部缢缩，上生黑色鳞叶，下生须状不定根。性喜相对稳定的平静浅水、湖沼、泽地、池塘。需水量由其品种而定，大株形品种如古代莲、红千叶相对水位深一些，但不能超过1.7 m；中小株形只适于20～60 cm的水深。对失水十分敏感，夏季只要3 h不灌水，水缸所栽荷叶便萎靡，若停水1 d，则荷叶边焦，花蕾回枯。非常喜光，生育期需要全光照的环境。极不耐荫，在半荫处生长就会表现出强烈的趋光性。

3）苦草

沉水草本，具匍匐茎，径约2 mm，白色，光滑或稍粗糙，先端芽浅黄色。叶基生，线形或带形，长20～200 cm，宽0.5～2 cm，绿色或略带紫红色，常具棕色条纹和斑点，先端圆钝，边缘全缘或具不明显的细锯齿；无叶柄；叶脉5～9条，萼片3片，大小不等，成舟形浮于水上，中间一片较小，中肋部龙骨状，向上伸似帆。生于溪沟、河流、池塘、湖泊之中。叶长、翠绿、丛生，是水族箱中、植物园水景、风景区水景、庭院小水池中的良好绿化布置材料。

4）黑藻

俗称温丝草、灯笼薇、转转薇等，属水鳖科、黑藻属单子叶多年生沉水植物。茎直立细长，长50～80 cm，叶带状披针形，4～8片轮生，通常以4～6片为多，长1.5 cm左右，宽1.5～2 cm。叶缘具小锯齿，叶无柄。广布于池塘、湖泊和水沟中，在中国南北各省及欧洲、亚洲、非洲和大洋洲等广大地区均有分布。喜阳光充足的环境，环境荫蔽植株生长受阻，新叶叶色变淡，老叶逐渐死亡。最好每天接受2～3 h的散射日光。性喜温暖，耐寒，在15～30℃的温度范围内生长良好，越冬不低于4℃。适宜浅水绿化、室内水体绿化，作为水下植被，可盆栽、缸栽，是装饰水族箱的良好材料，常作为中景、背景使用，是良好的沉水观赏植物。

5）狐尾藻

水生草本、沉水植物。叶对生、互生或轮生，线形至卵形，全缘或为羽状分裂。其光合作用可大大提高水中溶解氧含量，为鱼类等水生动物提供栖息环境，还可抑制藻类的生长。

2.2.8　效益分析

该项目中农业水生态处理工程部分建筑安装工程费为 12 024.37 万元。

2.2.9　相关图片

图 2-22　人工湿地一角 1

图 2-23　人工湿地一角 2

图 2-24 人工湿地一角 3

图 2-25 人工湿地一角 4

图 2-26　美人蕉

图 2-27　生态塘

第 3 章　植物碎石床人工湿地污染河道末端处理

3.1　江川渔村大河人工湿地

前言后语

（1）该工程由玉溪市环保局和江川县环保局主持建设。

（2）该工程由汪俊三、曹云龙设计，汪俊三主要提供工艺流程及工程设计参数、植物设计，曹云龙负责工程土建和布水等设计，汪道宇植物栽培。

（3）人工湿地进出水数据由江川县环保局提供，是该项目竣工验收的数据。

（4）亮点：

①是农业面源污染河道末端处理万吨级植物碎石床人工湿地工程，水力负荷较高［0.6 $m^3/(m^2 \cdot d)$］，净化效果好，出水水质好，运行稳定。

②该人工湿地引用推广了大量的高等维管束植物，品种较多。

③管理方便。

④在高程很小情况下设计了自流系统。

⑤工程施工质量好，设计和施工解决了人工湿地建设普遍存在的渗漏问题和基础稳定问题。

（5）问题：

渔村大河是该农业区农田灌溉河，故农田灌溉时，人工湿地进水受影响。

3.1.1　项目背景

2001 年，星云湖藻类数量为 109.55 万个 /L，叶绿素 a 为 3.96 mg/m^3，达到富营养状况；非离子氨为 0.043 mg/L，超标率达 73.5%；TN 为 1.03 mg/L，超标率达 47.1%；COD_{Mn} 为 5.51 mg/L，超标率达 23.5%；BOD_5 为 3.25 mg/L，超标率达 23.5%；TP 为 0.068 mg/L，超标率达 8.8%；pH 为 8.91，超标率达 100%。最大超标倍数为：非离子氨 4.96 倍，TP 6.16 倍，TN 0.36 倍，COD_{Mn} 0.14 倍，BOD_5 0.45 倍。与上年度比，主要污染物 TP 由 0.05 mg/L 增至 0.068 mg/L，TN 由 0.88 mg/L 增至 1.03 mg/L，COD_{Mn} 由 4.67 mg/L 增至 5.51 mg/L，BOD_5 由 2.63 mg/L 增至 3.31 mg/L，总体水质仍变差。

星云湖有 12 条主要的河流流入，其径流面积为 180 km^2，有 165 个自然村，43 983 户，148 877 人。散流区有 51 个自然村，7 286 户，30 262 人。年使用洗衣粉

651.72 t，肥皂 108.97 t，洗涤剂 64.48 t，年排放生活污水 346.12 m^3，其中含 COD_{Cr} 2 921.1 t，BOD_5 1 806.2 t，SS 1 806.2 t，TN 353.2 t，TP 151.2 t。径流区现有工业、企业 41 家，年排放工业废水 122.2 m^3，其中含 COD_{Cr} 108.66 t，BOD_5 41.86 t，SS 73.6 t。径流区现有牲畜 97 561 户，年排放粪便约 152 150.6 t，其中 90% 用于农田施肥，10% 流失，即直接流失量为 15 215.1 t，其中含 COD_{Cr} 462.9 t，BOD_5 712.1 t，TN 79.1 t，TP 59.03 t。流域内年化肥施用量约为 14 140.45 t，其中氮肥 6 889 t，占施用量的 48.7%；磷肥 4 339 t，占施用量的 30%；钾肥 1 220 t，占施用量的 8.6%；复合肥 1 692.26 t，占施用量的 12%。流域内每年流失化肥约 2 465.4 t，其中氮肥 1 377.8 t（流失系数 20%），占总流失量的 55%；磷肥 650.8 t，占 26%；钾肥 1830t，占 7.4%；复合肥 253.8 t，占 10.3%。平均每年每亩施用化肥 116.11 kg，其中氮肥 57.79 kg，磷肥 34.83 kg，钾肥 11.47 kg，复合肥 12.85 kg。全流域每年使用农药 48 482.7 kg，平均每亩 0.42 kg。

3.1.2　项目的意义和目的

星云湖水面面积为 34.71 km^2，最大水深 9.5 m，平均水深 7 m，湖泊容积为 1.84 亿 m^3，为滇中高原断层浅水湖，每年流入大量的生活污水、工业废水、农业废水，致使水质恶化（IV 类水），富营养化日趋严重，当务之急是控制几个主要的入湖河流的污染。在 12 条主要入湖河流中，渔村河流域农村污水、农牧废水对星云河污染比较严重，河流全长 13.5 km，集流面积 32 km^2，平均流量 1.02 万 m^3/d，落差 98 m，平均坡降 7.2‰，流域中村庄 19 个，户数 5 754 户，农业人口 18 471 人，年排生活污水 269 676.6 t，COD_{Cr} 335.8 t，BOD_5 219 t，SS 219 t，TN 43.8 t，TP 7.3 t，年用洗衣粉 65.69 t，肥皂 13.58 t，洗涤剂 8.03 t。全流域有牲畜 11 386 头，产生粪便 17 830.4 t，流失量 1 783.0 t，其中 COD_{Cr} 54.03 t，BOD_5 83.12 t，TN 9.27 t，TP 6.92 t。每年施用化肥为 1 852.0 t，流失 370.4 t；磷肥 1 482.0 t，流失 222.3 t；钾肥 383.0 t，流失 57.45 t；复合肥 685.0 t，流失 102.75 t。水土流失面积 25.03 km^2，年流失量 5.58 万 t。所以在渔村河口建人工湿地处理工程，将上述大量入湖污染物处理掉，可有效减少入湖污染物，对减缓星云湖富营养化意义较大。

3.1.3　污染物的去除机理和去除情况分析

渔村河的污染物主要来自该流域的农村生活污水、农田废水、家禽家畜废水、地面径流污水。污水中污染物可分三类，第一类污染物如悬浮物 SS，第二类污染物如有机污染物 COD 和 BOD，第三类污染物为无机盐 N 和 P。

（1）SS 的去除

污水中的 SS 去除主要靠沉淀作用和被吸附作用，在生物塘，植物的根系可吸附一部分，在植物碎石床也被吸附一部分，所以以植物碎石床为主的综合生态处理工艺的去除效果非常好，当水力负荷小于 0.8 m^3/m^2，其去除率都在 95% 以上。污水处理中 SS 的浓度不仅仅只涉及出水的 SS 指标，而且出水的 BOD_5、COD_{Cr} 等指标也与其有关，这是因为组成出水 SS 主要是活性污染絮体，所以控制污水处理系统出水的 SS 指标是最基本的，也是很重要的环节。本工艺采用的二级高等生物塘串联工艺，就考虑到选用适当的污泥负荷，以保持活性污泥的凝絮及沉降性能，如同第二个高等生物塘，其表面负荷更小，出水堰负荷也较低，通过生物塘的合理布水和表层植物根系，能更有效地利用活性污泥悬浮层的吸附网络作用。

（2）BOD_5 的去除

污水中 BOD_5 的去除主要靠微生物的吸附与代谢作用，然后对吸附代谢物进行泥水分离来完成。本工艺中的高等生物塘植物的根系和植物碎石床中的植物根系、碎石面上的生物膜，能有效地将污水中的有机颗粒和胶体吸附，随后被微生物所降解。溶解性的有机物主要被在植物碎石床高等植物根部周围的区系微生物降解，如芦苇的根系，能输氧，促使其根系边的微生物处在有氧条件，将污水中一部分有机物合成新的细胞，一部分分解后获得细胞合成新需的能量，其最终产物为 CO_2 和 H_2O 等稳定物质。

植物碎石床对 BOD_5 的去除率，在水力负荷为 0.4～0.6 $m^3/(m^2 \cdot d)$ 的情况下，通常为 80%～90%，如白坭坑人工湿地长期运行都在 85%～90%。

（3）TP 的去除

人工湿地对 P 的去除是通过微生物的积累、植物的吸收和碎石床的物理化学等几方面的协调作用共同完成的。无机磷也是植物生长所必需的营养物质。湖水中的无机磷在植物吸收和同化作用下，被合成为 ATP、DNA 和 RNA 等有机成分。云南省江川县气候暖和，四季如春，植物全年生长良好，加上试验中引进了大量的优良品种，利于对 P 的吸收和同化作用。同时，通过人工湿地系统中大量微生物对 P 的正常同化吸收，将 P 作为微生物体必需的成分 $C_{60}H_{87}O_{23}N_{12}P$ 而供微生物生长之需；聚磷菌对 P 的过量积累，从而去除被处理水中大量的 P。1 000 m^3/d 的示范工程中，TP 的去除率达到 68.9%，渔村河河水中 TP 浓度比 1 000 m^3/d 人工湿地进水浓度高 1 倍，达到 1.5 mg/L ，但其水力负荷较低，为 1 000 m^3/d 试验的一半，所以渔村河人工湿地能达到去除率 50% 的出水水质要求。

（4）TN 的去除

富营养化湖水中的 N 一般主要以有机氮和 NH_3-N 的形式存在，有机氮在人工湿地系统中被异养微生物首先转化为 NH_3-N，而 NH_3-N 在硝化菌的作用下被转化为无机的亚硝态氮和硝态氮，而后一部分被植物根系吸收，另一部分在厌氧条件下通过反硝化菌的作用从系统中逸出。江川 1 000 m^3/d 人工湿地示范工程系统水力负荷高，水力停留时间短，小于 24 h，系统无氧控制条件，主要靠植物根系吸收无机氮，所以 TN 的去除率不太高，只达到 35.0%。虽然渔村河河水 TN 浓度较高，但其水力负荷从 1 $m^3/(m^2 \cdot d)$ 降到 0.621 $m^3/(m^2 \cdot d)$，水力停留时间从 24 h 增加到 33.0 h，所以 TN 的去除率为 35% 是能够达到的。

3.1.4　人工湿地工艺设计

3.1.4.1　工艺优化筛选

由于渔村河水浓度比一般生活污水低，采用常规的二级处理工艺，投资大，一般每处理 1 m^3 水需 500～600 元，处理 10 000 m^3，需投资 600 万元。运行费用也较高，每天处理 1 m^3 水需 0.3～0.4 元，一年就要 146 万元。有时，河道末端水浓度较低，常规二级处理也难以正常运行。采用以植物碎石床为主的人工湿地组合工艺，除了净化效果好外，处理 1 m^3 污水投资 220 元，可节省 63.3% 的费用，每天处理 1 m^3 水只要 0.0396 元，每年运行费只有 14.5 万元，减少 90.0%。

采用人工湿地工艺，有投资少、运行费用低、管理方便的优点，但人工湿地生态处理工艺种类较多。目前应用较多的有两种，一种以土壤为基质的人工湿地，此种湿地占地较大，一般处理 1 m^3 污水需 10 m^2 以上土地，适于土地资源较多的地方，在星云湖沿岸，大部分地方为肥沃、平坦的耕地，用此工艺不太合适，若采用以植物碎石床为主的综合生态处理工艺，加上工艺设计（特别布水等方面）科学、合理，不同部位栽上不同的优良水生或湿生高等维管束植物，可以大幅提高水力负荷，减少占地面积。目前，国内外在生态净化工程的水力负荷范围在 0.2～0.4 m^3/m^2，若采用生态环境部华南环境科学研究所在白坭坑人工湿地和江川大凹以植物碎石床为主的生态综合工艺，水力负荷提高到 0.4～0.8 $m^3/(m^2 \cdot d)$，可大大减少占地面积。

渔村河人工湿地采用以植物碎石床为主的生态综合工艺，0.621 m^3/m^2 水力负荷，停留时间 19.15 d，BOD_5 去除率为 80%，COD_{Cr} 去除率为 60%，SS 去除率为 95%，TP 去除率为 50%，TN 去除率为 35%，NH_3-N 去除率为 40%。

经全面分析，最后选用以植物碎石床为主的生态组合工艺作为渔村河人工湿地的工艺。

3.1.4.2　工艺流程

河水—闸门（现有）→一级生物塘→一级植物碎石床→二级生物塘→二级植物碎石床→砂滤池→出水。

采用原来河道的闸门设施，在闸门前面设置格栅及垃圾清除系统。通过闸门将河道挡住，并提高水位，让河水自流入一级生物塘，进入人工湿地处理系统。

3.1.4.3　入水流量的确定

根据玉溪市环境监测站对《星云湖入湖污染物负荷量调查研究报告》（2000 年

4月）和江川县环保局现场测定提供的资料，渔村河常流水量为0.06 m^3/s，即5 184 m^3/d。枯水期间的1月为10.15万 m^3，2月为0 m^3，3月为2.25万 m^3，4月为11.79万 m^3，共24.19万 m^3，平均2 000 m^3/d；丰水期5月为27.84万 m^3，6月为29.82万 m^3，7月为74.14万 m^3，8月为103.41万 m^3，9月为29.12万 m^3，合计264.33万 m^3，平均17 600 m^3/d；平水期10月为46.03万 m^3，11月为35.10万 m^3，12月为3.84万 m^3，合计84.97万 m^3，平均9 440 m^3/d。

综合上述情况，除枯水期外，丰水期和平水期中日流量在1万 m^3 左右的月份偏多，所以确定本工程处理量为1万 m^3/d。

3.1.4.4 进水水质确定

进水水质见表3-1。

表3-1 江川县渔村河水水质情况 单位：mg/L

	COD_{Cr}	BOD_5	SS	NH_3-N	TN	TP	pH
枯水期（1—4月）	35.19	3.02	44.7	1.280	3.52	0.202	8.44～8.49
丰水期（5—9月）	31.80	4.07	265.3	1.956	2.916	0.470	
平水期（10—12月）	44.52	36.78	43.6	3.78	5.37	3.870	

注：玉溪市环境监测站《星云湖入湖污染物负荷量调查研究报告》（2000年4月）。

根据上表情况，确定进水水质为

COD_{Cr}：45 mg/L　　BOD_5：30 mg/L

SS：200 mg/L　　NH_3-N：2.3 mg/L

TN：4 mg/L　　TP：1.5 mg/L

3.1.4.5 出水水质确定

考虑到渔村河流域开发强度较大，经济发展快，河水水质年变化大，且为微污染水，故在设计出水水质范围时，以污染物去除率作为出水质量要求指标，参照江川县1 000 m^3/d 人工湿地试验结果。

COD_{Cr}：（1−60%）×45=18 mg/L；

BOD_5：（1−80%）×30=6.0 mg/L；

TN：（1−35%）×4=2.6 mg/L；

NH_3-N：（1−40%）×2.3=1.38 mg/L；

TP：（1−50%）×1.5=0.75 mg/L；

SS：（1−95%）×200=10 mg/L

3.1.4.6　人工湿地生物净化工程设计

（1）平面布置

工程场地在渔村河末端距水闸 160 m 处路旁，用地梯形状，上宽 74.6 m，下宽 126.6 m，沿路边为梯形高度 160 m，总面积 16 096 m^2，另加临时苗圃 600 m^2。工程场地周边是菜地，留有今后因水量加大要增加人工湿地的地方。如图 3-1 所示。

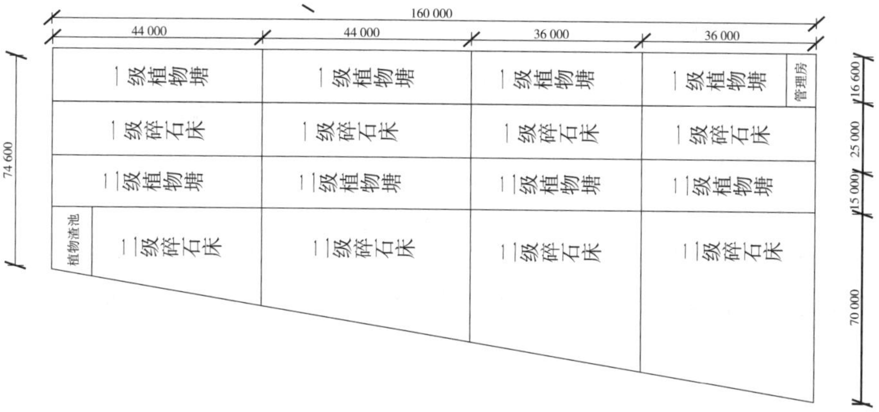

图 3-1　江川渔村大河人工湿地平面布置

（2）高程布置

整个处理工艺流程水力自流，自引水口顺流到湖边，处理工艺所需最大自流水头 2.20 m。由此确定水闸前进水水面绝对标高为 1 725.86 m，引水沿程所需水头为 0.50 m。（由江川县水利勘测大队提供的现场测量标高，星云湖水面标高 1 723.66 m，闸前堤面标高 1 726.167 m。）

（3）主要构筑物设计参数

①格栅及泵站

采用半圆形格栅，半径 1.2 m，高 2.8 m，底部悬空。格栅内置 WQD120-4.5-2.2 潜水排污泵 1 台，主要用于每次降雨前把渔村河内不能自流进入处理系统的污水用泵抽入人工湿地进行处理。遇旱季时，抽水作植物生态用水。

格栅间隙：20 mm；

安装倾角：90°。

潜水泵主要参数：

流量 120 m^3/h，扬程 4.5 m，功率 2.2 kW。

近格栅处设抽水泵站 1 个：

泵站规格：长 × 宽 × 高 =3 m×3 m×3 m；

格栅材料：钢制，防腐，格栅顶设清渣走道板。

②第一级生物塘

分 4 格并联（图 3-1），每格总长 154 m，宽度 15 m，面积 2310 m^2。平均有效

水深为 1.37 m，河水引入明渠后通过穿孔管布水，塘底设计坡度为 0.12%，围堤高出水面 200 mm。

③第一级植物碎石床

分 4 格并联（图 3-1），每格总长 160 m，宽度 25 m，总面积为 4 000 m^2。碎石床高 1.2 m，进水通过上一级出水明渠进入穿孔管布水，碎石床设计底坡为 0.25%，围堤高出碎石床面 200 mm，出水采用可调节管控制水面标高。

④第二级生物塘

分 4 格并联（图 3-1），每格总长 160 m，宽度 15 m，面积为 2 400 m^2。平均有效水深为 0.84 m，进水通过上一级出水明渠进入穿孔管布水，塘底设计坡度 0.12%，围堤高出水面 200 mm。

⑤第二级植物碎石床

分 4 格并联（图 3-1），总面积 6 740 m^2。碎石床高 0.675 m，进水通过上一级出水明渠进入穿孔管布水，碎石床设计底坡为 0.25%，围堤高出碎石床面 200 mm，出水采用可调节管控制标高。

⑥出水渠

河水经过上述多级生物反应器处理后，出水汇集到出水渠后排入集水体。

表 3-2 人工湿地构筑

项目	规格（$B \times L \times H$）	数量	面积 /m^2	结构形式
格栅		1 道		钢结构
管理房	4.5 m × 12.0 m × 3.0 m	1 栋	54	砖石结构
植物渣池	4.5 m × 10.0 m × 0.78 m	1 栋	45	砖石护坡
苗圃	20.0 m × 30.0 m	1 个	600	
一级生物塘	154.0 m × 15.0 m × 1.57 m	4 格	2 310	石堤
一级湿地	160.0 m × 25.0 m × 1.4 m	4 格	4 000	石堤
二级生物塘	160.0 m × 15.0 m × 1.04 m	4 格	2 400	石堤
二级湿地	见图 3-1	4 格	5 178	石堤
占地面积			16 096	

（4）出水负荷设计

①水力停留时间：19.15 h；

第一级：7.60 h；

第一级植物碎石床：3.46 h；

第二级生物塘：4.84 h；

第二级植物碎石床：3.25 h。

②水力负荷：0.621 m^3/（m^2 · d）。

（5）结构设计

格栅用钢制格栅；清渣桥用 C20 钢筋混凝土；渠底及配水井底用 C20 混凝土垫层，渠身及井上部和处理系统间隔墙用 M7.5 水泥砂浆砌红砖，墙身用 1∶2 水泥砂浆补缝；迎水墙用 C10 混凝土垫层、M5 水泥砂浆砌石，1∶2 水泥砂浆补缝。围堤用 M5 水泥砂浆砌石护坡。管理房砖石基础，180 厚墙身，C20 钢筋混凝土屋面、木门、钢窗。铁丝围栏 120 mm × 120 mm 钢筋混凝土方桩骨架，铁丝网围护。

（6）防渗设计

塘底采用防渗效果较好的黏土夯实，厚度为 0.15 m。

（7）给排水设计

给水就近村庄引入，给水管径 DN25、长度约 400 m，污水引入管用ϕ600 混凝土排水管引入，转弯处及每隔约 50 m 设检查井。引水管及明渠坡度为 0.15%；集水管、配水管用 PVC 管，管径分别为 DN150。

（8）供电设计

人工湿地所需电力就近从村庄引入，单相 220 V。

（9）植物设计

①第一级生物塘：凤眼莲［*Eichhornim crazies*］。

② 第一级植物碎石床：风车草［*Cypeus alternifoliusL*］、茳芏［*Cyprus malaccensis* Lam］、野姜花［*Liedychium coronarium*］。

③第二级生物塘：大漂［*Pistia stratiotes*］。

④第二级植物碎石床：花叶芦荻［*Arundo donax* var *versicolor*］、纸莎［*Cyperus Papyrus*］、伞草［*Typha angustifoia*］、美人蕉［*Canna chinenesis* W］。

⑤砂滤池：芦苇［*Phragmites communis* Trin］。

3.1.5　运行情况

渔村大河人工湿地建成以后，我们对它的运行情况进行了检测，检测结果见表 3-3。

表 3-3　渔村大河人工湿地运行情况

指标	COD_{Cr}	BOD_5	SS	TN	TP	NH_3-N
进水水质 /（mg/L）	最高 45 平均 33	最高 37 平均 6	最高 270 平均 16	最高 5 平均 3.5	最高 3.9 平均 0.2	最高 3.8 平均 0.7
出水水质 /（mg/L）	13	1.4	0.5	0.5	0.028	0.28
去除率 /%	61	77	97	85	86	60
达标情况（地表水）	Ⅰ	Ⅰ	—	Ⅱ	Ⅱ	Ⅱ

从表 3-3 可以看到，渔村大河人工湿地的运行结果是非常显著的，对 COD_{Cr}、BOD_5、TN、TP、NH_3-N 各项污染指标的去除效果都达到并超过了预设的出水水质指标，其中，对 TN、TP 的去除效果最好，可以达到 80% 以上。本人工湿地对 SS 也有很好的去除效果。

3.1.6 相关图片

江川渔村大河人工湿地如图 3-2～图 3-9 所示。

图 3-2 云南省江川县渔村大河末端河水

图 3-3 云南省江川县渔村大河末端人工湿地——进水 1

图 3-4　云南省江川县渔村大河末端人工湿地——进水 2

图 3-5　云南省江川县渔村大河末端人工湿地——出水

图 3-6 云南省江川县渔村大河末端人工湿地——植物 1

图 3-7 云南省江川县渔村大河末端人工湿地——植物 2

图 3-8　云南省江川县渔村大河末端人工湿地——植物 3

图 3-9　汪俊三教授在渔村河人工湿地

3.2 北京官厅水库永定河人工湿地

前言后语

（1）该工程是“非典”期间为了保护北京市第二饮用水水源地的水环境保护工程，北京市政府，特别是市水利局非常重视，市水利局段总工程师、市水利科学研究所李所长、刘总工程师组织实施此工程。

（2）人工湿地设计由北京市水科所总工刘培斌和主任黄炳彬负责，汪俊三教授提供人工湿地工艺流程及主要设计参数，北京市水利局领导带领水科所科技人员参观考察了汪俊三主持的1000 $m^3/(m^2 \cdot d)$ 高水力负荷人工湿地示范工程。

（3）本案例提供的人工湿地监测数据由北京市水科所主任黄炳彬提供。

（4）亮点

①工程非常重要，又在特殊时期设计施工。

②有大型生物塘前处理系统，即利用官厅水库的库尾作生物塘进行前处理，水力停留时间7 d。

③考虑到北京冬天冰冻，故对布水集水系统做了相应设计。

④由于人工湿地处在永定河三角洲地带，故人工湿地没进行墙体、池底浆砌、砖砌或混凝土建筑，也没有进行严格防渗措施，只利用碎石造型（包括池的墙体）后铺上土工布（不是土工膜）。大幅降低建设成本。

（5）问题

①生物塘浮水植物过冬问题；

②碎石床植物品种少。

3.2.1 官厅水库水净化简介

官厅水库建于河北怀来永定河，位于张家口市和北京市延庆县界内，是新中国成立后建设的第一座大型水库，1951年10月动工，1954年5月竣工。设计总库容41.6亿 m^3，控制流域面积4.34万 km^2，为防洪、灌溉、发电发挥了巨大的作用。官厅水库也是北京市主要供水水源地之一。自20世纪70年代以来，随着沿岸工业活动的崛起，永定河流域自然生态受到了严重的破化，河水水质迅速恶化，官厅水库也受到了严重的污染。为了强化永定河水体的自净能力，恢复官厅水库的供水水源地作用，北京市政府决定出资在官库水库建立一个类似于“白埿坑模式”的大型污水处理系统，也就是著名的官厅水库永定河末端治理人工湿地系统。永定河流经山西、内蒙古、河北等地后流入北京市官厅水库（官厅水库为北京市饮用水水源之一），由于永定河受沿途工农业、生活污水污染，为劣Ⅴ类水，必须进行生态净化处理，方能进入官厅水库，其最大处理量为每天 35 万 m^3，一期工程已于 2004 年建成，每天处理量为 3 万 m^3，出水达到地表水Ⅲ类水。

3.2.2 水质净化工程初步设计

3.2.2.1 黑土洼稳定塘设计

黑土洼稳定塘工程是充分利用黑土洼沟特殊的地理位置和理想的地形特点，通过生态措施，将黑土洼沟建成具有较强水体净化功能的前置库系统。其功能主要包括以下两个方面：

第一，作为官厅水库前置库。最大限度地利用黑土洼沟的库容，将从永定河引入的受污染源水（4 m^3/s）滞留一段时间，并通过黑土洼稳定塘的多种生物及强化处理措施，使永定河受污染源水得到部分净化，从而削减永定河入库污染物总量。

第二，作为人工湿地的预处理工艺。利用黑土洼稳定塘工程的滞留、净化功能，使永定河源水中所含泥沙及污染物得到充分沉淀和分解，最大限度地去除影响人工湿地长期稳定运行的悬浮物，并减轻人工湿地的污染负荷。

黑土洼稳定塘水面面积 84 万 m^2（476.0 m 水位），库容 264 万 m^3，工程主体为利用黑土洼沟天然地势形成的稳定塘部分。设计建设浮水植物带 2.52 万 m^2，库滨挺水植物带 6.84 万 m^2，并以柔性隔膜把稳定塘分割为三部分，使塘中水流分布均匀且利于沉砂，同时在黑土洼周边配套建设库滨防护带 10 万 m^2。

3.2.2.1.1 黑土洼稳定塘工程布置

黑土洼稳定塘工程包括库滨带和稳定塘工程。库滨带工程是根据黑土洼沟区域地形、地貌及运行水位条件，沿黑土洼沟周边建设的库滨生态系统。根据不同高程，在 475.0～479.0 m 范围内分别布置乔本带、灌木带、挺水植物带、沉水植物群落。稳定塘工程则是根据黑土洼沟水深较大的特点，在深水区（水深大于 2 m）培植浮水植物带，并用柔性隔膜把黑土洼稳定塘沿纵向分隔为三个功能区：沉砂区、水生生物接触吸收区（也称浮水植物区）、厌氧氧化区。同时也使水流分布更加均匀。

3.2.2.1.2 工艺设计

（1）工艺流程

永定河受污染源水（Q=4.0 m^3/s）经永定河引水工程进入黑土洼稳定塘，在沉砂区受到初步沉淀和植物拦截，大部分悬浮物将在该区消除，水流进入浮水植物区、厌氧区后，得到进一步的净化。之后有 0.2～1 m^3/s 流量由人工湿地引水涵输水进入人工湿地，剩余 3.4～3.8 m^3/s 经黑土洼溢流坝溢流入库。其整个工艺流程如图 3-10 所示。

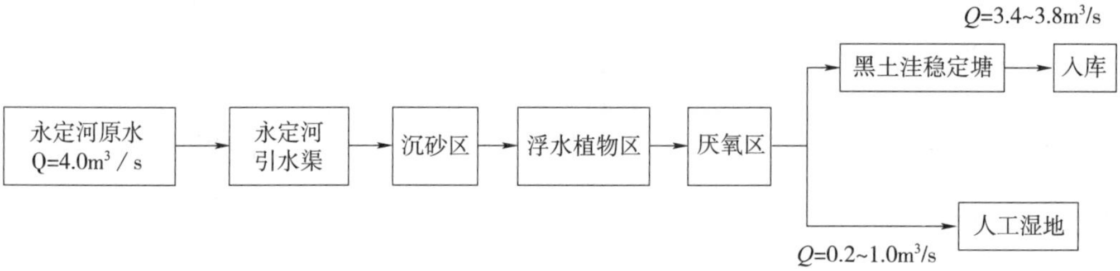

图 3-10 工艺流程

（2）工艺参数

黑土洼稳定塘工艺参数见表 3-4、表 3-5。

表 3-4 黑土洼稳定塘技术参数

有机负荷 /［kg BOD_5/（10^4 m^2·d）］	水力停留时间 / d	尺寸参数		
		面积 /10^4 m^2	容积 /10^4 m^3	塘深 /m
125.8	7.6	84	264	2～9

表 3-5 黑土洼稳定塘各项水质指标预期去除率 单位：%

	BOD5	COD_{Mn}	TP	TN	NH_3-N
低温	20	20	40	20	35
常温	35	25	45	35	56

3.2.2.1.3 黑土洼稳定塘植物配置

永定河源水属微污染水，采用生态方法处理是一种投资少、运行费用低、管理简便、处理效果好的处理工艺。黑土洼稳定塘主要是通过种植多种对污染物净化能力强的高等水生植物，利用水生植物对水中污染物的吸收转化功能，来净化永定河受污染源水，其植物配置设计包括塘内水生植物生态设计及库滨带生态设计两部分，根据水位变化条件，植物群落总体按照水生到湿地，再到陆生的原则进行配置。其中对水质净化起直接作用的是水生及湿地植物。

（1）水生植物典型设计

①浮水植物典型设计

植物种类：凤眼莲、水浮莲、水浮萍等，以凤眼莲为主。

区域：水面上三条宽 20 m、长 420 m 的条带。

种植面积：2.52 万 m^2。

②挺水植物设计

植物种类：香蒲、芦苇、菖蒲等，以香蒲、芦苇为主。

区域：475～476 m 高程（一期示范工程仅建设稳定塘南侧库滨区域）。

种植面积：6.84 万 m^2。

（2）库滨生态系统建设

黑土洼堆石坝溢流控制高程为 476.0 m，因此 476.0 m 附近为塘内水位变动带，是水生植物与陆生植物的过渡带，在 476～477 m 除种植挺水植物外，同时种植既耐淹又耐干旱、瘠薄的河滩绿化树种红柳，477～478 m 的种植耐湿、生长力强、能改良土壤、固沙保土的灌木树种紫穗槐，478～479 m 种植耐干旱、耐瘠薄的护坡、地被及固沙树种沙地柏。

①沙地柏造林典型设计

选地：项目区海拔 478～479 m 的区域

面积：6.6 万 m^2

密度：1 m × 1 m

栽培图式：图 3-11

控地规格：坑式整地，规格 0.5 m × 0.5 m × 0.5 m

造林方法及季节：春季植苗栽培，施足底肥、绿肥、灌水

幼林抚育：抚育 5 年，每年夏秋松土、施肥、除草、浇水

种苗用量：见表 3-6。

表 3-6　沙地柏栽培表

树种类别	树种名称	树种代号	混交方式	每公顷种苗用量	苗木规格
常绿灌木	沙地柏	0	纯林	10 000 棵	30～50 cm

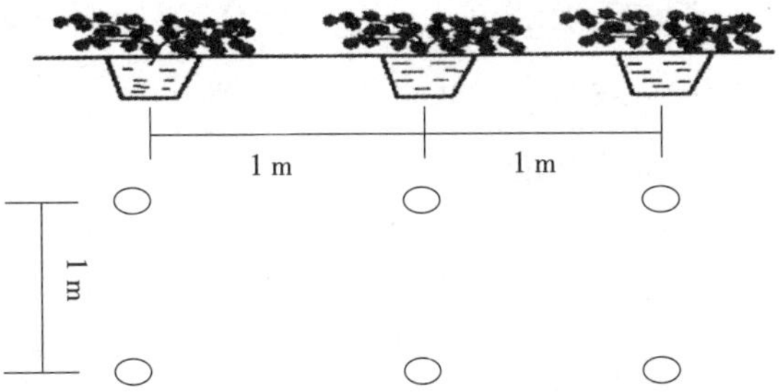

图 3-11　沙地柏栽培图式

②紫穗槐造林典型设计

选地：项目区海拔 477～478 m 的区域

面积：6.6 万 m^2

密度：2 m × 2 m

整地规格：坑式整地，规格 0.6 m × 0.6 m × 0.5 m

造林方法：用底层湿土封坑、踩实

幼林抚育：抚育 3 年，每年夏秋中耕、除草、施肥、浇水

种苗用量：见表 3-7

表 3-7 紫穗槐栽培表

树种类别	树种名称	树种代号	混交方式	每公顷种苗用量	苗木规格
落叶灌木	紫穗槐	0	纯林	2 500 棵	40～60 cm

③红柳造林典型设计

选地：项目区海拔 476～477 m 的区域

面积：7.7 万 m^2

密度：2 m × 3 m

整地规格：坑式整地，规格 0.6 m × 0.6 m × 0.5 m

造林方法及季节：春季植苗，苗木随挖随栽，多留须根

幼林抚育：抚育 3 年，每年夏秋中耕、除草、施肥、浇水

种苗用量：见表 3-8

表 3-8 红柳栽培表

树种类别	树种名称	树种代号	混交方式	每公顷种苗用量	苗木规格
落叶乔木	红柳	0	纯林	1 666 棵	1 年生

3.2.2.1.4 黑土洼稳定塘主要工程

表 3-9 黑土洼稳定塘主要工程量

序号	项目	单位	数量
1	浮水植物	m^2	25 200
2	库滨挺水植物引苗	株	250 300
3	库滨挺水植物培植	株	250 300
4	浮子围隔	m	3 780
5	聚乙烯泡沫浮子	个	600
6	固定缆绳	m	12 800
7	柔性围隔	m^2	12 000
8	悬挂生物填料	m^3	1 400
9	灌木围栏	m	1 120
10	风里曝气机	台	20

3.2.2.2　人工湿地初步设计

3.2.2.2.1　人工湿地工程布置

（1）规模

人工湿地一期工程建设面积约 110 亩，设计处理水量 2.94 万 t/d（合 0.34 m^3/s）。考虑生态工程处理能力受季节性影响，夏季高温期最大处理水量设计为 0.6 m^3/s，冬季低温期最小处理水量为 0.2 m^3/s。

（2）水质设计参数

永定河八号桥处的水质受季节影响明显，其丰水期、平水期、枯水期的水质状况不同，以枯水期的水质最差，与之相对应，这三个水文期与高温期、常温期及低温期相吻合。设计选定永定河引水及出水水质指标见表 3-10。

表 3-10　永定河引水水质设计指标　　单位：mg/L

		BOD_5	COD_{Mn}	TP	TN	NH_3-N
引水水质标准	低温期设计值	25.4	17.0	0.5	19.7	12.3
	常温期设计值	16.4	10.2	0.5	9.2	4.5
出水水质标准		4.00	6.00	0.04	2.00	1.00

应该说明，永定河引水水质指标并不是人工湿地的进水水质指标，其间还经过黑土洼稳定塘的初级处理，水流在该塘中停留 4～8 d，将使永定河较高浓度的受污染来水得到一定程度的净化。

参照国内外相关工程的水质处理效果并考虑工程区的水文气象、水质特性及湿地出水用途，设计中以污染物去除率为衡量目标，人工湿地部分各项水质指标的设计去除率见表 3-11。

表 3-11　人工湿地系统各项水质指标设计去除率　　单位：%

		BOD_5	COD_{Mn}	TP	TN	NH_3-N
黑土洼综合稳定塘	低温	20	20	40	20	35
	常温	35	25	45	35	56
人工湿地	低温	55	35	35	25	50
	常温	70	40	55	35	75

由于工程区各月温差较大，设计中按常温期和低温期两种去除率指标来衡量，其对应设计处理水量均为 3 万 m^3，在工程运行时可根据气温的变化对处理水量进行适度调控。

（3）人工湿地工程布置

人工湿地位于月亮岛南侧水库滩地上，围堤圈地面积 16 万 m^2，一期建设 7.3 万 m^2，其余面积待二期工程再行建设。本次设计以一期人工潜流湿地工程为主。设计水力负荷为 0.41 $m^3/(m^2 \cdot d)$，若除去湿周则大约为 0.5 $m^3/(m^2 \cdot d)$。

一期工程人工湿地设计分两排共三区，分别为德方试验区，中方试验区及工程区。第一排由东向西分别为德方试验区、中方试验区；第二排为工程区。

人工湿地内设两条纵向干道，两条横向干道。第一条纵向干道位于主配水井附近，宽 4 m，可供机动车通行，并与围堤相连，该车道将中、德方试验区分开；车道德方试验区一侧，埋设德方的给排水管道，中方试验区一侧埋设为第二排供水的输水暗渠。第二条纵向干道位于湿地西侧边，宽 4 m，设计可供机动车辆通行。湿地横向干道分别位于湿地首末，路宽分别为 4 m、3 m，可供机动车辆通行。湿地主要通道为三合土路面。

人工湿地系统以湿地单元为最小单位，各湿地单元并联（德方单元也可串联）运行，由管道（德方）或两排布水暗渠（中方）统一布水，经湿地单元处理后的尾水由退水明渠集水并经埋于围堤底部的 3 根暗管外排。为充分利用堤外滩地及美化环境，在堤外布设宽浅横渠，使湿地出水经滩地漫流入库，冬季则由纵向明渠直接排水入库。

第一排布水暗渠与湿地主配水井直接相接，第二排布水暗渠与主配水井相连，在输水暗渠与中方试验单元尾端退水管交叉处设应急退水口，以防来水过量。

为防湿地沉陷过大，施工的应对人工湿地地面进行夯实处理，密实度要求达到 90% 以上。

3.2.2.2.2 人工湿地初步设计

（1）德方试验区人工湿地初步设计

1）湿地设计原则

湿地设计时遵循下列原则：充分利用有限的土地资源；尽可能降低投资和运行费用；采取模块化设计；运行灵活；符合污染净化原理。

湿地设计分三个模块，前处理模块、砂滤模块、湿地模块。各模块的主要功能为：

前处理模块：充分利用黑土洼沟沉砂和去除各种悬浮物；

砂滤模块：为防止湿地堵塞，水中悬浮物的含量应小于 20 mg/L，利用砂滤层将最大可能地去除悬浮物质；

湿地模块：湿地将充分利用填料和植物的特性，降解有机营养物质，除氮降磷。该模块运行过程中包括三个过程：

第一过程在湿地的前部。被均匀分配到湿地的水中含氧量相对较高，微生物将利用这部分氧来氧化分解有机物，湿地系统则出现耗氧过程，此过程中 BOD_5 将被降解。BOD_5 完全降解需要 5 d。当水中的氧被消耗后，将处于缺氧状态，可能发生部分硝化和反硝化作用，但对 NH_3-N 的去除没有明显效果。该过程是水体自身的耗氧和缺氧过程。

为了去除水中的 N，需要建立起硝化和反硝化的化学过程，即第二过程。该过程中通过第一阶段自身的富氧和缺氧，BOD_5 将被降解，水体处于缺氧状态。因此需对水体增氧，使水中的 NH_3-N 向亚硝酸盐氮（NO_2-N）和硝酸盐氮（NO_3^--N）转化（即硝化作用），理论上这个过程至少 7 d 时间。此过程仅能达到部分除氮效果。

第三过程：经过第二过程后，水体中存在 NO_2^-、NO_3^- 离子，需要有机物质和微生物菌消耗，其中的氧离子须汇入部分原水来促进此过程（即反硝化过程），将 NO_2^-、NO_3^- 转化为 N_2，达到除氮目的。

2）湿地工艺流程

主配水井 → 砂滤池 → 输水管湿地配水井

→ 曝气井 → 人工湿地床 → 排水管

→ 曝气井 → 下一级人工湿地床

3）人工湿地床结构

人工湿地单元长 44 m、宽 24 m、深 1.2 m、有效水深 1.2 m，边坡进行加固处理，其坡度为 1∶2，湿地底部坡度为 0.2%。

湿地布水花管（DN200）位于湿地床首部、地面以下 1.5 m 处，埋于粒径为 40～80 mm 的砾石中，由砾石区进一步均匀布水；湿地集水花管（DN200）布于湿地床末端、地面以下 2.07 m 处，同样设有砾石集水区。湿地填料以减少水头损失、又有利于生物膜的生长为原则，采用 20～30 mm 的碎石填料。湿地床底部防渗层采用 1 mm 厚的土工膜，底层铺设 10 mm 的细砂层。湿地水位夏季一般在表层以下 30 cm，冬季防冻可将水位降至 70 cm。

湿地水力负荷：0.166 m^3/（m^2 · d）。

湿地植物以芦苇为主，其生长较快，可大量吸收水中营养物质，其根深可达 1 m 左右，能建立较好的空气与水环境交换过程。

（2）中方试验区人工湿地初步设计

1）净化机理及可达性分析

生态工程的净化机理主要是靠生物吸收、降解、同化等作用使污染水得到净化。例如，通过高等动植物的吸收，同化；水生微生物（细菌、真菌、藻类、原生动物、后生动物）的代谢活动，以及相伴随的物理的、化学的及物理化学的过程，使水中的有机污染物、营养元素和其他污染物质进行多级转化、降解和去除。因此通过自然或人为因素为生物提供最佳环境，最大限度地提高其生物量和活性，是生态工程的首要任务。针对永定河来水的主要营养物 N、P、有机物，简要分析其净化机理和污染物去除率。

①脱氮

在各项指标中 TN 的去除是相对较难的一项，云南 1 000 t/d 的示范试验中 TN 的去除率为 34.4%，黑土洼潜流人工湿地试验中 TN 的去除率为 20%～50%，因此该工程中 TN 的设计去除率 35%～40% 应能达到。

②除磷

人工湿地对 P 的去除是通过微生物的积累、植物的吸收和填料床的物理化学等几方面的协调作用共同完成的。根据以往经验，人工湿地对 P 的去除率可高达 90% 左右。但冬季时生物生长停滞，主要靠微生物作用，根据黑土洼前期试验结果，其去除率仍可达到 30%～50%。

③有机物去除

人工湿地对有机污染物有较强的降解能力。污水中的不溶性有机物通过湿地沉淀、过滤作用，可以很快地被截留并被微生物利用。污水中可溶性有机物则可通过植物根系生物膜的吸附、吸收及生物代谢降解过程而被分解去除。国内有关对城市污水的研究表明，在进水浓度较低的条件下，人工湿地系统对 BOD_5 的去除率可达 85%～95%，对 COD 的去除率可达 80% 以上。据黑土洼前期试验结果，其对 BOD_5 去除率为 20%～90%，对 COD_{Mn} 的去除率分别为 20%～50%（常温）和 10%～30%（低温）。

④冬季效率

冬季由于气温较低，水面形成冰盖，将大大降低生物活性及水的复氧能力，使污染物去除效率降低。但是由于生物的自适应性强，特别是微生物，其更新换代快及菌群更替迅速，随着环境的变化，适应环境的优势菌群将很快接替原菌群而继续起到去除污染的作用。东北齐齐哈尔氧化塘系统试验表明，即使在冬季，塘中仍具有很高的生物量和生物活性，对污染物仍有较高的去除率。因此，只要有效控制、优化各种环境条件，提高生物量，完善生物链，其处理效率可达到满意效果。这一点在黑土洼前期试验中得到证实。

2）工艺流程及工艺设计说明

①工艺流程

本区共设 6 个试验单元，其工艺流程基本相同：

布水暗渠→挺水植物塘→一级植物碎石床→水生生物塘→二级植物碎石床→砂滤池→退水管

②各部分功能设计说明

布水暗渠为各单元共用部分，渠顶加盖以防冬季结冰。布水暗渠侧向开口布水进入湿地单元进水口的流量堰槽中。该堰槽内装有可调堰板，用于调节和计量进入单元的流量。流量堰出水经布水横管分散进入挺水植物塘。挺水植物塘深 1.2 m，其中种植挺水植物，起拦截悬浮物、藻类并降解吸收部分 N、P 的作用。塘中布设一排折流板，使塘中布水均匀。塘中出水进入一级植物碎石床入水口，该处布设两层细格网，用于拦截植物残枝及藻类。水流经入水口进入穿孔横管均匀布水到一级植物碎石床，碎石床前部深 1.2 m，后部深 1.5 m，种植芦苇等水生高等植物，通过植物、根系微生物及碎石料表面生物膜等的共同作用来净化水体。碎石床布水横管距床面 0.5 m，以防冰冻。碎石床尾部设粗卵石区，并在其底部布设横向集水花管，使碎石床内水流均匀。集水花管集水后由三通导入水位调节井，通过水位调节器控制碎石床水位。出水从底部由布水横管均匀布水入稳定塘，该塘深 2.0 m，为兼性塘，与一级植物碎石床留有 0.5 m 高差。塘中种植浮水植物，并在水中悬挂生物填料，深水区起到厌氧作用。塘中布设两排流板，通过调整流程达到均匀布水的目的。水生生物塘出水进入二级植物碎石床进水口，经拦污格网、布水横管进入碎石床。该碎石床种植香蒲等高等水生植物，以适应相应的水质环境，该部分其他工艺与一级植物碎石床相同。二级植物碎石床出水进入砂滤池，该池为垂流结构。池内填埋 1.0 m 深砂滤料，底部再铺一层 20～30 cm 厚的粗卵石，起集水作用，粗卵石与粗砂之间以无纺布为反滤层，集水花管在粗卵石层中集水集中进入水位调节井，最后退水入退水管。

③工艺尺寸

湿地单元的典型工艺尺寸为：

挺水植物塘：30 m × 15 m × 1.2 m（指宽 × 长 × 深，下同）；

一级植物碎石床：30 m × 30 m ×（1.2～1.5 m），底坡 1%；

水生生物塘：30 m × 30 m × 2.0 m；

二级植物碎石床：30 m × 30 m ×（1.2～1.5 m），底坡 1%；

砂滤池：30 m × 8 m × 1.2 m。

鉴于试验要求，本试验区六个单元中两个单元为上述尺寸，另四个单元宽度为 15 m，其他尺寸同上。

3）水力负荷设计

最大水力负荷：1.02 $m^3/(m^2 \cdot d)$。

设计人工湿地单元过流流量为 0.035 m^3/s，水流在湿地单元内总停留时间为 1 9.01 h，其中：

挺水植物塘：3.19 h；

一级植物碎石床：2.22 h；

水生生物塘：11.38 h；

二级植物碎石床：2.22 h；

正常运行水力负荷：0.58 $m^3/(m^2 \cdot d)$。

设计人工湿地单元过流流量为 0.02 m^3/s，水流在湿地单元内总停留时间为 34.26 h。其中：

挺水植物塘：5.58 h；

一级植物碎石床：4.38 h；

水生生物塘：19.92 h；

二级植物碎石床：4.38 h。

4）植物设计

①挺水植物塘

塘中栽种类芦苇等挺水高等植物，可试验栽培美人蕉等浮床，并适当放养鱼、蟹等动物。

②一级植物碎石床

以当地水生植物芦苇、香蒲为主，拟选择北京市区附近、官厅水库周边地区、白洋淀及东北地区的优良品种进行遴选。

③水生生物塘

种植水葫芦、大薸、水芹菜、满江红等浮水植物，培养适应环境的水生动物。

④二级植物碎石床

以香蒲、芦苇等水生植物为主，试验水葱、石菖蒲。

⑤砂滤池

芦苇或香蒲。

5）冬季保温

黑土洼人工湿地采用的主要保温措施为在上部形成冰盖覆盖层、水流在冰下运行。另外，探讨一些其他保温的方法，如搭架温棚等。

①冰盖保温

运行中通过调节湿地床水位，在挺水植物塘与一级植物碎石床上及水生生物塘与二级植物碎石床上形成两块整体冰盖，各单元冰盖各自独立。冰盖形成过程中可采用表层布水（或浇水）等人为方式尽量减少形成冰盖的时间，以免影响正常运行。同时应尽量使冰盖与碎石床间形成空气层以增强保温效果。

②塑料膜保温

选一个 15 m 宽的湿地单元架设圆拱温棚。圆拱温棚内部有一定高度，为 1.9～2.5 m，管理人员可以进入内部工作。

6）结构设计

①布水暗渠

布水暗渠宽 1.2 m、高 1.5 m，为钢筋混凝土结构，上加盖预制盖板，顶上覆土形成便道，地面高程为 478.0 m，布水暗渠与玻璃钢管出口处的主配水井相连。

②湿地单元

湿地单元以纵向隔堤相隔形成独立单元，各单元内各级结构以横堤相隔，其中一级植物碎石床末端的横堤及砂滤床末端的横堤起冬季蓄水形成冰盖作用，其高程与相应纵堤一致，并在堤上设溢流口以防堤项漫溢。纵横隔堤均为土堤，堤顶铺设植草混凝土砌块。湿地单元地面及隔堤均要求夯实处理，密实度到达 90%。

③湿地单元进水口量水堰

量水堰主要起量水和布水作用，在布水暗渠侧向开口使水流进入量水堰，经可调堰板后进入布水横管。一个单元仅一个量水堰，堰宽 0.8 m、高 1.0 m，堰顶设可开启盖板以供测流之用，堰槽由钢筋混凝土浇注。

④塘

挺水植物塘和水生生物塘边坡以 250 g/m^2 无纺布衬底，上压干砌石和植草混凝上砌块护坡。塘底地面夯实，挺水植物塘中部横向设一道折流板，水生生物塘设两道折流板，折流板由 5 cm 厚、1.5 m 长、0.5 m 高的预制混凝土扳组成，板间以预制混凝土桩为支架。

⑤植物碎石床

植物碎石床前端石料厚 1.2 m，后端厚 1.5 m，床底及边坡以 250 g/m^2 无纺布铺衬，碎石床床面距纵向隔堤堤顶 0.4 m，以供形成冰盖。碎石料粒径为 20～30 cm。

⑥砂滤池

砂滤池以 2～5 mm 水洗粗砂为填料，粗砂厚 1.0 m，底部为 20～30 cm 厚的粗砾石，两者之间以无纺布为反滤层，砂滤池底及边坡以无纺布衬底，露出床面边坡以植草混凝土砌块铺砌。

⑦湿地碎石床进水口

湿地碎石床进水口建于隔堤上，一排三个，开口呈喇叭形，由钢筋混凝土浇注，中间设两道拦污格网。

⑧水位调节井

水位调节井起调节碎石床水位之用，建于横堤上，一排两个，植物碎石床末端调节井长宽均为 0.8 m，砂滤池末端水位调节井长宽均为 1.0 m，水位调节井内设水位调节器，对碎石床水位进行调节，水位调节器由可伸缩的套管制成。

⑨退水管

退水管为 DN800 的混凝土管，埋设于砂滤池末端横堤上，与水位调井串联。

东侧与应急退水井相连，西侧排水入工程区退水明渠。

⑩布水管线

为防止冬季管道结冻，管线全部暗埋于地下，布水管道和集水管道均为DN200的PVC管，其中一、二级植物碎石床及砂滤床的PVC横管为穿孔花管。

⑪试验单元特殊结构

本区为试验区，意在试验研究人工湿地运行机理，探索适应当地条件的高效结构和物种配置。六个独立单元中由东至西其结构布置独特点如下：

第一单元：圆拱温棚，管理人员可进入工作，单元底部及边壁由土工膜防渗。

第二单元：单元底部及边壁由土工膜防渗。

第三至第六单元种植不同植物。

（3）人工湿地工程区初步设计

工程区初步设计暂定按中方人工湿地试验区典型单元模式设计，仅把尾部砂滤池改为退水明渠。

3.2.3 人工湿地净化效果

3.2.3.1 官厅水库检测结果

官厅水库建成以后，2005年4月至2006年8月，我们对官厅水库的处理效果进行了连续检测，检测结果及分析见表3-12和图3-12～图3-16：

由表和图中我们可以看到，湿地系统对各污染物的去除基本上能够达到预设的标准，其中对SS的处理效果最好，基本上能稳定在90%以上的去除率；对BOD_5、COD_{Mn}、TP的处理效果也较好，基本上能保持在40%～70%的去除率；对NH_3-N和TN和处理效果则很不稳定，随着季节的不同处理效果变化极大，处理效果最差的月份出现在4—5月，去除率最低仅有13.6%和3.5%。出现这种结果，一方面是与污染源水质和污染物本身的理化特性有关，另一方面也与处理系统在不同月份所持有出来的理化环境有关。

同时，从上面的分析结果我们还可以看出，TN的去除主要集中在黑土洼（图3-16），而构造人工湿地对TP的处理效果则不明显。这使得本系统TN的去除直接受到黑土洼氧化塘的运行状态和理化环境的制约。

表 3-12　2005 年 4 月 1 日—2006 年 8 月 31 日官厅水库检测结果及分析

检测时间	系统	COD_{Mn}		NH_3-N		TN		TP		BOD_5		SS	
		检测结果	去除率 %	检测结果	去除率 %	检测结果	去除率 %	检测结果	去除率 %	检测结果	去除率 %	检测结果	去除率 %
2005.4.1—2005.5.31	系统进水	19.10		8.26		14.33		0.52		14.38		210.33	
	黑土洼塘出水	7.44	61.0	7.28	11.9	11.69	18.4	0.13	75.0	7.19	50.0	21.67	89.7
	湿地出水	5.61	24.6	4.71	35.3	10.19	12.8	0.07	46.2	3.90	45.8	3.19	85.3
	总去除率		70.63		42.98		28.89		86.54		72.88		98.48
2005.6.1—2005.11.30	系统进水	6.94		5.41		12.3		0.57		7.55		26.00	
	黑土洼塘出水	5.80	16.4	0.74	86.3	8.30	32.5	0.27	53.0	4.18	44.6	15.00	42.3
	湿地出水	4.00	31.1	0.32	57.0	4.40	47.0	0.18	34.7	3.13	25.2	7.19	52.1
	总去除率		42.37		94.12		64.23		69.29		58.54		72.35
2005.12.1—2006.3.31	系统进水	9.35		13.57		19.97		0.56		12.89		85.4	
	黑土洼塘出水	8.06	13.8	9.74	28.2	13.72	31.3	0.36	35.7	5.88	54.4	13.89	83.7
	湿地出水	5.40	33.0	9.44	3.1	11.72	14.6	0.27	25.0	3.50	40.5	5.61	59.6
	总去除率		42.25		30.43		41.31		51.79		72.85		93.43
2006.4.1—2006.5.31	系统进水	10.38		8.20		10.7		0.62		8.28			
	黑土洼塘出水	10.91	−5.1	8.44	−2.9	13.3	−23.8	0.36	42.5	9.33	−12.7		
	湿地出水	6.10	44.1	7.09	16.0	10.3	22.1	0.34	3.5	2.70	71.0		
	总去除率		41.2		13.6		3.5		44.5		67.3		
2006.6.1～2006.8.31	系统进水	9.94		3.92		8.6		0.96		32.07			
	黑土洼塘出水	7.83	21.2	1.27	67.6	5.8	32.9	0.35	63.5	13.72	57.2		
	湿地出水	5.06	35.4	0.41	67.7	1.7	71.0	0.31	11.4	7.28	46.9		
	总去除率		49.1		89.5		80.5		67.7		77.3		
设计出水水质		6.00		1.00		2.00		0.30		4.00			

注：监测结果由北京市水力科学研究所黄炳彬提供。

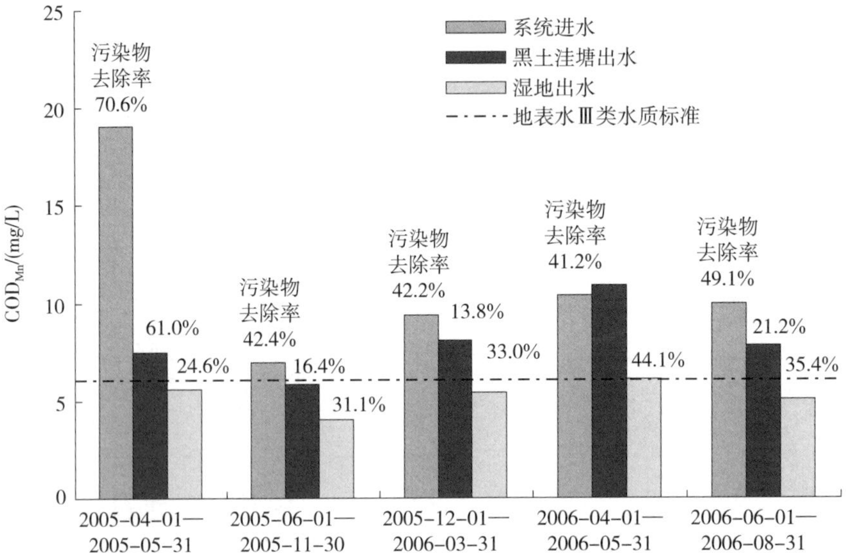

图 3-12 2005 年 4 月 1 日—2006 年 8 月 31 日官厅水库 COD_{Mn} 检测结果分析图

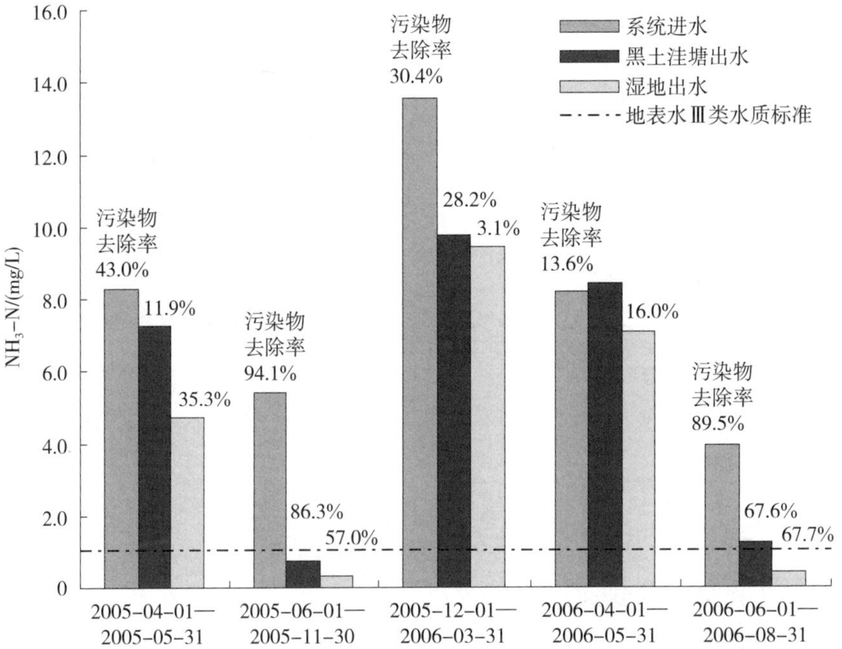

图 3-13 2005 年 4 月 1 日—2006 年 8 月 31 日官厅水库 NH_3-N 检测结果分析图

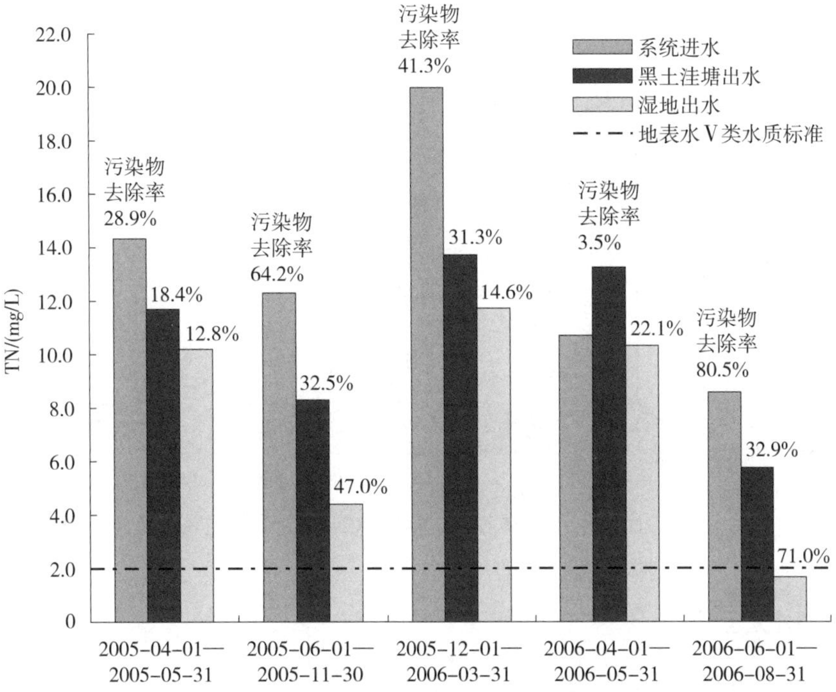

图 3-14　2005 年 4 月 1 日—2006 年 8 月 31 日官厅水库 TN 检测结果分析图

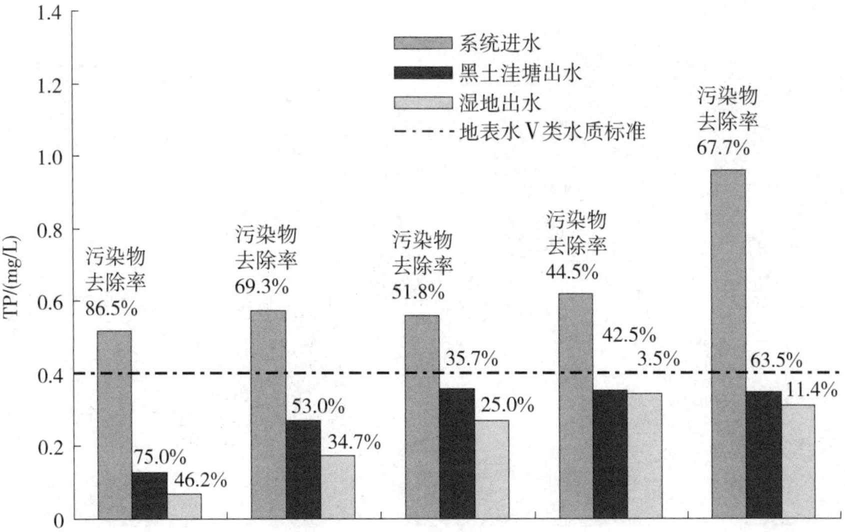

图 3-15　2005 年 4 月 1 日—2006 年 8 月 31 日官厅水库 TP 检测结果分析图

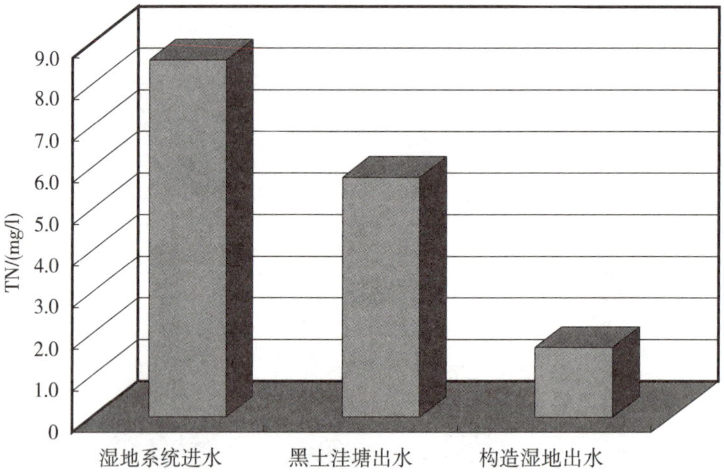

图 3-16 总氮在各构筑物中的去除情况分析

3.2.4 相关图片

北京官厅水库永定河人工湿地如图 3-17～图 3-19 所示。

图 3-17 北京市永定河末端处理人工湿地地理位置

图 3-18　北京市永定河末端处理人工湿地 1

图 3-19　北京市永定河末端处理人工湿地 2

3.3 郑州经济技术开发区滨河国际新城荷湖湿地净化及循环工程项目

前言后语

荷湖是郑州经济开发区滨河国际新城新规划、新设计、新建设的人工湖体，由于自身生态系统脆弱，自净能力差，所以必须采取必要的水环境预防和治理措施。在滨河国际新城水系综合治理工程规划设计中，已有荷湖水环境、水生态的相关设施规划。

目前，荷湖、中央水系尚没有与潮河下游连接的水系，而其西端与蝶湖连通距离较长，同时蝶湖与中央水系的连通口也由于设置了隔堤而使中央水系与蝶湖主流隔离，以至于综合治理工程完成后，荷湖水体基本没有流动性。

根据长期试验和实践，在我国热带、亚热带和暖温带地区，水体基本不流动或流速较小时，TP 控制在 0.025 mg/L 以下，就能抑制富营养化。由于荷湖水体缺乏流动性并且水体的 TP 达不到小于 0.025 mg/L，将容易导致湖水会长蓝、绿藻，并出现富营养化情况，使透明度降低，影响荷湖的景观效果。

规划拟建项目位于郑州市经开区经南九路南侧，经南十一路北侧，京广铁路与四港联动大道之间。因其属于滨河国际新城核心区的一部分，所以对其水质及水环境提出更高的要求；同时为了实现其核心功能，重要的手段之一是保持荷湖的水质及水环境的高质量标准。《郑州经济技术开发区滨河国际新城水系综合治理项目》对荷湖及中央水系的水质要求为达到地表Ⅳ类水，该水质标准偏低。

为了切实保障荷湖水质长期稳定达标，使水体具有流动性，规划通过设置循环泵站实现中央水系及荷湖的水体循环；通过在岸边建设人工湿地水质净化系统，对湖水或水源进行净化处理，使其达到地表Ⅲ类水标准后再排入荷湖，可保证荷湖的水质标准至少达到地表Ⅲ类水标准，符合其水环境功能定位。

本次工程的任务为，建设荷湖湖边的人工湿地水质净化系统以及中心渠区域排涝泵站及水循环系统，使荷湖水质长期达到地表Ⅲ类水标准。

该项目人工湿地的处理规模为 1.7 万 m^3/d，泵站设置排涝和循环两套系统，每套系统设置两台水泵，其中排涝泵设计流量为 5.1 m^3/s，循环泵设计流量为 0.5 m^3/s。

汪俊三和汪道宇分别为本项目的项目负责人和技术核校工作负责人；郭有顺和邱康杰主要负责提供工艺流程、设计参数及植物品种等相关工作；韦梓坤主要负责工程设计、布水等相关工作；王红艳负责经济分析和社会效益分析等相关工作。

水污染物进入水体，造成水体污染，水体污染防治的主要和根本方法，是将水体中的污染物取出，本案例就是这样做的。

3.3.1 建设荷湖水质循环净化系统的目的和作用

（1）荷湖作为中心湖，水质要求很高。荷湖通过中央水系与西部的蝶湖连通，但其东部为断头河，因此并没有良好的水流条件，使得荷湖抗污染能力较低，较难维持水质的自我净化；加上降尘和湖边人群活动带来的污染，使得荷湖水质恶化的概率大大增加。该工程利用岸边人工湿地对湖水进行循环处理，可提高湖体水质，为维持水质达标提供有力保障。

根据荷湖水环境质量预测，如果不进行荷湖水质净化，荷湖水质将进一步恶化，影响周边人居环境，降低居民生活幸福感，阻碍社会环境可持续性发展。

（2）荷湖通过中央水系与蝶湖连通，而蝶湖上游为潮河，当潮河汛期流量＞4 m^3/s 时，洪水将进入蝶湖而影响湖体水质。采用非持久性污染物湖泊完全混合衰减模式对行洪时整个水系的水质进行预测分析，过洪后水系的 TP 为 0.28 mg/L，是标准的 5.6 倍，NH_3-N 为 2.1 mg/L，是标准的 2.1 倍，BOD_5 也超标。因此，要保持荷湖达到地表Ⅲ类水，需要对过洪后湖水进行循环处理方能达标。

预测结果见表 3-13。

表 3-13　过洪后湖水水质预测

项目	COD_{Cr}	BOD_5	NH_3-N	TP	SS	pH
浓度	7.0	4.6	2.1	0.28	800	7.61

荷湖人工湿地可循环净化荷湖湖水，使荷湖可在过洪后较短时间内水质恢复到地表Ⅲ类水标准，并达到清澈见底的效果。

3.3.2 设计规模

该工程荷湖湖边带人工湿地水质循环净化系统设计处理规模为 1.7 万 m^3/d。

3.3.3 进水、出水水质分析

（1）污染源分析

1）天然降雨

大气沉降是大气中污染物通过一定途径被沉降到地面和水体的过程。郑州地区大气污染较为严重，有时还会受到西北风沙、飘尘的影响，所以大气干湿沉降较大。

在我国许多地方，大气干湿沉降成为城市景观水体的外源污染之一，大气中的各种营养元素（C、N、P）和微量金属元素（Fe、Al 等）通过大气干湿沉降输入水体，导致或加剧水质下降，引起水体富营养化，水体生态健康减弱，降低水体服务功能。

在城乡建筑工地，大气干湿沉降通量很高；在城乡建成区，由于交通、商业和人流影响，大气干湿污染物也较多，其成分以有机物和含氮、磷化合物为主。

该项目所在区域中，大气干湿沉降主要通过降雨的方式将污染物沉降到地面。该项目中直接随降雨进入湖区的污染物计算公式如下：

$$W_{降}=AQ\alpha$$

式中，$W_{降}$——随降雨进入湖区的污染物总量；

A——水域集雨面积，荷湖及中央水系约为 11.5 万 m^2；

Q——年平均降雨量，根据《国家郑州经济技术开发区滨河国际新城水系规划》，本地区多年平均降雨量约为 625.9 mm；

α——雨水污染物浓度系数。

雨水中可沉降物、总磷、总氮、氨氮以及高锰酸盐指数的浓度分别为 9～245 mg/L、0.038～0.250 mg/L、2.83～6.25 mg/L、0.11～4.90 mg/L 和 0.70～16.00 mg/L；除 pH 和总氮浓度随降雨量增加变化趋势不是很明显外，其他物质的浓度随降雨量增大而逐渐减少；初期雨水中各物质的浓度（pH 除外）较高，在降雨量达 8～15 mm 时，物质浓度趋于稳定。

荷湖及中央水系年平均接受降雨总量为 7.27 万 m^3。

根据浓度及接受降雨总量计算，荷湖的降雨污染物总量见表 3-14。

表 3-14 年降雨污染物总量

污染物	COD	BOD_5	氨氮	总磷	TN
浓度 /（mg/L）	20	4	1.0	0.1	4
入湖总量 /（t/a）	1.46	0.29	0.07	0.01	0.29

2）路面径流污染分析

地表径流量按以下公式计算：

$$Q_m=10^{-3}C\times Q\times A$$

式中，Q_m——降雨产生的路面水量，m^3；

Q——平均降雨量；

A——集水区地表面积，m^2；

C——集水区径流系数，径流系数按《室外排水设计规范》（GB 50014—2006）（2016 年版），道路路面、人工建筑物屋项等的径流系数可取值 0.80。

根据滨河国际新城的雨水收集系统，荷湖周边道路路面、人工建筑物屋项集雨面积约 593.5 hm^2，年平均降雨量为 625.9 mm，则计算进入荷湖硬化地面径流量约为 300.22 万 m^3/a。

对于地表径流中水污染物浓度参数选取，可类比《面污染源管理与控制手册》（科学普及出版社广州分社），见表 3-15。

表 3-15　不同区域地表径流中水污染浓度参数　　单位：mg/L

污染物	BOD_5	COD	TN	TP
城市径流	30	20～600	3～10	0.6

参考表 3-15，本方案城市径流浓度取值见表 3-16。

根据城市径流量及其浓度，计算其污染负荷，结果见表 3-16。

表 3-16　环湖硬化地面径流浓度及污染负荷

名称	BOD_5	COD	TN	TP
城市径流浓度 /（mg/L）	30	50	4	0.6
进入荷湖的城市径流污染负荷 /（t/a）	90.07	150.11	12.01	1.80

3）湖边绿地径流污染分析

①绿地径流量计算

地表径流量按以下公式计算：

$$Q_m=10^{-3}C\times Q\times A$$

式中，Q_m——降雨产生的路面水量，m^3；

Q——平均降雨量；

A——集水区地表面积，m^2；

C——集水区径流系数，径流系数按《室外排水设计规范》（GB 50014—2006）（2016 年版），公园、绿地的径流系数可取值 0.18。

根据相关设计资料，荷湖周边绿化面积集雨面积约 381 hm^2，年平均降雨量为 625.9 mm，计算进入荷湖的绿化地面径流量约为 43.36 万 m^3/a。

②绿化径流水污染物估算

对于绿化地地表径流中水污染物浓度参数选取，可类比《面污染源管理与控制手册》（科学普及出版社广州分社），见表 3-17。

表 3-17　不同区域地表径流中水污染浓度参数　　单位：mg/L

污染指标	BOD_5	COD	TN	TP
浓度	7	80	9	0.02～1.7

参考表 3-17，本次计算的城市径流浓度取值见表 3-18。

根据城市径流量及其浓度，计算其污染负荷，结果见表 3-18。

表 3-18 湖边绿地径流浓度及污染负荷

名称	BOD_5	COD	TN	TP
绿地径流浓度 /（mg/L）	7	80	9	1
进入荷湖绿地径流污染负荷 /（t/a）	3.04	34.69	3.90	0.43

4）临时污染源——施工废水和施工生活污水

依据项目的施工计划，工期为 90 d，施工废水约为 16 000 t；施工人数为 50 人，用水量按 0.05 t/（人 · d）计，则施工期间用水量为 225 t，排水量按用水量 90% 计，计 202.5 t。

表 3-19 施工期间污染量 单位：t

污废水类型	COD	NH_3-N	SS
施工废水	2.40	—	8
施工生活污水	0.066	0.005	0.043
合计	2.466	0.005	8.043

由于施工时间为一次性，不会每年都产生施工污染，这部分污染在施工期间进行单项处理，整体施工完成后，再对荷湖进行充水，因此施工生活污水不会对荷湖景观水体造成影响。

5）污染负荷汇总

根据前文分析，荷湖受到的污染负荷见表 3-20。

表 3-20 进入荷湖的污染负荷 单位：t/a

污染因子	COD_{Cr}	BOD_5	NH_3-N	TN	TP
天然降雨	1.46	0.29	0.07	0.29	0.01
路面径流	150.11	90.07	—	12.01	1.80
环湖绿地径流	34.69	3.04	—	3.90	0.43
合计	186.26	93.4	0.07	16.20	2.24

根据表 3-20 数据分析，路面径流对荷湖的水质影响最大，对荷湖水质的保持有很大影响。绿地径流对荷湖有一定的影响，天然降雨污染影响相对较小。

（2）进水、出水水质分析

进水水质是净化系统设计的基础和依据，根据上述，本系统的功能主要包括处理受污染的湖水及过洪后的湖水。本方案按最不利情况，即按过洪后湖水净化考虑。因洪水夹杂大量污染物，且过洪后的湖水基本被洪水交换，其处理量大、污染负荷高。

由于无过洪后湖水水质资料，现参考《地表水环境质量标准》（GB 3838—

2002）Ⅴ类水（江河）确定本处理系统进水水质浓度见表 3-21。此时出水标准按地表水（湖库）Ⅲ类水的标准执行。

表 3-21　设计进水、出水水质指标表　　单位：mg/L

指标	COD_{Cr}	BOD_5	NH_3-N	TP
进水浓度	40	10	2	0.4
出水浓度	≤20	≤4	≤1.0	≤0.05

处理工艺：

根据本项目对污染物的去除情况，湿地处理工艺拟选用 WJS 高水力人工湿地处理工艺。

3.3.4　工艺说明

3.3.4.1　工艺概述

WJS 人工湿地污水处理，是结合高等维管束植物处理生活污水试验、氧化塘设计参数研究、生物塘净化污水研究、植物碎石床人工湿地处理污水研究、高水力负荷人工湿地研究、人工湿地处理微污染水研究、高浓度有机污水——养猪场污水 WJS 工艺处理研究、高浓度有机污水——淀粉污水光合细菌处理研究、二级污水处理厂出水人工湿地深度处理研究、印染污水人工湿地深度处理研究、电镀污水人工湿地深度处理研究、污染微地下水人工湿地深度处理研究等，在上述研究基础上，总结出 WJS 人工湿地污水处理工艺。

该工艺是以平流潜流为主并结合垂直流（位于人工湿地后处理阶段）、以植物碎石床为主适当搭配水生植物塘的人工湿地污水处理工艺。该工艺的示范工程 2003 年经国家环保总局进行鉴定，成果达国际领先水平，在全国范围内得到了广泛应用。

该工艺在实际工程应用中，除了表现出的良好的水质净化效果外，在不同工程应用中，在保证 WJS 人工湿地的水质净化基本功能的基础上，因地制宜地结合园林景观进行设计，使之成为景观价值和工程品位远高于常规污水处理厂的人工湿地公园。

3.3.4.2　可达性分析

该项目采用 WJS 高水力负荷人工湿地水质净化系统对过洪后水质严重超标及透明度大幅下降的湖水、接纳大量地表径流污染物湖水、不达标时的生态补水和局部水质恶化的循环水等进行深度处理，人工湿地处理后出水达到地表水（湖库）Ⅲ类标准，确保荷湖湖水达Ⅲ类水（0.05 mg/L）标准。本节对上述净化措施的净化机理、去除率等相关内容进行可达性分析。

（1）对荷湖水循环净化

荷湖、中央水系面积约 11.5 万 m^2，由于中央水系东端为断头河，使得水体流动性差、局部水体自净能力降低，从而容易导致局部水体水质变差。为防止局部水体水质恶化影响水系总体水质，通过水质监测系统发现局部水体水质从地表水Ⅲ类恶化成地表水Ⅳ类后，及时通过 WJS 高水力负荷人工湿地水质净化系统对水体进行净化处理，经过处理后出水水质达到地表水Ⅲ类标准，保证荷湖整体水体水质达Ⅲ类水。

表 3-22　局部恶化循环净化污染物去除率一览表

指标	进水 /（mg/L）	出水 /（mg/L）	去除量 /（mg/L）	去除率 /%
COD_{Cr}	30	20	10	33.33
BOD_5	6	4	2	33.33
NH_3-N	1.5	1	0.5	33.33
TP	0.1	0.05	0.05	50.00

表 3-23　局部恶化循环净化人工湿地污染物负荷核算

指标	去除量 /（kg/d）	污染物负荷 /［kg/（hm^2・d）］	参照标准 /［kg/（hm^2・d）］	备注
COD_{Cr}	1 250	125	160	
BOD_5	250	25	80～120	
NH_3-N	62.5	6.25	20～50	
TP	6.25	0.625	3～5	

从上述两表可以看出，该工程局部恶化循环净化的 COD_{Cr}、BOD_5、NH_3-N、TP 的去除率分别大于等于 33.33%、33.33%、33.33%、50.00%，人工湿地污染物负荷满足《人工湿地污水处理工程技术规范》（HJ 2005—2010）要求。

WJS 高水力负荷人工湿地在北京、云南、四川、广东、河南、安徽等地广泛推广应用中，经过长期的运行实践证明，该工艺对各污染物的去除效果：COD_{Cr} 为 70%～90%，BOD_5 为 70%～90%，NH_3-N 为 60%～80%，TP 为 70%～85%，从去除率上看，WJS 高水力负荷人工湿地去除率足以满足该项目中局部恶化循环净化的出水水质要求。

（2）汛期潮河泄洪导致荷湖水质受污染时，荷湖人工湿地可循环净化荷湖湖水

根据对现场自然水土环境的走访调研及收集的相关气象资料，结合对潮河上游水质采样监测的结果，同时考虑滨河国际新城水系综合治理项目所设置的生态围隔可有效地减少过境洪水对蝶湖、荷湖、中央水系等水域水质污染的情况，可计算分

析过洪后的湖水通过 WJS 高水力负荷人工湿地水质净化系统处理后，可达到地表水（湖库）Ⅲ类水标准。

根据现场资料以及监测结果，预测过洪后湖水水质见表 3-24。

表 3-24　过洪后湖水水质一览表

项目	COD_{Cr}/（mg/L）	BOD_5/（mg/L）	NH_3-N/（mg/L）	TP/（mg/L）	pH/（mg/L）
浓度	7.0	4.6	2.1	0.28	7.61

根据进水、出水水质要求，过洪后湖水主要污染物去除率要求见表 3-25。

表 3-25　过洪后湖水污染物去除率一览表

指标	进水 /（mg/L）	出水 /（mg/L）	去除量 /（mg/L）	去除率 /%
COD_{Cr}	7	20	＜0	＜0
BOD_5	4.6	4	0.6	13.04
NH_3-N	2.1	1	1.1	52.38
TP	0.28	0.05	0.23	82.14

根据以上（表 3-25）主要污染物去除率分析，结合《人工湿地污水处理工程技术规范》（HJ 2005—2010）等相关设计规范对人工湿地污染物负荷进行核算。

表 3-26　过洪后湖水净化人工湿地污染物负荷核算

指标	去除量 /（kg/d）	污染物负荷 /［kg/（hm^2·d）］	参照标准 /［kg/（hm^2·d）］	备注
COD_{Cr}	—	—	160	进水满足要求
BOD_5	75.00	7.50	80～120	
NH_3-N	137.50	13.75	20～50	
TP	28.75	2.88	3～5	

WJS 高水力负荷人工湿地水质净化系统 SS 去除率可达 98%，后半段人工植物快速渗滤池，又可将 SS 去除率提升 80%，充分去除过洪后水体中 SS。综合上述措施，可达到过洪后水域水体达到水质和透明度相关要求。

WJS 高水力负荷人工湿地通过近 30 年的研究设计和施工经验，经过科学的分析和甄选后确定下来的污水处理工艺，具有水力负荷高、出水水质好等优点。2001 年，WJS 高水力负荷人工湿地处理富营养化湖水示范工程人工湿地进水为劣Ⅴ类水，水力负荷为 1.0 m^3/（m^2·d）。经处理后水质从劣Ⅴ类提升到Ⅱ类，BOD_5 去除率为 60.8%，TN 去除率为 50%，NH_3-N 去除率为 54.1%，NO_3^--N 去除率为 95.2%，TP 去除率为 68.8%，非离子氨去除率为 93.3%；叶绿素 a 去除率为 98.4%，蓝藻去除率为 99.9%，蓝藻优势种去除率为 100%。

3.3.5 水力负荷与占地面积

人工湿地面积计算公式为

$$A=Q/q$$

式中，Q——设计规模，m^3/d；

q——水力负荷，$m^3/(m^2 \cdot d)$。

荷湖岸边人工湿地水质净化系统的水力负荷拟采用 $q=0.58\ m^3/(m^2 \cdot d)$，则该人工湿地系统占地面积约为 2.48 万 m^3。

3.3.6 工艺流程与说明

（1）工艺流程图

该工程人工湿地水质净化系统工艺流程如图 3-20 所示。

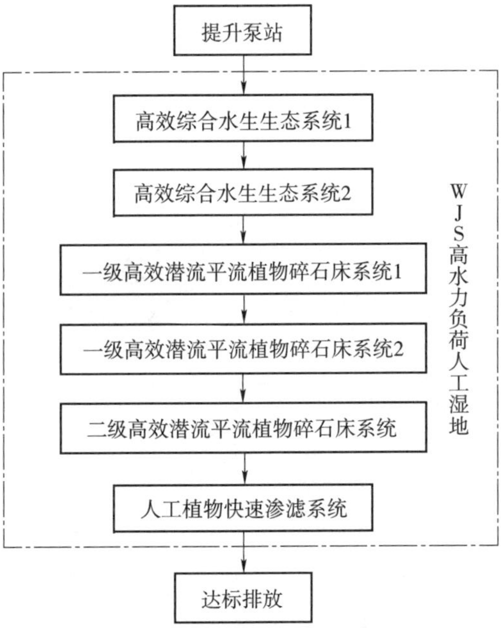

图 3-20 WJS 高水力负荷人工湿地工艺流程示意图

（2）工艺流程说明

泵站：通过加设潜水排污泵提升补水水源水面，以满足人工湿地进水、出水液面高程的需求。该工程中，人工湿地水质净化系统的进水提升泵站与排涝泵站合建。

WJS 高水力负荷人工湿地：WJS 高水力负荷人工湿地在污水处理方面综合了物理、化学和生物三种作用。运行稳定后，填料表面和植物根系中生长了大量的微生物形成生物膜，水流过时，悬浮物被填料及根系阻挡截留，有机质通过生物膜的吸附及同化、异化作用而得以去除。湿地床层中因植物根系对氧的传递释放，使其周围的微环境中依次呈现出好氧、缺氧和厌氧状态，保证了废水中的氮、磷不仅能被植物及微生物作用营养成分直接吸收，还可以通过硝化、反硝化作用及微生物对磷的过量积累作用从废水中去除，最后通过湿地基质的定期更换或植物收割使污染物最终从系统中去除。人工湿地去除污染物的范围广泛，包括 NH_3-N、P、SS、有机物等。

3.3.7　选址

该项目人工湿地选址位于荷湖西北侧岸带，即经开区经南九路以南，经开十六大街以西区域。详见图 3-21，选址为公园绿地用地，符合用地规划。

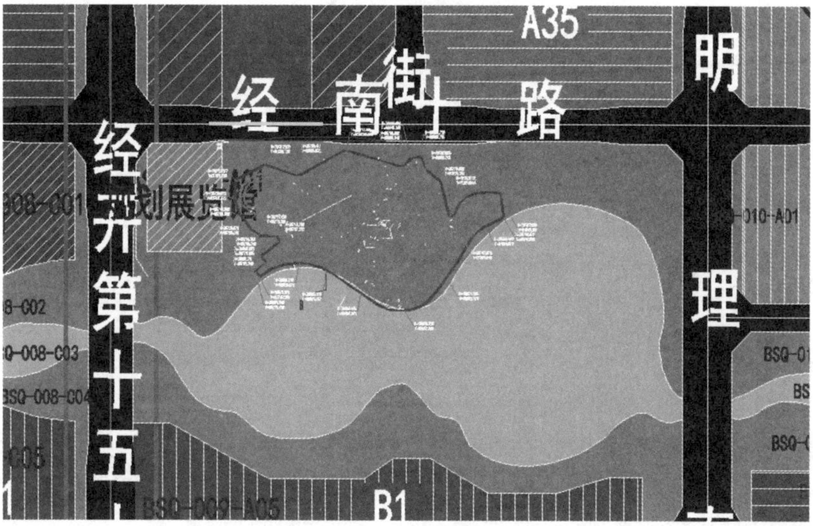

图 3-21　项目选址位置

3.3.8　总平面设计

本设计总处理水量为 1.7 万 m^3/d，占地面积约 2.48 万 m^2。采用分散型式布置，利用所在地的景观斑块，结合园林景观进行设计。

湿地采用高效生态净化工艺，平面规划上，整个高效生态净化工艺都不设围墙，结合现有景观设计，并提升为开放式湿地公园。通过运用生态学的理论，应用本地物种资源和乡土树种构建本土化的植物群落，营造反映郑州地域特色的景观区域，能够极大地增强工程的吸引力和示范效果。

人工湿地的平面布置如图 3-22 所示。

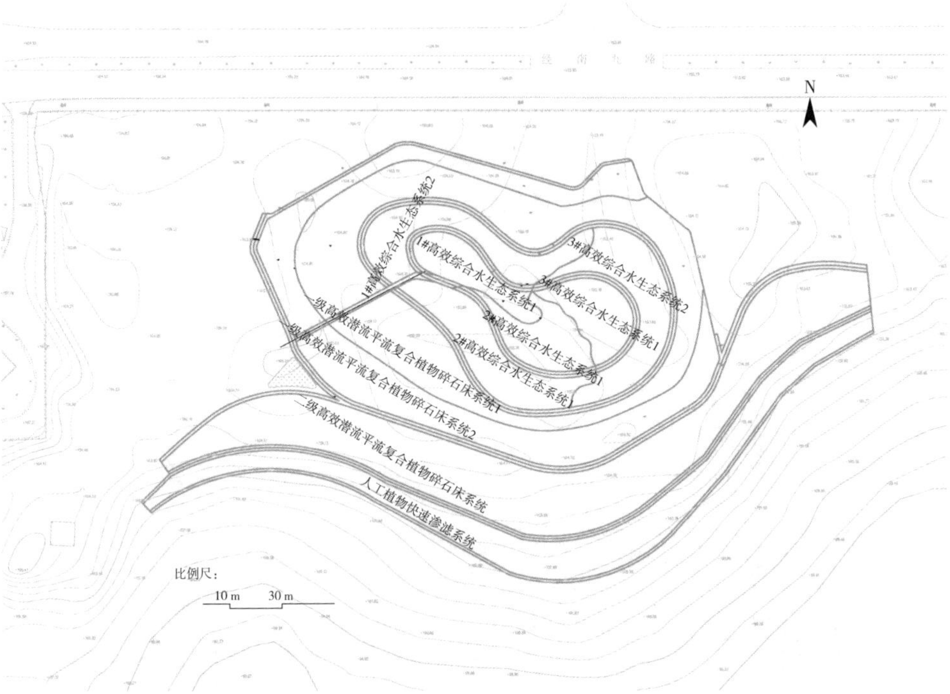

图 3-22　人工湿地布置

3.3.9　构筑物设计

3.3.9.1　系统分级

根据场地条件及平面布置本项目分为高效综合水生态系统 1、高效综合水生态系统 2、一级高效潜流平流植物碎石床系统 1、一级高效潜流平流植物碎石床系统 2、二级高效潜流平流植物碎石床系统、人工植物快速渗滤系统。

根据运行维护需要又将高效综合水生态系统 1、2 分为 3 个子系统，并联运行。

3.3.9.2　系统设计

各系统设计参数见表 3-27。

表 3-27　设计参数

序号	名称	净面积 /m^2	有效水深 /m	停留时间 /h	备注
1	高效综合水生态系统 1	1 713.4	2	4.84	
2	高效综合水生态系统 2	2 788.23	2	7.87	

续表

序号	名称	净面积 /m^2	有效水深 /m	停留时间 /h	备注
3	一级高效潜流平流植物碎石床系统 1	4 392.6	1.5	3.72	
4	一级高效潜流平流植物碎石床系统 2	3 568.93	1.5	3.02	
5	二级高效潜流平流植物碎石床系统	5 393.13	1.5	3.43	
6	人工植物快速渗滤系统	2 799	1.2	0.71	
合计		20 655.29		23.59	

3.3.9.3　垂向结构设计

高效生态净化工艺的垂向结构直接影响着高效生态净化工艺床底渗透性和湿地的处理效果。该工艺垂向结构设计形式为 1 500 mm（1 200 mm）厚基质填料 +200 mm 厚黏土 + 防渗土工膜，所有池体底部防渗应保证床底渗透系数 $k<10^{-8}$ m/s。

3.3.9.4　水、配水设计

高效综合水生态系统 1 采用配水渠及管道配水方式，来水现经过配水渠均匀水位，通过多根 DN110 的管道将水输送至系统中部的穿孔配水管进行配水。集水方式为一侧通过上部跌水孔直接跌入高效综合水生态系统 2 配水渠，另一侧为系统上部周边布置一圈穿孔管集将水通过管道引至跌水孔进入高效综合水生态系统 2 配水渠。

高效综合水生态系统 2 采用配水渠底部多孔方式进行配水，集水通过在系统上部周边布置一圈穿孔管通过多个出水管将水引入集水渠。

一级高效潜流平流植物碎石床系统 1 采用配水渠及管道配水方式。底部多管道穿孔进水，上部跌水孔出水。

一级高效潜流平流植物碎石床系统 2 进水来自一级高效潜流平流植物碎石床系统 1 跌水孔。出水则在底部多管道穿孔出水。

二级高效潜流平流植物碎石床系统采用配水渠及管道配水方式。上部多管道穿孔进水，底部多管道穿孔出水。

人工植物快速渗滤系统采用配水渠及主管及穿孔支管道配水方式。上部多个 DN110 的主管配置多个 DN63 穿孔主管进水，底部多管道穿孔出水。

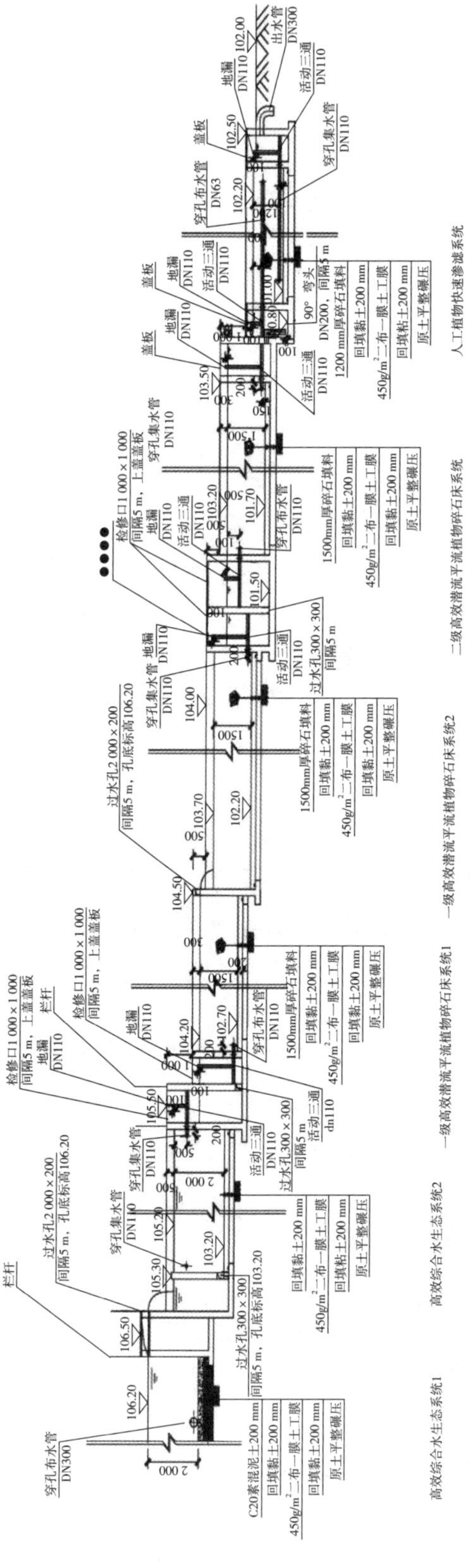

图 3-23 湿地工艺流程图

3.3.10　植物设计

3.3.10.1　设计原则

在进行高效生态净化工艺植物设计时，遵循以下原则：

（1）选择净化力强的植物，如有气根植物，生长量大植物；

（2）适地适时，选择适应当地气候及土壤条件的植物；

（3）选择抗污染能力强的植物，根据污染情况选择不同的抗性植物；

（4）选择易繁殖、移栽和管理的植物；

（5）选择不易二次污染植物；

（6）选择经济价值和观赏价值高的植物；

（7）满足生产工艺流程对环境的要求，选择滞尘能力强、无飘毛飞絮的植物；

（8）适当结合原地块园林景观绿化植物。

3.3.10.2　植物栽种要求

高效生态净化工艺植物的栽植应符合如下要求：

（1）满足生产环境保护要求；

（2）满足植物生态习性要求；

（3）充分利用可绿化的地段；

（4）充分结合景观布局，形成独特风格和特点；

（5）布局合理，使之成为全面的绿化系统。

3.3.10.3　植物配置

高效生态净化工艺大部分面积为绿色植物，所以高效生态净化工艺既有水净化处理功能，同时又有景观生态价值。在原有地块景观设计基础上，可将高效生态净化湿地设计成上层次的宣传教育景观基地。

植物是湿地中必不可少的部分，高效生态净化工艺处理系统选择的植物应具有以下特点：

（1）多年生，最好周年常绿；

（2）有发达的根系，有气根；

（3）有相当大的生物量或者茎叶密度；

（4）有最大的表面层作为微生物群落活动的场所；

（5）要有较强的运输氧的能力；

（6）有景观价值；

（7）抗逆性强，应用本地物种资源和乡土树种构建本土化的植物群落；

（8）有一定的综合利用价值。

因此，高效生态净化工艺可选择芦苇、花叶芦荻、花叶蓠草、千屈菜、芦竹、水葱、蘪草等多种植物组合种植。

植物配置见表 3-28。

表 3-28 植物配置一览表

序号	构筑物	植物品种	种植面积 /m^2	备注
1	高效综合水生态系统 1	水芹菜	661.81	
2		槐叶萍	523.46	
3		水鳖	528.13	
4	高效综合水生态系统 2	水芹菜	853.53	
5		槐叶萍	941.44	
6		水鳖	993.26	
7	一级高效潜流平流植物碎石床系统 1	芦苇	4 392.6	
8	一级高效潜流平流植物碎石床系统 2	水葱	1 387.89	
9		花叶芦荻	2 181.04	
10	二级高效潜流平流植物碎石床系统	千屈菜	2 576.93	
11		再力花	2 816.2	
12	人工植物快速渗滤系统	蘪草	2 184.67	
13		花叶蓠草	614.91	

3.3.11 排水设计

该方案水质净化系统出水拟采用分散输出设置排放口，主要设置于人类活动集中区域，并考虑湖内水体交换的均匀性，以维持湖水的水质稳定。

本系统出水主要排入荷湖或中央水系，在荷湖及中央水系各布置多个出水口，出水口管径为 DN300；采用无缝钢管，总长度约 115 m。

3.3.12 防冻设计

（1）温度是影响人工湿地处理效果的重要因素，低温会降低微生物的活性，不利于微生物对水污染物的降解去除；此外，低温也会影响植物生长状况，不利于植物对水污染物质的吸附吸收。为保证人工湿地在冬季能够正常运行，该工程工艺设计时已考虑，确保植物碎石床及水生植物塘在冻土层或结冰层下有足够的正常运行厚度，利用上面的冰层保温。

（2）结构因冻破坏的主要原因是水的渗入。温度降低至冰点以下时，渗入结构中的水结冰膨胀，从而导致结构遭受破坏。因此，防渗是结构防冻的关键措施。

该项目设计采用新型可靠的防渗材料和防渗形式对结构进行防渗处理，以防止冬季低温时结构冻胀破坏。

（3）管道受冻胀破坏后可能导致人工湿地配水的均匀性，同时也会减短管道的使用寿命。

设计将加大集水管、布水管的布置深度，将管道布置在冻土层下，可防止管道受冻破坏。

（4）通过不同植物的抗寒性能以及郑州市气温情况，制定人工湿地植物过冬有效管理措施，使本设计中的植物能安全过冬。此外，拟在人工湿地碎石床和粗砂床面上栽植阴生草本植物，如类地毯草等，既耐阴又耐寒，且容易生长，在冬季能产生良好的防冻保温效果。

第 4 章　植物碎石床人工湿地处理污染水体案例

4.1　郑州 CBD 中心湖人工湿地

前言后语

（1）该项目由汪俊三主持工艺设计，洪铁璇与黄河水利委员会勘测设计院何冰、李德营等同志一起进行工程施工设计，郑东新区管委会有关领导组织实施此项目。汪道宇主持人工湿地植物设计和栽培工作。

（2）工程亮点

①郑州市政府和郑东新区管委会领导能在新区商务中心寸土寸金地带划出 6 万 m^2 建设人工湿地，魄力大、有远见。

②郑州市郑东新区管委会在 CBD 中心湖建设期间，考虑到水环境保护问题非常有远见。

③我国最早利用植物碎石床对城市中心区湖泊水源水和中心湖水循环处理的万吨级人工湿地正规工程。

④净化效果好，基本达到地表水Ⅱ类。

⑤与景观及环保生态宣传教育结合得很好，已成为郑州市一张名片。

⑥所选用的碎石床高等植物（包括南方北引的伞草）过冬问题得到解决。

⑦包括机构、人员和设施管理到位。

（3）存在的问题

①高等水生物池的植物过冬问题，虽然建立了大型玻璃温室，但大量的浮水植物繁殖上存在问题。

②工程初期存在漏水问题，因为处在回填土地区，渗漏问题较难解决。

1 000 m^3/d 高水力负荷植物碎石床人工湿地示范工程经过多年运行结果说明，该工艺用来处理富营养化、微污染水体处理效果好、管理方便、运行费用低、投资较小，所以该工艺得到较好的推广应用，如郑州市 CBD 中心湖人工湿地（日处理 1 万～2 万 m^3）、北京官厅水库永定河末端处理人工湿地（日处理 3 万 m^3）、云南九溪人工湿地（日处理 10 万～20 万 m^3）、渔村大河末端人工湿地（日处理 1 万～2 万 m^3）等。现以郑州市 CBD 中心湖人工湿地为例进行介绍。

4.1.1　人工湿地建设的必要性

郑州市郑东新区 CBD 中心湖是人工湖，面积为 15 万 m^2，采样东周水厂原水为水源水，而东周水厂原水总磷浓度较高，已超地表水水质 V 类标准，F++ 含量也较高，为保护 CBD 中心湖水环境，必须对其采取必要的净化处理。CBD 中心湖作为市区景观湖，水质要求高，除了对水源水进行处理外，还需对湖水进行定期的循环净化处理。

东周水厂原水作为微污染水体，采用常规理化方法进行脱氮除磷的深度处理，基建费用和运行费用都较高。而人工湿地技术利用生态系统中物理、化学、生物的三重协调作用，通过过滤、吸附、沉淀、植物吸收、微生物降解，实现了对污染物质的高效分解和净化，不仅能去除有机物，而且能脱氮除磷、去除重金属，并可以同风景园林建设有机结合，具有显著的生态环境效益和观赏效益。

同时，CBD 湖区由于蒸发、地表径流入湖、降尘、降雨以及旅游等因素，不可避免地会有污染物进入。当 CBD 湖区水体出现超过地表水Ⅲ类情况时，也需要有一套有效的水循环净化处理系统，而人工湿地则是这套水循环净化处理系统的关键部分。

因此，从经济技术、环境效益等多方面进行分析，并考虑后期水体循环净化，采用人工湿地为主要措施之一的水环境保障措施是非常必要的。

4.1.2　人工湿地工艺流程

东周水厂原水（或水循环系统抽取的湖水）→输水系统→氧化除锈（跌水 - 滤池脱色）→一级水生植物塘→一级植物碎石床→二级水生植物塘→二级植物碎石床→ CBD 湖区供水管→ CBD 湖区。人工湿地系统区域内的景观池用水的供给和净化，也是利用人工湿地系统出水供给和抽取到人工湿地循环净化（图 4-1）。

图 4-1　郑州郑东新区 CBD 中心湖人工湿地流程

各部分作用如下：

供水系统：调节进入人工湿地的水量，避免冲击负荷对湿地植物的破坏。

氧化除锈池：由于东周水厂原水 Fe^{2+} 含量较高，达到 0.58 mg/L，若不经氧化除锈处理，在人工湿地，特别在 CBD 中心湖停留时，会氧化为 Fe^{3+}，使水体变成铁锈褐色。所以必须先进行处理，把 Fe^{2+} 氧化为 Fe^{3+}，并脱色。

去除水中的铁由脱水复氧、过滤二部分组成，其工艺流程如下：

含铁水→复气装置→除铁滤池→除铁水。

人工湿地：脱氮除磷、去除水中无机物、藻类和有机物的主要工艺。

4.1.3 人工湿地处理目标及污染物去除情况分析

人工湿地的设计引水流量为 Q=10 000 m^3/d。处理目标为力争达到地表水Ⅱ类水质标准，保证达到地表水Ⅲ类水质标准。

污水中污染物可分三类，第一类污染物如悬浮物 SS、第二类污染物如有机污染物 COD 和 BOD、第三类污染物为无机盐 N 和 P。

（1）SS 的去除

污水中的 SS 去除主要靠沉淀作用和被吸附作用，在生物塘，除了沉淀以外，植物的根系可吸附一部分。在植物碎石床，除了沉淀以外，植物根系和碎石生物膜能够吸附 SS，所以以植物碎石床为主的综合生态处理工艺的去除效果非常好，当水力负荷小于 0.8 m^3/m^2，其去除率都在 95% 以上。污水处理中悬浮物的浓度不仅涉及出水的 SS 指标，出水的 BOD_5、COD_{Cr} 等指标也与其有关，这是因为组成出水悬浮物主要是活性污染絮体，所以控制污水处理系统出水的 SS 指标是最基本的，也是很重要的环节。本工艺采用的二级高等水植物塘串联工艺，就考虑到选用适当的污泥负荷，以保持活性污泥的凝絮及沉降性能，如第二个高等水生物塘，其表面负荷更小，出水堰负荷也较低，通过水生物塘的合理布水和表层植物根系，能更有效地利用活性污泥悬浮层的吸附网络作用。

（2）BOD_5 的去除

污水中 BOD_5 的去除主要靠微生物的吸附与代谢作用，然后对吸附代谢物进行泥水分离来完成。本工艺中的高等水植物塘植物的根系和植物碎石床中的植物根系、碎石面上的生物膜，能有效地将污水中的有机颗粒和胶体吸附，随后被微生物所降解。对溶解性的有机物主要在植物碎石床高等植物根部周围的区系微生物所降解，如芦苇的根系能输氧，促使其根系边的微生物处在有氧条件，将污水中一部分有机物合成新的细胞，一部分分解后获得细胞合成所需的能量，其最终产物为 CO_2 和 H_2O 等稳定物质。

在水力负荷为 0.4～0.6 m^3/（m^2·d）情况下，植物碎石床对 BOD_5 的去除率一般为 80%～90%。

（3）TP 的去除

人工湿地对 P 的去除是通过微生物的积累、植物的吸收和碎石床的物理、化学等几方面的协调作用共同完成的。无机磷也是植物生长所必需的营养物质。湿地系统中的无机磷一方面在植物的吸收和同化作用下，被合成为 ATP、DNA 和 RNA 等有机成分，人工湿地引进了大量的优良品种，利于对 P 的吸收和同化作用。同时，通过人工湿地系统中大量微生物对 P 的正常同化吸收，将 P 作为微生物体必须的成分 $C_{60}H_{87}O_{23}N_{12}P$ 而供微生物生长之需；通过聚磷菌对 P 的过量积累，从而去除被处理水中大量的 P。

（4）TN 的去除

富营养化湖水中的 N 一般主要以有机氮和氨氮的形式存在，有机氮在人工湿地系统中被异养微生物首先转化为氨氮，而氨氮在硝化菌的作用下被转化为无机的亚硝态氮和硝态氮，而后一部分被植物根系吸收，另一部分在厌氧条件下通过反硝化菌的作用从系统中逸出。

4.1.4　水力负荷分析

人工湿地的水力负荷因地理位置、气候环境、水质情况、净化目标和流程工艺不同，而存在较大差异。欧美地区人口少土地多，所以人工湿地水力负荷较低，特别对暴雨径流水、河道末端水处理的人工湿地水力负荷一般为 0.07 $m^3/(m^2 \cdot d)$。我国人工湿地水力负荷一般选取 0.2～0.4 $m^3/(m^2 \cdot d)$，近年来生态环境部华南环境科学研究所汪俊三教授已将人工湿地净化处理微污染水的水力负荷提高到 0.8～1.0 $m^3/(m^2 \cdot d)$。

由于郑州市位于北纬 34°30'，属于温带大陆性气候，多年平均降雨量为 629.7 mm，多年平均气温为 14.2℃，极端最低气温为 -16.9℃，在冬天，人工湿地植物生长受到影响，即大部分湿地植物地上部分难以安全过冬，人工湿地净化能力受到影响，所以人工湿地水力负荷不能太高，在该工程中，人工湿地设计时最大水力负荷采用 0.5 $m^3/(m^2 \cdot d)$。

4.1.5　人工湿地规模

人工湿地处理能力与人工湿地规模和水力负荷有着直接联系，根据 CBD 湖区水体循环运行情况，考虑一年内水力负荷的变化，通过下面几种情况来确定人工湿地规模。

（1）从净化东周水厂原水考虑

CBD 湖区的主要水源为东周水厂原水，即没有处理的深层地下水，由于东周水厂原水总磷较高，达到 0.16 mg/L，超地表水Ⅳ类标准（0.1 mg/L），其进入 CBD 湖区前必须经过人工湿地进行处理。根据 CBD 湖区的水体循环方案，每年需要东周水厂原水补水 329.49 万 m^3，供水强度为 5 500～19 400 m^3/d，平均供水强度为 9 000 m^3/d，考虑城市需水量的变化、湖体本身的调蓄作用和供水的稳定性等，设计供水强度按 10 000 m^3/d 计算，人工湿地水力负荷为 0.5 $m^3/(m^2 \cdot d)$，相应的人工湿地规模为 20 000 m^2。

（2）从净化 CBD 湖区濒临富营养化水体的角度考虑

CBD 湖区库容为 39.5 万 m^3，由于工程竣工初期，城市相关需水量尚不能达到水体循环方案所计算的需水量指标，东周水厂原水供水量较小，为 3 000～5 500 m^3/d。同时，考虑到 CBD 湖区蒸发作用和不可避免的污染物进入，湖区水体有出现富营养化的可能。由于湖区水体濒临富营养化和发生富营养化的时间多集中在 5—10 月，此时，人工湿地的植物生长较好，相应水力负荷较大，可以利用人工湿地对湖区水体进行水循环净化。一是净化湖水，避免富营养化，二是减少水体交换频率，大幅降低运行成本（入湖的自来水厂原水一吨成本为 0.4～0.5 元，通过人工湿地循环净化一吨水成本为 0.03～0.05 元）。如考虑每 40 d 净化一遍，每天净化处理湖区水体约 10 000 m^3，人工湿地水力负荷按 0.5 $m^3/(m^2 \cdot d)$ 设计，人工湿地面积为 20 000 m^2。

（3）CBD 地区可能的用地

CBD 地区作为郑东新区的商业中心区，城市用地非常紧张，可谓“寸土寸金”，较大的人工湿地占地非常困难。但是，考虑到人工湿地主要以水生植物和水面组成，完全可以结合城市绿地进行规划建设。可以将人工湿地和景观绿地相结合，建设成为城市湿地公园，既解决了污染水体净化问题，又利用人工湿地的景观功能解决绿地景观，从而解决了占地问题。同时，人工湿地的建设还为城市的生物多样性和环境保护宣传教育创造了条件。

因此，人工湿地的规模确定为 20 000 m^2。

4.1.6 人工湿地主要设计参数

人工湿地的面积为 20 000 m^2，考虑到工程布置方便、有利于景观设计、便于调度运行，结合现有人工湿地单元规模，采用 8 个 2 500 m^2 的人工湿地单元组合，每个 2 500 m^2 人工湿地单元设计参数如下。

（1）工艺尺寸

每单元人工湿地面积为 2 500 m^2，日净化处理东周水厂原水或湖区水体 1 250 m^3；

曝气池：13 m × 1 m × 0.5 m；

滤池：7 m × 6 m × 3.6 m（单个体积，共 4 个）；

一级水生物池 ：30 m × 8.5 m × 1.6 m（有效水深 1.6 m）；

一级植物碎石床：30 m × 33.2 m × 1.6 m（碎石床碎石厚度 1.6 m）；

二级水生物池 ：30 m × 8.5 m × 1.8 m（有效水深 1.8 m）；

二级植物碎石床：30 m × 33.3 m × 1.8 m（碎石床碎石厚度 1.8 m）。

（2）设计坡度

一、二级水生物池池底采用平底，一、二级植物碎石床池底设计坡度为 0.1%，设计水面坡度为 0.1%～0.2%。

（3）进水布水方式

一、二级水生物池进水采用 PVC 管穿孔管平行布水，“下进上出”进水、出水方式，一、二级植物碎石床进出水采用 PVC 穿孔管平行布水，“上进下出”方式。除 Fe^{2+} 采用平行跌水方式。

4.1.7　人工湿地平面布置

人工湿地布置原则：

①保证各人工湿地单元的净化处理工艺要求；

②尽量靠近 CBD 湖区，便于对微污染湖水进行循环净化处理；

③布置应尽量紧凑，减少占地；

④布置应尽可能为景观设计创造条件。

基于以上人工湿地的布置原则，结合景观设计造景需要，最终采用“非”字型排列方式。具体布置见设计图纸中平面布置图（图 4-2）。

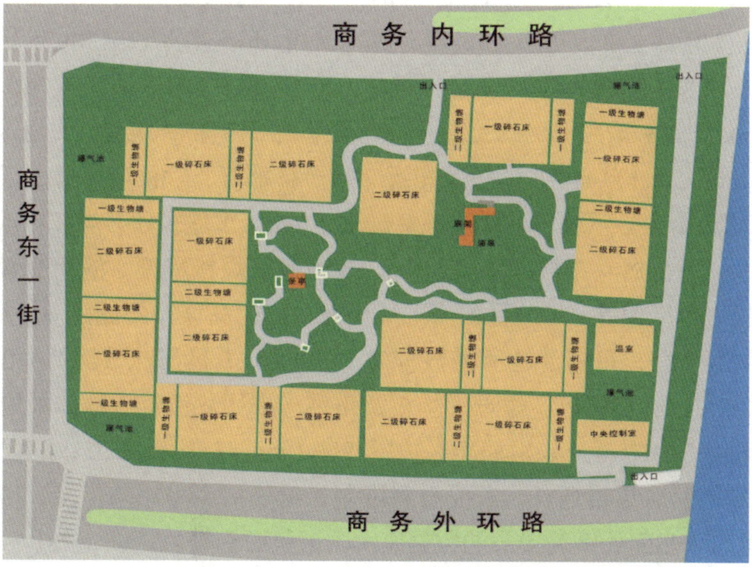

图 4-2　郑州市郑东新区 CBD 中心湖人工湿地平面布置

4.1.8　主要构筑物设计

（1）除铁部分

①跌水曝气池

根据原水含铁量较低的特点，该项目曝气池选用跌水曝气方式。跌水曝气池结构简单、造价低、能耗小、运行费用低、曝气效果相对稳定。曝气池采用两级跌水，总跌水高度为 1.2 m，跌水堰平均单宽流量为 38 m^3/（h·m），平面尺寸为 12.8 m × 2.6 m，有效水深为 0.5 m。

曝气池进、出水管均应预埋防水套管。所有埋件应按图埋设，一次浇固。水池内壁及底板面用五层钢性防水砂浆抹面，其余 1：2 水泥砂浆抹面，厚 20 mm。池体混凝土抗渗等级 S6。所有砖砌采用 M6.5 水泥砂浆 Mu75 机砖。跌水溢水堰的堰顶完成标高误差不得大于 ±3 mm。

②除铁滤池

该项目除铁滤池选用虹吸滤池。由于虹吸滤池的进水、出水采用虹吸管，取代了进、出水大型阀门，滤池运行全部由水力自动控制，运行、管理较方便，同时虹吸滤池不需要反冲洗水泵等设备，设备费用、运行电耗较省。

该项目设计虹吸滤池分成 2 组，每组 3 格，共 6 格，双排布置。每格平面有效尺寸为 5.4 m × 4.2 m，池深为 5.5 m，设计滤速为 6 m/h。滤料采用天然锰砂，粒径为 0.6～1.2 mm，厚度为 900 mm。承托层使用粒径 2～4 mm 的粗砂，厚度为 100 mm。配水形式采用高精度滤板和新型滤头。

除铁滤池进、出水管均应预埋防水套管。所有埋件应按图埋设，一次浇固。水池内壁及底板面用五层钢性防水砂浆抹面，其余部分采用 1：2 水泥砂浆抹面，厚 20 mm。池体混凝土抗渗等级 S6。所有砖砌采用 M6.5 水泥砂浆 Mu75 机砖。钢管除锈后内外涂 881 防腐底漆及面漆各两遍。出水溢水堰的堰顶完成标高误差不得大于 ±1 mm。滤料采用 Φ6～1.1 锰砂。地梁采用 C15 素混凝土二次浇筑，截面宽 100（60）mm，高 300 mm。滤板及托梁必须严格加工，表面应平整，误差不超过 ±2 mm。滤板厚度必须统一，误差不超过 ±2 mm，预埋螺丝必须按图埋设，纵横向均成直线，每排螺丝中线误差＜2 mm。滤板钢筋焊接成型。滤头套管预埋时必须垂直滤板，角度偏差＜3°，管顶面平滤板面，其标高误差不超过 ±2 mm。滤头型号为 QS-2（短），每格滤池所需数量为 1 280 套，6 格滤池共需 7 680 套，滤池开孔率为 1.4%。所有螺丝、螺母、垫板及角钢均采用热镀锌。池体采用 C25 混凝土；垫层采用 C10 混凝土。钢筋净保护层厚度（mm）：底板底 35，配水渠 15，其余 25。各号钢筋应尽量通长，若受材料限制，钢筋接头可用绑搭接，搭接长度为 35 d，位于同一截面处钢筋接头的数量应大于该截面钢筋总量的 25%，且不得在板跨中 2 m 范围内设置接头。浇筑混凝土前应将预埋件，钢套管按图埋设，一次浇固。各预留孔洞的标高及位置应按工艺图要求完成，若孔口直径小于 Φ300 时，池壁钢筋绕过孔口不做截断；若孔口直径大于 Φ300 mm 时，按图示孔口加固大样构造加筋；若某管孔设套管时，池壁钢筋截断后与套管翼环电焊连接，双面贴角焊缝。管道气密试验压力 0.05 MPa。

（2）人工湿地

人工湿地隔水墙采用 M6.5 水泥砂浆砌块石，集水池采用 M6.5 水泥砂浆砌筑，用 1∶2 水泥砂浆抹缝。生物塘和植物碎石床底部铺设 GCL 防水垫，上覆 300 mm 填土保护层，并采用人工压实。碎石床回填碎石粒径要求：一级碎石床：长 90 mm，宽 50 mm；二级碎石床：长 60 mm，宽 40 mm。

4.1.9　设计停留时间

人工湿地水力停留时间与水力负荷有关。提高水力负荷、减少水力停留时间，能降低占地面积，若水力停留时间太长，会增加人工湿地占地面积，人工湿地设计水力停留时间：日处理 20 000 m^3 原水为 18.1 h，日处理 10 000 m^3 原水为 36.2 h。

4.1.10　高等维管束植物设计

（1）所在地植物群落情况

郑州平原湿地处于暖温带向北亚热带的过渡地带，植物种类较为丰富，区系成分复杂，显示出南北植物汇合的过渡特征。根据调查，本区有维管束植物 75 科 264 属 530 种。

湿地是水生植物赖以生长的优良场所，组成本区水生植物种类优势科主要为眼子菜科、金鱼藻科、睡莲科、浮萍科；沼泽地植物以香蒲科、禾本科、莎草科和灯心草科；组成水生植被的优势种主要为世界分布种，如芦苇、水烛、狐尾藻、金鱼藻、苦草和浮萍，其次，为亚热带至温带分布的眼子菜、茨藻；热带到温带分布的有苦草、水鳖、莲线叶、眼子菜、黑藻；温带分布的仅有狸藻为优势种。

湿地四旁的陆生植物包括农田、沙丘、盐渍荒地、湖泊周围和沿黄大堤的植物，主要为禾本科、菊科、豆科、莎草科、藜科和蔷薇科。它们主要属于温带和世界分布的科构成。群落优势种大多以温带区系成分为主，木本植物如杨、柳、榆、泡桐、桑，北美区系的刺槐、紫穗槐已成为本地的归化种；草本植物种类占优势，以温带和世界种为多，温带的常见种如艾蒿、葎草、荸荠、播娘蒿、委陵菜、鹅冠草、虫实；世界的常见种如莎草、藜、马唐、画眉草、车前草、苍耳、鬼针草、黄芪猪毛菜；一些对环境适应能力强的热带种，亦扩展到本区，如狗牙根、稗、蟋蟀草、马齿苋、兔丝子、白茅、棒头草、白羊草。引种历史悠久的向日葵、落花生、番茄、蓖麻、西瓜热带种，也已在本区成为归化植物。从植物区系的分析来看，本区植物区系地理成分则以温带为主，世界种、热带种各类型均有，也表现出其地理成分的多样性，由于郑州平原湿地受黄河上游植物的影响，本区陆生植物与我国西北和华北区系植物有着广泛而密切的联系，共同的种类较多。

本区浮游植物主要是藻类，经调查，本区藻类至少有 8 门 124 种。由于浮游植物的种类受气候温度诸多自然因素影响较大，估计该藻类种数会远远超过此数，该区藻类以绿藻和硅藻占绝对优势。

（2）人工湿地高等维管束植物设计

① 一级生物塘

凤眼莲［*E. crassipes* Solms］

② 一级植物碎石床

菖　蒲［*A. tatarinowii* Schott］

美人蕉［*Cyperus altemifolius* L.］

水　葱［*S. tabernaemontanii* Gmel.］

芦　苇［*P. austalis* Trin. ex Steud］

伞　草［*Typha angustifolia*］

茭　草［*Zizania caduciflor*a］

香　蒲［*T.angustata* Bory et Chaub］

③二级生物塘

水芹菜［*Oenanthe javanica*］

④二级植物碎石床和植物砂滤池

菖　蒲［*A. tatarinowii* Schott］

美人蕉［*Cyperus altemifolius* L.］

水　葱［*S. tabernaemontanii* Gmel.］

芦　苇［*P. austalis* Trin. ex Steud］

伞　草［*Typha angustifolia*］

茭　草［*Zizania caduciflora*］

香　蒲［*T.angustata* Bory et Chaub］

4.1.11 植物碎石床人工湿地处理微污染水体的效果

植物碎石床人工湿地处理微污染水体的效果见表 4-1。

表 4-1　郑州郑东新区 CBD 湖人工湿地运行监测结果

采样点	监测时间	pH	浊度	SS	DO（mg/L）	BOD_5（mg/L）	COD_{Mn}（mg/L）	TN（mg/L）	NH_3-N（mg/L）	TP（mg/L）	NO_2-N（mg/L）	叶绿素 a（mg/m_3）	Fe（mg/L）	TOC（mg/L）
进水	2007.3.17	6.16	3	6.5		2.85	3.56	0.70	0.14	0.031			0.238	
	2007.6.9		3.7	4.0	6.8		2.18		1.28	0.039	0.004	3.34		0.36
	2007.6.11				6.9		2.40	0.36						
	平均	6.16	3.7	5.8	6.9	2.85	2.71	0.56	0.71	0.035	0.004	3.34	0.238	0.36
出水	2007.3.17	6.92		5.7		<2.00	1.77	0.52	0.09	0.010			0.040	
	2007.6.9		0.2	2.0	1.02		2.47		1.08	0.022	0.003	0.25		0.27
	2007.6.11						1.44	0.27						
	平均	6，92	0.2	3.85	1.02	<2.00	1.89	0.40	0.59	0.016	0.003	0.25	0.040	0.27
去除率 /%				33.2		29.8	30.3	24.5	16.9	54.3	25	92.5	83.2	25
水质评价		Ⅰ				Ⅰ	Ⅰ	Ⅰ～Ⅱ	Ⅱ～Ⅲ	Ⅰ～Ⅱ			Ⅰ	

4.1.12 相关图片

郑州新区 CBD 中心湖人工湿地如图 4-3～图 4-13 所示。

图 4-3 郑州市郑东新区 CBD 中心湖图 1

图 4-4 郑州市郑东新区 CBD 中心湖图 2

图 4-5　郑州市郑东新区 CBD 中心湖人工湿地图 1

图 4-6　郑州市郑东新区 CBD 中心湖人工湿地图 2

图 4-7 郑州市郑东新区 CBD 中心湖人工湿地图 3

图 4-8 郑州市郑东新区 CBD 中心湖人工湿地图 4

图 4-9　汪俊三教授在郑州市郑东新区 CBD 中心湖人工湿地

图 4-10　郑州市郑东新区 CBD 中心湖人工湿地景点

图 4-11 郑州市郑东新区 CBD 中心湖人工湿地中的芦竹

图 4-12 郑州市郑东新区 CBD 中心湖人工湿地的出水达到地表水 II 类水标准

4.2　北京新凤河人工湿地

由汪俊三、何冰、李德营等设计。

4.2.1　项目背景

大兴区位于北京市南部，区域东西最宽约 45 km、南北最长约 42.7 km，总面积为 1 030 km^2。全区在 2000 年完成撤乡并镇改制，共辖 14 个镇、526 个自然村、553 个村民委员会、45 个居民委员会。到 2002 年，全区常住总人口约 54 万人，其中农业人口 37.2 万人。

随着市政府不断加大对南部地区的开发建设力度，将有大量人口和产业落户大兴，城区需水量增大，但大兴区水资源严重不足，区内 14 条河，除新凤河、凤河目前有境内外污水流入外，其余河道常年干枯，目前，大兴区生活、工业及大部分农田灌溉均为地下水，地下水已严重超采，水资源的缺乏，将成为限制大兴区发展的主要因素。但大兴区污水资源相对丰富，经预测，2010 年为 27.4 万 m^3/d、2015 年为 35.7 万 m^3/d，如果能将污水收集并得以回用，将可缓解水资源不足的问题。由于近 20 年来北京市无洪水发生，新凤河已成为一条以排污为主的河道，接纳的全部为沿河排入的雨水、污水。在污水全部截流后，局部河道会出现干涸情况，因此需要解决河道环境用水问题。

河道环境用水拟采用黄村污水处理厂的出水。黄村污水处理厂目前日处理能力为 8 万 m^3。大兴区计划紧邻污水处理厂建中水厂，规划中水量为 4 万 m^3/d。污水回用对象有城市回用、工业回用和农业回用几大类。城市回用对象又分为生活杂用水、绿化、景观河道用水等，本次景观用水量确定为 2 万 m^3/d。为保证河道环境用水水质，黄村污水处理厂中水通过采用生态环境部华南环境科学研究所汪俊三教授在云南省高水力负荷人工湿地工艺净化后，再由泵站送至李营闸上游。

4.2.2　工程水质标准及工艺方案

河道水质标准：按照《地表水环境质量标准》（GHZB 1—1999），农业用水区及一般景观要求水域，要求水质标准达到Ⅴ类，人体非直接接触的娱乐用水区水质标准要求达到Ⅳ类，按照《污水再生水回用于景观水体的水质标准》（CJ/T 95—2000），流域内污水经截流和处理后达标排放，对于本工程，中水经过人工湿地净化处理后，要求水质争取达到地表水Ⅲ类标准，保证达到地表水Ⅳ类标准。为保证水质，拟在新凤河左岸刘村桥至老凤河入口处长 1.88 km，宽 30 m 的范围内建设生态水质净化系统。为配合景观建设，生态净化系统采用阿科蔓 + 一级碎石床 + 生物塘 + 二级碎石床系统（A 方案）、阿科蔓 + 一级碎石床 + 二级碎石床 + 生物塘 + 三级碎石床系统（B 方案）和阿科蔓生态净化基系统（C 方案）三种方案，A、B 方案各两个单元，C 方案四个单元，每个单元处理水量为 2 500 m^3/d，既达到地表水Ⅳ类水标准，又能满足景观要求，还同时考虑北方植物越冬。

该工程进水、出水水质见表 4-2。

表 4-2 设计进水、出水水质 单位：mg/L

项目	BOD_5	COD_{Cr}	NH_3-N
进水水质	10	50	20
出水水质（GB 3838—2002 地表水环境质量标准Ⅳ类）	≤6	≤30	≤1.5

（1）阿科蔓生态净化基系统

阿科蔓由 UltraWeave® 专利编织技术制造而成，由美国梅瑞地安（Meridian）水生科技公司研发并推广应用于多个水生态环境修复和水污染防治的一种技术，是一种人造聚合物惰性生态净化基。它采用尖端的聚合物设计和修饰技术，具有均匀而合理的孔结构，能够为水体微生物群落的生长和繁殖提供巨大而适宜的附着表面积。阿科蔓采用独特的水草型设计和两段编织技术，使系统的微生物量和生物多样性明显增强，从而大大增强系统对污染物的降解能力。

阿科蔓产品的编织一面较为密实和颜色较深，另一面较为疏松和颜色较浅，从而使其具有特殊的三维复合结构，每 1 m^2 阿科蔓产品能够提供约 245 m^2 表面积。阿科蔓为异养生物（如细菌）设计了微孔（1～5 μm），可以最大限度地为细菌群落提供排他的生存环境；同时为自养生物（如藻类）设计了大孔（80～350 μm），从而为建立起稳定的水体生态系统提供了最理想的条件。

阿科蔓的设计特点一方面使得阿科蔓周围的生态系统更为完整；另一方面，在其断面上由外及里能够形成理想的"好氧—兼性—厌氧"微环境，保证了硝化和反硝化作用的同时进行，使其具有高效的脱氮固磷功能。

（2）人工湿地系统

人工湿地主要由生物塘和多级植物碎石床组成，主要作用是脱氮除磷、去除水中有机污染物。每个单元人工湿地的设计引水量为 Q=2 500 m^3/d。处理目标为力争达到地表水Ⅲ类水质标准，保证达到地表水Ⅳ类水质标准。

① SS 的去除

污水中的 SS 去除主要靠沉淀作用和被吸附作用。在生物塘中，植物的根系可吸附一部分，在植物碎石床，也被吸附一部分，当水力负荷小于 0.8 m^3/m^2，其去除率都在 95% 以上。污水处理中悬浮物的浓度不仅仅只涉及出水的 SS 指标，而且出水的 BOD_5、COD_{Cr} 等指标也与其有关，这是因为组成出水悬浮物主要是活性污染絮体，所以控制污水处理系统出水的 SS 指标是最基本的，也是很重要的环节。该工艺采用高等水植物塘工艺，考虑选用适当的污泥负荷，以保持活性污泥的凝絮及沉降性能，通过水生物塘的合理布水和表层植物根系，有效地利用活性污泥悬浮层的吸附网捕作用。

② BOD_5 的去除

污水中 BOD_5 的去除主要靠微生物的吸附与代谢作用，然后对吸附代谢物进行泥水分离来完成。该工艺中的高等水植物塘植物的根系和植物碎石床中的植物根系、碎石面上的生物膜，能有效地将污水中的有机颗粒和胶体吸附，随后被微生物所降解。对溶解性的有机物主要在植物碎石床高等植物根部周围的区系微生物所降解，如芦苇的根系能输氧，促使其根系边的微生物处在有氧条件，将污水中一部分有机物合成新的细胞，一部分分解后获得细胞合成新需的能量，其最终产物为 CO_2 和 H_2O 等稳定物质。

在水力负荷为 0.4～0.6 $m^3/(m^2 \cdot d)$ 情况下，植物碎石床对 BOD_5 的去除率为 80～90%。

③ TP 的去除

人工湿地对磷的去除是通过微生物的积累、植物的吸收和碎石床的物理化学等几方面的协调作用共同完成的。无机磷也是植物生长所必须的营养物质。湖水中的无机磷一方面在植物的吸收和同化作用下，被合成为 ATP、DNA 和 RNA 等有机成分，加上试验中引进了大量的优良品种，利于对磷的吸收和同化作用。同时，通过人工湿地系统中大量微生物对磷的正常同化吸收，将磷作为微生物体必须的成分 $C_{60}H_{87}O_{23}N_{12}P$ 而供微生物生长之需；聚磷菌对磷的过量积累，从而去除被处理水中大量的磷。

④ TN 的去除

富营养化湖水中的 N 一般主要以有机氮和氨氮的形式存在，有机氮在人工湿地系统中被异养微生物首先转化为氨氮，而氨氮在硝化菌的作用下被转化为无机的亚硝态氮和硝态氮，而后一部分被植物根系吸收，另一部分在厌氧条件下，通过反硝化菌的作用从系统中逸出。

4.2.3　工程工艺流程及人工湿地平面布置

本系统污水处理总规模为 20 000 m^3/d，采用 8 个人工湿地单元组合，共分三种类型。A、B 类型为一个阿科蔓池结合两块人工湿地，其中 A 类型人工湿地由一级植物碎石床、一级水生物池和二级植物碎石床组成，B 类型为一个阿科蔓池结合两块人工湿地，人工湿地由一级植物碎石床、二级植物碎石床、一级水生物池和三级植物碎石床组成，人工湿地平面布置如图 4-13 所示。C 类型为单独的阿科蔓生态净化基系统。

A 方案：中水→阿科蔓生物滤池→一级植物碎石床→水生植物塘→二级植物碎石床→出水

B 方案：中水→阿科蔓生物滤池→一级植物碎石床→二级植物碎石床→水生植物塘→三级植物碎石床→出水

C 方案：中水→阿科蔓生态净化基系统→出水

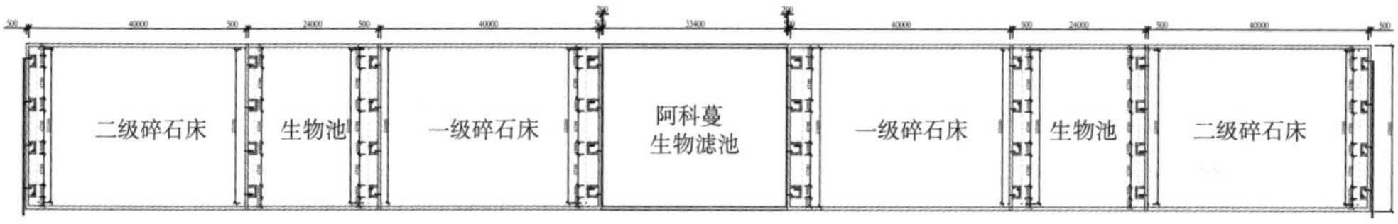

A 型人工湿地工艺图

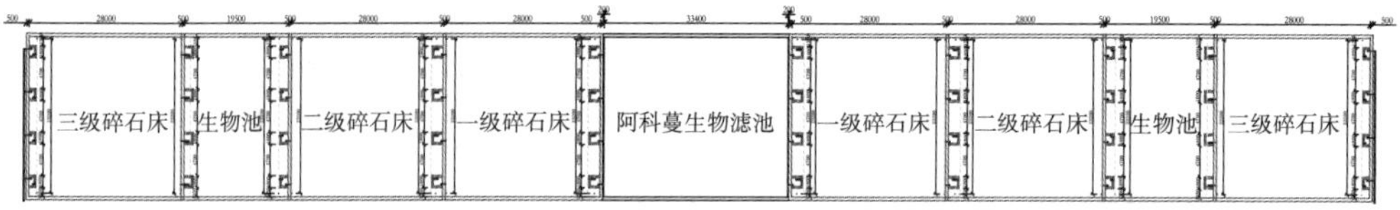

B 型人工湿地工艺图

图 4-13 大兴区新凤河人工湿地平面布置

4.2.4 工程建（构）筑物设计参数

4.2.4.1 阿科曼生态净化基系统

（1）阿科蔓高效生物滤床处理系统——一级深度处理系统

考虑到处理的污水碳源可能较少，且夏、冬两季气温和处理量方面的差异，系统采用开放式反应池。该系统内设置由水面放置型（SDF）阿科蔓生态基和各种高效净水植物组成的生物滤床，利用微孔曝气系统进行充氧。通过阿科蔓生态基巨大的比表面积，截留、吸附污水中悬浮物。在系统内，阿科蔓生态基能迅速培育大量优势降解微生物菌群。优势微生物菌群中的固氮菌、反硝化菌、硝化菌等矿质化细菌能去除水体中的 TN、TP；好氧菌、兼氧菌、厌氧菌则截留、吸附、消化、分解污水中有机污染物、悬浮物，从而达到净化污水的目的。

工艺参数：

处理水量：2 500 m^3/d；

设计停留时间：HRT=19.2 h；

有效容积：Ve=2 000 m^3；

设计有效水深：h=2.7 m；

采用射流曝气或微孔曝气；

地上开放式钢筋混凝土结构；

占地面积约为：750 m^2。

（2）阿科蔓生态泛氧化塘处理——二级深度处理系统

系统内布置水底放置型（BDF）阿科蔓生态基，水生动物、植物等。运用阿科蔓生态技术与景观生态学有机结合，通过较长的停留时间和较大的复氧面积，充分发挥阿科蔓和水生生态系统的自净能力，使水体建立生态平衡，从而令系统能稳定、持久地发挥净化作用。同时，可因地制宜、优化组合，建成与自然生态景观相呼应的不同园林景点，创造多样化生态景观。并科学合理地种植和放养各种水生植物、动物，完善食物链，建立物种多样性，促进水中有机污染物和氮、磷的进一步吸收，从而达到深度处理的目的，最终使水体达标排放。

工艺参数：

处理水量：2 500 m^3/d；

设计水力停留时间：HRT=3 d；

有效容积：Ve=8 000 m^3；

设计有效水深：h=2.7 m；

占地面积约为：3 000 m^2；

结构：钢筋混凝土结构。

4.2.4.2　人工湿地设计参数

（1）A 类型人工湿地设计参数

人工湿地设计水量：2 500 m^3/d；

水力负荷：q=0.50 m^3/（m^2 · d）（平均）；

水力停留时间：19 h；

湿地面积：$S=Q/q$=5 040 m^2；

湿地平均坡度：0.1%～0.25%。

①一级植物碎石床

平面尺寸为 40 m × 24 m，面积为 960 m^2；深度为 1.4 m，碎石床厚度为 1.2 m，碎石料粒径为 60～100 mm。

②水生植物塘

平面尺寸为 24 m × 24 m，面积为 576 m^2；深度为 2.2 m。

③二级植物碎石床

平面尺寸为 40 m × 24 m，面积为 960 m^2；深度为 1.7 m，碎石床厚度为 1.5 m，碎石料粒径为 45～75 mm。

（2）B 类型人工湿地设计参数

人工湿地设计水量：2 500 m^3/d；

水力负荷：q=0.50 m^3/（m^2 · d）（平均）；

水力停留时间：17 h；

湿地面积：$S=Q/q=5\ 040\ m^2$；

湿地平均坡度：0.1%～0.25%。

①一级植物碎石床

平面尺寸为 28 m × 24 m，面积为 672 m^2；深度为 1.4 m，碎石床厚度为 1.2 m，碎石料粒径为 60～100 mm。

②二级植物碎石床

平面尺寸为 28 m × 24 m，面积为 672 m^2；深度为 1.55 m，碎石床厚度为 1.35 m，碎石料粒径为 45～75 mm。

③水生植物塘

平面尺寸为 19.5 m × 24 m，面积为 468 m^2；深度为 2.2 m。

④三级植物碎石床

平面尺寸为 28 m × 24 m，面积为 672 m^2；深度为 1.7 m，碎石床厚度为 1.5 m，碎石料粒径为 30～50 mm。

污水在人工湿地中运行方式：水平潜流。

布水方式：PVC 穿孔管布水，上部进水，下部出水。

人工湿地池子底部防渗均采用“400 g 二布一膜土工膜加 200 mm 厚黏土保护层”，可保证湿地床底渗透系数 $k<10^{-8}$。该工程均选用耐污性强、净化效果好的植物，生物塘种凤眼莲和大漂；植物碎石床种芦苇、香蒲、水葱、菖蒲、茭草。

4.2.5 相关图片

北京新凤河人工湿地如图 4-14、图 4-15 所示。

图 4-14 北京市大兴新凤河水环境治理人工湿地工程（尚未栽种植物）
（人工湿地前经过另一环保公司设计的阿科曼处理）

图 4-15　北京市黄村污水处理厂出水经人工湿地处理后排入新凤河，作为人工景观河——新凤河的水源水

4.3　中国资本市场学院项目——污水和初期雨水零排放的景观人工湿地设计专篇

前言后语

中国资本市场学院荣获 2020 年度中国建筑工程鲁班奖，其中与人工湿地有关的水资源循环利用和水污染物零排放有关项目荣获“卓越工程奖”和“卓越贡献奖”。

该项目由中国资本市场学院基建办公室主持建设，汪俊三为该项目负责人，陈毓华负责审核，汪道宇负责核校，陆俊卿、郭有顺、邱康杰、韦梓坤、王红艳负责提供工艺流程、设计参数和工程设计（包括布水）。

该学院位于饮用水水源地，按相关法规，校内所有污水和初期雨水零排放，可作为学校中心景观湖用水，但不能排出校外。景观湖边只有一小块山包状园林景观用地，深度处理的人工湿地必须在园林景观绿化山包下面，地表形状不能改变。湿地必须是高水力负荷，不然土地不够。该项目有三个地下调节泵站：一个是初期雨水泵站、一个是生活污水一体化处理排水泵站、一个是景观池与人工湿地循环泵站。人工湿地出水为地表Ⅱ～Ⅲ类水，景观池为地表Ⅲ类水。这是我国第一个污水和初期雨水零排放大学；第一个既高水力负菏又不占地表地、出水为Ⅲ类水的景观湿地。

汪俊三从1992年就提出，任何开发活动（项目），开发前和开发后，地表水的流量、水质和径流不能发生变化，即“三不变”原则，一直有人质疑，认为难以做到！通过中国资本市场学院项目，说明是能够做到的，这样可改变水环境保护管理理念，这“三不变”原则，可同时保护水量、水质，预防水土流失和洪涝及干旱灾害。

4.3.1　项目概述

项目选址位于深圳市南山区原深圳西丽湖度假村内，规划用地面积为100 501 m²，用地东侧紧邻沁园路及深圳野生动物园；西面为动物园路及西丽湖度假村；北面隔沁园路靠麒麟山；南面为新规划的市政路。

该项目按照低影响开发（LID）理念设计进行，基地内生活污水按零排放进行排水系统的设计，校区生活污水收集率为100%，经自建污水处理站进行处理后作为中水水源，用于地下车库和道路冲洗、室内冲厕、绿化灌溉、景观湖补水。屋面雨水先排入建筑首层周边碎石沟进行第一道污染物拦截过滤，续而进入雨水渗透排放一体化系统，降雨时，通过渗透式雨水检查井、雨水管侧面和底面渗透，超过渗透设计标准的雨水通过管渠排入雨水池，初期雨水先经湿地处理，排入景观湖；其他雨水直接进入景观湖，确保建设后项目外排雨水量不大于建设前雨水量。

基地建设前主要以绿地、山地、灌木林为主，少量的既有建筑物，植被丰富。建设后的中国资本市场学院环境景观工程占地面积为100 501 m²（铺装面积、绿地面积、湿地和水体面积之和），铺装面积33 057 m²（其中透水铺装2 214 m²），绿化面积33 766 m²，景观水体面积8 491m²。

项目规划总平面如图4-16所示，总体鸟瞰图如图4-17所示。

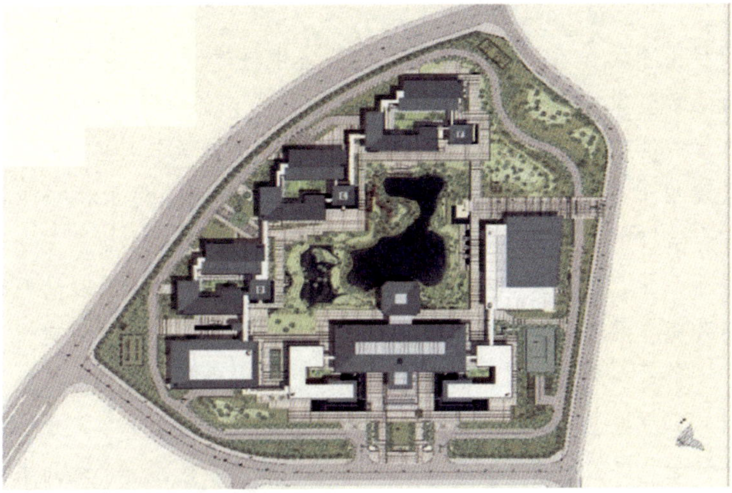

图4-16　项目规划总平面

图 4-17　项目总体鸟瞰图

4.3.2　项目背景

（1）水污染物零排放原因：学院位于饮用水水源保护区内。

（2）水污染物零排放具体措施和要求：

①学院所有污水经二级生化处理 + 人工湿地深度处理 = 地表Ⅲ类水→作为学院景观湖湖水。

②学院内初期雨水经人工湿地深度处理→作为学院景观湖补水。

③学院景观湖水质为地表Ⅲ类水，设有：景观池⇔人工湿地循环处理系统。

④总共设施有：污水二级生化系统（地下室）；
景观人工湿地深度处理系统；
初期雨水收集及提升系统；
污水二级生化处理尾水提升系统；
景观湖与景观湿地循环系统；
景观池水生生态水质净化、维持系统。

（3）运行模式：

①晴天：

生活污水→二级生化处理出水 + 景观湖水→湿地→景观湖。

②雨天：

生活污水→二级生化处理出水 + 初期雨水→湿地→景观湖。

（4）中国资本市场学院人工湿地水质深度处理工程，处理规模为 1 000 m^3/d。根据地形条件共分为 2 个湿地系统，每个系统又分为三级：一级湿地床、二级湿地床和三级湿地床。湿地单元总占地面积约 1 800 m^2，水力负荷约为 0.56 m^3/（m^2 · d），该工程主要处理经净化后达到《城市污水再生利用　景观环境用水水质》（GB/T

18921—2002）中湖泊标准，生活污水和初期雨水处理目标为地表Ⅲ类～Ⅳ类水质标准；且在人工湖的水质恶化时兼具水质循环净化功能。

4.3.3 人工湿地工程规模

处理量：

生活污水尾水：400 m^3；

初期雨水：600 m^3；

景观塘循环净化水：600 m^3（若处理初期雨水就暂停）。

4.3.4 人工湿地进水、出水水质

表 4-3 设计进水、出水水质 单位：mg/L

项目	BOD_5	COD_{Cr}	NH_3-N	TP
进水水质	10	50	20	0.5
出水水质（GB 3838—2002 地表水环境质量标准Ⅲ类）	≤4	≤20	≤1.0	≤0.1

4.3.5 WJS 人工湿地湿地设计参数

设计基本参数如下：

①设计水量：Q=1 000 m^3/d；

②总水力负荷：q=0.56 m^3/（m^2 · d）（平均）；

③面积：湿地面积 S=1 800 m^2；

④湿地平均坡度：0.5%；

⑤碎石床厚度：h=1 500 mm；

⑥碎石料粒径：15～90 mm；

⑦污水在人工湿地中运行方式：水平潜流；

⑧布水方式：穿孔镀锌钢管布水，上部进水（或下部进水），下部出水（或上部出水）。

污水在人工湿地中运行方式：垂直潜流。

布水方式：PVC 穿孔管布水，平行布水，上部进水，下部出水。

以上所有池子底部防渗均采用“400 g/m^2 二布一膜加 200 mm 厚填土保护层”，可保证湿地床底渗透系数 $k<10^{-8}$。

4.3.6　WJS 人工湿地设计

图 4-18　WJS 人工湿地平面布置图

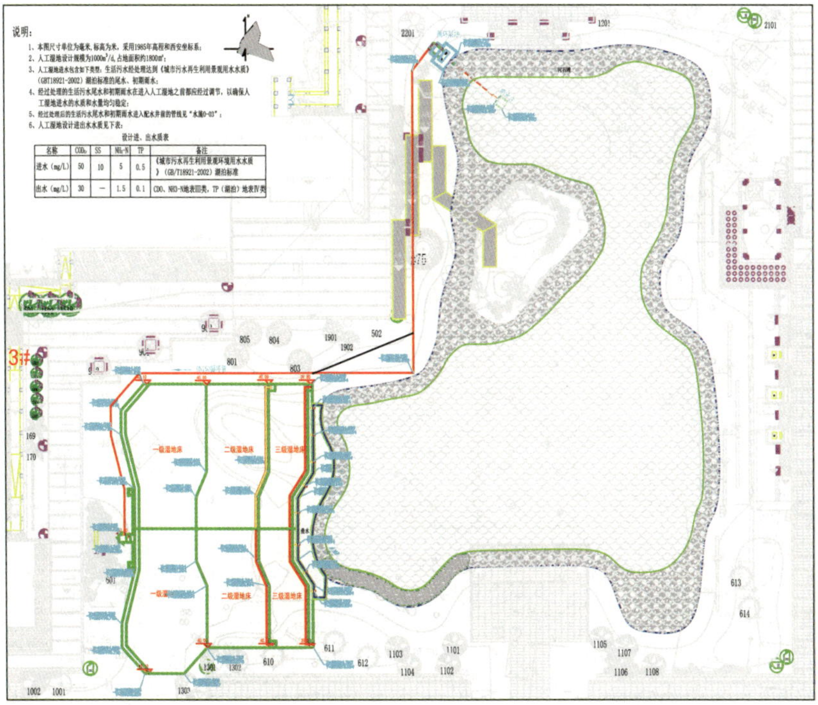

图 4-19　总平面布置图

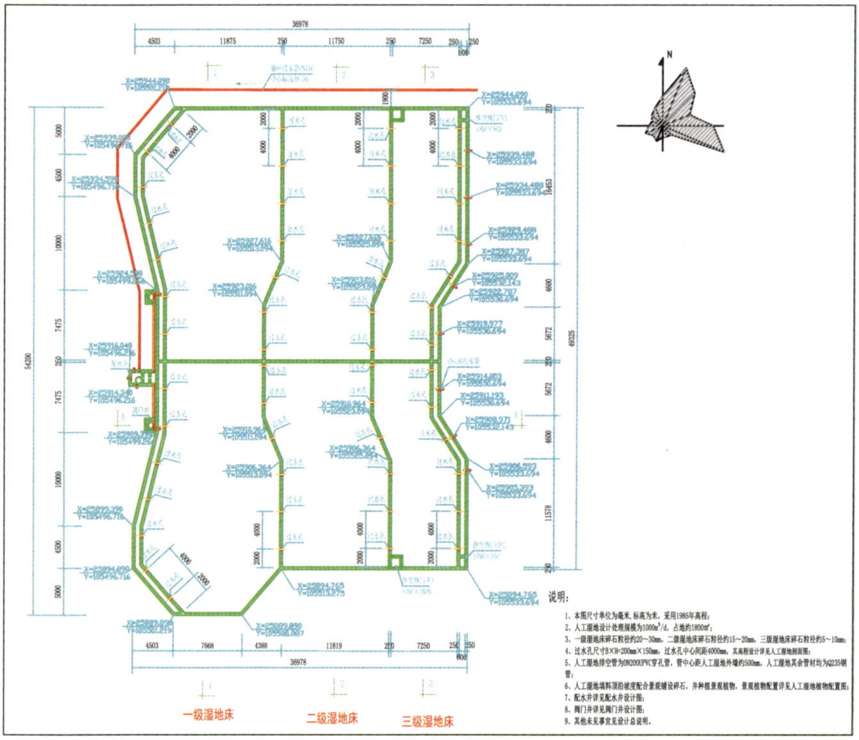

图 4-20 WJS 人工湿地布水、集水平面图

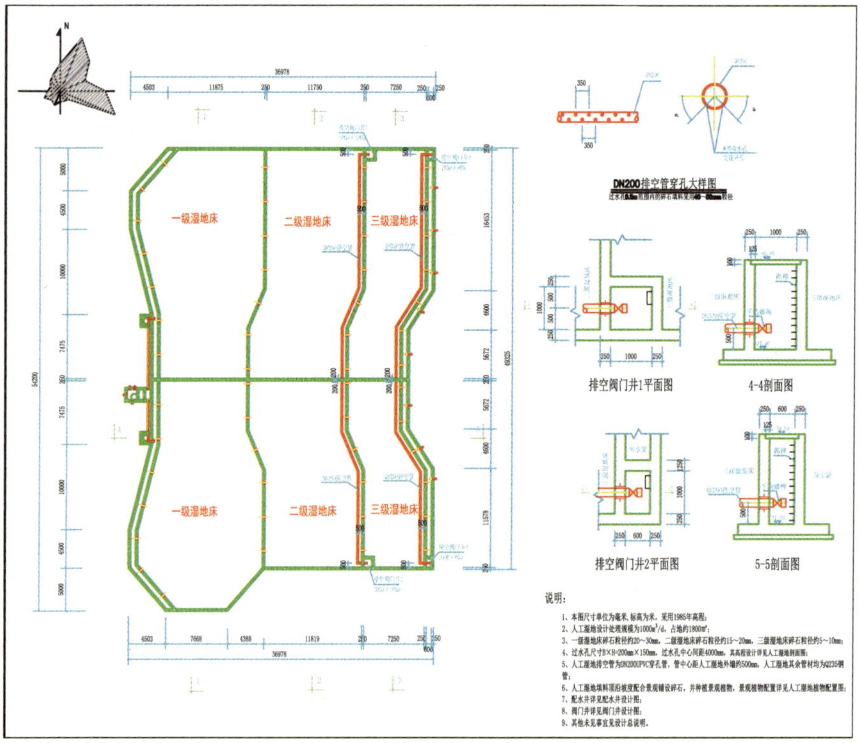

图 4-21 WJS 人工湿地布水、集水平面图

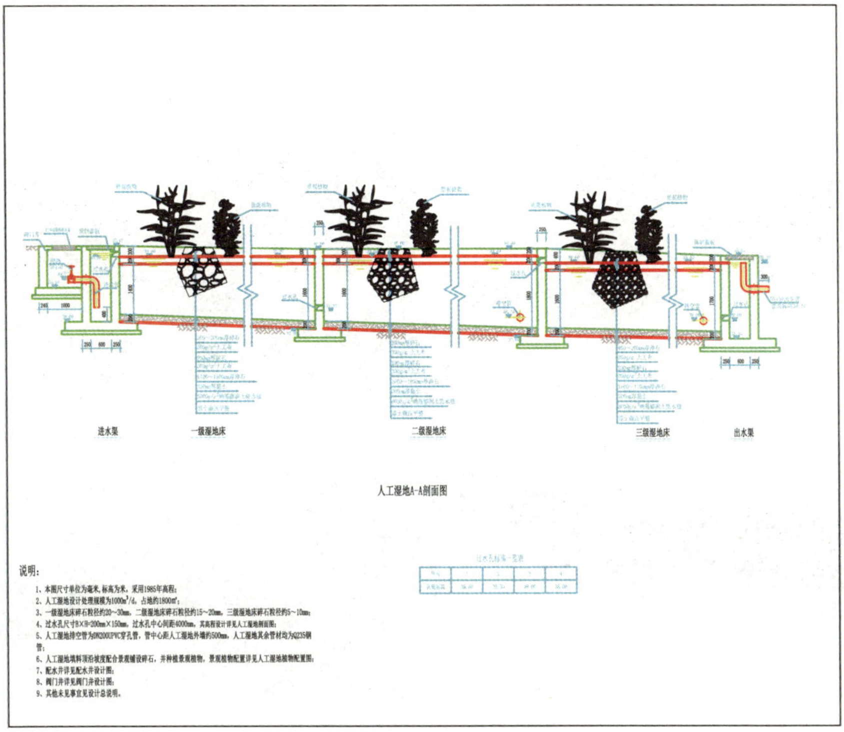

图 4-22　WJS 人工湿地剖面图

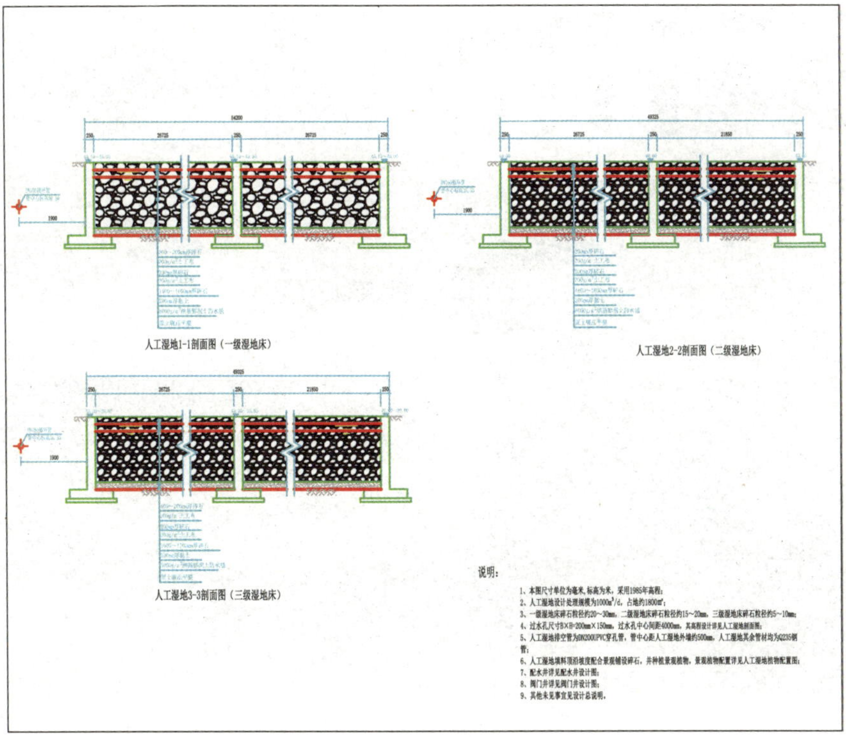

图 4-23　WJS 人工湿地剖面图

4.3.7　相关图片

图 4-24　汪俊三在资本市场学院人工湿地留影

图 4-25　湿地外景图

图 4-26　初期雨水收集处理系统

图 4-27　学院景观塘

图 4-28　施工期人工湿地

图 4-29　人工湿地景观图

4.4　龙子湖人工湿地工程

前言后语

郑州市郑东新区位于郑州市东部，北临连霍高速公路，东面临近京珠高速公路，北部有贾鲁河和黄河，西南有七里河。龙子湖水系工程位于郑东新区龙子湖大学城园区的魏河以南、东风渠以北、107 国道以东、京珠高速路以西，西距龙湖约 3.0 km。

龙子湖水系工程是郑东新区生态水系工程重要组成部分，开发任务是改善生态环境，促进城市发展；参与城市防洪排涝，利用雨水资源；创造生物多样性，兼顾科普教育基地。

龙子湖工程由挡水工程、引水工程、湖体工程、退水工程和生态工程等组成。龙子湖正常运行水位为 82.0 m，湖区水域面积约 1.2 km^2，水体规模约 300 万 m^3。

本报告主要针对龙子湖人工湿地工程进行初步设计。在各级领导和职能部门的大力支持下，我们顺利完成资料收集、现场踏勘等工作，经研究和论证，编制完成龙子湖人工湿地工程初步设计报告书。

该项目由郑州市郑东新区管委会主持建设，汪俊三和汪道宇分别为该项目的项目负责人和技术核校工作负责人；陆俊卿、郭有顺和邱康杰主要负责提供工艺流程、设计参数及植物品种等相关工作；韦梓坤主要负责工程设计、布水等相关工作；王红艳负责经济分析和社会效益分析等相关工作。后继设计和施工由黄河水利勘察设计研究院总工李德营负责。

4.4.1　工程规模

引龙子湖水进入 WJS 人工湿地进行水质处理，净化后的水返回龙子湖循环使用，如此循环净化龙子湖水质。经核算设计水质净化工程规模为 37 500 m^3/d。

4.4.2　进水、出水水质

根据《郑州市郑东新区龙子湖工程水环境保护和水生生态系统构建研究》中对龙子湖进水水质的预测，确定本处理系统进水水质见表 4-4。

表 4-4　工程进水水质　　单位 mg/L，pH 除外

参数	pH	DO	COD_{Mn}	BOD_5	NH_3-N	TP
浓度	8.00	1.15	34.68	11.71	1.70	0.35

由于龙子湖位于大学园区中心，周边是高标准建设的现代化大学园区，按照龙

子湖水体的功能定位，根据《地表水环境质量标准》（GB 3838—2002）的要求，确定龙子湖水体满足《地表水环境质量标准》（GB 3838—2002）Ⅳ类水质标准。综合考虑水环境保护条件和相关生态修复工程建设的可能，在确保龙子湖达到Ⅳ类水质标准的同时，通过综合管理措施，力争实现龙子湖水体水质达到地表水Ⅲ类水质标准。

表 4-5 工程出水水质　　单位 mg/L，pH 除外

指标	pH	DO	COD_{Mn}	BOD_5	NH_3-N	TP
《地表水环境质量标准》（GB 3838—2002）Ⅲ类水质标准	6～9	≥5	≤6	≤4	≤1.0	≤0.05
《地表水环境质量标准》（GB 3838—2002）Ⅳ类水质标准	6～9	≥3	≤10	≤6	≤1.5	≤0.1

根据项目 WJS 人工湿地水质净化工程的进水水质和出水水质，该项目处理具体目标见表 4-6。

表 4-6 工程污染物去除率要求　　单位 mg/L，pH 除外

指标	进水水质 /（mg/L）	《地表水环境质量标准》（GB 3838—2002）Ⅲ类水质标准 /（mg/L）	去除率 / %	《地表水环境质量标准》（GB 3838—2002）Ⅳ类水质标准 /（mg/L）	去除率 / %
COD_{Mn}	34.68	≤6	≥82.70	≤10	≥71.16
BOD_5	11.71	≤4	≥65.84	≤6	≥48.76
NH_3-N	1.10	≤1.0	≥9.09	≤1.5	—
TP	0.35	≤0.05	≥85.71	≤0.1	≥71.43

从处理程度分析，要达到《地表水环境质量标准》（GB 3838—2002）Ⅲ类水质标准，COD_{Mn} 的去除率要达到 82.70% 以上，BOD_5 的去除率要达到 65.84% 以上，NH_3-N 的去除率要达到 9.09% 以上，TP 的去除率要达到 85.71%，要达到《地表水环境质量标准》（GB 3838—2002）Ⅳ类水质标准，COD_{Mn} 的去除率要达到 71.16% 以上，BOD_5 的去除率要达到 48.76% 以上，NH_3-N 进水水质满足《地表水环境质量标准》（GB 3838—2002）Ⅳ类水质标准，TP 的去除率要达到 71.43%。为了达到上述处理效果，该工程采用如下工艺：

龙子湖→循环泵站→跌水生物塘→ WJS 人工湿地→龙子湖。

4.4.3 工艺流程及说明

该项目工艺流程设置如图 4-30 所示。

图 4-30 项目工艺流程

项目采用“跌水生物塘 +WJS 人工湿地”工艺。

该项目引水是从龙子湖引水，进入跌水生物塘，经跌水生物塘进入 WJS 人工湿地。

成熟人工湿地系统中的填料生物膜和植物根系形成的庞大微生物区系，能高效地去除水中的污染物，净化水质。有机质通过生物降解、矿化和与植物吸收而得以去除。湿地床中，植物根系具有较强的输氧作用，可使根系周围的微环境中保持较高的溶解氧，并依次形成好氧、缺氧及厌氧环境，保证了水中氮、磷不仅能被植物及微生物作为营养成分吸收，还可以通过硝化、反硝化作用及微生物对磷的过量积累作用从水中去除，还可以栽培植物的收割而使污染物质从系统中去除。

WJS 人工湿地处理后，水质达到《地表水环境质量标准》（GB 3838—2002）Ⅳ类水质标准后，就近排入龙子湖。

4.4.4　工艺原理

该项目污水处理工艺由跌水生物塘和 WJS 人工湿地组合而成。由于龙子湖水水质为地表水劣Ⅴ类水，COD_{Mn}、BOD_5、NH_3-N 等严重超标，因此龙子湖引水首先进入跌水生物塘，跌水生物塘主要靠塘中的微生物去除水中的有机物，通过跌水增加水中的溶解氧，为污水进入 WJS 人工湿地提供条件，后流入 WJS 人工湿地。

该工程所采用的 WJS 人工湿地污水处理工艺，为汪俊三教授经过 30 多年研究和工程实现总结出来的。该工艺是以平流潜流为主并结合垂直流的人工湿地污水处理工艺。该工艺的示范工程 2003 年经国家环保总局进行鉴定，成果达国际领先水平，并获得 2004—2005 年度国家环保总局科技进步奖。汪俊三教授在江湖水生态净化处理研究上，曾获得两次国家科技进步奖、五次省、部级科技进步奖和二次省级工程鲁班奖（最佳设计奖）。

WJS 人工湿地对污染物的去除可分为对有机物的去除和对氮、磷的去除等方面。有机物的去除主要是靠成熟人工湿地系统中的填料和植物根系中生长了大量的微生物形成的生物膜，污水流经湿地床时，大量悬浮固体、不溶解性的有机物被填料及根系阻挡截留，可溶解性的有机质通过生物膜的吸附和微生物的代谢过程得到降解，也有一部分的有机物被植物的吸收而得以去除。

污水中的氮在 WJS 人工湿地处理系统中，通过吸附、过滤、沉淀植物及微生物作为营养成分直接吸收而得到了去除外，同时由于 WJS 人工湿地的植物根系具有较强的输氧作用，可使根系周围的微环境中保持较高的溶解氧，并依次形成好氧、缺氧及厌氧环境，使污水中的氮在 WJS 人工湿地系统中通过硝化、反硝化作用从水中去除。

磷是生物生长必需的营养元素，污水中的磷在流经 WJS 人工湿地时，被植物及微生物作为营养成分直接吸收，将无机磷变成了微生物和植物的组成部分，最后通过湿地基质的定期更换或栽培植物的收割而最终使污染物质从系统中去除，同时作为填料的砾石，其中含有钙的成分，它与水中溶解性的磷酸作用生成不溶解性的磷酸钙盐，从污水中沉淀下来而得到去除。

WJS 人工湿地对重金属具有较强的化学沉淀、置换和生物吸附的去除作用，对细菌、大肠菌、粪大肠菌等生物学污染指标有较强的物理截留和生化与生物杀灭作用。

4.4.5 处理工艺可达性分析

根据设计的进水和出水水质要求，结合工艺处理效率，分析本水净化工程项目的可达性见表 4-7。

表 4-7 工艺可达性分析

项目		pH	DO	COD_{Mn}	BOD_5	NH_3-N	TP
进水水质 /（mg/L）		8	1.15	34.68	11.71	1.7	0.35
WJS 人工湿地出水	去除率 /%	—	—	85	85	30	75
	水质 /（mg/L）	6～9	3	5.202	1.756 5	1.19	0.087 5
《地表水环境质量标准》（GB 3838—2002）Ⅳ类水质 /（mg/L）		6～9	3	10	6	1.5	0.1
处理结果评价		达标	达标	Ⅲ类水	优于Ⅰ类水	达标	达标

从表 4-7 可知，该工程采用的处理工艺，在正常运营情况下，出水都达到《地表水环境质量标准》（GB 3838—2002）Ⅳ类水标准。有些指标甚至远好于出水水质要求，达到《地表水环境质量标准》（GB 3838—2002）Ⅲ类水标准。

因此“跌水生物塘 +WJS 人工湿地”水处理工艺既保证了处理效果又能节省投资和运行费用，是一种适合项目实际情况的经济可行的处理工艺

4.4.6 总平面设计

龙子湖人工湿地工程总平面设计时，应遵循如下基本原则：

（1）WJS 人工湿地场区各构筑物布置尽量紧凑。

（2）WJS 人工湿地场区道路应保证交通顺畅，管理方便，并能与场外道路顺接。

（3）污水管线力求简短，避免迂回重复和交叉。

（4）能影响环境的构筑物应按该地区主导风向来考虑其位置。

除遵循上述原则外，WJS 人工湿地场区总平面布置时，具体还应根据污水管的进水方向、排水水体位置、工艺流程特点及项目选址地形、地质条件等因素进行布置，既要考虑流程合理、管理方便、经济实用，还要考虑建筑造型、场区绿化与周围环境相协调等因素。

龙子湖人工湿地工程布置于魏河以南、东风渠以北、东三环以东、东四环以西的龙子湖地区大学园区内。工程处理规模为 37 500 m^3/d，工程总占地 52 200 m^2。总水力负荷为 0.72 $m^3/(m^2 \cdot d)$，共布置湿地单元 29 组，并根据现场地形分为 10 个区块。

由于 WJS 人工湿地的大部分面积都可做绿化面积（绿化率达 91%），加上 WJS 人工湿地四周栽植一些错落有致的乔、灌木丛和绿化草地，当植物生长后，整个 WJS 人工湿地区域绿色满园，特别是在三大系统中均围绕跌水生物塘建造园林景点和景区，与 WJS 人工湿地融为一体，构建成湿地公园。该湿地公园不但是具有良好稳定的处理效果的水处理系统，而且也是一所环保教育的场所，更是一个具有独特艺术造型、环境优美的湿地公园。

4.4.7　WJS 人工湿地设计

该工程严格依照《室外排水设计规范》（GB 50014—2006）、《泵站设计规范》（GB/T 50265—97）、《给水排水工程钢筋混凝土水池结构设计规程》（CECS138：2002）等相关规范规程进行设计，务必做到安全、可靠、稳定，尽可能实现经济可行、管理简单、运行效果稳定可靠。

该工程项目构筑物单元根据以下设计参数进行设计。

该工程项目 WJS 人工湿地处理系统拟分 29 个系统，并联运行，每个系统处理规模和占地面积都一样，具体见表 4-8。

（1）设计水量：Q=37 500 m^3/d；

（2）总水力负荷：q=0.72 $m^3/(m^2 \cdot d)$（平均）；

（3）湿地总面积：$S=Q/q$=522 00 m^2；

（4）湿地平均坡度：6.5‰；

（5）填料厚度：h=1 600 mm；

（6）碎石料粒径：10～30 mm；

（7）粗砂粒径：5～10 mm；

（8）污水在 WJS 人工湿地中运行方式：水平潜流；

（9）布水方式：PVC 穿孔管布水，上部进水（或下部进水），下部出水（或上部出水）。

表 4-8 WJS 人工湿地系统设计参数

区块编号	湿地编号	设计水量 / (m^3/d)	面积 /m^2	设计水量 / (m^3/d)	面积 /m^2
W1	SD1	2590	3 600	1 295	1 800
	SD2			1 295	1 800
W2	SD3	2590	3 600	1 295	1 800
	SD4			1 295	1 800
W3	SD5	3 885	5 400	1 295	1 800
	SD6			1 295	1 800
	SD7			1 295	1 800
W4	SD8	2 590	3 600	1 295	1 800
	SD9			1 295	1 800
W5	SD10	5 180	7 200	1 295	1 800
	SD11			1 295	1 800
	SD12			1 295	1 800
	SD13			1 295	1 800
W6	SD14	5 180	5 400	1 295	1 800
	SD15			1 295	1 800
	SD16			1 295	1 800
	SD17			1 295	1 800
W7	SD18	5 180	7 200	1 295	1 800
	SD19			1 295	1 800
	SD20			1 295	1 800
	SD21			1 295	1 800
W8	SD22	5 180	7 200	1 295	1 800
	SD23			1 295	1 800
	SD24			1 295	1 800
	SD25			1 295	1 800
W9	SD26	2 590	3 600	1 295	1 800
	SD27			1 295	1 800
W10	SD28	2 590	3 600	1 295	1 800
	SD29			1 295	1 800

注：W1，W2，…，W10：湿地区块编号；SD1，SD2，…，SD29：湿地系统编号。

4.4.8　主要构筑物

该工程项目拟建 WJS 人工湿地系统共分为 29 个系统，每个系统又分为 3 个单元：一级植物碎石床、二级植物碎石床和植物砂滤池。每个系统的设计参数都相同，单元构筑物设计参数见表 4-9。

水力停留时间是个综合参数，对人工湿地的处理效果起着非常重要的影响作用。从上述分析可知，WJS 人工湿地每个系统均由 3 个单元组成，即一级植物碎石床、二级植物碎石床和植物砂滤池。水力停留时间见表 4-9。

表 4-9　WJS 人工湿地系统单元构筑物设计参数

序号	构筑物	长 /m	宽 /m	深 /m	有效水深 /m	填料粒径 /mm	水力停留时间 /h
1	一级植物碎石床	24	30	1.7	1.5	25～30	5.80
2	二级植物碎石床	24	30	1.7	1.5	10～20	5.80
3	植物砂滤池	10	30	1.8	1.5	5～10	0.40
合计							12.01

4.4.9　WJS 人工湿地垂直结构

人工湿地的垂向结构直接影响着人工湿地床底渗透性和湿地的处理效果。该工程项目在 WJS 人工湿地建设中，所有池体（包括一级、二级植物碎石床以及植物砂滤池）底部防渗均采用“450 g/m^2 二布一膜土工膜加 200 mm 厚黏土保护层”，可保证床底渗透系数 $k<10^{-8}$。在土工膜铺接时，应先做原土压实平整处理，以防土工膜在施工过程中破裂。

一级植物碎石床在黏土保护层上部加 1 600 mm 厚度、粒径为 25～30 mm 的碎石填料；二级植物碎石床在黏土保护层上部加 1 600 mm 厚度、粒径为 10～20 mm 的碎石填料；植物砂滤池在黏土保护层上部加 1 600 mm 厚度、粒径为 5～10 mm 的粗砂填料。

4.4.10　配水设计

该工程总进水设计采用总配水渠进行配水，在系统各单元内采用配水渠配水。一、二级植物碎石床的布水管和集水管以及砂滤池的布水干管和集水管均采用 DN110 UPVC 管道；砂滤池布水支管采用 DN50 UPVC 管道。

一、二级植物碎石床及植物砂滤池采用上进下出的配水方式。上进的布水管在碎石或粗砂填料层 300 mm 以下布设，以防冬季冰冻。

4.4.11 植物设计

（1）植物品种设计

该工程植物品种的选种充分考虑了植物品种的耐污性、净化效果、抗逆性及观赏性，并通过植物品种间的搭配，使 WJS 人工湿地呈现出一派姹紫嫣红、争芳斗艳、规划整齐而又错落有致的湿地景观，使 WJS 人工湿地成为郑州市的一个新的旅游景点和生态教育窗口，符合郑州市的区域规划和城市定位。

该工程一级、二级植物碎石床以及植物沙滤池选用了芦苇、花叶虉草、花叶芦荻、藨草、千屈菜等。具体的植物设计见表 4-10、表 4-11。

（2）植物栽种密度

A、植物碎石床：10 棵 /m^2，砂滤池：10 棵 /m^2。

表 4-10 单元湿地植物配置

序号	构筑物	植物品种	种植密度 /（棵 /m^2）	面积 / m^2	苗数 * / 棵
1	一级植物碎石床	芦苇［*Phragmites communis* Trin］	10	225.72	2 258
2		花叶芦荻［*Arundo donax* var Arundo donax var.versicolor］	10	225.72	2 258
3		花叶虉草［*Phalaris arundinacea*］	10	225.72	2 258
4	二级植物碎石床	芦苇［*Phragmites communis* Trin］	10	225.72	2 258
5		花叶芦荻［*Arundo donax* var Arundo donax var.versicolor］	10	225.72	2 258
6		藨草［*Scirpus trigueter*］	10	225.72	2 258
7	植物砂滤池	千屈菜［*Lythrum salicaria*］	10	291.06	2 911
注：* 芦苇每棵由 4～5 株组成；花叶芦荻、花叶虉草、千屈菜一棵由一主芽（株）和侧芽组成。					

表 4-11 SD01～SD29 植物配置汇总

湿地序号	序号	构筑物	植物品种	种植密度（棵 /m^2）	总面积 / m^2	总苗数 * / 棵
SD01～SD29	1	一级植物碎石床	芦苇［*Phragmites communis* Trin］	10	6 545.88	65 459
	2		花叶芦荻［*Arundo donax* var Arundo donax var.versicolor］	10	6 545.88	65 459
	3		花叶虉草［*Phalaris arundinacea*］	10	6 545.88	65 459

续表

湿地序号	序号	构筑物	植物品种	种植密度（棵 /m^2）	总面积 / m^2	总苗数 */ 棵
SD01～SD29	4	二级植物碎石床	芦苇［*Phragmites communis* Trin］	10	6 545.88	65 459
	5		花叶芦荻［*Arundo donax* var Arundo donax var.versicolor］	10	6 545.88	65 459
	6		藨草［*Scirpus trigueter*］	10	6 545.88	65 459
	7	植物砂滤池	千屈菜［*Lythrum salicaria*］	10	8 440.74	84 408
*：芦苇每棵由 4～5 株组成；花叶芦荻、花叶藨草、千屈菜每棵由一主芽（株）和侧芽组成。						

4.4.12　WJS 人工湿地系统保温设计

温度是影响人工湿地处理效果的重要因素，低温会降低微生物的活性，不利于微生物对水污染物的降解去除；此外，低温也会影响植物生长状况，不利于植物对水污染物质的吸附吸收。为保证 WJS 人工湿地在冬季能够正常运行，该工程工艺设计时，已考虑将管道布置在冬季冻土层以下，确保植物碎石床及植物砂滤池在冻土层或结冰层下有足够的正常运行厚度。

4.4.13　结构防冻设计

结构因冻破坏的主要原因是水的渗入。温度降低至冰点以下时，渗入结构中的水结冰膨胀，从而导致结构遭受破坏。因此，防渗和防裂是结构防冻的关键措施。

该工程项目采用新型可靠的防渗、防裂材料和防渗、防裂形式对结构进行防渗、防裂处理，以防止冬季低温时结构冻胀破坏。

4.4.14　管道防冻设计

管道受冻胀破坏后可能导致人工湿地配水的均匀性，同时也会减短管道的使用寿命。

该工程将加大集水管、布水管的布置深度，将管道布置在冻土层下，同时适当减小设计管径以提高管内流速，防止管道受冻破坏。

4.4.15　布水渠防冻设计

该工程采取适当提高水面上的空间，并做好盖板设计，充分利用渠内水的流动性和自由水面上方的空气层进行保温。

4.5 润天湖水质保护工程

前言后语

润天湖主要通过贾鲁河引水，为保护润天湖水体水质，防止水华等污染事件的发生，有必要规划建设润天湖水质保护工程，包括人工湿地工程和清水系统工程。本次水质保护工程主要是保护润天湖的水质，确保入湖前的水质满足润天湖水质功能需求。其主要的建设任务是：

（1）净化水质、满足润天湖水质要求

根据润天湖的功能需求，水质目标确定为《地表水环境质量标准》（GB 3838—2002）Ⅳ类水质标准，以满足润天湖作为城市生活核心区生态用水及亲水娱乐景观水质需求。由于润天湖引水水源为贾鲁河，湖泊水质受贾鲁河水质影响最大，现贾鲁河水质为劣Ⅴ类，氮、磷等营养元素超标，如不经水质净化，极易引发湖区藻类繁殖加剧、水华。

（2）补充润天湖蒸发渗漏及城市生态用水

润天湖人工湿地位于工业一路与贾鲁河之间的狭长地带，人工湿地水质净化工程除满足湖泊蒸发渗漏量外，还可以补充湖泊周围景观绿地浇灌用水。

汪俊三和汪道宇分别为本项目的项目负责人和技术核校工作负责人；陆俊卿、郭有顺和邱康杰主要负责提供工艺流程、设计参数及植物品种等相关工作；韦梓坤主要负责工程设计、布水等相关工作；王红艳负责经济分析和社会效益分析等相关工作。

4.5.1 水质现状

本次贾鲁河治理河段的上游位于西华县境内，主要流经村庄和农业区，沿河两岸有农村生活污水、农田退水排入河道，农业生产过程中使用的农药、化肥及粪便等随降雨汇流到贾鲁河，给贾鲁河带来较大污染负荷。此外，治理河段上游有东风运河汇入贾鲁河，东风运河流经西华县城，现状为排污河道，沿河两岸有城区生活污水直排入河，水质较差。

根据相关资料，贾鲁河生化需氧量年均值浓度为 7.01 mg/L，超过Ⅳ类水质标准 0.17 倍，达到Ⅴ类水质标准，月均值浓度为 4.50～16.4 mg/L；COD 年均浓度为 25.5 mg/L，达到Ⅳ类水质标准，月均值浓度为 16.3～49.7 mg/L；NH_3-N 年均值浓度为 4.05 mg/L，超过Ⅳ类水质标准 1.70 倍，属劣Ⅴ类水质，月均值浓度为 0.978～9.46 mg/L；TP 年均值浓度为 0.311 mg/L，超过Ⅳ类水质标准 0.04 倍，属Ⅴ类，月均值浓度为 0.178～1.49 mg/L。详见表 4-12。

表 4-12　贾鲁河水质监测结果

污染物类别	BOD/（mg/L）	COD/（mg/L）	NH_3-N/（mg/L）	TP/（mg/L）
现状水质	4.5～16.4	16.3～49.7	0.978～9.46	0.178～1.49
地表水环境质量Ⅳ类标准	6	30	1.5	0.3

综上所述，贾鲁河现状水质为劣Ⅴ类，水质现状均较差不能满足入润天湖水质要求，润天湖引水如处理不得当，营养物质的累积容易诱发湖区藻类繁殖、加剧水华等风险发生，会对润天湖本身的水质特征及周边环境等带来不利影响。

4.5.2　工程任务

本次水质保护工程主要是保护润天湖的水质，确保入湖前的水质满足润天湖水质功能需求。其主要的建设任务是：

（1）净化水质、满足润天湖水质要求

根据润天湖的功能需求，水质目标确定为《地表水环境质量标准》（GB 3838—2002）Ⅳ类水质标准，以满足润天湖作为城市生活核心区生态用水及亲水娱乐景观水质需求。由于润天湖引水水源为贾鲁河，湖泊水质受贾鲁河水质影响最大，贾鲁河水质现状为劣Ⅴ类，氮、磷等营养元素超标，如不经水质净化，极易引发湖区藻类繁殖加剧、水华。

（2）补充润天湖蒸发渗漏及城市生态用水

润天湖人工湿地位于西华县工业一路与贾鲁河之间的狭长地带，人工湿地水质净化工程除满足湖泊蒸发渗漏量外，还可以补充湖泊周围景观绿地浇灌用水。

4.5.3　设计思路与技术路线

在生态湖设计的基础上，做好生态补水设计、水体循环设计和水质净化设计等，方可打造一个生态型人工淡水湖。

要达到该工程的设计目标，营造润天湖生态湿地湖道景观，拟在润天湖北侧建设一座循环泵站；然后于工业一路与贾鲁河之间的狭长地带内建设人工湿地，用于水质深度净化处理。润天湖建成后，引入初次注水，经人工湿地净化处理后排入润天湖，作为润天湖的生态用水；达到设计水位后，启动循环泵站，使润天湖内的水体形成内循环系统，从而保持水质稳定。

本方案的设计思路如图 4-31 所示。

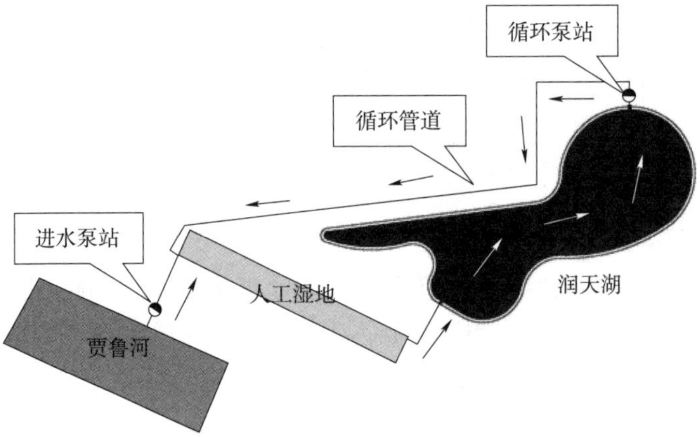

图 4-31 设计思路

方案设计的技术路线如图 4-32 所示。

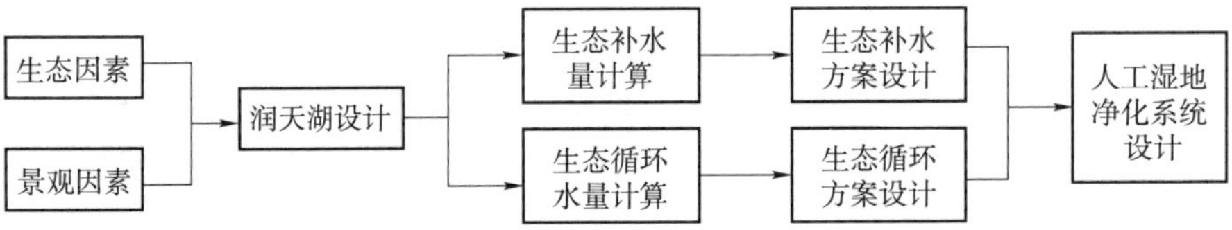

图 4-32 技术路线

人工湿地按处理贾鲁河原水设计，处理规模为 6 000 m^3/d，根据地形条件共分为 11 个湿地单元，湿地单元总占地面积约 2.5 万 m^2，水力负荷为 0.3 $m^3/(m^2 \cdot d)$。工程主要布置在中华路与贾鲁河交汇处的南侧区域，不占用其他城市建设用地。主要建筑物包括生物塘、一级植物碎石床、二级植物碎石床和砂滤池。

该工程在正常运行阶段处理润天湖内循环水时，处理规模可达 1.2 万 m^3/d。

4.5.4 工程运行调度

（1）生态环境需水量

润天湖生态需水量指正常运营期维持设计生态水位所需的补水量。润天湖设计为封闭的内循环水体，不与外部水体连通，没有与外部水体之间的水体交换。其水量的变化只与蒸发、渗漏、植物蒸腾等相关。其中蒸发量的计算是采用多年平均水面有效蒸发量（多年平均水面蒸发量扣除平均降水量）乘以水面面积的方法得到，润天湖的多年平均水面有效蒸发量为 583 mm；润天湖的渗漏损失量，经防渗措施处理后，按水体规模的 5% 考虑；由于润天湖中植物覆盖率低，故本方案不考虑其植物蒸腾量。

润天湖规划水面面积为 13.00 万 m^2，蓄水规模为 24.18 万 m^3，则润天湖年蒸发量为 7.58 万 m^3，渗漏损失量为 1.21 万 m^3，故年生态环境需水量为 8.79 万 m^3。

（2）湖体运行方式

湖体运行方式主要包括首次注水、循环净化、补水、汛期排涝和排空换水等。

①首次注水

在完成润天湖设计施工后，或在运行过程中出现特殊情况需要将润天湖水体排空换水时，需要向润天湖进行一次性注水。一次性注水可通过泵站引贾鲁河水经过湿地处理后蓄满整个润天湖，考虑近期贾鲁河水质较差，取引水流量 6 000 m^3/d，润天湖蓄满需要 40 d。

②循环净化

当湖水蓄满时，可通过泵站将湖水抽入人工湿地，进行循环净化处理，以保障湖体水质。

通过生态循环的方式维持润天湖的水质平衡。对于一个封闭的内循环水体，在湖体生态设计良好且水体水质达到较高标准的条件下，水体水质可维持较长时间。润天湖水体执行《地表水环境质量标准》（GB 3838—2002）中的Ⅳ类水质标准，在湖体生态系统健康完善的前提下，水质可维持 20～30 d 甚至更长时间。本方案拟按循环净化时间为 20 d 考虑，即 20 d 完成一次水体的循环净化，由此可计算出维持水质平衡所需要的水量为 12 000 m^3/d。每年循环次数不应少于 6 次。

③补水

该工程生态年补水量为 8.79 万 m^3，即 240 m^3/d。人工湿地处理能力完全满足补水需求。为达到水质净化工程的设计规模，保证湖内水体循环净化周期，生态循环系统需同时运行，此时生态补水和生态循环净化总量应与循环期设计规模相一致，即 12 000 m^3/d。

④汛期排涝

汛期，当湖水水位高于最高设计水位时，多余水通过溢流设施，经穿堤涵闸排入贾鲁河。

⑤排空换水

正常情况下，润天湖和人工湿地构建成的生态循环系统稳定运行时，润天湖水质能够稳定维持在《地表水环境质量标准》（GB 3838—2002）中的Ⅳ类甚至更高的水质标准，常年不需要对润天湖进行排空换水；在特殊工况下，如水质突然严重恶化，短时间内难以通过内部循环完成净化时，可通过泵站将湖水排空，共设 4 台泵，每台流量为 0.1 m^3/s。湖水排空后，重新从贾鲁河引水经人工湿地净化后注入润天湖。

4.5.5　湿地工程技术方案

4.5.5.1　处理程度要求

根据人工湿地水质净化工程的进水水质和出水水质，经核算该项目处理程度具体目标见表 4-13。

表 4-13　污染物去除率要求

指标	进水水质 /（mg/L）	出水水质 /（mg/L）	去除率 /%
COD_{Mn}	45	≤6	≥86.7
BOD_5	15	≤4	≥73.3
NH_3-N	4.0	≤1	≥75
TP	0.3	≤0.05	≥83.3

从处理程度分析，COD_{Mn} 的去除率要达到 86.7% 以上，BOD_5 的去除率要达到 73.3% 以上，NH_3-N 的去除率要达到 75% 以上，TP 的去除率要达到 83.3% 以上。

4.5.5.2　工艺流程及说明

（1）工艺流程

为了达到上述的处理效果，该工程采用“WJS 人工湿地”的工艺技术。该工程所采用的 WJS 人工湿地污水处理工艺，为汪俊三教授经过 30 多年研究和工程实践总结出来的。该工艺是以平流潜流为主并结合垂直流的人工湿地污水处理工艺。该工艺的示范工程 2003 年经国家环保总局进行鉴定，成果达国际领先水平，并获得 2004—2005 年度国家环保总局科技进步奖，并两次获得国家科技进步奖，五次省、部级科技进步奖和两次省级工程最佳设计奖。

该项目工艺流程如图 4-33 所示。

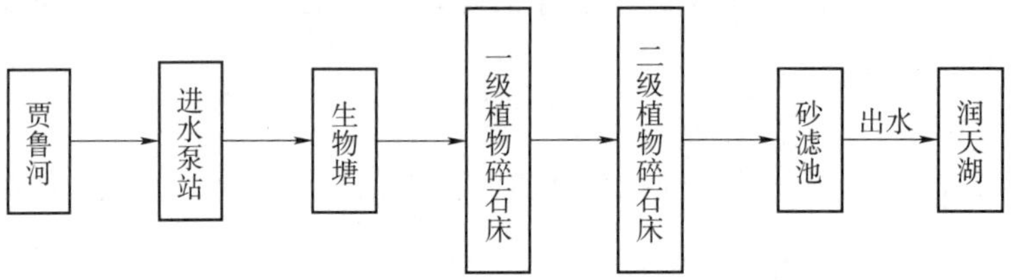

图 4-33　工艺流程

（2）工艺说明

该项目采用“水平潜流人工湿地”处理工艺。该项目引水是从贾鲁河左岸引水后，进入人工湿地进行处理。人工湿地系统中的填料生物膜和植物根系形成的庞大微生物区系，能高效地净化水中的污染物。有机质通过生物降解、矿化和与植物吸收而得以去除。湿地床中，植物根系具有较强的输氧作用，可使根系周围的微环境中保持较高的溶解氧，并依次形成好氧、缺氧及厌氧环境，保证了水中氮、磷不仅能被植物及微生物作为营养成分吸收，还可以通过硝化、反硝化作用及微生物对磷的过量积累作用从水中去除，还可以栽培植物的收割而使污染物质从系统中去除。

人工湿地处理后水质达到《地表水环境质量标准》（GB 3838—2002）Ⅲ类水

质标准，自流汇入出水渠，采用水平潜流工艺，每个单元分为 3～4 级。为了保护水质，出水渠采用盖板暗渠形式，出水最终汇入润天湖。

4.5.5.3　进水、出水水质

（1）进水水质

进水水质是净化工程设计的基础和依据，根据贾鲁河水质监测结果，确定本处理系统进水水质浓度见表 4-14。

表 4-14　工程进水水质　　单位：mg/L

参数	COD_{Mn}	BOD_5	NH_3-N	TP
浓度≤	45	15	4.0	0.3

（2）出水水质

润天湖引水在入湖前经湿地净化工程完成水质净化，经管道进入湖泊。根据水功能需求，确定润天湖水质目标为《地表水环境质量标准》（GB 3838—2002）Ⅳ类水质标准，设计湿地净化工程出水达到《地表水环境质量标准》（GB 3838—2002）Ⅲ类水质标准，其中 TP 浓度按湖库标准控制。工程设计出水水质浓度见表 4-15。

表 4-15　工程出水水质　　单位：mg/L

参数	COD_{Mn}	BOD_5	NH_3-N	TP
浓度≤	6	4	1	0.05

4.5.6　引水和水循环系统设计

4.5.6.1　引水系统设计

润天湖第一次充水水源来自贾鲁河，按设计要求 40 d 充满，计算得出日供水能力为流量 6 000 m^3。

在贾鲁河边建设一个提升泵站，设计流量为 6 000 m^3/d，将贾鲁河水通过泵加压后，利用 DN400 钢管输送至人工湿地进行净化后从设计的排水渠自流入润天湖。

当湖区水量因蒸发、渗漏而减少后，由提升泵站潜污泵抽取贾鲁河水再经过人工湿地处理后进行补充。

格栅和进水提升泵房合建。泵房选用半地下式，为钢筋混凝土结构；泵房内设一道细格栅，贾鲁河水经格栅去除垃圾后用潜污泵提升，栅渣收集后运走。

（1）细格栅

细格栅采用人工细格栅，用来拦截污水中悬浮物和较大颗粒，保护水泵和其他

机械免受损坏。格栅清渣采用人工清渣。

① 格栅井参数

设计水量为平均时流量：250 m^3/h；

格数：2；

单格平面尺寸：4 500 mm × 800 mm。

② 格栅参数

格栅宽度为 B=740 mm；

栅条宽度：10 mm；

栅前水深为 950 mm；

安装倾角为 75°；

额定功率 N=0.75 kW。

（2）进水泵房

提升泵设计流量：250 m^3/h；

集水池平面尺寸：7 000 mm × 5 200 mm。

选用潜水排污泵 3 台（2 用 1 备），单台流量 Q=140 m^3/h，最大扬程 H=7 m，电机功率为 5.5 kW。

水泵的运行方式：由安装在泵房集水井的超声波液位计根据水位高低调节运行水泵台数。

4.5.6.2 循环系统设计

当湖区水体发生水质劣化，为了节省用水量，此时不再大量取用贾鲁河的水，而是在润天湖北侧合适位置修建一个循环泵站，采用循环回水泵将湖水抽至人工湿地进行水体净化。随后，该水再次注入湖区，达到水的循环使用。

设计总输水流量：Q=500 m^3/h。

集水池平面尺寸：7 000 mm × 4 800 mm。

选用潜水排污泵 3 台（2 用 1 备），单台流量 Q=300 m^3/h，最大扬程 H=10 m，电机功率为 15 kW。

水泵的运行方式：由安装在泵房集水井的超声波液位计根据水位高低调节运行水泵台数。

4.5.6.3 管道选择设计

①引水系统管线设计

根据贾鲁河水文资料，该工程引水系统进水管采用 DN500 的 HDPE 塑料管道。管道从取水点处引入闸门，向引水系统供水。

出水管道根据经济流速和管道压力选用 DN400 钢管向人工湿地供水，管约长

100 m。

②人工湿地配水管

人工湿地采用主管和支管进水方式，主管采用 DN400 的钢管，长度约 420 m；每个人工湿地进水管均采用 DN200 钢管，长度约 1.8 m。可以保证输水要求。

③ 湖区供水管线

从人工湿地的集水渠出水利用明渠加盖方式向润天湖供水，渠道规格为 800 mm × 500 mm。

④ 循环系统回水管管线

循环泵站距离人工湿地大约 1 100 m，选择 DN400 钢管，可以保证输水要求。

4.5.7　人工湿地工程

4.5.7.1　工程布置

（1）场地高程条件

人工湿地位于工业一路与贾鲁河之间的狭长地带，湿地场地现状高程为 49.89～50.35 m，场地较为平坦。湿地可利用场地为南北向细条形状，南北总长度约 530 m，东西宽度为 54～57 m。

（2）工程布置

为了利用现状高程条件，结合地块形状，湿地布置靠近贾鲁河一侧为进水端，远离贾鲁河的另一侧为出水端。人工湿地处理规模为 6 000 t/d，总占地面积约为 2.1 万 m^2，总水力负荷为 0.30 $m^3/(m^2 \cdot d)$，共布置湿地单元 11 组。工程布置及湿地单元划分情况见表 4-16。

4.5.7.2　设计参数

（1）基本设计参数

该工程项目构筑物单元根据以下设计参数进行设计。

①设计水量：Q=6 000 m^3/d。

该工程项目人工湿地处理系统拟分 11 个系统，并联运行。

②总水力负荷：q=0.3 $m^3/(m^2 \cdot d)$（平均）。

③湿地总面积：S=2.1 万 m^2。

④湿地平均坡度：0.5%。

⑤碎石床厚度：h=1 500 mm。

⑥砂滤池厚度：h=1 200 mm。

⑦碎石料粒径：15～90 mm。

⑧粗砂粒径：5～10 mm。

⑨污水在人工湿地中运行方式：水平潜流。

⑩布水方式：PVC 穿孔管布水，上部进水（或下部进水），下部出水（或上部出水）。

（2）水力停留时间

水力停留时间是个综合参数，对人工湿地的处理效果起着非常重要的影响。从上述分析可知，人工湿地每个系统均由 4 个单元组成，即生物塘、一级植物碎石床、二级植物碎石床和植物砂滤池。水力停留时间见表 4-16。

表 4-16 工程布置及湿地单元划分情况

湿地编号	名称	处理水量 /（m^3/d）	净空面积 / m^2	深度 / m	有效水深 / m	填料粒径 / mm	停留时间 / h
SD1	1	545	512	1.9	1.5	50～90	18.60
	2		432	1.9	1.5	20～30	7.13
	3		432	1.9	1.5	15～20	4.28
	4		272	1.6	1.2	5～10	0.71
	合计		1 648	—	—	—	30.72
SD2	1	545	512	1.9	1.5	50～90	18.60
	2		432	1.9	1.5	20～30	7.13
	3		432	1.9	1.5	15～20	4.28
	4		272	1.6	1.2	5～10	0.71
	合计		1 648	—	—	—	30.72
SD3	1	545	512	1.9	1.5	50～90	18.60
	2		432	1.9	1.5	20～30	7.13
	3		432	1.9	1.5	15～20	4.28
	4		272	1.6	1.2	5～10	0.71
	合计		1 648	—	—	—	30.72
SD4	1	545	512	1.9	1.5	50～90	18.60
	2		432	1.9	1.5	20～30	7.13
	3		432	1.9	1.5	15～20	4.28
	4		272	1.6	1.2	5～10	0.71
	合计		1 648	—	—	—	30.72
SD5	1	545	512	1.9	1.5	50～90	18.60
	2		432	1.9	1.5	20～30	7.13
	3		432	1.9	1.5	15～20	4.28
	4		272	1.6	1.2	5～10	0.71
	合计		1 648	—	—	—	30.72

续表

湿地编号	名称	处理水量 /（m^3/d）	净空面积 / m^2	深度 / m	有效水深 / m	填料粒径 / mm	停留时间 / h
SD6	1	545	512	1.9	1.5	50～90	18.60
	2		432	1.9	1.5	20～30	7.13
	3		432	1.9	1.5	15～20	4.28
	4		272	1.6	1.2	5～10	0.71
	合计		1 648	—	—	—	30.72
SD7	1	545	512	1.9	1.5	50～90	18.60
	2		432	1.9	1.5	20～30	7.13
	3		432	1.9	1.5	15～20	4.28
	4		272	1.6	1.2	5～10	0.71
	合计		1 648	—	—	—	30.72
SD8	1	545	512	1.9	1.5	50～90	18.60
	2		432	1.9	1.5	20～30	7.13
	3		432	1.9	1.5	15～20	4.28
	4		272	1.6	1.2	5～10	0.71
	合计		1 648	—	—	—	30.72
SD9	1	545	512	1.9	1.5	50～90	18.60
	2		432	1.9	1.5	20～30	7.13
	3		432	1.9	1.5	15～20	4.28
	4		272	1.6	1.2	5～10	0.71
	合计		1 648	—	—	—	30.72
SD10	1	545	512	1.9	1.5	50～90	18.60
	2		432	1.9	1.5	20～30	7.13
	3		432	1.9	1.5	15～20	4.28
	4		272	1.6	1.2	5～10	0.71
	合计		1 648	—	—	—	30.72
SD11	1	545	512	1.9	1.5	50～90	18.60
	2		432	1.9	1.5	20～30	7.13
	3		432	1.9	1.5	15～20	4.28
	4		272	1.6	1.2	5～10	0.71
	合计		1 648	—	—	—	30.72

（3）湿地负荷校核

①首次注水阶段

流量 Q_1=6 000 m^3/d；

湿地面积 S=2.1 万 m^2；

平均水力负荷 q=0.3 m^3/（m^2·d）。

根据设计进水、出水水质及水量、湿地面积可计算出 BOD_5 负荷仅为 31.43 kg/（hm^2·d），远低于《人工湿地污水处理工程技术规范》（HJ 2005—2010）中规定的污染负荷，人工湿地可正常稳定运行。

②循环净化阶段

流量 Q_2=12 000 m^3/d；

湿地面积 S=2.1 万 m^2；

平均水力负荷 q=0.6 m^3/（m^2·d）。

湖内为封闭系统，正常运行阶段，进入润天湖内的污染源主要为降雨和地表径流，其污染指标的数量与当地空气质量和地表环境密切相关。考虑润天湖库容大，正常运行阶段湖内水质稳定达到甚至优于《地表水环境质量标准》（GB 3838—2002）中的IV类水质标准，降雨和地表径流引起的湖内 BOD_5 等主要污染物浓度提高将不明显。

本方案暂按 BOD_5 浓度为执行标准的 2 倍（即 BOD_5 浓度为 8 mg/L）进行校核，此时 BOD_5 负荷仅为 22.86 kg/（hm^2·d），远低于《人工湿地污水处理工程技术规范》（HJ 2005—2010）规定的污染负荷，人工湿地可正常稳定运行。

4.5.7.3 主要构筑物

该工程项目拟建人工湿地系统共分为 11 个湿地单元，每个系统又分为 4 个单元：生物塘、一级植物碎石床、二级植物碎石床和植物砂滤池。每个系统内单元构筑物设计参数见表 4-17。

表 4-17 人工湿地构筑物组成

湿地系统编号	构筑物组成			
	1 级	2 级	3 级	4 级
SD1～SD11	生物塘	一级碎石床	二级碎石床	砂滤池
	40 m × 12.8 m	40 m × 10.8 m	40 m × 10.8 m	40 m × 6.8 m

4.5.7.4 配水设计及垂直结构

（1）配水设计

该工程总进水设计采用总配水渠进行配水，在系统各单元内采用配水渠配水。

生物塘，一、二级植物碎石床的布水管和集水管以及砂滤池的布水干管和集水管均采用 DN110 UPVC 管道；砂滤池布水支管采用 DN50 UPVC 管道。

生物塘，一、二级植物碎石床及砂滤池采用上进下出的配水方式。上进的布水管在碎石或粗砂填料层 500 mm 以下布设，以防冬季冰冻。

（2）垂向结构

人工湿地的垂向结构直接影响着人工湿地床底渗透性和湿地的处理效果。该工程项目在人工湿地建设中，所有池体底部防渗均采用“450 g/m^2 二布一膜土工膜加 200 mm 厚黏土保护层”，可保证床底渗透系数 $k<1\times10^{-10}$ cm/s。在土工膜铺接时，应先做原土压实平整处理，以防土工膜在施工过程中破裂。

生物塘在黏土保护层上部加 800 mm 厚度、粒径为 50～90 mm 的碎石填料；一级植物碎石床在黏土保护层上部加 1 500 mm 厚度、粒径为 20～30 mm 的碎石填料；二级植物碎石床在黏土保护层上部加 1 500 mm 厚度、粒径为 15～20 mm 的碎石填料；砂滤池在黏土保护层上部加 1 200 mm 厚度、粒径为 5～10 mm 的粗砂填料。

4.5.7.5　湿地植物设计

（1）植物品种设计

该工程植物品种的选种充分考虑了植物品种的耐污性、净化效果、抗逆性及观赏性，并通过植物品种间的搭配，使人工湿地呈现出一派姹紫嫣红、争芳斗艳、规划整齐而又错落有致的湿地景观，使人工湿地成为西华县的一个新的旅游景点和生态教育窗口，符合西华县的区域规划和城市定位。

该工程生物塘，一级、二级碎石床以及砂滤池则选用芦苇、花叶虉草、花叶芦荻、千屈菜等，并点缀以香蒲，增加其观赏性。具体的植物设计见表 4-18、表 4-19。

表 4-17　植物设计表 1

名称	苦草［*Vallisneria natans*（Lour.）Hara］	芦苇［*Phragmites communis* Trin］	花叶虉草［*Pha laris arundinacea*］	花叶芦荻［*Arundo donax* var Arundo donax var.versicolor］	千屈菜［*Lythrum salicaria*］	香蒲［*Typha orientalis* Presl］
SD1	10 240	2 592	2 592	2 592	1 008	1 440
SD2	10 240	2 592	2 592	2 592	1 008	1 440
SD3	10 240	2 592	2 592	2 592	1 008	1 440
SD4	10 240	2 592	2 592	2 592	1 008	1 440
SD5	10 240	2 592	2 592	2 592	1 008	1 440
SD6	10 240	2 592	2 592	2 592	1 008	1 440
合计	61 440	15 552	15 552	15 552	6 048	8 640

表 4-19 植物设计表 2

名称	苦草［*Vallisneria natans*（Lour.）Hara］	芦苇［*Phragmites communis* Trin］	花叶虉草［*Pha laris arundinacea*］	花叶芦荻［*Arundo donax* var Arundo donax var. versicolor］	千屈菜［*Lythrum* salicaria］	香蒲［*Typha orientalis* Presl］
SD7	10 240	2 592	2 592	2 592	1 008	1 440
SD8	10 240	2 592	2 592	2 592	1 008	1 440
SD9	10 240	2 592	2 592	2 592	1 008	1 440
SD10	10 240	2 592	2 592	2 592	1 008	1 440
SD11	10 240	2 592	2 592	2 592	1 008	1 440
合计	51 200	12 960	12 960	12 960	5 040	7 200

（2）植物栽种密度

生物塘种植密度为 20 棵 /m^2，植物碎石床和砂滤池植物栽种密度均采用 9 棵 /m^2。

4.5.7.6 保温防冻设计

（1）人工湿地系统保温设计

温度是影响人工湿地处理效果的重要因素，低温会降低微生物的活性，不利于微生物对水污染物的降解去除；此外，低温也会影响植物生长状况，不利于植物对水污染物质的吸附吸收。为保证人工湿地在冬季能够正常运行，该工程工艺设计时已考虑通过管道布置，采用夏天和冬天两套布水系统，确保植物碎石床及植物砂滤池在冻土层或结冰层下有足够的正常运行厚度。

（2）结构防冻设计

结构因冻破坏的主要原因是水的渗入。温度降低至冰点以下时，渗入结构中的水结冰膨胀，从而导致结构遭受破坏。因此，防渗和防裂是结构防冻的关键措施。

该工程项目采用可靠的防渗、防裂材料和防渗、防裂形式对结构进行防渗、防裂处理，以防止冬季低温时结构冻胀破坏。

（3）管道防冻设计

管道受冻胀破坏后可能影响人工湿地配水的均匀性，同时也会缩短管道的使用寿命。该工程将加大集水管、布水管的布置深度，将管道布置在冻土层下；跨渠管道外部采用 50 mm 厚的聚氨酯保温材料进行缠绕保温。

（4）布水渠防冻设计

适当提高水面上的空间，并做好盖板设计，充分利用渠内水的流动性和自由水面上方的空气层进行保温。

第 5 章　污水处理厂出水深度处理人工湿地

5.1　临清市人工湿地水质净化工程（一期）项目

前言后语

临清市各工业企业废水处理达标后主要排入工业废水总排口，最终全部排入卫运河。各种工业企业排水虽然达到相关行业污染物排放标准，但其污染物浓度依然较高，仅造纸、印染等工业废水带入卫运河的 COD 就达到 7 200 t/d 以上。另外，根据《南水北调东线工程山东段水污染防治总体规划》要求，卫运河作为南水北调东线工程输水干线的一部分，不允许有污染物直接排入，其污染负荷应全部消减。随着南水北调东线工程的全面实施和通水，卫运河的污染物零排放势在必行。

根据山东省环保厅关于临清市限期实现区域废水零排放的目标以及与聊城市政府签订的环保工作责任书，确定临清市今年必须完成人工湿地建设的工作任务，临清市人工湿地水质净化工程的建设已是刻不容缓。

该项目由临清市人民政府主持建设，汪俊三为本项目负责人，陈毓华负责审核，汪道宇、洪轶璇、郭有顺负责提供工艺流程、设计参数和工程设计（包括布水）。

5.1.1　项目概述

该项目位于临清市城区西北部——卫运河李庄村河段，舍利塔东面，属于卫运河河滩地，为先锋办事处辖区李庄村民的集体土地，性质为河滩临时农用地。项目选址地势较为平坦，现状地面标高为 30.6～31.7 m，东侧是卫运河堤，南、北侧均为河滩地，西侧为卫运河河床。该选址南北长约 760 m，东西宽约 250 m，呈长方形，总面积约 19 万 m^2。

红旗渠位于项目选址北面约 30 m 处，西接卫运河，东接南水北调输水六分干渠。人工湿地处理后的尾水可直接排入红旗渠，在拟建人工湿地和红旗渠之间修建排水小溪，人工湿地出水可经排水小溪自流排入红旗渠，尾水排放很方便。另外，临清市大部分工业企业都比较靠近红旗渠，该项目建成后经过处理的水质可以满足工业企业用水标准和农灌用水标准，故人工湿地尾水均可作为工业企业用水或农业灌溉水，回用水利用率高。

项目建设地点：临清市卫运河河滩城市总排水渠以北、红旗渠穿堤新渠以南地块（图 5-1）。

图 5-1　项目位置

工程规模：人工湿地水质净化工程建设总规模为 6 万 t/d，分三期建设，其中一期工程建设规模为 2 万 t/d；项目规划总占地面积约 12 万 m^2（约 180 亩），其中一期规划占地面积约 4 万 m^2（约 60 亩）。

项目建设总投资：1 434.7 万元。

吨水造价：717 元。

年营运支出：38.7 万元。

单位营运成本：0.053 元 /t 水。

5.1.2　排水现状及规划

临清市水环境污染主要是由工业废水和生活污水造成的。根据调查，废水主要污染物为 COD_{Cr}、NH_3-N 和色度等。部分企业内部按行业标准自行处理达标后排入工业废水总排口（图 5-2 和图 5-3），最终通过城市总排水渠排入卫运河。各工业企业废水排放现状见表 5-1。

图 5-2　工业废水总排口现状

表 5-1　临清市城区工业废水排放现状

企业名称	排水量 /（t/d）	排放情况
银河纸业（制浆和造纸联合生产）	50 000	按行业排放标准处理达标后直排入工业废水总排口
三和纺织	20 000	按行业排放标准处理达标后直排入工业废水总排口
鑫润印染	2 500	按《污水排入城市下水道水质标准》（CJ 3082—1999）处理达标后进入城市管网
卫河酒业	2 000	已停产
华润纺织	2 000	按《污水排入城市下水道水质标准》（CJ 3082—1999）处理达标后进入城市管网
奥博特	600	按行业排放标准处理达标后直排入工业废水总排口
乳胶手套	500	排入污水处理厂处理

5.1.3　工程规模和进水、出水水质确定

临清市人工湿地水质净化工程总规模为日处理造纸、印染等工业废水 6 万 t，分三期建设，每期 2 万 t/d。由此可确定临清市人工湿地水质净化工程一期工程处理规模为 2 万 t/d。

表 5-2 进水水质

指标	COD_{Cr}/（mg/L）	NH_3-N/（mg/L）	色度 / 倍
浓度值	120	10	60

表 5-3 出水水质

指标	COD_{Cr}/（mg/L）	NH_3-N/（mg/L）	色度 / 倍
浓度值	≤ 40	≤ 2	≤ 30

根据临清市人工湿地水质净化工程的进水水质和设计出水水质，该工程各项指标的去除率见表 5-4。

表 5-4 临清市人工湿地水质净化工程污染物去除率

指标	进水水质 /（mg/L）	出水水质 /（mg/L）	去除率 /%
COD_{Cr}	120	≤40	≥66.7
NH_3-N	10	≤2	≥80
色度	60 倍	≤ 30	削减≥30 倍

5.1.4 工艺流程

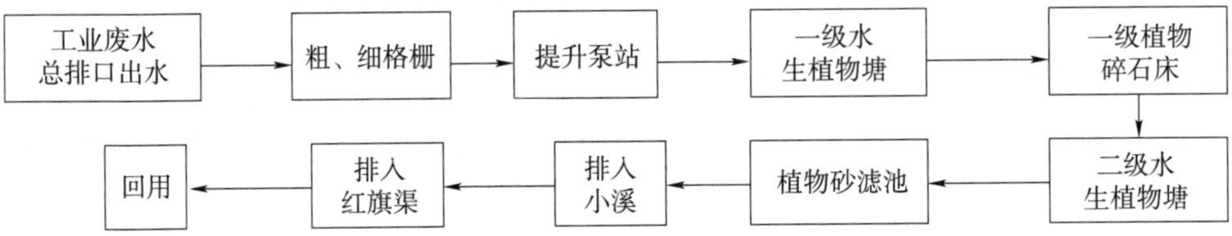

图 5-3 工艺流程

5.1.5　工艺处理原理

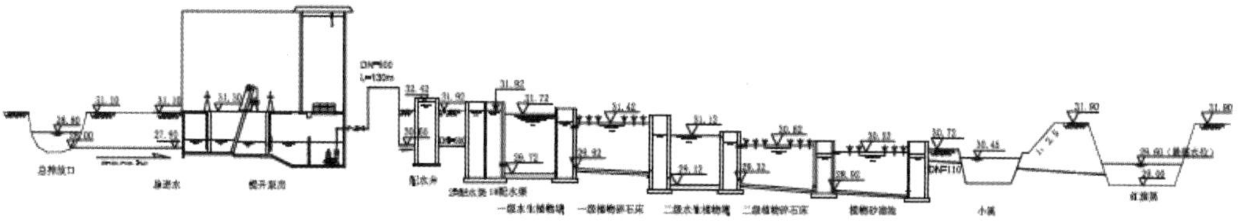

系统1~2工艺流程

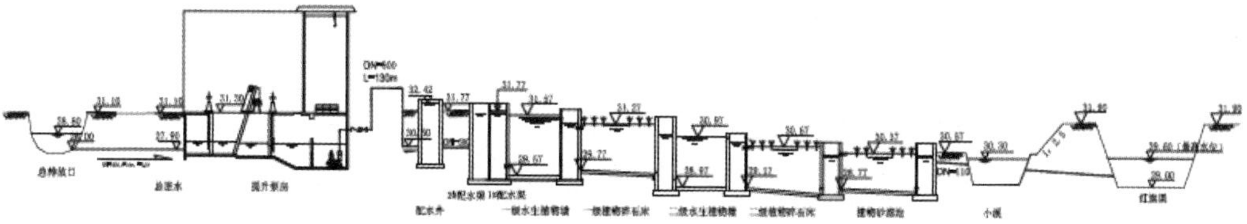

系统3~4工艺流程

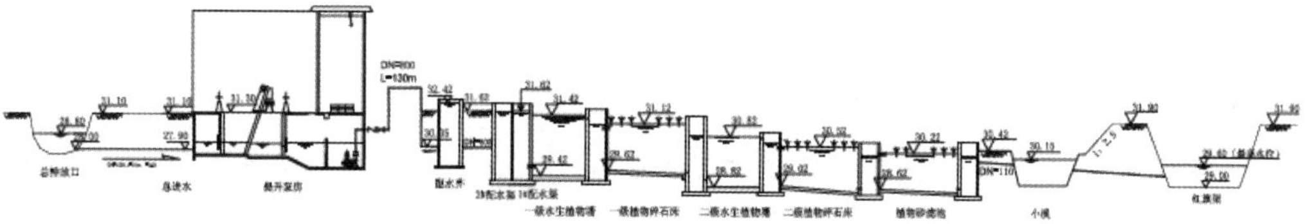

系统5~6工艺流程

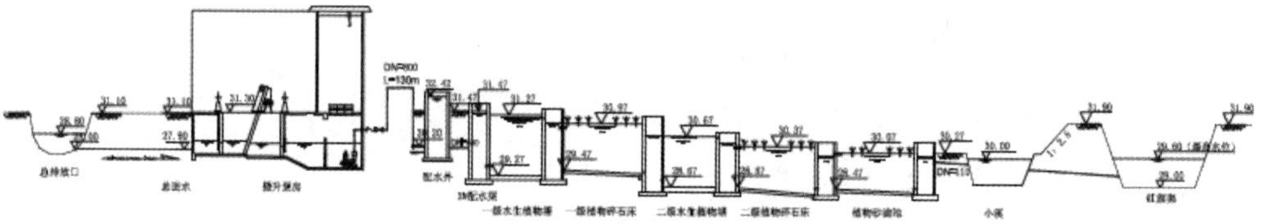

系统7~8工艺流程

图 5-4

5.1.6　设计参数

5.1.6.1　粗格栅

采用高链式粗格栅，用来拦截污水中悬浮物和较大颗粒，保护水泵和其他机械免受损坏。

设计水量为平均时流量：833 m^3/h；

栅条间隙：20 mm；

栅条宽度：20 mm。

5.1.6.2 细格栅

采用高链式细格栅，用来拦截污水中悬浮物和较细颗粒，保护水泵和其他机械免受损坏。

设计水量为平均时流量：833 m^3/h；

栅条间隙：5 mm；

栅条宽度：5 mm；

单台电机功率：P=1.5 kW。

5.1.6.3 进水泵房

提升泵设计流量：833 m^3/h。

选用潜水排污泵 3 台（2 用 1 备），单台流量 Q=420 m^3/h，最大扬程 H=10 m，电机功率为 14.1 kW。

水泵的运行方式：由安装在泵房集水井的超声波液位计根据水位高低调节运行水泵台数。

5.1.6.4 人工湿地系统设计

该工程项目人工湿地处理系统拟分 8 个系统，并联运行，每个系统处理规模为 2 500 m^3/d。

（1）设计水量：$Q=2\times10^4$ m^3/d。

（2）总水力负荷：q=0.5 $m^3/(m^2\cdot d)$（平均）。

（3）湿地总面积：$S=Q/q$=40 000 m^2。

（4）湿地平均坡度：1.0%。

（5）碎石床厚度：h=1 500 mm。

（6）砂滤池厚度：h=1 600 mm。

（7）碎石料粒径：15～30 mm。

（8）粗砂粒径：5～10 mm。

（9）污水在人工湿地中运行方式：水平潜流。

（10）布水方式：PVC 穿孔管布水，上部进水（或下部进水），下部出水（或上部出水）。

表 5-5 构筑物一览表 单位：m

系统	一级水生植物塘	一级植物碎石床	二级水生植物塘	二级植物碎石床	植物砂滤池
1	66 × 10	66 × 22	60 × 10	60 × 22	60 × 12
2	66 × 10	66 × 22	60 × 10	60 × 22	60 × 12
3	66 × 10	66 × 22	60 × 10	60 × 22	60 × 12
4	66 × 10	66 × 22	60 × 10	60 × 22	60 × 12

续表

系统	一级水生植物塘	一级植物碎石床	二级水生植物塘	二级植物碎石床	植物砂滤池
5	66 × 10	66 × 22	60 × 10	60 × 22	60 × 12
6	66 × 10	66 × 22	60 × 10	60 × 22	60 × 12
7	66 × 10	66 × 22	60 × 10	60 × 22	60 × 12
8	66 × 10	66 × 22	60 × 10	60 × 22	60 × 12
备注	深 2.2 m，有效水深 2.0 m	深 1.7 m，有效水深 1.5 m	深 2.2 m，有效水深 2.0 m	深 1.7 m，有效水深 1.5 m	深 2.0 m，有效水深 1.6 m

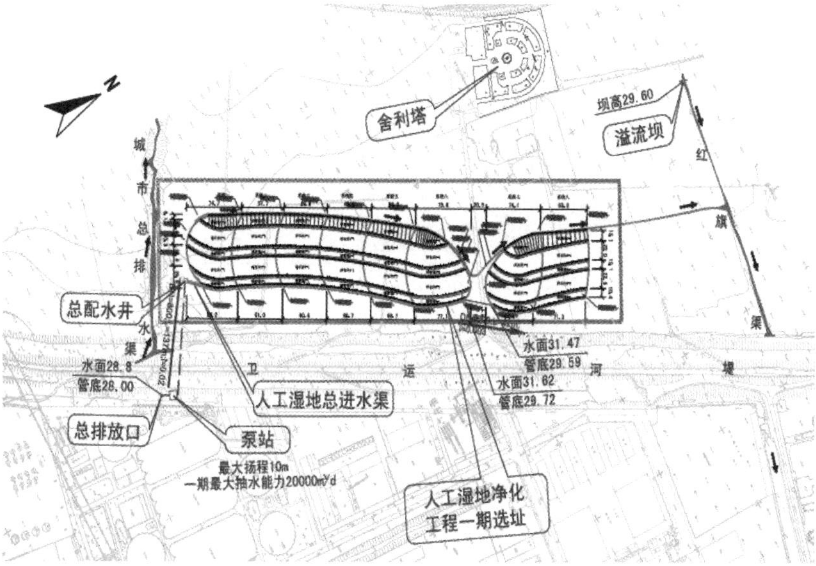

图 5-5　总平面布置图

5.1.7　植物品种

人工湿地是该工程项目的主体工程，由于其大部分面积可作为景观，因此人工湿地既有水净化处理功能，同时又有景观价值。因此，可将人工湿地设计成各种形状，形成一个独具特色的景观效果。

植物是湿地中必不可少的部分，人工湿地处理系统选择的植物应具有以下特点：

（1）多年生，最好周年常绿；

（2）有发达的根系；

（3）有相当大的生物量或者茎叶密度；

（4）有最大的表面层作为微生物群落活动的场所；

（5）要有较强的运输氧的能力；

（6）有景观价值；

（7）抗逆性强，最好是本地物种；

（8）有一定的综合利用价值。

表 5-6　植物配置表

序号	系统 / 名称	植物品种	面积 / m^2	苗数 / 棵
1	一级生物池	菹草【*Potamogeton crispus* Linn】	2 459	43 240
2		苦草【*Vallisneria natans*】	2 685	53 700
3	一级碎石床	芦竹【*Arundo donax*】	3 108	31 080
4		风车草【*Cyperus alternifolius*】	3 127	31 270
5		芦苇【*Phragmites communis* Trin】	3 140	31 400
6		花叶芦荻【*Arundo donax* var *Arundo donax* var. versicolor】	3 057	33 720
7	二级生物池	光叶眼子菜【*Potamogeton lucens*】	2 665	53 300
8		黑藻【*Hydrilla vertillata*】	2 641	52 820
9	二级碎石床	水葱【*Scirpus validus* Vahl】	3 001	30 010
10		再力花【*Thalia dealbata*】	2 940	29 400
11		芦竹【*Arumdo donax*】	2 861	28 610
12		藨草【*Scirpus trigueter*】	2 751	27 510
13	砂滤池	千屈菜【*Lythrum salicaria*】	6 356	63 560
14	湿地四周	伞草【*Typha angustifoia*】	14 900	14 900
15	点缀	紫薇【*Lagerstroemia indica*】	60	1 200（各 600）
16		黄槐【*Cassia surattensis* Burm.f.】	60	

5.1.8　相关图片

图 5-6　湿地鸟瞰图

图 5-7　湿地植物图

图 5-8　生物塘现状图

图 5-9 湿地周边环境图

5.2 宏源污水处理公司水环境承载力提升工程——人工湿地部分

前言后语

该工程由汪俊三、洪轶璇、汪道宇、郭有顺等设计。该人工湿地处理效果好，很好地改善了穿越许昌市中心的清溪河水质，让黑臭的河水变清，成为国家黑臭水体治理示范工程，并开辟成许昌市旅游风景区。

5.2.1 项目背景

该工程位于河南省许昌市魏都区清溪河东北岸，北邻许昌市北环西路，西南与清溪河相接，工程中心坐标为北纬 34°3′46.28″，东经 113°49′4.88″。

许昌市宏源污水处理有限公司原设计处理规模 30 000 m^3/d，污水处理后就近排入清溪河，出水执行《城镇污水处理厂污染物排放标准》（GB 18918—2002）中的一级 A 标准（以下简称一级 A 排放标准）。但由于实际运行过程中，污水进水量仅为 22 000 m^3/d，出水未能稳定达标排放。

根据《许昌宏源污水处理有限公司水环境容量提升工程可行性研究报告》及许昌市政府相关文件知悉，目前清溪河已无环境容量，许昌市宏源污水处理有限公司尾水作为清溴河段主要污染源之一，仅达标排放已不能满足维持清溴河水质及生态功能的要求。因此需通过厂内技术改造和新建人工湿地尾水处理设施，使排入清溴河的废水水质达地表 V 类水质量标准，从而逐渐提升清溴河水环境容量。

该工程作为许昌市宏源污水处理有限公司水环境容量提升工程的重要子工程之一，不仅能有效降低许昌市宏源污水处理有限公司污染物排放量，而且通过在清溴河岸构建人工湿地，利于清溴河生态系统修复和景观构建，符合许昌市魏都区经济可持续发展需求。

5.2.2　设计目标

对宏源污水处理有限公司达一级 A 排放标准的尾水，进行深度处理，处理后污水水质达地表 V 类水质标准后排入清溴河。

5.2.3　污水来源及特征

该工程污水来源于宏源污水处理有限公司排放的尾水，具有水质水量较稳定、SS 浓度低等特点。

5.2.4　设计规模

根据污水处理的实际需要，该工程设计规模为 30 000 m^3/d。

5.2.5　进水、出水水质

根据业主提供的资料及相关要求，该工程进水水质应达到一级 A 排放标准，设计出水水质执行地表 V 类水标准。

设计进水、出水水质见表 5-7。

表 5-7　设计进水、出水水质　　单位：mg/L

指标	COD_{Cr}	NH_3-N	BOD_5	SS	执行标准
人工湿地进水	50	5	10	10	一级 A 排放标准
人工湿地出水	≤40	≤2.0	≤10	—	地表Ⅴ类水标准

5.2.6　工艺技术方案的确定

该工程采用在清溴河东北岸滩地建人工湿地的方式，对宏源污水处理有限公司尾水进行深度处理。

该工程选址总面积为 2.45 万 m^2，扣除湿地四边道路建设，可用于构建人工湿地的实际面积为 2.2 万 m^2，而工程污水处理量为 3 万 t/d，则所需水力负荷高达 1.36 $m^3/(m^2 \cdot d)$。

目前国内人工湿地设计水力负荷多为0.3～0.5 $m^3/(m^2 \cdot d)$，而由汪俊三教授研发的WJS人工湿地，经环保部鉴定，可在保证污水处理效果稳定可靠的前提下，将水力负荷提高至1.0 $m^3/(m^2 \cdot d)$。因此，该工程尾水处理工艺宜采用WJS人工湿地污水处理工艺。

由于WJS人工湿地污水处理工艺虽将水力负荷提高至1.0 $m^3/(m^2 \cdot d)$，但仍低于工程实际负荷1.36 $m^3/(m^2 \cdot d)$，因此，在湿地设计上采取了一系列措施提高湿地的污水处理效能，如将布水渠改为曝气配水池，在配水池中布设弹性填料并进行曝气，从而提高NH_3-N的去除效率；适当调整碎石床设计，包括床体及填料，提高水力停留时间等。

综上，根据项目选址实际情况，并结合污水进水水质及受纳水体功能要求，该工程最终确定的工艺流程如图5-10所示。

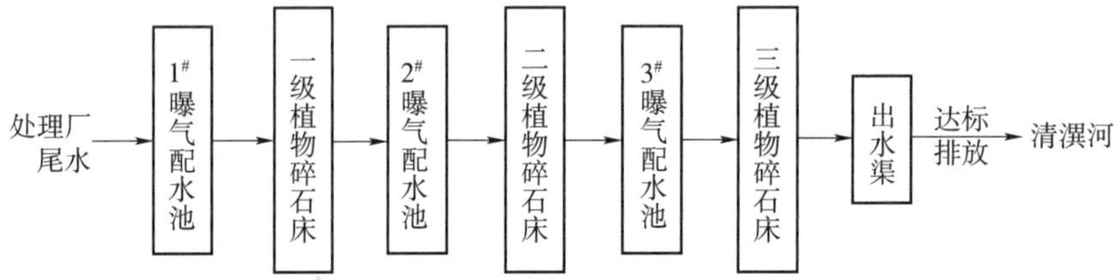

图5-10 人工湿地污水处理工艺流程

5.2.7 人工湿地基本参数设计

（1）污水处理规模Q=30 000 m^3/d。

（2）湿地面积S=2.2万m^2。

（3）水力负荷q=1.36 $m^3/(m^2 \cdot d)$。

由于工程的特殊性，该项目人工湿地水力负荷取值为1.36 $m^3/(m^2 \cdot d)$。考虑到该项目的主要污染物COD_{Cr}达到出水水质要求时去除率仅为20%，本设计方案从湿地水动力学设计、植物筛选、配水井布水吸氧设计，特别是填料层总容量的设计和增大水力停留时间等方面采取相应措施，可以确保人工湿地高水力负荷情况下的处理效果。

（4）湿地平均坡度：0.5%～1.0%。

（5）碎石填料：一级碎石床厚度h=1 500 mm，碎石粒径为45～50 mm，底部设0.5 m高污泥斗，以便后期翻洗碎石清淤；二级碎石床厚度h=1 500 mm，碎石粒径为20～30 mm；三级碎石床厚度h=1 500 mm，碎石粒径为10～20 mm。

（6）布水方式：除一级碎石床采用PVC管下部进水、上部出水外，其余均为PVC穿孔管上部进水、下部出水。

5.2.8　人工湿地构筑物设计

该工程人工湿地设计由 Y1～Y12 共 12 个系统组成，其中 Y1～Y6 单系统设计水量及结构形式相同，Y7、Y8、Y12 相同，Y9～Y11 相同。各单系统分别为 $1^{\#}$ 布水曝气池、一级植物碎石床、$2^{\#}$ 布水曝气池、二级植物碎石床、$3^{\#}$ 布水曝气池、三级植物碎石床、出水渠。

各系统尺寸设计见表 5-8。

表 5-8　人工湿地各系统尺寸

序号	湿地系统名称	长 /m	宽 /m	占地面积 /m^2	结构形式
1	Y1～Y6	52.8	39.6	2 090.88	砼结构
2	Y7、Y8、Y12	48.8	30.6	1 493.28	砼结构
3	Y9～Y11	48.8	27.6	1 346.88	砼结构

以上人工湿地各系统又被均分为 3 个水处理单元，各单元进水量及尺寸相同，各单元尺寸见表 5-9。

表 5-9　湿地单系统各单元尺寸　　单位：m

系统名称	Y1～Y6	Y7、Y8、Y12	Y9～Y11	备注
1# 布水曝气池	13.2 × 1.4	10.2 × 1.4	9.2 × 1.4	水深 2.4 m
一级植物碎石床	13.2 × 5.2	10.2 × 5.2	9.2 × 5.2	水深 2.0 m
2# 布水曝气池	13.2 × 1.4	10.2 × 1.4	9.2 × 1.4	水深 2.1 m
二级植物碎石床	13.2 × 21	10.2 × 19	9.2 × 19	水深 1.5 m
3# 布水曝气池	13.2 × 1.4	10.2 × 1.4	9.2 × 1.4	水深 2.0 m
三级植物碎石床	13.2 × 21	10.2 × 19	9.2 × 19	水深 1.5 m
出水渠	13.2 × 1.4	10.2 × 1.4	9.2 × 1.4	水深 1.9 m

5.2.9　曝气配水池设计

为了提高污水在人工湿地中的溶解氧含量，提高污水在人工湿地深度处理过程中 NH_3-N 的去除效率，确保人工湿地出水的 NH_3-N 指标达到设计标准，该工程在人工湿地配水渠中增加曝气复氧设计，即采用曝气配水池设计。

布水渠是控制人工湿地各级单元水量和水位的重要结构，该工程中，为了增加污水的溶解氧含量，同时延长污水的停留时间，设计时增加了配水渠的有效容积，将配水渠宽度设计为 1.4 m，净宽 1.2 m，并在 $1^{\#}$、$2^{\#}$、$3^{\#}$ 曝气配水池中安装空气管和微孔曝气器进行曝气。此外，为了更好地去除水中污染物，配水渠中增加一定高度的组合填料，通过挂膜的形式增加污水与微生物的接触面积，从而提高污水处理效率。

曝气及填料系统设计如图 5-11 所示。

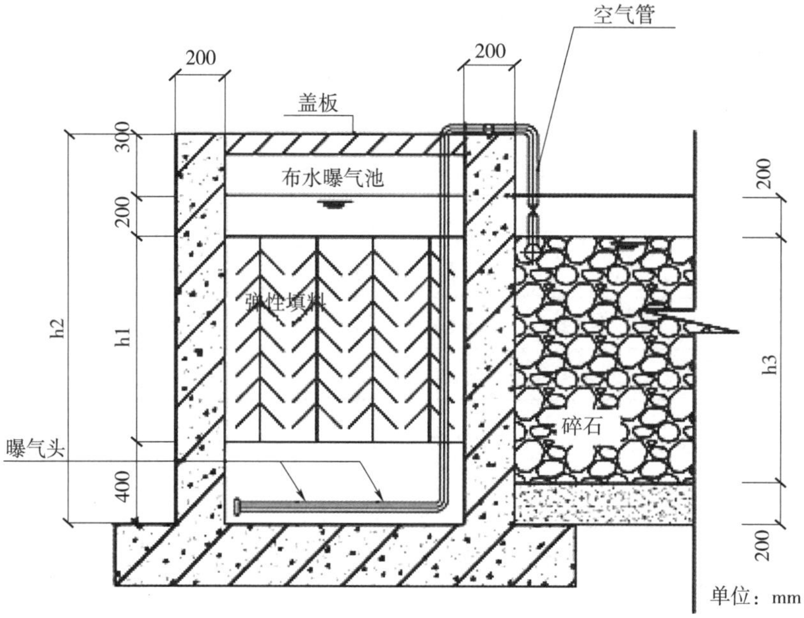

图 5-11　曝气及填料系统设计示意图

上图中部分尺寸参数见表 5-10。

表 5-10　曝气及填料系统尺寸参数　　单位：m

位置	h1	h2	h3
1# 曝气配水池	1.8	2.7	1.5
2# 曝气配水池	1.5	2.4	1.5
3# 曝气配水池	1.4	2.3	1.5

以上曝气所需曝气装置设计安装于原厂鼓风机房内，不另外增设设备房，曝气所需设备设计参数如下：

（1）增设三叶罗茨鼓风机

型号　　GBR200

数量　　2 台（1 用 1 备）

供气流量　　46.9 m^3/min

功率　　31 kW

风压　　3 000 kPa

（2）微孔曝气器

型号　　　　Φ200

数量　　　　2 160 个

服务面积　　0.25～0.55 m^2/ 个

5.2.10　污泥系统设计

由于该工程为了提高氨氮去除效能，在湿地配水池中增加曝气系统，考虑到 1# 曝气配水池有机物含量较大，污泥产量相对较大，因此，为延长湿地寿命，保障湿地污染物去除效能，设计于一级植物碎石床增设 500 mm 高的污泥斗，并于各湿地临污水处理厂岸预留抽泥管，根据现场调试，定期将污泥抽吸、运送至宏源污水处理厂内污泥脱水间进行脱水处理。

污泥斗设计尺寸及工艺参数如下：

数量：72 个（单个植物碎石床设 2 个污泥斗）

规格尺寸：6.6 m × 5.1 m × 0.5 m　　36 个

5.1 m × 5.1 m × 0.5 m　　18 个

4.6 m × 5.1 m × 0.5 m　　18 个

5.2.11　水力停留时间

水力停留时间是个综合参数，对人工湿地的处理效果起着非常重要的影响作用。其停留时间长短由各单元有效容积及进水量定性，该工程水力停留时间设计见表 5-11。

表 5-11　人工湿地水力停留时间分析表（单系统）

分区	各单元分级	处理水量 /（m^3/h）	面积 / m^2	深度 / m	有效水深 / m	空隙度 / %	停留时间 / h
Y1～Y6	1# 曝气配水池	41.29	18.48	2.70	2.50	0.95	1.15
	一级碎石床		68.64	2.20	1.50	0.4	1.46
	2# 曝气配水池		18.48	2.40	1.10	0.95	1.02
	二级碎石床		277.2	1.70	1.50	0.3	3.42
	3# 曝气配水池		18.48	2.30	2.00	0.95	0.98
	三级碎石床		277.2	1.70	1.50	0.2	2.28
	出水渠		18.48	2.10	1.80	0.95	0.89
	合计		696.96	—	—	—	11.21

续表

分区	各单元分级	处理水量 / (m^3/h)	面积 / m^2	深度 / m	有效水深 / m	空隙度 / %	停留时间 / h
Y7、Y8、Y12	1# 曝气配水池	29.59	14.28	2.70	2.50	0.95	1.15
	一级碎石床		53.04	2.20	1.50	0.4	1.08
	2# 曝气配水池		14.28	2.40	1.10	0.95	0.50
	二级碎石床		193.8	1.70	1.50	0.3	2.95
	3# 曝气配水池		14.28	2.30	2.00	0.95	0.92
	三级碎石床		193.8	1.70	1.50	0.2	1.96
	出水渠		14.28	2.10	1.80	0.95	0.83
	合计		497.76	—	—	—	9.38
Y9～Y11	1# 曝气配水池	26.72	12.88	2.70	2.50	0.95	1.14
	一级碎石床		47.84	2.20	1.50	0.4	1.07
	2# 曝气配水池		12.88	2.40	1.10	0.95	0.50
	二级碎石床		174.8	1.70	1.50	0.3	2.94
	3# 曝气配水池		12.88	2.30	2.00	0.95	0.92
	三级碎石床		174.8	1.70	1.50	0.2	1.96
	出水渠		12.88	2.10	1.80	0.95	0.82
	合计		448.96	—	—	—	9.37

5.2.12 水量控制设计

该工程人工湿地系统由 Y1～Y12 共计 12 个子系统并联组成。各子系统通过 DN150、DN125 钢管进水，各子系统进水钢管均安装流量控制阀，通过流量控制阀调节各子系统的进水水量。

5.2.13 水位控制设计

该工程人工湿地各池体间设置有配水渠，配水渠内的出水管安装有活动弯头，可以在配水井内通过活动弯头调节出水口位置，进而调节上一级湿地单元的水位。此外，为了使人工湿地内部的水管在冬季低温时不至于冻胀破坏，所有集、布水管均深埋在冻土层下（详见“管道防冻设计”）。

水位控制设计的调节管道示意图如图 5-12 所示。

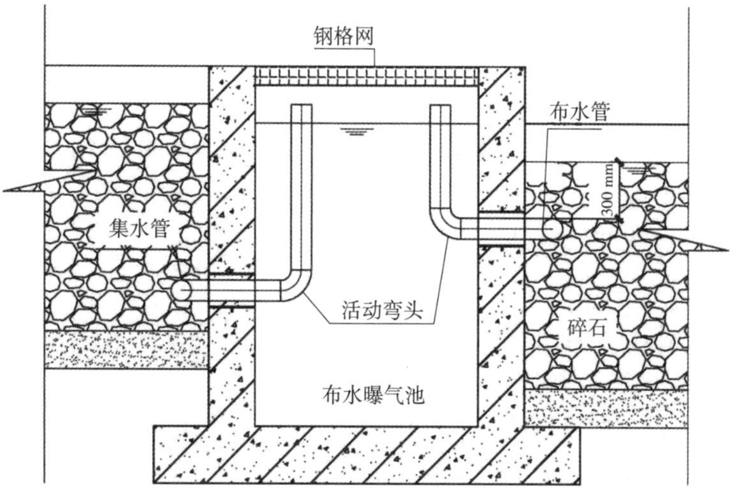

图 5-12　水位控制管道安装示意图

5.2.14　植物设计

在进行 WJS 人工湿地植物设计时，应遵循以下原则：

（1）适地适生，选择适应当地气候及土壤条件的植物；

（2）选择净化能力强的植物，根据污染情况选择不同的树种；

（3）选择易繁殖、移栽和管理的植物；

（4）选择经济价值和观赏价值高的植物；

（5）满足生产工艺流程对环境的要求，选择抗逆性强的植物。

5.2.14.1　植物栽种要求

WJS 人工湿地植物的栽植应符合如下要求：

（1）满足生产环境保护要求；

（2）满足植物生态习性要求；

（3）充分利用可绿化的地段；

（4）充分结合景观布局，形成独特风格和特点；

（5）布局合理，使之成为全面的绿化系统。

5.2.14.2　植物景观化配置

人工湿地是该工程项目的主体工程，由于其大部分面积可作为景观，因此人工湿地既有水净化处理功能，同时又有景观价值。因此，可将人工湿地设计成各种形状，形成一个独具特色的景观效果。

植物是湿地中必不可少的部分，人工湿地处理系统选择的植物应具有以下特点：

（1）多年生，最好周年常绿；

（2）有发达的根系；

（3）有相当大的生物量或者茎叶密度；

（4）有最大的表面层作为微生物群落活动的场所；

（5）要有较强的运输氧的能力；

（6）有景观价值；

（7）抗逆性强，最好是本地物种；

（8）有一定的综合利用价值。

因此，人工湿地可选择芦苇、花叶芦荻、水葱、千屈菜等植物组合种植。植物的栽植密度宜为 9 棵 /m^2。

具体的植物设计见表 5-12～表 5-14。

表 5-12　Y1～Y6 系统湿地植物配置一览表

湿地单元	尺寸		植物种类	种植面积 / m^2	种植密度 /（m^2/ 棵）	种植数量 / 棵
	长 /m	宽 /m				
一级植物碎石床	39.6	5.2	芦苇	205.92	9	1 853
二级植物碎石床	39.6	7	水葱	277.2	9	2 495
	39.6	7	千屈菜	277.2	9	2 495
	39.6	7	花叶芦荻	277.2	9	2 495
三级植物碎石床	39.6	7	千屈菜	277.2	9	2 495
	39.6	7	水葱	277.2	9	2 495
	39.6	7	花叶芦荻	277.2	9	2 495

表 5-13　Y7、Y8、Y12 系统湿地植物配置一览表

湿地单元	尺寸		植物种类	种植面积 / m^2	种植密度 /（m^2/ 棵）	种植数量 / 棵
	长 /m	宽 /m				
一级植物碎石床	30.6	5.2	芦苇	159.12	9	1 432
二级植物碎石床	30.6	7	水葱	214.2	9	1 928
	30.6	6	千屈菜	183.6	9	1 652
	30.6	6	花叶芦荻	183.6	9	1 652
三级植物碎石床	30.6	7	千屈菜	214.2	9	1 928
	30.6	6	水葱	183.6	9	1 652
	30.6	6	花叶芦荻	183.6	9	1 652

表 5-14　Y9～Y11 系统湿地植物配置一览表

湿地单元	尺寸		植物种类	种植面积 / m^2	种植密度 /（m^2/ 棵）	种植数量 / 棵
	长 /m	宽 /m				
一级植物碎石床	27.6	5.2	芦苇	143.52	9	1 292
二级植物碎石床	27.6	7	水葱	193.2	9	1 739
	27.6	6	千屈菜	165.6	9	1 490
	27.6	6	花叶芦荻	165.6	9	1 490
三级植物碎石床	27.6	7	千屈菜	193.2	9	1 739
	27.6	6	水葱	165.6	9	1 490
	27.6	6	花叶芦荻	165.6	9	1 490

5.2.14.3　植物苗的准备及养护

考虑到人工湿地的植物品种较多，而且有些品种是设计单位长期培育的具有高净化力的新品种。同时各种植物苗的需求量很大，市场无法供应，需要提前引苗、增苗，故在该工程施工前必须引苗、育苗。

当人工湿地土建工程基本完成以后，将苗圃中的大苗引入人工湿地污水处理工程的施工现场，这些大苗在调试期间（一般为 3 个月至半年），便足以长成茂密、成熟的植株，并具有较发达的根系，不会影响运行的处理效果。

在设计年限内，不需要更换碎石填料。植物一年收割一次，收割期一般在秋冬季节。植物的收割会在一定程度上影响植物的净化能力，但其庞大的根系中的区系微生物和碎石床中的生物膜仍然有很强的净化能力，加上冬春季节时的生活污水量较少，而且我们在设计时已经考虑到此问题，对人工湿地的污染负荷进行了调整，因此植物的收割基本上不会对人工湿地系统的处理能力产生影响。

5.2.15　保温防冻设计

由于许昌市属于北方寒冷地区，冬季气温较低，1 月平均温度为 0.2℃。许昌市冬季地表水会结冰，地面形成冻土层，冻土层正常厚度为 10～15 cm。因此，为使人工湿地在冬季能够正常运行，同时为保护人工湿地的结构、管道、植物等不受破坏，需要对人工湿地进行保温防冻设计。

5.2.15.1　人工湿地系统保温设计

温度是影响人工湿地处理效果的重要因素，低温会降低微生物的活性，不利于微生物对水污染物的降解去除；此外，低温也会影响植物生长状况，不利于植物对水污染物质的吸附、吸收。为保证人工湿地在冬季能够正常运行，该工程工艺设计时已考虑，确保植物碎石床及水生植物塘在冻土层或结冰层下有足够的正常运行厚度，可利用上面的冰层保温。

该工程项目配水井的设计特意加高配水井地上部分的墙体厚度和高度，同时在配水井上加装木盖，利用木盖与水面之间的空气层进行保温。

5.2.15.2 结构防冻设计

结构因冻破坏的主要原因是水的渗入。温度降低至冰点以下时，渗入结构中的水结冰膨胀，从而导致结构遭受破坏。因此，防渗是结构防冻的关键措施。

该工程项目采用新型可靠的防渗材料和防渗型式对结构进行防渗处理，以防止冬季低温时结构冻胀破坏。

5.2.15.3 管道防冻设计

管道受冻胀破坏后可能影响人工湿地配水的均匀性，同时也会减短管道的使用寿命。

该工程将加大冬季集水管、布水管的布置深度，将管道布置在冻土层下，可防止管道受冻破坏。

5.2.16 工程主要构筑物及设备材料

该工程主要构筑物及设备材料如表 5-15 所示。

表 5-15 主要构筑物及设备材料一览表

分项	序号	设备名称	规格型号	单位	数量	备 注
构筑物	1	1# 曝气配水池	13.2 m × 1.4 m × 2.7 m	座	18	砼结构
	2	一级植物碎石床	13.2 m × 5.2 m × 2.2 m	座	18	砼结构
	3	2# 曝气配水池	13.2 m × 1.4 m × 2.4 m	座	18	砼结构
	4	二级植物碎石床	13.2 m × 21 m × 1.7 m	座	18	砼结构
	5	3# 曝气配水池	13.2 m × 1.4 m × 2.3 m	座	18	砼结构
	6	三级植物碎石床	13.2 m × 21 m × 1.7 m	座	18	砼结构
	7	出水渠	13.2 m × 1.4 m × 2.1 m	座	18	砼结构
	8	1# 曝气配水池	10.2 m × 1.4 m × 2.7 m	座	9	砼结构
	9	一级植物碎石床	10.2 m × 5.2 m × 2.2 m	座	9	砼结构
	10	2# 曝气配水池	10.2 m × 1.4 m × 2.4 m	座	9	砼结构
	11	二级植物碎石床	10.2 m × 21 m × 1.7 m	座	9	砼结构
	12	3# 曝气配水池	10.2 m × 1.4 m × 2.3 m	座	9	砼结构
	13	三级植物碎石床	10.2 m × 21 m × 1.7 m	座	9	砼结构

续表

分项	序号	设备名称	规格型号	单位	数量	备 注
构筑物	14	出水渠	10.2 m × 1.4 m × 2.1 m	座	9	砼结构
	15	1# 曝气配水池	9.2 m × 1.4 m × 2.7 m	座	9	砼结构
	16	一级植物碎石床	9.2 m × 5.2 m × 2.2 m	座	9	砼结构
	17	2# 曝气配水池	9.2 m × 1.4 m × 2.4 m	座	9	砼结构
	18	二级植物碎石床	9.2 m × 21 m × 1.7 m	座	9	砼结构
	19	3# 曝气配水池	9.2 m × 1.4 m × 2.3 m	座	9	砼结构
	20	三级植物碎石床	9.2 m × 21 m × 1.7 m	座	9	砼结构
	21	出水渠	9.2 m × 1.4 m × 2.1 m	座	9	砼结构
设备材料	1	三叶罗茨鼓风机	GRB-200 *La*=31 kW *H*=3 000 mm	台	2	1 用 1 备（设于厂内风机房）
	2	微孔曝气器	*Φ*200 刚玉曝气器	个	2 160	

5.2.17 相关图片

图 5-13　湿地路牌图

图 5-14 湿地现状图

图 5-15 湿地周边景观

图 5-16　汪俊三与湿地合影图

5.3　周口市中心城区水系综合治理建设 PPP 项目人工湿地部分

前言后语

本项目由周口市水利局主持建设。

由汪俊三、郭有顺、汪道宇、邱康杰、韦梓坤设计，汪俊三和汪道宇分别为项目负责人和技术负责人；郭有顺和邱康杰主要提供工艺流程及工程设计参数、植物设计；韦梓坤负责工程土建和布水等设计。

5.3.1　建设规模与处理程度

5.3.1.1　处理规模

沙北污水处理厂现状处理能力为 5 万 t/d，考虑到污水处理厂未满负荷运行，因此，本工程污水处理规模确定为 4.5 万 m^3/d。

5.3.1.2　处理程度

进水为沙北污水处理厂的尾水，出水水质采用污水处理厂出水水质，即《城镇污水处理厂污染物排放标准》（GB 18918—2002）一级 A 标准。人工湿地出水用于补充河道生态需水、城市景观用水等。出水水质执行《地表水环境质量标准》（GB 3838—2002）Ⅲ类水标准。设计的进、出水水质见表 5-16。

表 5-16 设计进、出水水质表

指标	COD_{Cr}	NH_3-N	BOD_5	TN	TP	执行标准
进水 /（mg/L）	50	5	10	15	0.5	《城镇污水处理厂污染物排放标准》（GB 18918—2002）一级 A 标准
出水 /（mg/L）	≤20	≤1.0	≤4	≤1.0	≤0.2	《地表水环境质量标准》（GB 3838—2002）Ⅲ类
处理程度 / %	60.0	80.0	60.0	93.3	60.0	—

5.3.2 设计思路与工艺选择

5.3.2.1 设计思路

拟建设一个湿地处理系统，前期将沙北污水处理厂尾水处理达标后排入洼冲沟，并预留排放口，待公园景观湖建成后，再进入景观湖。其设计思路如图 5-17 所示。

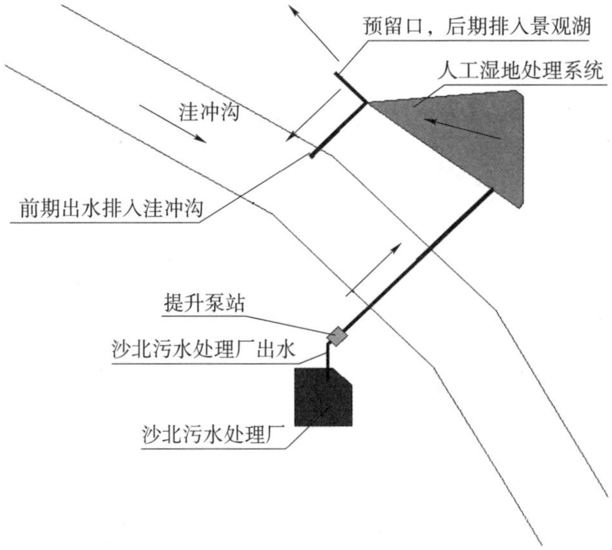

图 5-17 设计思路

5.3.2.2 工艺选择

根据 NH_3-N 的去除率需要达到 80%，一般湿地对 NH_3-N 的去除率最高只能是 75%，用一般的湿地工艺达不到处理要求。而由汪俊三教授研发的 WJS 人工湿地，在大量实际工程案例的证明下，可在保证污水处理效果稳定可靠的前提下，出水能稳定达到地表Ⅲ类水甚至为地表Ⅱ类水。因此，该工程尾水处理工艺宜采用 WJS 人工湿地污水处理工艺。

为了进一步保证 NH_3-N 的去除率，因此，在湿地设计上采取了一系列措施提高湿地的污水处理效能，如将布水渠改为曝气配水渠，在配水渠中布设弹性填料并进行曝气，从而提高 NH_3-N 的去除效率；适当调整碎石床设计，包括床体及填料，提高水力停留时间等。

另外，根据工程设计人员实际现场勘察，沙北污水处理厂尾水排放口较低，其与人工湿地的进水水位的高度差小于人工湿地进水管道的最大水头损失，不满足重力输水的条件。因此，工程设计在沙北污水处理厂内污水处理末端构筑物出水口处，设置加压泵，进行动力输水。加压后的厂内尾水通过进水管道输送至人工湿地系统进行深度处理。

综上，根据项目选址的实际情况，并结合污水进水水质及受纳水体的功能要求，该工程所选用的人工湿地污水处理系统工艺流程如图 5-18 所示。

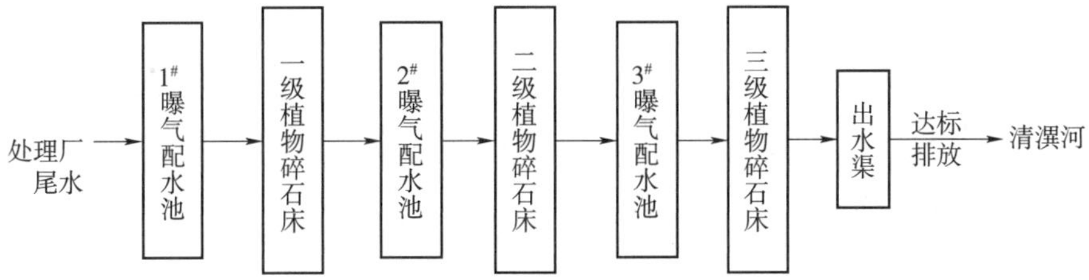

图 5-18　人工湿地污水处理系统工艺流程

5.3.3　方案设计

人工湿地系统的平面布置中，根据系统的尺寸、方向的不同，该处湿地分为 27 个湿地，总面积约 7.0 万 m^2。

人工湿地供水主管道以沙北污水处理厂的厂内尾水排放口为始点，通过提升泵向人工湿地系统供水。

5.3.4　设计参数

（1）基本设计参数

①设计水量：Q=45 000 m^3/d。

该工程项目人工湿地处理系统拟分 27 个系统，并联运行。

②总水力负荷：q=0.64 m^3/（m^2 · d）（平均）。

③湿地总面积：S=7.0 万 m^2。

④湿地平均坡度：1%。

⑤碎石床厚度：h=1 500 mm。

⑥砂滤池厚度：h=1 200 mm。

⑦碎石料粒径：15～90 mm。

⑧粗砂粒径：5～10 mm。

⑨污水在人工湿地中的运行方式：水平潜流。

⑩布水方式：PVC 穿孔管布水，上部进水（或下部进水），下部出水（或上部出水）。

（2）水力停留时间

水力停留时间是个综合参数，对人工湿地的处理效果起着非常重要的影响作用。从上述分析可知，人工湿地每个系统均由 9 个单元组成，即 1# 曝气配水渠、水生植物塘、2# 曝气配水渠、一级植物碎石床、3# 曝气配水渠、二级植物碎石床、4# 曝气配水渠、植物砂滤池和出水渠。水力停留时间见表 5-17。

表 5-17　单系统水力停留时间分析

各单元分格	处理水量 /（m^3/h）	净空面积 /m^2	深度 /m	有效水深 /m	停留时间 /h
1# 曝气配水渠	68.47	59.25	2.5	1.9	1.56
水生植物塘		553	1.9	1.5	8.72
2# 曝气配水渠		59.25	2.5	1.9	1.56
一级植物碎石床		790	1.9	1.5	6.06
3# 曝气配水渠		59.25	2.5	1.9	1.56
二级植物碎石床		790	1.9	1.5	5.19
4# 曝气配水渠		59.25	2.4	1.9	1.56
植物砂滤池		434.5	1.7	1.2	1.52
出水渠		59.25	1.9	1.4	1.21
合计		2 863.75	—	—	28.95

5.3.5　布水曝气渠设计

为了提高污水在人工湿地中的溶解氧含量，提高污水在人工湿地深度处理过程中 NH_3-N 的去除效率，确保人工湿地出水的 NH_3-N 指标达到设计标准，该工程在人工湿地配水渠中增加曝气复氧设计，即采用曝气配水渠设计。

布水渠是控制人工湿地各级单元水量和水位的重要结构，该工程中，为了增加污水的溶解氧含量，同时延长污水的停留时间，设计时增加了配水渠的有效容积，将配水渠宽度设计为 2.0 m，净宽 1.5 m，并在 1#、2#、3#、4# 曝气配水渠中安装空气管和微孔曝气器进行曝气。此外，为了更好地去除水中的污染物，配水渠中增加一定高度的组合填料，通过挂膜的形式增加污水与微生物的接触面积，从而提高污水处理效率。

曝气及填料系统设计示意图如图 5-19 所示。

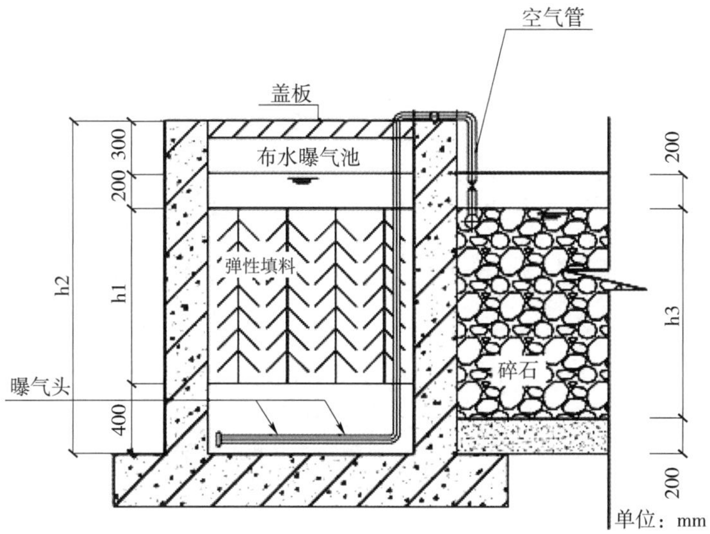

图 5-19　曝气及填料系统设计示意图

曝气所需曝气装置设计安装于原厂鼓风机房内，不另外增设设备房，曝气所需设备设计参数如下：

①增设三叶罗茨鼓风机

数量	3 台（2 用 1 备）
供气流量	125 m^3/min
功率	132 kW
风压	49 kPa

②微孔曝气器

型号	*Φ*200
数量	25 596 个
服务面积	0.25 m^2/ 个

5.3.6　水量控制设计

该工程人工湿地系统由 27 个子系统并联组成；各子系统通过 DN250 钢管进水，各子系统的进水钢管均安装控制阀，通过控制阀调节各子系统的进水量。

5.3.7　水位控制设计

该工程人工湿地各池体间设置有配水渠，配水渠内的出水管安装有活动弯头，可以在配水井内通过活动弯头调节出水口位置，进而调节上一级湿地单元的水位。

此外，为了使人工湿地内部的水管在冬季低温时不至于冻胀破坏，所有集水管、布水管均深埋在冻土层下（详见“管道防冻设计”）。

水位控制设计的调节管道示意图如图 5-20 所示。

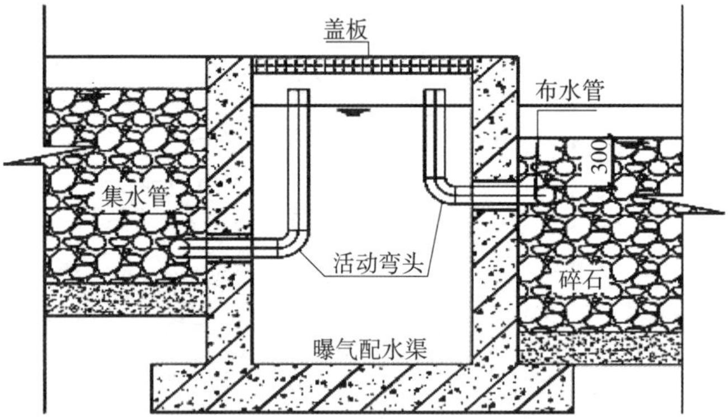

图 5-20 水位控制管道安装示意图

5.3.8 植物设计

人工湿地可选择苦草、黑藻、芦苇、花叶藨草、花叶芦荻、千屈菜、香蒲等植物组合种植。除了苦草和黑藻种植密度为 20 棵 /m^2，其他植物的栽植密度均为 9 棵 /m^2。

具体的植物设计见表 5-18。

表 5-18 湿地总植物配置一览表

植物种类	种植面积 / m^2	种植密度 /（棵 /m^2）	种植数量 / 棵
栽植水生植物（苦草）	7 742	20	154 840
栽植水生植物（黑藻）	7 189	20	143 780
栽植水生植物（芦苇）	12 798	9	115 182
栽植水生植物（花叶藨草）	14 931	9	134 379
栽植水生植物（花叶芦荻）	14 931	9	134 379
栽植水生植物（千屈菜）	5 332.5	9	47 997
栽植水生植物（香蒲）	6 399	9	57 591

5.3.9 保温防冻设计

由于周口市属于北方寒冷地区，冬季气温较低。周口市冬季地表水会结冰，地面形成冻土层，冻土层正常厚度为 10～20 cm。因此，为使人工湿地在冬季能够正常运行，同时为保护人工湿地的结构、管道、植物等不受破坏，需要对人工湿地进行保温防冻设计。

5.3.9.1　人工湿地系统保温设计

温度是影响人工湿地处理效果的重要因素，低温会降低微生物的活性，不利于微生物对水污染物的降解去除；此外，低温也会影响植物生长状况，不利于植物对水污染物质的吸附、吸收。为保证人工湿地在冬季能够正常运行，该工程工艺设计时已考虑，确保植物碎石床及水生植物塘在冻土层或结冰层下有足够的正常运行厚度，可利用上面的冰层保温。

该工程项目配水井的设计特意加高配水井地上部分墙体厚度和高度，同时在配水井上加装盖板，利用盖板与水面之间的空气层进行保温，如郑州新区 CBD 人工湿地。

5.3.9.2　结构防冻设计

结构因冻破坏的主要原因是水的渗入。温度降低至冰点以下时，渗入结构中的水结冰膨胀，从而导致结构遭受破坏。因此，防渗是结构防冻的关键措施。

该工程项目采用新型可靠的防渗材料和防渗型式对结构进行防渗处理，以防止冬季低温时结构冻胀破坏。

5.3.9.3　管道防冻设计

管道受冻胀破坏后可能影响人工湿地配水的均匀性，同时也会缩短管道的使用寿命。

该工程将加大冬季集水管、布水管的布置深度，将管道布置在冻土层下，可防止管道受冻破坏。

5.4　金昌经济技术开发区污水处理厂尾水水质提升工程（二期）

前言后语

本方案由汪俊三制定，汪道宇、陆俊卿、邱康杰、韦梓坤、孙可欣、王红艳、黄淑丽等人设计。

本湿地是在冬季冻土层较厚（约 1.4 m）地区设计的人工湿地。冬天运行是用前处理加湿地，夏天仅用人工湿地。

5.4.1 项目背景

近年来，随着金昌经济技术开发区经济的快速发展，企业的数量不断增加，产能也不断增加，生活、生产污水日益增加。为了对区域内的生活、生产污水进行集中处理，金昌经济技术开发区建设实施了污水处理厂工程。污水处理厂位于金昌经济技术开发区的东北部，北环路北侧、规划的东环路北延线西侧，近期工程1万m^3/d，远期总规模3万m^3/d，采用A^2O+絮凝沉淀池+活性砂滤池处理工艺，处理出水达到《城镇污水处理厂污染物排放标准》（GB 18918—2002）中的一级A标准。

2017年污水处理厂近期工程完成竣工验收，实际来水量为0.5万m^3/d。为切实落实《水污染防治行动计划》（“水十条”），进一步改善金昌经济技术开发区的水环境质量，提高区域生态环境，2017年金昌经济技术开发区国有资产经营有限责任公司实施了污水处理人工湿地生态工程，对金昌经济技术开发区污水处理厂的部分尾水进行深度处理，处理出水主要指标达到《地表水环境质量标准》（GB 3838—2002）Ⅳ类标准，湿地处理规模为0.5万m^3/d。

2020年污水处理厂进行了扩容及工艺提升改造工程，其污水处理能力达到1.5万m^3/d。

鉴于污水处理厂2020年进行了扩容及工艺提升改造工程，其污水处理能力已经达到1.5万m^3/d，远超出湿地处理规模。此外，国家发展和改革委员会近期下发了《关于推进污水资源化利用的指导意见》（发改环资〔2021〕13号）、《“十四五”城镇污水处理及资源化利用发展规划》（发改环资〔2021〕827号）的通知，金昌开发区国有资产经营有限责任公司计划实施污水处理厂尾水水质提升工程。

工程的顺利实施，可有效改善金昌经济技术开发区的水环境质量，工程处理出水进入中水回用系统，可有效改善辖区内水资源短缺的问题。

5.4.2 工程选址

根据金昌经济技术开发区土地利用现状等情况，结合金昌市总体建设规划，初步确定金昌经济技术开发区污水处理厂尾水湿地工程，位于金昌经济技术开发区金川河以东的空地内，东侧与纵一路相接，南起新华大道，北至延安路。

5.4.3 工程现场特征

拟建工程区总占地面积约300亩（20万m^2），其总体地势为西南高东北低；工程区内现有交通道路，有少量的地被植物生长，交通条件较好；工程区周边现有电网设备，工程区西侧现有河道等，人工湿地建设已做好与周边环境的有效结合，符合城市总体规划。

5.4.4　处理规模

2017 年污水处理厂完成竣工验收，近期设计处理规模为 1 万 m^3/d，其实际来水量为 0.5 万 m^3/d。同年，实施了污水处理人工湿地生态工程，对金昌经济技术开发区污水处理厂的部分尾水进行深度处理，湿地处理规模为 0.5 万 m^3/d。

2020 年污水处理厂进行了扩容及工艺提升改造工程，其污水处理能力达到 1.5 万 m^3/d，远超出现有湿地处理规模。结合金昌市城市建设规划、污水处理厂情况，综合考虑后确定工程建设可利用面积，确定该工程处理规模为 1 万 m^3/d。

5.4.5　进出水水质

金昌经济技术开发区污水处理工程外排水执行《城镇污水处理厂污染物排放标准》（GB 18918—2002）中的一级 A 标准，以此作为本期工程出水水质依据。

根据金昌市环境保护规划要求，综合考虑湿地实际处理能力，确定本湿地工程处理出水主要指标稳定达到地表水Ⅳ类水。

考虑到秋冬季节气温较低，污水处理效率略有下降，为稳妥起见，确定该工程主要进出水水质指标，见表 5-19。

表 5-19　进出水水质一览表　　单位：mg/L

指标	SS	COD_{Cr}	NH_3-N	TP
系统进水水质（连续）	≤10	≤50	≤5	≤0.5
系统进水水质（短期）	≤20	≤60	≤8	≤1.0
系统出水水质	≤10	≤30	≤1.5	≤0.3

5.4.6　总体思路与目标

根据金昌经济技术开发区的土地利用现状，结合金昌市环境保护规划，综合考虑技术的生态安全性、效果持久性、经济可行性和自然生态性，基于经济可行、技术稳定、管理简便的原则，前处理 + 潜流人工湿地 + 表面流人工湿地，对金昌经济技术开发区污水处理厂尾水进行深度处理。

（1）充分利用金昌经济技术开发区金川河以东的空地建设本水质提升工程，结合现状地形，本期拟建设如下工程设施：

①在新华大道以北地势较高处建设前处理 + 潜流人工湿地，利用已建成管道将目前未深度处理的污水处理厂尾水（1 万 m^3/d），先进行前处理，后进入潜流人工湿地强化处理，大幅削减污染负荷；

②北侧空地建设表面流人工湿地，进一步深度处理本期工程出水，出水主要指标稳定达到地表Ⅳ类水标准。

（2）如需要，三期可充分利用延安路北侧现有空地，建设水平表面潜流湿地，进一步深度处理本期工程出水，提升水质。

（3）在湿地四周空地因地制宜地种植植物，通过植物的优化配置，恢复一个既具有稳定的污染物去除效果，又具有丰富生物多样性和良好经济效益的生态系统。

设计目标如下：

①深度处理金昌经济技术开发区污水处理厂部分尾水，处理出水主要指标达到《地表水环境质量标准》（GB 3838—2002）Ⅳ类标准。

②遵循生态学原理和因地制宜原则，建设具有水质净化与生物多样性功能的湿地生态系统，湿地种植水生经济植物，其余空地种植经济林木，提高经济效益。

③系统出水回用于周边绿化用水，提高水资源利用率。

5.4.7 工艺流程

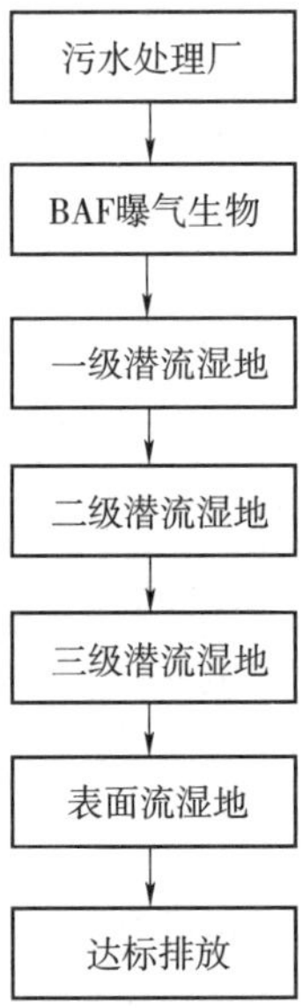

图 5-21 工艺流程

5.4.8 潜流湿地设计方案

（1）基本设计参数

①设计水量：Q=10 000 m^3/d。

该工程项目人工湿地处理系统拟分 10 个系统，并联运行。

②总水力负荷：q=0.33 m^3/（m^2·d）（平均）。

③湿地总面积：S=3.0 万 m^2。

④湿地平均坡度：1%。

⑤碎石床厚度：h=2 000 mm。

⑥碎石料粒径：5～30 mm。

⑦污水在人工湿地中的运行方式：水平潜流。

⑧布水方式：PVC 穿孔管布水，上层进水（或下部进水），下层出水（或上层出水）。

⑨单系统尺寸设计。

人工湿地的每个系统均由 7 个单元组成，即 1# 曝气配水渠、一级植物碎石床、2# 曝气配水渠、二级植物碎石床、配水渠、三级植物碎石床和出水渠。单系统尺寸见表 5-20。

表 5-20　单系统尺寸一览表

项目	长 /m	宽 /m	填料粒径 /mm	孔隙率 /%
一级配水渠	40	1.5		
一级植物碎石床	40	22.5	20～30	35%
二级配水渠	40	1.5		
二级植物碎石床	40	22.5	15～20	30%
三级配水渠	40	1.5		
三级植物碎石床	40	22.5	10～15	25%
出水渠	40	1.5		

（2）水力停留时间

水力停留时间是个综合参数，对人工湿地的处理效果起着非常重要的影响作用。从上述分析可知，人工湿地每个系统均由 7 个单元组成，即 1# 曝气配水渠、一级植物碎石床、2# 曝气配水渠、二级植物碎石床、配水渠、三级植物碎石床和出水渠。水力停留时间分为夏季、冬季，考虑该地的冻土层，水力停留时间见表 5-21。

表 5-21　单系统水力停留时间分析表

项目	夏季 /h	冬季 /h
一级碎石床	15.12	7.56
二级碎石床	12.96	6.48
三级碎石床	10.8	5.4
合计	38.88	19.44

（3）布水曝气渠设计

为了提高污水在人工湿地中的溶解氧含量，提高污水在人工湿地深度处理过程

中 NH_3-N 的去除效率，确保人工湿地出水的 NH_3-N 指标达到设计标准，该工程在人工湿地配水渠中增加曝气复氧设计，即采用曝气配水渠设计。

布水渠是控制人工湿地各级单元水量和水位的重要结构，该工程中，为了增加污水的溶解氧含量，同时延长污水的停留时间，设计时增加了配水渠的有效容积，将配水渠宽度设计为 2.0 m，净宽 1.5 m，并在 1#、2#、3# 曝气配水渠中安装空气管和微孔曝气器进行曝气。此外，为了更好地去除水中污染物，配水渠中增加一定高度的组合填料，通过挂膜的形式增加污水与微生物的接触面积，从而提高污水处理效率。

曝气及填料系统设计示意图如图 5-22 所示。

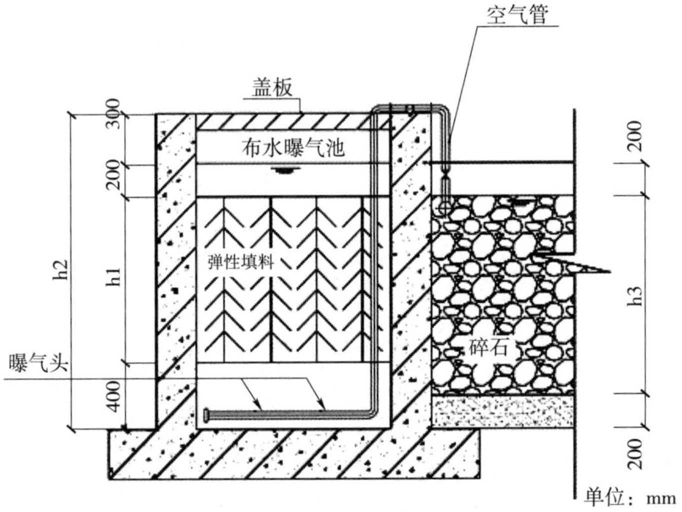

图 5-22　曝气及填料系统设计示意图

（4）微孔曝气器

型号	*Φ*200
数量	4 800 个
服务面积	0.25 m^2/ 个

（5）水量控制设计

该工程人工湿地系统由 10 个子系统并联组成；各子系统通过 DN250 钢管进水，各子系统的进水钢管均安装控制阀，通过控制阀调节各子系统的进水水量。

（6）水位控制设计

该工程人工湿地各池体间设置有配水渠，配水渠内的出水管安装有活动弯头，可以在配水井内通过活动弯头调节出水口位置，进而调节上一级湿地单元的水位。此外，为了使人工湿地内部的水管在冬季低温时不至于冻胀破坏，所有集水管、布水管均深埋在冻土层下（详见“管道防冻设计”）。

水位控制设计的调节管道示意图如图 5-23 所示。

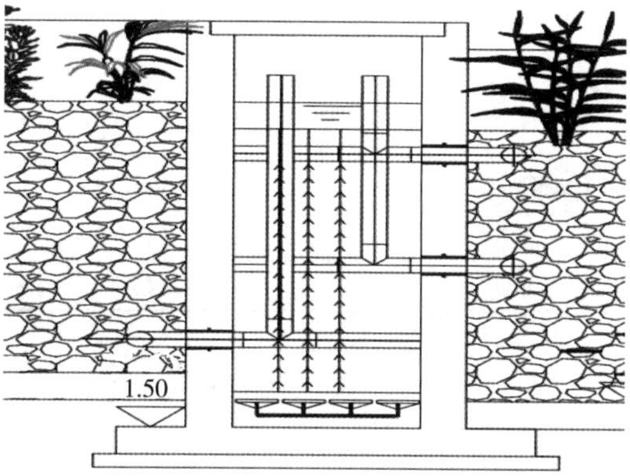

图 5-23　水位控制管道安装示意图

5.4.9　表流湿地设计方案

（1）占地面积 75 000 m^2。

（2）水力负荷 0.133 m^3/（m^2 · d）。

（3）有效水深 0～2.5 m。

各区面积、有效水深及停留时间见表 5-22。

表 5-22　停留时间一览表

项目	夏季停留时间 /d	冬季停留时间 /d
2.0 m 水深区域（面积 15 000 m^2）	3	1.5
1.5～2.0 m 水深区域（面积 10 000 m^2）	1.8	0.3
1～1.5 m 区域（面积 10 000 m^2）	1.2	0.2
0.5～1 m 水深区域（面积 10 000 m^2）	0.8	0
0.3～0.5 m 水深区域（面积 30 000 m^2）	0.9	0
合计	7.7	2

5.4.10　植物设计

人工湿地可选择芦苇、花叶蔺草、花叶芦荻、千屈菜、香蒲等植物组合种植。除了苦草和黑藻种植密度为 20 棵 /m^2，其他植物的栽植密度均为 9 棵 /m^2。

具体的植物设计见表 5-23 和表 5-24。

表 5-23 潜流湿地总植物配置一览表

植物种类	种植面积 / m^2	种植密度 / (棵 /m^2)
栽植水生植物（芦苇）	8 887.5	9
栽植水生植物（花叶虉草）	4 443.75	9
栽植水生植物（花叶芦荻）	4 443.75	9
栽植水生植物（千屈菜）	4 443.75	9
栽植水生植物（香蒲）	4 443.75	9

表 5-24 表流湿地总植物配置一览表

植物种类	种植面积 / m^2	种植密度 / (棵 /m^2)
栽植水生植物（芦苇）	15 000	9
栽植水生植物（花叶虉草）	10 000	9
栽植水生植物（花叶芦荻）	10 000	9
栽植水生植物（千屈菜）	10 000	9
栽植水生植物（香蒲）	5 000	9

5.4.10.1 植物苗的准备及养护

考虑到人工湿地的植物品种较多，而且有些品种是设计单位长期培育的具有高净化力的新品种。同时各种植物苗的需求量很大，市场无法供应，需要提前引苗、增苗，故在该工程施工前必须引苗、育苗。

当人工湿地土建工程基本完成以后，将苗圃中的大苗引入人工湿地污水处理工程的施工现场，这些大苗在调试期间（一般为 3 个月至半年），便足以长成茂密、成熟的植株，并具有较发达的根系，不会影响运行的处理效果。

在设计年限内，不需要更换碎石填料。植物一年收割一次，收割期一般在秋冬季节。植物的收割会在一定程度上影响植物的净化能力，但其庞大的根系中的区系微生物和碎石床中的生物膜仍然有很强的净化能力，加上冬春季节时的生活污水量较少，而且我们在设计时已经考虑到此问题，对人工湿地的污染负荷进行了调整，因此植物的收割基本上不会对人工湿地系统的处理能力产生影响。

5.4.11 保温防冻设计

由于项目所在地属于北方寒冷地区，冬季气温较低。冬季地表水会结冰，地面形成冻土层，冻土层正常厚度为 10～140 cm。因此，为使人工湿地在冬季能够正常运行，同时为保护人工湿地的结构、管道、植物等不受破坏，需要对人工湿地进行保温防冻设计。

5.4.11.1　人工湿地系统保温设计

温度是影响人工湿地处理效果的重要因素，低温会降低微生物的活性，不利于微生物对水污染物的降解去除；此外，低温也会影响植物生长状况，不利于植物对水污染物质的吸附、吸收。为保证人工湿地在冬季能够正常运行，该工程工艺设计时已考虑，确保植物碎石床及在冻土层或结冰层下有足够的正常运行厚度，可利用上面的冰层保温。

该工程项目配水井的设计特意加高配水井地上部分墙体厚度和高度，同时在配水井上加装盖板，利用盖板与水面之间的空气层进行保温。

5.4.11.2　结构防冻设计

结构因冻破坏的主要原因是水的渗入。温度降低至冰点以下时，渗入结构中的水结冰膨胀，从而导致结构遭受破坏。因此，防渗是结构防冻的关键措施。

该工程项目采用新型可靠的防渗材料和防渗型式对结构进行防渗处理，以防止冬季低温时结构冻胀破坏。

5.4.11.3　管道防冻设计

管道受冻胀破坏后可能影响人工湿地配水的均匀性，同时也会缩短管道的使用寿命。

该工程将加大冬季集水管、布水管的布置深度，将管道布置在冻土层下，可防止管道受冻破坏。

5.4.12　附图

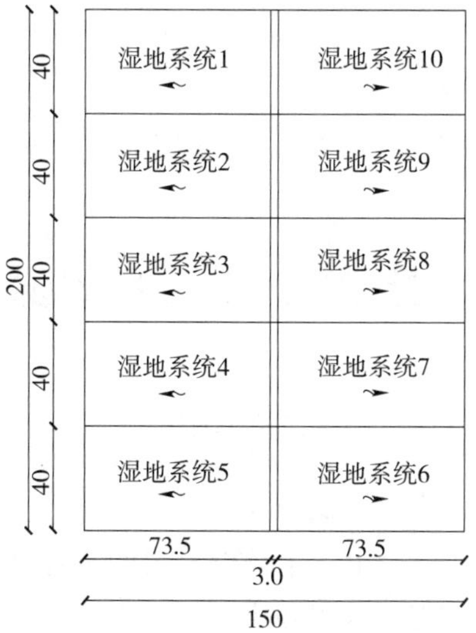

图 5-24　潜流湿地单系统平面布置

注：本图尺寸单位为 m。

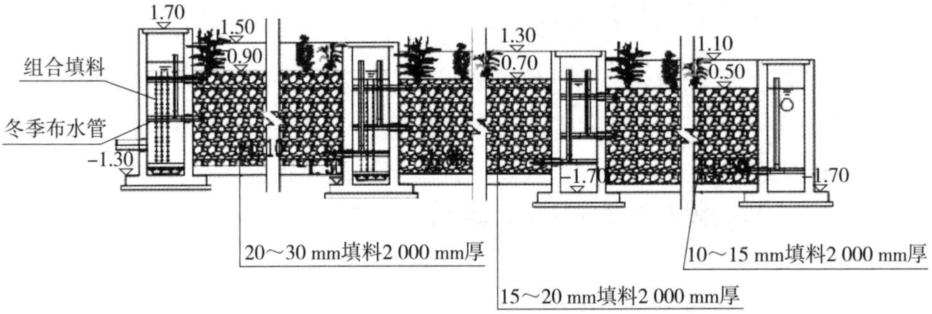

图 5-25　潜流湿地单系统剖面

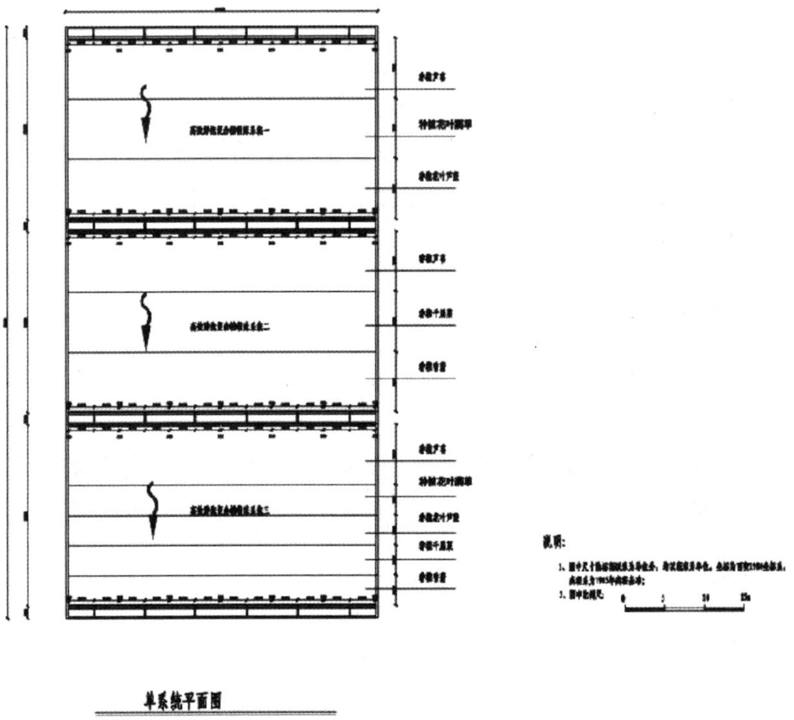

图 5-26　潜流湿地单系统植物配置

5.5　长沙市坪塘污水处理厂尾水人工湿地处理

前言后语

（1）该工程由长沙先导洋湖建设投资有限公司主持建设。

（2）该工程由广州华科环保工程有限公司和环境保护部华南环境科学研究所共同设计。江栋负责审核，谢丹平负责项目主持，周伟坚负责人工湿地设计（含布水计算）。

（3）该人工湿地为湖南省第一座工程应用级的人工湿地。

（4）该项目为城镇污水处理厂近期处理规模配套的尾水深度处理设施。污水处理厂的近期处理规模为 4 万 m^3/d，中期处理规模为 8 万 m^3/d，远期处理规模为 12 万 m^3/d。考虑到项目前期的水量较少，所以人工湿地分两期建设，首期设计规模为 2 万 m^3/d，远期设计规模为 4 万 m^3/d。

（5）该工程人工湿地（含生态塘）水力负荷中等，当日处理规模为 2 万 m^3/d 时，水力负荷为 0.49 m^3/（m^2·d）；当日处理规模为 4 万 m^3 时，水力负荷为 0.46 m^3/（m^2·d）。

（6）该工程也是我国规模较大的城镇污水植物碎石床人工湿地处理工程，人工湿地面积达 11.77 万 m^2，总占地面积约 16.04 万 m^2。

（7）该工程出水水质好，运行稳定，管理方便。

（8）该工程结合景观设计，成为长沙市城市湿地公园。

5.5.1　项目背景

坪塘镇位于长沙市湘江以西的南部，望城县域的最南端，处于东经 112°45′～113°2′、北纬 27°58′～28°34′，东临洋湖垸和湘江，北靠长沙市岳麓山风景名胜区及岳麓山大学城，西连望城县莲花镇、雷锋镇，南接湘潭县。

坪塘污水处理厂工程最终受纳水体为湘江。根据长沙市给水工程专项规划，污水厂取水口上游 1 000 m 处至傅家洲尾（全长 16.7 km）为一级水源保护区。坪塘污水处理厂上游 1 000 m 左右是长沙市的取水口，其下游约 15 km 则集中了长沙市一水厂、三水厂、四水厂、五水厂、八水厂的取水口。即坪塘污水处理厂出水影响着长沙市 50% 以上的饮用水安全。故对坪塘污水处理厂出水水质必须严格要求，并且要求污水处理厂事故排放时，必须有可靠的预防措施。另外，为节约水资源、减少排污量，坪塘污水处理厂深度处理的排水应尽量回用作中水，近期污水处理厂深度处理排水将部分回用于洋湖垸片区的冲厕、绿化道路浇洒、景观水体补水、洗车、建筑施工及消防等，部分回用于洋湖垸生态湿地公园的景观用水补水。

5.5.2　工程规模和进出水水质确定

5.5.2.1　工程规模

设计处理规模：Q=40 000 m^3/d。

5.5.2.2　进水水质

进水污染物浓度的高低决定污水处理工艺流程的选择，与污水厂的基建投资和运行费用密切相关。该项目深度处理工程的进水为污水处理厂排水，进水水质达到《城镇污水处理厂污染物排放标准》（GB 18918—2002）一级 B 标准要求。进水水质指标见表 5-25。

表 5-25 进水水质指标 单位：mg/L

项目	COD_{Cr}	BOD_5	SS	NH_3-N	TP	TN
设计进水水质	60	20	20	15	1.0	20

5.5.2.3 出水水质

长沙市坪塘污水处理厂尾水深度处理设计出水水质综合考虑《城市污水再生利用 景观环境用水水质》（GB/T 18921—2002）湖泊类观赏性景观环境用水水质标准，以及项目建设位置的自然条件和人工湿地处理工艺的适应性，确定设计出水水质见表 5-26。

表 5-26 坪塘污水处理厂尾水深度处理设计出水水质 单位：mg/L

项目	COD_{Cr}	BOD_5	SS	NH_3-N	TP	TN
设计出水水质	≤50	≤6（8）	≤10	≤5	≤0.5	≤15

注：括号外数值为水温>5℃时的控制指标，括号内数值为水温≤5℃时的控制指标。

5.5.3 该工程工艺流程说明

5.5.3.1 处理工艺流程

本设计确定的处理工艺流程如图 5-27 所示。

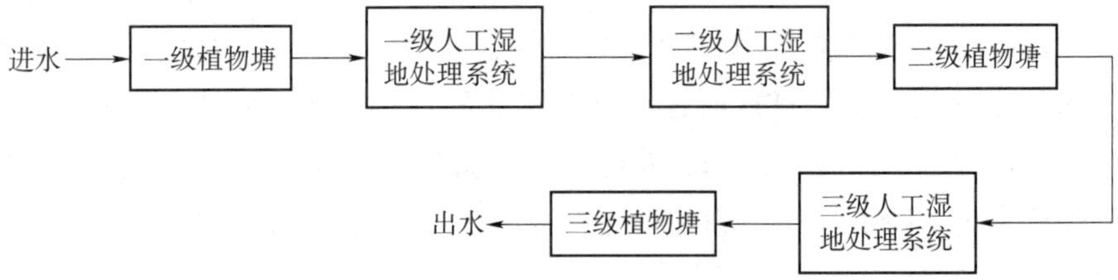

图 5-27 处理工艺流程

工艺流程说明：长沙市坪塘污水处理厂出水达到《城镇污水处理厂污染物排放标准》（GB 18918—2002）一级 B 标准后，自流排入人工湿地。人工湿地采用两组并联运行设计，共分三级处理系统，每级处理系统采用“植物塘 + 人工湿地”组合工艺，其中人工湿地采用“表面流人工湿地 + 潜流人工湿地”复合工艺。污水处理厂出水先排入一级植物塘，植物塘设浅水区、过渡区和深水区，形成好氧和兼氧区，并种植挺水植物、浮水植物和沉水植物，利用植物塘水生植物的拦截、吸收和植物塘水生动物、微生物的好氧、厌氧等协同作用，去除水体中的部分悬浮物、有机物和氮、磷，同时利用植物塘对后续两组并联运行的一级湿地处理系统进行配水。植物塘的出水经出水堰调节流量和配水渠布水后，进入一级人工湿地处理系统，一级人工湿地处理系统由两组 4 座并联运行的垂直流人工湿地组成，垂直流人工湿地采用 PVC 管进行均匀上层布水和下层集水，中间设置碎石填料层，四周和池底防渗。污水由人工湿地上层渗流至下层，经过好氧、兼氧、厌氧等填料区，在植物、微生物、填料吸附过滤等生物、物理、化学作用下，对水体污染物进行强化处理和高效去除；结合湿地及厂区景观的建设，设计过流景观河道，河道收集一级人工湿地处理系统出水，并对二级人工湿地处理系统进行布水，河道设置浅水区、过渡区和深水区，种植水生植物，对污水中的污染物进行吸收和吸附降解。二级人工湿地处理系统采用并联的两组“水平潜流人工湿地 + 表面流人工湿地”，水平潜流人工湿地采用水流自流推流布水，在不同填料层形成的好氧区、兼氧区、厌氧区对水体污染物进行降解和硝化、反硝化作用，除去水体中的有机物、总氮和磷，同时利用植物的吸收去除氮、磷；表面流人工湿地采用可调节水位、自流推流布水和浅层填料布置设计，可调节水位在填料层之上和填料层之下间的水位运行，以应对冬季低温条件对系统的影响，表面流湿地主要通过表面水流和浅层填料形成的好氧环境条件，在微生物的作用下降解去除污水中的有机物和氨氮，在水生植物的作用下吸收去除水体中的氮和磷。二级人工湿地处理系统出水经集水渠收集排入二级植物塘，二级植物塘作用与一级植物塘相同。二级植物塘出水通过布水渠排入三级人工湿地处理系统，三级人工湿地处理系统由 4 组并联的“表面流人工湿地 + 水平潜流人工湿地”组成，在水平潜流人工湿地末端设置砂滤区，保证人工湿地出水悬浮物浓度达标。经过三级人工湿地处理系统处理的出水，经集水渠排入三级植物塘，经过植物塘的进一步净化后，出水部分经污水处理厂砂滤和消毒处理后，作为城市杂用水回用，部分排入洋湖垸湿地公园，作为补水和进一步净化。

其中，人工湿地处理系统设有放空管，可根据运行情况调节湿地放空，并均设有可调节的出水系统，各级湿地系统表层均种有具有水质净化功能且适宜当地气候条件的植物。

5.5.3.2 工艺适应性分析

该工程设计采用人工湿地处理技术工艺。人工湿地系统净化污水的机理主要包括：长有植物根系、生物膜的填料层对污水产生过滤、沉淀、吸附等物理作用；植物生长可对污水中的污染物进行吸收和同化；通过水生植物的导气组织向水体与填料层输送氧气，使填料周围的多种微生物在厌氧、兼氧、好氧等复杂状态下消化降解污染物。受低温影响，湿地的植物生长和微生物的活性往往会降低，因此，人工湿地处理技术的应用具有一定区域性局限。为此，该工程的设计将主要从以下两个方面充分考虑工艺的适应性，保证湿地的处理效果。

（1）气温条件的影响

长沙属亚热带季风性湿润气候。气候特征是：气候温和，降水充沛，雨热同期，四季分明。长沙市区年平均气温为 17.2℃，各县为 16.8～17.3℃，年积温为 5 457℃，市区年均降水量为 1 361.6 mm，各县年均降水量为 1 358.6～1 552.5 mm。长沙夏冬季长，春秋季短，夏季约 118～127 d，冬季 117～122 d，春季 61～64 d，秋季 59～69 d。春温变化大，夏初雨水多，伏秋高温久，冬季严寒少。3 月下旬至 5 月中旬，冷暖空气相互交绥，形成连绵阴雨低温寡照的天气。从 5 月下旬起，气温显著提高，盛夏酷热少雨，夏季日平均气温在 30℃以上的有 85 d，气温高于 35℃的炎热日，年平均约 30 d。9 月下旬后，白天较暖，入夜转凉，降水量减少，低云量日多。11 月下旬至第二年 3 月中旬，节届冬令，长沙平均气温低于 0℃的严寒期很短暂，全年以 1 月最冷，月平均气温为 4.4～5.1℃，越冬作物可以安全越冬，缓慢生长。

由以上气温条件可知，工程建设位置的区域气温只在冬季出现较为短暂的低温天气，月平均气温 5℃左右。同时，污水经过污水处理厂的前处理，出水会较为稳定，不会随季节温度变化而发生骤变，且相对室外极端气温较高，因此气温的变化对人工湿地深度处理的影响不大。为尽量降低气温对湿地处理效果的影响，在工程设计中，充分考虑湿地系统的保温和防冻，湿地的布水和集水区采用加盖混凝土渠沟，湿地池体设计为地下结构；充分考虑地区冬季冻土深度，设计湿地的运行水位可调节，在冬季时，潜流和表面流湿地水位可调节控制在碎石填料层以下运行，同时适当地加大湿地填料层的设计深度，减少低温对湿地运行的影响；设计还适当地增大湿地的建设面积，降低湿地的处理负荷，保证湿地在冬季时的处理能力。

（2）植物种的选择与配置

在工程设计中，湿地植物的选择和配置要充分考虑植物的耐寒性，选择既具有较强水质净化能力，又具有较强耐寒能力的植物种，尤其是优先考虑条件合适的本土植物种，以保证人工湿地植物的安全越冬和保障湿地的处理效果。

5.5.3.3 污染物去除分析

根据工艺设计负荷计算各处理单元对污染物的去除量和去除率，见表 5-27。

表 5-27 各处理单元对污染物的去除量和去除率

处理单元 \ 指标		COD_{Cr}	BOD_5	SS	NH_3-N	TP	TN
污水处理厂排水		≤60	≤20	≤20	≤15	≤1.0	≤20
一级人工湿地处理系统（包括植物塘）	去除率 /%	≥18	≥17.5	≥60	≥20	≥20	≥20
	出水水质 /（mg/L）	≤49.2	≤16.5	≤8	≤12.0	≤16	≤16

续表

处理单元 \ 指标		COD_{Cr}	BOD_5	SS	NH_3-N	TP	TN
二级人工湿地处理系统（包括植物塘）	去除率 /%	≥16	≥18.2	—	≥25	≥15	≥15
	出水水质 /（mg/L）	≤41.3	≤13.5	—	≤9.0	≤13.6	≤13.6
三级人工湿地处理系统（包括植物塘）	去除率 /%	≥50	≥63	—	≥65	≥33	≥40
	出水水质 /（mg/L）	≤20.7	≤5.0	≤6	≤3.2	≤9.1	≤8.16
总去除率 /%		≥65.6	≥75.0	≥70.0	≥79.0	≥62.2	≥54.4
湿地处理出水水质 /（mg/L）		≤20.7	≤5.0	≤6	≤3.2	≤0.38	≤9.1
设计出水水质标准目标 /（mg/L）		≤50	≤6（8）	≤10	≤5	≤0.5	≤15

注：括号外数值为水温＞5℃时的控制指标，括号内数值为水温≤5℃时的控制指标。

5.5.4　工程建（构）筑物单元设计

5.5.4.1　设计规模

长沙市坪塘污水处理厂尾水深度处理工程近期规模为 4 万 m^3/d，中期规模为 8 万 m^3/d，远期规模为 12 万 m^3/d，工程建设规模与污水处理厂二级处理建设规模衔接。近期工程构筑物按 4 万 m^3/d 规模设计。

5.5.4.2　单元构筑物设计

人工湿地总设计规模：4 万 m^3/d；

人工湿地总水力负荷：0.46 m^3/（m^2 · d）；

人工湿地总 BOD_5 负荷：60 kg BOD_5/（hm^2 · d）；

人工湿地总停留时间：60.5 h。

（1）一级植物塘

功能：植物塘设浅水区、过渡区和深水区，形成好氧区和兼氧区，并种植挺水植物、浮水植物和沉水植物，利用植物塘水生植物的拦截、吸收和植物塘水生动物、微生物的好氧、厌氧等协同作用，去除水体中的部分悬浮物、有机物和氮、磷，同时利用植物塘对后续两组并联运行的一级湿地处理系统进行配水。

设计参数：

设计规模：4 万 m^3/d。

设计总面积：1 939 m^2。

设计水深：浅水区有效水深≤0.4 m，宽 3.5 m；过渡区有效水深 0.4～1.6 m，宽 3 m；深水区有效水深 1.6 m。

有效容积：1 812 m^3。

结构：池四周采用混凝土墙，底部设土工膜防渗，塘内回填细砂保护土工膜，并铺 30 cm 泥土基质。

种植植物：浅水区种植香蒲、芦苇、茭白、慈姑等挺水植物，过渡区种植睡莲、空心莲子草等浮水植物，深水区种植眼子菜、狐尾藻、菹草等沉水植物。

（2）一级人工湿地处理系统

功能：一级湿地处理系统由两组 4 座并联运行的垂直流人工湿地组成，垂直流人工湿地采用 PVC 管进行均匀上层布水和下层集水，中间设置碎石填料层，四周和池底防渗，污水由人工湿地上层渗流至下层，经过好氧、兼氧、厌氧等填料区，在植物、微生物、填料吸附过滤等生物、物理、化学作用下，对水体污染物进行强化处理和高效去除。

设计参数：

由 4 座并联的垂直潜流人工湿地组成，分别为Ⅰ-1 区、Ⅰ-2 区、Ⅰ-3 区、Ⅰ-4 区。

设计规模：4 万 m^3/d。

BOD_5 负荷：110 kg BOD_5/（hm^2·d）。

湿地总池容积：14 779 m^3。

设计总面积：12 316 m^2。其中，Ⅰ-1 区 3 175 m^2、Ⅰ-2 区 3 343 m^2、Ⅰ-3 区 3 370 m^2、Ⅰ-4 区 2 428 m^2。

湿地池体设计深度：1.4～1.6 m。

湿地内铺设碎石，粒径 25～30 mm。

碎石厚度：h=1 200 mm。

碎石体积：V=14 779 m^3。

设计底坡度：0.2%。

设计水面坡度：0.2%。

配水：湿地进出水端均设置 1.0 m 宽的配水渠和集水渠，进水端设阀门控制，出水端设水位控制系统。

布水：湿地内均匀布设 DN200 和 DN65 的 PVC 管，采用上层布水，下层集水方式。

结构：池四周采用混凝土墙，底部设土工膜防渗；配水渠和集水渠均采用混凝土渠。

种植植物：芦苇、花叶芦荻、香蒲、花菖蒲、石菖蒲。

（3）过流河道

功能：收集一级人工湿地处理系统出水，并对二级人工湿地处理系统进行布水，河道设置浅水区、过渡区和深水区，种植水生植物，对污水中的污染物进行吸收和吸附降解。同时营造河道景观。

设计参数：

设计规模：4 万 m^3/d。

设计总面积：1 379 m^2，其中，浅水区 364 m^2，深水区 1 015 m^2。

设计宽度：8.0～20.0 m。

设计流速：0.008～0.04 m/s。

设计水深：浅水区有效水深≤0.3 m，宽 1.0 m；深水区有效水深 1.2 m，宽 4.0～18.0 m。

结构：河道四周采用混凝土墙，底部设土工膜防渗，河道内回填细砂保护土工膜，并铺 30 cm 泥土基质。

种植植物：浅水区种植香蒲、鸢尾等挺水植物，过渡区种植睡莲、黄花水龙、空心莲子草等浮水植物，深水区种植狐尾藻、菹草等沉水植物。

（4）二级人工湿地处理系统

功能：二级人工湿地处理系统由两组并联运行的“水平潜流人工湿地＋表面流人工湿地”组成。水平潜流人工湿地采用水流自流推流布水，在不同填料层形成的好氧区、兼氧区、厌氧区对水体污染物进行降解、硝化和反硝化作用，除去水体中的有机物、总氮和磷，同时利用植物的吸收去除氮磷；表面流人工湿地采用可调节水位、自流推流布水和浅层填料布置设计，可调节水位在填料层之上和填料层之下间的水位运行，以应对冬季低温条件对系统的影响，表面流湿地主要通过表面水流和浅层填料形成的好氧环境条件，在微生物的作用下降解去除污水中的有机物和氨氮，在水生植物的作用下吸收去除水体中的氮和磷。

设计参数：

由并联的两组两级人工湿地组成，每组人工湿地由“水平潜流人工湿地＋表面流人工湿地”串联组成，分别为Ⅱ-1 区和Ⅱ-2 区水平潜流人工湿地、Ⅱ-3 区和Ⅱ-4 区表面流人工湿地。

设计规模：4 万 m^3/d。

BOD_5 负荷：70～80 kg BOD_5/（hm^2·d）。

湿地总池容积：13 042.8 m^3。

设计总面积：14 850 m^2。其中，Ⅱ-1 区 4 944 m^2、Ⅱ-2 区 3 882 m^2、Ⅱ-3 区 2 230 m^2、Ⅱ-4 区 3 794 m^2。

湿地池体设计深度：Ⅱ-1 区和Ⅱ-2 区设计深度 1.20～1.40 m，Ⅱ-3 区和Ⅱ-4 区设计深度 0.90～1.10 m。

湿地内铺设碎石，粒径 30～35 mm。

碎石厚度：Ⅱ-1 区和Ⅱ-2 区 h=1 000 mm，Ⅱ-3 区和Ⅱ-4 区 h=600 mm。

碎石体积：V=13 042.8 m^3。

设计底坡度：0.2%。

设计水面坡度：0.2%。

配水：湿地进出水端均设置 1.0 m 宽的配水渠和集水渠，进水端设阀门控制，出水端设水位控制系统。

布水：湿地进水端和出水端布设 DN300 和 DN225 的 PVC 管进行布水和集水。

结构：池四周采用混凝土墙，底部设土工膜防渗；配水渠和集水渠均采用混凝土渠。

种植植物：石菖蒲、香蒲、纸莎草、千屈菜、灯心草。

（5）二级植物塘

功能：利用植物塘浅水区、过渡区和深水区形成的好氧区和兼氧区，并种植挺水植物、浮水植物和沉水植物，在植物塘水生植物的拦截、吸收和植物塘水生动物、微生物的好氧、厌氧等协同作用，去除水体中的部分悬浮物、有机物和氮磷。同时结合湿地广场中心区的建设，营造水面、浮岛及水上栈道等景观，起到一定的湿地景观作用。为三级人工湿地 A 区和 B 区配水。

设计参数：

设计规模：4 万 m^3/d。

设计总面积：4 318 m^2。

设计水深：浅水区有效水深≤0.4 m，宽 3.5 m；过渡区有效水深 0.4～1.6 m，宽 3 m；深水区有效水深 1.6 m，宽 13.0～42.0 m。

有效容积：4 129.2 m^3。

出水配水：出水口设出水堰，按 1∶3 水量对三级人工湿地 A 区和 B 区配水。

结构：池四周采用混凝土墙，底部设土工膜防渗，塘内回填细砂保护土工膜，并铺 30 cm 泥土基质。

种植植物：浅水区种植千屈菜、石菖蒲、芦苇、茭白等挺水植物，过渡区种植睡莲、黄花水龙、空心莲子草、水芹菜、荇菜等浮水植物，深水区种植狐尾藻、菹草、眼子菜等沉水植物。

（6）三级人工湿地处理系统（A 区）

功能：三级湿地处理系统（A 区）由两组并联运行的“表面流人工湿地 + 水平潜流人工湿地”组成。在水平潜流人工湿地末端设砂滤区，保证人工湿地出水悬浮物浓度达标。三级人工湿地的作用与功能同二级人工湿地处理系统。

设计参数：

由并联的两组两级人工湿地组成，每组人工湿地由“表面流人工湿地 + 水平潜流人工湿地”串联组成，分别为Ⅲ-1 区和Ⅲ-3 区水平潜流人工湿地，Ⅲ-2 区和Ⅲ-4 区表面流人工湿地。

设计规模：2 万 m^3/d。

BOD_5 负荷：50～70 kg BOD_5/（hm^2·d）。

湿地总池容积：11 428 m^3。

设计总面积：13 506 m^2。其中，Ⅲ-1 区 3 413 m^2、Ⅲ-2 区 3 514 m^2、Ⅲ-3 区 3 168 m^2、Ⅲ-4 区 3 411 m^2。

湿地池体设计深度：Ⅲ-1 区和Ⅲ-3 区设计深度 1.20～1.40 m，Ⅲ-2 区和Ⅲ-4 区设计深度 0.90～1.10 m。

湿地内铺设碎石，粒径 35～40 mm。

碎石厚度：Ⅲ-1 区和Ⅲ-3 区 h=1 000 mm，Ⅲ-2 区和Ⅲ-4 区 h=600 mm。

碎石体积：V=11 428 m^3。

设计底坡度：0.2%。

设计水面坡度：0.2%。

配水：湿地进出水端均设置 1.0 m 宽的配水渠和集水渠，进水端设阀门控制，出水端设水位控制系统。

布水：湿地进水端和出水端布设 DN300 和 DN225 的 PVC 管进行布水和集水。

结构：池四周采用混凝土墙，底部设土工膜防渗；配水渠和集水渠均采用混凝土渠。

种植植物：花叶芦荻、香蒲、纸莎草、千屈菜、芦苇、南荻、美人蕉。

（7）三级植物塘（A 区）

功能：同二级植物塘。

设计参数：

设计规模：2 万 m^3/d。

设计总面积：3 300 m^2。

设计水深：浅水区有效水深≤0.4 m，宽 3.5 m；过渡区有效水深 0.4～1.6 m，宽 3 m；深水区有效水深 1.6 m。

有效容积：3 526.6 m^3。

结构：池四周采用混凝土墙，底部设土工膜防渗，塘内回填细砂保护土工膜，并铺 30 cm 泥土基质。

种植植物：浅水区种植鸢尾、石菖蒲、芦苇、茭白等挺水植物，过渡区种植睡莲、黄花水龙、空心莲子草、水芹菜、荇菜、香菇草等浮水植物，深水区种植狐尾藻、眼子菜、菹草等沉水植物。

（8）三级人工湿地处理系统（B 区）

功能：三级人工湿地处理系统（B 区）由两组并联运行的“水平潜流人工湿地 + 表面流人工湿地 + 水平潜流人工湿地”组成。在水平潜流人工湿地末端设砂滤区，保证人工湿地出水悬浮物浓度达标。三级人工湿地的作用与功能同二级人工湿地处理系统。

设计参数：

由并联的两组三级人工湿地组成，每组人工湿地由“水平潜流人工湿地＋表面流人工湿地＋水平潜流人工湿地”串联组成，分别为Ⅲ-5区、Ⅲ-6区、Ⅲ-9区、Ⅲ-10区水平潜流人工湿地，Ⅲ-7区和Ⅲ-8区表面流人工湿地。

设计规模：3万 m^3/d。

BOD_5 负荷：50～70 kg BOD_5/（$hm^2 \cdot d$）。

湿地总池容积：41 765 m^3。

设计总面积：46 767 m^2。其中，Ⅲ-5区 8 251 m^2、Ⅲ-6区 5 436 m^2、Ⅲ-7区 7 776 m^2、Ⅲ-8区 8 897 m^2、Ⅲ-9区 7 376 m^2、Ⅲ-10区 9 031 m^2。

湿地池体设计深度：Ⅲ-5区、Ⅲ-6区、Ⅲ-9区、Ⅲ-10区设计深度1.20～1.40 m；Ⅲ-7区和Ⅲ-8区设计深度0.90～1.10 m。

湿地内铺设碎石，粒径35～40 mm（末端8～10 mm）。

碎石厚度：Ⅲ-5区、Ⅲ-6区、Ⅲ-9区、Ⅲ-10区 h=1 000 mm；Ⅲ-7区和Ⅲ-8区 h=600 mm。

碎石体积：V=41 765 m^3。

设计底坡度：0.2%。

设计水面坡度：0.2%。

配水：每级湿地进水、出水端均设置1.0 m宽配水渠和集水渠，进水端设阀门控制，出水端设水位控制系统。

布水：湿地进水端和出水端布设DN300和DN225的PVC管进行布水和集水。

结构：池四周采用混凝土墙，底部设土工膜防渗；配水渠和集水渠均采用混凝土渠。

种植植物：千屈菜、花叶芦荻、芦苇。

（9）三级植物塘（B区）

功能：同二级植物塘。

设计参数：

设计规模：3万 m^3/d。

设计总面积：7 793 m^2。

设计水深：浅水区有效水深≤0.4 m；过渡区有效水深0.4～1.6 m；深水区有效水深1.6 m。

有效容积：9 184.4 m^3。

结构：池四周采用混凝土墙，底部设土工膜防渗，塘内回填细砂保护土工膜，并铺30 cm泥土基质。

种植植物：浅水区种植鸢尾、石菖蒲、芦苇、茭白等挺水植物，过渡区种植睡莲、黄花水龙、水芹菜、荇菜、香菇草等浮水植物，深水区种植狐尾藻、眼子菜、菹草等沉水植物。

5.5.4.3　主要构筑物及材料、设备清单

（1）主要处理建（构）筑物一览表

表 5-28　主要处理建（构）筑物一览表

序号	构筑物名称	种植面积	数量	单位	种植植物
1	一级植物塘	1 939 m^2	1	座	浅水区种植香蒲、芦苇、茭白、慈姑等挺水植物，过渡区种植睡莲、空心莲子草等浮水植物，深水区种植眼子菜、狐尾藻、菹草等沉水植物
2	一级人工湿地	12 316 m^2	1	座	芦苇、花叶芦竹、香蒲、花菖蒲、石菖蒲
3	中间配水河道	1 379 m^2	1	座	浅水区种植香蒲、鸢尾等挺水植物，过渡区种植睡莲、黄花水龙、空心莲子草等浮水植物，深水区种植狐尾藻、菹草等沉水植物
4	二级人工湿地	14 850 m^2	1	座	石菖蒲、香浦、纸莎草、千屈菜、灯心草
5	二级植物塘	4 318 m^2	1	座	浅水区种植千屈菜、石菖蒲、芦苇、茭白等挺水植物，过渡区种植睡莲、黄花水龙、空心莲子草、水芹菜、荇菜等浮水植物，深水区种植狐尾藻、菹草、眼子菜等沉水植物
6	三级人工湿地（A 区）	13 506 m^2	1	座	花叶芦荻、香蒲、纸莎草、千屈菜、芦苇、南荻、美人蕉
7	三级植物塘（A 区）	3 300 m^2	1	座	浅水区种植鸢尾、石菖蒲、芦苇、茭白等挺水植物，过渡区种植睡莲、黄花水龙、空心莲子草、水芹菜、荇菜、香菇草等浮水植物，深水区种植狐尾藻、眼子菜、菹草等沉水植物
8	三级人工湿地（B 区）	46 767 m^2	1	座	千屈菜、花叶芦荻、芦苇
9	三级植物塘（B 区）	7 885 m^2	1	座	浅水区种植鸢尾、石菖蒲、芦苇、茭白等挺水植物，过渡区种植睡莲、黄花水龙、水芹菜、荇菜、香菇草等浮水植物，深水区种植狐尾藻、眼子菜、菹草等沉水植物

（2）湿地植物配置表

人工湿地植物的配置原则：①考虑植物的耐污性、生长能力、根系的发达程度以及经济与美学价值等因素，同时宜采用当地品种，保证对当地气候的适应性。②人工湿地的设计中，应尽可能增加植物的多样性、提高对污水的处理性能、延

长使用寿命。③人工湿地选择一种或几种植物作为优势种搭配栽种，并根据环境条件和植物群落的特征，按一定比例在空间分布和时间分布方面进行安排，达到生态系统高效运转，稳定可持续利用的要求。人工湿地植物的植物种植密度为 6 株 /m^2。

①植物塘 1

序号	区域	种植面积	种植植物
1	浅水区	904 m^2	香蒲：600 株 芦苇：600 株 茭白：300 株 慈姑：600 株 植物种植间距 0.6 m × 0.6 m，按种类分区分片种植
2	过渡区	469 m^2	睡莲：400 株 空心莲子草：1 500 株 植物种植间距：睡莲 1.0 m × 1.0 m，空心莲子草 0.4 m × 0.4 m，按种类分区分片种植
3	深水区	470 m^2	狐尾藻：1 000 株 眼子菜：1 000 株 菹草：1 000 株 植物种植间距 0.4 m × 0.4 m，按种类分区分片种植

②过流河道

序号	区域	种植面积	种植植物
1	浅水区	364 m^2	香蒲：500 株 鸢尾：500 株 植物种植间距 0.6 m × 0.6 m，按种类分区分片种植
2	过渡区	532 m^2	睡莲：270 株 黄花水龙：850 空心莲子草：850 株 植物种植间距：睡莲 1.0 m × 1.0 m，黄花水龙、空心莲子草 0.4 m × 0.4 m，按种类分区分片种植
3	深水区	481 m^2	狐尾藻：1 500 株 菹草：1 500 株 植物种植间距 0.4 m × 0.4 m，按种类分区分片种植

③植物塘 2

序号	种植面积	数量	种植植物
1	浅水区	1 768 m^2	千屈菜：1 500 株 石菖蒲：1 500 株 芦苇：1 500 株 茭白：500 株 植物种植间距 0.6 m × 0.6 m，按种类分区分片种植
2	过渡区	528 m^2	睡莲：270 株 黄花水龙：450 空心莲子草：450 株 水芹菜：450 株 荇菜：450 株 植物种植间距：睡莲 1.0 m × 1.0 m，黄花水龙、空心莲子草、水芹菜、荇菜 0.4 m × 0.4 m，按种类分区分片种植
3	深水区	1 677 m^2	狐尾藻：3 500 株 眼子菜：3 500 株 菹草：3 500 株 植物种植间距 0.4 m × 0.4 m，按种类分区分片种植

④植物塘 3-A

序号	区域	种植面积	种植植物
1	浅水区	1 654 m^2	鸢尾：1 300 株 石菖蒲：1 300 株 芦苇：1 300 株 茭白：900 株 植物种植间距 0.6 m × 0.6 m，按种类分区分片种植
2	过渡区	702 m^2	睡莲：200 株 黄花水龙：800 空心莲子草：800 株 水芹菜：800 株 荇菜：800 株 香菇草：800 株 植物种植间距：睡莲 1.0 m × 1.0 m，黄花水龙、空心莲子草、水芹菜、荇菜、香菇草 0.4 m × 0.4 m，按种类分区分片种植
3	深水区	942 m^2	狐尾藻：1 200 株 眼子菜：1 200 株 菹草：1 200 株 植物种植间距 0.4 m × 0.4 m，按种类分区分片种植

⑤植物塘 3-B

序号	区域	种植面积	种植植物
1	浅水区	4 365 m^2	鸢尾：3 500 株 石菖蒲：3 500 株 芦苇：3 500 株 茭白：1 500 株 植物种植间距 0.6 m × 0.6 m，按种类分区分片种植
2	过渡区	1 220 m^2	睡莲：400 株 黄花水龙：2 800 空心莲子草：2 800 株 水芹菜：2 800 株 荇菜：2 800 株 香菇草：2 800 株 植物种植间距：睡莲 1.0 m × 1.0 m，黄花水龙、空心莲子草、水芹菜、荇菜、香菇草 0.4 m × 0.4 m，按种类分区分片种植
3	深水区	2 226 m^2	狐尾藻：5 000 株 眼子菜：5 000 株 菹草：5 000 株 植物种植间距 0.4 m × 0.4 m，按种类分区分片种植

⑥人工湿地植物

序号	区域	种植面积	种植植物
1	湿地 1-1	3 175 m^2	芦苇：6 000 株，花叶芦荻：3 000 株
2	湿地 1-2	3 343 m^2	芦苇：6 000 株，香蒲：3 000 株
3	湿地 1-3	3 370 m^2	花叶芦荻：3 000 株，花菖蒲：6 200 株
4	湿地 1-4	2 428 m^2	香蒲：4 500 株，石菖蒲：2 250 株
5	湿地 2-1	4 944 m^2	石菖蒲：9 200 株，香蒲：4 600 株
6	湿地 2-2	3 882 m^2	花菖蒲：7 200 株，纸莎草：3 600 株
7	湿地 2-3	2 230 m^2	香蒲：2 000 株，千屈菜：4 200 株
8	湿地 2-4	3 794 m^2	纸莎草：3 500 株，灯心草：7 000 株
9	湿地 3-1	3 416 m^2	花叶芦荻：4 750 株，香蒲：4 750 株
10	湿地 3-2	3 514 m^2	纸莎草：4 900 株，千屈菜：4 900 株
11	湿地 3-3	3 168 m^2	芦苇：4 400 株，南荻：4 400 株
12	湿地 3-4	3 411 m^2	美人蕉：4 750 株，千屈菜：4 750 株
13	湿地 3-5	8 251 m^2	千屈菜：23 000 株
14	湿地 3-6	8 436 m^2	千屈菜：23 500 株

续表

序号	区域	种植面积	种植植物
15	湿地 3-7	7 776 m^2	花叶芦竹：21 600 株
16	湿地 3-8	8 897 m^2	花叶芦竹：24 700 株
17	湿地 3-9	7 376 m^2	芦苇：20 500 株
18	湿地 3-10	9 031 m^2	芦苇：25 100 株

注：植物种植间距 0.6 m × 0.6 m，按种类分区分片种植。

5.5.5　绿化与景观设计

在厂区的建设中，尽量利用可用的面积对厂区进行绿化，沿路种植四季常绿的绿篱和乔木，空地种植草皮并配以花卉植物，以美化厂区。

5.5.5.1　设计原则

（1）满足厂区对绿化的要求，根据其特点，通过绿化来改善环境。

（2）点、线、面相结合，以厂区中心广场绿地、湿地道路交错空旷区绿地和过流景观河道沿岸绿地为核心，厂区周边绿化为基础，通过厂区道路沟通形成一个环境优美的厂区。

（3）因地制宜。结合厂区构筑物的大体量与成片成组的特点，灵活而巧妙地在道路与构筑之间的空阔区域和塘中小岛等区域安排绿化及布置建筑小品。

（4）体现地方人文特色。在绿地面积较大且绿地较为集中的区域种植一些具有代表性和景观效果好的本地植物，以及体现地方人文特色的小型景观、休闲构筑物。

（5）保证生产与安全。考虑地上、地下管线的安全防护要求，合理种植高度、形体、根系与之相适应的树种。

（6）绿化、美化相结合，采取快长密植的办法或栽植较大的成苗，尽快取得绿化效果。

5.5.5.2　厂区主要部位的绿化设计

（1）厂区中心广场绿化设计

厂区中心广场是外来客人入厂获得最初印象的场所。环境与面貌在很大程度上体现了工厂的环境与面貌，因此是绿化的重点。

厂区中心广场为圆形，较为开阔，是视线集中的地方。广场一侧是植物塘，为大面积的水面，另一侧是人工湿地区，为湿地与水面的过渡区，因此广场区设计成具有休闲作用和欣赏价值的绿化区，设计成能从各个角度欣赏的花坛。混栽花坛是以艳丽的色彩为主，花卉应选株型矮小、分枝密集、花色鲜艳、花期较长的种类；外围以花代草环绕，使花坛花团锦簇，高矮有序，并具有很强的观赏性。在花坛沿周设以花边、花栏杆，其高度、造型要美观大方，与花坛面积相协调，起到维护和装饰作用。

（2）人工湿地周边绿地设计

人工湿地与道路之间的空地绿化，考虑到人工湿地植物与道路之间自然过渡，根据人工湿地植物的高度和湿地与道路之间空间的大小，在空间较宽大的区域由人工湿地向道路方向依次种植从高到矮的灌木、草皮，较窄的区域种植常绿灌木或草皮。灌木设计上多选择枝叶茂密、分枝低矮、叶面积大的灌木，并配以枝叶密集的绿篱墙。

在湿地与道路较为宽阔的活动密集区域，设计点缀山石、花廊、座椅，种植各色花木，铺设大面积草坪。

（3）道路绿化

在较宽阔的厂区主干道两侧种植高大等距的乔木，形成行列式的林荫道。3.5 m 宽单车道外采取交错排列种植方式，多选窄树冠树种。

根据道路走向，合理布置向阳、耐荫树种。

在道路交叉、转弯处，绿化树种以灌木为主，高度不超过 0.7 m。

整个道路绿化树种选择，考虑形态美观、树冠高大、枝叶繁密、适应性强和抗污力强、病害少、不产生污染环境的树种。

（4）其他

布水和集水渠设计加盖，盖上覆土种植草皮。构筑物主体混凝土结构尽量覆土掩盖，并种植草皮，或种植植物遮挡，减少混凝土结构外露，形成自然绿化景观。

5.5.6 效益分析

5.5.6.1 投资成本

人工湿地建安费约为 2675 万元。

5.5.6.2 运行成本

污水人工湿地深度处理工程的运行成本费用主要包括原材料、外购燃料及动力、工资福利、修缮维护费、固体废物处置费、办公及其他管理费用、财务费用和固定资产折旧等。

运行成本费用中：

（1）外购燃料及动力：外购燃料及动力指项目所需要消耗的水、电费用，深度处理为生态净化技术，无能耗，外购燃料及动力费为 0。

（2）工资福利：污水人工湿地深度处理项目定员满员时为 13 人，人均年工资福利按 2.4 万元计，项目年均工资福利费用为 31.2 万元，折合成吨水处理成本为 0.02 元。

（3）修缮维护费：指项目营运期间建、构筑物的修缮费用、植物补种及其他设施的日常修理维护费用和计提的大修费用，修缮维护费按 0.015 元 /t 污水计，项目年均修缮维护费费为 21.9 万元，折合成吨水处理成本为 0.015 元。

（4）固体废物处置费：项目运行时植物收割将产生固体废物，约 1 467.3 t/a，固体废物运输费及填埋费按 60 元 /t 计，年均费用为 8.80 万元，折合成吨水处理成本为 0.006 元。

项目满负荷时污泥及其他固体废物产生量如 5-29 所示。

表 5-29　固体废物产生量一览表

序号	固体废物名称	产生量 /（t/d）	产生量 /（t/a）
1	员工生活垃圾	0.02	7.3
2	收割植物	4.0	1 460.0
合计		4.02	1 467.3

（5）办公及其他管理费用：指项目除上述单列的经营成本外为组织、管理企业而产生的其他办公和管理、服务的费用，按项目年工资福利的 100% 计，年均 31.2 万元，折合成吨水处理成本为 0.02 元。

（6）折旧费用：固定资产折旧按直线法分类折旧计算，净残值率为 5%，建（构）筑物折旧年限按 20 年计，项目年均折旧费用折合成吨水处理费为 0.08 元。

综上，不包括财务费用，人工湿地深度处理运行成本为 205.88 万元 / 年，折合成吨水处理运行成本为 0.141 元。

5.5.7　相关图片

图 5-28　人工湿地鸟瞰图

图 5-29 人工湿地一角

图 5-30 中间过流河道

图 5-31　二级植物塘

5.6　肇庆高新区第一污水处理厂尾水深度处理工程

前言后语

（1）该工程由肇庆大旺城市发展有限公司主持建设。

（2）该工程由广州华科环保工程有限公司和环境保护部华南环境科学研究所共同设计。江栋负责审核和主持，谢丹平、周伟坚、陈思莉、刘永负责人工湿地设计，其中周伟坚负责含布水计算。

（3）该人工湿地为肇庆市第一座特大型人工湿地。

（4）该项目为肇庆高新区第一污水处理厂配套的尾水深度处理设施。污水处理厂的近期处理规模为 4 万 m^3/d，最大处理规模为 5 万 m^3/d；远期处理规模为 8 万 m^3/d，最大处理规模为 10 万 m^3/d。由于该区的快速发展，本项目按 10 万 m^3/d 规模设计。

（5）本工程人工湿地（含生态塘）水力负荷中等，水力负荷为 0.48 $m^3/(m^2 \cdot d)$。

（6）该工程也是我国规模较大的市政污水（生活污水和工业废水）植物碎石床人工湿地处理工程，人工湿地面积达 11.63 万 m^2，生态塘 9.33 万 m^2，总占地面积约 26.49 万 m^2。

（7）该工程出水水质好，运行较稳定，管理较方便。

（8）该工程结合景观设计，已成为肇庆市大旺高新区的城市湿地公园。

5.6.1 项目背景

肇庆高新区第一污水处理厂出水排入东排渠，最终汇入北江。东排渠水质指标为Ⅳ类，由于东排渠水质不稳定，超过目标水质标准，所以有必要对第一污水处理厂尾水进行深度处理，不仅可以对COD、BOD、总氮、总磷进行进一步的削减，同时通过人工湿地处理后，尾水排入东排渠、北江的环境风险大大降低，保证下游水体的用水供水安全。

同时，根据《关于广东肇庆高新技术产业园区区域环境影响报告书的审查意见》（粤环审〔2008〕517号）、《关于肇庆高新技术产业开发区第一污水处理厂二期工程建设项目环境影响报告表审批意见》（肇高环函〔2010〕17号），文件中明确要求第一污水处理厂经过集中处理后进入人工湿地系统，经过深度处理后再排入东排渠。

5.6.2 尾水处理的建设规模及处理程度的确定

5.6.2.1 工程建设规模

尾水深度处理工程与污水处理厂工程建设同步，建设规模与污水处理厂建设规模一致。

尾水深度处理工程接纳肇庆高新区第一污水处理厂的全部出水，因此建设规模应与肇庆高新区第一污水处理厂的排放规模相匹配，污水处理厂一期、二期设计规模均为4万t/d，最大处理能力为5万t/d，因此该尾水处理厂的规模按照最大污水处理能力为10万t/d。设计年限至2015年。

5.6.2.2 进水水质的确定

进水污染物浓度的高低决定污水处理工艺流程的选择，与污水处理厂的基建投资和运行费用密切相关。该项目深度处理工程的进水为污水处理厂排水，进水水质从严执行《城镇污水处理厂污染物排放标准》（GB 18918—2002）一级B类标准和广东省地方标准《水污染物排放限值》（DB 44/26—2001）第二时段一级标准，见表5-30。

表5-30 设计进水水质　　单位：mg/L

项目	COD_{Cr}	BOD_5	NH_3-N	石油类	TN	TP	粪大肠菌群/（个/L）	阴离子表面活性剂
进水水质	≤40	≤20	≤8	≤0.5	≤15	≤0.5	≤20 000	≤0.3

5.6.2.3　出水水质及污水处理程度的确定

尾水深度处理后，污水最终排入东排渠，与独河汇合排入北江。按地面水水域功能类别划分，东排渠河道段属Ⅳ类水体，独水河属于Ⅲ类水体，北江属于Ⅱ类水体。根据国家环保规范及排放标准，尾水深度处理后，水质主要指标应达到《地表水环境质量标准》（GB 3838—2002）Ⅳ类标准，具体如表 5-31 所示。

表 5-31　设计出水水质　　单位：mg/L

项目	COD_{Cr}	BOD_5	NH_3-N	石油类	TN	TP	粪大肠菌群 /（个 /L）	阴离子表面活性剂
设计出水水质	≤30	≤6	≤1.5	≤0.5	≤1.5	≤0.3	≤20 000	≤0.3

5.6.2.4　尾水处理厂建设地址

大旺大道与东排渠之间的区域，分为 3 个区域，总山地面积为 397.3 亩，其中 A 区为大旺大道与污水处理厂之间的区域，广贺高速以北，面积约为 109.3 亩；B 区为大旺大道与东排渠之间，面积约为 136 亩，C 区为调洪湖部分的区域，面积约为 152 亩。

5.6.3　尾水深度处理厂设计

5.6.3.1　工艺流程

肇庆高新区第一污水处理厂尾水深度处理工程工艺流程如下。

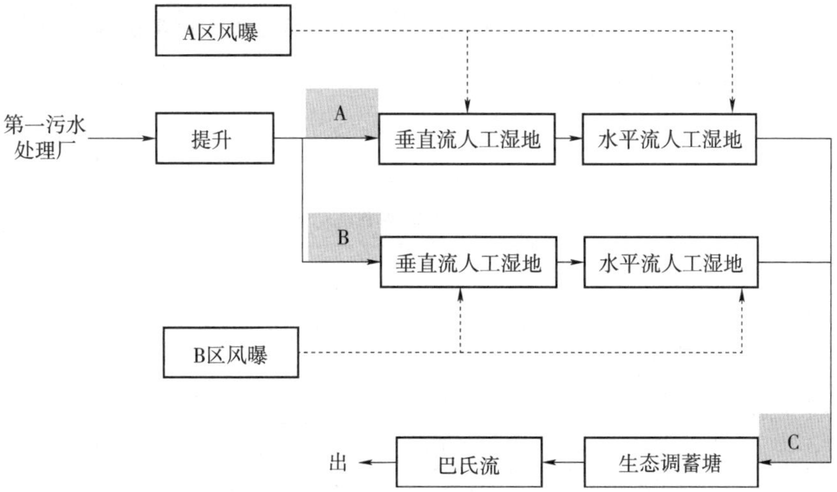

5.6.3.2 工艺流程说明

尾水深度处理厂的人工湿地处理系统分为A区、B区和C区，A区和B区为人工碎石填料床处理区，C区为生态塘处理区。人工湿地A区和B区为两区并联运行设计，两组的处理能力分别为4.1万t/d和5.9万t/d，各区采用分组分级处理。第一污水处理厂出水经提升泵房提升至人工湿地场区，污水经人工湿地场区配水井分流排入人工湿地A区和B区，在人工湿地A区和B区分别设计多组由“垂直潜流人工湿地+水平潜流人工湿地”串联组合的人工湿地系统，每组可独立并联运行。垂直流人工湿地采用UPVC管进行均匀上层布水和下层集水；水平潜流湿地前端布水、末端集水，采用水流自流推流布水；人工湿地均采用渠道进行配水和输水，同时在垂直流和水平流局部区域设置曝气，强化处理效果。污水经过人工湿地A区和B区净化处理后，排入人工湿地C区生态调蓄塘，生态调蓄塘由浮床、水生植物带、沉水植物区、人工水草区组成，污水经生态调蓄塘进一步净化处理后，再经巴氏流量计计量后自流排入东排渠。

5.6.3.3 运行方式

（1）水质的在线监测

由于水质的波动会影响湿地植物的生长，为防止湿地植物大面积的枯萎或死亡，需要对进水水质进行监控，如果进水水质达不到湿地进水要求，则进行超越排放，即通过水质数据控制水泵开关满足这一要求。

（2）东调湖运行水位

东调湖与尾水湿地相结合成为处理设施的一部分，在东调湖不运行时，则作为湿地净化措施之一，故东调湖在作为湿地净化单元中，运行水位与作为调蓄功能时的水位有一定的变化，本湿地暂定东调湖作为净化单元的运行水位为4.15 m；作为调洪功能时，最高水位为3.5 m。

5.6.3.4 污染物去除分析

表5-32 污染物去除分析

处理单元＼指标		COD_{Cr}	BOD_5	NH_3-N	TN	TP
第一污水处理厂排水		≤40.0	≤20.0	≤8.0	≤15.0	≤0.5
一级人工湿地处理系统	去除率/%	≥25.0	≥40.5	≥50.0	≥58.0	≥15.0
	出水水质/（mg/L）	≤30.0	≤11.9	≤4.0	≤6.3	≤0.4
二级人工湿地处理系统	去除率/%	≥20.0	≥35.5	≥45.0	≥51.0	≥20.0
	出水水质/（mg/L）	≤24.0	≤7.7	≤2.2	≤3.1	≤0.32

续表

指标 处理单元		COD_{Cr}	BOD_5	NH_3-N	TN	TP
三级人工湿地处理系统	去除率 /%	≥10.0	≥22.0	≥31.8	≥51.6	≥6.2
	出水水质 /（mg/L）	≤21.6	≤6.0	≤1.5	≤1.5	≤0.3
总去除率 /%		≥46.0	≥70.0	≥81.3	≥90.0	≥40.0
湿地处理出水水质 /（mg/L）		≤21.6	≤6.0	≤1.5	≤1.5	≤0.3
设计出水水质标准目标 /（mg/L）		≤30.0	≤6.0	≤1.5	≤1.5	≤0.3

5.6.4　工程建（构）筑物单元设计

5.6.4.1　设计原则

肇庆高新区第一污水处理厂尾水深度处理工程规模为 10 万 m^3/d。

5.6.4.2　单元建（构）筑物设计

人工湿地总设计规模：10 万 m^3/d。

人工湿地总水力负荷：0.48 $m^3/(m^2 \cdot d)$。

人工湿地总 BOD_5 负荷：66.79 kg $BOD_5/(hm^2 \cdot d)$。

人工湿地 NH_3-N 负荷：31.01 kg NH_3-N/（$hm^2 \cdot d$）。

尾水深度处理厂区总占地面积为 264 864 m^2（即 397.3 亩），人工湿地系统总占地面积：209 625 m^2。其中，一级人工湿地面积 67 531 m^2，二级人工湿地面积 48 814 m^2，生态塘面积 93 280 m^2。

（1）提升泵房

提升泵房设置在第一污水处理厂厂区内部。

取变化系数 K_z=1.3；

最大设计流量：Q=1.3 × 100 000 t/d=1504.6 L/s；

取有效水深 2.7 m，有效容积为 428.5 m^3；

提升泵房工艺尺寸：$B \times L \times H$=15.5 m × 10.24 m × 4.0 m；

主要设备型号为潜水轴流泵 PA4 600-350；

Q=500 L/s，H=6.0 m，N=50 kW，4 台，三用一备，两台使用变频。

（2）配水井

污水从提升泵房出来以后进入配水井，对 A 区和 B 区处理系统进行配水，配水比例为 4.1∶5.9，同时配水井对 A 区四组垂直流系统进行配水。

配水井工艺尺寸：$B \times L \times H$=7.1 m × 5.4 m × 2.8 m。

（3）人工湿地 A 区处理系统

设计平均流量 Q=41 000 m^3/d；

最大流量 Q_{max}=41 000 × 1.3=53 300 m^3/d；

①一级人工湿地处理系统

由 4 座并联的垂直潜流人工湿地组成，分两级进行处理；

BOD_5 负荷：125.80 kg BOD_5/（hm^2 · d）；

湿地总池容积：34 317 m^3；

设计总面积：26 398 m^2；

湿地池体设计深度：1.2～1.4 m；

湿地内铺设碎石，粒径 20～40 mm；

碎石厚度：h=1 100 mm；

碎石体积：V=29 038 m^3；

设计底坡度：0.15%；

设计水面坡度：0.15%；

配水：湿地进出水端均设置配水渠和集水渠，进水端设阀门控制，进出水端设水位控制系统；

布水：湿地内均匀布设的 PVC 管，采用上层布水，下层集水方式；

结构：池四周采用自然放坡的结构形式，1 ∶ 1.5 的放坡，中间隔墙采用砖混结构，配水渠、集水渠采用混凝土浇注，底部设土工膜防渗，土工膜顶部用松木条压顶；

种植植物：香蒲，美人蕉、黄菖蒲、千屈菜、灯心草等。

②二级人工湿地处理系统

由并联的两组水平潜流人工湿地组成，分两级进行处理；

BOD_5 负荷：76.78 kgBOD_5/（hm^2 · d）；

湿地总池容积：24 379 m^3；

设计总面积：22 435 m^2；

湿地池体设计深度：0.9～1.10 m；

湿地内铺设碎石，粒径 20～30 mm；

碎石厚度：h=900 mm；

碎石体积：V=20 192 m^3；

设计底坡度：0.1%；

设计水面坡度：0.1%；

配水：湿地进出水端均设置配水渠和集水渠，进水端设阀门控制，出水端设水位控制系统；

布水：湿地进水端和出水端布设 PVC 管进行布水和集水；

结构：池四周采用自然放坡的结构形式，1∶1.5 的放坡，中间隔墙采用砖混结构，配水渠、集水渠采用混凝土浇注，底部设土工膜防渗，土工膜顶部用松木条压顶；

种植植物：旱伞草、黄花鸢尾、香蒲、再力花等。

（4）人工湿地 B 区处理系统

设计平均流量 Q=59 000 m^3/d；

最大流量 Q_{max}=59 000 × 1.3=76 700 m^3/d。

1）一级人工湿地处理系统

由 4 座并联的垂直潜流人工湿地组成，分两级进行处理；

BOD_5 负荷：116.18 kg BOD_5/（hm^2 · d）；

湿地总池容积：53 473 m^3；

设计总面积：41 133 m^2；

湿地池体设计深度：1.2～1.4 m；

湿地内铺设碎石，粒径 20～40 mm；

碎石厚度：h=1 100 mm；

碎石体积：V=45 246 m^3；

设计底坡度：0.15%；

设计水面坡度：0.15%；

配水：湿地进出水端均设置配水渠和集水渠，进水端设阀门控制，进出水端设水位控制系统；

布水：湿地内均匀布设的 PVC 管，采用上层布水，下层集水方式；

结构：池四周采用自然放坡的结构形式，1∶1.5 的放坡，中间隔墙采用砖混结构，配水渠、集水渠采用混凝土浇注，底部设土工膜防渗，土工膜顶部用松木条压顶；

种植植物：黄花鸢尾、千屈菜、芦苇、再力花、黄菖蒲、香蒲等。

2）二级人工湿地处理系统

由并联的两组水平潜流人工湿地组成，分两级进行处理；

BOD_5 负荷：93.94 kg BOD_5/（hm^2 · d）；

湿地总池容积：29 017 m^3；

设计总面积：26 379 m^2；

湿地池体设计深度：0.9～1.10 m；

湿地内铺设碎石，粒径 20～30 mm；

碎石厚度：h=900 mm；

碎石体积：V=23，741 m^3；

设计底坡度：0.1%；

设计水面坡度：0.1%；

配水：湿地进出水端均设置配水渠和集水渠，进水端设阀门控制，出水端设水位控制系统；

布水：湿地进水端和出水端布设 PVC 管进行布水和集水；

结构：池四周采用自然放坡的结构形式，1∶1.5 的放坡，中间隔墙采用砖混结构，配水渠、集水渠采用混凝土浇注，底部设土工膜防渗，土工膜顶部用松木条压顶；

种植植物：黄菖蒲、香蒲、美人蕉、千屈菜等。

（5）人工湿地 C 区处理系统（生态调蓄塘）

设计平均流量 Q=10 000 m^3/d；

最大设计流量：Q=1.3 × 100 000 m^3/d；

设计总面积：93 280 m^2；

设计湖底标高：保持现有东调湖的标高不变；

BOD_5 负荷：18.22 kg BOD_5/（hm^2 · d）

有效容积：370 322 m^3；

结构：采用现状结构形式；

工程措施：水生植物带、沉水植物、浮床、人工水草，生态护坡、湖心岛，并且在东调湖现有闸门附近设置沉沙区，防止洪水进入生态调蓄塘时淤泥堆积，影响植物处理效果，在东调湖东侧设计人工湿地排放口；

种植植物：生态调蓄塘周围种植睡莲、芙蓉莲、美人蕉、马蔺、千屈菜、再力花、菖蒲、鸢尾、香根草、花边芦苇、水葱等浮水植物；沉水区种植竹叶眼子菜、黑藻、苦草等沉水植物。

（6）风机房

由于 A 区与 B 区相隔较远，故风机房 A 区与 B 区分开建设。

A 区风机房：

尺寸：6.6 m × 6.7 m × 5.0 m；

结构：砖混；

设备：鼓风机三台，型号 Q=11.4 m^3/min，H=3.0 m，N=11 kW，一用一备；

电动葫芦一台，起重量 1 t，N=1.5 kW，H=5 m；

轴流风机两台，Φ=260，Q=1 000 m^3/h，N=0.09 kW。

B 区风机房：

尺寸：9.0 m × 6.7 m × 5.0 m，与巴氏流量计设备间合建。

结构：砖混；

设备：鼓风机三台，型号 Q=16.4 m^3/min，H=3.0 m，N=15 kW，一用一备；

电动葫芦一台，起重量 1 t，N=1.5 kW，H=5 m；

轴流风机两台，Φ260，Q=1 000 m^3/h，N=0.09 kW。

（7）变配电间

变配电间尺寸：7.24 m × 5.0 m × 5.0 m；

结构：砖混。

（8）辅助建筑物设计

包括与人工湿地处理厂区配套的综合楼、机修间、仓库、固体废物堆放场等辅助建筑物。考虑到人工湿地深度处理工程与污水处理厂工程同步进行，尽量避免不必要的重复和分散建设，人工湿地深度处理厂区内的上述辅助建筑物均列入二级污水处理厂建设工程合建，同时尾水深度处理厂的所有设备信号传输至第一污水处理厂的中控室。

5.6.4.3　主要构筑物及材料、设备清单

（1）主要处理建（构）筑物一览表

表 5-33　主要处理建（构）筑物一览表

序号	构筑物名称	规格	数量	单位	备注
1	提升泵房	15.5 m × 10.24 m	1	座	钢混
2	配水井	7.1 m × 5.4 m	1	座	钢混
3	人工湿地 A 区处理系统	48 833 m^2	1	座	砖混
4	人工湿地 B 区处理系统	67 512 m^2	1	座	砖混
5	生态调蓄塘	93 280 m^2	1	座	—
6	A 区风机房	6.6 m × 6.7 m	1	座	砖混
7	B 区风机房	9.0 m × 6.7 m	1	座	砖混
8	变配电间	7.24 m × 5.0 m	1	座	砖混

（2）主要设备、器材表

表 5-34　主要设备、器材表

序号	设备	型号及规格	功率 / kW	单位	数量	备注
1	进水水泵	Q=500 L/s，H=6.0 m，N=50 kW	50	台	44	三用一备
2	鼓风机 1	Q=11.4 m^3/min，H=3.0 m，N=11 kW	11	台	22	一用一备
3	鼓风机 2	Q=16.4 m^3/min，H=3.0 m，N=15 kW	15	台	22	一用一备
4	电动葫芦	起重量 1.0 t，N=1.5 kW	1.5	台	33	—
5	轴流风机	直径 260 mm，Q=1 000 m^3/h	0.09	台	88	—

续表

序号	设备	型号及规格	功率 / kW	单位	数量	备注
6	电动闸阀	DN600	2.2	个	4	—
7	电动闸阀	DN900	3.0	个	2	—
8	超声波流量计	—	—	个	1	—
9	自动采样装置	—	—	套	1	—
10	温度 /pH 在线监测仪	—	—	套	1	—
11	COD/TN/TP 在线监测仪	—	—	套	1	—
12	NH_3-N 在线监测仪	—	—	套	1	—
13	化验室设备	—	—	批	1	列入污水处理厂工程
14	货车	2t	—	辆	1	
15	机修设备	—	—	套	1	

5.6.5 植物配置设计

5.6.5.1 植物选择与配置原则

工程在进行植物选择与配置时遵循以下原则：

（1）咸淡水生境皆宜生长原则；

（2）选用时，以本土生优良植物品种为主，以非本土生但属广布种为辅；

（3）选用的植物品种具有较好的污水处理效果；

（4）在不影响污水处理效果的前提下，兼顾景观设计。

5.6.5.2 植物配置方案

根据工艺需要，设计人工湿地植物配置方案，详见表 5-35。

表 5-35 植物配置方案

湿地类型	植物品种	种植面积 /m^2
人工湿地 A 区处理系统	香蒲	8 141
	美人蕉	8 350
	黄菖蒲	6 230

续表

湿地类型	植物品种	种植面积 /m^2
人工湿地 A 区处理系统	千屈菜	4 750
	灯心草	1 770
	旱伞草	5 205
	黄花鸢尾	3 942
	芦苇	7 708
	再力花	2 737
人工湿地 B 区处理系统	黄花鸢尾	8 549
	千屈菜	4 976
	芦苇	13 213
	香蒲	6 033
	旱伞草	4 578
	灯心草	4 674
	黄菖蒲	9 062
	美人蕉	10 196
	再力花	6 231
人工湿地 C 区处理系统	人工水草	3 273
	生态浮床	1 720
	水生植物带	12 930
	沉水植物	5 780
	湖心岛植物	4 626
	生态护坡	600

5.6.5.3　植物的管理

植物的管理对尾水深度处理厂具有重要的作用。因此，应对植物进行精心的日常管理，如调整水位、防治植物病虫害、收拾枯枝残叶、补种更新种苗等。湿地中的植物以轮作、分片收割为好，这不仅有利于维持湿地稳定的处理效果，而且可保持较好的景观。植物收割，以一年 1～2 次为好，并且尽量在冬季后期进行，将枯萎部分除去，以利于新的植株长出。

在平时的运行管理过程中，植物残枝落叶由厂区内工作人员统一收集，放至厂区内的垃圾桶，再经由市政垃圾运输车运送至垃圾中转站。植物收割后，大面积的残枝落叶，直接由市政垃圾运输车运送至肇庆市垃圾卫生填埋场。

5.6.6　效益分析

5.6.6.1　投资成本

人工湿地建安费约为 6820 万元。

5.6.6.2　运行成本

污水人工湿地深度处理工程的运行成本费用主要包括原材料、外购燃料及动力、工资福利、修缮维护费、固体废物处置费、办公及其他管理费用、财务费用和固定资产折旧等。

运行成本费用中：

（1）外购燃料及动力：外购燃料及动力指项目所需要消耗的水、电费用，每年消耗电量为 150×0.8×24×365/10 000+26×0.8×24×300/10 000=120.096 万 kW·h，电费按 0.8 元 /（kW·h）计算，每年需要消耗电费约为 120.096×0.8=96.077 万元，折合成吨水处理成本为 0.026 3 元。

（2）工资福利：污水人工湿地深度处理项目固定人员满员时为 4 人，人均年工资福利按 3.0 万元计，临时聘用人员 10 人，每年工作 2 个月，月工资 2 000 元，共计 4.0 万元，项目年均工资福利费用为 16 万元，折合成吨水处理成本为 0.004 4 元。

（3）修缮维护费：指项目营运期间建（构）筑物的修缮费用、植物补种及其他设施的日常修理维护费用和计提的大修费用，修缮维护费按 0.015 元 /t 污水计，项目年均修缮维护费为 54.75 万元，折合成吨水处理成本为 0.015 元。

（4）固体废物处置费：项目运行时植物收割将产生固体废物，约 2 923.65 t/a，固体废物运输费及填埋费按 60 元 /t 计，年均费用为 17.5 万元，折合成吨水处理成本为 0.005 元。

项目满负荷时污泥及其他固体废物产生量如表 5-36 所示。

表 5-36　固体废物产生量一览表

序号	固体废物名称	产生量 /（t/d）	产生量 /（t/a）
1	员工生活垃圾	0.01	3.65
2	收割植物	8.0	2920
合计		8.01	2923.65

（5）办公及其他管理费用：指项目除上述单列的经营成本外，为组织、管理企业而产生的其他办公、管理和服务的费用，按项目年工资福利的 100% 计，年均 9.6 万元，折合成吨水处理成本为 0.003 元。

（6）折旧费用：固定资产折旧按直线法分类折旧计算，净残值率为 5%，设备折旧年限按 10 年计，建构筑物折旧年限按 20 年计，项目年均折旧费用为 370.9 万元。

综上，不包括财务费用，人工湿地深度处理运行成本为 564.827 万元 /a，折合成吨水处理运行成本为 0.155 元。

5.6.7　相关图片

图 5-32　清理湿地植物 1

图 5-33　清理湿地植物 2

图 5-34　清理湿地植物 3

5.7　温岭市东部新区北片污水厂尾水生态处理

前言后语

（1）该工程由温岭市东部控股有限公司主持建设。

（2）该工程由广州华科环保工程有限公司和环境保护部华南环境科学研究所共同设计。项目主持由易新贵负责，人工湿地设计由周伟坚负责（含布水计算）。

（3）该人工湿地为温岭市第一座污水厂尾水生态处理工程的人工湿地。

（4）该项目为城镇污水处理厂的配套尾水深度处理设施。东部新区北片污水厂一期工程处理规模为 1.0 万 m^3/d，二期工程处理规模为 1.98 万 m^3/d。按计划，其中 30% 经工厂处理后直接回用，其余 70% 须经生态处理后方可排至就近水体。本项目建设规模按二期工程应为 1.4 万 m^3/d。

（5）该工程人工湿地（含生态塘）水力负荷较低，水力负荷为 0.271 $m^3/(m^2 \cdot d)$。

（6）该工程也是我国规模较大的市政污水（生活污水和工业废水）植物碎石床人工湿地处理工程，人工湿地面积达 3.07 万 m^2，生态塘面积约 2.36 万 m^2，总占地面积约 8.29 万 m^2。

（7）该工程出水水质好，运行稳定，管理方便。

（8）结合景观设计，该工程成为温岭市城市湿地公园。

5.7.1 项目背景

东部新区位于温岭市东部滨海区域，规划范围主要为浙江沿海高速公路以东及临龙门港部分区域，规划控制区范围 36.9 km^2，是温岭沿海开发建设的重点区域。此区域土地可利用资源较为丰富，整个产业规划区主要分为南片和北片两个部分。本工业区块以泵与电机、汽车零部件、智能装备和新材料产业为主体，新区虽处于起步阶段，但近两年来发展迅速。

为了进一步改善水环境、恢复水体功能，实现温岭市“十二五”规划中提到强化生态景观建设，突出“山、水、田、城”的自然特征，以山地森林为背景，以平原绿地为基础，构建层次多样、结构合理、功能完备的绿地系统，拟在东部新区北片污水处理厂后设置尾水生态处理厂。

工程用地现状主要是滩涂围垦等，地势较低，工程场地比较平整，起伏较小，厂址现状场地标高在 2.60～3.30 m，较适合建设人工湿地。

5.7.2 工程规模和进出水水质确定

5.7.2.1 设计水量

该项目为温岭市东部新区北片污水厂的配套工程，因此处理出水规模应与污水厂的排水规模一致。

东部新区北片污水厂一期工程处理规模为 1.0 万 m^3/d，二期工程处理规模为 1.98 万 m^3/d。按计划，其中 30% 经工厂处理后直接回用，其余 70% 须经生态处理后方可排至就近水体。即生态处理一期工程应为 0.7 万 m^3/d，生态处理二期工程应为 1.4 万 m^3/d。

5.7.2.2 进水水质

进水污染物浓度的高低决定污水处理工艺流程的选择，与污水厂的基建投资和运行费用密切相关。该项目深度处理工程的进水为污水处理厂排水，进水水质达到《城镇污水处理厂污染物排放标准》（GB 18918—2002）一级 A 标准要求。

表 5-37 进水水质指标

项目	pH	COD_{Cr}/（mg/L）	BOD_5/（mg/L）	SS/（mg/L）	动植物油 /（mg/L）	石油类 /（mg/L）
设计进水水质	6～9	50	10	10	1.0	1.0
项目	阴离子表面活性剂 /（mg/L）	TN/（mg/L）	氨氮 /（mg/L）	TP/（mg/L）	色度 / 倍	
设计进水水质	0.5	15	5（8）	0.5	30	

5.7.2.3　出水水质

污水厂尾水生态处理厂工程最终受纳水体为中升河。故对东部新区北片污水厂出水水质必须严格要求，并且要求污水处理厂事故排放时必须有可靠的预防措施。

根据《温岭市东部新区北片污水厂尾水生态处理工程可行性研究报告审查会议纪要》建议，出水水质指标执行台州市人民政府下发的《台州市城镇污水处理厂出水指标及标准限值表》（试行），具体如表 5-38 所示。

新区北片污水厂尾水生态处理设计出水水质。

表 5-38　出水水质指标表

项目	pH	COD_{Cr}/（mg/L）	BOD_5/（mg/L）	SS/（mg/L）	动植物油 /（mg/L）	石油类 /（mg/L）
设计出水水质	6～9	30	6	5	0.5	0.5
项目	阴离子表面活性剂 /（mg/L）	TN/（mg/L）	氨氮 /（mg/L）	TP/（mg/L）	色度 / 倍	粪大肠菌群数 /（个 /L）
设计出水水质	0.3	12（15）	1.5（2.5）	0.3	15	10 000

注：尾水生态处理工程出水水质受气温影响较大，当气温＜10℃时，部分指标较难达到。

5.7.3　整体思路

尾水经污水处理厂内提升泵提升至配水井后排至本尾水生态处理系统。该项目每级人工湿地设置多组平行湿地处理单元，在正常情况下，尾水经过先后“三级人工湿地 + 生态塘”组合工艺处理后，出水排至中升河。每级人工湿地前后端统一标高，且前后两级人工湿地具有 0.7 m 的落差，每级每组人工湿地均能够实现单独运行、排空、晒池等功能，以便于后期人工湿地的运营、管理，使人工湿地能够长时间稳定运行，避免出现堵塞等不正常情况。

当污水厂出水达不到《城镇污水处理厂污染物排放标准》（GB 18918—2002）一级 A 标准时，系统会开启事故池进水阀，以避免不达标废水进入人工湿地，对其产生不良影响。事故污水根据具体情况及水质特性，被提升至污水处理厂进行再处理，或与人工湿地进水混合处理，或投加药剂进行强化处理。

人工湿地内适当设置廊道，便于工人的维护，同时便于游人、学生等参观、教育、学习。

5.7.4　该工程工艺流程

5.7.4.1　工艺流程

本设计确定的处理工艺流程如图 5-35 所示。

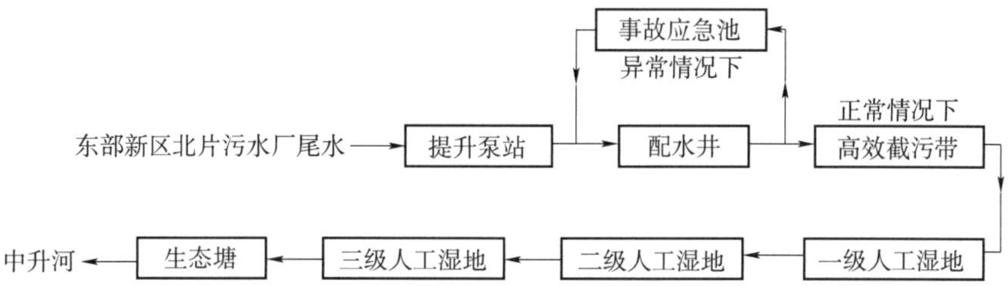

图 5-35　处理工艺流程

工艺流程说明：温岭市东部新区北片污水厂出水达到《城镇污水处理厂污染物排放标准》（GB 18918—2002）一级 A 标准后，经提升泵提升排入配水井。在正常情况下，出水先后进入高效截污带、一级人工湿地、二级人工湿地、三级人工湿地及生态塘。在异常情况下，配水井出水直接进入事故应急池，然后通过提升泵提升至配水井与正常情况下排水按比例混合进入湿地系统，排水时间约 5～7 d。

污水先通过高效截污带，在截污带中可截留大部分出水中的悬浮物以及部分可溶的混凝剂、絮凝剂等高分子化合物。经截污后的出水先后进入一级、二级人工湿地。一级、二级人工湿地均为垂直流人工湿地，由 4 组共 14 座并联运行的垂直流人工湿地组成，垂直流人工湿地采用 PVC 管进行均匀上层布水和下层集水，中间设置碎石填料层，四周和池底防渗，污水由人工湿地上层渗流至下层，经过好氧、兼氧、厌氧等填料区，在植物、微生物、填料吸附过滤等生物、物理、化学作用下，对水体污染物进行强化处理和高效去除。为使出水的氨氮及磷酸盐等营养盐能够得到更有效的处理，设置了三级水平流人工湿地，三级湿地处理系统由两组 12 座并联运行的“水平潜流人工湿地”组成。水平潜流湿地采用水流自流推流布水，在不同填料层形成的好氧区、兼氧区、厌氧区，对水体污染物进行降解、硝化和反硝化作用，除去水体中的有机物、总氮和磷，同时利用植物的吸收去除氮、磷。

出水最后至生态塘，出水通过浅水区、过渡区和深水区，形成好氧区和兼氧区，并种植挺水、浮水和沉水植物，利用生态塘水生植物的拦截、吸收和生态塘水生动物、微生物的好氧、厌氧等协同作用，去除水体中的部分悬浮物、有机物和氮、磷。最后出水通过巴氏流量槽达标排放至中升河。

当温岭市东部新区北片污水厂出水达不到《城镇污水处理厂污染物排放标准》（GB 18918—2002）一级 A 标准时，系统开启事故池进水阀，同时关闭人工湿地进水阀，以避免不达标废水进入人工湿地，对其产生不良影响。事故污水根据具体情况及水质特性，被提升至污水处理厂进行再处理，或与人工湿地进水混合处理，或投加药剂进行强化处理。

其中，人工湿地处理系统设放空管，可根据运行情况调节湿地放空，并均设有可调节的出水系统，各级湿地系统表层均种有具有水质净化功能且适宜当地气候条件的植物。

5.7.4.2 工艺适应性分析

该工程设计采用人工湿地处理技术工艺。人工湿地系统净化污水机理主要包括：长有植物根系、生物膜的填料层对污水产生过滤、沉淀、吸附等物理作用；植物生长对污水中的污染物吸收和同化；通过水生植物的导气组织向水体与填料层输送氧气，使填料周围的多种微生物在厌氧、兼氧、好氧等复杂状态下消化降解污染物。受低温影响，湿地的植物生长和微生物的活性往往会降低，因此，人工湿地处理技术的应用具有一定的区域性局限。为此，该工程的设计将主要从以下方面充分考虑工艺的适应性，保证湿地的处理效果。

（1）气温条件的影响

温岭属亚热带季风气候，受海洋性气候影响明显。总的特点是：四季分明，气候温和，温湿适中，雨量充沛，光照适宜，无霜期长。年平均降水量为 1 660 mm，全年有两个雨季，5—6 月为梅雨期，7—9 月为台风暴雨期。年平均气温为 17.3℃，最热的 7 月气温在 33～35℃；最冷的 1 月气温在 0～6.7℃，气温表现出“冬无严寒、夏无酷暑”的特点。再加上丘陵区森林植被的“林荫效应”，因此温岭的大部分山区气温比市区平均低 3～4℃，具有显著的避暑消夏功能，为开展海滨生态度假旅游创造了良好的气候环境。越冬作物可以缓慢生长，安全越冬。

由上述气温条件可知，工程建设位置的区域气温只在冬季出现较为短暂的低温天气。同时，污水经过污水处理厂的前处理，出水较为稳定，不会随季节温度变化而发生骤变，且相对室外气温较高，因此气温的变化对人工湿地深度处理的影响不大。为尽量降低气温对湿地处理效果的影响，在设计中，充分考虑湿地系统的保温和防冻，湿地的布水和集水区采用加盖混凝土渠沟，湿地池体设计为地下结构；充分考虑地区冬季冻土深度，设计湿地的运行水位可调节，在冬季时，潜流和表面流湿地水位可调节控制在碎石填料层以下运行，同时适当地加大湿地填料层的设计深度，减少低温对湿地运行的影响；设计适当地增大湿地的建设面积，降低湿地的处理负荷，保证湿地在冬季时的处理能力。

（2）植物种的选择与配置

在工程设计中，湿地植物的选择和配置要充分考虑植物的耐寒性，选择既具有较强水质净化能力，又具有较强耐寒能力的植物种，尤其是优先考虑条件合适的本土植物种，以保证人工湿地植物的安全越冬和保障湿地的处理效果。

5.7.4.3 污染物去除分析

根据工艺设计负荷计算各处理单元对主要污染物（本表仅列举 4 个重要指标）的去除量和去除率，见表 5-39。

表 5-39　污染物去除率分析表

处理单元		COD_{Cr}	BOD_5	SS	TP
污水处理厂排水 /（mg/L）		≤50	≤10	≤10	≤0.5
高效截污带	去除率 /%	≥5	≥5	≥40	≥5
	出水水质 /（mg/L）	≤47.5	≤9.5	≤6.0	≤0.48
一级人工湿地	去除率 /%	≥25	≥25	≥30	≥20
	出水水质 /（mg/L）	≤35.6	≤7.1	≤4.2	≤0.38
二级人工湿地	去除率 /%	≥20	≥20	≥30	≥20
	出水水质 /（mg/L）	≤28.5	≤5.7	≤2.9	≤0.30
三级人工湿地 + 生态塘	去除率 /%	≥15	≥15	—	≥20
	出水水质 /（mg/L）	≤24.2	≤4.8	—	≤0.24
总去除率 /%		≥52	≥52.0	—	≥52
设计出水水质标准目标 /（mg/L）		≤30	≤6	—	≤0.3

注：尾水生态处理工程出水水质受气温影响较大，当气温＜10℃时，部分指标较难达到。

5.7.5　工程建（构）筑物单元设计

5.7.5.1　单元建（构）筑物设计

人工湿地总设计规模：14 000 m^3/d；

人工湿地总水力负荷：0.271 $m^3/(m^2 \cdot d)$；

人工湿地总 BOD_5 负荷：23.7 kg $BOD_5/(hm^2 \cdot d)$；

人工湿地总停留时间：51.2 h。

（1）提升泵站

功能：在污水处理厂内排放口位置设置提升泵站，通过提升泵将出水排放至人工湿地内。

设计参数：

设计规模：14 000 m^3/d；

停留时间：11.6 min；

提升泵：3 台（2 用 1 备）；

提升泵参数：Q=358 m^3/h，H=16 m，N=22 kW；

管道：DN500，PE 管，8 kN/m，1.0 MPa，650 m。

（2）事故池提升泵站

功能：在事故池末端位置设置事故池提升泵站，通过提升泵将事故池提升到排配水井或就近排污井。

设计参数：

设计规模：14 000 m^3/d；

停留时间：10 min；

提升泵：2 台（1 用 1 备）；

提升泵参数：Q=100 m^3/h，H=15 m，N=7.5 kW；

尺寸：$B\times L$=6.72 m × 5.12 m；

管道：DN150，PE 管，8 kN/m，1.0 MPa，230 m。

（3）配水井

功能：对进水进行分配。正常情况下，通过调节出水堰高度进行水量分配，使4 组人工湿地的水量大致均匀；异常情况下，可以打开底部的事故应急池进水阀门，使进水直接排至事故应急池中。

设计参数：

设计规模：14 000 m^3/d；

停留时间：5 min；

尺寸：$B\times L\times H$=4.4 m × 5.1 m × 3.2 m。

（4）高效截污带

功能：污水先通过高效截污带，在截污带中可截留大部分出水中的悬浮物以及部分可溶的混凝剂、絮凝剂等高分子化合物。

设计参数：

由 4 组共 14 座并联的滤池组成，分别为 A1 单元～A4 单元、B1 单元～B4 单元、C1 单元～C3 单元、D1 单元～D3 单元；

设计规模：14 000 m^3/d；

停留时间：1.4 h；

设计总面积：2 062 m^2；

湿地池体设计深度：1.20～1.25 m；

湿地内铺设碎石，粒径 30～40 mm；

碎石厚度：h=1 200～1250 mm；

碎石体积：V=2 526 m^3；

设计底坡度：1.0%；

配水：湿地进出水端分别设置 1.0 m 宽的布水渠和 1.0 m 宽的集水渠，进水端设阀门控制系统，出水端设水位控制系统；

布水：湿地内均匀布设 DN150 和 DN65 的 PVC 管，采用上层布水，下层集水方式；

结构：池四周采用砖混墙，底部设土工膜防渗（柔性，GCL 垂直渗透系数≤5×10^{-11}cm/s，下同）；配水渠和集水渠均采用混凝土渠；

种植植物：芦苇、香蒲等土著水生植物。

（5）一级人工湿地

功能：一级湿地处理系统由 4 组 14 座并联运行的垂直流人工湿地组成，垂直流人工湿地采用 PVC 管进行均匀上层布水和下层集水，中间设置碎石填料层，四周和池底防渗，污水由人工湿地上层渗流至下层，经过好氧、兼氧、厌氧等填料区，在植物、微生物、填料吸附过滤等生物、物理、化学作用下，对水体污染物进行强化处理和高效去除。

设计参数：

由 4 组共 14 座并联的垂直潜流湿地组成，分别为Ⅰ-A1 单元～Ⅰ-A4 单元、Ⅰ-B1 单元～Ⅰ-B4 单元、Ⅰ-C1 单元～Ⅰ-C3 单元、Ⅰ-D1 单元～Ⅰ-D3 单元；

设计规模：14 000 m^3/d；

停留时间：8.1 h；

BOD_5 负荷建议范围：20～80 kg BOD_5/（hm^2·d）；

BOD_5 负荷：31.2 kg BOD_5/（hm^2·d）；

湿地池容积：13 479 m^3；

设计总面积：10 783 m^2；

配水：湿地进出水端分别设置 1.0 m 宽的布水渠和 1.0 m 宽的集水渠，进水端设阀门控制，出水端设水位控制系统；

布水：湿地内均匀布设 DN150 或 DN200 和 DN65 的 PVC 管，采用上层布水，下层集水方式；

结构：池四周采用砖混墙，底部设土工膜防渗；配水渠和集水渠均采用混凝土渠；

种植植物：芦苇、花叶芦竹、香蒲、花菖蒲、石菖蒲等土著水生植物。

（6）二级人工湿地

功能：二级湿地处理系统由 4 组共 14 座并联运行的垂直流人工湿地组成，垂直流人工湿地采用 PVC 管进行均匀上层布水和下层集水，中间设置碎石填料层，四周和池底防渗，污水由人工湿地上层渗流至下层，经过好氧、兼氧、厌氧等填料区，在植物、微生物、填料吸附过滤等生物、物理、化学作用下，对水体污染物进行强化处理和高效去除。

设计参数：

由 4 组共 14 座并联的垂直潜流湿地组成，分别为Ⅱ-A1 单元～Ⅱ-A4 单元、Ⅱ-B1 单元～Ⅱ-B4 单元、Ⅱ-C1 单元～Ⅱ-C3 单元、Ⅱ-D1 单元～Ⅱ-D3 单元；

设计规模：14 000 m^3/d；

停留时间：8.0 h；

BOD_5 负荷建议范围：10～60 kg BOD_5/（hm^2・d）；

BOD_5 负荷：18.3 kg BOD_5/（hm^2・d）；

湿地池容积：13 376 m^3；

设计总面积：10 701 m^2；

配水：湿地进出水端分别设置 1.0 m 宽的布水渠和 1.0～2.0 m 宽的集水渠，进水端设阀门控制，出水端设水位控制系统；

布水：湿地内均匀布设 DN150 或 DN200 和 DN65 的 PVC 管，采用上层布水，下层集水方式；

结构：池四周采用砖混墙，底部设土工膜防渗；配水渠和集水渠均采用混凝土渠；

种植植物：芦苇、花叶芦竹、香蒲、花菖蒲、石菖蒲等土著水生植物。

（7）三级人工湿地

功能：三级湿地处理系统由两组 12 座并联运行的“水平潜流人工湿地”组成。水平潜流湿地采用水流自流推流布水，在不同填料层形成的好氧区、兼氧区、厌氧区对水体污染物进行降解、硝化和反硝化作用，除去水体中的有机物、总氮和磷，同时利用植物的吸收去除氮、磷。在此级湿地末端，设置 5 m 宽的石灰岩与石灰石混合的碎石填料，以强化除磷效果。

设计参数：

由两组 12 座并联的垂直潜流人工湿地组成，分别为Ⅲ -E1 单元～Ⅲ -E5 单元、Ⅲ -F1 单元～Ⅲ -F5 单元；

设计规模：14 000 m^3/d；

停留时间：5.0 h；

BOD_5 负荷建议范围：5～50 kg BOD_5/（hm^2・d）；

BOD_5 负荷：17.6 kg BOD_5/（hm^2・d）；

湿地池容积：8 288 m^3；

设计总面积：6 630 m^2；

配水：湿地进出水端分别设置 1.0～2.0 m 宽的布水渠和 1.0 m 宽的集水渠，进水端设阀门控制，出水端设水位控制系统；

布水：湿地进水端和出水端布均设 DN150 的 PVC 管进行布水和集水；

结构：池四周采用砖混墙，底部设土工膜防渗；配水渠和集水渠均采用混凝土渠；

种植植物：石菖蒲、香蒲、纸莎草、千屈菜、灯心草。

（8）生态塘

功能：生态塘设浅水区、过渡区和深水区，形成好氧和兼氧区，并种植挺水、浮水和沉水植物，利用生态塘水生植物的拦截、吸收和生态塘水生动物、微生物的好氧、厌氧等协同作用，去除水体中的部分悬浮物、有机物和氮、磷；含亲水平台。

设计参数：

设计规模：14 000 m^3/d。

停留时间：47.00 h。

设计总面积：23 586 m^2。其中水面面积 22 841 m^2，亲水平台面积为 745 m^2。

设计水深：浅水区有效水深≤0.4 m，过渡区有效水深 0.4～2.0 m，深水区有效水深 2.0 m。

有效容积：27 410 m^3。

结构：池四周采用砖混墙，底部设土工膜防渗，塘内回填细砂保护土工膜，并铺设 30 cm 泥土基质。

种植植物：浅水区种植香蒲、芦苇、茭白、茨菇等挺水植物，过渡区种植睡莲、空心莲子草等浮水植物，深水区种植眼子菜、狐尾藻、菹草等沉水植物等土著水生植物。

高效清洁水草：1 项。

（9）事故应急池

功能：当温岭市东部新区北片污水厂出水达不到《城镇污水处理厂污染物排放标准》（GB 18918—2002）一级 A 标准时，系统会自动开启事故应急池进水阀，同时关闭人工湿地进水阀，以避免不达标废水进入人工湿地，对其产生不良影响。事故污水根据具体情况及水质特性，被提升至污水处理厂进行再处理，或与人工湿地进水混合处理，或投加药剂进行强化处理。四周按规定设置安全仿木制护栏。

设计参数：

设计规模：14 000 m^3/d；

停留时间：21.3 h；

设计总面积：8 289 m^2；

储水有效水深：1.5 m（对应水深 2.0 m）

有效容积：12 433 m^3；

结构：池四周采用 40 mm 厚混凝土预制砖铺砌（水泥砂浆铺砌），底部素土夯实平整，中间采用针刺覆膜膨润土毯。

说明：

①正常情况下储存满池 0.5 m 深雨水或人工湿地出水等较干净水。在事故应急时，不达标出水排入事故应急池中。

②配水井中事故应急池进水阀与北片污水厂出水在线 COD、SS 指标联锁。当出水中 COD 或 SS 指标超过一级 A 标准相应指标 1.5 倍时，配水井中事故应急池进水阀即自动开启，同时关闭人工湿地进水阀。

（10）排放明渠

功能：排放明渠分为前后两段，前段主要作为放置紫外消毒设备使用，后段主要作计量以及在线监测使用。

设计参数：

设计规模：14 000 m^3/d；

尺寸：$B \times L$=12.0 m × 1.5 m；

结构：砖混；

说明：排放明渠计量部分按环保部门要求设定。

主要设备、材料：

①紫外消毒装置：1 套（1.5 万 m^3/d 规模设置，可单组运行）

②超声波液位计：1 套

③巴氏槽：0.25 m 宽

④ pH 在线监测仪：1 套

⑤ SS 在线监测仪：1 套

（11）出水在线控制室

功能：存放在线监测仪器设备，按当地环保部门要求装修、布局。

设计参数：

面积：9 m^2；

结构：砖混。

主要设备、材料：

① COD 在线监测仪：1 套；

② TP 在线监测仪：1 套。

5.7.5.2 主要构筑物及材料、设备清单

（1）主要处理建（构）筑物一览表

表 5-40 主要处理建（构）筑物一览表

序号	构筑物名称	规格	数量	单位	备注
1	提升泵站	—	1	座	在污水厂内改造
2	事故池提升泵站	6.72 m × 5.12 m	1	座	分两层，下层为集水池，钢混结构，C25，壁厚 300 mm，高 3.15 m；上层为操作间，框架结构，高 4.3 m
3	配水井	4.4 m × 5.1 m × 3.2 m	1	座	钢混结构，C25，厚 250 mm
4	高效截污带	2 062 m^2	14	座	砖混结构墙壁。芦苇、香蒲等土著水生植物

续表

序号	构筑物名称	规格	数量	单位	备注
5	一级人工湿地	10 783 m^2	14	座	砖混结构墙壁。芦苇、花叶芦竹、香蒲、花菖蒲、石菖蒲
6	二级人工湿地	10 701 m^2	14	座	砖混结构墙壁。芦苇、花叶芦竹、香蒲、花菖蒲、石菖蒲
7	三级人工湿地	7 169 m^2	12	座	砖混结构墙壁。石菖蒲、香蒲、纸莎草、千屈菜、灯心草
8	生态塘	23 586 m^2	1	座	自然土。塘内植物：种植四季常绿矮型苦草、夏冬季水下森林等挺水、浮水和沉水植物。 塘内动物：食藻虫、鱼类、贝类、螺类、青虾等水生动物。种植高效清洁水草
9	事故应急池	8 298 m^2	1	座	预制六边形混凝土砖，面积约为 7 760 m^2
10	排放明渠	18 m^2	1	座	砖混结构，符合当地环保部门要求
11	出水在线控制室	9 m^2	1	座	砖混结构，符合当地环保部门要求
12	道路	6 397 m^2	1	项	普通水泥混凝土面层（C30）
13	土方工程	—	1	项	详见 3.1.7

（2）主要设备材料清单一览表

表 5-41　主要设备材料清单一览表

序号	设备材料名称	规格型号	数量	单位	备注
1	管道	DN500，PE 管，8 kN/m，1.0 MPa	650	米	提升泵站
2	提升泵	Q=358 m^3/h，H=16 m，N=22 kW	3	台	提升泵站
3	止回阀、阀门	DN500，碳钢，2.0 MPa	3	套	提升泵站
4	配水井管道 1	DN500，PE 管，8 kN/m，1.0 MPa	237	米	—
5	配水井管道 2	DN350，PE 管，8 kN/m，1.0 MPa	194	米	—
6	提升泵	Q=100 m^3/h，H=15 m，N=7.5 kW	2	台	—
7	止回阀	DN150，碳钢，2.0 MPa	2	台	—
8	针刺覆膜膨润土毯	两布一土，5 000 g/m^2	9 172	m^2	—
9	土工膜	两布一膜，500 g/m^2	40 544	m^2	—

续表

序号	设备材料名称	规格型号	数量	单位	备注
10	管道	非标组合，管径 DN50-DN200，UPVC，0.6 MPa	30 715	m^2	—
11	湿地植物	芦苇、花叶芦荻、香蒲、花菖蒲、石菖蒲等土著水生植物，袋植苗	374 769	株	—
12	防水毯	两布一土，5 000 g/m^2	23 673	m^2	—
13	高效清洁水草	人工水草	23 586	m^2	—
14	填料	30～50 mm	38 343	m^3	—
15	细砂		3 071.5	m^3	—
16	紫外消毒装置	1.5 万 m^3/d	1	套	—
17	超声波液位计	0.030～0.400 m^3/s	1	套	—
18	巴氏槽	0.25 m	1	套	—
19	COD 在线监测仪	CODmaxII	1	套	—
20	pH 在线监测仪	量程：0～14	1	套	—
21	TP 在线监测仪		1	套	—
22	SS 在线监测仪	0～300 mg/L	1	套	—

5.7.5.3 湿地植物配置表

人工湿地植物的配置原则：①考虑植物的耐污性、生长能力、根系的发达程度以及经济与美学价值等因素，同时宜采用当地品种，保证对当地气候的适应性。②人工湿地的设计中，应尽可能增加植物的多样性、提高对污水的处理性能、延长使用寿命。③人工湿地选择一种或几种植物作为优势种搭配栽种，并根据环境条件和植物群落的特征，按一定比例在空间分布和时间分布方面进行安排，达到生态系统高效运转，稳定可持续利用的要求。人工湿地植物的植物种植密度为 6～9 株 /m^2，生态塘植物的种植密度为 1～3 株 /m^2。

5.7.6 效益分析

5.7.6.1 工程投资概算

表 5-42 温岭市东部新区北片污水厂尾水生态处理工程 单位：万元

序号	费用名称	金 额	备 注
一	工程费用	4 100.15	1+2+3+4+5+6
1	人工湿地池	2 251.26	—

续表

序号	费用名称	金 额	备 注
2	厂区道路	483.05	—
3	湿地绿化苗木	115.95	—
4	生态塘及周边绿化	939.47	—
5	湿地池管道	298.20	—
6	电气工程	12.21	—
二	工程建设其他费用	1 276.38	1+2+3+4+5+6+7+8+9
1	建设管理费	122.31	1.1+1.2+1.3
1.1	建设单位管理费	73.49	（工程总投资 * 分档累计）
1.2	建设管理其他费	48.83	（工程费用 * 分档累计）
2	工程监理费	94.30	发改价格［2007］670 号
3	勘察及设计费	179.44	分档累计（计价格〔2002〕10 号）
3.1	勘察费	24.39	文件规定
3.2	设计费	155.05	分档累计（计价格〔2002〕10 号）
4	场地准备及临时设施费	41.00	（工程费用 ×1%）
5	工程保险费	22.55	（工程费用 ×0.55%）
6	设备联合试运转费	40.80	—
7	土地征地费	745.98	124.33×6 万元 / 亩
8	环境评价费	15.00	—
9	可行性研究报告费	15.00	—
三	基本预备费	268.83	（工程费用 + 工程建设其他费用）×5%
四	建设期贷款利息	230.00	按年利率 5.5% 计（建设期 12 个月）
五	概算造价合计	5 875.36	一 + 二 + 三 + 四

5.7.6.2　运行费用

污水人工湿地深度处理工程的运行成本费用主要包括：原材料、外购燃料及动力、工资福利、修缮维护费、固体废物处置费、办公及其他管理费用等不含财务费用。

运行成本费用中：

（1）外购燃料及动力：外购燃料及动力指项目所需要消耗的水、电费用，深度处理为生态净化技术，无能耗，外购燃料为 0。仅进水提升和出水消毒需要提供动力，功率为 47.5 kW·h，功率系数为 0.85，电费按 0.65 元 /（kW·h）计算，则电费为 23.0 万元，折合成吨水处理成本为 0.045 元。

（2）工资福利：污水人工湿地深度处理项目定员满员时为 6 人，人均年工资福利按 3.6 万元计，项目年均工资福利费用为 21.6 万元，折合成吨水处理成本为 0.042 元。

（3）修缮维护费：指项目营运期间建（构）筑物的修缮费用、植物补种、收割产生固体废物及其他设施的日常修理维护费用和计提的大修费用，修缮维护费按 0.015 元 /t 污水计，项目年均修缮维护费费为 7.8 万元。

（4）办公及其他管理费用：指项目除上述单列的经营成本外，为组织、管理企业而产生的其他办公、管理和服务的费用，按项目年工资福利的 100% 计，年均 21.6 万元，折合成吨水处理成本为 0.042 元。

（5）固定资产折旧费：项目固定资产总投资为 1 907.8 万元，按 10 年使用寿命计，每年固定资产折旧费为 190.78 万，折合成吨水处理成本为 0.374 元。

综上，不含财务费用，人工湿地深度处理运行成本为 264.78 万元 /a，折合成吨水处理运行成本为 0.518 元。

5.7.7 相关图片

图 5-36 人工湿地鸟瞰图

5.8 温岭市东部新区南片污水厂尾水生态处理

前言后语

（1）该工程由温岭市东部控股有限公司主持建设。

（2）该工程由广州华科环保工程有限公司和环境保护部华南环境科学研究所共同设计。易新贵负责项目主持，周伟坚负责人工湿地设计（含布水计算）。

（3）该人工湿地为温岭市第二座污水厂尾水生态处理工程的人工湿地。

（4）该项目为城镇污水处理厂的配套尾水深度处理设施。东部新区南片污水厂一期工程处理规模为 1.0 万 m^3/d，二期工程处理规模为 1.98 万 m^3/d，远期工程处理规模为 3.8 万 m^3/d。按计划，其中 30% 经工厂处理后直接回用，其余 70% 经生态处理后方可排至就近水体。该项目建设规模按二期工程应为 2.66 万 m^3/d。

（5）该工程人工湿地（含生态塘）水力负荷中等，水力负荷为 0.48 $m^3/(m^2 \cdot d)$。

（6）该工程也是我国规模较大的市政污水（生活污水和工业废水）植物碎石床人工湿地处理工程，人工湿地面积达 4.38 万 m^2，生态塘面积 0.89 万 m^2，总占地面积约 7.35 万 m^2。

（7）该工程出水水质好，运行稳定，管理方便。

（8）该工程结合景观设计，成为温岭市城市湿地公园。

5.8.1　项目背景

东部新区位于温岭市东部滨海区域，规划范围主要为浙江沿海高速公路以东及临龙门港部分区域，规划控制区范围 36.9 km^2，是温岭沿海开发建设的重点区域。此区域土地可利用资源较为丰富，整个产业规划区主要分为南片和北片两个部分。本工业区块以泵与电机、汽车零部件、智能装备和新材料产业为主体，新区虽处于起步阶段，但近两年来发展迅速。

为了进一步改善水环境，恢复水体功能，实现温岭市“十二五”规划中提到的强化生态景观建设，突出“山、水、田、城”的自然特征，以山地森林为背景，以平原绿地为基础，构建层次多样、结构合理、功能完备的绿地系统，拟在东部新区北片污水处理厂后设置尾水生态处理厂。

工程用地现状主要是滩涂围垦等，地势较低，工程场地比较平整，起伏较小，厂址现场地标高在 0.30～1.20 m。

5.8.2　工程规模和进出水水质确定

5.8.2.1　设计水量

该项目为温岭市东部新区南片污水厂的配套工程，因此处理出水规模应与污水厂的排水规模一致。

东部新区南片污水厂一期工程处理规模为 1.0 万 m^3/d，二期工程处理规模为 1.98 万 m^3/d，远期工程处理规模为 3.8 万 m^3/d。按计划，出水的 30% 经工厂处理后直接回用，其余 70% 须经生态处理后方可排至就近水体。即生态处理一期工程应为 0.7 万 m^3/d，生态处理二期工程应为 1.39 万 m^3/d，生态处理三期工程应为 2.66 万 m^3/d。

因此，建议该工程按远期规模进行施工，即本尾水生态处理工程的设计处理规模为 Q=2.66 万 m^3/d。

5.8.2.2 进水水质

进水污染物浓度的高低决定污水处理工艺流程的选择，其与污水厂的基建投资和运行费用密切相关。本项目深度处理工程的进水为污水处理厂排水，进水水质达到《城镇污水处理厂污染物排放标准》（GB 18918—2002）一级 A 标准要求，见表 5-43。

表 5-43 进水水质指标表

项目	pH	COD_{Cr}/（mg/L）	BOD_5/（mg/L）	SS/（mg/L）	动植物油 /（mg/L）	石油类 /（mg/L）
设计进水水质	6～9	50	10	10	1.0	1.0
项目	阴离子表面活性剂 /（mg/L）	TN/（mg/L）	氨氮 /（mg/L）	TP/（mg/L）	色度 / 倍	—
设计进水水质	0.5	15	5（8）	0.5	30	—

5.8.2.3 出水水质

污水厂尾水生态处理厂工程最终受纳水体为中沙河。故对东部新区南片污水厂出水水质必须严格要求，并且要求污水处理厂事故排放时必须有可靠的预防措施。

根据《温岭市东部新区南片污水厂尾水生态处理工程可行性研究报告审查会议纪要》建议，出水水质指标执行台州市人民政府下发的《台州市城镇污水处理厂出水指标及标准限值表》（试行），具体见表 5-44。

表 5-44 出水水质指标

项目	pH	COD_{Cr}/（mg/L）	BOD_5/（mg/L）	SS/（mg/L）	动植物油 /（mg/L）	石油类 /（mg/L）
设计出水水质	6～9	30	6	10	0.5	0.5
项目	阴离子表面活性剂 /（mg/L）	氨氮 /（mg/L）	TP/（mg/L）	色度 / 倍	粪大肠菌群数 /（个 /L）	—
设计出水水质	0.3	1.5（2.5）	0.3	15	1 000	—

注：尾水生态处理工程出水水质受气温影响较大，当水温＜12℃时，部分指标较难达到。

5.8.3　整体思路

尾水经污水处理厂内提升泵提升至配水井后，排至本尾水生态处理系统。本项目每级人工湿地设置多组平行湿地处理单元，在正常情况下，尾水经过先后“二级人工湿地＋生态塘”组合工艺处理后，出水排至中沙河。每级人工湿地前后端统一标高，且前后两级人工湿地具有 1.0 m 的落差，每级每组人工湿地均能够实现单独运行、排空、晒池等功能，以便于后期人工湿地的运营、管理，使人工湿地能够长时间稳定运行，避免出现堵塞等不正常情况。

人工湿地内适当设置廊道，便于工人的维护，同时便于游人、学生等参观、教育和学习。

5.8.4　该工程工艺流程

5.8.4.1　工艺流程

本设计确定的处理工艺流程见图 5-37。

图 5-37　处理工艺流程

工艺流程说明：温岭市东部新区南片污水厂出水达到《城镇污水处理厂污染物排放标准》（GB 18918—2002）一级 A 标准后，经泵提升排入布水渠道，出水先后进入一级人工湿地、二级人工湿地及生态塘。

污水先通过配水渠均匀布水至一级人工湿地，一级人工湿地为垂直流人工湿地，由四组共 32 座并联运行的垂直流人工湿地组成。垂直流人工湿地采用 PE 管进行均匀上层布水和下层集水，中间设置碎石填料层，四周和池底防渗，污水由人工湿地上层渗流至下层，经过好氧、兼氧、厌氧等填料区，在植物、微生物、填料吸附过滤等生物、物理、化学作用下，对水体污染物进行强化处理和高效去除。为使出水的氨氮及磷酸盐等营养盐能够得到更有效的处理，设置二级水平流人工湿地，二级湿地处理系统由两组 17 座并联运行的水平潜流人工湿地组成。水平潜流湿地采用水流自流推流布水，在不同填料层形成的好氧、兼氧、厌氧区对水体污染物进行降解和硝化、反硝化，去除水体中的有机物、总氮和磷，同时利用植物的吸收去除氮、磷。

最后出水至生态塘，出水通过浅水区、过渡区和深水区，形成好氧和兼氧区，并种植挺水、浮水和沉水植物，利用生态塘水生植物的拦截、吸收和生态塘水生动物、微生物的好氧厌氧等协同作用，去除水体中的部分悬浮物、有机物和氮、磷。最后出水通过巴氏流量槽达标排放至中沙河。

5.8.4.2 工艺适应性分析

该工程设计采用人工湿地处理技术工艺。人工湿地系统净化污水机理主要包括：长有植物根系、生物膜的填料层对污水产生过滤、沉淀、吸附等物理作用；植物生长对污水中的污染物吸收和同化；通过水生植物的导气组织向水体与填料层输送氧气，使填料周围的多种微生物在厌氧、兼氧、好氧等复杂状态下消化降解污染物。受低温的影响，湿地的植物生长和微生物的活性往往会降低，因此，人工湿地处理技术的应用具有一定区域性局限。为此，该工程的设计主要从以下方面充分考虑工艺的适应性，保证湿地的处理效果。

（1）气温条件的影响

温岭属亚热带季风气候，受海洋性气候影响明显。总的特点是：四季分明，气候温和，温湿适中，雨量充沛，光照适宜，无霜期长。年平均降雨量 1 660 mm，全年有两个雨季：5—6 月为梅雨期，7—9 月为台风暴雨期。年平均气温 17.3℃，最热的 7 月气温在 33～35℃；最冷的 1 月气温在 0～6.7℃，气温表现出“冬无严寒、夏无酷暑”的特点。再加上丘陵区森林植被的“林荫效应”，因此温岭的大部分山区气温比市区平均低 3～4℃，具有显著的避暑消夏功能，为开展海滨生态度假旅游创造了良好的气候环境。越冬作物可以安全越冬，缓慢生长。

由上述气温条件可见，工程建设位置的区域气温只在冬季出现较为短暂的低温天气。同时，污水经过污水处理厂的前处理，出水会较为稳定，不会随季节、温度变化而发生骤变，且相对室外气温较高，因此气温的变化对人工湿地深度处理的影响不大。为尽量降低气温对湿地处理效果的影响，在设计中，充分考虑湿地系统的保温和防冻，湿地的布水和集水区采用加盖混凝土渠沟，湿地池体设计为地下结构；充分考虑地区冬季冻土深度，设计湿地的运行水位可调节，在冬季时潜流和表面流湿地水位可调节控制在碎石填料层以下运行，同时适当的设计加大湿地填料层的设计深度，减少低温对湿地运行的影响；设计适当的增大湿地的建设面积，降低湿地的处理负荷，保证湿地在冬季时的处理能力。

（2）植物种的选择与配置

在工程设计中，湿地植物的选择和配置充分考虑植物的耐寒性，选择既具有较强水质净化能力，又具有较强耐寒能力的植物种，尤其是优先考虑条件合适的本土植物种，以保证人工湿地植物的安全越冬和保障湿地的处理效果。

5.8.4.3 污染物去除分析

根据工艺设计负荷计算各处理单元对主要污染物（本表仅列举 5 个重要指标）的去除量和去除率，见表 5-45。

表 5-45　污染物去除率分析

处理单元 \ 指标		COD_{Cr}	BOD_5	SS	TN	TP
污水处理厂排水 /（mg/L）		≤50.0	≤10.0	≤10.0	≤15.0	≤0.5
一级人工湿地	去除率 /%	≥ 35.0	≥ 35.0	≥ 30.0	≥ 85.0	≥ 20.0
	出水水质 /（mg/L）	≤32.5	≤6.5	≤7.0	≤2.3	≤0.4
二级人工湿地	去除率 /%	≥ 10.0	≥ 10.0	≥ 30.0	≥ 30.0	≥ 20.0
	出水水质 /（mg/L）	≤29.3	≤5.9	≤4.9	≤1.6	≤0.3
生态塘	去除率 /%	≥ 3.0	≥ 3.0	—	≥ 10.0	≥ 20.0
	出水水质 /（mg/L）	≤28.4	≤5.7	—	≤1.4	≤0.3
总去除率 /%		≥ 43.3	≥ 43.3	—	≥ 90.6	≥ 48.8
设计出水水质标准目标 /（mg/L）		≤30	≤6	—	≤1.5	≤0.3

注：尾水生态处理工程出水水质受气温影响较大，当水温<10℃时，部分指标较难达到。

5.8.5　工程建（构）筑物单元设计

5.8.5.1　单元建（构）筑物设计

人工湿地总设计规模：26 600 m^3/d；

人工湿地总水力负荷：0.475 $m^3/(m^2 \cdot d)$；

人工湿地总 BOD_5 负荷：19.0 kg $BOD_5/(hm^2 \cdot d)$；

人工湿地总停留时间：33.2 h。

（1）提升泵站

功能：在污水处理厂内排放口位置设置提升泵站，通过提升泵将出水排放至人工湿地内。

设计参数：

设计规模：近期规模为 7 000 m^3/d，中期规模为 14 000 m^3/d，远期规模为 26 600 m^3/d；

提升泵：2 台（变频，近期 1 用 1 备，中期增加 1 台同规格水泵，远期再增加 1 台同规格水泵）；

型号：200WQ400-10-22；

提升泵参数：Q=400 m^3/h，H=10 m，N=22.0 kW；

管道：DN500，PE 管，8 kN/m，1.0 MPa，100 m；

电磁流量计：2 台，管径为 DN300。

（2）一级人工湿地

功能：一级湿地处理系统由四组并联运行的垂直流人工湿地组成，垂直流人工湿地采用 PE 管进行均匀上层布水和下层集水，中间设置碎石填料层，四周和池底防渗，污水由人工湿地上层渗流至下层，经过好氧、兼氧、厌氧等填料区，在植物、微生物、填料吸附过滤等生物、物理、化学作用下，对水体污染物进行强化处理和高效去除。

设计参数：

设计规模：26 600 m^3/d。

设计总面积：31 693 m^2。

碎石填料：9 508 m^3。

复合填料：25 355 m^3。

配水：湿地进、出水端分别设置布水渠和集水渠，进水端设阀门控制，出水端设水位控制系统。

布水：湿地内均匀布设 DN 1000～DN500 的 PE 管，采用上层布水，下层集水。

结构：池四周采用钢混结构，中间隔墙采用砖混墙，底部设土工膜防渗；配水渠和集水渠采用钢混渠。

种植植物：芦苇、花叶芦竹、香蒲、花菖蒲、石菖蒲等土著水生植物。

（3）二级人工湿地

功能：二级湿地处理系统由三组并联运行的“水平潜流人工湿地”组成。水平潜流湿地采用水流自流推流布水，在不同填料层形成的好氧、兼氧、厌氧区对水体污染物进行降解和硝化、反硝化，去除水体中的有机物、总氮和磷，同时利用植物的吸收去除氮、磷。在此级湿地末端，设置 5 m 宽的石灰岩与石灰石混合的碎石填料，以强化除磷效果。

设计参数：

设计规模：26 600 m^3/d；

设计总面积：12 135 m^2；

碎石填料：13 349 m^3；

配水：湿地进出水端分别设置布水渠和集水渠，进水端设阀门控制；出水端设水位控制系统。

布水：湿地进水和出水端布均设 DN80～DN250 的 PE 管进行布水和集水。

结构：池四周采用钢混结构，中间隔墙采用砖混墙，底部设土工膜防渗；配水渠和集水渠采用钢混渠。

种植植物：石菖蒲、香蒲、纸莎草、千屈菜、灯芯草。

（4）生态塘

功能：生态塘设浅水区、过渡区和深水区，形成好氧区和兼氧区，并种植挺水、浮水和沉水植物，利用生态塘水生植物的拦截、吸收和生态塘水生动物、微生物的好氧厌氧等协同作用，去除水体中的部分悬浮物、有机物和氮、磷；含亲水平台。

设计参数：

设计规模：26 600 m^3/d；

停留时间：9.6 h；

设计总面积：8 940 m^2；

设计水深：浅水区有效水深≤0.4 m，过渡区有效水深 0.4～2.0 m，深水区有效水深 2.0 m；

有效容积：10 728 m^3；

结构：池四周采用砖混墙，底部设土工膜防渗，塘内回填细砂保护土工膜，并铺 30 cm 泥土基质；

种植植物：浅水区种植香蒲、芦苇、茭白、慈姑等挺水植物，过渡区种植睡莲、空心莲子草等浮水植物，深水区种植眼子菜、狐尾藻、菹草等沉水植物等，以上均为土著水生植物。

高效清洁水草：1 项。

（5）排放明渠

功能：排放明渠分为前后两段，前段主要作为放置紫外消毒设备使用，后段主要用作计量以及在线监测使用。

设计参数：

设计规模：26 600 m^3/d；

尺寸：$B \times L$=12.0 m × 1.5 m；

结构：砖混；

说明：排放明渠计量部分按环保部门要求设定。

主要设备、材料：

①紫外消毒装置：1 套（3.0 万 m^3/d 规模设置，按两组运行）；

②超声波液位计：1 套；

③巴氏槽：0.5 m 宽；

④ pH 在线监测仪：1 套；

⑤ SS 在线监测仪：1 套。

（6）出水在线控制室

功能：存放在线监测仪器设备。按当地环保部门要求装修、布局。

设计参数：

面积：12 m^2；

结构：木结构。

主要设备、材料：

① COD 在线监测仪：1 套；

② TP 在线监测仪：1 套；

③在线浊度仪：1 套。

（7）排空井

功能：接湿地排空管进水，经提升泵提升后排至就近市政管道或湿地后端。

数量：1 座；

尺寸：$B \times L \times H$=2.0 m × 2.0 m × 5.0 m；

结构：钢混。

主要设备、材料：

提升泵：

参数：Q=100 m^3/h，H=10 m，N=5.5 kW；

数量：2 台（根据实际情况使用）；

管道：DN100，PE 管，8 kN/m，1.0 MPa，150 m。

5.8.5.2 主要建（构）筑物及材料、设备清单

（1）主要处理建（构）筑物一览表

表 5-46 主要处理建（构）筑物一览表

序号	建（构）筑物名称	规格	数量	单位	备注
1	提升泵站		1	座	在污水厂内改造
2	一级人工湿地	31 693 m^2	1	座	池四周采用钢混结构，中间隔墙采用砖混墙，底部设土工膜防渗；芦苇、花叶芦竹、香蒲、花菖蒲、石菖蒲
3	二级人工湿地	12 135 m^2	1	座	池四周采用钢混结构，中间隔墙采用砖混墙，底部设土工膜防渗；芦苇、花叶芦竹、香蒲、花菖蒲、石菖蒲
4	生态塘	8 940 m^2	1	座	自然土。塘内植物：种植四季常绿矮型苦草、夏冬季水下森林等挺水、浮水和沉水植物。 塘内动物：食藻虫、鱼类、贝类、螺类、青虾等水生动物。种植高效清洁水草
5	排放明渠	18 m^2	1	座	砖混结构，符合当地环保部门要求
6	出水在线控制室	9 m^2	1	座	砖混结构，符合当地环保部门要求

续表

序号	建（构）筑物名称	规格	数量	单位	备注
7	排空井	2.0 m × 2.0 m × 5.0 m	1	项	
8	道路		1	项	上层为细粒式改性沥青砼（红色），中层为 100 mm 普通水泥混凝土面层（C30）
9	土方工程		1	项	

（2）主要设备材料清单一览表

序号	设备材料名称	规格型号	数量	单位	备注
1	管道	DN500，PE 管，8 kN/m，1.0 MPa	100	m	提升泵站
2	提升泵（变频）	Q=400 m^3/h，H=10 m，N=22 kW	2	台	提升泵站
3	止回阀、阀门	DN500，碳钢，2.0 MPa	2	套	提升泵站
4	电磁流量计	DN300	2	m^2	
5	针刺覆膜膨润土毯	两布一土，5 000 g/m^2	67 542	m^3	
6	细砂		4 503	m^3	
7	碎石填料	10～50 mm	38 704	m^3	
8	复合填料	10～50 mm	9 508	m^2	
9	管道	非标组合，管径 DN50～DN200，PE 管，1.0 MPa 或 0.6 MPa	34 711	株	
10	湿地植物	芦苇、花叶芦竹、香蒲、花菖蒲、石菖蒲等土著水生植物，袋植苗	421 272	m^2	
11	高效清洁水草	人工水草	8 940	m^2	
12	紫外消毒装置	3.0 万 m^3/d 规模	1	套	国产
13	超声波液位计	0.030～0.600 m^3/s	1	套	国产
14	巴氏槽	0.80 m	1	套	SUS304
15	COD 在线监测仪	量程：0～150 mg/L	1	套	进口
16	pH 在线监测仪	量程：0～14	1	套	进口
17	TP 在线监测仪		1	套	进口
18	在线浊度仪	0～30 NTU	1	套	进口
19	提升泵	Q=100 m^3/h，H=10 m，N=5.5 kW	2	台	排空井
20	管道	DN100，PE 管，8 kN/m，1.0 MPa	150	m	排空井

5.8.5.3 湿地植物配置表

人工湿地植物的配置原则：（1）考虑植物的耐污性、生长能力、根系的发达程度以及经济与美学价值等因素，同时宜采用当地品种，保证对当地气候的适应性。（2）人工湿地的设计中，应尽可能增加植物的多样性、提高对污水的处理性能，延长使用寿命。（3）人工湿地选择一种或几种植物作为优势种搭配栽种，并根据环境条件和植物群落的特征，按一定比例在空间分布和时间分布方面进行安排，达到生态系统高效运转，稳定可持续利用的要求。人工湿地植物的种植密度为6～9株/m^2，生态塘植物的种植密度为1～3株/m^2。

5.8.6 效益分析

5.8.6.1 工程投资概算

序号	项目	单位	数量	综合单价/元	金额/万元	备注
一	工程费用				6 881.54	
（一）	人工湿地池				5 041.74	
1	提升泵站				82.00	
1.1	管道	m	100	2 000	20.00	DN500，PE管，8 kN/m，1.0 MPa
1.2	提升泵	台	2	300 000	60.00	Q=400 m^3/h，H=10 m，N=22 kW
1.3	止回阀	套	2	10 000	2.00	DN200，碳钢，2.0 MPa
2	一级人工湿地				2 456.24	
2.1	一级人工湿地土建	m^2	31 693	100	316.93	占地面积为31 693 m^2
2.2	一级人工湿地复合填料	m^3	9 508	800	760.64	碎石级配摊铺
2.3	一级人工湿地碎石填料	m^3	25 355	300	760.65	碎石级配摊铺
2.4	一级人工湿地土工膜	m^2	47 540	50	237.70	铺设面积为47 540 m^2
2.5	二级人工湿地细砂	m^3	3 169.3	300	95.08	厚度为0.1 m
2.6	一级人工湿地管道	m^2	31 693	90	285.24	
3	二级人工湿地				758.46	
3.1	二级人工湿地土建	m^2	12 135	100	121.35	占地面积为12 135 m^2
3.2	二级人工湿地填料	m^3	13 349	300	400.47	碎石级配摊铺
3.3	二级人工湿地土工膜	m^2	18 203	50	91.02	铺设面积为18 203 m^2

续表

序号	项目	单位	数量	综合单价 / 元	金额 / 万元	备注
3.4	二级人工湿地细砂	m^3	1 213.5	300	36.41	厚度为 0.1 m
3.5	二级人工湿地管道	m^2	12 135	90	109.22	
4	生态塘				214.56	
4.1	生态塘开挖及塘底夯实	m^2	8 940	40	35.76	
4.2	高效清洁水草	m^2	8 940	200	178.80	
5	排放口				55.83	
5.1	排放明渠土建	座	1	9 000	0.90	
5.2	出水在线控制室	座	1	35 000	3.50	
5.3	绿化	项	1		0.00	不含湿地内部分
5.4	超声波液位计	台	1	9 300	0.93	
5.5	巴氏槽	座	1	35 000	3.50	
5.6	在线监测仪（含 COD、TP、SS、pH）、紫外消毒装置	台	1	470 000	47.00	
6	场地平整				1 474.66	
6.1	清表	m^2	73 528	20	147.06	
6.2	素土回填	m^3	13 508	50	67.54	回填（压实度＞95%）
6.3	回填塘碴	m^3	118 710	100	1 187.10	塘碴回填（压实度＞95%）
6.4	水泥搅拌桩 D500	m	18 240	40	72.96	
（二）	园林景观工程				1 639.80	
1	绿化工程				558.00	
1.1	普通绿化	项	1	1 470 000	147.00	
1.2	重点景观	项	1	1 350 000	135.00	
1.3	湿地植物	项	1	2 760 000	276.00	
2	堤岸工程				495.00	
2.1	生态堤	项	1	1 550 000	155.00	
2.2	生态塘周边	项	1	3 400 000	340.00	
3	铺装工程				331.80	
3.1	广场铺装	项	1	2 800 000	280.00	

续表

序号	项目	单位	数量	综合单价 / 元	金额 / 万元	备注
3.2	主要园路	项	1	120 000	12.00	
3.3	亲水平台、科普展示、下沉廊道	项	1	162 000	16.20	
3.4	湿地栈道	项	1	236 000	23.60	
4	设施				255.00	
4.1	城市家具	项	1	900 000	90.00	
4.2	体育设施	项	1	400 000	40.00	
4.3	儿童娱乐设施	项	1	200 000	20.00	
4.4	游客中心（卫生间、管理、展厅、售卖）	项	1	1 050 000	105.00	
（三）	电气工程				200.00	
1	电气工程	项	1	2 000 000	200.00	
二	工程建设其他费	1+2+3+4+5+6+7+8+9+10+11			1538.74	
1	建设管理费	1.1+1.2			119.90	
1.1	建设单位管理费	（工程总投资 × 分档累计）			106.14	
1.2	建设管理其他费	（工程费用 × 分档累计）			13.76	
2	工程监理费	发改价格〔2007〕670 号			158.56	
3	建设用地费	110.3 × 8 万元 / 亩			882.40	
4	可行性研究报告费（建设项目前期工作咨询费）				4.00	
5	勘察及设计费				132.41	
5.1	勘察费	第一部分工程费用 × 0.5%			34.41	
5.2	设计费				98.00	
6	环境评价费	浙江省工程建设其他费用定额			10.00	
7	水保投资				30.00	
8	劳动安全卫生评价费	浙江省工程建设其他费用定额			20.64	
9	场地准备及临时设施费	工程费用 × 1.5%			103.22	

续表

序号	项目	单位	数量	综合单价 / 元	金额 / 万元	备注
10	工程保险费	工程费用 ×0.55%			34.41	
11	设备联合试运转费	按年运行费用的 55% 计算			43.20	
三	预备费	（一＋二）×5%			421.01	
四	建设期贷款利息	按年利率 5.5% 计（建设期 24 个月）			473.16	
五	总投资估算	一＋二＋三＋四			9 314.45	

5.8.6.2　运行费用

污水人工湿地深度处理工程的运行成本费用主要包括原材料费用、燃料及动力费用、工资福利、修缮维护费、固体废物处置费、办公及其他管理费用等（不含财务费用）。运行成本费用中：

（1）水电气费

参考同类型项目情况，估算项目建成后全年电费为 36.4 万元。

（2）工资及福利费

参考同类型项目情况，估算项目建成后全年工资及福利费为 48.0 万元。

（3）药剂费

根据本项目采用的建设方案，选用人工湿地方案，项目无药剂费。

（4）修缮维护费

参考同类型项目情况，估算项目建成后全年修缮维护费为 10.7 万元。

（5）其他费用

按照一般经验估算，每年为 21.6 万元。

（6）合计

2018 年项目运营费用估算约为 48 万元，2017 年后项目每年的运营费用估算为 116.7 万元。

5.8.7 相关图片

图 5-38 湿地鸟瞰图

图 5-39 湿地一角 1

图 5-40　湿地一角 2

图 5-41　湿地一角 3

图 5-42 湿地一角 4

图 5-43 儿童游乐场一角

图 5-44　亲水平台

图 5-45　生态塘 1

图 5-46 生态塘 2

5.9 慈溪北部污水处理厂工程湿地项目

前言后语

（1）该工程由慈溪市城市排水有限公司主持建设。

（2）该工程由环境保护部华南环境科学研究所和广州市市政工程设计研究院共同设计。易新贵负责项目主持，庞志华负责审核，金中负责人工湿地设计。

（3）该人工湿地为慈溪市大型的人工湿地。

（4）该项目为城镇污水处理厂近期处理规模配套的尾水深度处理设施。污水处理厂的处理规模为 10 万 m^3/d，人工湿地设计规模为 10 万 m^3/d。

（5）该工程人工湿地（含生态塘）水力负荷较低，水力负荷为 0.18 $m^3/(m^2 \cdot d)$。

（6）该工程也是我国规模较大的城镇污水植物碎石床人工湿地处理工程，白鹭湖 60 hm^2 湿地处理规模为 10 万 m^3/d，28 hm^2 湿地为备用湿地。

（7）该工程出水水质好，运行稳定，管理方便。

（8）该工程结合景观设计，成为慈溪市城市湿地公园。

5.9.1　项目背景

慈溪市隶属宁波市，位于东海之滨，东离宁波 60 km，北距上海 148 km，西至杭州 138 km，是长江三角洲经济圈南翼，环杭州湾地区上海、杭州、宁波三大都市经济“金三角”的中心，区位和交通优势十分明显。

根据《宁波市国民经济和社会发展第十一个五年规划纲要》要求，慈溪市应建设一项湿地保护项目，通过对慈溪市市域污水治理（一期）工程北部污水处理厂尾水进行深度处理，改善慈溪市水环境，削减杭州湾地区氮、磷等陆源污染物入河（海）量；同时构建一个类似城市湿地公园的区域，使湿地环境能够兼具野生和园林的自然特征。恢复杭州湾海滩围垦湿地生态系统，遏制海洋大生态系统的退化。

5.9.2　工程规模和进出水水质确定

5.9.2.1　工程规模

（1）占地 600 000 m^2+280 000 m^2；

（2）总处理规模 10 万 m^3/d；其中白鹭湖 60 hm^2 湿地处理规模为 10 万 m^3/d，28 hm^2 湿地为备用湿地，采用潜流湿地（包括垂直流和水平流湿地）与自由表面流湿地组合工艺。

5.9.2.2　设计进出水水质

表 5-47　工程湿地深度处理进出水指标值

指标	COD_{Cr}/（mg/L）	BOD_5/（mg/L）	SS/（mg/L）	TN/（mg/L）	NH_3-N/（mg/L）	TP/（mg/L）	大肠菌 /（个 /L）
进水	60	20	20	20	8	1.2	10^7～10^8
出水	50	10	10	10	2（5）	0.5	10^3

注：括号外数值为水温＞12℃时控制指标，括号内数值为水温≤12℃时控制指标。

5.9.3　该工程工艺流程

5.9.3.1　工艺流程

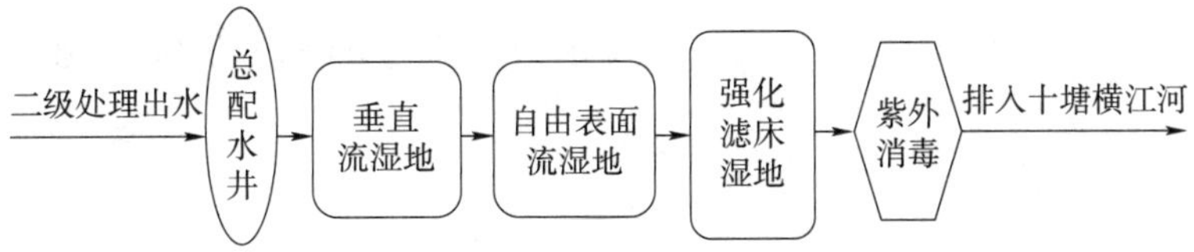

5.9.3.2　流程说明

北部污水处理厂的尾水通过二级提升泵站提升，通过 2 根 DN1 000 压力管道输送到白鹭湖人工湿地东南角，再通过阀门井切换成 1 根 DN1 400 压力管，DN1 400 接入湿地总配水井，经总配水井均匀分配到四组一级垂直流湿地，污水经过一级垂直流湿地处理后进入自由表面流湿地进行处理，再进入强化滤床水平流湿地，通过集水渠进入紫外消毒池消毒后，最终排入十塘横江河。

5.9.3.3　水量平衡

（1）蒸发（以 60 hm^2 水域为例）

慈溪市年蒸发量约为 1 476.9 mm，即 4 mm/d，则 60 hm^2 湿地蒸发量（Q）为 2 400 m^3/d。

（2）下渗

渗透系数为 1.5 cm/d，即 0.015 m/d；

60 hm^2 渗透计算（垂直流湿地和强化床湿地做防渗不予考虑）：

43.61 hm^2 公顷表面流湿地渗透量（Q）为 6 542 m^3/d。

北部湿地有效容积包括：

① 8.712 hm^2 垂直流湿地：$Q=A\times H\times e=87\ 120\ m^2\times 1.0\ m\times 0.4=34\ 848\ m^3$（$H$ 为碎石填料厚度，e 为孔隙率）；

② 4.345 hm^2 强化滤床湿地：$Q=A\times H\times e=43\ 450\ m^2\times 0.7\ m\times 0.3=9\ 125\ m^3$（$H$ 为强化滤床填料厚度，e 为孔隙率）；

③ 43.61 hm^2 表面流湿地（浅水区水深 0.3～0.6 m，占表面流面积的 1/10，深水区水深 2.5 m，占表面流面积的 9/10）：$Q=Q_1+Q_2=A\times H\times e=436\ 100\times 0.45\times 0.1\times 0.8+436\ 100\times 0.9\times 2.5\times 1.0=996\ 925\ m^3$（$H$ 为表面流水的深度，e 为有效水容积率）；

合计有效容积为 1 040 898 m^3。

北部湿地蒸发及下渗量：2 400 m^3/d（蒸发）+6 542 m^3/d（下渗）=8 942 m^3/d。

北部湿地晴天实际水力停留时间为 1 040 898 m^3/（100 000 m^3/d−8 942 m^3/d）= 11.43 d。

5.9.3.4　水力负荷

湿地水力总停留时间为 11.43 d，设计水力负荷为 0.087 $m^3/(m^2\cdot d)$。

5.9.4　工程建（构）筑物单元设计

5.9.4.1　工程湿地总平面设计

北部城市污水厂 60 hm^2 尾水深度处理湿地位于白鹭湖，备用 28 hm^2 湿地紧邻慈溪北部城市污水厂，位于污水厂北侧。

北部白鹭湖 60 hm^2 工程湿地由垂直流湿地、自由表面流湿地、强化滤床湿地串联而成；28 hm^2 湿地由自由表面流湿地组成。

一级垂直流湿地由 4 个平行的一级垂直流湿地单元组成；自由表面流湿地包括 4 个单元，每个单元设计为完全植被区、开放水域区、完全植被区。强化滤床湿地为一级，并联 4 个单元。湿地岛的布置主要考虑景观和水流要求：水流在小岛、土堤的控制下在湿地中反复流经：完全植被区→开放水域区→完全植被区。

区内道路环通，满足设计要求。根据功能要求的不同，道路分为主要道路、一般道路及人行道三种类型。其中主要道路路幅宽 3 m，一般道路路幅宽 1.5 m，为石粉垫层碎石路。湿地设计也适当考虑了景观和教育基地的要求，设置了 1.5 m 宽观光木栈道，利用木栈道将整个岛屿有机串联在一起，有助于人民群众的参观和实地考察，提高社会环保意识。

管理区布置在整个湿地东部，设置一座二层管理用房，便于对整个湿地进行管理。

处理后尾水经设在强化滤床水平流湿地北侧的紫外线消毒渠后排入十塘横江，为自流排放。

湿地共设置 3 个入口，分别位于湿地南侧、北侧、东侧，入口均与市政路相连便于湿地与外界联系。

湿地采用 3.0 m 宽的绿化带和木格栅围墙与周边隔离，体现一种生态和开发格局。

生活用水、消防用水由城市管网提供。绿化及其他用水采用湿地出水回用水。

电讯、电力均接自城市网络系统。

5.9.4.2　湿地区域高程设计

（1）设计地面标高

根据慈溪总体规划中的道路竖向设计，该工程场地现状地面标高约为 1.00～2.60 m，经土方平衡，并考虑与周围道路标高相衔接及厂内雨水重力排放，经研究确定北部城市污水厂湿地的设计路面标高为 4.75 m、4.30 m（采用国家 85 高程，下同），全厂挖方和填方基本平衡。

（2）接纳水体水位标高

根据业主最新（2008 年 6 月 23 日）提供水利部门监测数据可得，湿地尾水接纳水体十塘横江水域特征潮水位如下：

表 5-48 十塘横江水域特征潮水位及设计管道标高 单位：m

频率	十塘横江水位	湿地出水总管管底标高
警戒水位	3.341（5.000）	2.50
常水位	2.141～2.841（3.800～4.500）	2.50

注：括号内为吴淞高程，其他为国家 85 高程。

（3）尾水排放方案及水处理构筑物的水位确定

湿地处理厂设计路面为 4.30～4.75 m，污水厂至排放口之间的距离约为 50.0 m，尾水排放方案需要统筹考虑，一方面确保湿地尾水安全排放，避免高潮位时湿地倒灌的事故发生；另一方面，尽可能减少污水提升总扬程，降低湿地处理的日常运转费用。

综合考虑以上两个因素，该工程污水处理厂根据十塘横江潮位，选择尾水自流安全排放方案，在保证湿地安全运行的前提下，实现经济运转。

5.9.4.3 湿地区域公共工程

（1）给水工程

本湿地用水包括以下几方面：

1）管理用房生活用水；

2）道路、构筑物冲洗用水；

3）绿化用水；

4）消防用水。

管理用房用水由城市给水管提供。消防用水根据《建筑设计防火规范》的规定计算，同一时间内的火灾次数按 1 次计，一次灭火用水量为 15 L/s。根据用水量需要，应从城市主干道上引入 DN100 mm 的给水管，以满足消防要求。

给水管管材采用 HDPE 给水压力管。

绿化及其他用水采用湿地出水回用水。

（2）排水工程

采用雨、污水分流制。

1）污水排放

生活污水包括管理用房、食堂、浴室、厕所排水等。生活污水由污水管道收集后接入除油池再接入化粪池，经化粪池进入表面流湿地。

污水管采用 UPVC 双壁波纹管。

2）雨水排放

雨水直接排入湿地，通过湿地处理后排入十塘横江。

5.9.4.4　主要处理建（构）筑物工艺设计

5.9.4.4.1　工程主要建（构）筑物

慈溪市北部人工湿地深度处理工程主要建（构）筑物见表 5-49。

表 5-49　慈溪市北部人工湿地深度处理工程主要构建筑物一览表

编号	名称	单位	数量	平面尺寸或建筑面积	备注
1	总配水井	座	1	$\Phi \times H$=7.4 m × 3.6 m	
2	一级植物碎石床湿地（垂直流）A-1	座	1	21 522 m^2	
3	一级植物碎石床湿地（垂直流）B-1	座	1	21 965 m^2	
4	一级植物碎石床湿地（垂直流）C-3	座	1	21 965 m^2	
5	一级植物碎石床湿地（垂直流）D-4	座	1	21 671 m^2	
6	表面流湿地 A-2	座	1	117 000 m^2	
7	表面流湿地 B-2	座	1	115 000 m^2	
8	表面流湿地 C-2	座	1	110 550 m^2	
9	表面流湿地 D-2	座	1	93 500 m^2	
10	强化滤床人工湿地 A-3	座	1	11 415 m^2	
11	强化滤床人工湿地 B-3	座	1	11 500 m^2	
12	强化滤床人工湿地 C-3	座	1	11 545 m^2	
13	强化滤床人工湿地 D-3	座	1	8 986 m^2	
14	紫外线消毒池	座	1	5.6 m × 10.6 m	
15	管理用房	座	1	10.0 m × 12.9 m	二层

5.9.4.4.2　污水处理建（构）筑物设计

（1）进水阀门井

1）构筑物

功能：将北部城市污水 2 根长 DN1000 压力输送管转换成 1 根 DN1400 管；

类型：地下式圆形筒体钢筋砼结构；

尺寸：直径 Φ3.4 m；

数量：1 座；

设计规模：10 万 m^3/d。

2）主要设备

①设备类型：电动启闭机（包括手自两用）

规格：1 t，0.55 kW；

数量：2 台；

控制方式：正常情况全开启，湿地检修时关闭。

②设备类型：闸门

规格：ϕ1 000，镶铜铸铁。

（2）总配水井

1）构筑物

功能：将废水平均分配到四个一级植物碎石床湿地（垂直流）；

类型：半地下式圆形筒体钢筋砼结构；

尺寸：直径ϕ5.7 m，高（H）=5.1 m；

数量：1 座；

设计规模：10 万 m^3/d。

2）主要设备

①设备类型：电动启闭机（包括手自两用）

规格：1 t，0.55 kW；

数量：8 台；

控制方式：正常情况全开启，湿地检修时关闭。

②设备类型：闸门

规格：ϕ500，镶铜铸铁；

数量：8 台；

控制方式：根据湿地的具体运营模式，控制每个电动启闭机开启。

（3）一级植物碎石床湿地

1）构筑物

功能：在植物碎石床湿地营造厌氧、好氧环境，利用植物和碎石床生物膜来降解水中污染物，以达到净化水质的目的；

类型：集水沟为地下钢筋混凝土挡墙结构，其余为土壤放坡加铺设防渗膜护坡，池底采用防渗膜处理；

数量：4 座。

2）主要设备：

①一级多向分水器

规格：ϕ2000 玻璃钢；

数量：8 台；

控制方式：正常情况全开启，湿地检修时关闭。

②二级多向分水器，规格：Φ1 500 玻璃钢的应为二级多向分水器

规格：ϕ1500 玻璃钢；

数量：32 台；

控制方式：正常情况全开启，湿地检修时关闭。

平面尺寸及占地面积：A_1 平面尺寸 $L \times B$=258.65 m × 85 m，占地面积

21 522 m^2；B_1 平面尺寸 $L\times B$=261.8 m × 85 m，占地面积 21 965 m^2；C_1 平面尺寸 $L\times B$=261.8 m × 85 m，占地面积 21 965 m^2；D_1 平面尺寸 $L\times B$=250.2 m × 85 m，占地面积 21 671 m^2；

设计总规模：10 万 m^3/d；

湿地总池容积：87 123 m^3；

有效水总池容积：34 848 m^3；

总水力停留时间：8.36 h；

湿地内铺设碎石：粒径 25～30 mm；

碎石厚度：h=1 000 mm；

碎石体积：V=87 123 m^3；

设计底坡度：0.1%；

每个湿地均单独设置 1.2 m 宽集水沟。

一级湿地采用上下流布水方式，设布水、集水系统，布水、集水均采用穿孔 UPVC 管。

（4）表面流湿地

功能：在表面流湿地营造厌氧、好氧环境，利用植物和土壤中的生物膜来降解水中污染物，以达到净化水质的目的；

类型：集水沟为地下式钢筋混凝土挡墙结构，池子采用原土夯填密实；

数量：4 座；

占地面积：分别为 117 000 m^2、115 000 m^2、110 550 m^2、93 500 m^2。

设计规模：10 万 m^3/d；

湿地总池容积：1 040 898 m^3；

有效水总池容积：1 040 898 m^3；

总水力停留时间：249.82 h；

设计水力负荷 q=0.004 m^3/（m^2 · d）；

总面积：$S=Q/q$=436 100 m^2；

水深：完全植被区 h_1= 0.30 m，h_3=0.60 m，开放水域区 h_3=2.5 m；

设计孔隙度：完全植被区 0.65，开放水域区 1.0；

植被：挺水植物（香蒲、芦苇等），沉水植物（眼子菜、荇菜等）。

（5）强化滤床人工湿地

功能：在植物碎石床湿地营造厌氧、好氧环境，利用植物和碎石床中的生物膜来降解水中污染物，以达到净化水质的目的；

类型：地下式钢筋混凝土挡墙结构，池底采用防渗膜处理；

数量：4 座；

建筑面积：分别为 11 415 m^2、11 500 m^2、11 545 m^2、8 986 m^2；

设计规模：10 万 m^3/d；

湿地总池容积：43 446 m^3；

有效水总池容积：9 125 m^3；

总水力停留时间：2.19 h。

（6）紫外线消毒池

1）构筑物：

功能：杀灭细菌，使细菌指标到达国家排放标准；

类型：半地下式构筑物；

数量：1 座；

尺寸：$L \times B$=10.6 m × 5.6 m，深 2.48 m；

设计流量：4 167 m^3/h；

设计参数：COD_{Cr}≤50 mg/L

BOD_5≤10 mg/L

SS≤10 mg/L

进水粪大肠菌群数：10^6～10^7 个 /L；

出水粪大肠菌群数：＜10^3 个 /L。

2）主要设备：

紫外线灯管

类型：进口低压高强灯管；

设计参数：紫外线灯管：2 组，单组紫外线灯管 80 根；

单根输出功率：175 W；

接触时间：6 s；

穿透率：65%～70%；

灯管寿命：＞12 000 h；

清洗方式：机械自动清洗。

5.9.4.4.3 尾水排放管工艺设计

根据《宁波慈溪湿地项目北部工程湿地研究》，湿地推荐的尾水排放口设置在污水厂南边处，尾水排入十塘横江。

湿地出水总管管底标高为 2.50 m，尾水排放管全长约 80 m，管径 DN1400，按规模 10 万 m^3/d 一次建设。

5.9.5 湿地植物布置设计

介质、水生植物和微生物是人工湿地的基本构成要素。其中，水生植物是其特点所在，也是湿地处理系统最明显的生物特征，其是人工湿地的主要组成部分，并起着重要作用。主要体现在：①吸收利用、吸附和富集作用；②氧的传输作用；

③为微生物提供栖息地；④维持系统的稳定；⑤有机物的积累作用。另外，水生植物还具有可欣赏性、可以通过收割回收以达到一定经济效益、可作为介质所受污染程度的指示物、有助于酶在湿地系统中的扩展等作用。因此，湿地植物的选择以及布置对湿地的处理效果有着重要的影响。

目前，全球发现的湿地高等植物多达 6 700 余种，而被用于处理湿地且产生效果的不过几十种，很多植物还从未试用过。现在国际上公认的湿地淡水水生植物优势品种有宽叶香蒲（*Typhalatifolia*）、芦苇（*Phragmites*）、苦草（*Vallisneria americana*）、软水草（*Hydrilla verticillata*）和狐尾藻（*Myriophyllum spicatum*）。一些地处热带和亚热带的发展中国家，有着丰富的湿地物种，但受经费限制，在开展湿地技术时无力开展观测研究，通常照搬发达国家的研究成果，包括在物种的利用上，而对本国本地区很有净化潜力的植物视而不见，再加上使用和管理水平有限，其处理效果不是很理想。

5.9.5.1　植物配置的用途及景观效果理论

近年来，人工湿地在城市建设中的作用越来越大，因此如何将其净化功和景观功能结合已经成为当前的一个重要问题。从功能上讲，人工湿地是一个完整的处理污水的循环系统，包括源、流、汇三个子系统；从景观上讲，人工湿地是一个完整的动态水景系统，包括龙口、路径和承载三个部分。在人工湿地的三个功能子系统中结合水生植物来创造优美的动态水景是本设计主要体现的重点。

5.9.5.1.1　源系统水生植物景观的营造

（1）形状规整的源系统的植物配置：从视线分析来讲，采用这种植物配置的源系统的视线导向是外散的，植物配置较为简单，重要的是在区域外围形成良好的景观。采取这种处理方式的源系统通常水质较差，岸边植物的种植方式以隔离人们的视线为主要目的，其景观效果较适合远观。水际周围种植比较茂盛的乔灌木，离水体较远的地方运用色彩丰富的植物种类以形成良好的植物景观。

（2）形状较为自由的源系统的植物配置从视线分析来讲，此处视线是内聚的，适合透过岸边植物间隙来观赏水面的景色，水面种植观赏价值较高的植物如睡莲、王莲之类，同时也需留出一定的水面空间用来观赏水际植物的倒影。采取这种处理方式的源系统水源洁净，其植物配置与传统水景植物配置极为相似。

5.9.5.1.2　流系统水生植物景观的营造

（1）溪流形状的流系统的植物配置：溪流水面较窄，路程较长，采取相同的植物种类会使游人产生视觉疲劳，应把整个溪流划分为不同的地段，塑造出不同特色的植物景观。溪流可分为直行和蜿蜒两类。直行溪流可以创造出跌水和瀑布景观，蜿蜒溪流则是水体静静地流动。

（2）块状种植流系统的植物配置：流系统如果由分割成不同形状的植物塘床来

组成，会呈现出另外一种景观。既可用大量的浮水植物也可用大量的挺水植物组合成不同的色块，以体现人工湿地特有的景观。每一个植物塘床都是一个污水净化区，同时又是一个独立的植物观赏区。一个植物塘床以一种浮水植物或挺水植物为主体，间种少许其他种类，以形成良好的观赏效果。

5.9.5.1.3 汇系统水生植物景观的营造

从表面上看，汇系统是净化过程和水景的结束，但是从循环理论上讲恰恰相反，汇系统中的水可作为补给水源，循环往复，生生不息。这里的水质得到彻底的净化，植物景观可不再拘泥于人工湿地的形式，可进行良好的配置，为人们创造一个适合观赏、游览的场所，前提是要实现文化与环境相结合。汇系统的水面较为宽广，还可直接与湖泊或河流连通，可以按照不同的功能来划分空间。

5.9.5.2 植物的选择原则

一般来说，适合的湿地植物应包含以下几个方面：

（1）耐污能力强，去污效果好。耐污能力强和去污效果好是选择湿地植物的首要原则。湿地系统应根据不同的污水性质选择不同的湿地植物。

（2）生物量大，生长快。合适的湿地植物应具有快速的生长能力以及较高的生物量，才能大量吸收湿地内的污染物质。

（3）根系发达。植物的根系发达与水生植物的净化功能与其根系的发达程度和茎叶生长状况（密度和速度）密切相关，因此选择人工湿地的水生植物时，必须全面考虑根系状况。

（4）适合当地环境，不会造成入侵。人工湿地选择的植物还必须适应当地的土壤和气候条件，否则，难以达到理想的处理效果。

（5）具有一定的经济价值。建造人工湿地时考虑一定的经济价值，可以实现多种经营、经济上可持续发展的生态工程管理模式，这在欧美等发达国家早就被高度重视，且被广泛采用。

（6）由于本湿地的占地面积较大，所选植物应为大众化品种且容易繁殖，以降低成本。

5.9.5.3 植物的配置设计

本工程湿地主要由三块区域构成，包括垂直潜流湿地系统、表面流湿地系统以及强化生物滤床系统。由于复合潜流湿地和强化生物滤床的底质具有相似性，其植物的配置方式具有一定的相似性，表面流系统的植物配置则有所不同。

5.9.5.4 垂直潜流湿地植物配置设计

根据北厂垂直潜流的平面设计总图，此区域分为四组并联的区域，自东至西分别定为 A1、A2、A3、A4 区域。具体见图，植物的配置实行由低到高的趋势，有利于视线的开阔和参观者的远眺。

（1）A1 区为兴慈四路和滨海四路的交界，此处设计为三个植物区块，编号分别为 A11、A12、A13，种植植物分别为香蒲片、美人蕉片以及香根草片。每片面积约 8 000 m^2，按 0.6 m × 0.6 m 间距种植（此种植间距充分考虑植物成熟后的范围），每种植物约需要 23 000 株，A1 区总共需要植物种类三种，数量 69 000 株。

（2）A2 区的面积约为 22 000 m^2，分为四个植物区块，自东至西分别为 A21、A22、A23、A24，布置的植物分别为黄菖蒲片、梭鱼草片、美人蕉片及香蒲片，其中黄菖蒲片面积约 6 000 m^2，梭鱼草片面积约 4 000 m^2，美人蕉片面积约 6 000 m^2，香蒲片面积约 6 000 m^2。黄菖蒲的种植按 0.4 m × 0.4 m 的间距种植，其他三种植物按 0.6 m × 0.6 m 间距种植，需要的植物数量分别为黄菖蒲 37 500 株、梭鱼草 12 000 株、美人蕉 17 000 株、香蒲 17 000 株。

（3）A3 区域分为两个植物区块种植，为 A31、A32 区块，分别种植香根草和香蒲。每种植物种植面积约为 10 000 m^2，种植间距为 0.6 m × 0.6 m，每种植物所需株数约为 30 000 株。

（4）A4 区域主要为芦苇，种植面积约 21 000 m^2，形成一片芦苇荡，有利于鸟类的栖息。按 0.6 m × 0.6 m 种植，需种植植物 60 000 株。

图 5-47　香根草（***Vetiveria zizanioides***）和再力花

图 5-48　芦苇（***Phragmites communis***）和美人蕉（***Canna indica* Linn**）

图 5-49 香蒲（*Typha orientalis*）和梭鱼草（*Pontederia cordata*）

考虑到冬季植物枯萎以及生态系统的多样性，可适当在主要湿地植物片之间种植草本植物，数量约 10 万株，如麦冬、白禧草（这些植物种类在江苏镇江冬季均生长良好，可过冬）以及当地的白茅、中华结缕草、狗牙根等品种。

5.9.5.5 表面流湿地植物配置设计

表面流湿地同样由四组并联的单元构成，自东至西分别编号为 B1 区、B2 区、B3 区、B4 区。由于最深水位达到 2 m，而且在表面流湿地当中需设计隔离坝以及孤岛，因此，在表面流湿地中存在着陆地、浅滩、深水等不同区域。在考虑当地植物物种、耐污能力以及景观效果的情况下，初步设计不同区域的植物，并配置如下。

（1）B1 区面积约 110 000 m^2，其中水面面积约 105 000 m^2，孤岛（6 个）的面积约 5 000 m^2，挺水植物区（水深＜0.3 m）的面积约 10 000 m^2（按宽度 7 m 计算，连孤岛周边面积一并计算，下同），浮水植物区（水深在 0.3～0.8 m）的面积约 5 000 m^2（按 4 m 宽度计算），沉水植物区（水深在 0.8～2.0 m）的面积约 3 000 m^2（按宽度 3 m 计算）。孤岛撒播狗牙根种子，按每公斤可撒播 100 m^2 面积计，共需种子 50 kg。6 个孤岛的挺水植物区分别种植慈姑、菖蒲、水生美人蕉、茭白、水葱、海三棱藨草，按 0.6 m × 0.6 m 间距计算，各种植物分别需 1 500 株，浮水植物分别种植睡莲和细果野菱，分别需要 1 500 株（按 1 m × 1 m 间距种植）。沉水植物种植川蔓藻和菹草，按 0.6 m × 0.6 m 间距计算，每种植物需 2 000 株。

B1 区边界按 B11 区、B12 区、B13 区、B14 区分别标出，其中 B11 区和 B13 区为东西边界，B12 区、B14 区为南北向边界。B11 区的挺水植物区布置再力花、水生美人蕉，共需植物约 8 500 株，分片种植，每片长约 230 m，约 1 000 m^2；浮水植物区布置睡莲、荷花，每片长约 130 m，约 500 m^2，需植物 2 500 株；沉水植物区布置狐尾藻、川蔓藻、菹草，需植物 3 500 株，分片种植，每片长 130 m。其他边界的植物配置类似于 B11 区，但 B13 区的挺水植物区布置菖蒲、茭白及海三棱藨草，浮水植物区布置水芹菜、荷花及黄花水龙，沉水植物区植物布置以及总植物株数同 B11

区；B12 区的挺水植物区布置菖蒲，面积约 1 500 m^2，需菖蒲 4 500 株；浮水植物区布置黄花水龙及细果野菱，需植物 1 000 株；沉水植物区布置狐尾藻、菹草，需要植物 700 株；B14 区的挺水植物区布置再力花和水生美人蕉，面积约为 1 500 m^2，需植物 4 500 株；浮水植物区布置荷花和黄花水龙，面积约 1 000 m^2，共需植物 1000 株；沉水植物区布置狐尾藻、川蔓藻、菹草，面积约 700 m^2，共需植物约 2 500 株。

（2）B2 区的面积与 B1 区相似，配置的植物株数也差别不大，其边界分为 B21 区、B22 区、B23 区、B24 区四个区域，仅对植物种类做一个说明。其中 B21 区的挺水植物区设置为再力花、菖蒲。浮水植物区设置为荷花、睡莲及空心莲子草。沉水植物区设置狐尾藻和川蔓藻；B22 区的挺水植物区设置水生美人蕉和水葱。浮水植物区设置荷花及黄花水龙。沉水植物区设置川蔓藻和菹草；B23 区的挺水植物区设置为芦苇、菖蒲和香蒲。浮水植物区设置为细果野菱、黄花水龙、空心莲子草。沉水植物区设置为菹草；B24 区的挺水植物设置为水葱和菖蒲，浮水植物区设置荷花和黄花水龙。沉水植物区设置川蔓藻。

岛屿的植物设置同 B1 区。

（3）B3 区的面积约为 11 万 m^2，植物配置种类及数量与 B1 区类似。在此仅对植物种类进行说明。同样对于边界四周标记为 B31 区、B32 区、B33 区、B34 区。其中 B31 区的挺水植物区分布香蒲、菖蒲和慈姑，浮水植物区设置细果野菱、空心莲子草以及黄花水龙，沉水植物区为篦齿眼子菜、菹草、穗花狐尾藻。B32 区的挺水植物区为再力花、香蒲，浮水植物区为睡莲、空心莲子草，沉水植物区为川蔓藻、狐尾藻。B33 区的挺水植物区为芦苇、香蒲和水生美人蕉，浮水植物区为荷花、荇菜以及细果野菱，沉水植物区设置黑藻、苦草和菹草。B34 区的挺水植物区设置花叶芦荻及千屈菜，浮水植物区设置睡莲、细果野菱，沉水植物区设置苦草和狐尾藻。

岛屿（4 个）的挺水植物区设置为菖蒲、水生美人蕉、茭白、海三棱藨草；浮水植物区分别为荷花、睡莲、荇菜及细果野菱；沉水植物区以黑藻、川蔓藻和狐尾藻为主。

（4）B4 区的面积约为 95 000 m^2，植物种植区的面积与 B1 区、B2 区、B3 区差别不大，种植种类和数量相似，其边界同样分为 B41 区、B42 区、B43 区、B44 区，其中 B41 区挺水植物区设置慈姑、水葱和菖蒲，浮水植物区为睡莲、黄花水龙和空心莲子草，沉水植物区为菹草、川蔓藻和眼子菜。B42 区的挺水植物区设置为水葱和香蒲，浮水植物区为荷花，沉水植物区为狐尾藻。B43 区的挺水植物区设置芦苇、香蒲和茭白，浮水植物区设置细果野菱、睡莲，沉水植物区设置苦草、黑藻、狐尾藻。B44 区挺水植物区设置菖蒲，浮水植物区设置睡莲，沉水植物区设置眼子菜。

岛屿的植物设置与 B1 区同。

5.9.5.6 强化生物滤床的植物配置设计

强化滤床为湿地系统中最后一级，由四个并联的单元组成，分为 C1 区、C2 区、C3 区、C4 区，其植物设计如下：

（1）C1 区面积为 11 000 m^2，植物设计为香蒲，按 0.6 m × 0.6 m 间距种植，共需植物 31 000 株。

（2）C2 区为芦苇片，面积约为 11 500 m^2，按 0.6 m × 0.6 m 间距种植，共需植物 32 000 株。

（3）C3 片为美人蕉片，面积约为 11 500 m^2，按 0.6 m × 0.6 m 间距种植，共需植物 32 000 株。

（4）C4 片为香根草片，面积约为 9 000 m^2，按 0.6m × 0.6 m 间距种植，共需植物 25 000 株。

5.9.5.7 植物配置设计一览表

<table>
<tr><th>区域</th><th colspan="2">分区</th><th>植物配置及数量</th><th>备注</th></tr>
<tr><td rowspan="4">A 区
（垂直流湿地）</td><td colspan="2">A1</td><td>香蒲 23 000 株
美人蕉 23 000 株
香根草 23 000 株</td><td>分为三块区域种植</td></tr>
<tr><td colspan="2">A2</td><td>黄菖蒲 6 000 m^2 37 500 株
梭鱼草 4 000 m^2 12 000 株
美人蕉 6 000 m^2 17 000 株
香蒲 6 000 m^2 17 000 株</td><td>分为四块区域种植</td></tr>
<tr><td colspan="2">A3</td><td>香根草 30 000 株
香蒲 30 000 株</td><td>分为两块区域种植</td></tr>
<tr><td colspan="2">A4</td><td>芦苇 60 000 株</td><td>全片种植芦苇</td></tr>
<tr><td rowspan="4">B 区
（表面流湿地）</td><td rowspan="4">B1</td><td>B11</td><td>挺水植物区：再力花 4 500 株，水生美人蕉 4 000 株；
浮水植物区：睡莲 1 000 株，荷花 1 000 株；
沉水植物区：狐尾藻 2 000 株，菹草 1 500 株</td><td rowspan="4">岛屿挺水植物区种植慈姑、菖蒲、水生美人蕉、茭白、水葱、海三棱藨草，按 0.6 m × 0.6 m 间距计算，各种植物分别需 1 500 株；浮水植物分别种植睡莲和细果野菱，分别需要 1 500 株（按 1 m × 1 m 间距种植）；沉水植物种植川蔓藻和菹草，按 0.6 m × 0.6 m 间距计算，每种植物需 2 000 株</td></tr>
<tr><td>B12</td><td>挺水植物区：菖蒲 4 500 株；
浮水植物区：黄花水龙 500 株，细果野菱 500 株；
沉水植物区：狐尾藻 700 株</td></tr>
<tr><td>B13</td><td>挺水植物区：菖蒲 4 500 株，茭白 4 000 株；
浮水植物区：黄花水龙 1 000 株，荷花 1 000 株；
沉水植物区：狐尾藻 2 000 株，菹草 1 500 株</td></tr>
<tr><td>B14</td><td>挺水植物区：再力花 2 000 株，水生美人蕉 2 500 株；
浮水植物区：荷花 500 株，黄花水龙 500 株；
沉水植物区：川蔓藻 1 500 株，菹草 1 000 株</td></tr>
</table>

续表

区域	分区		植物配置及数量	备注
B 区（表面流湿地）	B2	B21	挺水植物区：再力花 4 000 株，菖蒲 4 500 株； 浮水植物区：睡莲 1 000 株，空心莲子草 1 000 株； 沉水植物区：狐尾藻 1 500 株，川蔓藻 2 000 株	岛屿植物配置同 B1 区
		B22	挺水植物区：水生美人蕉 4 500 株； 浮水植物区：荷花 1 000 株； 沉水植物区：菹草 700 株	
		B23	挺水植物区：芦苇 4 000 株，香蒲 4 500 株； 浮水植物区：细果野菱 1 500 株，黄花水龙 500 株； 沉水植物区：菹草 3 500 株	
	B2	B24	挺水植物区：水葱 2 500 株，菖蒲 2 000 株； 浮水植物区：荷花 1 000 株； 沉水植物区：川蔓藻 700 株	岛屿植物配置同 B1 区
	B3	B31	挺水植物区：香蒲 4 000 株，慈姑 4 500 株； 浮水植物区：细果野菱 1 000 株，黄花水龙 1 000 株； 沉水植物区：菹草 1 500 株，穗花狐尾藻 2 000 株	岛屿（4 个）的挺水植物区设置为菖蒲、水生美人蕉、茭白、海三棱藨草，总数为 6 000 株；浮水植物区分别为荷花、睡莲、荇菜及细果野菱，总数约 2 500 株；沉水植物区以黑藻、川蔓藻和狐尾藻为主，总数为 1 500 株
		B32	挺水植物区：再力花 2 500 株，香蒲 2 000 株； 浮水植物区：睡莲 500 株，空心莲子草 500 株； 沉水植物区：川蔓藻 700 株	
		B33	挺水植物区：香蒲 4 000 株，水生美人蕉 4 500 株； 浮水植物区：荷花 1 000 株，荇菜 1 000 株； 沉水植物区：黑藻 2 000 株，菹草 1 500 株	
		B34	挺水植物区：花叶芦竹 2 500 株，千屈菜 2 000 株； 浮水植物区：睡莲 500 株，细果野菱 500 株； 沉水植物区：苦草 700 株	
	B4	B41	挺水植物区：慈姑 2 000 株，水葱 4 000 株，菖蒲 2 500 株； 浮水植物区：黄花水龙 1 000 株，空心莲子草 1 000 株； 沉水植物区：菹草 2 000 株，川蔓藻 1 500 株	岛屿植物配置同 B1 区
		B42	挺水植物区：水葱 2 500 株，香蒲 2 000 株； 浮水植物区：荷花 1 000 株； 沉水植物区：狐尾藻 700 株	

续表

区域	分区		植物配置及数量	备注
B区（表面流湿地）	B4	B43	挺水植物区：芦苇4 000株、香蒲4 500株； 浮水植物区：细果野菱1 000株、睡莲1 000株； 沉水植物区：苦草1 500株，狐尾藻2 000株	岛屿植物配置同B1区
		B44	挺水植物区：菖蒲4 500株； 浮水植物区：睡莲1 000株； 沉水植物区：狐尾藻700株	
C区（强化滤床）	C1		香蒲31 000株	
	C2		芦苇32 000株	
	C3		美人蕉32 000株	
	C4		香根草25 000株	

5.9.6 效益分析

人工湿地建安费约为4 197万元。

5.10 慈溪东部污水处理厂工程湿地项目

前言后语

（1）该工程由慈溪市城市排水有限公司主持建设。

（2）该工程由环境保护部华南环境科学研究所和广州市市政工程设计研究院共同设计。易新贵负责项目主持，庞志华负责审核，金中负责人工湿地设计。

（3）本人工湿地为慈溪市大型人工湿地。

（4）本项目为城镇污水处理厂与近期处理规模配套的尾水深度处理设施。污水处理厂的处理规模为5万m^3/d，人工湿地设计规模为5万m^3/d。

（5）该工程人工湿地（含生态塘）水力负荷中等，水力负荷为0.45 $m^3/(m^2 \cdot d)$。

（6）该工程也是我国规模较大的城镇污水植物碎石床人工湿地处理工程，人工湿地面积达11.12万m^2，总占地面积约12.84万m^2。

（7）该工程出水水质好，运行稳定，管理方便。

（8）该工程结合景观设计，成为慈溪市城市湿地公园。

5.10.1　项目背景

慈溪市隶属宁波市，位于东海之滨，东离宁波 60 km，北距上海 148 km，西至杭州 138 km，是长江三角洲经济圈南翼环杭州湾地区上海、杭州、宁波三大都市经济“金三角”的中心，区位和交通优势十分明显。

根据《宁波市国民经济和社会发展第十一个五年规划纲要》的要求，慈溪市应建设一项湿地保护项目，通过对慈溪市市域污水治理（一期）工程北部污水处理厂尾水进行深度处理，改善慈溪市水环境，削减杭州湾氮、磷等陆源污染物入河（海）量；同时构建一个类似城市湿地公园的区域，使湿地环境能够兼具野生和园林的自然特征。恢复杭州湾海滩围垦湿地生态系统，遏制海洋大生态系统的退化。

5.10.2　工程规模和进出水水质确定

5.10.2.1　工程规模

（1）占地 128 379 m^2。

（2）总处理规模 5 万 m^3/d；日处理规模 5 万 t，采用潜流湿地（包括垂直流和水平流湿地）与自由表面流湿地组合工艺。

5.10.2.2　设计进出水水质

表 5-50　工程湿地深度处理进出水指标值

指标	COD_{Cr}/（mg/L）	BOD_5/（mg/L）	SS/（mg/L）	TN/（mg/L）	NH_3-N/（mg/L）	TP/（mg/L）	大肠菌 /（个 /L）
进水	60	20	20	20	8	0.5	10^7～10^8
出水	50	10	10	10	2（5）	0.5	10^3

注：括号外数值为水温＞12℃时控制指标，括号内数值为水温≤12℃时控制指标。

5.10.3　本工程工艺流程

5.10.3.1　工艺流程

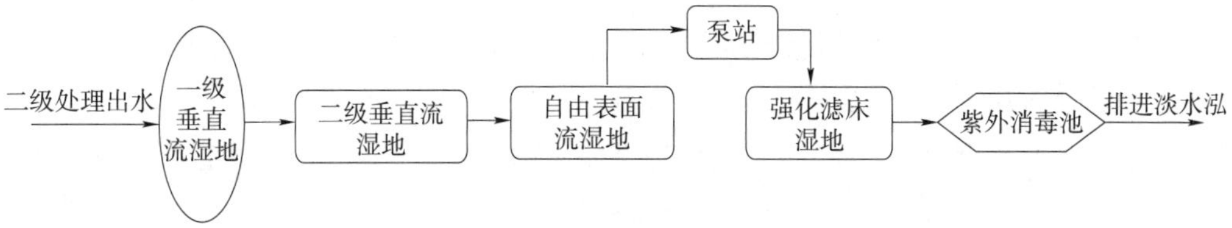

5.10.3.2　流程说明

污水从二级污水厂的配水井通过 DN1200 管道，再经过一级配水井进入一级垂直流湿地，污水经过一级垂直流湿地处理后进入二级垂直流湿地，二级垂直流湿地出水进入集水沟后再汇入提升泵房，污水经过提升后进入自由表面流湿地，表面流湿地出水通过集配水渠进入强化滤床湿地，通过集水渠进入紫外线消毒池，最终排入淡水河。

表面流湿地由完全植被区、开放型水域、完全植被区串联而成。

5.10.3.3 水量平衡

（1）蒸发

慈溪市年蒸发量约为 1 476.9 mm，即 4 mm/d，那么 12.8 hm^2 湿地蒸发量（Q）为 512 m^3/d。

（2）下渗

渗透系数为 1.5 cm/d，即 0.015 m/d。

12.8 hm^2 渗透计算（垂直流湿地和强化滤床湿地做防渗不予考虑）：

4.28 hm^2 表面流湿地每天渗透量（Q）为：642 m^3/d。

东部湿地有效容积包括：

① 5.343 hm^2 垂直湿地：$Q=A\times H\times e=53\ 430\ m^2\times 1.0\ m\times 0.4=21\ 372\ m^3$（$H$ 为碎石填料厚度，e 为孔隙率）；

② 1.54 hm^2 强化滤床湿地：$Q=A\times H\times e=154\ 00\ m^2\times 0.7\ m\times 0.3=3\ 234\ m^3$（$H$ 为强化滤床填料厚度，e 为孔隙率）；

③ 4.28 hm^2 表面流湿地（浅水区水深 0.3～0.6 m，占表面流面积的 1/8，深水区水深 3.2 m，占表面流面积的 7/8）：$Q=Q_1+Q_2=A\times H\times e=42\ 800\times 0.45\times 1/8\times 0.8+42\ 800\times 7/8\times 3.2\times 1.0=121\ 766\ m^3$（$H$ 为表面流水的深度，e 为有效水容积率）。

合计有效体积为 146 372 m^3。

东部湿地蒸发下渗量：512 m^3/d（蒸发）+642 m^3/d（下渗）=1 154 m^3/d。

东部湿地实际停留时间为：146 372 m^3/（50 000 m^3/d−1 154 m^3/d）=3.00 d。

5.10.4 工程建（构）筑物单元设计

5.10.4.1 厂区总平面设计

东部城市湿地工程紧邻慈溪东部城市湿地工程，慈溪市主管部门最后确认的东部工程湿地可用土地约 12.8 hm^2（192 亩），位于东部城市湿地工程西北部。

东部工程湿地由一、二级垂直流湿地、自由表面流湿地、强化滤床湿地串联而成。

垂直流湿地由 4 个平行的一级垂直流湿地单元和 4 个平行的二级垂直流湿地单元串联组成。自由表面流湿地包括 4 个单元，每个单元设计为完全植被区、开放水域区、完全植被区。强化滤床水平流湿地为一级，并联 3 个单元。湿地岛的布置主要考虑景观和水流要求。水流在小岛、土堤的控制下在湿地中反复流经：完全植被区→开放水域区→完全植被区。

区内道路环通，满足设计要求。根据功能需求不同，道路分为主要道路、一般道路及人行道三种类型。其中主要道路路幅宽 3 m，一般道路路幅宽 1.5 m，为石粉垫层碎石路。湿地设计也适当考虑了景观和教育基地的要求，设置 1.5 m 宽的观光木栈道，利用木栈道将整个岛屿有机串联在一起，有助于人民群众的参观和实地考察，提高社会环保意识。

泵房设置在二级垂直流湿地和自由表面流湿地连接处。

管理区布置在整个湿地西南部，设置一座二层管理用房，便于对整个湿地进行管理。

处理后的尾水经设在强化滤床水平流湿地南侧的紫外线消毒渠后排入淡水弘河，为自流排放。

入口位于南侧，与现有道路相连，便于湿地与外界联系。

湿地采用 3.0 m 宽绿化带和木格栅围墙与周边隔离，体现一种生态和开发格局。

根据湿地总体布置，拟设置两处出入口，一处出口位于湿地东部，近市政路，该出口主要方便各种物料进出；另一处位于湿地东南角，用于办公人员进出。

生活用水、消防用水由城市管网提供。绿化及其他用水采用湿地出水回用水。

电讯、电力均接自城市网络系统。

5.10.4.2　水力负荷

湿地水力总停留时间为 3.00 d，水力设计负荷为 0.333 $m^3/(m^2 \cdot d)$。

5.10.4.3　湿地区域高程设计

（1）设计地面标高

根据慈溪市总体规划中的道路竖向设计，该工程场地现状地面标高约为 1.00 m，经土方平衡，并考虑与周围道路标高相衔接及雨水重力排放，经研究确定，东部城市湿地工程的设计地面标高为 3.30 m（采用国家 85 高程，下同），挖方和填方基本平衡。

（2）接纳水体水位标高

根据业主最新（2008 年 6 月 23 日）提供的水利部门监测数据可得，湿地尾水接纳水体淡水弘河水域特征潮水位见表 5-51。

表 5-51　淡水弘水域特征潮水位及设计管道标高

频率	淡水弘河潮位	湿地出水总管管底标高
警戒水位	2.141（3.800）	1.90
常水位	1.641～1.841（3.300～3.500）	1.90

注：括号内为吴淞高程，其他为国家 85 高程。

（3）尾水排放方案及水处理构筑物的水位确定

湿地处理区域设计地面标高为 3.30 m，湿地工程至排放口之间的距离约为 50.0 m，尾水排放方案需要统筹考虑，一方面确保湿地尾水安全排放，避免高潮位时湿地工程倒灌的事故发生；另一方面，尽可能减少污水提升总扬程，降低湿地工程日常运转费用。

综合考虑以上两个因素，本工程污水处理厂根据淡水弘河潮位，选择尾水自流安全排放方案，在保证湿地安全运行的前提下，实现经济运转。

5.10.5 湿地区域公共工程

5.10.5.1 给水工程

本厂用水包括以下几方面：

（1）办公生活用水；

（2）道路、构筑物冲洗用水；

（3）绿化用水；

（4）消防用水。

用水均由城市给水管提供。消防用水根据《建筑设计防火规范》规定计算，湿地工程同一时间内的火灾次数按 1 次计，一次灭火用水量为 15 L/s。根据用水量需要，应从城市主干道上引入 DN100 mm 的给水管，以满足消防要求。

给水管管材采用 UPVC 给水压力管。

绿化及其他用水采用湿地出水回用水。

5.10.5.2 排水工程

采用雨、污水分流制。

（1）污水排放

生活污水包括管理用房、食堂、浴室、厕所排水等。生活污水由污水管道收集后接入除油池再接入化粪池，经化粪池出水后接入附近市政排水管网。

污水管采用 HDPE 排水管。

（2）雨水排放

雨水直接排入湿地。

5.10.6 主要处理建（构）筑物工艺设计

5.10.6.1 工程主要建（构）建筑物

慈溪市东部人工湿地深度处理工程主要建（构）筑物见表 5-52。

表 5-52　主要构建筑物一览表

编号	名称	单位	数量	平面尺寸或建筑面积	备注
1	一级配水井	座	1	6.8 m × 8.0 m	
2	一级植物碎石床湿地（垂直流）A-1	座	1	7 441 m^2	
3	一级植物碎石床湿地（垂直流）A-2	座	1	7 243 m^2	
4	一级植物碎石床湿地（垂直流）A-3	座	1	7 243 m^2	
5	一级植物碎石床湿地（垂直流）A-4	座	1	7 243 m^2	
6	二级植物碎石床湿地（垂直流）B-1	座	1	6 102 m^2	
7	二级植物碎石床湿地（垂直流）B-2	座	1	6 118.9 m^2	
8	二级植物碎石床湿地（垂直流）B-3	座	1	6 118.9 m^2	
9	二级植物碎石床湿地（垂直流）B-4	座	1	6 118.9 m^2	
10	提升泵房	座	1	12.6 m × 11.27 m	
11	表面流湿地 C-1	座	1	9 491 m^2	
12	表面流湿地 C-2	座	1	9 294 m^2	
13	表面流湿地 D-1	座	1	12 394 m^2	
14	表面流湿地 D-2	座	1	11 027 m^2	
15	强化滤床人工湿地 E-1	座	1	5 526.0 m^2	
16	强化滤床人工湿地 E-2	座	1	5 420.4 m^2	
17	强化滤床人工湿地 E-3	座	1	4 489.7 m^2	
18	紫外线消毒池	座	1	10.6 m × 5.6 m	
19	管理用房	座	1	12.9 m × 10.0 m	

5.10.6.2　污水处理建（构）筑物设计

（1）一级配水井

①建（构）筑物

功能：将废水平均分配到四个一级植物碎石床湿地（垂直流）；

类型：半地下式钢筋砼结构；

尺寸：6.8 m × 8.0 m，深 3.0 m；

数量：1 座；

设计规模：5 万 m^3/d。

②主要设备

A. 设备类型：电动启闭机（包括手自两用）

规格：ϕ1200，0.55 kW，镶铜铸铁；

数量：1 台；

控制方式：正常情况全开启，湿地检修时关闭。

B. 设备类型：电动启闭机（包括手自两用）

规格：ϕ500，1 t，0.55 kW，镶铜铸铁；

数量：4 台；

规格：ϕ500 镶铜铸铁闸门；

数量：4 台；

控制方式：根据湿地的具体运营模式，控制每个电动启闭机开启。

（2）一级植物碎石床湿地

①构筑物

功能：在植物碎石床湿地营造厌氧、好氧环境，利用植物和碎石床生物膜来降解水中污染物，以达到净化水质的目的；

类型：集水沟为地下式钢筋混凝土挡墙结构，其余为土壤放坡加防渗膜护坡，池底采用防渗膜处理；

数量：4 座；

平面尺寸及占地面积：A1 平面尺寸 $L \times B$=107.62 m × 73.77 m，占地面积 7 441.4 m^2；A2 平面尺寸 $L \times B$=107.62 m × 73.7 m，占地面积 7 243.4 m^2；A3 平面尺寸 107.62 m × 73.7 m，占地面积 7 243.4 m^2；A4 平面尺寸 $L \times B$=107.62 m × 73.7 m，占地面积 7 243.4 m^2；

设计规模：5 万 m^3/d；

湿地总池容积：28 970 m^3；

有效水总池容积：11 588 m^3；

总水力停留时间：5.56 h；

湿地内铺设碎石，粒径 25～30 mm；

碎石厚度：h=1 000 mm；

碎石体积：V=28 970 m^3；

设计底坡度：0.3%。

每个湿地均单独设置 0.8 m 宽集水沟，在每个集水沟端部设置一座阀门井，井内设有手动、电动两用 DN500 阀门，利用开启阀门来调节一级植物碎石床湿地出水水位和出水水量。

一级湿地采用上下流布水方式，设布水、集水系统，布水、集水均采用穿孔 UPVC 管。

②主要设备

A. 设备类型：一级多向分水器

规格：Φ1500，玻璃钢；

数量：4 台。

B. 设备类型：电动启闭机（包括手自两用）

规格：Φ500，0.55 kW，镶铜铸铁；

数量：4 台；

控制方式：根据闸门前后液位差，由 PLC 自动控制，也可按时间定时控制，现场手动控制。

（3）二级植物碎石床湿地

①构筑物

功能：在植物碎石床湿地营造厌氧、好氧环境，利用植物和碎石床生物膜来降解水中污染物，以达到净化水质的目的；

类型：集水沟为地下式钢筋混凝土挡墙结构，其余为土壤放坡加铺设防渗膜护坡，池底采用防渗膜处理；

数量：4 座；

平面尺寸及占地面积：B_1 平面尺寸 $L\times B$=121.81 m × 53.26 m，占地面积 6 102.4 m^2；B_2 平面尺寸 $L\times B$=121.81 m × 55.0 m，占地面积 6 118.9 m^2；B_3 平面尺寸 $L\times B$=121.81 m × 55.0 m，占地面积 6 118.9 m^2；B_4 平面尺寸 $L\times B$=121.81 m × 55.0 m，占地面积 6 118.9 m^2；

设计规模：5 万 m^3/d；

湿地总池容积：24 459 m^3；

有效水总池容积：9 784 m^3；

总水力停留时间：4.70 h；

湿地内铺设碎石，粒径 25～30 mm；

碎石厚度：h=1 000 mm；

碎石体积：V=24 459 m^3；

设计底坡度：0.3%；

设计水面坡度：0.05%～0.1%。

二级湿地采用上下流布水方式，设布水、集水系统，均采用穿孔 PVC 管。

每个湿地均单独设置 1.20 m 宽的集水沟，在每个集水沟端部设置一座阀门井，井内设有手动、电动两用DN700阀门，利用开启阀门来调节二级植物碎石床湿地出水水位和出水水量。

②主要设备

A. 设备类型：二级多向分水器

规格：Φ1500，玻璃钢；

数量：4台。

B. 设备类型：电动启闭机（包括手自两用）

规格：Φ500，0.55 kW，镶铜铸铁；

数量：4台；

控制方式：根据闸门前后液位差，由PLC自动控制，也可按时间定时控制，现场手动控制。

（4）提升泵房

①构筑物

功能：将污水进行提升，使污水借重力依次流过处理建（构）筑物，以保证湿地工程正常运转；

类型：地下式钢筋混凝土结构；

数量：1座；

尺寸：$L \times B$=12.0 m × 11.27 m；

设计流量：3 600 m^3/h。

②主要设备

设备类型：无堵塞潜水排污泵；

数量：3台（2用1备）；

单泵性能参数：

流量：4.5 L/s；

扬程：6 m；

功率：45 kW；

泵站集水井：运行最高水位0.600 m，运行最低水位 −0.900 m；

控制方式：根据泵站集水井液位，由PLC自动控制水泵运行，也可现场手动控制。

为便于水泵的安装检修，提升泵房内配置1套电动葫芦，起重量为3 t，起升高度为10 m，电机功率为3.0 kW+0.2 kW。

（5）表面流湿地

构筑物

功能：在植物碎石床湿地营造厌氧、好氧环境，利用植物和土壤中的生物膜来降解水中污染物，以达到净化水质的目的；

类型：采用松木桩挡墙结构，池子采用原土密实夯填；

数量：4 座；

占地面积：分别为 9 491.3 m^2、9 294.7 m^2、12 394.8 m^2、11 027.6 m^2；

设计规模：5 万 m^3/d；

有效水总池容积：121 766 m^3；

总水力停留时间：58.45 h；

设计水力负荷（q）=1.72 $m^3/(m^2 \cdot d)$；

总面积：$S=Q/q$=42 208 m^2；

平均每个单元湿地面积约：S=10 550 m^2；

水深：完全植被区 h_1= 0.30 m，h_3=0.60 m，开放水域区 h_3=3.2 m；

设计孔隙度：完全植被区 0.65；开放水域区 1.0，

植被：挺水植物（香蒲、芦苇等），沉水植物（眼子菜、荇菜等），

设计底坡度：0.3%；

设计水面坡度：0.05%～0.1%；

自由表面流湿地尾部设置 1.20 m 宽的集水沟，将自由表面流湿地出水排入泵房。

（6）强化滤床人工湿地

构筑物

功能：在植物碎石床湿地营造厌氧、好氧环境，利用植物和碎石床中的生物膜来降解水中污染物，以达到净化水质的目的；

类型：集水沟为地下式钢筋混凝土挡墙结构，其余为土壤放坡加铺设防渗膜护坡，池底采用防渗膜处理；

数量：3 座；

平面尺寸及占地面积：E1 平面尺寸 $L \times B$=90.76 m × 66.32 m，占地面积 5 526.0 m^2；E2 平面尺寸 $L \times B$=90.76 m × 65.23 m，占地面积 5 420.4 m^2；E3 平面尺寸 $L \times B$=74.67 m × 66.32 m，占地面积 4 489.7 m^2；

设计规模：5 万 m^3/d；

湿地总池容积：15 436 m^3；

有效水总池容积：3 242 m^3；

总水力停留时间：1.56 h。

（7）紫外线消毒池

①构筑物

功能：杀灭细菌，使细菌指标达到国家排放标准；

类型：半地下式构筑物；

数量：1 座；

尺寸：$L \times B$=10.6 m × 5.6 m，深 3.30 m；

设计流量：2 100 m^3/h；

设计参数：COD_{Cr}≤50 mg/L

BOD_5≤10 mg/L

SS≤10 mg/L

进水粪大肠菌群数：10^7～10^8 个 /L；

出水粪大肠菌群数：＜10^3 个 /L。

②主要设备

紫外线灯管

类型：进口低压高强灯管；

设计参数：一组紫外线灯，灯管数：80 根；

单根输出功率：175 W；

接触时间：6 s；

穿透率：65%～70%；

灯管寿命：＞12 000 h；

清洗方式：机械自动清洗。

5.10.6.3 尾水排放管工艺设计

根据《宁波慈溪湿地项目东部工程湿地研究》，湿地推荐的尾水排放口设置在湿地工程南部，尾水最终排入淡水弘河。

尾水排放管全长 50.0 m，管径 DN1400，为预制混凝土管，坡度为 0.1%，按“处理规模 5 万 m^3/d+ 湿地 10 年一遇雨水”重现排水规模设计。

5.10.7 东厂植物配置

水生植物能直接吸收利用污水中的营养物质，供其生长发育。废水中的有机氮被微生物分解与转化，而无机氮（氨氮）作为植物生长过程中不可缺少的物质被植物直接摄取，合成蛋白质与有机氮，再通过植物的收割而从废水和湿地系统中除去。无机磷也是植物必需的营养元素，废水中的无机磷在植物吸收及同化作用下可转化成植物的 ATP、DNA、RNA 等有机成分，然后通过植物的收割而移去。根植物直接从砂土中去除氮、磷等营养物质，而浮水植物在水中去除营养物质。许多根系不发达的沉水植物，也能直接从水中吸收营养物质。大型挺水植物的茎和叶以及浮水植物的根还可以用来减缓水流速度和消除湍流，以达到过滤和沉淀砂粒及有机微粒的作用。

5.10.7.1 湿地植物的选择原则

（1）耐污能力强，去污效果好。耐污能力强和去污效果好是选择湿地植物的首要原则。湿地系统应根据不同的污水性质选择不同的湿地植物。

（2）生物量大，生长快。合适的湿地植物应具有快速的生长能力以及较高的生物量，才能大量吸收湿地内的污染物质。

（3）根系发达。水生植物的净化功能与其根系的发达程度和茎叶生长状况（密度和速度）密切相关，因此选择人工湿地的水生植物时，必须全面考虑它的根系状况。

（4）适合当地环境，不会造成入侵。人工湿地选择的植物必须适应当地的土壤和气候条件，否则，难以达到理想的处理效果。

（5）具有一定的经济价值。建造人工湿地时考虑一定的经济价值可以实现多种经营、经济上可持续发展的生态工程管理模式，这在欧美等发达国家早就被高度重视，且被广泛采用。

（6）由于本湿地的所需植物数量较大，所选植物应为大众化品种且容易繁殖，以降低成本。

5.10.7.2　植物配置初步设计

该工程湿地主要由三块不同功能的湿地区域构成，包括植物碎石床系统、表面流系统以及强化滤床湿地系统。由于植物碎石床和强化滤床湿地的底质具有相似性，其植物的配置方式具有一定的相似性，表面流系统的植物配置则有所不同。根据现场实际情况，将其分为 A 区、B 区（植物碎石床系统），C 区、D 区（表面流系统），E 区（强化滤床系统）。下面就分区的情况对其植物配置做设计。

5.10.7.2.1　植物碎石床的植物配置初步设计

（1）A 区

1）A-1 区

本区面积约为 7 441.4 m^2，配置植物为黄菖蒲、席草，种植间距为 0.6 m × 0.6 m，株数：黄菖蒲为 10 000 株，席草为 11 000 株。由南至北构成黄菖蒲片和芦苇片。

2）A-2 区

本区面积为 7 243.4 m^2，配置水生美人蕉和香蒲，种植间距 0.6 m × 0.6 m，其中水生美人蕉的株数为 12 000 株，香蒲的株数为 11 000 株。

3）A-3 区

本区面积同 A-2 区，配置香根草和黄菖蒲，种植间距 0.6 m × 0.6 m，其中香根草的株数为 11 000 株，黄菖蒲的株数为 12 000 株。

4）A-4 区

本区面积同 A-2 区，配置梭鱼草和芦苇，种植间距为 0.6 m × 0.6 m，其中的梭鱼草株数为 11 000 株，芦苇 12 000 株。

（2）B 区

B 区分为四个单元，分别配置为香蒲片、香根草片、美人蕉片及梭鱼草片。

1）B-1 区

本区面积为 6 102.4 m^2，植物配置为香蒲，种植间距为 0.6 m × 0.6 m，需香蒲 17 000 株。

2）B-2 区

本区面积为 6 118.9 m^2，植物配置为香根草，种植间距为 0.6 m × 0.6 m，需香根草 17 000 株。

3）B-3 区

本区面积同 B-2 区，植物配置为梭鱼草片，种植间距为 0.6 m × 0.6 m，需梭鱼草 17 000 株。

4）B-4 区

本区面积同 B-2 区，植物配置为美人蕉片，种植间距 0.6 m × 0.6 m，需美人蕉 17 000 株。

5.10.7.2.2 表面流湿地系统植物配置

C 区、D 区为表面流湿地系统，其中设置了 18 个小岛点缀其中，总面积约为 1 200 m^2，岛上撒播狗牙根种子，按每公斤撒播 100 m^2 面积计，共需种子 12 kg。挺水植物区（水深＜0.3 m）的面积约 7 000 m^2（按宽度 7 m 计算，连孤岛周边面积一并计算，下同），浮水植物区（水深在 0.3～0.8 m）的面积约 5 000 m^2（按 4 m 宽度计算），沉水植物区（水深在 0.8～2.0 m）的面积约 4 000 m^2（按宽度 3 m 计算）。18 个孤岛的挺水植物区分别种植黄菖蒲、慈姑、菖蒲、水生美人蕉、香蒲、茭白、水葱、海三棱藨草，按 0.6 m × 0.6 m 间距，植物总数需 20 000 株，浮水植物分别种植睡莲、荷花和细果野菱，每种植物分别需要 1 700 株（按 1 m × 1 m 间距种植）。沉水植物种植川蔓藻和菹草，按 0.6 m × 0.6 m 间距，每种植物需 5 000 株。

（1）C 区

1）C-1 区

本区面积 9 491.3 m^2，C1 区边界按 C11 区、C12 区、C13 区、C14 区分别标出，其中 C11 区和 C13 区为东西边界，C12 区、C14 区为南北向边界，C11 的挺水植物区布置再力花，按 0.6 m × 0.6 m 间距布置（下同），需植物约 2 500 株，约 850 m^2。浮水植物区布置睡莲，约 500 m^2，按 1 m × 1 m 间距布置（下同），需植物 500 株；沉水植物区布置菹草，按 0.6 m × 0.6 m 间距布置（下同），需植物 1 000 株。C12 区的挺水植物区布置茭白，约 600 m^2，需植物 1 700 株；浮水植物区布置水芹菜，约 350 m^2，共需植物 350 株；沉水植物区布置川蔓藻，面积约 250 m^2，共需植物 700 株。C13 区的挺水植物区布置菖蒲，面积约 850 m^2，需菖蒲 2 500 株；浮水植物区布置睡莲及细果野菱，面积约 500 m^2，共需植物 500 株；沉水植物区布置狐尾藻，面积约 350 m^2，需要植物 1 000 株。C14 区的挺水植物区布置水生美人蕉，面积约为 600 m^2，需植物 1 700 株；浮水植物区布置荷花，面积约 350 m^2，共需植物 350 株；沉水植物区布置狐尾藻，面积约 250 m^2，共需植物约 700 株。

2）C-2 区

本区面积为 9 294.7 m^2，面积与 C1 区相似，配置的植物株数也差别不大，其边界分为 C21 区、C22 区、C23 区、C24 区四个区域，在此仅对植物种类做一个说明，C21 区的挺水植物区设置美人蕉，浮水植物区设置荷花、睡莲，沉水植物区设置狐尾藻。C22 区的挺水植物区设置水葱，浮水植物区设置荷花，沉水植物区设置菹草。C23 区的挺水植物区设置香蒲，浮水植物区设置细果野菱，沉水植物区设置菹草。C24 区的挺水植物设置菖蒲，浮水植物区设置黄花水龙，沉水植物区设置川蔓藻。

3）D-1 区

本区面积为 12 394.8 m^2，按区域边界分别标为 D11 区、D12 区、D13 区、D14 区，其中 D11 的挺水植物区布置水葱和菖蒲，需每种植物约 1 700 株，约 1 200 m^2，浮水植物区布置睡莲，约 750 m^2，需植物 750 株；沉水植物区布置空心莲子草和川蔓藻，需每种植物 750 株。D12 区的挺水植物区布置香蒲，约 600 m^2，需植物 1 700 株；浮水植物区布置荷花，约 350 m^2，共需植物 350 株；沉水植物区植物布置狐尾藻，面积约 250 m^2，共需植物 700 株。D13 区的挺水植物区布置茭白，面积约 850 m^2，需茭白 2 500 株；浮水植物区布置细果野菱，面积约 500 m^2，共需植物 500 株；沉水植物区布置菹草，面积约 350 m^2，需要植物 1 000 株。D14 区的挺水植物区布置水生美人蕉，面积约为 600 m^2，需植物 1 700 株；浮水植物区布置黄花水龙，面积约 350 m^2，共需植物 350 株；沉水植物区布置眼子菜，面积约 250 m^2，共需植物约 700 株。

4）D-2 区

本区面积约为 11 027.6 m^2，面积与 D-1 区相似，植物配置数量差别不大。在此仅对植物种类做一个说明。D21 区的挺水植物区分布香蒲和慈姑，浮水植物区设置细果野菱、黄花水龙，沉水植物区为篦齿眼子菜、穗花狐尾藻。D22 区的挺水植物区为再力花，浮水植物区为睡莲，沉水植物区为狐尾藻。D23 区的挺水植物区为芦苇蕉，浮水植物区为荷花，沉水植物区设置苦草和菹草。D24 区的挺水植物区设置菖蒲，浮水植物区设置细果野菱，沉水植物区设置川蔓藻。

5.10.7.2.3　强化滤床植物配置

（1）E-1 区面积为 5 526 m^2，植物设计为香蒲和水生美人蕉，按 0.6 m × 0.6 m 间距种植，共需植物 16 000 株。

（2）E-2 区面积约为 5 420.4 m^2，按 0.6 m × 0.6 m 间距种植，植物设计为香根草和芦苇，共需植物 16 000 株。

（3）E-3 区面积约为 4 489.7 m^2，植物设计为美人蕉和香根草，按 0.6 m × 0.6 m 间距种植，共需植物 15 000 株。

表 5-53 植物配置设计一览表

<table>
<tr><th>区域</th><th colspan="2">分区</th><th>植物配置和数量</th><th>备注</th></tr>
<tr><td rowspan="2">A 区</td><td colspan="2">A-1</td><td>黄菖蒲 10 000 株
席草 11 000 株</td><td>南北向平均分为
两个区域种植</td></tr>
<tr><td colspan="2">A-2</td><td>水生美人蕉 12 000 株
香蒲 11 000 株</td><td>同上</td></tr>
<tr><td rowspan="2">A 区</td><td colspan="2">A-3</td><td>香根草 11 000 株
黄菖蒲 12 000 株</td><td>同上</td></tr>
<tr><td colspan="2">A-4</td><td>梭鱼草 11 000 株
芦苇 12 000 株</td><td>同上</td></tr>
<tr><td rowspan="4">B 区</td><td colspan="2">B-1</td><td>香蒲 17 000 株</td><td></td></tr>
<tr><td colspan="2">B-2</td><td>香根草 17 000 株</td><td></td></tr>
<tr><td colspan="2">B-3</td><td>梭鱼草 17 000 株</td><td></td></tr>
<tr><td colspan="2">B-4</td><td>美人蕉 17 000 株</td><td></td></tr>
<tr><td rowspan="7">C 区</td><td rowspan="4">C-1 区</td><td>C11</td><td>挺水植物区布置再力花，需植物约 2 500 株，约 850 m^2；浮水植物区布置睡莲，约 500 m^2，需植物 500 株；沉水植物区布置菹草，需植物 1 000 株</td><td rowspan="7">C 区、D 区为表面流湿地系统，其中设置了 18 个小岛点缀其中，总面积约为 1 200 m^2，岛上撒播狗牙根种子，按每公斤撒播 100 m^2 面积计，共需种子 12 kg。挺水植物区（水深<0.3 m）的面积约 7 000 m^2（按宽度 7 m 计算，连孤岛周边面积一并计算，下同），浮水植物区（水深在 0.3～0.8 m）的面积约 5 000 m^2（按 4 m 宽度计算），沉水植物区（水深在 0.8～2.0 m）的面积约 4 000 m^2（按宽度 3 m 计算）。18 个孤岛的挺水植物区分别种植黄菖蒲、慈姑、菖蒲、水生美人蕉、香蒲、茭白、水葱、海三棱藨草，按 0.6 m × 0.6 m 间距，植物总数需 20 000 株，浮水植物分别种植睡莲、荷花和细果野菱，每种植物分别需要 1 700 株（按 1 m × 1 m 间距种植）。沉水植物种植川蔓藻和菹草，按 0.6 m × 0.6 m 间距，每种植物需 5 000 株</td></tr>
<tr><td>C12</td><td>挺水植物区布置茭白，约 600 m^2，需植物 1 700 株；浮水植物区布置水芹菜，约 350 m^2，共需植物 350 株；沉水植物区布置川蔓藻，面积约 250 m^2，共需植物 700 株</td></tr>
<tr><td>C13</td><td>挺水植物区布置菖蒲，面积约 850 m^2，需菖蒲 2 500 株；浮水植物区布置睡莲及细果野菱，面积约 500 m^2，共需植物 500 株；沉水植物区布置狐尾藻，面积约 350 m^2，需要植物 1 000 株</td></tr>
<tr><td>C14</td><td>挺水植物区布置水生美人蕉，面积约为 600 m^2，需植物 1 700 株；浮水植物区布置荷花，面积约 350 m^2，共需植物 350 株；沉水植物区布置狐尾藻，面积约 250 m^2，共需植物约 700 株</td></tr>
<tr><td rowspan="3">C-2 区</td><td>C21</td><td>挺水植物区设置美人蕉，浮水植物区设置荷花、睡莲，沉水植物区设置狐尾藻。植物株数同 C11 区</td></tr>
<tr><td>C22</td><td>C22 的挺水植物区设置水葱，浮水植物区设置荷花，沉水植物区设置菹草。植物株数同 C12 区</td></tr>
<tr><td>C23</td><td>挺水植物区设置香蒲，浮水植物区设置细果野菱，沉水植物区设置菹草。植物株数同 C13 区</td></tr>
</table>

续表

区域	分区		植物配置和数量	备注
C 区	C-2 区	C24	挺水植物设置菖蒲，浮水植物区设置黄花水龙，沉水植物区设置川蔓藻。植物株数同 C14 区	C 区、D 区为表面流湿地系统，其中设置了 18 个小岛点缀其中，总面积约为 1 200 m^2，岛上撒播狗牙根种子，按每公斤撒播 100 m^2 面积计，共需种子 12 kg。挺水植物区（水深<0.3 m）的面积约 7 000 m^2（按宽度 7 m 计算，连孤岛周边面积一并计算，下同），浮水植物区（水深在 0.3～0.8 m）的面积约 5 000 m^2（按 4 m 宽度计算），沉水植物区（水深在 0.8～2.0 m）的面积约 4 000 m^2（按宽度 3 m 计算）。18 个孤岛的挺水植物区分别种植黄菖蒲、慈姑、菖蒲、水生美人蕉、香蒲、茭白、水葱、海三棱藨草，按 0.6 m×0.6 m 间距，植物总数需 20 000 株，浮水植物分别种植睡莲、荷花和细果野菱，每种植物分别需要 1 700 株（按 1 m×1 m 间距种植）。沉水植物种植川蔓藻和菹草，按 0.6 m×0.6 m 间距，每种植物需 5 000 株
D 区	D-1 区	D11	挺水植物区布置水葱和菖蒲，需每种植物约 1 700 株，约 1 200 m^2；浮水植物区布置睡莲，约 750 m^2，需植物 750 株；沉水植物区布置空心莲子草和川蔓藻，需每种植物 750 株	
		D12	挺水植物区布置香蒲，约 600 m^2，需植物 1 700 株；浮水植物区布置荷花，约 350 m^2，共需植物 350 株；沉水植物区植物布置狐尾藻，面积约 250 m^2，共需植物 700 株	
		D13	挺水植物区布置茭白，面积约 850 m^2，需茭白 2 500 株；浮水植物区布置细果野菱，面积约 500 m^2，共需植物 500 株；沉水植物区布置菹草，面积约 350 m^2，需要植物 1 000 株	
		D14	挺水植物区布置水生美人蕉，面积约为 600 m^2，需植物 1 700 株；浮水植物区布置黄花水龙，面积约 350 m^2，共需植物 350 株；沉水植物区布置眼子菜，面积约 250 m^2，共需植物约 700 株	
	D-2 区	D21	挺水植物区分布香蒲和慈姑，浮水植物区设置细果野菱、黄花水龙，沉水植物区为篦齿眼子菜、穗花狐尾藻。植物数量同 D11 区	
		D22	挺水植物区为再力花，浮水植物区为睡莲，沉水植物区为狐尾藻。植物数量同 D12 区	
		D23	挺水植物区为芦苇蕉，浮水植物区为荷花，沉水植物区设置苦草和菹草。植物数量同 D13 区	
		D24	挺水植物区设置菖蒲，浮水植物区设置细果野菱，沉水植物区设置川蔓藻。植物数量同 D14 区	
E 区	E-1 区		香蒲和水生美人蕉，共需植物 16 000 株	分南北向两块区域种植
	E-2 区		香根草和芦苇，共需植物 16 000 株	分南北向两块区域种植
	E-3 区		美人蕉和香根草，共需植物 15 000 株	分南北向两块区域种植

5.10.8 效益分析

人工湿地建筑安装费约为 2 437 万元。

第 6 章　植物碎石床人工湿地处理农村污水案例

6.1　增城鹅兜村人工湿地

由汪俊三、汪道宇、郭有顺等设计。

6.1.1　项目概况

该工程于 2009 年 2 月开始施工，主要对鹅兜村的生活污水进行处理。由于当地生活污水中 COD_{Cr}、BOD_5、SS 等污染物含量都明显超标，如果不进行有效的处理而直接排放，将会给该工程周边生态环境带来一系列危害，并影响周边环境的观感。

因此，根据环保的要求，上述废水必须经过严格治理，达标后才可排放。按照当地实际情况，该工程通过管网收集生活污水，再通过人工湿地处理达标后排放。

6.1.2　工程规模和进、出水水质确定

鹅兜村共有人口 300 人，每人每天用水量约 90 L，全村每天废水量为 21 m^3。

（1）进水水质

COD_{Cr}	250 mg/L
BOD_5	150 mg/L
SS	250 mg/L
TP	5 mg/L

（2）出水水质

出水达到《农田灌溉水质标准》（GB 5084—92）中的蔬菜类标准：

COD_{Cr}	≤150 mg/L
BOD_5	≤ 80 mg/L
SS	≤ 100 mg/L
TP	≤ 10 mg/L
粪大肠菌群数	≤10 000 个 /L

6.1.3　工艺流程

鹅兜村生活污水→粗格栅→细格栅→调节池→升流式厌氧池→潜流水平流植物

碎石床→潜流垂直流植物砂滤池→出水。

生活污水经收集后，先进入粗、细格栅后进入调节池，再从调节池用污水泵抽进升流式厌氧池，升流式厌氧池分为两格同时进水，污水从池底部进入并上流经过植物后从池上部流出，该池可去除污水中大部分悬浮物和一部分有机物，当池底的底泥累积到一定程度时，污水可只进其中一格，同时清理另一格的底泥，等完全清理干净后再同时进水。污水经过升流式厌氧池后，进入潜流水平流植物碎石床，最后进入潜流垂直流植物砂滤池。植物碎石床和植物砂滤池是以平流潜流为主，并结合垂直流的 WJS 人工湿地，该工艺的示范工程 2003 年由国家环保总局进行鉴定，成果达国际领先水平，并获得 2004—2005 年度国家环保总局科技进步奖，在北京、云南、四川、广东、河南、安徽等地广泛推广应用。该工艺对各污染物的去除效果：COD_{Cr} 为 60%，BOD_5 为 75%，SS 为 95%，TP 为 75%。

6.1.4 工艺处理原理

该工程采用的是“升流式厌氧池 +WJS 人工湿地”的处理工艺。一般来说，升流式厌氧池的有机容积去除负荷可达 0.5～12 kg COD/（m^3・d），植物是升流式厌氧池的主体，植物根系中生长了大量的微生物，有机物被微生物摄取之后，通过代谢活动，有机物一方面被分解、稳定，并提供微生物生命活动所需的能量；另一方面被转化、合成为新的原生质（或称细胞质）的组成部分，即微生物自身生长繁殖。这一部分就是废水生物处理中生物膜的增长部分，有机物去除率可达 60%～95%。同时，升流式厌氧池内的厌氧生物还能将一些难以在好氧环境下分解的大分子有机物分解成便于在好氧环境下分解的小分子有机物，有利于这些污染物在后续工艺中的去除。

WJS 人工湿地对污染物的去除可分为对有机物的去除和对氮、磷的去除等方面。有机物的去除主要是靠成熟人工湿地系统中的填料和植物根系中大量的微生物形成的生物膜，污水流经湿地床时，大量悬浮固体、不溶解性的有机物被填料及根系阻挡截留，可溶解性的有机质通过生物膜的吸附和微生物的代谢过程得到降解，也有一部分有机物，如矿化为无机盐的部分被植物吸收而得以去除。污水中的氮在 WJS 人工湿地处理系统中，通过吸附、过滤、沉淀，植物及微生物作为营养成分被直接吸收而得到去除外，由于人工湿地的植物根系具有较强的输氧作用，可使根系周围的微环境中保持较高的溶解氧，并依次形成好氧、缺氧及厌氧环境，使污水中的氮在人工湿地系统中通过硝化、反硝化作用从水中去除。磷是生物生长所必需的营养元素，污水中的磷在流经人工湿地时被植物及微生物作为营养成分直接吸收，将无机磷变成了微生物和植物的组成部分，最后通过湿地基质的定期更换或栽培植物的收割而最终使污染物质从系统中去除。作为填料的碎石，其中含有钙的成分，它与水中溶解性的磷酸作用生成不溶解性的磷酸钙盐，从污水中沉淀下来而得到了去除。另外，WJS 人工湿地对重金属也具有较强的化学沉淀、置换和生物吸附的去除作用，对细菌、大肠菌、粪大肠菌等生物学污染指标有较强的物理截留和生化与生物杀灭作用。

6.1.5　人工湿地设计参数

该工程处理规模为 21 m^3/d，总占地面积约为 132 m^2，水力负荷为 0.16 m^3/（m^2 · d），平面布置见图 6-1。

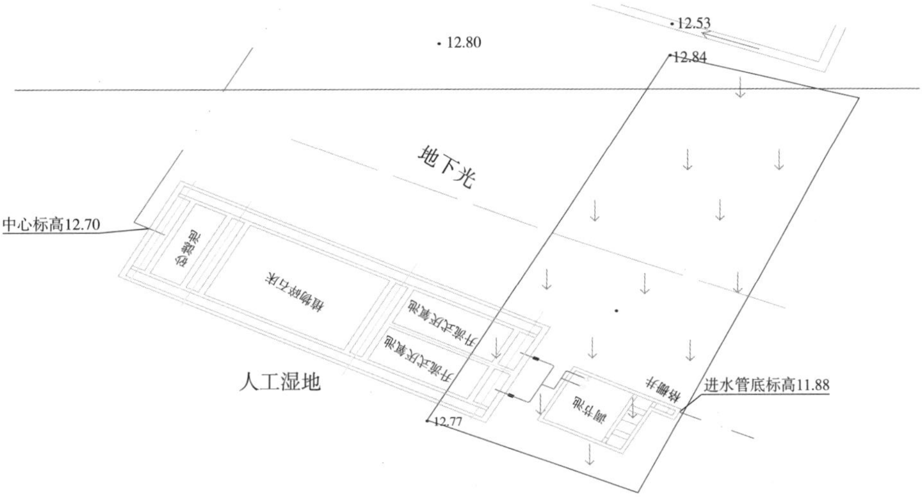

图 6-1　鹅兜村人工湿地平面布置

处理构筑物设计如下。

6.1.5.1　升流式厌氧池

总尺寸：$L \times B \times H$=6 m × 8 m × 1.5 m；
单格尺寸：$L \times B \times H$=3 m × 8 m × 1.5 m；
数量：2 格；
有效水深：H=1.3 m；
停留时间：T=3 d；
构造：砖砌；
布水方式：PVC 穿孔管布水，平行布水，上部进水，下部出水。

6.1.5.2　植物碎石床

尺寸：$L \times B \times H$=6 m × 10.5 m × 1.2 m；
水力负荷：q=0.33 m^3/（m^2 · d）；
有效水深：H=1 m；

停留时间：T=22 h；
湿地平均坡度：0.2%；
碎石床厚度：h=1 m；
碎石料粒径：30～50 mm，10～30 mm；
构造：砖砌；
污水在人工湿地中运行方式：水平潜流；
布水方式：PVC 穿孔管布水，平行布水，下部进水，上部出水。

6.1.5.3　植物砂滤池

尺寸：$L \times B \times H$=6 m × 3.5 m × 1 m；
水力负荷：q=1 m^3/（m^2 · d）；
有效水深：H=0.8 m；
停留时间：T=1.2 h；
湿地平均坡度：1%；
砂石厚度：h=0.8 m；
碎石料粒径：5～10 mm；
构造：砖砌；
污水在人工湿地中运行方式：垂直潜流；
布水方式：PVC 穿孔管布水，平行布水，上部进水，下部出水；
湿地平均坡度：0.1%～1%。

以上所有池子底部防渗均采用“400 g/m^2 二布一膜加 200 mm 厚填土保护层”，可保证湿地床底渗透系数（k）<10^{-8}。

6.1.5.4　植物品种

该工程均选用耐污性强、净化效果好的植物，升流式厌氧池种大薸；植物碎石床种风车草、芦苇、花叶芦荻和伞草；砂滤池种花叶芦荻。具体根据当地对所种植物的可利用情况择定。

6.2　增城榕树吓村人工湿地

由汪俊三、汪道宇、郭有顺等设计。

6.2.1　项目概况

该工程于 2009 年 2 月开始施工，主要对榕树吓村的生活污水进行处理。由于

当地生活污水中 COD_{Cr}、BOD_5、SS 等污染物含量都明显超标，如果不进行有效的处理而直接排放，将会给该工程周边生态环境带来一系列危害，并影响周边环境的观感。

因此，根据环保的要求，上述废水必须经过严格治理，达标后才可排放。按照当地实际情况，该工程通过管网收集生活污水，再通过人工湿地处理达标后排放。

6.2.2　工程规模和进、出水水质确定

榕树吓村共有人口 190 人，每人每天用水量约 90 L，全村每天废水量为 30 m^3。

（1）进水水质

COD_{Cr}	250 mg/L；
BOD_5	150 mg/L；
SS	250 mg/L；
TP	5 mg/L。

（2）出水水质

出水达到《农田灌溉水质标准》（GB 5084—92）中的蔬菜类标准：

COD_{Cr}	≤150 mg/L
BOD_5	≤ 80 mg/L
SS	≤ 100 mg/L
TP	≤ 10 mg/L
粪大肠菌群数	≤10 000 个 /L

6.2.3　工艺流程

生活污水→升流式厌氧池→潜流水平流植物碎石床→潜流垂直流植物砂滤池→出水。

6.2.4　工艺处理原理

同鹅兜村，详见章节 6.1.4。

6.2.5　人工湿地设计参数

该工程处理规模为 30 m^3/d，总占地面积约为 188 m^2，水力负荷为 0.16 m^3/（m^2 · d），平面布置见图 6-2。

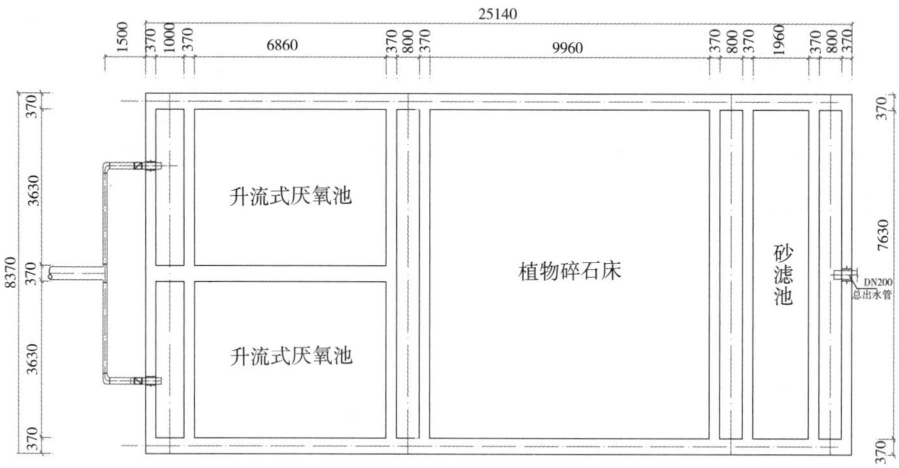

图 6-2 榕树吓村人工湿地平面布置

处理构筑物设计如下。

6.2.5.1 升流式厌氧池

总尺寸：$L \times B \times H$=8 m × 8.5 m × 1.5 m；

单格尺寸：$L \times B \times H$=4 m × 8.5 m × 1.5 m；

数量：2 格；

有效水深：H=1.3 m；

停留时间：T=3d；

构造：砖砌；

布水方式：PVC 穿孔管布水，平行布水，上部进水，下部出水。

6.2.5.2 植物碎石床

尺寸：$L \times B \times H$=8 m × 11.5 m × 1.2 m；

水力负荷：q=0.33 m^3/（m^2 · d）；

有效水深：H=1 m；

停留时间：T=26 h；

湿地平均坡度：0.2%；

碎石床厚度：h=1 m；

碎石料粒径：30～50 mm，10～30 mm；

构造：砖砌；

污水在人工湿地中运行方式：水平潜流；

布水方式：PVC 穿孔管布水，平行布水，下部进水，上部出水

6.2.5.3　植物砂滤池

尺寸：$L \times B \times H$=8 m × 3.5 m × 1 m；

水力负荷：q=1 m^3/（m^2 · d）；

有效水深：H=0.8 m；

停留时间：T=1.1 h；

湿地平均坡度：1%；

砂石厚度：h=0.8 m；

碎石料粒径：5～10 mm；

构造：砖砌；

污水在人工湿地中运行方式：垂直潜流；

布水方式：PVC 穿孔管布水，平行布水，上部进水，下部出水。

以上所有池子底部防渗均采用“400 g/m^2 二布一膜加 200 mm 厚填土保护层”，可保证湿地床底渗透系数（k）＜10^{-8}。

6.2.5.4　植物品种

该工程均选用耐污性强、净化效果好的植物，升流式厌氧池种大漂，植物碎石床种风车草、芦苇、花叶芦荻和伞草，砂滤池种花叶芦荻。具体根据当地对所种植物的可利用情况择定。

6.3　华侨城 · 螺溪谷污水处理工程

前言后语

根据《汕尾市城市总体规划》（2011—2020），陆河县作为市域三级中心城市，打造汕尾北部区域居住、商业、旅游服务中心，以发展生态农业、生态型资源加工工业、休闲旅游业为主的人居环境优良的生态城市。

本项目——中华侨城 · 螺溪谷乡村旅游项目是陆河县创新扶贫开发模式重点开发的旅游扶贫项目。本项目位于螺溪镇欧田村硿仔里，距镇区约 3 km，距县城 4 km，项目分两期建设，第一期占地面积 570 亩，预计总投资 5 000 多万元。该项目以打造小而美、精致而有趣的体验空间为目标，以“华侨城 + 乡贤 + 创客”三类主体为核心推动力，着力打造粤东地区高品质的客家文化旅游小镇，主打“客家乡居”和“主题农庄”两大形态。

该工程的服务范围为欧田村的硿仔里、河背等自然村及建成后的华侨城 · 螺溪谷旅游度假村，设计处理规模为 400 m^3/d。

汪俊三和汪道宇分别为本项目的技术负责人和技术核校工作负责人；郭有

顺和邱康杰主要负责提供工艺流程、设计参数及植物品种等相关工作；韦梓坤主要负责工程设计、布水等相关工作；王红艳负责经济分析和社会效益分析等相关工作。

6.3.1 项目概况

该工程于2019年开始施工，主要对欧田村的硂仔里、河背等自然村及建成后的华侨城·螺溪谷旅游度假村的生活污水进行处理。由于当地生活污水中COD_{Cr}、BOD_5、SS等污染物含量都明显超标，如果不进行有效的处理而直接排放，将会给漯河周边生态环境带来一系列危害，并影响周边环境的观感。

因此，根据环保的要求，上述废水必须经过严格治理，达标后才可排放。按照当地实际情况，该工程通过管网收集生活污水，再经过人工湿地处理，达标后排放。

6.3.2 工程规模和进、出水水质确定

该工程的服务范围为欧田村的硂仔里、河背等自然村及建成后的华侨城·螺溪谷旅游度假村。其中硂仔里常住人口396人，河背常住人口403人。华侨城·螺溪谷正常运营期日最大接客量估计约1 000人，其中住宿客人约200人。每天废水量约为340 m^3，建设规模为400 m^3/d。

（1）进水水质

COD_{Cr}	150 mg/L
BOD_5	100 mg/L
SS	100 mg/L
TP	3 mg/L

（2）出水水质

出水达到《城镇污水处理厂污染物排放标准》（GB 18918—2002）一级B标准：

COD_{Cr}	≤60 mg/L
BOD_5	≤20 mg/L
SS	≤20 mg/L
TP	≤1 mg/L

6.3.3 工艺流程

生活污水→升流式厌氧池→水生植物塘→潜流水平流植物碎石床→潜流垂直流植物砂滤池→生态沟→出水。

生活污水经收集后，先进入升流式厌氧池，该池可去除污水中大部分悬浮物和一部分有机物。污水经过升流式厌氧池后，进入水生植物塘、潜流水平流植物碎石床、垂直流植物砂滤池，最后进入生态沟。

6.3.4　工艺处理原理

同鹅兜村，详见章节 6.1.4。

6.3.5　人工湿地设计参数

该工程处理规模：400 m^3/d，总占地面积约 1 455 m^2，水力负荷 0.27 m^3/（m^2 · d），平面布置见图 6-3。

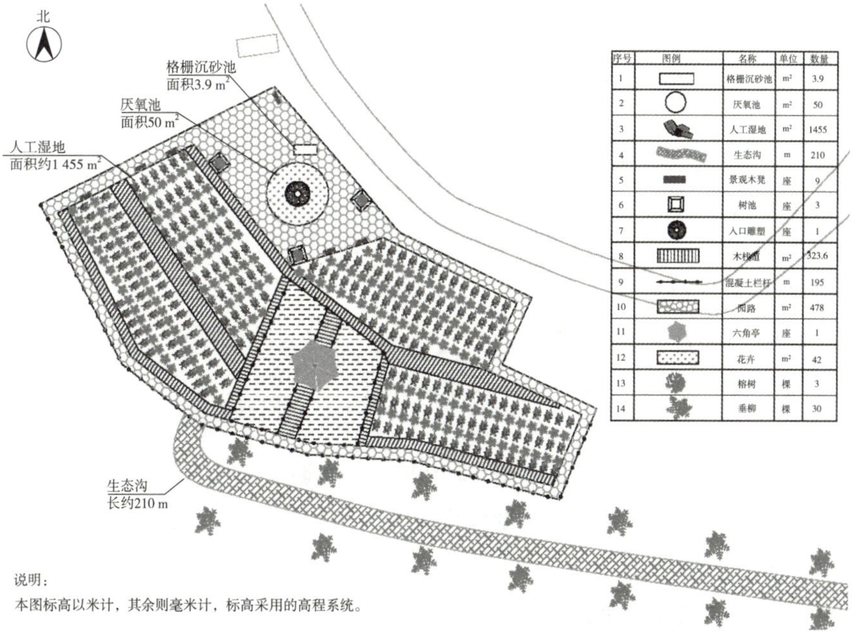

图 6-3　平面布置

图 6-4　效果图

处理构筑物设计如下。

（1）格栅提升泵站

组合池由格栅、提升泵站合建；

设置一道人工细格栅用于拦截悬浮物和较大颗粒，格栅清渣方式为人工清渣，由市政垃圾车定期运走。

格栅基本设计参数如下；

格栅材料：Q235A；

格栅宽：600 mm；

栅条间隙：5 mm；

格栅倾角：70°；

设置提升泵：Q=20 m^3/h，H=6 m，N=1.1 kW，两台（一用一备）。

（2）升流式厌氧池

尺寸：ϕ8；

停留时间：6～8 h；

有效水深：3 m；

设置组合填料，采用 ϕ180 mm 的弹性填料。

（3）WJS 人工湿地

WJS 由一级人工湿地、集 / 配水池、水生植物塘、二级人工湿地、集 / 配水池串联组成。集 / 配水池设置于人工湿地内。

设计基本参数如下：

设计水量：Q=400 m^3/d；

总水力负荷：q=0.27 m^3/（m^2 · d）（平均）；

湿地面积 S=1455 m^2；

湿地平均坡度：0.5%；

碎石床厚度：h=1 500 mm；

碎石料粒径：15～90 mm；

污水在人工湿地中运行方式：水平潜流；

布水方式：穿孔镀锌钢管布水，上部进水（或下部进水），下部出水（或上部出水）。

污水在人工湿地中运行方式：垂直潜流；

布水方式：PVC 穿孔管布水，平行布水，上部进水，下部出水。

以上所有池子底部防渗均采用“400 g/m^2 二布一膜加 200 mm 厚填土保护层”，可保证湿地床底渗透系数 $k<10^{-8}$。

（4）生态沟设计

生态水沟，是在沟底及沟壁采用植物措施或植物措施结合工程措施防护的地面排水通道。生态排水沟造价低、景观效果好、生态效益高。

本设计生态沟位于处理站西部，宽 3 m，长约 210 m，有效水深 0.5 m。沟内种植植物，利用植物的吸收对湿地出水进一步净化。生态沟周边种植草坪及植物，以保持水土。

（5）植物品种

本方案植物品种的选种充分考虑了植物品种的耐污性、净化效果及观赏性，并通过植物品种间的搭配，使人工湿地公园呈现出一派姹紫嫣红、争芳斗艳、规划整齐而又错落有致的景观。

选用的植物有芦苇、花叶芦荻、风车草、千屈菜、再力花、芦竹、美人蕉等。栽植密度为 9 棵 /m^2。

6.3.6　相关图片

图 6-5　湿地系统航拍图 1

图 6-6　湿地系统航拍图 2

图 6-7 湿地系统航拍图 3